누구나 합격할 수 있는 방법, 동일출판사와 함께 하는 것.

54년간 전기만을 연구해 온 최고의 집필진이 만든책!
동일출판사와 함께 합격의 기쁨을 누리시길 기원합니다.

수험서의 기준을 만듭니다.
합격을 위한 지름길을 안내합니다.
전·현직 전기인들이 가장 선호하는 수험서로 인정받았으며,
최다 누적 판매와 최다 합격자 배출의 기록을 자랑하고 있습니다.
동일출판사의 핵심은 다년간 축적된 노하우에 있습니다.
수험 과목의 핵심 개념을 명확하고 효과적으로 전달하며,
풍부한 예제와 실전 모의고사로 실력을 향상시킬 수 있는
최상의 환경을 제공합니다.
동일출판사와 함께라면 수험 고난의 시련을 극복하고
합격의 문을 두드릴 수 있습니다.
지금 동일출판사를 통해 성공적인 미래를 준비하세요.

ⓓ동일출판사

무료 강의 제공

회원가입만으로 무료 강의 동영상을 제한 없이 이용할 수 있습니다.

도서 구입만으로 무료강의까지! 합격하는 날까지 평생무료!

동일출판사 홈페이지 또는 ▶ YouTube 에서도 시청 가능합니다.

무료제공 동영상 강의목록

전기기사(산업기사) 이론	필기	전기자기 / 회로이론 / 전기기기 / 전력공학 제어공학 / 전기응용 공사재료 / 전기설비기술기준
	실기	전기설비설계 / 전기설비작업 전기설비의 운영관리 및 유지보수 시험점검 전기설비유지보수 및 점검 / 테이블스팩 / 감리
전기기사(산업기사) 기출문제 풀이	필기 기출문제 2007년 ~ 2025년	
	실기 기출문제 2014년 ~ 2025년	
전기기능사 이론	전기이론 / 전기기기 / 전기설비	
전기기능사 기출문제 풀이	필기 기출문제 2015년 ~ 2025년 (전기이론 / 전기기기)	

학습센터운영

홈페이지를 통한 학습센터를 운영하여
학습에 부족함이 없도록 지원합니다.

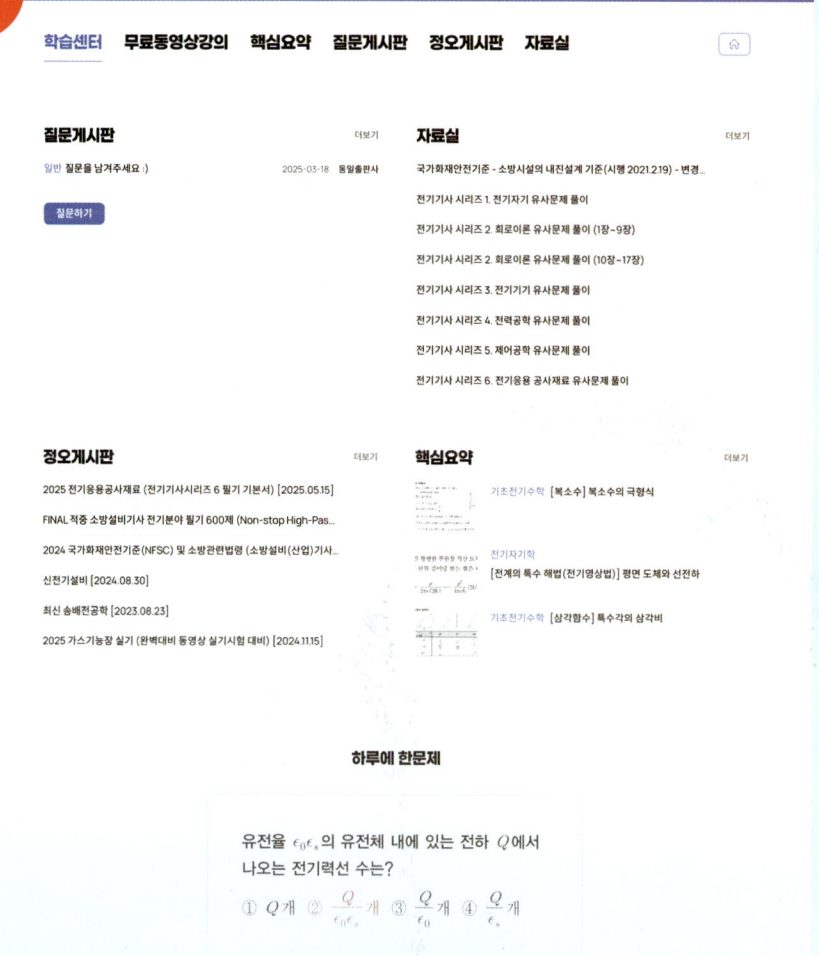

동영상강의 / 핵심요점정리 / 질문게시판 / 정오 및 자료실
회원가입만으로 무료로 이용가능합니다.

전기기사 필기

전기기사 필기 기본서 **전기기사시리즈**

전기자기 / 회로이론 / 전기기기 / 전력공학 / 제어공학 / 전기응용 공사재료 / 전기설비기술기준

이론 기출문제

51년간 과년도 및 복원문제를 완석분석하여 CBT시험에 완벽대비
어떠한 문제유형에도 대응이 가능하도록 핵심 유사문제 수록
10년간 과년도 및 복원문제 풀이 동영상 제공

기출문제 + 동영상강의
20년간 전기기사 필기
20년간 전기산업기사 필기

기출문제

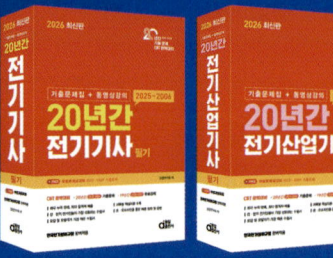

20년간 기출문제 수록
19년간 과년도 및 복원문제 풀이 동영상 제공
가장 많은 문제를 수록하여
CBT시험에 대응할 수 있도록 구성

답이보인다 30일 단기완성
전기기사 · 산업기사 필기
전기공사기사 · 산업기사 필기

이론 기출문제

51년간 과년도 및 복원문제를 완전분석, 이론과 함께 수록
5년간 과년도 및 복원문제 수록
전기기사 · 전기산업기사 풀이 동영상 제공

과년도 문제 중심의
완벽대비 전기기사 필기
완벽대비 전기산업기사 필기

`이론` `기출문제`

28년간 과년도 및 복원문제를 엄선, 이론과 함께 수록
10년간 과년도 및 복원문제 수록, 풀이 동영상 제공

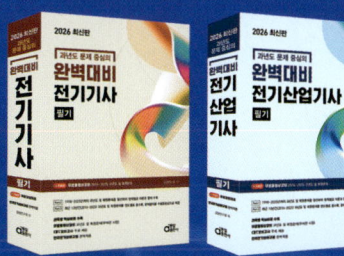

과년도 문제 중심의
완벽대비 전기공사기사 필기
완벽대비 전기공사산업기사 필기

`이론` `기출문제`

28년간 과년도 및 복원문제를 엄선, 이론과 함께 수록
10년간 과년도 및 복원문제 수록

최근 7년 과년도 문제
핵심 전기기사 필기
핵심 전기산업기사 필기

`이론` `기출문제`

과목별 핵심요점 및 문제
최근 7년 과년도 및 복원문제
과년도 및 복원문제 **무료** 동영상 제공

전기기사 실기

기출문제 + 동영상강의
30년간 전기기사 실기

`기출문제`

30년간 기출문제 수록
9년간 과년도 및 복원문제 풀이 동영상 제공

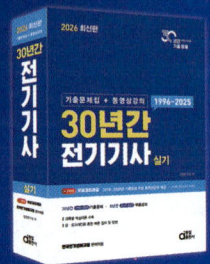

기출문제 + 동영상강의
30년간 전기산업기사 실기

`기출문제`

30년간 기출문제 수록
9년간 과년도 및 복원문제 풀이 동영상 제공

답이보인다 30일 단기완성
전기기사 · 산업기사 실기

`이론` `기출문제`

38년간 출제된 과년도 및 복원문제를 완전분석하여 이론과 함께 수록
15년간 과년도 및 복원문제를 연도별로 수록
9년간 과년도 및 복원문제 풀이 동영상 제공

답이보인다 30일 단기완성
전기공사기사 · 산업기사 실기

`이론` `기출문제`

38년간 출제된 과년도 및 복원문제를 완전분석하여 이론과 함께 수록
15년간 과년도 및 복원문제를 연도별로 수록

전기기능사 필기

CBT 완벽대비 전기기능사 필기

`이론` `기출문제`

시험에 반복적으로 나오는내용을 과목별로 정리
출제되었던 과년도 및 복원문제를 완전분석하여 내용별로 수록
과년도 및 복원문제 풀이 동영상 제공[전기이론, 전기기기]

무료동영상의 전기기능사 필기

`이론` `기출문제`

본문내용 전체를 무료 동영상 강의로 완벽 제공
(핵심요점정리 + 핵심예제 +출제예상문제)
8년간 과년도 및 복원문제 수록
과년도 및 복원문제 풀이 동영상 제공[전기이론, 전기기기]

새로운 출제기준에 따른 전기기능사 필기

`이론` `기출문제`

상세한 이론, 기능사 필기의 바이블
10년간 과년도 및 복원문제 수록
출제기준에 따른 과목별 내용과 출제예상문제 수록
과년도 및 복원문제 풀이 동영상 제공[전기이론, 전기기기]

합격을 위한 지름길

동일출판사의 베스트셀러 수험서

기능장

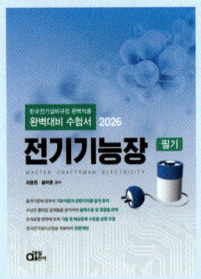

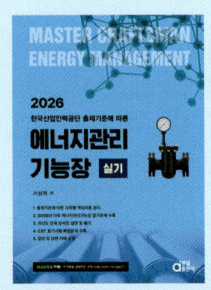

신재생

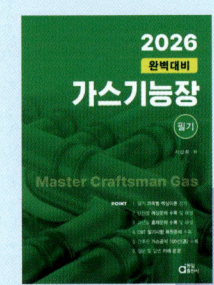

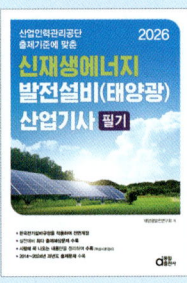
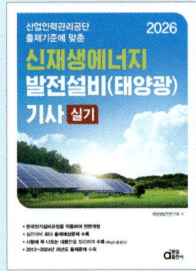
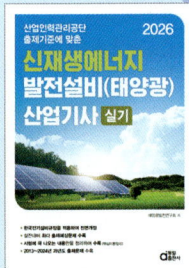

에너지관리

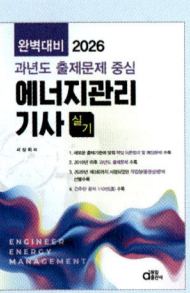

소방

전기기사시리즈

05

제어공학

동일
출판사

모든 산업의 기초가 되는 전기는 그 중요성에 의해 전문화된 기술을 필요로 하며 그에 따라 전기 설비의 유지 보수, 설계 및 시공 분야에서의 책임은 일정 자격을 취득한 사람에게 한정되는 추세이며 출제문제 또한 지금까지의 기 출제된 문제와 동일한 문제가 계속 반복 출제되고 있는 추세입니다.

따라서 최단 시간 내에 효과적으로 전기 분야 자격 취득을 위해서는 지금까지 출제된 문제를 집중 분석하고 출제 범위 및 난이도를 분석하여 공부하는 것이 바람직합니다.

본서는 이러한 출제 방향에 발맞추어 국가 기술 자격법이 처음으로 제정되고 시행된 1975년 이후 지금까지 출제된 문제를 총 망라하여 자격취득에 가장 효과적인 도서가 되도록 준비 하였습니다.

수험생 여러분들이 본 문제집을 조금 공부하다 보면 출제 방향 및 난이도를 용이하게 파악할 수 있으며, 또한 여러분 스스로 최단 시간 내에 자격증 취득을 위한 방향 설정 및 공부하는 방법을 습득할 수 있다고 생각하며 수험생 여러분들이 본 도서를 통하여 합격의 영광을 누리기 바랍니다.

編者 씀

이 책의 특징

과거 출제된 문제를 분야 및 유형별로 정리하여 알기 쉽고 완벽하게 풀이.

초보자도 쉽게 알 수 있도록 이론을 대폭 보강하여 시험에 나오는 내용만 공부할 수 있도록 각 내용마다 시험에 기출제 된 횟수 표기.

문제마다 출제된 빈도 표기 및 난이도 ★표시하여 출제 경향 및 출제 빈도가 높은 문제와 각 항목의 중요도를 쉽게 알 수 있게 정리. 단시간 내에 총정리 가능.

유사 기출 문제를 별도로 구성하여 학습효과를 극대화.

무료 동영상 강의를 제한 없이 이용.
(단, 공사기사에 해당하는
각 년도 4회차 문제의 동영상은 미지원)

Contents

제어공학

2011~2025 과년도문제 및 CBT 복원문제

▶ FREE 무료 강의 제공

전기기사 · 공사기사

제어공학 출제기준

출제기준

구 분	출 제 기 준	검정 종목
기 사	전문적인 지식이 요구되는 사항	전 기
	1. 자동제어계의 요소 및 구성	
	2. 블록선도와 신호흐름선도	
	3. 상태공간해석	
	4. 정상오차와 주파수응답	
	5. 안정도 판별법	
	6. 근궤적과 자동제어의 보상	
	7. 샘플값 제어	
	8. 시퀀스(Sequence) 제어	

전기기사시리즈
05

제어공학

동일출판사 홈페이지에서 **무료** 동영상 강의를 보실 수 있습니다.

CHAPTER 01

자동제어계의 요소와 구성

01 제어 시스템

(1) 제어(control)

어느 목적에 적합하도록 대상의 되는 것에 적당한 조작을 가하는 것을 말한다.

(2) 제어 대상(플랜트(plant), 공정(process))

전동기의 속도, 공장의 제품 진행방향, 국가경쟁력 등 어떤 것이라도 가능하다.

(3) 제어 시스템(control system)

제어하는 것(제어장치, control device)과 제어되는 것(제어대상, plant, process)으로 구분된다.

(4) 수동 제어 시스템(manual control system)

사람이 직접 제어하는 것을 말한다.

(5) 자동 제어 시스템(automatic control system)

전자회로, 컴퓨터, 장치(device) 등에 의해 제어하는 것을 말한다.

02 제어시스템의 형태

목푯값을 주어 제어 신호가 흘러 최종 출력값을 얻을 때까지 신호흐름의 상태에 따라 제어계는 개회로 제어계(open loop control system)와 폐회로 제어계(closed loop control system)로 구분된다.

1) 개회로 제어계(open loop control system)

가장 간단한 장치로서 제어 동작이 출력과 관계없이 신호의 통로가 열려 있는 제어 계통을 개회로 제어계라 한다.

또한 이 제어계는 미리 정해 놓은 순서에 따라서 제어의 각 단계가 순차적으로 진행되므로 시퀀스 제어(sequential control)라고도 한다.

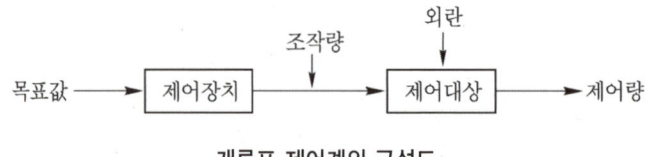

개루프 제어계의 구성도

(1) 특성 방정식

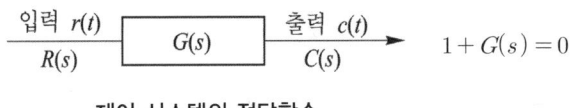

제어 시스템의 전달함수

(2) 개회로 제어계의 특징

① 제어 시스템이 가장 간단하며, 설치비가 싸다.

② 제어동작이 출력과 관계가 없어 오차가 많이 생길 수 있으며 이 오차를 교정할 수가 없다.

2) 폐회로 제어계(closed loop control system)

제어계의 출력이 목푯값과 일치하는가를 항상 비교하여, 일치하지 않을 때에는 그 차에 비례하는 동작 신호가 제어계로 다시 보내져서 그 오차를 수정 하도록 하는 궤환 경로(feedback path)를 가지고 있는 제어계로서 궤환 제어계라고도 한다(입력과 출력을 비교하는 장치가 필수적이다).

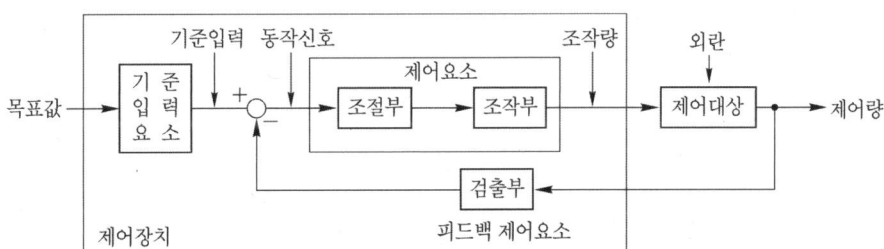

폐루프 제어계의 구성도

(1) 특성 방정식

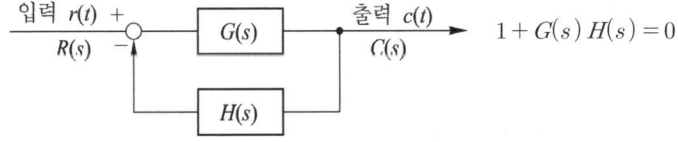

제어 시스템의 전달함수

(2) 폐회로 제어계의 특징

[장점]

① 생산품질향상이 현저하며 균일한 제품을 얻을 수 있다.

② 원료, 연료 및 동력을 절약할 수 있으며 인건비를 줄일 수 있다.

③ 생산 속도를 상승시키고, 생산량을 크게 증대시킬 수 있다.

④ 노동조건의 향상 및 위험 환경의 안정화 기여

⑤ 생산설비의 수명 연장, 설비 자동화로 원가를 절감할 수 있다.

[단점]

① 자동제어의 설비에 많은 비용이 들고 고도화 된 기술이 필요하며

② 제어장치의 운전, 수리 및 보관에 고도의 지식과 능숙한 기술이 있어야 하며

③ 설비의 일부에 고장이 있어도 전 생산 라인에 영향을 미치는 점도 있다.

03 ― 자동제어계의 기본적 구성과 용어

1) 자동제어계의 구성

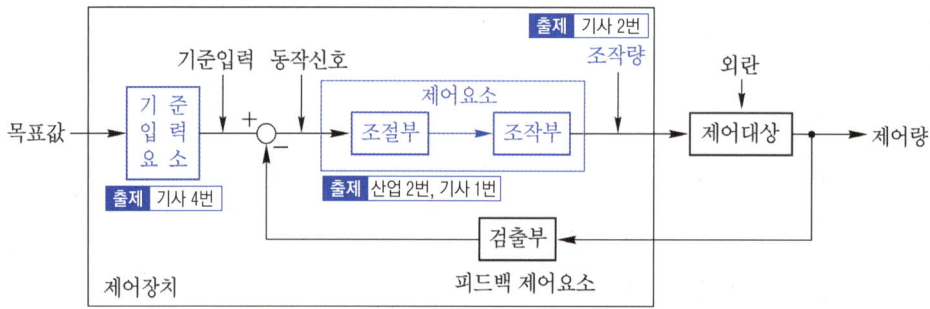

2) 용어

(1) 목푯값

제어량이 그 값을 갖도록 목표로 하여 외부에서 주어지는 신호로서 궤환제어계에 속하지 않으며 설정값이라 한다.

(2) 기준입력

제어계를 동작시키는 기준으로서 목푯값에 비례하는 신호입력이다. 출제 기사 1번

(3) 주궤환 신호

동작신호를 얻기 위하여 기준입력과 비교되는 신호로서 제어량의 함수 관계가 된다.

(4) 동작신호

기준입력과 주궤환신호와의 편차인 신호로서 제어 동작을 일으키는 원인이 되는 신호이다.

(5) 제어요소 출제 산업 2번, 기사 5번

제어동작 신호를 인가하면 조작량을 변화시키는 것으로서 조절부와 조작부로 구성된다.

(6) 조절부

기준 입력 신호와 검출부의 출력 신호를 제어 시스템에 필요한 신호로 만들어 조작부에 보내는 것이다.

(7) 조작부

조절부로부터 받은 신호를 조작량으로 변환하여 제어 대상에게 보내는 부분이다.

(8) 조작량

제어요소에서 제어대상에 인가되는 양이다. 　출제 산업 1번, 기사 4번

(9) 외란

제어량의 값을 변화시키려는 외부로부터의 바람직하지 않은 신호이다.

(10) 제어량

제어를 받는 궤환계의 양이며 제어 대상이 속하는 양이다. 　출제 산업 1번, 기사 1번

(11) 검출부 　출제 산업 2번, 기사 2번

주로 제어 대상으로부터 제어량을 검출하고 기준 입력 신호와 비교시키는 부분이다.

(12) 제어장치

제어를 하기 위해서 제어 대상에 부가하는 장치이다.

(13) 제어대상

제어 시스템에서 직접 제어를 받는 장치로서 장치의 전체 또는 그 일부분을 받는다.

(14) 제어편차

목푯값으로부터 제어량을 뺀 값으로 정의되며, 이 신호가 동작 신호와 일치되기도 한다.

(15) 다변수 시스템

단일 입·출력이 아니고, 둘 이상의 입력과 둘 이상의 출력을 가진 시스템을 말한다.

04 자동제어 장치의 종류

1) 제어량의 성질에 의한 분류 　출제 기사 4번

항 목	프로세스 제어 (공정제어) 출제 산업 3번, 기사 8번	서보 제어 (추종 제어) 출제 산업 1번, 기사 6번	자동 조정 제어 (정치 제어) 출제 기사 1번
특 징	플랜트나 생산 공정 중의 상태량을 제어량으로 하는 제어	기계적 변위를 제어량으로 해서 목푯값의 임의의 변화에 추종하도록 구성된 제어계	전기적, 기계적 양을 주로 제어하는 것으로서, 응답 속도가 대단히 빨라야 한다.
제어량의 종 류	• 온도 　• 유량 • 압력 　• 액위 • 농도 　• 밀도 등	• 물체의 위치 • 방위 • 자세 등	• 전압 　　• 전류 • 주파수 출제 기사 1번 • 힘 　　• 회전 속도 등
적용 예	• 온도 제어 장치 • 압력 제어 장치 • 점도 제어 장치	• 비행기 및 선박의 방향 제어계 • 미사일 발사대의 자동 위치 제어계 • 추적용 레이더 • 자동 평형 기록계 등	• 정전압 장치 • 발전기의 조속기 제어 등

2) 목푯값의 시간적 성질에 의한 분류

정치제어와 추치 제어로 구분된다.

(1) 정치제어

목푯값이 시간에 대하여 변화하지 않는 제어를 말하며 프로세스 제어, 자동조정이 이에 속한다.

(2) 추치제어

출력의 변동을 조정하는 동시에 목푯값에 정확히 추종하도록 설계한 제어계로서 추종제어, 프로그램 제어 및 비율제어로 구분된다. 출제 기사 2번

3) 제어 목적에 의한 분류

(1) 정치 제어

제어량을 어떤 일정한 목푯값으로 유지하는 것을 목적으로 하는 제어법

(2) 프로그램 제어

미리 정해진 프로그램에 따라 제어량을 변화시키는 것을 목적으로 하는 제어법(열차 무인 운전, 엘리베이터) 출제 기사 5번

(3) 추종 제어

미지의 임의 시간적 변화를 하는 목푯값에 제어량을 추종시키는 것을 목적으로 하는 제어법

(4) 비율 제어

목푯값이 다른 것과 일정 비율 관계를 가지고 변화하는 경우의 추종 제어법 출제 기사 2번

4) 조절부의 동작에 의한 분류

(1) 비례 제어(P 동작) 출제 기사 1번

편차(조절부의 출력) $z(t)$에서부터 조작량 $y(t)$까지의 피드백 경로 전달 특성이 비례적 특성만을 가진 계이다. 이 계의 조절부 동작을 식으로 표시하면,

$$y(t) = K_p z(t)$$

여기서 K_p를 비례 감도라 하고 그의 역수, 즉 $1/K_p$을 비례대라 하며 비례 동작의 정도를 나타낸다.

이것은 구조가 간단하나 설정값과 제어결과, 즉 검출값 편차의 크기에 비례하여 조작부를 제어하는 것으로 정상 오차를 수반한다. 사이클링은 없으나 잔류편차(off-set)가 생기는 결점이 있다. 출제 산업 2번, 기사 2번

(2) 미분 동작 제어(D 동작)

제어계 오차가 검출될 때 오차가 변화하는 속도에 비례하여 조작량을 가·감산하도록 하는 동작으로 오차가 커지는 것을 미리 방지하는 데 있다.

(3) 적분 동작 제어(I 동작)

오차의 크기와 오차가 발생하고 있는 시간에 대해 둘러싸고 있는 면적을 말하고, 적분값의 크기에 비례하여 조작부를 제어하는 것으로, 잔류 오차가 없도록 제어할 수 있는 장점이 있다. 출제 산업 1번, 기사 1번

(4) 비례 미분 제어(PD 동작)

제어 결과에 빨리 도달하도록 미분 동작을 부가한 것이다. 응답 속응성의 개선에 사용된다.

(5) 비례 적분 제어(PI 동작)

조절부의 동작을 식으로 표시하면

$$y(t) = K_p \left[z(t) + \frac{1}{T_I} \int z(t) dt \right]$$

여기서, T_I를 적분 시간, $1/T_I$을 리셋율(reset rate)이라 한다. 이 동작을 하는 제어계는 계단 변화에 대하여 잔류 편차가 없는 것이 장점(정상 특성 개선)이다. 출제 기사 2번

즉, 비례 동작에 의해 발생하는 잔류편차를 소멸시키기 위해 적분 동작을 부가시킨 제어동작으로서 제어 결과가 진동적으로 되기 쉽다.

(6) 비례 적분 미분 제어(PID 동작) 출제 기사 1번

이 동작은 PI 동작에 미분 동작(D 동작)을 하나 더 가한 것으로, 조절부의 동작을 식으로 표시하면

$$y(t) = K_p \left[z(t) + \frac{1}{T_I} \int z(t) dt + T_D \frac{d}{dt} z(t) \right]$$

여기서, T_D는 미분 시간이며 미분 동작의 정도를 나타낸다. 이 동작은 PI 동작에 미분 동작 (D 동작)을 하나 더 추가한 것으로, 미분 동작에 의해 응답의 오버슈트를 감소시키고, 정정 시간을 적게 하는 효과가 있으며, 적분 동작에 의해 잔류 편차를 없애는 작용도 있으므로 연속 선형 제어로서는 가장 고급의 제어 동작이다. 출제 기사 2번

(7) 온·오프 제어(2위치 제어) 출제 산업 1번, 기사 1번

이 동작은 불연속 동작의 대표적인 것으로 제어량이 목푯값에서 어떤 양만큼 벗어나면 미리 정해진 일정한 조작량이 대상에 가해지는 단속적 제어 동작이며, 그 예는 가정용 냉장고의 온도 단속적 제어 동작이며, 가정용 냉장고의 온도 조절 등이 있다.

요약정리

종 류		특 징
P	비례동작	• 정상오차를 수반 • 잔류편차 발생
I	적분동작	• 잔류편차 제거
D	미분동작	• 오차가 커지는 것을 미리 방지
PI	비례적분동작	• 잔류편차 제거 • 제어결과가 진동적으로 될 수 있다.
PD	비례미분동작	• 응답 속응성의 개선
PID	비례적분미분동작	• 잔류편차 제거 • 응답의 오버슈트 감소 • 응답 속응성의 개선

피드백 제어계의 특징

★★☆ 【99. 04. 기사, ㈜ : 97. 기사, 83. 산업기사】
01 궤환제어계에서 반드시 필요한 것은?

① 구동장치

② 정확성을 높이는 장치

③ 안정성을 증가시키는 장치

④ 입력과 출력을 비교하는 장치

> 해설 오차를 자동적으로 정정하게 하는 자동제어 방식을 피드백 제어라고 하며, 이 제어 회로가 폐회로로 형성되어 있으므로 이것을 폐회로 제어라고도 한다. 피드백 제어계에는 입력과 출력을 비교하는 장치가 필수적이다.

★★☆ 【98. 00. 11. 기사, 83. 산업기사, ㈜ : 06. 08. 기사】
02 제어 요소가 제어 대상에 주는 양은?

① 기준 입력   ② 동작 신호

③ 제어량   ④ 조작량

> 해설 자동제어계의 구성

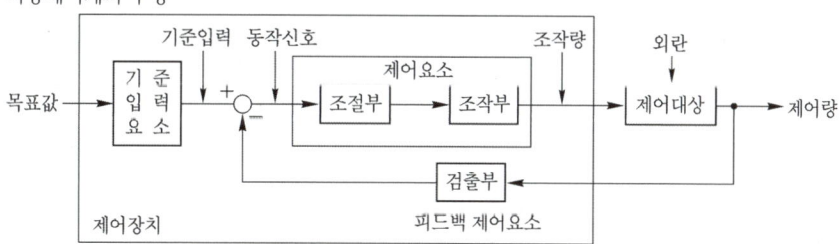

★★★★ 【82. 92. 00. 01. 기사】
03 피드백 제어계에서 제어 요소에 대한 설명 중 옳은 것은?

① 목표치에 비례하는 신호를 발생하는 요소이다.

② 조작부와 검출부로 구성되어 있다.

③ 조절부와 검출부로 구성되어 있다.

④ 동작신호를 조작량으로 변환시키는 요소이다.

해설, 제어 요소는 동작 신호를 조작량으로 변환하는 요소이고 조절부와 조작부로 이루어진다.

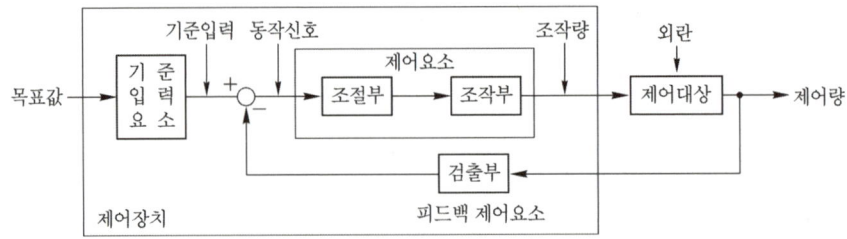

폐루프 제어계의 구성도

★【94. 기사】
04 다음 중 개루프 시스템의 주된 장점이 아닌 것은?

① 원하는 출력을 얻기 위해 보정해 줄 필요가 없다.
② 구성하기 쉽다.
③ 구성단가가 낮다.
④ 보수 및 유지가 간단하다.

해설, 개루프 시스템은 원하는 출력을 얻기 위하여 보정해 주어야 하나, 피드백 제어는 입력과 출력을 비교하여 자동으로 원하는 출력을 얻을 수 있다.

⟨⟩ 유사문제

‖ 유사문제 원문 및 해설 : 동일출판사 홈페이지 ≫ 고객센터 ≫ 자료실

01. 피드백 제어계의 특징이 아닌0 것은?
답 구조가 간단하고 설치비가 저렴하다.

02. 다음 요소 중 피드백 제어 장치에 속하지 않는 것은?
답 제어 대상

▌용어

★【96. 기사, 16. 산업기사】
05 자동 제어계의 각 요소를 Block 선도로 표시할 때에 각 요소를 전달함수로 표시하고 신호의 전달 경로는 무엇으로 표시하는가?

① 전달함수   ② 단자
③ 화살표   ④ 출력

해설, 자동제어계의 각 요소를 Block 선도로 표시할 때에 각 요소를 전달함수로 표시하고 신호의 전달 경로를 화살표로 표시한다.

답 4. ① 5. ③

★★★★【84. 97. 99. 02. 기사】

06 다음 용어 설명 중 옳지 않은 것은?

① 목푯값을 제어할 수 있는 신호로 변환하는 장치를 기준 입력 장치

② 목푯값을 제어할 수 있는 신호로 변환하는 장치를 조작부

③ 제어량을 설정값과 비교하여 오차를 계산하는 장치를 오차 검출기

④ 제어량을 측정하는 장치를 검출단

[해설] 제어 명령을 증폭시켜 직접 제어 대상을 제어시키는 부분을 조작부라 한다.

★★【85. 기사, 81. 산업기사, ㉠ : 81. 산업기사】

07 제어 요소는 무엇으로 구성되는가?

① 검출부

② 검출부와 조절부

③ 검출부와 조작부

④ 조작부와 조절부

[해설] 검출부, 명령처리부, 조절부, 표시경보부를 총칭하여 제어부라 하며 제어 요소는 조작부와 조절부로 구성되어 있다.

★★★【98. 00. 기사, 79. 83. 산업기사】

08 전기로의 온도를 900[℃]로 일정하게 유지시키기 위하여, 열전 온도계의 지시값을 보면서 전압 조정기로 전기로에 대한 인가 전압을 조절하는 장치가 있다. 이 경우 열전 온도계는 어느 용어에 해당되는가?

① 검출부

② 조작량

③ 조작부

④ 제어량

[해설] 제어량의 값이 소정의 상태 여부에 따라 신호를 발생하는 부분을 검출부라 한다.

★☆【96. 기사, 82. 산업기사】

09 인가 직류 전압을 변화시켜서 전동기의 회전수를 800[rpm]으로 하고자 한다. 이 경우 회전수는 어느 용어에 해당하는가?

① 목푯값

② 조작량

③ 제어량

④ 제어 대상

[해설] 제어된 제어 대상의 양을 제어량이라 하며, 일반적으로 출력을 의미한다.

★★【87. 95. 기사】

10 제어 장치가 제어 대상에 가하는 제어 신호로 제어 장치의 출력인 동시에 제어 대상의 입력인 신호는?

① 목푯값

② 조작량

③ 제어량

④ 동작 신호

답 6. ② 7. ④ 8. ① 9. ③ 10. ②

해설 ▸ 개회로 제어계의 기본 블록선도

★ 【91. 기사】
11 제어계를 동작시키는 기준으로서 직접 제어계에 가해지는 신호는?

① 피드백 신호   ② 동작 신호
③ 기준 입력 신호   ④ 제어 편차 신호

해설 ▸

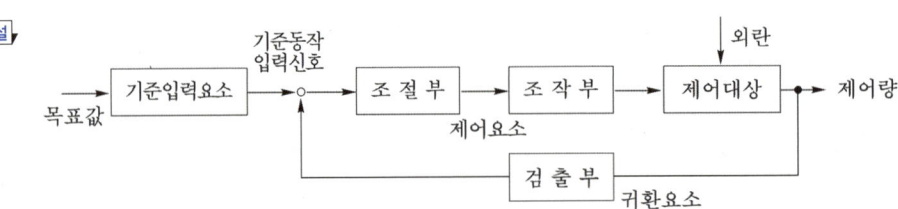

자동제어 장치의 종류

★ 【96. 기사】
12 자동 조정계가 속하는 제어계는?

① 추종 제어   ② 정치 제어   ③ 프로그램 제어   ④ 비율 제어

해설 ▸ 정치 제어는 목푯값이 시간에 대하여 변화하지 않는 제어를 말하며, 프로세스 제어, 자동 조정이 이에
속한다.

★ 【03. 기사】
13 주파수를 제어하고자 하는 경우 이는 어느 제어에 속하는가?

① 비율 제어   ② 추종 제어   ③ 비례 제어   ④ 정치 제어

해설 ▸ 정치 제어는 목푯값이 시간에 대하여 변화하지 않는 제어를 말하며, 프로세스 제어, 자동 조정이 이에
속한다.

★★ 【95. 00. 07. 23. 기사】
14 자동 제어의 추치 제어 3종이 아닌 것은?

① 프로세스 제어   ② 추종 제어   ③ 비율 제어   ④ 프로그램 제어

해설 ▸ 추치 제어는 출력의 변동을 조정하는 동시에 목푯값에 정확히 추종하도록 설계한 제어계로서 추종 제
어, 프로그램 제어, 비율 제어가 이에 속한다.

答 11. ③ 12. ② 13. ④ 14. ①

15 ★★★ 【99. 02. 18. 기사, ⊕ : 93. 97. 기사】
제어량의 종류에 의한 자동 제어의 분류가 아닌 것은?

① 프로세스 제어　　② 서보 기구　　　③ 자동 조정　　　④ 추종 제어

해설 ▸ 추종 제어란 임의로 변화하는 목푯값을 추종하는 제어를 뜻하며, 추치 제어라 한다.

16 ★★★★★ 【89. 94. 01. 기사, 82. 산업기사, ⊕ : 90. 99. 기사, 82. 산업기사】
다음 중 프로세스 제어(process control)에 속하지 않는 것은?

① 온도　　　　　　② 압력　　　　　　③ 유량　　　　　　④ 자세

해설 ▸ 제어량이 공업 프로세스의 상태량일 경우에 제어를 뜻하며, 압력, 온도, 유량, 액면, 밀도, 농도 등이 이에 속한다.

17 ★★★ 【93. 96. 05. 기사, ⊕ : 82. 기사】
서보 기구에서 직접 제어되는 제어량은 주로 어느 것인가?

① 압력, 유량, 액위, 온도　　　　　② 수분, 화학 성분
③ 위치, 각도　　　　　　　　　　④ 전압, 전류, 회전 속도, 회전력

해설 ▸ 주로 물체의 위치, 방위, 자세 등을 제어하는 자동 제어계로 목푯값이 임의의 변화에 추종하도록 구성되어 있는 것을 서보 기구라 한다.

18 ★ 【94. 03. 기사】
연료의 유량과 공기의 유량과의 사이의 비율을 연소에 적합한 것으로 유지하고자 하는 제어는?

① 비율 제어　　　② 추종 제어　　　③ 프로그램 제어　　④ 시퀀스 제어

해설 ▸ 비율 제어는 목푯값이 다른 양과 비율 관계를 가지고 변화하는 경우의 제어로서 보일러의 자동 연소 제어 등이 이에 속한다.

19 ★☆ 【98. 04. 기사, 82. 산업기사】
다음의 제어량에서 추종 제어에 속하지 않는 것은?

① 유량　　　　　　② 위치　　　　　　③ 방위　　　　　　④ 자세

해설 ▸ 항공기를 레이더로 추적하는 제어와 같이 임의로 변화하는 목푯값을 추적하는 제어를 추종 제어 혹은 추치 제어라 한다. 유량 : 프로세스 제어

20 ★★ 【96. 04. 기사, 76. 82. 산업기사】
잔류 편차가 있는 제어계는?

① 비례 제어계(P 제어계)　　　　　② 적분 제어계(I 제어계)
③ 비례 적분 제어계(PI 제어계)　　④ 비례 적분 미분 제어계(PID 제어계)

해설 ▸ 잔류 편차는 비례 제어의 경우에 피할 수 없다.

21 ★★【98. 기사, ⊕ : 92. 기사】
PI 제어 동작은 공정 제어계의 무엇을 개선하기 위해 쓰이고 있는가?

① 속응성　　　　② 정상 특성　　　　③ 이득　　　　④ 안정도

해설, PI 제어 동작의 특성
① 시간 응답이 일반적으로 늦다.　　② 이득 여유가 증가, M_P가 감소
③ 속도 편차 상수가 증가　　　　　④ 정상 특성이 개선된다.

22 ★☆【99. 기사, 82. 산업기사】
다음 중 불연속 제어계는?

① 비례 제어　　　② 미분 제어　　　③ 적분 제어　　　④ on-off 제어

해설, ① 연속 데이터 제어 : P, PI, PID 제어
② 불연속 제어 : on-off, 간헐 제어
③ 샘플값 제어 : 제어 신호가 단속적으로 측정한 샘플값일 때의 제어계

23 ★☆【89. 기사, 89. 산업기사】
off-set을 제거하기 위한 제어법은?

① 비례 제어　　　② 적분 제어　　　③ on-off 제어　　　④ 미분 제어

해설, 적분 동작은 오차의 크기와 오차가 발생하고 있는 시간에 둘러싸인 면적, 즉 적분값의 크기에 비례하여
조작부를 제어하는 것으로 오프셋(off-set)을 소멸시킨다.

24 ★★★【86. 97. 기사, ⊕ : 76. 기사】
열차의 무인 운전을 위한 제어는 어느 것에 속하는가?

① 정치 제어　　　② 추종 제어　　　③ 비율 제어　　　④ 프로그램 제어

해설, 미리 정해진 프로그램에 따라 제어량을 변화시키는 목적으로 사용되는 것을 프로그램 제어라 한다.

25 ★★【76. 01. 기사】
엘리베이터의 자동 제어는 다음 중 어느 것에 속하는가?

① 추종 제어　　　② 프로그램 제어　　　③ 정치 제어　　　④ 비율 제어

해설, 미리 정해진 프로그램에 따라 제어량을 변화시키는 목적으로 사용되는 것을 프로그램 제어라 한다.

26 ★★☆【93. 95. 05. 기사, ⊕ : 76. 산업기사】
온도, 유량, 압력 등의 공업 프로세스 상태량을 제어량으로 하는 제어계로서 프로세스에 가해
지는 외란의 억제를 주 목적으로 하는 것은?

① 프로세스 제어　　② 자동제어　　③ 서보 기구　　④ 정치 제어

해설 공업 공정의 상태량을 제어량으로 하는 제어를 프로세스(공정) 제어라 하며, 공정 공업에서는 원료나 에너지의 공급량(유량, 질량 등)을 규정하고 장치의 환경 조건(온도, 압력 등)을 정비함으로써 소요의 제품을 얻는다. 이 제어가 자동적으로 수행되는 공정 제어는 화학, 석유, 화섬, 철강, 가스, 펄프 공업 등에 널리 이용되고 있다.

★★【93. 98. 기사】
27 정상 특성과 응답 속응성을 동시에 개선시키려면, 다음 어느 제어를 사용해야 하는가?

① P 제어 ② PI 제어 ③ PD 제어 ④ PID 제어

해설 PID 제어는 뒤진-앞선 회로의 특성과 같으며 정상 편차 응답 속응성 모두가 최적이다.

★【01. 기사】
28 그림은 인쇄기 제어 시스템의 블록선도이다. 이러한 시스템을 무슨 제어 시스템이라고 하는가?

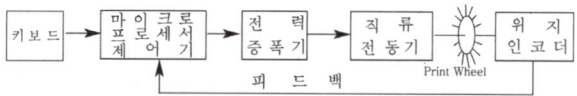

① 디지털 제어 시스템 ② 아날로그 제어 시스템
③ 최적 제어 시스템 ④ 적응 제어 시스템

해설 • 피드백 제어계의 특징
　　① 생산품질향상이 현저하며 균일한 제품을 얻을 수 있다.
　　② 원료, 연료 및 동력을 절약할 수 있으며 인건비를 줄일 수 있다.
　　③ 생산 속도를 상승시키고, 생산량을 크게 증대시킬 수 있다.
　　④ 노동조건의 향상 및 위험 환경의 안정화 기여
　　⑤ 생산설비의 수명 연장, 설비 자동화로 원가를 절감할 수 있다.
　　• 적응 제어계의 특징
　　① 피드백 제어계에서 외부 환경에 변화가 큰 경우에는 제어 대상이나 제어 특성이 변화하여 종래의
　　　피드백 제어만으로 불충분하므로 적응 제어가 필요하나.
　　② 항공기의 자동 조정 장치나 컴퓨터 등을 사용한 공정 제어 시스템에 실용화 되고 있다.

★★【03. 06. 기사】
29 동작 중 속응도와 정상 편차에서 최적 제어가 되는 것은?

① PI 동작 ② P 동작 ③ PD 동작 ④ PID 동작

해설 PID 제어는 뒤진-앞선 회로의 특성과 같으며 정상 편차 응답 속응성 모두가 최적이다.

★【94. 09. 기사】
30 잔류 편차(off-set)를 발생하는 제어는?

① 비례 제어 ② 미분 제어 ③ 적분 제어 ④ 비례 적분 미분 제어

해설 비례 제어(P), 비례 미분 제어(PD)는 정상 편차가 존재한다.

31 ★【03. 기사】

제어방식에 의한 분류 중 학습제어와 지능제어에 속하지 않는 제어방식은?

① 전문가 시스템

② 신경회로망

③ 최적제어 시스템

④ 퍼지논리 시스템

유사문제

‖ 유사문제 원문 및 해설 : 동일출판사 홈페이지 ≫ 고객센터 ≫ 자료실

01. 제어 요소의 동작 중 연속 동작이 아닌 것은?

답 ON-OFF 동작

02. 다음 중 자동 조정에 속하지 않는 제어량은?

답 방위

03. 프로세스 제어에 속하는 것은?

답 압력

04. 피드백 제어계 중 물체의 위치, 방위, 자세 등의 기계적 변위를 제어량으로 하는 것은?

답 서보 기구(servomechanism)

05. 목푯값이 미리 정해진 시간적 변화를 하는 경우 제어량을 그것에 추종시키기 위한 제어는?

답 프로그래밍 제어

06. 연속식 압연기의 자동 제어는 다음 중 어느 것인가?

답 정치 제어

07. 비례 적분(PI) 제어 동작의 특징에 해당하는 것은?

답 간헐 현상이 있다.

답 31. ③

CHAPTER 02

라플라스 변환

01 - 라플라스 변환(Laplace transformation)

라플라스 변환은 선형 상미분 방정식의 해를 구하는 데 매우 유용하므로 제어 시스템을 설계하는 것에 자주 이용되고 있다. 미분 방정식이 라플라스 변환을 적용하면 라플라스 변환식이 되고, 이 식을 복소 변수의 관계로 나타내게 된다. 이 변환 관계식은 단순한 대수식으로 표현하게 되므로 간단히 해를 구할 수 있고, 원래의 변수로 된 해를 구하려면 다시 구하는 시간 함수를 결정하는 데 필요한 역라플라스 변환을 구하면 된다.

어떤 임의의 시간함수 $f(t)$가 주어진 경우에 e^{-st}를 곱한 $f(t)e^{-st}$를 시간 t에 대해서 0부터 ∞까지 적분하면 $f(t)$는 라플라스 연산자 s를 갖는 함수 $F(s)$로 변환된다.

즉, $0 \le t \le \infty$로 정의되는 $f(t)$의 라플라스 변환은 다음 식으로 표시한다.

$$F(s) = \mathcal{L}\left[f(t)\right] = \int_0^\infty f(t)\, e^{-st}\, dt \quad \boxed{\text{출제}}\ \text{산업 3번, 기사 4번}$$

역으로 $F(s)$ 함수로부터 $f(t)$를 구하는 것을 라플라스 역변환(inverse Laplace transformation)이라 하며 $\mathcal{L}^{-1}[F(s)]$로 표시하며 다음과 같이 정의한다.

$$f(t) = \mathcal{L}^{-1}[F(s)] = \frac{1}{2\pi j} \int_{c-j\infty}^{c+j\infty} f(t)e^{st}\, ds$$

1) 상수(constant)의 라플라스 변환

상수를 a라 하면 시간함수는 $f(t) = a$이므로

$$\mathcal{L}\left[a\right] = \int_0^\infty a\, e^{-st}\, dt = a\left[-\frac{e^{-st}}{s}\right]_0^\infty = \frac{a}{s}$$

$$\therefore\ \mathcal{L}\left[a\right] = \frac{a}{s} \quad \boxed{\text{출제}}\ \text{기사 1번}$$

※ 공식 : 상수를 라플라스 변환하면 $\dfrac{상수}{s}$의 형태가 된다.

2) 계단 함수(step function)의 라플라스 변환

(1) 단위 계단함수(unit step function)

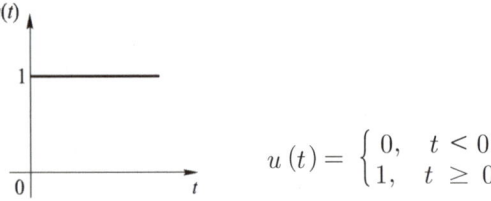

$$u(t) = \begin{cases} 0, & t < 0 \\ 1, & t \geq 0 \end{cases}$$

$u(t)$를 라플라스 변환하면, $s > 0$ 범위에서

$$\mathcal{L}[u(t)] = \int_0^\infty u(t)e^{-st}\,dt = \int_0^\infty 1\,e^{-st}\,dt$$

$$= -\frac{1}{s}\left[-\frac{e^{-st}}{s}\right]_0^\infty = \frac{1}{s}$$ 출제 기사 3번

※ 공식 : $u(t)$를 라플라스 변환하면 $\dfrac{1}{s}$의 형태가 된다.

(2) 단위 계단함수가 시간 이동하는 경우

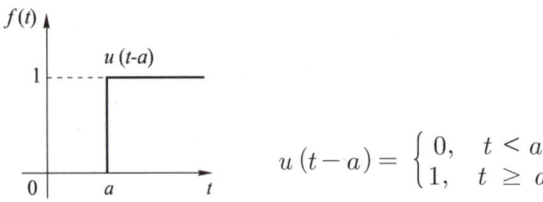

$$u(t-a) = \begin{cases} 0, & t < a \\ 1, & t \geq a \end{cases}$$

$u(t-a)$를 라플라스 변환하면

$$\mathcal{L}[u(t-a)] = \int_0^\infty u(t-a)e^{-st}\,dt = \int_0^a 0\,e^{-st}\,dt + \int_a^\infty 1\,e^{-st}\,dt$$

$$= \left[-\frac{1}{s}e^{-st}\right]_a^\infty = -\frac{1}{s}(e^{-\infty} - e^{-as}) = \frac{1}{s}e^{-as}$$ 출제 기사 2번

(3) 펄스파의 라플라스 변환

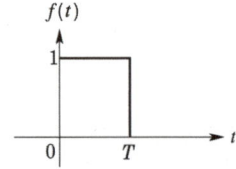

앞 그림의 펄스파는 다음과 같이 변형할 수 있다.

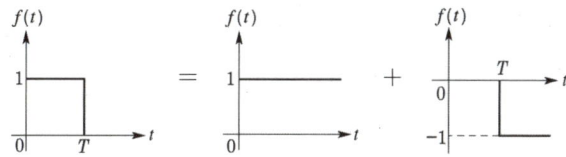

즉, $f(t) = f_1(t) + f_2(t)$이므로

$$\begin{cases} f_1(t) = u(t) \\ f_2(t) = -u(t-T) \end{cases}$$

따라서

$$f(t) = u(t) - u(t-T)$$
$$\therefore F(s) = \frac{1}{s} - \frac{1}{s}e^{-Ts} = \frac{1}{s}\left(1 - e^{-Ts}\right) \quad \boxed{\text{출제}}\ \text{산업 6번, 기사 7번}$$

가 된다.

2) 램프함수(ramp function) t

(1) 단위 램프함수(unit ramp function)

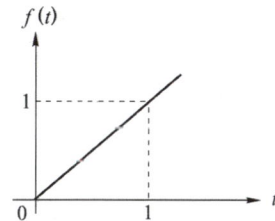

$$f(t) = u(t)$$

단위 램프(경사)함수는 단위 계단함수를 적분하여 얻을 수 있다. 즉, 그림과 같은 기울기가 1인 직선이다.

$$f(t) = t\,u(t) = \begin{cases} 0, & t < 0 \\ t, & t > 0 \end{cases}$$

라플라스 변환하면

$$F(s) = \mathcal{L}\left[f(t)\right] = \int_0^\infty t\,u(t)\,e^{-st}\,dt$$

가 되며, 부분적분 공식을 이용하면

$$\int f(x)g(x)'dx = f(x)g(x) - \int f'(x)g(x)dx$$

여기서, $f(x) = t$, $g'(x) = e^{-st}dt$, $f'(x) = 1$, $g(x) = -\frac{1}{s}e^{-st}$

이므로 이를 적용하면

$$\int_0^\infty t\,e^{-st}dt = \left[t\,\frac{e^{-st}}{-s}\right]_0^\infty - \int_0^\infty \frac{e^{-st}}{-s}dt$$

$$= \left[-\frac{1}{s^2}e^{-st}\right]_0^\infty = \frac{1}{s^2}$$

$$\therefore \ \mathcal{L}[t\,u(t)] = \frac{1}{s^2} \quad \boxed{\text{출제}\ \text{산업 3번}}$$

※ 공식 : t^n을 라플라스 변환하면 $\frac{n!}{s^{n+1}}$가 된다.

여기서, $n! = n \times (n-1) \times (n-2) \times \cdots$

(2) 기울기가 a 인 경우의 램프함수의 라플라스 변환

$$\mathcal{L}[at] = \frac{a}{s^2}$$

3) 단위 임펄스 함수(unit impulse function)의 라플라스 변환

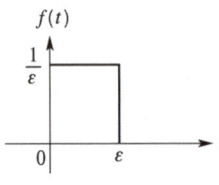

폭이 ϵ, 높이 $\frac{1}{\epsilon}$이고, 면적이 1인 파형에 대해서 $\epsilon \to 0$으로 한 극한 파형을 단위 임펄스 함수라 한다. 단위 임펄스 함수는 단위 계단함수의 미분으로 얻어지며 $\delta(t)$로 표시한다.

$$f(t) = \delta(t) = \begin{cases} 0, & t \neq 0 \\ \infty, & t = 0 \end{cases}$$

라플라스 변환하면

$$F(s) = \mathcal{L}\left[f(t)\right] = \mathcal{L}\left[\lim_{\epsilon \to 0}\delta(t)\right] = \lim_{\epsilon \to 0}\int_0^\infty \delta(t)e^{-st}dt$$

$$= \lim_{\epsilon \to 0}\frac{1}{\epsilon}\int_0^\infty \{u(t) - u(t-\epsilon)\}e^{-st}dt$$

$$= \lim_{\epsilon \to 0}\left\{\frac{1}{\epsilon} \cdot \frac{1 - e^{-st}}{s}\right\}$$

이 식을 테일러 정리에 대입하면

$$F(s) = \lim_{\epsilon \to 0}\frac{1}{\epsilon}\left(\frac{1}{s} - \frac{1}{s}(1 - \epsilon s) + \frac{(\epsilon s)^2}{2!} - \frac{(\epsilon s)^3}{3!} + \cdots\right)$$

$$= \lim_{\epsilon \to 0}\left(1 - \frac{\epsilon s}{2!} + \frac{(\epsilon s)^2}{3!} + \cdots\right) = 1 \quad \boxed{\text{출제}}\ \text{산업 1번, 기사 2번}$$

※ 테일러 정리

$$e^x = 1 + x + \frac{x^2}{2!} + \frac{x^3}{3!} + \frac{x^4}{4!} + \cdots$$

4) 지수감쇠함수

$f(t) = e^{-at}$ 의 라플라스 변환

$$F(s) = \mathcal{L}\left[f(t)\right] = \int_0^\infty e^{-at}e^{-st}\,dt = \int_0^\infty e^{-(s+a)t}\,dt$$

$$= \left[-\frac{1}{s+a}e^{-(s+a)t}\right]_0^\infty = \frac{1}{s+a}$$

따라서

$$\mathcal{L}\left[e^{\mp at}\right] = \frac{1}{s \pm a} \quad \boxed{\text{출제}}\ \text{산업 3번, 기사 4번}$$

로 된다.

※ 공식 : 지수함수의 경우 s 대신 $s \pm a$를 대입한다.

5) 삼각 함수의 라플라스 변환

$\sin\omega t$, $\cos\omega t$를 지수함수로 고치면 라플라스 변환을 쉽게할 수 있다.

$$\sin\omega t = \frac{1}{2j}\left\{e^{j\omega t} - e^{-j\omega t}\right\}$$

따라서, 라플라스 변환식은

$$\mathcal{L}\left[\sin\omega t\right] = \frac{1}{2j}\mathcal{L}\left\{e^{j\omega t}-e^{-j\omega t}\right\}$$

$$= \frac{1}{2j}\left\{\frac{1}{s-j\omega}-\frac{1}{s+j\omega}\right\} = \frac{1}{2j}\frac{(s+j\omega)-(s-j\omega)}{s^2+\omega^2}$$

$$= \frac{1}{2j}\frac{2j\omega}{s^2+\omega^2} = \frac{\omega}{s^2+\omega^2} \quad \boxed{\text{출제}}\ \text{산업 5번}$$

또 $\cos\omega t = \dfrac{1}{2}\left\{e^{j\omega t}+e^{-j\omega t}\right\}$ 이므로

$$\mathcal{L}\left[\cos\omega t\right] = \frac{1}{2}\mathcal{L}\left\{e^{j\omega t}+e^{-j\omega t}\right\}$$

$$= \frac{1}{2}\left\{\frac{1}{s+j\omega}+\frac{1}{s-j\omega}\right\} = \frac{1}{2}\frac{(s-j\omega)+(s+j\omega)}{s^2+\omega^2}$$

$$= \frac{1}{2}\frac{2s}{s^2+\omega^2} = \frac{s}{s^2+\omega^2} \quad \boxed{\text{출제}}\ \text{산업 2번, 기사 2번}$$

※ 삼각함수의 공식

$$e^{j\theta} = \cos\theta + j\sin\theta$$
$$e^{-j\theta} = \cos\theta - j\sin\theta$$

두 식의 차를 구하면

$$e^{j\theta}-e^{-j\theta} = \cos\theta + j\sin\theta - \cos\theta + j\sin\theta = 2j\sin\theta$$

따라서 $\sin\theta = \dfrac{1}{2j}(e^{j\theta}-e^{-j\theta})$ 가 된다.

6) 쌍곡선 함수의 라플라스 변환

$\sin h\omega t$, $\cos h\omega t$ 를 지수함수로 고치면 라플라스 변환을 쉽게할 수 있다.

$\sin h\omega t = \dfrac{1}{2}\left\{e^{\omega t}-e^{-\omega t}\right\}$ 이므로

$$\mathcal{L}\left[\sin h\omega t\right] = \frac{1}{2}\mathcal{L}\left\{e^{\omega t}-e^{-\omega t}\right\} = \frac{\omega}{s^2-\omega^2}$$

$\cos h\omega t = \dfrac{1}{2}\left\{e^{\omega t}+e^{-\omega t}\right\}$ 이므로

$$\mathcal{L}\left[\cos\omega t\right] = \frac{1}{2}\mathcal{L}\left\{e^{j\omega t}+e^{-j\omega t}\right\} = \frac{s}{s^2-\omega^2}$$

기본함수의 라플라스 변환

	$f(t)$	$F(s)$		$f(t)$	$F(s)$
1	$\delta(t)$	1	11	$\cosh\omega t$	$\dfrac{s}{s^2-\omega^2}\ \ s>\lvert\omega\rvert$
2	$u(t)$	$\dfrac{1}{s}$	12	$t\sin\omega t$	$\dfrac{2\omega s}{(s^2+\omega^2)^2}$
3	t	$\dfrac{1}{s^2}$	13	$t\cos\omega t$	$\dfrac{s^2-\omega^2}{(s^2+\omega^2)^2}$
4	t^n	$\dfrac{n!}{s^{n+1}}$	14	$\epsilon^{-at}\sin\omega t$	$\dfrac{\omega}{(s+a)^2+\omega^2}$
5	ϵ^{-at}	$\dfrac{1}{s+a}$	15	$\epsilon^{-at}\cos\omega t$	$\dfrac{s+a}{(s+a)^2+\omega^2}$
				출제 산업 4번, 기사 7번	
6	$t\,\epsilon^{-at}$	$\dfrac{1}{(s+a)^2}$	16	$t\,\epsilon^{-at}\sin\omega t$	$\dfrac{2\omega(s+a)}{\{(s+a)^2+\omega^2\}^2}$
	출제 산업 4번, 기사 1번				
7	$t^n\,\epsilon^{-at}$	$\dfrac{n!}{(s+a)^{n+1}}$	17	$t\,\epsilon^{-at}\cos\omega t$	$\dfrac{(s+a)^2-\omega^2}{\{(s+a)^2+\omega^2\}^2}$
8	$\sin\omega t$	$\dfrac{\omega}{s^2+\omega^2}$	18	$\dfrac{\sin\omega t}{t}$	$\tan^{-1}\dfrac{\omega}{s}$
9	$\cos\omega t$	$\dfrac{s}{s^2+\omega^2}$	19	$J_0(at)$	$\dfrac{1}{\sqrt{s^2+a^2}}$
10	$\sinh\omega t$	$\dfrac{\omega}{s^2-\omega^2}\ \ s>\lvert\omega\rvert$	20	$\dfrac{1}{\sqrt{t}}$	$\sqrt{\dfrac{\pi}{s}}$

각종 파형의 라플라스 변환

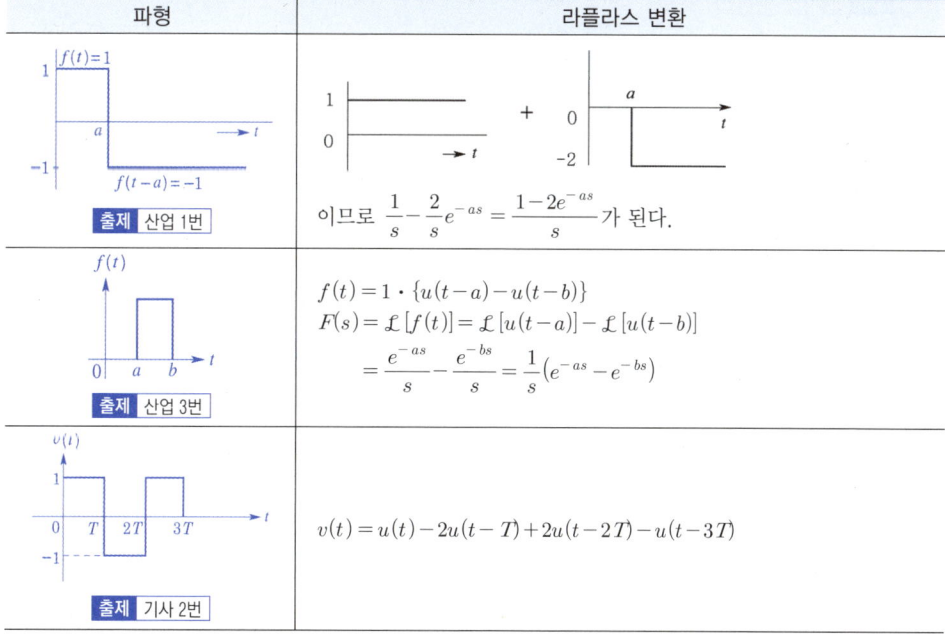

파형	라플라스 변환
	이므로 $\dfrac{1}{s}-\dfrac{2}{s}e^{-as}=\dfrac{1-2e^{-as}}{s}$ 가 된다.
	$f(t)=1\cdot\{u(t-a)-u(t-b)\}$ $F(s)=\mathcal{L}[f(t)]=\mathcal{L}[u(t-a)]-\mathcal{L}[u(t-b)]$ $\quad=\dfrac{e^{-as}}{s}-\dfrac{e^{-bs}}{s}=\dfrac{1}{s}\left(e^{-as}-e^{-bs}\right)$
	$v(t)=u(t)-2u(t-T)+2u(t-2T)-u(t-3T)$

파형	라플라스 변환
$f(t)$ 그래프 (삼각파, 정점 1, 밑변 0~2) 출제 산업 1번, 기사 2번	$f(t)=0 \;:\; t<0, \qquad f(t)=t \;:\; 0 \leqq t < 1$ $f(t)=2-t \;:\; 1 \leqq t < 2, \quad f(t)=0 \;:\; t \geqq 2$ $F(s)=\mathcal{L}[f(t)]=\displaystyle\int_0^1 te^{-st}dt + \int_1^2 (2-t)\cdot e^{-st}dt$ $=\left[t\cdot\dfrac{e^{-st}}{-s}\right]_0^1 + \dfrac{1}{s}\int_0^1 e^{-st}dt + \left[(2-t)\cdot\dfrac{e^{-st}}{-s}\right]_1^2 - \dfrac{1}{s}\int_1^2 e^{-st}dt$ $=-\dfrac{1}{s}e^{-s}-\dfrac{1}{s^2}e^{-s}+\dfrac{1}{s^2}+\dfrac{1}{s}e^{-s}+\dfrac{1}{s^2}e^{-2s}-\dfrac{1}{s^2}e^{-s}$ $=\dfrac{1}{s^2}\left(1-2e^{-s}+e^{-2s}\right)$
$f(t)$ 그래프 (톱니/램프, E 정점, 0~T) 출제 기사 2번	$f(t)=\dfrac{E}{T}t\{u(t)-u(t-T)\}$ $=\dfrac{E}{T}tu(t)-\dfrac{E}{T}(t-T)u(t-T)-Eu(t-T)$ $F(s)=\mathcal{L}[f(t)]=\dfrac{E}{T}\dfrac{1}{s^2}-\dfrac{E}{T}\dfrac{1}{s^2}e^{-Ts}-\dfrac{E}{s}e^{-Ts}$ $=\dfrac{E}{Ts^2}\left(1-e^{-Ts}-Tse^{-Ts}\right)=\dfrac{E}{Ts^2}\left[1-(Ts+1)e^{-Ts}\right]$
$f(t)$ 그래프 (톱니파 반복, a 정점, $T,2T,3T$) 출제 산업 1번, 기사 1번	$f(t)=\dfrac{a}{T}t\,u(t)-au(t-T)-au(t-2T)-au(t-3T)-\cdots$ $=\dfrac{a}{T}t\,u(t)-a\{u(t-T)+u(t-2T)+u(t-3T)+\cdots\}$ $F(s)=\dfrac{a}{Ts^2}-e\left(\dfrac{1}{s}e^{-Ts}+\dfrac{1}{s}e^{-2Ts}+\dfrac{1}{s}e^{-3Ts}+\cdots\right)$ $=\dfrac{a}{Ts^2}-\dfrac{a}{s}a^{-Ts}\left(1+e^{-Ts}+e^{-2Ts}+e^{-3Ts}+\cdots\right)$ $=\dfrac{a}{Ts^2}-\dfrac{a}{s}e^{-Ts}\left(\dfrac{1}{1-e^{-Ts}}\right)$ $=\dfrac{a}{s}\left(\dfrac{1}{Ts}-\dfrac{e^{-Ts}}{1-e^{-Ts}}\right)$ $\therefore \displaystyle\sum_{n=0}^{\infty}x^n=1+x+x^2+\cdots=\dfrac{1}{1-x}$ (등비 급수)
$f(t)$ 그래프 (반파 정현파, E 정점, 0~$\frac{1}{2}T$) 출제 산업 1번, 기사 1번	$f(t)=E\sin\omega t\,u(t)+E\sin\omega\left(t-\dfrac{1}{2}T\right)u\left(t-\dfrac{1}{2}T\right)$ $F(s)=\dfrac{E\omega}{s^2+\omega^2}+\dfrac{E\omega}{s^2+\omega^2}e^{-\frac{1}{2}Ts}=\dfrac{E\omega}{s^2+\omega^2}\left(1+e^{-\frac{1}{2}Ts}\right)$
$F(t)$ 그래프 (계단파, E 간격, $T,2T,3T$) 출제 기사 2번	$f(t)=Eu(t)+Eu(t-T)+Eu(t-2T)+Eu(t-3T)+\cdots$ $F(s)=\mathcal{L}[f(t)]=\dfrac{E}{s}+\dfrac{E}{s}e^{-Ts}+\dfrac{E}{s}e^{-2Ts}+\dfrac{E}{s}e^{-3Ts}+\cdots$ $=\dfrac{E}{s}\left(1+e^{-Ts}+e^{-2Ts}+e^{-3Ts}+\cdots\right)$ $=\dfrac{E}{s}\left(\dfrac{1}{1-e^{-Ts}}\right)=\dfrac{E}{s\left(1-e^{-Ts}\right)}$

02 - 라플라스 변환의 기본정리

1) 선형성

임의의 상수 a, b에 대해서 다음 관계가 성립하므로

$$af_1(t) \pm bf_2(t) \leftrightarrow aF_1(s) \pm bF_2(s)$$
$$\mathcal{L}[af_1(t) \pm bf_2(t)] = aF_1(s) \pm bF_2(s)$$

상수 a, b에 대한 선형성이 성립한다.

2) 상사정리

시간함수 $f\left(\dfrac{t}{a}\right)$로 된 함수를 라플라스 변환하면

$$\mathcal{L}\left[f\left(\frac{t}{a}\right)\right] = \int_0^\infty f\left(\frac{t}{a}\right)e^{-st}dt$$

에서 $\dfrac{t}{a} = \tau$라 하면 $t = a\tau$, $at = ad\tau$이므로 이를 대입하면

$$\mathcal{L}\left[f\left(\frac{t}{a}\right)\right] = \int_0^\infty f(\tau)e^{-as\tau}ad\tau = aF(as)$$

가 된다. 그러므로

$$\mathcal{L}\left[f\left(\frac{t}{a}\right)\right] = aF(as)$$

가 된다. 이를 상사 정리라 한다. 또

$$\mathcal{L}[f(at)] = \frac{1}{a}F\left(\frac{s}{a}\right)$$

의 관계도 성립한다. 여기서, a : 상수

3) 시간추이정리

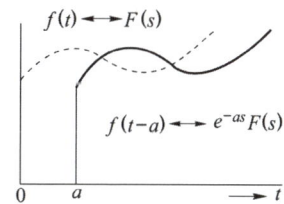

그림과 같이 $t < a$에서 0인 함수 $f(t-a)$에 대하여 라플라스 변환하면

$$\mathcal{L}\left[f(t-a)\right] = \int_0^\infty f(t-a)e^{-st}dt$$

여기서, $t-a = \tau$라 놓으면 $dt = d\tau$, $t = \tau + a$ 이므로

$$\mathcal{L}\left[f(t-a)\right] = \int_0^\infty f(\tau)e^{-s(\tau+a)}d\tau$$

$$= \int_0^\infty f(\tau)e^{-s\tau}e^{-as}d\tau = e^{-as}F(s)$$

가 된다. 즉, $\mathcal{L}\left[f(t)\right] = F(s)$이고 $f(t)$를 시간 t의 양의 방향으로 a만큼 이동한 함수 $f(t-a)$에 대하여 $\mathcal{L}\left[f(t-a)\right] = e^{-as}F(s)$가 관계가 있다. 이를 시간 추이 정리라 한다.

4) 복소추이정리

$s > a$일 때 $\mathcal{L}\left[f(t)\right] = F(s)$이면 함수 $e^{\pm at}f(t)$의 라플라스 변환

$$\mathcal{L}\left[e^{\pm at}f(t)\right] = \int_0^\infty e^{\pm at}e^{-st}dt = \int_0^\infty f(t)e^{-(s\mp a)t}dt = F(s\mp a)$$

가 된다. 즉,

$$\mathcal{L}\left[e^{\pm at}f(t)\right] = F(s\mp a)$$

가 성립하며 라플라스 변환식 $F(s)$에서 s대신 $s\mp a$ 를 대입한 것이다.

5) 실미분 정리

s의 함수 $F(s)$를 s로 미분하면

$$\frac{dF(s)}{ds} = \int_0^\infty f(t)(-te^{-st})dt = \int_0^\infty -tf(t)e^{-st}dt = -\mathcal{L}\left[tf(t)\right]$$

즉, $f(t)$가 n회 미분 가능하면 t영역에 있어서 미분 $f'(t)$, $f''(t)$의 라플라스 변환은 다음과 같다.

$$\mathcal{L}\left[\frac{d}{dt}f(t)\right] = sF(s) - f(0_+)$$

$$\mathcal{L}\left[\frac{d^2}{dt^2}f(t)\right] = s^2F(s) - sf(0_+) - f'(0_+)$$

이를 실미분 정리라 한다.

6) 실적분 정리

s의 함수 $F(s)$를 적분하면

$$\int_s^\infty F(s)ds = \int_s^\infty \left(\int_0^\infty f(t)e^{-st}dt\right)ds = \int_0^\infty f(t)\left(\int_s^\infty e^{-st}ds\right)dt$$

여기서

$$\int_s^\infty e^{-st}ds = \left[-\frac{1}{t}e^{-st}\right]_s^\infty = \frac{1}{t}e^{-st}$$

가 된다. 따라서 이 식을 본 식에 대입하면

$$\int_s^\infty F(s)ds = \mathcal{L}\left[\frac{f(t)}{t}\right]$$

가 된다. 즉, $\mathcal{L}[f(t)] = F(s)$일 때, 정적분 $\int_0^t f(t)dt$ 의 라플라스 변환은 다음과 같다.

$$\mathcal{L}\left[\int_0^t f(t)\,dt\right] = \frac{1}{s}F(s)$$

이를 실적분 정리라 한다.

7) 초기값 정리

$\mathcal{L}\left[\dfrac{df(t)}{t}\right] = sF(s) - f(0_+)$에 의하여

$$\lim_{s\to\infty}\left[\int_0^\infty \frac{df(t)}{dt}e^{-st}dt\right] = \lim_{s\to\infty}[sF(s) - f(0_+)]$$

이 되고 $\lim\limits_{s\to\infty} e^{-st} = 0$이므로 좌변은 0이 된다. 그러므로

$$0 = \lim_{s\to\infty}[sF(s) - f(0_+)]$$

$$f(0_+) = \lim_{t\to 0}f(t) = \lim_{s\to\infty}sF(s) \qquad \boxed{출제}\ 산업 1번, 기사 6번$$

가 된다. 이것은 어떤 함수 $f(t)$에 대해서 시간 t가 0에 가까워지는 경우 $f(t)$의 극한값을 초기값(initial value)이라 한다.

8) 최종값 정리

$$\mathcal{L}\left[\frac{df(t)}{t}\right] = sF(s) - f(0_+) \text{에 의하여}$$

$$\lim_{s\to 0}\left[\int_0^\infty \frac{df(t)}{dt}e^{-st}dt\right] = \lim_{s\to 0}[sF(s) - f(0_+)]$$

이 되고 $\lim_{s\to 0}e^{-st}=1$이므로 좌변은

$$\lim_{s\to 0}\left[\int_0^\infty \frac{df(t)}{dt}e^{-st}dt\right] = \int_0^\infty \frac{df(t)}{dt}dt$$

$$= \lim_{t\to\infty}\int_0^t \frac{df(t)}{dt}dt = \lim_{t\to\infty}[f(t) - f(0_+)]$$

가 된다. 그러므로

$$\lim_{t\to\infty}[f(t) - f(0_+)] = \lim_{s\to 0}[sF(s) - f(0_+)]$$

즉, $\lim_{t\to\infty}f(t) = \lim_{s\to 0}sF(s)$가 된다.　출제 산업 10번, 기사 11번

이것은 어떤 함수 $f(t)$에 대해서 시간 t가 ∞에 가까워지는 경우 $f(t)$의 극한값을 최종값 (final value)이라 한다.

라플라스 변환의 정리

상 수 승 산	$\mathcal{L}[Kf(t)] = KF(s)$
가 감 산	$\mathcal{L}[f_1(t) \pm f_2(t)] = [F_1(s) \pm F_2(s)]$
미 분 정 리	$\mathcal{L}\left[\dfrac{df(t)}{dt}\right] = sF(s) - f(0)$ $\mathcal{L}\left[\dfrac{d^n f(t)}{dt^n}\right] = s^n F(s) - s^{n-1}f(0) - s^{n-2}f^{(1)}(0) - \cdots - f^{(n-1)}(0)$
적 분 정 리	$\mathcal{L}\left[\displaystyle\int_0^t f(\tau)\,d\tau\right] = \dfrac{F(s)}{s}$,　$\mathcal{L}\left[\displaystyle\int_0^{t_1}\int_0^{t_2}\cdots\int_0^{t_n}f(\tau)\,d\tau^n\right] = \dfrac{F(s)}{s^n}$
상 사 정 리	$\mathcal{L}\left[f\left(\dfrac{t}{a}\right)\right] = aF(as)$
시 간 추 이 정 리	$\mathcal{L}[f(t-a)] = e^{-as}F(s)$
복 소 추 이 정 리	$\mathcal{L}[e^{\mp at}f(t)] = F(s \pm a)$
복 소 미 분 정 리	$\mathcal{L}[tf(t)] = (-1)^1 \dfrac{d}{ds}F(s)$
복 소 적 분 정 리	$\mathcal{L}\left[\dfrac{f(t)}{t}\right] = \displaystyle\int_s^\infty F(s)\,ds$

초 기 값 정 리	$\lim_{t \to 0} f(t) = \lim_{s \to \infty} sF(s)$
최 종 값 정 리	$\lim_{t \to \infty} f(t) = \lim_{s \to 0} sF(s)$
합 성 적 분 (상 승) 정 리	$F_1(s)F_2(s) = \mathcal{L}\left[\int_0^t f_1(\tau)f_2(t-\tau)d\tau\right] = \mathcal{L}\left[\int_0^t f_2(\tau)f_1(t-\tau)d\tau\right] = \mathcal{L}[f_1(\tau)f_2(\tau)]$
주 기 함 수	$\mathcal{L}[f_1(t) + f_1(t-T) + f_1(t-2T) + \cdots] = F_1(s)\dfrac{1}{1-e^{-Ts}}$

03 - 역라플라스 변환

유리 함수 $F(s)$의 역라플라스 변환 $\mathcal{L}^{-1}F(s)$는 다음과 같은 부분 분수 전개법을 사용하여 계산하면 편리하다.

응용 예에 있어서 일반적으로 $F(s)$는 다음과 같은 형식의 유리 함수이다.

$$F(s) = \frac{b_m s^m + b_{n-1}s^{m-1} + \cdots + b_1 s + b_0}{a_n s^n + a_{n-1}s^{n-1} + \cdots + a_1 s + a_0} = \frac{\sum_{i=0}^{m} b_i s^i}{\sum_{i=0}^{n} a_i s^i} = \frac{B(s)}{A(s)}$$

1) 실수 단근의 경우

$$F(s) = \frac{A(s)}{(s-p_1)(s-p_2)\cdots(s-p_n)}$$
$$= \frac{K_1}{(s-p_1)} + \frac{K_2}{(s-p_2)} + \cdots + \frac{K_n}{(s-p_n)}$$

의 경우 유수 K_n는 다음과 같이 구힌다.

$$K_n = \lim_{s \to p_n}(s-p_n)F(s)$$

2) 공액 복소근을 포함한 경우

$$F(s) = \frac{A(s)}{\{(s-\alpha)^2+\omega^2\}(s-p_0)(s-p_1)\cdots(s-p_n)}$$
$$= \frac{Cs+D}{(s-\alpha)^2+\omega^2} + \frac{K_3}{(s-p_3)} + \frac{K_4}{(s-p_4)} + \cdots + \frac{K_n}{(s-p_n)}$$

여기서 K_3, K_4, $\cdots$ K_n 등은 1)에 기술한 방법으로 구하고, C, D는 다음과 같은 복소수의 방정식을 세워 구한다.

$$\lim_{s \to \alpha + j\omega} F(s)\{(s-\alpha)^2 + \omega^2\} = \lim_{s \to \alpha + j\omega}(Cs + D)$$

3) 다중근의 경우

$$F(s) = \frac{A(s)}{(s-p_1)^r(s-p_{r+1})(s-p_{r+2})\cdots(s-p_n)}$$

$$= \frac{L_r}{(s-p_1)^r} + \frac{L_{r-1}}{(s-p_1)^{r-1}} + \cdots + \frac{L_1}{(s-p_n)^1}$$

$$+ \frac{K_{r+1}}{(s-p_{r+1})} + \frac{K_{r+2}}{(s-p_{r+2})} + \cdots + \frac{K_n}{(s-P_n)}$$

여기서, K_{r+1}, K_{r+2}, $\cdots$ K_n 등은 실수 단근인 경우이므로 1)에 기술한 방법으로 구하고, L_r, L_{r-1}, $\cdots$ L_1은 다음과 같이 하여 구한다.

$$L_{r-t} = \lim_{s \to p_1} \frac{1}{t!}\left[\frac{d^t}{ds^t}(s-p_1)^r F(s)\right]$$

각종 파형의 역라플라스 변환

파형	역라플라스 변환
$F(s) = \dfrac{A}{\alpha+s}$ 출제 산업 1번, 기사 1번	$f(t) = \mathcal{L}^{-1}\left[\dfrac{A}{s+\alpha}\right] = A\mathcal{L}^{-1}\left[\dfrac{1}{s+\alpha}\right] = Ae^{-\alpha t}$
$F(s) = \dfrac{2s+3}{s^2+3s+2}$ 출제 산업 1번, 기사 1번	$F(s) = \dfrac{2s+3}{s^2+3s+2} = \dfrac{2s+3}{(s+1)(s+2)} = \dfrac{K_1}{s+1} + \dfrac{K_2}{s+2}$ $K_1 = \lim\limits_{s \to -1}(s+1)F(s) = \left[\dfrac{2s+3}{s+2}\right]_{s=-1} = 1$ $K_2 = \lim\limits_{s \to -2}(s+2)F(s) = \left[\dfrac{2s+3}{s+1}\right]_{s=-2} = 1$ $F(s) = \dfrac{1}{s+1} + \dfrac{1}{s+2}$ $\therefore f(t) = \mathcal{L}^{-1}[F(s)] = \mathcal{L}^{-1}\left[\dfrac{1}{s+1} + \dfrac{1}{s+2}\right] = e^{-t} + e^{-2t}$

파형	역라플라스 변환
$F(s) = \dfrac{1}{s(s+1)}$ 출제 산업 5번, 기사 4번	$F(s) = \dfrac{1}{s(s+1)} = \dfrac{K_1}{s} + \dfrac{K_2}{s+1}$ $K_1 = \lim_{s \to 0} s \cdot F(s) = \left[\dfrac{1}{s+1}\right]_{s=0} = 1$ $K_2 = \lim_{s \to -1} (s+1)F(s) = \left[\dfrac{1}{s}\right]_{s=-1} = -1$ $F(s) = \dfrac{1}{s} - \dfrac{1}{s+1}$ $\therefore f(t) = \mathcal{L}^{-1}\left[\dfrac{1}{s} - \dfrac{1}{s+1}\right] = 1 - e^{-t}$
$F(s) = \dfrac{1}{s^2 + 6s + 10}$ 출제 산업 3번, 기사 1번	$F(s) = \dfrac{1}{s^2 + 6s + 10} = \dfrac{1}{(s+3)^2 + 1}$ $\therefore f(t) = e^{-3t} \sin t$
$F(s) = \dfrac{s^2 + 3s + 10}{s^2 + 2s + 5}$ 출제 산업 5번, 기사 4번	$\mathcal{L}^{-1}\left[\dfrac{s^2 + 3s + 10}{s^2 + 2s + 5}\right] = \mathcal{L}^{-1}\left[1 + \dfrac{s+5}{s^2 + 2s + 5}\right]$ $= \mathcal{L}^{-1}\left[1 + \dfrac{s+5}{(s+1)^2 + 2^2}\right]$ $= \mathcal{L}^{-1}\left[1 + \dfrac{s+1}{(s+1)^2 + 2^2} + 2\dfrac{2}{(s+1)^2 + 2^2}\right]$ $= \delta(t) + e^{-t}\cos 2t + 2e^{-t}\sin 2t = \delta(t) + e^{-t}(\cos 2t + 2\sin 2t)$
$F(s) = \dfrac{1}{s^2 + a^2}$ 출제 기사 2번	$\mathcal{L}^{-1}\left[\dfrac{a}{s^2 + a^2}\right] = \sin at$ 이므로 $\mathcal{L}^{-1}\left[\dfrac{1}{s^2 + a^2}\right] = \dfrac{1}{a}\sin at$
$F(s) = \dfrac{s}{(s+1)^2}$ 출제 기사 4번	$\dfrac{s}{(s+1)^2} = \dfrac{A}{s+1} + \dfrac{B}{(s+1)^2}$ $A = 1, \ B = -1$ $= \dfrac{1}{s+1} - \dfrac{1}{(s+1)^2} = e^{-t} - te^{-t}$

라플라스 변환

★★★★★ 【83. 88. 89. 99. 기사, 79. 81. 82. 산업기사】
01 함수 $f(t)$의 라플라스 변환은 어떤 식으로 정의되는가?

① $\int_{-\infty}^{\infty} f(t)e^{-st}dt$

② $\int_{0}^{\infty} f(-t)e^{st}\,dt$

③ $\int_{0}^{\infty} f(t)e^{-st}\,dt$

④ $\int_{0}^{\infty} f(t)e^{st}\,dt$

> **해설** 시간 $t \geq 0$의 조건에서 시간함수 $f(t)$에 관한 다음과 같은 적분을 함수 $f(t)$의 라플라스 변환이라 한
> 다. $\mathcal{L}[f(t)] = F(s) = \int_{0}^{\infty} f(t)e^{-st}dt$ 여기서, $s = \sigma + j\omega$를 뜻하는 복소량이다.

★ 【82. 04. 기사】
02 단위 계단 함수 $u(t)$의 라플라스 변환은?

① e^{-st}

② $\frac{1}{s}e^{-st}$

③ $\frac{1}{e^{-st}}$

④ $\frac{1}{s}$

> **해설** $\mathcal{L}[u(t)] = \int_{0}^{\infty} e^{-st}dt = \left[\frac{e^{-st}}{-s}\right]_{0}^{\infty} = \frac{1}{s}$

★★ 【93. 98. 기사 05. 산업기사】
03 단위 임펄스 함수 $\delta(t)$의 라플라스 변환은?

① 0

② 1

③ $\frac{1}{s}$

④ $\frac{1}{s+a}$

> **해설** $\mathcal{L}[\delta(t)] = 1$

★★ 【03. 기사】
04 단위 계단 함수 $u(t)$에 상수 5를 곱해서 라플라스 변환식을 구하면?

① $\frac{s}{5}$

② $\frac{5}{s^2}$

③ $\frac{5}{s-1}$

④ $\frac{5}{s}$

> **해설** $\mathcal{L}[5u(t)] = 5\int_{0}^{\infty} e^{-st}dt = 5\left[\frac{e^{-st}}{-s}\right]_{0}^{\infty} = \frac{5}{s}$

답 1. ③ 2. ④ 3. ② 4. ④

★★★ 【96. 97. 98. 기사】
05 자동 제어계에서 중량 함수(weight function)라고 불려지는 것은?

① 인디셜   ② 임펄스   ③ 전달 함수   ④ 램프 함수

해설 ① 인디셜 응답 : 단위 계단 응답
② 임펄스 응답 : 하중 함수
③ 전달 함수 : 임펄스 응답의 라플라스 변환

★☆ 【79. 산업기사, ㉤ : 83. 89. 산업기사】
06 그림과 같은 램프(ramp) 함수의 라플라스 변환을 구하면?

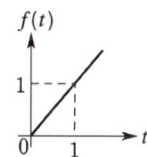

① $\dfrac{1}{s}$ ② $\dfrac{K}{s}$ ③ $\dfrac{e^t}{s}$ ④ $\dfrac{1}{s^2}$

해설 $f(t)=t, \quad \mathcal{L}[f(t)] = \mathcal{L}[t] = \displaystyle\int_0^\infty te^{-st}dt$

부분 적분 $\displaystyle\int f'(t)g(t) = f(t)g(t) - \int f(t)g'(t)dt$ 에서

$\begin{pmatrix} f'(t) = e^{-st}, & g(t) = t \\ f(t) = -\dfrac{1}{s}e^{-st}, & g'(t) = 1 \end{pmatrix}$ 을 대입하면

$\displaystyle\int_0^\infty te^{-st}dt = \left[t \cdot \dfrac{e^{-st}}{-s} \right]_0^\infty - \int_0^\infty \dfrac{e^{-st}}{-s}dt = \dfrac{1}{s^2}$

★★★☆ 【82. 88. 01. 기사, 78. 산업기사】
07 $f(t) = 1 - e^{-at}$ 의 라플라스 변환은? 단, a는 상수이다.

① $u(s) - e^{-as}$ ② $\dfrac{2s+a}{s(s+a)}$ ③ $\dfrac{a}{s(s+a)}$ ④ $\dfrac{a}{s(s-a)}$

해설 $\mathcal{L}[f(t)] = \mathcal{L}[1 - e^{-at}] = \dfrac{1}{s} - \dfrac{1}{s+a} = \dfrac{a}{s(s+a)}$

★★ 【77. 03. 기사, 78. 82. 25. 산업기사】
08 $\cos\omega t$의 라플라스 변환은?

① $\dfrac{s}{s^2 \; \omega^2}$ ② $\dfrac{s}{s^2 \mid \omega^2}$ ③ $\dfrac{\omega}{s^2 \; \omega^2}$ ④ $\dfrac{\omega}{s^2 \mid \omega^2}$

해설 $f(t) = \cos\omega t$에 대한 라플라스 변환은 $\mathcal{L}[f(t)] = \mathcal{L}[\cos\omega t] = \displaystyle\int_0^\infty \cos\omega t \, e^{-st}dt$ 이고 $\cos\omega t$ 의 지수형

을 적용하면 간단히 된다. $\cos\omega t = \dfrac{e^{j\omega t} + e^{-j\omega t}}{2}$ 이므로

$$\mathcal{L}[\cos\omega t] = \int_0^\infty \cos\omega t\, e^{-st} dt = \frac{1}{2}\int_0^\infty (e^{j\omega t} + e^{-j\omega t})e^{-st} dt$$

$$= \frac{1}{2}\int_0^\infty (e^{-(s-j\omega)t} + e^{-(s+j\omega)t})dt = \frac{1}{2}\left(\frac{1}{s-j\omega} + \frac{1}{s+j\omega}\right) = \frac{s}{s^2+\omega^2}$$

따라서 $\mathcal{L}[\cos\omega t] = \dfrac{s}{s^2+\omega^2}$ 를 기억하는 것이 바람직하다.

★★ 【76. 기사, 82. 83. 산업기사】

09 $f(t) = \delta(t) - be^{-bt}$ 의 라플라스 변환은? 단, $\delta(t)$는 임펄스 함수이다.

① $\dfrac{b}{s+b}$ ② $\dfrac{s(1-b)+5}{s(s+b)}$ ③ $\dfrac{1}{s(s+b)}$ ④ $\dfrac{s}{s+b}$

해설 $F(s) = \mathcal{L}[f(t)] = \mathcal{L}[\delta(t) - be^{-bt}] = 1 - b\dfrac{1}{s+b} = \dfrac{s}{s+b}$

★ 【94. 기사】

10 $u(t-T)$를 라플라스 변환하면?

① $\dfrac{1}{s}e^{-Ts}$ ② $\dfrac{1}{s^2}e^{-Ts}$ ③ $\dfrac{1}{s^2}e^{Ts}$ ④ $\dfrac{1}{s}e^{Ts}$

해설 $\mathcal{L}\{u(t)\} = \dfrac{1}{s}$ 이므로 $\mathcal{L}\{u(t-T)\} = \dfrac{1}{s}e^{-Ts}$

★☆ 【82. 83. 산업기사, ⊕ : 82. 산업기사】

11 $f(t) = \sin t + 2\cos t$ 를 라플라스 변환하면?

① $\dfrac{2s}{s^2+1}$ ② $\dfrac{2s+1}{(s+1)^2}$ ③ $\dfrac{2s+1}{s^2+1}$ ④ $\dfrac{2s}{(s+1)^2}$

해설 $F(s) = \mathcal{L}[f(t)] = \mathcal{L}[\sin t] + \mathcal{L}[2\cos t] = \dfrac{1}{s^2+1} + 2\cdot\dfrac{s}{s^2+1} = \dfrac{2s+1}{s^2+1}$

$(\because \mathcal{L}[\sin\omega t] = \dfrac{\omega}{s^2+\omega^2}$ 이므로 $\mathcal{L}[\sin t] = \dfrac{1}{s^2+1^2}$ 가 된다.$)$

★★★★★ 【82. 83. 00. 01. 04. 07. 기사, ⊕ : 76. 05. 기사, 81. 82. 83. 05. 산업기사】

12 $e^{-2t}\cos 3t$ 의 라플라스 변환은?

① $\dfrac{s+2}{(s+2)^2+3^2}$ ② $\dfrac{s-2}{(s-2)^2+3^2}$ ③ $\dfrac{s}{(s+2)^2+3^2}$ ④ $\dfrac{s}{(s-2)^2+3^2}$

해설 $\mathcal{L}[e^{-at}f(t)] = F(s+a)$

$\mathcal{L}[e^{-at}\cos\omega t] = \dfrac{s+a}{(s+a)^2+\omega^2}$ 이므로 $\mathcal{L}[e^{-2t}\cos 3t] = \dfrac{s+2}{(s+2)^2+3^2}$

답 9. ④   10. ①   11. ③   12. ①

☆【81. 산업기사】

13 $f(t) = \cos^2 t$ 인 함수의 라플라스 변환을 구하면?

① $\dfrac{s}{2(s^2+4)} - \dfrac{1}{2s}$ ② $\dfrac{1}{s^2} + \dfrac{4}{s}$ ③ $e^{-2t}\cos t$ ④ $\dfrac{1}{2s} + \dfrac{s}{2(s^2+4)}$

[해설] 반각의 정리에 의하여 $\cos^2 t = \dfrac{1+\cos 2t}{2}$ 이므로

$$\mathcal{L}[\cos 2t] = \mathcal{L}\left[\dfrac{1+\cos 2t}{2}\right] = \dfrac{1}{2}\{\mathcal{L}[1] + \mathcal{L}(\cos 2t)\} = \dfrac{1}{2}\left(\dfrac{1}{s} + \dfrac{s}{s^2+4}\right)$$

★【82. 87. 산업기사】

14 $\mathcal{L}[\sin t] = \dfrac{1}{s^2+1}$ 을 이용하여 ① $\mathcal{L}[\cos \omega t]$, ② $\mathcal{L}[\sin at]$ 를 구하면?

① ① $\dfrac{1}{s^2-a^2}$ ② $\dfrac{1}{s^2-\omega^2}$ ② ① $\dfrac{1}{s+a}$ ② $\dfrac{s}{s+\omega}$

③ ① $\dfrac{s}{s^2+\omega^2}$ ② $\dfrac{a}{s^2+a^2}$ ④ ① $\dfrac{1}{s+a}$ ② $\dfrac{1}{s-\omega}$

[해설] $\mathcal{L}[\cos \omega t] = \dfrac{s}{s^2+\omega^2}$, $\mathcal{L}[\sin at] = \dfrac{a}{s^2+a^2}$

☆【83. 산업기사】

15 $\mathcal{L}\left[\dfrac{d}{dt}\cos \omega t\right]$ 의 값은?

① $\dfrac{s^2}{s^2+\omega^2}$ ② $\dfrac{-s^2}{s^2+\omega^2}$ ③ $\dfrac{\omega^2}{s^2+\omega^2}$ ④ $\dfrac{-\omega^2}{s^2+\omega^2}$

[해설] 실미분의 정리 $\mathcal{L}[f'(t)] = sF(s) - f(0)$ 에서

$$\mathcal{L}\left[\dfrac{d}{dt}\cos \omega t\right] = s \cdot \dfrac{s}{s^2+\omega^2} - 1 = \dfrac{\omega^2}{s^2+\omega^2}$$

★★★【78. 기사, 82. 88. 산업기사, ⊕ : 81. 82. 산업기사】

16 함수 $f(t) = te^{at}$ 를 옳게 라플라스 변환시킨 것은?

① $F(s) = \dfrac{1}{(s-a)^2}$ ② $F(s) = \dfrac{1}{s-a}$

③ $F(s) = \dfrac{1}{s(s-a)}$ ④ $F(s) = \dfrac{1}{s(s-a)^2}$

[해설] $\mathcal{L}[t] = \dfrac{1}{s^2}$, $\mathcal{L}[e^{at}f(t)] = F(s-a)$ 이므로

$$\mathcal{L}[te^{at}] = \dfrac{1}{(s-a)^2}$$ 또는 $$\mathcal{L}[te^{at}] = \dfrac{d}{ds}\{\mathcal{L}[e^{at}]\} = -\dfrac{d}{ds}\left(\dfrac{1}{s-a}\right) = \dfrac{1}{(s-a)^2}$$

☆ 【88. 산업기사】

17 $f(t) = \dfrac{e^{at} + e^{-at}}{2}$ 의 라플라스 변환은?

① $\dfrac{s}{s^2 + a^2}$ ② $\dfrac{s}{s^2 - a^2}$ ③ $\dfrac{a}{s^2 + a^2}$ ④ $\dfrac{a}{s^2 - a^2}$

해설 ▸ $\mathcal{L}\left[\dfrac{1}{2}(e^{at} + e^{-at})\right] = \dfrac{1}{2}\mathcal{L}\left[e^{at} + e^{-at}\right] = \dfrac{1}{2}\left(\dfrac{1}{s-a} + \dfrac{1}{s+a}\right) = \dfrac{s}{s^2 - a^2}$

★★ 【82. 83. 02. 기사】

18 $f(t) = \sin(\omega t + \theta)$ 의 라플라스 변환은?

① $\dfrac{\omega \sin\theta}{s^2 + \omega^2}$ ② $\dfrac{\omega \cos\theta}{s^2 + \omega^2}$

③ $\dfrac{\cos\theta + \sin\theta}{s^2 + \omega^2}$ ④ $\dfrac{\omega \cos\theta + s\sin\theta}{s^2 + \omega^2}$

해설 ▸ $f(t) = \sin(\omega t + \theta) = \sin\omega t \cdot \cos\theta + \cos\omega t \cdot \sin\theta$ 이므로

$\mathcal{L}[\sin(\omega t + \theta)] = \cos\theta \, \mathcal{L}[\sin\omega t] + \sin\theta \, \mathcal{L}[\cos\omega t]$

$= \cos\theta \cdot \dfrac{\omega}{s^2 + \omega^2} + \sin\theta \cdot \dfrac{s}{s^2 + \omega^2} = \dfrac{\omega\cos\theta + s\sin\theta}{s^2 + \omega^2}$

★★ 【81. 82. 83. 89. 산업기사】

19 $f(t) = \sin t \cos t$ 를 라플라스 변환하면?

① $\dfrac{1}{s^2 + 4}$ ② $\dfrac{1}{s^2 + 2}$ ③ $\dfrac{1}{(s+2)^2}$ ④ $\dfrac{1}{(s+4)^2}$

해설 ▸ 삼각 함수의 가법 정리 $\sin 2t = \sin(t+t) = 2\sin t \cos t$ 에 의하여

$\sin t \cos t = \dfrac{1}{2}\sin 2t$ 가 된다.

$F(s) = \mathcal{L}[\sin t \cos t] = \mathcal{L}\left[\dfrac{1}{2}\sin 2t\right] = \dfrac{1}{2} \cdot \dfrac{2}{s^2 + 2^2} = \dfrac{1}{s^2 + 4}$

★ 【94. 기사】

20 두 함수 $f_1(t) = 1$, $f_2(t) = e^{-t}$ 일 때 합성 적분(convolution 적분)값은?

① $1 - e^{-t}$ ② $1 + e^{-t}$ ③ $\dfrac{1}{1 - e^{-t}}$ ④ $\dfrac{1}{1 + e^{-t}}$

해설 ▸ $f_1(t)$와 $f_2(t)$의 합성 적분은 $f_v = \displaystyle\int_0^t f_1(t-z)f_2(z)dz$ 이다. 라플라스 변환하면

$\mathcal{L}(f_v) = F_1(s)F_2(s) = \dfrac{1}{s} - \dfrac{1}{s+1} = F(s)$ 이므로 $\therefore \, \mathcal{L}^{-1}[F(s)] = 1 - e^{-t}$

유사문제

‖ 유사문제 원문 및 해설 : 동일출판사 홈페이지 ≫ 고객센터 ≫ 자료실

01. 다음 파형의 라플라스 변환은?

답 $\dfrac{E}{Ts^2}$

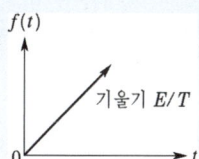

02. $10t^3$의 라플라스 변환은?

답 $\dfrac{60}{s^4}$

03. $e^{j\omega t}$의 라플라스 변환은?

답 $\dfrac{1}{s-j\omega}$

04. 주어진 시간 함수 $f(t)=3u(t)+2e^{-t}$ 일 때 라플라스 변환 함수 $F(s)$는?

답 $\dfrac{5s+3}{s(s+1)}$

05. 기전력 $E_m \sin \omega t$ 의 라플라스 변환은?

답 $\dfrac{\omega}{s^2+\omega^2}E_m$

06. 감쇠 지수 함수 $Ae^{-\alpha t}\sin \omega t$의 라플라스 변환은?

답 $A\dfrac{\omega}{(s+\alpha)^2+\omega^2}$

07. $f=t\cos \omega t$ 를 라플라스 변환하면?

답 $\dfrac{s^2-\omega^2}{(s^2+\omega^2)^2}$

08. 선형 시불변 회로망의 어느 응답이 $h(t)=u(t)(e^{-t}+2e^{-2t})$이면 이것을 라플라스 변환한 값은?

답 $\dfrac{3s+4}{(s+1)(s+2)}$

09. $\sin \omega t$의 라플라스 변환은?

답 $\dfrac{\omega}{s^2+\omega^2}$

10. $1-\cos \omega t$를 라플라스 변환하면?

답 $\dfrac{\omega^2}{s(s^2+\omega^2)}$

11. $f(t)=\mathcal{L}\left[e^{-4t}\cos(10t-30°)u(t)\right]$는?

답 $\dfrac{0.866(s+4)+5}{(s+4)^2+100}$

라플라스 변환의 성질

21 ★★★★ 【86. 92. 기사, ⊕ : 76. 기사, 81. 82. 산업기사】

임의의 함수 $f(t)$에 대한 라플라스 변환 $\mathcal{L}\,[f\,(t)] = F(s)$라고 할 때 최종값 정리는?

① $\displaystyle\lim_{s \to 0} F(s)$ 　　② $\displaystyle\lim_{s \to \infty} s\,F(s)$ 　　③ $\displaystyle\lim_{s \to \infty} F_2(s)$ 　　④ $\displaystyle\lim_{s \to 0} s\,F(s)$

해설 ▶　최종값의 정리는 $\displaystyle\lim_{t \to \infty} f(t) = \lim_{s \to 0} s\,F(s)$

22 ★★★☆ 【81. 82. 83. 89. 산업기사, ⊕ : 87. 기사, 85. 산업기사】

$F(s) = \dfrac{3s + 10}{s^3 + 2s^2 + 5s}$ 일 때 $f(t)$의 최종값은?

① 0 　　② 1 　　③ 2 　　④ 8

해설 ▶　최종값 정리에 의하여 $\displaystyle\lim_{t \to \infty} f(t) = \lim_{s \to 0} s\,F(s) = \lim_{s \to 0} s \cdot \frac{3s + 10}{s(s^2 + 2s + 5)} = \frac{10}{5} = 2$

23 ★★ 【92. 02. 기사, 82. 86. 산업기사】

어떤 제어계의 출력 $C(s)$가 다음과 같이 주어질 때 출력의 시간 함수 $C(t)$의 정상값은?

$$C(s) = \frac{2}{s\,(s^2 + s + 3)}$$

① 2 　　② 3 　　③ $\dfrac{3}{2}$ 　　④ $\dfrac{2}{3}$

해설 ▶　최종값 정리에 의해서
$$\lim_{t \to \infty} C(t) = \lim_{s \to 0} s\,C(s) = \lim_{s \to 0} \frac{2}{s^2 + s + 3} = \frac{2}{3}$$

24 ★★ 【97. 99. 02. 기사】

다음과 같은 $I(s)$의 초기값 $I(0_+)$가 바르게 구해진 것은?

$$I(s) = \frac{2(s + 1)}{s^2 + 2s + 5}$$

① $\dfrac{2}{5}$ 　　② $\dfrac{1}{5}$ 　　③ 2 　　④ -2

해설 ▶

초기값 정리 $\displaystyle\lim_{t \to 0} i(t) = \lim_{s \to \infty} s \cdot I(s) = \lim_{s \to \infty} s \cdot \frac{2(s + 1)}{s^2 + 2s + 5} = \lim_{s \to \infty} \frac{2 + \dfrac{2}{s}}{1 + \dfrac{2}{s} + \dfrac{5}{s^2}} = 2$

★【87. 기사】

25 다음과 같은 2개의 전류의 초기값 $i_1(0_+)$, $i_2(0_+)$가 옳게 구해진 것은?

$$I_1(s) = \frac{12(s+8)}{4s(s+6)}, \quad I_2(s) = \frac{12}{s(s+6)}$$

① 3, 0   ② 4, 0   ③ 4, 2   ④ 3, 4

해설, 초기값 정리에 의해

$$\lim_{s \to \infty} s \cdot I_1(s) = \lim_{s \to \infty} s \cdot \frac{12(s+8)}{4s(s+6)} = 3$$

$$\lim_{s \to \infty} s \cdot I_2(s) = \lim_{s \to \infty} s \cdot \frac{12}{s(s+6)} = 0$$

★★★★★【93. 09. 기사, 83. 산업기사, ✚ : 78. 87. 89. 98. 기사】

26 어떤 제어계의 출력이 $C(s) = \dfrac{s+0.5}{s(s^2+s+2)}$ 로 주어질 때 정상값은?

① 4   ② 2   ③ 0.5   ④ 0.25

해설, $\displaystyle \lim_{t \to \infty} c(t) = \lim_{s \to 0} sC(s) = \lim_{s \to 0} s \cdot \frac{s+0.5}{s(s^2+s+2)} = 0.25$

★★☆【98. 00. 23. 기사, ✚ : 89. 산업기사】

27 다음과 같은 전류의 초기값 $I(0_+)$를 구하면?

$$I(s) = \frac{12}{2s(s+6)}$$

① 6   ② 2   ③ 1   ④ 0

해설, $\displaystyle \lim_{s \to \infty} sI(s) = \lim_{s \to \infty} s \frac{12}{2s(s+6)} = \lim_{s \to \infty} \frac{12}{2(s+6)} = 0$

★★★★★【81. 83. 89. 기사, 75. 78. 81. 82. 산업기사】

28 그림과 같은 펄스의 라플라스 변환은?

① $\dfrac{1}{T}\left(\dfrac{1-e^{Ts}}{s}\right)^2$ ② $\dfrac{1}{T}\left(\dfrac{1+e^{Ts}}{s}\right)^2$

③ $\dfrac{1}{s}\left(1-e^{-Ts}\right)$ ④ $\dfrac{1}{s}\left(1+e^{Ts}\right)$

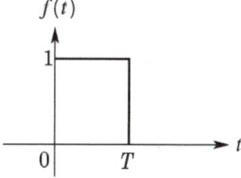

해설, $f(t) = f_1(t) + f_2(t)$ 이므로

$\begin{cases} f_1(t) = u(t) \\ f_2(t) = -u(t-T) \end{cases}$

따라서

$f(t) = u(t) - u(t-T)$

$\therefore F(s) = \dfrac{1}{s} - \dfrac{1}{s}e^{-Ts} = \dfrac{1}{s}\left(1-e^{-Ts}\right)$

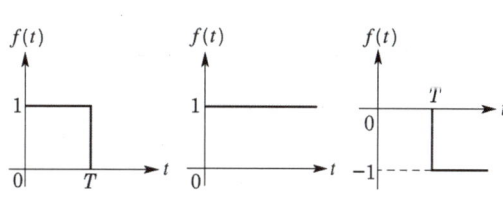

답 25. ① 26. ④ 27. ④ 28. ③

☆【83. 산업기사】
29 그림과 같은 구형파의 라플라스 변환을 구하면?

① $\dfrac{1}{s}$　　　　② $\dfrac{e^{-as}}{s}$

③ $\dfrac{1+e^{-as}}{s}$　　④ $\dfrac{1-2e^{-as}}{s}$

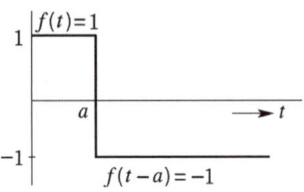

해설 ▸

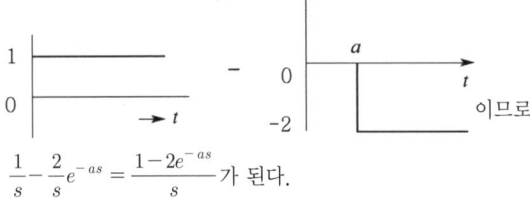 이므로

$\dfrac{1}{s} - \dfrac{2}{s}e^{-as} = \dfrac{1-2e^{-as}}{s}$ 가 된다.

★【97. 16. 기사】
30 그림과 같은 직류 전압의 라플라스 변환을 구하면?

① $\dfrac{E}{s-1}$　　　② $\dfrac{E}{s+1}$

③ $\dfrac{E}{s}$　　　　④ $\dfrac{E}{s^2}$

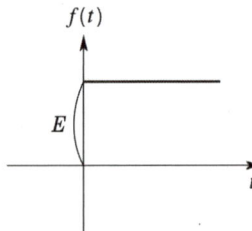

해설 ▸　$\mathcal{L}\,[Eu(t)] = \dfrac{E}{s}$

（문제의 그림은 단위 계단 함수이므로 $\dfrac{E}{s}$ 가 된다.）

★★☆【89. 01. 03. 기사, ⊕ : 86. 산업기사】
31 다음과 같은 펄스의 라플라스 변환은 어느 것인가?

① $\dfrac{1}{s} \cdot e^{bt}$　　　② $\dfrac{1}{s} \cdot e^{-bt}$

③ $\dfrac{1}{s}\left(1-e^{-bs}\right)$　　④ $\dfrac{1}{s}\left(1+e^{bs}\right)$

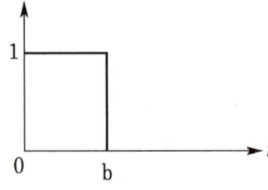

해설 ▸　$f(t) = u(t) - u(t-b)$

$\mathcal{L}\,[f(t)] = \mathcal{L}\,[u(t)] - \mathcal{L}\,[u(t-b)] = \dfrac{1}{s} - \dfrac{1}{s}e^{-bs} = \dfrac{1}{s}\left(1-e^{-bs}\right)$

☆【83. 산업기사, 03. 기사】
32 그림과 같은 구형파의 라플라스 변환은?

① $\dfrac{2}{s}(1-e^{4s})$　　② $\dfrac{4}{s}(1-e^{2s})$

③ $\dfrac{2}{s}(1-e^{-4s})$　　④ $\dfrac{4}{s}(1-e^{-2s})$

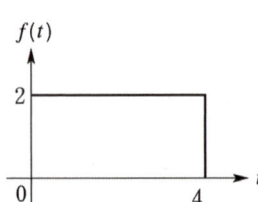

해설 $f(t) = 2u(t) - 2u(t-4)$

$$F(s) = \mathcal{L}[f(t)] = \mathcal{L}[2u(t) - 2u(t-4)] = 2\left(\frac{1}{s} - \frac{1}{s}e^{-4s}\right) = \frac{2}{s}(1 - e^{-4s})$$

★☆ 【80. 82 89. 16. 산업기사】
33 그림과 같은 높이가 1인 펄스의 라플라스 변환은?

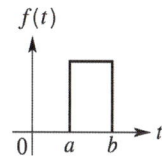

① $\dfrac{1}{s}(e^{-as} + e^{-bs})$

② $\dfrac{1}{s}(e^{-as} - e^{-bs})$

③ $\dfrac{1}{a-b}\left(\dfrac{e^{-as} + e^{-bs}}{s}\right)$

④ $\dfrac{1}{a-b}\left(\dfrac{e^{as} - e^{-bs}}{s}\right)$

해설 $f(t) = 1 \cdot \{u(t-a) - u(t-b)\}$

$$F(s) = \mathcal{L}[f(t)] = \mathcal{L}[u(t-a)] - \mathcal{L}[u(t-b)] = \frac{e^{-as}}{s} - \frac{e^{-bs}}{s} = \frac{1}{s}(e^{-as} - e^{-bs})$$

★ 【00. 기사】
34 그림과 같이 표시된 단위 계단 함수는?

① $u(t)$
② $u(t-a)$
③ $u(t+a)$
④ $-u(t-a)$

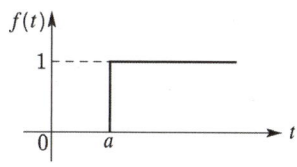

해설 $f(t) = 1 \cdot u(t-a)$

★★★ 【93. 02. 05. 기사, 83. 11. 산업기사】
35 $f(t) = u(t-a) - u(t-b)$ 식으로 표시되는 4각파의 라플라스는?

① $\dfrac{1}{s}(e^{-as} - e^{-bs})$

② $\dfrac{1}{s}(e^{as} + e^{bs})$

③ $\dfrac{1}{s^2}(e^{-as} - e^{-bs})$

④ $\dfrac{1}{s^2}(e^{as} + e^{bs})$

해설 $\mathcal{L}[f(t)] = \mathcal{L}[u(t-a) - u(t-b)] = \dfrac{e^{-as}}{s} - \dfrac{e^{-bs}}{s} = \dfrac{1}{s}(e^{-as} - e^{-bs})$

답 33. ② 34. ② 35. ①

★★ 【83. 93. 기사】
36 그림의 파형을 단위 함수(unit step function) $v(t)$로 표시하면?

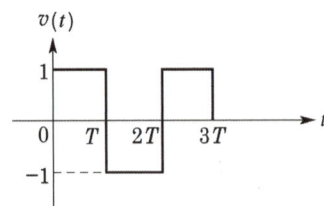

① $v(t) = u(t) - u(t - T) + u(t - 2T) - u(t - 3T)$
② $v(t) = u(t) - 2u(t - T) + 2u(t - 2T) - u(t - 3T)$
③ $v(t) = u(t - T) - u(t - 2T) + u(t - 3T)$
④ $v(t) = u(t - T) - 2u(t - 2T) + 2u(t - 3T)$

해설

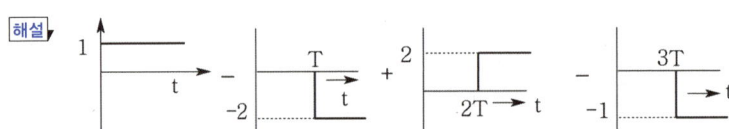

★★ 【82. 90. 11. 기사, 82. 산업기사】
37 다음과 같은 파형의 라플라스 변환은?

① $1 - 2e^{-s} + e^{-2s}$ ② $s(1 - 2e^{-s} + e^{-2s})$

③ $\dfrac{1}{s}(1 - 2e^{-s} + e^{-2s})$ ④ $\dfrac{1}{s^2}(1 - 2e^{-s} + e^{-2s})$

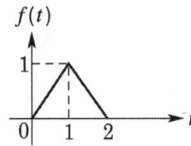

해설 $f(t) = 0 : t < 0, \ f(t) = t : 0 \leq t < 1$
$f(t) = 2 - t : 1 \leq t < 2, \ f(t) = 0 : t \geq 2$

$$F(s) = \mathcal{L}[f(t)] = \int_0^1 t e^{-st} dt + \int_1^2 (2 - t) \cdot e^{-st} dt$$

$$= [t \cdot \frac{e^{-st}}{-s}]_0^1 + \frac{1}{s} \int_0^1 e^{-st} dt + [(2 - t) \cdot \frac{e^{-st}}{-s}]_1^2 - \frac{1}{s} \int_1^2 e^{-st} dt$$

$$= -\frac{1}{s} e^{-s} - \frac{1}{s^2} e^{-s} + \frac{1}{s^2} + \frac{1}{s} e^{-s} + \frac{1}{s^2} e^{-2s} - \frac{1}{s^2} e^{-s}$$

$$= \frac{1}{s^2}(1 - 2e^{-s} + e^{-2s})$$

★ 【00. 기사】
38 제어계의 입력 신호 $x(t)$와 출력 신호 $y(t)$와의 관계가 $y(t) = Kx(t - T)$로 표시되는 추이 요소에서 입력을 단위 계단 함수로 주어질 때 출력 파형으로 알맞은 것은?

① 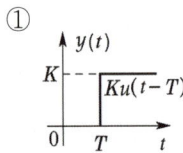   ② 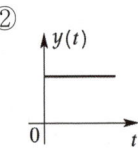   ③ 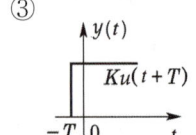   ④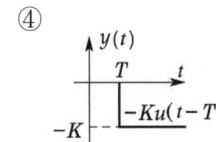

해설 ② $y(t) = x(t)$

③ $y(t) = Kx(t+T)$

④ $y(t) = -Kx(t-T)$

★★ 【83. 기사, ⊕ : 88. 기사】
39 그림과 같은 게이트 함수의 라플라스 변환을 구하면?

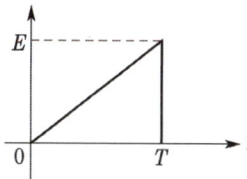

① $\dfrac{E}{Ts^2}[1-(Ts+1)e^{-Ts}]$ ② $\dfrac{E}{Ts^2}[1+(Ts+1)e^{-Ts}]$

③ $\dfrac{E}{Ts^2}(Ts+1)e^{-Ts}$ ④ $\dfrac{E}{Ts^2}(Ts-1)e^{-Ts}$

 $f(t) = \dfrac{E}{T}t\{u(t)-u(t-T)\} = \dfrac{E}{T}tu(t) - \dfrac{E}{T}(t-T)u(t-T) - Eu(t-T)$

$F(s) = \mathcal{L}[f(t)] = \dfrac{E}{T}\dfrac{1}{s^2} - \dfrac{E}{T}\dfrac{1}{s^2}e^{-Ts} - \dfrac{E}{s}e^{-Ts} = \dfrac{E}{Ts^2}(1-e^{-Ts}-Tse^{-Ts})$

$= \dfrac{E}{Ts^2}[1-(Ts+1)e^{-Ts}]$

★☆ 【83. 기사, 83. 산업기사】
40 그림에서 주어진 파형의 라플라스 변환은?

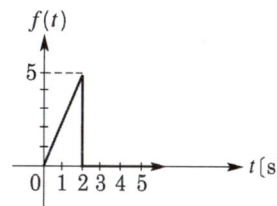

① $\dfrac{2.5}{s^2}(1-e^{-2s}-2se^{-2s})$ ② $\dfrac{2.5}{s^2}(1-e^{-2s}-5se^{-2s})$

③ $\dfrac{2.5}{s^2}(1-e^{-2s}-se^{-2s})$ ④ $\dfrac{2.5}{s^2}(1-e^{-2s}-e^{-2s})$

해설 $f(t) = \dfrac{5}{2}tu(t) - 5u(t-2) - \dfrac{5}{2}(t-2)u(t-2)$

$F(s) = 2.5\dfrac{1}{s^2} - 5\dfrac{e^{-2s}}{s} - 2.5\dfrac{e^{-2s}}{s^2} = \dfrac{2.5}{s^2}(1-e^{-2s}-2se^{-2s})$

★☆【86. 기사, 80. 산업기사】
41 그림과 같은 톱니파를 라플라스 변환하면?

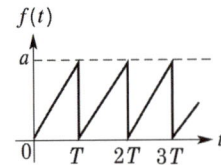

① $\dfrac{a}{s}\left(\dfrac{1}{Ts}-\dfrac{e^{-Ts}}{1-e^{-Ts}}\right)$ 　　　② $\dfrac{a}{s}\left(\dfrac{1-e^{-Ts}}{Ts}\right)$

③ $\dfrac{a}{s}\left(\dfrac{e^{-Ts}}{Ts}-\dfrac{1}{1-e^{-Ts}}\right)$ 　　　④ $\dfrac{a}{s}\left(1-\dfrac{a^{-Ts}}{1-e^{-Ts}}\right)$

해설 $f(t)=\dfrac{a}{T}t\,u(t)-au(t-T)-au(t-2T)-au(t-3T)-\cdots$

$\qquad =\dfrac{a}{T}t\,u(t)-a\{u(t-T)+u(t-2T)+u(t-3T)+\cdots\}$

$\quad F(s)=\dfrac{a}{Ts^2}-e\left(\dfrac{1}{s}e^{-Ts}+\dfrac{1}{s}e^{-2Ts}+\dfrac{1}{s}e^{-3Ts}+\cdots\right)$

$\qquad =\dfrac{a}{Ts^2}-\dfrac{a}{s}a^{-Ts}\left(1+e^{-Ts}+e^{-2Ts}+e^{-3Ts}+\cdots\right)$

$\qquad =\dfrac{a}{Ts^2}-\dfrac{a}{s}e^{-Ts}\left(\dfrac{1}{1-e^{-Ts}}\right)=\dfrac{a}{s}\left(\dfrac{1}{Ts}-\dfrac{e^{-Ts}}{1-e^{-Ts}}\right)$

$\qquad \because \displaystyle\sum_{n=0}^{\infty}x^n=1+x+x^2+\cdots=\dfrac{1}{1-x}$ (등비 급수)

★☆【90. 기사, 81. 산업기사】
42 그림과 같은 반파 정현파의 라플라스 변환은?

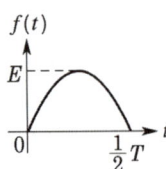

① $\dfrac{E\omega}{s^2+\omega^2}\left(1-e^{-\frac{1}{2}Ts}\right)$ 　　　② $\dfrac{Es}{s^2+\omega^2}\left(1-e^{-\frac{1}{2}Ts}\right)$

③ $\dfrac{E\omega}{s^2+\omega^2}\left(1+e^{-\frac{1}{2}Ts}\right)$ 　　　④ $\dfrac{Ts}{s^2+\omega^2}\left(1+e^{-\frac{1}{2}Ts}\right)$

해설 $f(t)=E\sin\omega t\,u(t)+E\sin\omega\left(t-\dfrac{1}{2}T\right)u\left(t-\dfrac{1}{2}T\right)$

$\quad F(s)=\dfrac{E\omega}{s^2+\omega^2}+\dfrac{E\omega}{s^2+\omega^2}e^{-\frac{1}{2}Ts}=\dfrac{E\omega}{s^2+\omega^2}\left(1+e^{-\frac{1}{2}Ts}\right)$

★★ 【78. 94. 기사】

43 그림과 같은 계단 함수의 라플라스 변환은?

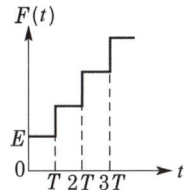

① $E(1 + e^{-Ts})$ ② $\dfrac{E}{(1 - e^{-Ts})}$ ③ $\dfrac{E}{s(1 - e^{-Ts})}$ ④ $\dfrac{E}{s(1 - e^{-Ts/2})}$

해설

$$f(t) = Eu(t) + Eu(t - T) + Eu(t - 2T) + Eu(t - 3T) + \cdots$$

$$F(s) = \mathcal{L}[f(t)] = \frac{E}{s} + \frac{E}{s}e^{-Ts} + \frac{E}{s}e^{-2Ts} + \frac{E}{s}e^{-3Ts} + \cdots$$

$$= \frac{E}{s}(1 + e^{-Ts} + e^{-2Ts} + e^{-3Ts} + \cdots)$$

$$= \frac{E}{s}\left(\frac{1}{1 - e^{-Ts}}\right) = \frac{E}{s(1 - e^{-Ts})}$$

유사문제

‖ 유사문제 원문 및 해설 : 동일출판사 홈페이지 ≫ 고객센터 ≫ 자료실

01. 다음의 관계식 중 옳지 않은 것은?

답 $\mathcal{L}[f(t - a)] = eF(s)$

02. $\mathcal{L}[\cos(10t - 30°) \cdot u(t)]$는?

답 $\dfrac{0.866s + 5}{s^2 + 100}$

03. 다음 식 중 옳지 않은 것은?

답 $\lim\limits_{t \to \infty} f(t) = \lim\limits_{s \to \infty} sF(s)$

04. $\mathcal{L}[f(t)] = F(s)$일 때에 $\mathcal{L}\left[f\left(\dfrac{t}{a}\right)\right]$는?

답 $aF(as)$

05. $E(z) = \dfrac{0.1923}{(z - 1)(z^2 - 0.416z + 0.208)}$일 때 $e(t)$의 최종값은?

답 0

06. 어떤 함수 $f(t)$의 라플라스 변환식 $F(s)$가 $F(s) = \dfrac{2s^2 + 4s + 2}{s(s^2 + 2s + 2)}$일 때 이 함수의 최종값을 구하면?

답 $\lim\limits_{s \to 0} sF(s) = \lim\limits_{s \to 0} s \cdot \dfrac{2s^2 + 4s + 2}{s(s^2 + 2s + 2)} = 1$

답 43. ③

07. $f(t)$가 그림과 같이 표시되는 함수일 때 이의 라플라스 변환은?

답 $\dfrac{2}{s^2}\left(1-2e^{-2s}+e^{-4s}\right)$

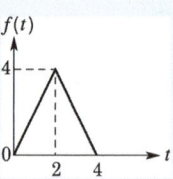

08. 그림과 같은 주기 구형파의 라플라스 변환은?

답 $\dfrac{1}{s\left(1+e^{-Ts/2}\right)}$

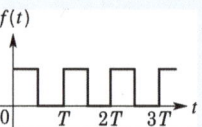

09. 그림과 같은 파형의 Laplace 변환은?

답 $\dfrac{1}{2s^2}\left(1-e^{-4s}-4se^{-4s}\right)$

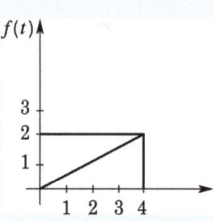

역 라플라스 변환

★☆ 【83. 산업기사, ⊕ : 78. 기사】

44 $F(s)=\dfrac{A}{\alpha+s}$ 라 하면 이의 역변환은?

① αe^{At}　　　　② $Ae^{\alpha t}$　　　　③ αe^{-At}　　　　④ $Ae^{-\alpha t}$

해설 $f(t)=\mathcal{L}^{-1}\left[\dfrac{A}{s+\alpha}\right]=A\mathcal{L}^{-1}\left[\dfrac{1}{s+\alpha}\right]=Ae^{-\alpha t}$

★☆ 【81. 기사, 81. 산업기사】

45 $F(s)=\dfrac{e^{-bs}}{s+a}$ 의 역라플라스 변환은?

① $e^{-a(t-b)}$　　　② $e^{-a(t+b)}$　　　③ $e^{a(t-b)}$　　　④ $e^{a(t+b)}$

해설 $\mathcal{L}^{-1}[e^{-bs}F(s)]=f(t-b)$, $\mathcal{L}^{-1}\left[\dfrac{1}{s+a}\right]=e^{-at}$ 이므로

$\therefore \mathcal{L}^{-1}\left[\dfrac{e^{-bs}}{s+a}\right]=e^{-a(t-b)}$

답 44. ④　45. ①

☆【79. 산업기사】

46 출력 $Y(s) = \dfrac{K_1}{s^2} + \dfrac{K_2}{(s+3)^2}$ 일 때 $y(t)$는?

① $2K_1 + 2K_2 t$

② $K_1 t - 3K_2 t$

③ $K_1 t + K_2 t e^{-3t}$

④ $K_1 t - 3K_2 e^{-2t}$

해설 $y(t) = \mathcal{L}^{-1}[Y(s)] = \mathcal{L}^{-1}\left[\dfrac{K_1}{s^2} + \dfrac{K_2}{(s+3)^2}\right] = K_1 t + K_2 t e^{-3t}$

★★★☆【82. 83. 87. 기사, ⊕ : 83. 산업기사】

47 $f(t) = \mathcal{L}^{-1}\left[\dfrac{s^2 + 3s + 10}{s^2 + 2s + 5}\right]$는?

① $\delta(t) + e^{-t}(\cos 2t - \sin 2t)$

② $\delta(t) + e^{-t}(\cos 2t + 2\sin 2t)$

③ $\delta(t) + e^{-t}(\cos 2t - 2\sin 2t)$

④ $\delta(t) + e^{-t}(\cos 2t + \sin 2t)$

해설 $\mathcal{L}^{-1}\left[\dfrac{s^2 + 3s + 10}{s^2 + 2s + 5}\right] = \mathcal{L}^{-1}\left[1 + \dfrac{s+5}{s^2 + 2s + 5}\right] = \mathcal{L}^{-1}\left[1 + \dfrac{s+5}{(s+1)^2 + 2^2}\right]$

$= \mathcal{L}^{-1}\left[1 + \dfrac{s+1}{(s+1)^2 + 2^2} + 2\dfrac{2}{(s+1)^2 + 2^2}\right]$

$= \delta(t) + e^{-t}\cos 2t + 2e^{-t}\sin 2t$

$= \delta(t) + e^{-t}(\cos 2t + 2\sin 2t)$

☆【83. 산업기사】

48 $F(s) = \dfrac{\pi}{s^2 + \pi^2} \cdot e^{-2s}$ 함수를 역변환할 때의 그림은?

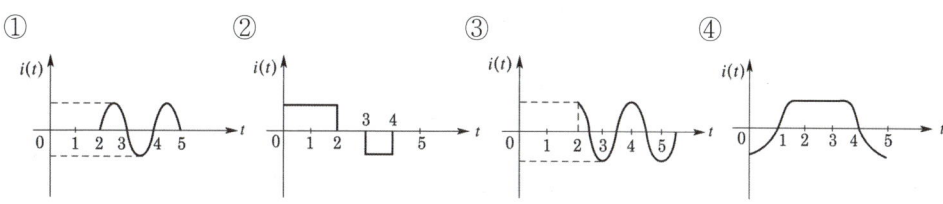

해설 시간 추이 정리에 의해서 역변환하면 $f(t) = \sin \pi(t-2)u(t-2)$

★★☆【93. 기사, 82. 89. 산업기사, ⊕ : 89. 산업기사】

49 $f(t) = \mathcal{L}^{-1}\left[\dfrac{1}{s^2 + 6s + 10}\right]$의 값은 얼마인가?

① $e^{3t}\sin t$

② $e^{-3t}\cos t$

③ $e^{-t}\sin 5t$

④ $e^{-t}\sin 5\omega t$

해설 $F(s) = \dfrac{1}{s^2 + 6s + 10} = \dfrac{1}{(s+3)^2 + 1}$ ∴ $f(t) = e^{-3t}\sin t$

답 46. ③ 47. ② 48. ① 49. ①

★★★★★ 【77. 82. 97. 23. 기사, 79. 83. 산업기사, ⊕ : 94. 기사, 80. 82. 89. 산업기사】

50 $F(s) = \dfrac{2s+3}{s^2+3s+2}$ 의 시간 함수 $f(t)$는?

① $f(t) = e^{-t} - e^{-2t}$ ② $f(t) = e^{-t} + e^{-2t}$

③ $f(t) = e^{-t} + 2e^{-2t}$ ④ $f(t) = e^{-t} - 2e^{-2t}$

해설 $F(s) = \dfrac{2s+3}{s^2+3s+2} = \dfrac{2s+3}{(s+1)(s+2)} = \dfrac{K_1}{s+1} + \dfrac{K_2}{s+2}$

$K_1 = \lim_{s \to -1}(s+1)F(s) = \left[\dfrac{2s+3}{s+2}\right]_{s=-1} = 1$

$K_2 = \lim_{s \to -2}(s+2)F(s) = \left[\dfrac{2s+3}{s+1}\right]_{s=-2} = 1$

$F(s) = \dfrac{1}{s+1} + \dfrac{1}{s+2}$

$\therefore f(t) = \mathcal{L}^{-1}[F(s)] = \mathcal{L}^{-1}\left[\dfrac{1}{s+1} + \dfrac{1}{s+2}\right] = e^{-t} + e^{-2t}$

★★★★★ 【76. 78. 기사, 82. 83. 05. 산업기사, ⊕ : 76. 78. 15. 기사, 81. 83. 산업기사】

51 $\dfrac{1}{s(s+1)}$ 의 라플라스 역변환을 구하면?

① $e^{-t}\sin t$ ② $1 + e^{-t}$ ③ $1 - e^{-t}$ ④ $e^{-t}\cos t$

해설 $F(s) = \dfrac{1}{s(s+1)} = \dfrac{K_1}{s} + \dfrac{K_2}{s+1}$

$K_1 = \lim_{s \to 0} s \cdot F(s) = \left[\dfrac{1}{s+1}\right]_{s=0} = 1$

$K_2 = \lim_{s \to -1}(s+1)F(s) = \left[\dfrac{1}{s}\right]_{s=-1} = -1$

$F(s) = \dfrac{1}{s} - \dfrac{1}{s+1}$

$\therefore f(t) = \mathcal{L}^{-1}\left[\dfrac{1}{s} - \dfrac{1}{s+1}\right] = 1 - e^{-t}$

☆ 【88. 산업기사】

52 다음 함수 $F(s) = \dfrac{5s+3}{s(s+1)}$ 의 역라플라스 변환은 어떻게 되는가?

① $2 + 3e^{-t}$ ② $3 + 2e^{-t}$ ③ $3 - 2e^{-t}$ ④ $2 - 3e^{-t}$

해설 $F(s) = \dfrac{5s+3}{s(s+1)} = \dfrac{K_1}{s} + \dfrac{K_2}{s+1}$

$K_1 = \lim_{s \to 0} sF(s) = \left[\dfrac{5s+3}{s+1}\right]_{s=0} = 3, \quad K_2 = \lim_{s \to -1}(s+1)F(s) = \left[\dfrac{5s+3}{s}\right]_{s=-1} = 2$

$F(s) = \dfrac{3}{s} + \dfrac{2}{s+1}, \quad \therefore f(t) = \mathcal{L}^{-1}[F(s)] = \mathcal{L}^{-1}\left[\dfrac{3}{s} + \dfrac{2}{s+1}\right] = 3 + 2e^{-t}$

답 50. ② 51. ③ 52. ②

★★ 【95. 99. 기사】

53 $F(s) = \dfrac{s+1}{s^2+2s}$ 로 주어졌을 때 $F(s)$의 역변환을 한 것은?

① $\dfrac{1}{2}(1+e^t)$

② $\dfrac{1}{2}(1-e^{-t})$

③ $\dfrac{1}{2}(1+e^{-2t})$

④ $\dfrac{1}{2}(1-e^{-2t})$

해설
$$F(s) = \frac{s+1}{s^2+2s} = \frac{s+1}{s(s+2)} = \frac{k_1}{s} + \frac{k_2}{s+2}$$

$$k_1 = \lim_{s\to 0} s F(s) = \left[\frac{s+1}{s+2}\right]_{s=0} = \frac{1}{2}, \quad k_2 = \lim_{s\to -2}(s+2)F(s) = \left[\frac{s+1}{s}\right]_{s=-2} = \frac{1}{2}$$

$$F(s) = \frac{1}{2}\left(\frac{1}{s} + \frac{1}{s+2}\right), \quad \therefore f(t) = \mathcal{L}^{-1}[F(s)] = \frac{1}{2}(1+e^{-2t})$$

★★★ 【77. 93. 95. 기사】

54 $f(t) = \dfrac{s+2}{(s+1)^2}$ 의 라플라스 역변환은?

① $e^{-t} - te^{-t}$　　② $e^{-t} + te^{-t}$　　③ $1 - te^{-t}$　　④ $1 + te^{-t}$

해설
$$F(s) = \frac{s+2}{(s+1)^2} = \frac{K_1}{(s+1)^2} + \frac{K_2}{s+1}$$

$$K_1 = \lim_{s\to -1}(s+1)^2 F(s) = [s+2]_{s=-1} = 1$$

$$K_2 = \lim_{s\to -1}\frac{d}{ds}(s+2) = [1]_{s=-1} = 1$$

$$F(s) = \frac{1}{(s+1)^2} + \frac{1}{s+1}$$

$$\therefore f(t) = \mathcal{L}^{-1}[F(s)] = te^{-t} + e^{-t}$$

별해
$$f(t) = \mathcal{L}^{-1}\left[\frac{s+2}{(s+1)^2}\right] = \mathcal{L}^{-1}\left[\frac{s+1}{(s+1)^2} + \frac{1}{(s+1)^2}\right]$$

$$= \mathcal{L}^{-1}\left[\frac{1}{s+1} + \frac{1}{(s+1)^2}\right] = e^{-t} + te^{-t}$$

★★ 【94. 05. 16. 23. 기사】

55 $\mathcal{L}^{-1}\left[\dfrac{1}{s^2+a^2}\right]$ 은 어느 것인가?

① $\sin at$　　　② $\dfrac{1}{a}\sin at$　　　③ $\cos at$　　　④ $\dfrac{1}{a}\cos at$

해설
$$\mathcal{L}^{-1}\left[\frac{a}{s^2+a^2}\right] = \sin at \text{ 이므로 } \quad \mathcal{L}^{-1}\left[\frac{1}{s^2+a^2}\right] = \frac{1}{a}\sin at$$

★★★ 【93. 96. 99. 05. 기사】

56 $\mathcal{L}^{-1}\left[\dfrac{s}{(s+1)^2}\right]$는?

① $e^{-t}-te^{-t}$ ② $e^{-t}+2te^{-t}$ ③ e^t-te^{-t} ④ $e^{-t}+te^{-t}$

해설 $F(s)=\dfrac{s}{(s+1)^2}=\dfrac{A}{(s+1)^2}+\dfrac{B}{s+1}$

$A=\lim_{s\to-1}(s+1)^2 F(s)=[s]_{s=-1}=-1,\quad B=\lim_{s\to-1}\dfrac{d}{ds}s=[1]_{s=-1}=1$

$F(s)=\dfrac{-1}{(s+1)^2}+\dfrac{1}{s+1}=\dfrac{1}{s+1}-\dfrac{1}{(s+1)^2}$

$\therefore\ f(t)=\mathcal{L}^{-1}[F(s)]=e^{-t}-te^{-t}$

별해 $f(t)=\mathcal{L}^{-1}\left[\dfrac{s}{(s+1)^2}\right]=\mathcal{L}^{-1}\left[\dfrac{s+1}{(s+1)^2}+\dfrac{-1}{(s+1)^2}\right]=\mathcal{L}^{-1}\left[\dfrac{1}{s+1}-\dfrac{1}{(s+1)^2}\right]=e^{-t}-te^{-t}$

★★ 【83. 92. 기사】

57 다음 함수들의 라플라스 역변환에 관하여 옳지 않은 것은?

(1) $\dfrac{s}{(2s+1)(s+1)}$ (2) $\dfrac{s+2}{(s+1)^2}$ (3) $\dfrac{s^2+3s+1}{s+1}$

① (1)은 e^{-t}, $e^{-\frac{t}{2}}$ 항을 가질 것이다.

② (2)는 2중근을 가지므로 te^{-t}항을 가진다.

③ (3)은 분자가 분모보다 차수가 높으므로 $\delta(t)$를 포함한다.

④ (3)은 $s\to\infty$일 때 ∞가 되므로 역변환 적분은 불가능하다.

해설 분자가 분모보다 차수가 높으므로 몫과 나머지를 이용하여 역변환을 할 수 있다.

☆ 【85. 산업기사】

58 $F(s)=\dfrac{1}{(s+1)^2(s+2)}$ 의 역라플라스 변환을 구하여라.

① $e^{-t}+te^{-t}+e^{-2t}$ ② $-e^{-t}+te^{-t}+e^{-2t}$

③ $e^{-t}-te^{-t}+e^{-2t}$ ④ $e^t+te^t+e^{2t}$

해설 $F(s)=\dfrac{1}{(s+1)^2(s+2)}=\dfrac{K_1}{(s+1)^2}+\dfrac{K_2}{(s+1)}+\dfrac{K_3}{(s+2)}$

$K_1=\lim_{s\to-1}(s+1)^2\cdot F(s)=\left[\dfrac{1}{s+2}\right]_{s=-1}=1$

$K_2=\lim_{s\to-1}\dfrac{d}{ds}\left(\dfrac{1}{s+2}\right)=\left[\dfrac{-1}{(s+2)^2}\right]_{s=-1}=-1$

$K_3=\lim_{s\to-2}(s+2)\cdot F(s)=\left[\dfrac{1}{(s+1)^2}\right]_{s=-2}=1$

$F(s)=\dfrac{1}{(s+1)^2}-\dfrac{1}{(s+1)}+\dfrac{1}{(s+2)},\quad\therefore\ f(t)=\mathcal{L}^{-1}[F(s)]=te^{-t}-e^{-t}+e^{-2t}$

★ 【85. 기사】

59 $f(t) = \mathcal{L}^{-1}\left[\dfrac{s+2}{s^3(s-1)^2}\right]$ 는 어떻게 되는가?

① $(3t-8)e^t + (t^2+t+8)$ ② $(3t-8)e^{-t} + (t^2+5t+8)$

③ $(3t-8)e^t + (t^2+5t+8)$ ④ $(3t-8)e^{-t} + (t^2+t+8)$

【해설】

$F(s) = \dfrac{s+2}{s^3(s-1)^2} = \dfrac{K_1}{s^3} + \dfrac{K_2}{s^2} + \dfrac{K_3}{s} + \dfrac{K_4}{(s-1)^2} + \dfrac{K_5}{s-1}$

$K_1 = \lim_{s\to 0}\dfrac{s+2}{(s-1)^2} = 2, \quad K_2 = \lim_{s\to 0}\dfrac{d}{ds}\cdot\dfrac{s+2}{(s-1)^2} = 5$

$K_3 = \lim_{s\to 0}\dfrac{d^2}{ds^2}\cdot\dfrac{s+2}{(s-1)^2} = 8, \quad K_4 = \lim_{s\to 1}\dfrac{s+2}{s^3} = 3, \quad K_5 = \lim_{s\to 1}\dfrac{d}{ds}\cdot\dfrac{s+2}{s^3} = -8$

$F(s) = \dfrac{2}{s^3} + \dfrac{5}{s^2} + \dfrac{8}{s} + \dfrac{3}{(s-1)^2} - \dfrac{8}{s-1}$

$\therefore f(t) = t^2 + 5t + 8 + 3te^t - 8e^t = (3t-8)e^t + (t^2+5t+8)$

★ 【03. 11. 기사】

60 라플라스 변환함수 $F(s) = \dfrac{s+2}{s^2+4s+13}$ 에 대한 역변환 함수 $f(t)$는?

① $e^{-2t}\cos 3t$ ② $e^{-3t}\sin 2t$

③ $e^{3t}\cos 2t$ ④ $e^{2t}\sin 3t$

【해설】

$F(s) = \dfrac{s+2}{s^2+4s+13} = \dfrac{s+2}{s^2+4s+4+9} = \dfrac{s+2}{(s+2)^2+3^2}$ 이므로

$\therefore f(t) = e^{-2t}\cos 3t$ 가 된다.

⤭ 유사문제

‖ 유사문제 원문 및 해설 : 동일출판사 홈페이지 ≫ 고객센터 ≫ 자료실

01. 그림과 같이 선형 인덕터 L의 초기값 전류가 $i(0^-)$로 주어졌을 경우 라플라스 변환에 의하여 s함수로 표시된 등가 회로는?

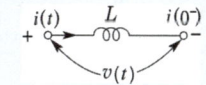

답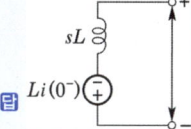

02. $\dfrac{d^2}{dt^2}x(t) + 2\dfrac{d}{dt}x(t) - 3x(t) = 4$, $x(0) = x'(0) = 0$에서 $x(t)$는?

답 $x(t) = -\dfrac{4}{3} + \dfrac{1}{3}e^{-3t} + e^t$

---

03. 어떤 회로의 전류에 대한 라플라스 변환이 $I(s) = \dfrac{1}{s^2 + 2s + 2}$일 때의 시간 함수는?

답 $i(t) = e^{-t}\sin t\, u(t)$

04. $F(s) = \dfrac{s + \alpha}{(s + \alpha)^2 + \omega^2}$의 역라플라스 변환은?

답 $e^{-\alpha t}\cos \omega t$

05. $F(s) = \dfrac{1}{s(s + a)}$의 라플라스 역변환을 구하면?

답 $\dfrac{1}{a}\left(1 - e^{-at}\right)$

06. $\dfrac{6s + 2}{s(6s + 1)}$의 역라플라스 변환은?

답 $2 - e^{-\frac{1}{6}t}$

07. $\dfrac{s}{(s - 1)^2 - 4}$의 역라플라스 변환은?

답 $\dfrac{e^t}{2}\left(\sinh 2t + 2\cos h\, 2t\right)$

08. $\dfrac{dx}{dt} + x = 1$의 라플라스 변환 $X(s)$의 값은?

답 $\dfrac{1}{s(s + 1)}$

09. 다음 방정식 $\dfrac{X_3(s)}{X_1(s)}$를 구하면?

$$x_2(t) = x_1(t) - \frac{d}{dt}x_3(t), \quad x_3(t) = x_1(t) + \frac{d}{dt}x_2(t) - \int x_3(t)dt$$

답 $\dfrac{s^2 + s}{s^3 + s + 1}$

10. 어떤 회로의 입력 전압이 $e(t) = e^{-t}$일 때 회로를 흐르는 전류가 $i(t) = 2e^{-t} + e^{-0.5t}$이었다. 구하는 회로는?

답

11. $F(s) = \dfrac{3s + 8}{s^2 + 9}$의 역라플라스 변환을 구하면?

답 $3\cos 3t + \dfrac{8}{3}\sin 3t$

12. $\dfrac{s\sin\theta+\omega\cos\theta}{s^2+\omega^2}$ 의 역라플라스 변환을 구하면?

🔲 $\sin(\omega t+\theta)$

13. $F(s)$와 $f(t)$가 옳지 않게 짝지어진 것은?

🔲 $\dfrac{1}{s+a}$, e^{at}

미분방정식

★【81. 87. 산업기사】

61 $Ri(t)+L\dfrac{di(t)}{dt}=E$에서 모든 초기값을 0으로 하였을 때의 $i(t)$의 값은?

① $\dfrac{E}{R}\left(1-e^{-\frac{R}{L}t}\right)$　　　　　　② $\dfrac{E}{R}\left(1-e^{-\frac{L}{R}t}\right)$

③ $\dfrac{E}{R}e^{-\frac{L}{R}t}$　　　　　　　　　④ $\dfrac{E}{R}e^{-\frac{R}{L}t}$

해설　$RI(s)+LsI(s)=\dfrac{E}{s}$

$$I(s)=\dfrac{E}{s(R+Ls)}=\dfrac{\dfrac{E}{L}}{s\left(s+\dfrac{R}{L}\right)}=\dfrac{\dfrac{E}{R}}{s}-\dfrac{\dfrac{E}{R}}{s+\dfrac{R}{L}}=\dfrac{E}{R}\left(\dfrac{1}{s}-\dfrac{1}{s+\dfrac{R}{L}}\right)$$

$$\therefore i(t)=\mathcal{L}^{-1}[I(s)]-\dfrac{E}{R}\left(1-e^{-\frac{R}{L}t}\right)$$

☆【83. 산업기사】

62 그림과 같은 회로에서 $t=0$의 시각에 스위치 S를 닫을 때 전류 $i(t)$의 라플라스 변환 $I(s)$는? 단, $V_c(0)=1$[V]이다.

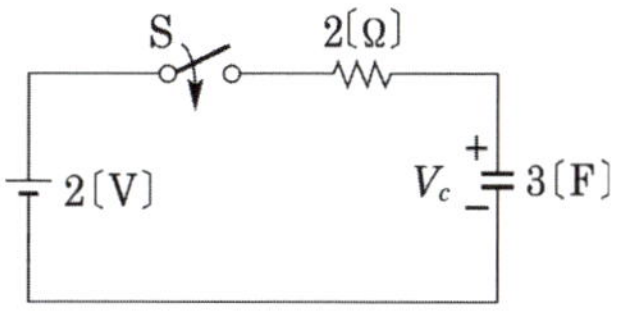

① $\dfrac{3s}{6s+1}$　　② $\dfrac{3}{6s+1}$　　③ $\dfrac{6}{6s+1}$　　④ $\dfrac{-s}{6s+1}$

🔲 61. ① 62. ②

해설 $Ri + \dfrac{1}{C} \displaystyle\int idt = 2$, $\quad 2I(s) + \dfrac{1}{3s}\left\{I(s) + i^{-1}(0_+)\right\} = \dfrac{2}{s}$

여기서, $i^{-1}(0_+)$는 초기 충전 전하이므로

$Q_0 = CV_c(0) = 3 \times 1 = 3$

$\therefore I(s) = \dfrac{\dfrac{2}{s} - \dfrac{1}{s}}{2 + \dfrac{1}{3s}} = \dfrac{3}{6s+1}$

★【83. 기사】

63 RC 직렬 회로에서 전류 $i(t)$에 대한 시간 영역 방정식이 $v = Ri + \dfrac{1}{C} \displaystyle\int idt$ 로 주어져 있을 때, 이 방정식의 s영역 방정식 $I(s)$는? 단, C에는 초기 전하가 없다.

① $I(s) = \dfrac{V}{R} \dfrac{1}{s - 1/RC}$

② $I(s) = \dfrac{C}{R} \dfrac{1}{s + 1/RC}$

③ $I(s) = \dfrac{V}{R} \dfrac{1}{s + 1/RC}$

④ $I(s) = \dfrac{R}{C} \dfrac{1}{s - 1/RC}$

해설 $RI(s) + \dfrac{1}{Cs} I(s) = \dfrac{V}{s}$

$\therefore I(s) = \dfrac{\dfrac{V}{s}}{R + \dfrac{1}{Cs}} = \dfrac{\dfrac{V}{R}}{s + \dfrac{1}{RC}} = \dfrac{V}{R} \dfrac{1}{s + 1/RC}$

★★【82. 83. 87. 88. 산업기사】

64 $e_i(t) = Ri(t) + L\dfrac{di(t)}{dt} + \dfrac{1}{C} \displaystyle\int i(t)dt$ 에서 모든 초기 조건을 0으로 하고 라플라스 변환하면 어떻게 되는가?

① $I(s) = \dfrac{Cs}{LCs^2 + RCs + 1} E_i(s)$

② $I(s) = \dfrac{1}{LCs^2 + RCs + 1} E_i(s)$

③ $I(s) = \dfrac{LCs}{LCs^2 + RCs + 1} E_i(s)$

④ $I(s) = \dfrac{C}{LCs^2 + RCs + 1} E_i(s)$

해설 $E_i(s) = RI(s) + LsI(s) + \dfrac{1}{Cs} I(s)$

$I(s) = \dfrac{1}{R + Ls + \dfrac{1}{Cs}} E_i(s) = \dfrac{Cs}{LCs^2 + RCs + 1} E_i(s)$

★☆ 【82. 83. 88. 산업기사】

65 $\dfrac{di(t)}{dt}+4i(t)+4\displaystyle\int i(t)dt=50u(t)$를 라플라스 변환하여 풀면 전류는? 단, $t=0$에서

$i(0)=0,~\displaystyle\int_{-\infty}^{0}i(t)=0$이다.

① $50e^{2t}(1+t)$　　　　　　　　　② $e^{t}(1+5t)$

③ $\dfrac{1}{4}(1-e^{t})$　　　　　　　　　④ $50te^{-2t}$

해설 $sI(s)+4I(s)+\dfrac{4}{s}I(s)=\dfrac{50}{s},\quad I(s)\left(s+4+\dfrac{4}{s}\right)=\dfrac{50}{s}$

$I(s)=\dfrac{\dfrac{50}{s}}{s+4+\dfrac{4}{s}}=\dfrac{50}{s^2+4s+4}=\dfrac{50}{(s+2)^2},$

$\therefore~i(t)=\mathcal{L}^{-1}[I(s)]=50te^{-2t}$

★ 【85. 기사】

66 라플라스 변환을 이용하여 미분 방정식을 풀면?

$$\dfrac{d^2y}{dt^2}+3y=0~\text{단},~y(0)=3,~y'(0)=4$$

① $3\cos\sqrt{3}\,t+\dfrac{4\sqrt{3}}{3}\sin\sqrt{3}\,t$　　　　② $3\cos\sqrt{3}\,t+\dfrac{4}{3}\sin\sqrt{3}\,t$

③ $3\cos\sqrt{3}\,t+4\sin\sqrt{3}\,t$　　　　　④ $3\cos 3t+\dfrac{4}{\sqrt{3}}\sin 3t$

해설 미분 방정식을 라플라스 변환하여 초기값을 대입, 정리하면

$s^2Y(s)-sy(0)-y'(0)+3Y(s)=0$

$(s^2+3)Y(s)-3s-4=0$

$Y(s)=\dfrac{3s+4}{s^2+3}=\dfrac{3s}{s^2+3}+\dfrac{4}{s^2+3}=\dfrac{3s}{s^2+3}+\dfrac{4\sqrt{3}}{3}\cdot\dfrac{\sqrt{3}}{s^2+3}$

$\therefore~y(t)=3\cos\sqrt{3}\,t+\dfrac{4\sqrt{3}}{3}\cdot\sin\sqrt{3}\,t$

★ 【89. 기사】

67 $I(s)=\dfrac{6+60/s}{12+s/2}$에 대응되는 시간 함수 $i(t)$는?

① $5-7e^{-24t}$　　　　　　　　　② $5+7e^{-24t}$

③ $5-7e^{+24t}$　　　　　　　　　④ $7-5e^{-24t}$

해설 $I(s)=\dfrac{12s+120}{s^2+24s}=\dfrac{12s+120}{s(s+24)}=\dfrac{5}{s}+\dfrac{7}{s+24},~~i(t)=\mathcal{L}^{-1}[I(s)]=5+7e^{-24t}$

답 65. ④　66. ①　67. ②

★【11. 기사, 83. 산업기사】

68 $\dfrac{d^2x(t)}{dt^2}+2\dfrac{dx(t)}{dt}+x(t)=1$ 에서 $x(t)$는 얼마인가? 단, $x(0)=x'(0)=0$이다.

① $te^{-t}-e^{-t}$
② $te^{-t}+e^{-t}$
③ $1-te^{-t}-e^{-t}$
④ $1+te^{-t}+e^{-t}$

해설

$s^2X(s)+2sX(s)+X(s)=\dfrac{1}{s}$, $X(s)(s^2+2s+1)=\dfrac{1}{s}$

$X(s)=\dfrac{1}{s(s^2+2s+1)}=\dfrac{1}{s(s+1)^2}=\dfrac{K_1}{s}+\dfrac{K_2}{(s+1)^2}+\dfrac{K_3}{(s+1)}$

$K_1=\lim_{s\to 0}s\cdot F(s)=\left[\dfrac{1}{s^2+2s+1}\right]_{s=0}=1$

$K_2=\lim_{s\to -1}(s+1)^2\cdot F(s)=\left[\dfrac{1}{s}\right]_{s=-1}=-1$

$K_3=\lim_{s\to -1}\dfrac{d}{ds}\left(\dfrac{1}{s}\right)=\left[\dfrac{-1}{s^2}\right]_{s=-1}=-1$

$X(s)=\dfrac{1}{s}-\dfrac{1}{(s+1)^2}-\dfrac{1}{(s+1)}$

$\therefore\ x(t)=\mathcal{L}^{-1}[X(s)]=1-te^{-t}-e^{-t}$

유사문제

‖ 유사문제 원문 및 해설 : 동일출판사 홈페이지 » 고객센터 » 자료실

01. $dx/dt+3x=5$의 라플라스 변환은? 단, $x(0_+)=0$이다.

답 $X(s)=\dfrac{5}{s(s+3)}$

02. $5\dfrac{d^2q}{dt^2}+\dfrac{dq}{dt}=10\sin t$ 에서 모든 초기 조건을 0으로 하고 라플라스 변환하면?

답 $Q(s)=\dfrac{10}{(5s^2+s)(s^2+1)}$

01 - 전달 함수

1) 전달 함수의 정의

전달 함수는 제어시스템에 가해지는 입력신호에 대하여 출력신호가 어떤 모양으로 나오는가 하는 신호전달 특성을 제어요소에 따라 개별적으로 취급한 것으로 선형미분방정식의 초기값을 0으로 했을 때 출력신호의 라플라스 변환과 입력신호의 라플라스 변환 값의 비이다.

여기서, 입력신호 $r(t)$에 대하여 출력신호 $c(t)$를 발생하는 요소의 전달 함수 $G(s)$는 다음과 같다.

$$G(s) = \frac{C(s)}{R(s)} = \frac{\text{출력을 라플라스 변환한 값}}{\text{입력을 라플라스 변환한 값}}$$

① 입력신호와 출력신호의 관계를 수식적으로 표현한 것을 전달함수라 한다.

② 모든 초기값을 0으로 했을 때 출력신호의 라플라스 변환과 입력 신호의 라플라스 변환의 값의 비를 말한다. 모든 초기값이 0이라는 것은 그 제어계에 입력이 가해지기전 즉, $t < 0$에서 그 제어계가 휴지 상태에 있다는 것을 의미한다.

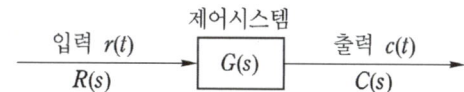

입력 $r(t)$ 제어시스템   출력 $c(t)$
$R(s)$ $G(s)$ $C(s)$

제어시스템의 전달 함수

출제 기사 2번
$$G(s) = \frac{C(\varepsilon)}{R(s)} = \frac{b_m s^m + b_{m-1} s^{m-1} + \cdots + b_1 s + b_0}{a_n s^n + a_{n-1} s^{n-1} + \cdots + a_1 s + a_0}$$

2) 전달 함수의 성질

① 전달 함수는 선형 시불변 시스템에서만 정의되고, 비선형 시스템에서는 정의되지 않는다.

② 시스템의 입력변수와 출력변수 사이의 전달 함수는 임펄스 응답의 라플라스 변환으로 정의 된다.

③ 시스템의 초기 조건은 0으로 한다.

④ 전달 함수는 시스템의 입력과는 무관하다.

⑤ 제어시스템의 전달 함수는 s만의 함수로 표시된다.

02 - 시스템의 출력 응답

1) 임펄스 응답(impulse response)

전달함수 $G(s) = \dfrac{C(s)}{R(s)}$ 에서 $C(s) = G(s) \cdot R(s)$가 된다.

여기서, 시간영역의 출력신호는 위 식을 역 라플라스 변환하면

$$c(t) = \mathcal{L}^{-1}[G(s)R(s)]$$

와 같이 구한다.

여기서, 입력신호가 단위임펄스 함수인 $r(t) = \delta(t)$일 때 다음과 같다.

$R(s) = \mathcal{L}[\delta(t)] = 1$일 때 출력신호의 라플라스 변환은 $C(s) = G(s)$가 된다. 즉, 전달함수는 단위 임펄스 함수를 입력했을 때 출력의 라플라스 변환이 된다.

이 출력응답은

$$c(t) = \mathcal{L}^{-1}[G(s)R(s)] = \mathcal{L}^{-1}[G(s)]$$

가 된다. 이것을 임펄스 응답(impulse response)이라 한다.

2) 인디셜 응답(indicial response)

전달함수 $G(s) = \dfrac{C(s)}{R(s)}$에서 $C(s) = G(s) \cdot R(s)$가 된다.

여기서, 시간영역의 출력신호는 위 식을 역 라플라스 변환하면

$$c(t) = \mathcal{L}^{-1}[G(s)R(s)]$$

와 같이 구한다.

여기서, 입력신호가 단위 계단함수인 $r(t) = u(t)$일 때 다음과 같다.

$R(s) = \mathcal{L}[u(t)] = \dfrac{1}{s}$이므로 $C(s) = \dfrac{G(s)}{s}$가 된다.

이때 출력응답은

$$c(t) = \mathcal{L}^{-1}[G(s)R(s)] = \mathcal{L}^{-1}\left[\dfrac{1}{s}G(s)\right]$$

가 된다. 이것을 인디셜 응답(indicial response) 또는 단위 계단 응답(unit step response)이라 한다.

03 - 제어요소의 전달 함수

1) 비례 요소

입력 신호 $x(t)$와 출력 신호 $y(t)$의 관계가

$$y(t) = Kx(t)$$

로 표시되는 요소를 비례 요소라고 한다. 위 식을 라플라스 변환하면

$$Y(s) = KX(s)$$
$$G(s) = \frac{Y(s)}{X(s)} = K$$

여기서, K를 이득 정수(gain constant)라 하며, 시간지연이 없다고 해서 비례요소, 0차 지연요소라 한다.

전위차계, 습동저항, 전자증폭관. 지렛대 등이 해당된다.

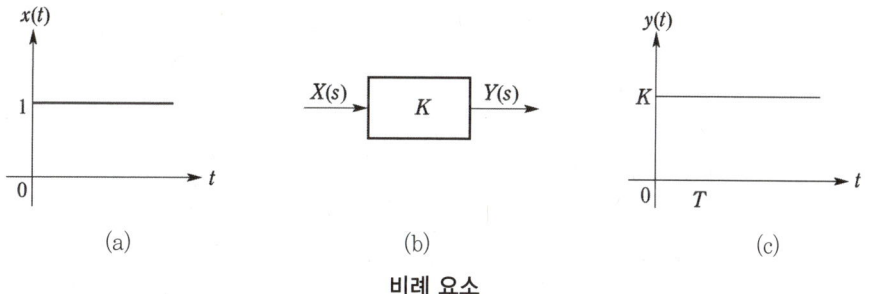

(a)　　　　　　　(b)　　　　　　　(c)

비례 요소

2) 미분 요소

입력 신호 $x(t)$와 출력 신호 $y(t)$의 관계가

$$y(t) = K\frac{dx(t)}{dt}$$

와 같이 표시되는 요소를 미분 요소라 한다. 전달함수는

$$G(s) = \frac{Y(s)}{X(s)} = Ks$$

가 된다. 인덕턴스회로, 미분회로, 속도발전기(tacho Generator)가 여기에 해당한다. 미분요소의 인디셜 응답은 임펄스로 된다.

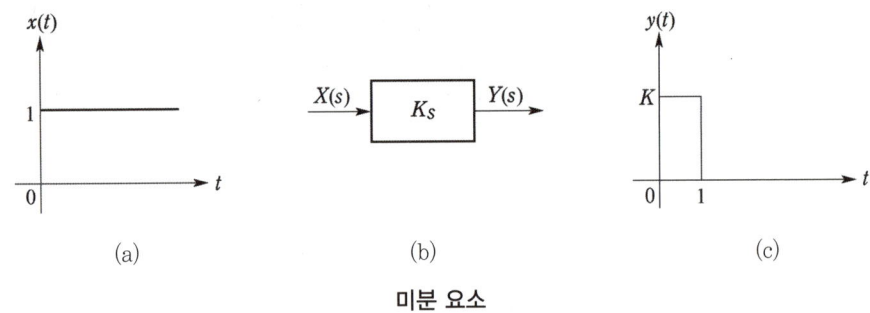

(a)   (b)   (c)

미분 요소

아래 그림은 미분회로를 나타낸 것이다. 이를 해석하면 다음과 같다.

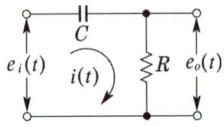

그림에 대한 미분방정식은

$$e_i(t) = Ri(t) + \frac{1}{C}\int_0^t i(t)dt$$

$$e_o(t) = Ri(t)$$

이를 라플라스 변환하면

$$E_i(s) = RI(s) + \frac{1}{Cs}I(s)$$

$$E_o(s) = RI(s)$$

따라서 전달함수는

$$G(s) = \frac{E_o(s)}{E_i(s)} = \frac{RI(s)}{\left(R + \frac{1}{Cs}\right)I(s)} = \frac{R}{\left(R + \frac{1}{Cs}\right)} = \frac{RCs}{RCs+1}$$ 출제 산업 3번, 기사 5번

가 된다. 따라서 분자의 RCs는 Ks의 형식으로 미분요소에 해당하며, 분모의 $\frac{1}{RCs}$는 $\frac{K}{TS+1}$의 형식으로 1차 지연요소를 해당한다. 그러므로 이 회로를 1차 지연 미분요소라 한다. 그러나 $RC \ll 1$에서는 전달함수 $G(s) \fallingdotseq RCs$ 이므로 미분요소가 된다.

이 회로의 입력신호 $e_i(t)$에 인디셜 응답을 가했을 경우 $e_o(t)$를 구해보면 $E_i(s) = \frac{1}{s}$이므로

$$E_o(s) = \frac{RCs}{RCs+1} \cdot \frac{1}{s} = \frac{RC}{RCs+1} = \frac{1}{s + \frac{1}{RC}}$$

가 된다. 이를 역라플라스 변환하면

$$e_o(t) = e^{-\frac{1}{RC}t}$$

가 얻어진다.

3) 적분 요소

입력 신호 $x(t)$와 출력 신호 $y(t)$와의 관계가

$$y(t) = K \int x(t)dt$$

로 표시되는 요소를 적분 요소라 한다. 전달함수는

$$G(s) = \frac{Y(s)}{X(s)} = \frac{K}{s}$$ 출제 산업 4번, 기사 1번

로 된다. 이와 같이 출력이 입력신호의 적분값에 비례하는 요소를 적분요소라 한다. 수위계, 적분회로, 가열기 등이 여기에 해당된다.

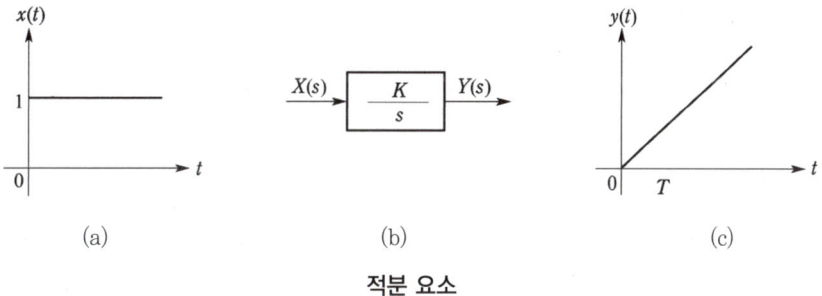

적분 요소

4) 1차 지연 요소

1차 지연 요소의 시간 함수로서는 입력 신호 $x(t)$와 출력 신호 $y(t)$와의 관계가

$$b_1 \frac{dy(t)}{dt} + b_0 y(t) = a_0 x(t) \ (b_1, b_0 > 0)$$

로 표시되는 요소를 1차 지연 요소라 한다.

$$G(s) = \frac{Y(s)}{X(s)} = \frac{a_0}{b_1 s + b_0} = \frac{a_0/b_0}{(b_1/b_0)s + 1} = \frac{K}{Ts + 1}$$ 출제 산업 2번

단, $a_0/b_0 = K$, $b_1/b_0 = T$(시정수)

이와 같은 1차 지연 요소의 블록 선도는 그림 (b)와 같으며, 인디셜 응답은 위 식을 역라플라스 변환한 것으로

$$y(t) = \mathcal{L}^{-1}\left[\frac{1}{s}G(s)\right] = \mathcal{L}^{-1}\left[\frac{K}{s(Ts+1)}\right] = K\left(1 - e^{-\frac{1}{T}t}\right)$$

의 곡선으로 나타내며 그림 (c)와 같다.

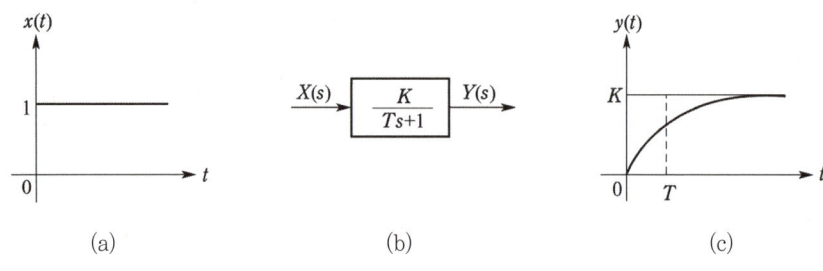

(a)   (b)   (c)

1차 지연 요소

아래 그림은 1차 지연요소를 나타낸 것이다. 이를 해석하면 다음과 같다.
R, L 직렬 회로의 미분방정식은

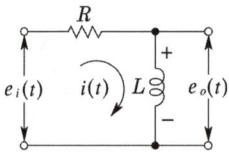

$$e_i(t) = Ri(t) + L\frac{d}{dt}i(t)$$

모든 초기값을 0으로 하고 라플라스 변환하면

$$E_i(s) = (R + Ls)I(s)$$

$$\therefore I(s) = \frac{1}{Ls+R}E_i(s)$$

따라서 전달 함수는

$$G(s) = \frac{I(s)}{E_i(s)} = \frac{1}{Ls+R} = \frac{\frac{1}{R}}{\frac{L}{R}s+1} = \frac{K}{Ts+1}$$

여기서, $T = \dfrac{L}{R}$, $K = \dfrac{1}{R}$

이 회로에 대한 인디셜 응답은 $E_i(s) = \dfrac{1}{s}$를 대입하면

$$I(s) = \frac{1}{Ls+R} \cdot \frac{1}{s} = \frac{1}{L\left(s+\frac{R}{L}\right)} \cdot \frac{1}{s} = \frac{1}{R}\left(\frac{1}{s} - \frac{1}{s+\frac{R}{L}}\right)$$

로 변형되며 이를 역라플라스 변환하면

$$i(t) = \mathcal{L}^{-1}[I(s)] = \mathcal{L}^{-1}\left[\frac{1}{R}\left(\frac{1}{s} - \frac{1}{s + \frac{R}{L}}\right)\right] = \frac{1}{R}\left(1 - e^{-\frac{R}{L}t}\right)$$

가 된다. 그러므로

$$i(t) = K\left(1 - e^{-\frac{t}{T}}\right)$$

가 된다.

여기서, K : 이득정수 , $T = \dfrac{L}{R}$: 시정수(time constant)

5) 2차 지연 요소

입력 신호 $x(t)$와 출력 신호 $y(t)$와의 관계가

$$b_2\frac{d^2 y(t)}{dt^2} + b_1\frac{dy(t)}{dt} + b_0 y(t) = a_0 x(t) \ \ (b_2,\ b_1,\ b_0 > 0)$$

와 같이 표시되는 요소를 2차 지연 요소라 한다.

$$G(s) = \frac{Y(s)}{X(s)} = \frac{a_0}{b_2 s^2 + b_1 s + b_0}$$

$$= \frac{K}{1 + 2\delta Ts + T^2 s^2} = \frac{K\omega_n^2}{s^2 + 2\delta\omega_n s + \omega_n^2}$$

출제 산업 1번, 기사 1번

단, $a_0/b_0 = K$, $b_2/b_0 = T^2$, $b_1/b_0 = 2\delta T$ 또는 $1/T = \omega_n$

여기서, δ를 감쇠 계수(decaying coefficient) 또는 제동비(damping ratio), ω_n을 고유 주파수(natural angular frequency)라 한다.

2차 지연 요소의 블록 선도는 그림 (b)와 같으며, 인디셜 응답은 그림 (c)와 같은 모양이 된다.

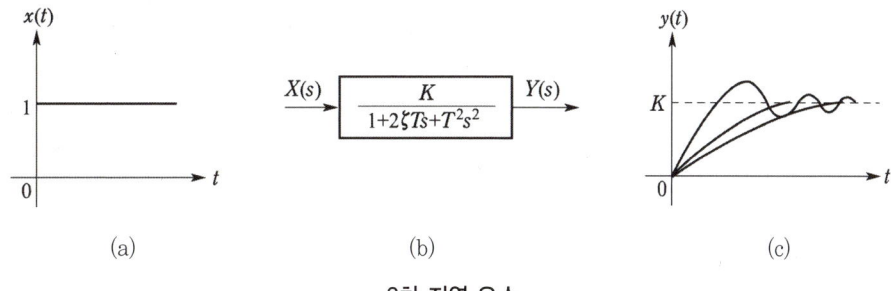

(a)   (b)   (c)

2차 지연 요소

6) 부동작 시간 요소

$t = 0$에서 입력의 변화가 생겨도 $t = L$까지 출력측에 어떠한 영향도 나타나지 않은 요소를 부동작 요소라 하며, 그 입력과 출력의 관계는

$$y(t) = Kx(t - L)$$

로 표시된다.

$$G(s) = \frac{Y(s)}{X(s)} = Ke^{-Ls} \quad \boxed{\text{출제}}\ \text{산업 4번}$$

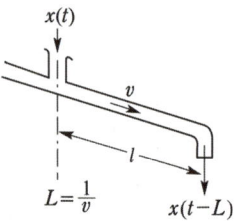

여기서, L을 부동작 시간이라 한다.
부동작 시간 요소의 블록 선도는 그림 (b)와 같으며 인디셜 응답은 그림 (c)와 같이 된다.

부동작 시간 요소의 예

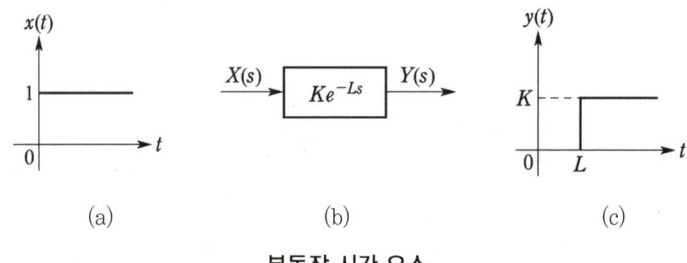

(a)   (b)   (c)

부동작 시간 요소

04 ─ 전기회로의 전달함수 $\boxed{\text{출제}}$ 산업 14번, 기사 20번

1) R, C 직렬 회로의 전달함수

회로의 미분방정식은

$$\begin{cases} e_i(t) = Ri(t) + \dfrac{1}{C}\displaystyle\int i(t)dt \\ e_o(t) = \dfrac{1}{C}\displaystyle\int i(t)dt \end{cases}$$

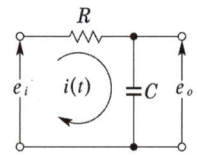

초기값을 0으로 하고 라플라스 변환하면

$$\begin{cases} E_i(s) = RI(s) + \dfrac{1}{Cs}I(s) = \left(R + \dfrac{1}{Cs}\right)I(s) \\ E_o(s) = \dfrac{1}{Cs}I(s) \end{cases}$$

위 식을 정리하면

$$\therefore\ G(s) = \frac{E_o(s)}{E_i(s)} = \frac{\dfrac{1}{Cs}}{R + \dfrac{1}{Cs}} = \frac{1}{RCs + 1} = \frac{1}{Ts + 1}$$ 출제 산업 3번, 기사 2번

여기서, $T = RC$가 된다.

2) R, C 병렬 회로의 임피던스 전달함수

$$\begin{cases} e_o(t) = \dfrac{1}{C}\displaystyle\int \{i(t) - i_R(t)\}dt \\ i_R(t) = \dfrac{1}{R}e_o(t) \end{cases}$$

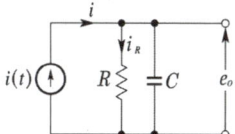

초기값을 0으로 하고 라플라스 변환하면

$$\begin{cases} E_o(s) = \dfrac{1}{Cs}\{I(s) - I_R(s)\} \\ I_R(s) = \dfrac{1}{R}E_o(s) \end{cases}$$

$$E_o(s) = \frac{1}{Cs}I(s) - \frac{1}{RCs}E_o(s)$$

$$E_o(s)\left(1 + \frac{1}{RCs}\right) = \frac{1}{Cs}I(s)$$

$$\therefore\ G(s) = \frac{E_o(s)}{I(s)} = \frac{\dfrac{1}{Cs}}{1 + \dfrac{1}{RCs}} = \frac{R}{RCs + 1}$$ 출제 산업 2번, 기사 2번

3) R, C 직렬 회로의 어드미턴스 전달함수

2차측을 개방하면 $I_2 = 0$이므로

$$v_1(t) = i_1(t)R + \frac{1}{C}\int i_1(t)dt$$

양변을 라플라스 변환하면

$$V_1(s) = I_1(s)R + \frac{I_1(s)}{Cs} = I_1(s)\left(R + \frac{1}{Cs}\right)$$

$$\therefore\ Y(s) = \frac{I_1(s)}{V_1(s)} = \frac{1}{R + \dfrac{1}{Cs}} = \frac{Cs}{RCs + 1}$$ 출제 산업 3번

05 – 물리계의 전달함수

1) 전기계와 물리계의 대응관계

전기계	기계계		유체계		열 계
	직선운동계	회전운동계	액면계	유압계	
전압 E	힘 f	토 크 τ	액 위 h	압 력 p	온 도 θ
전류 I	속 도 v	각속도 ω	유 량 q	유 량 q	열유량 q
전하 Q	변 위 x	각변위 θ	액체량 V	액체량 V	열 량 Q
인덕턴스 L	질 량 m	관성모멘트 J			
저항 R	제동계수 μ	제동계수 μ	출구저항 R	유체저항 R	열저항 R
용량 C	스프링정수 k	스프링정수 k	액면면적 A		열용량 C

출제 산업 1번, 기사 1번 출제 산업 2번

2) 기계적 요소

기계 제어 시스템 요소는 병진(선형) 운동 요소와 회전 운동 요소로 구분 할 수 있다.
여기서, 병진 운동의 경우는 힘과 이동거리가 사용되며, 회전 운동의 경우 회전력과 각도가 사용된다.

(1) 병진운동의 시스템 요소

기계적인 병진운동 시스템의 세 가지 기본요소는 질량, 스프링, 점성마찰로서 다음 그림은 스프링–질량 시스템에 마찰 장치가 부가된 실제적인 시스템이다.

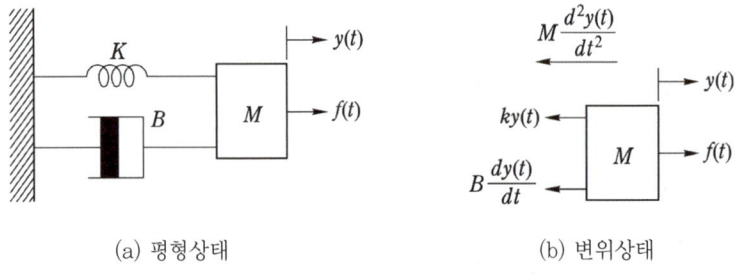

(a) 평형상태 (b) 변위상태

스프링–질량–마찰 시스템

출제 산업 1번

평형상태에서 힘 $f(t)$로 $y(t)$만큼 변위 시킬 때 질량은 $M\dfrac{d^2}{dt^2}y(t)$, 스프링 저항력은 $Ky(t)$

이고, 점성 마찰력은 $B\dfrac{dy(t)}{dt}$임으로 뉴턴의 운동 제2법칙을 이용하면 이 시스템의 운동 방정식은 다음과 같다.

$$f(t) = M\frac{d^2y(t)}{dt^2} + B\frac{dy(t)}{dt} + Ky(t) \qquad \cdots\cdots ①$$

$$= M\frac{dv(t)}{dt} + Bv(t) + K\int v(t)dt$$

또한, 전기회로 방정식은 다음 식과 같다.

$$e(t) = L\frac{d^2q(t)}{dt^2} + R\frac{dq(t)}{dt} + \frac{1}{C}q(t)$$

$$= L\frac{di(t)}{dt} + Ri(t) + \frac{1}{C}\int i(t)dt$$

여기서, $e(t)$는 인가전압, $q(t)$ 전하량, $i(t)$는 인가 전류이다.
병진운동 시스템의 전달함수는 식 ①을 라플라스 변환하면

$$(Ms^2 + Bs + K)Y(s) = F(s)$$

따라서 전달함수는 $G(s) = \dfrac{Y(s)}{F(s)} = \dfrac{1}{Ms^2 + Bs + K}$ 출제 산업 4번, 기사 2번

(2) 회전운동의 시스템

회전운동을 나타내기 위하여 사용되는 변수들은 토크 $T(t)$, 각속도 $\omega(t)$, 각가속도 $a(t)$ 및 각 변위 $\theta(t)$이다.

① 회전운동의 관성 시스템

그림과 같이 관성 J인 물체에 토크 $T(t)$가 가해질 때 방정식은 다음과 같다.

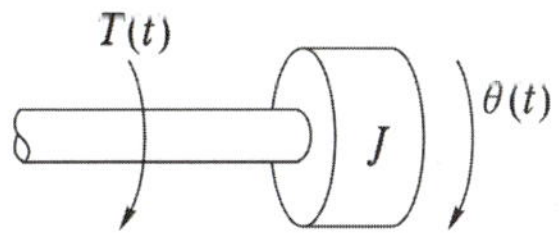

관성 시스템

$$T(t) = Ja(t) = J\frac{d\omega(t)}{dt} = J\frac{d^2\theta(t)}{dt^2}$$

또한, 전기적 시스템의 방정식은 다음과 같다.

$$e(t) = L\frac{di(t)}{dt} = L\frac{d^2q(t)}{dt^2}$$

여기서, $e(t)$는 인가전압, L은 인덕턴스, $i(t)$는 인가전류, $q(t)$는 전하량이다.

② 회전운동의 스프링 시스템

그림과 같이 단위 각변위당 토크로 나타내는 비틀림 스프링 상수 K가 병진운동에 대한 선형 스프링과 같이 회전체 토크 $T(t)$가 가해질 때 시스템의 방정식은 다음과 같다.

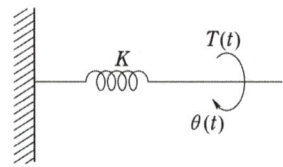

스프링 시스템

$$T(t) = K\theta(t) = K \int \omega(t) dt$$

또한, 전기적 시스템의 방정식은 다음과 같다.

$$e(t) = \frac{1}{C} q(t) = \frac{1}{C} \int i(t) dt$$

여기서, C는 캐패시터이다.

③ 회전운동의 관성-마찰 시스템

병진운동에서와 같이 변위각 $\theta(t)$만큼 물체의 회전을 방해하려는 힘으로 회전점성-마찰 시스템의 전기적인 방정식은 다음과 같다.

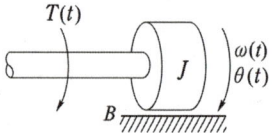

관성-마찰 시스템

$$T(t) = B\omega(t) = B\frac{d\theta(t)}{dt}$$

그림은 관성 J인 물체에 토크 $T(t)$가 가해질 때 물체의 회전을 방해하는 회전 마찰이 부가된 시스템의 전기적인 방정식은 다음과 같다.

$$T(t) - B\frac{d\theta(t)}{dt} = J\frac{d^2\theta(t)}{dt^2}$$

또는

$$T(t) = J\frac{d^2\theta(t)}{dt^2} + B\frac{d\theta(t)}{dt} = J\frac{d\omega(t)}{dt} + B\omega(t)$$

06 – 미분 방정식의 전달함수 출제 산업 12번, 기사 8번

미분방정식의 입력 신호가 v_i, 출력 신호가 v_o일 때

$$a_1 v_o + a_2 \frac{dv_o}{dt} + a_3 \int v_o dt = v_i$$

의 전달 함수는 초기값을 0으로 하고 라플라스 변환하면

$$a_1 V_o(s) + a_2 s V_o(s) + \frac{1}{s} a_3 V_o(s) = V_i(s)$$

$$V_o(s)\left(a_1 + a_2 s + \frac{a_3}{s}\right) = V_i(s)$$

$$\therefore \; G(s) = \frac{V_o(s)}{V_i(s)} = \frac{1}{a_1 + a_2 s + \dfrac{a_3}{s}} = \frac{s}{a_2 s^2 + a_1 s + a_3} \quad \boxed{출제} \; 산업 1번$$

가 된다.

예를 들어 $\dfrac{d^2 y}{dt^2} + 3\dfrac{dy}{dt} + 2y = x + \dfrac{dx}{dt}$ 전달 함수를 구하려면 라플라스 변환하여야 한다.

$$\{s^2 Y(s) - sy(0) - y'(0)\} + 3\{s Y(s) - y(0)\} + 2Y(s)$$
$$= X(s) + \{sX(s) - x(0)\}$$

모든 초기값을 0으로 보고 정리하면 $(s^2 + 3s + 2)Y(s) = (s+1)X(s)$이 되며 전달함수는

$$\frac{Y(s)}{X(s)} = \frac{s+1}{s^2 + 3s + 2} \quad \boxed{출제} \; 산업 7번, 기사 3번$$

가 된다.

07 – 보상기

이득 조정만으로는 만족한 정상 특성이나 과도 특성이 실현되지 않는 경우에는 적당한 보상 요소를 제어 시스템에 삽입하여 개회로 전달 함수의 형을 변경하여 특성을 개선한다.
일반적으로 많이 사용되는 보상요소(보상기)의 종류로는 진상 보상기, 지상 보상기, 진상·지상 보상기가 있다.

1) 진상 보상기

(1) 진상 보상기의 목적

위상특성이 빠른 요소, 즉 진상요소를 보상요소로 사용하며 안정도와 속응성의 개선을 목적으로 한다.

(2) 진상 보상기의 전달 함수

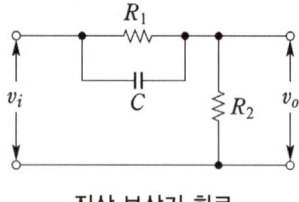

진상 보상기 회로

진상 보상기(lead compensator)는 출력위상이 입력 위상보다 앞서도록 위상을 이상시키는 장치를 말한다.

회로의 방정식은

$$C\frac{d}{dt}\{v_i(t) - v_0(t)\} + \frac{1}{R}\{v_i(t) - v_0(t)\} = \frac{1}{R_2}v_0(t)$$

이다. 초기값을 0으로 하고 라플라스 변환하면

$$Cs[V_i(s) - V_0(s)] + \frac{1}{R_1}[V_i(s) - V_0(s)] = \frac{1}{R_2}V_0(s)$$

전달 함수 $G_{\text{lead}}(s)$는

$$G_{\text{lead}}(s) = \frac{V_0(s)}{V_i(s)} = \frac{Cs + \dfrac{1}{R_1}}{Cs + \dfrac{1}{R_1} + \dfrac{1}{R_2}} = \frac{s + a}{s + b}$$

출제 기사 5번

단, $a = \dfrac{1}{R_1 C}$, $b = \dfrac{1}{R_1 C} + \dfrac{1}{R_2 C}$

이 회로는 $b > a$이므로 진상 보상기로 동작한다. 출제 기사 5번

2) 지상 보상기

(1) 지상 보상기의 목적

위상특성이 늦은 요소, 즉 지상요소를 보상요소로 사용하며 보상요소를 삽입한 후 이득을 재조정하여 정상편차를 개선하는 것을 목적으로 한다.

(2) 지상보상기의 전달 함수

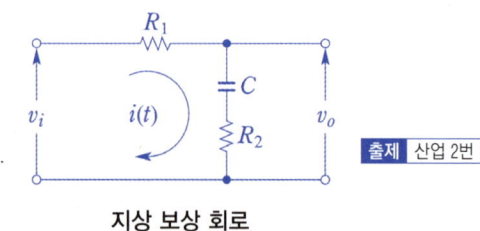

출제 산업 2번

지상 보상 회로

회로 방정식은

$$R_1 i(t) + \frac{1}{C}\int i(t)dt + R_2 i(t) = v_i(t)$$

$$\frac{1}{C}\int i(t)dt + R_2 i(t) = v_0(t)$$

이다. 초기값을 0으로 하고 라플라스 변환하면

$$\left(R_1 + R_2 + \frac{1}{Cs}\right)I(s) = V_i(s)$$

$$\left(R_2 + \frac{1}{Cs}\right)I(s) = V_0(s)$$

전달 함수 $G_{\text{lag}}(\text{s})$는

$$G_{\text{lag}}(s) = \frac{V_0(s)}{V_i(s)} = \frac{R_2 + \dfrac{1}{Cs}}{R_1 + R_2 + \dfrac{1}{Cs}} = \frac{a(s+b)}{b(s+a)}$$ 출제 산업 3번, 기사 1번

$$a = \frac{1}{(R_1 + R_2)C}, \; b = \frac{1}{R_2 C}$$

이 회로는 $\boldsymbol{b > a}$이므로 지상 보상기로 동작한다.

3) 진상 · 지상 보상기

(1) 진상 · 지상 보상기의 목적

요소의 위상특성이 정 · 부로 변화하여 1개의 요소로서 보상을 행하고 속응성과 안정도 및 정상편차를 동시에 개선한다.

(2) 진상 · 지상보상기의 전달 함수

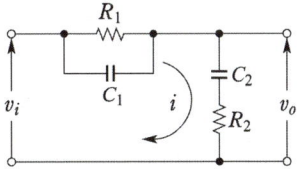

지상 · 진상 보상기 회로

회로방정식은

$$\frac{1}{R_1}\{v_i(t) - v_0(t)\} + C_1 \frac{d}{dt}\{v_i(t) - v_0(t)\} = i(t)$$

전류 $i(t)$와 단자 전압 $v_0(t)$간에는 다음과 같은 관계가 있다.

$$\frac{1}{C_2}\int i(t)dt + R_2 i(t) = v_0(t)$$

위의 두 식을 라플라스 변환한 다음 전류 $I(s)$를 소거하면

$$\left(\frac{1}{R_1} + C_1 s\right)[V_i(s) - V_0(s)] = \frac{V_0(s)}{\dfrac{1}{C_2 s} + R_2}$$

따라서 이 보상기의 전달 함수 $G_{LL}(s)$는 다음과 같다.

$$G_{LL}(s) = \frac{V_0(s)}{V_i(s)}$$

$$= \frac{\left(s + \dfrac{1}{R_1 C_1}\right)\left(s + \dfrac{1}{R_2 C_2}\right)}{s^2 + \left(\dfrac{1}{R_2 C_2} + \dfrac{1}{R_2 C_1} + \dfrac{1}{R_1 C_1}\right)s + \dfrac{1}{R_1 C_1 R_2 C_2}}$$

$$= \frac{(s + a_1)(s + b_2)}{(s + b_1)(s + a_2)}$$

단, $a_1 = \dfrac{1}{R_1 C_1}$, $\quad b_1 a_2 = a_1 b_2$

$$b_1 + a_2 = a_1 + b_2 + \frac{1}{R_2 C_1}, \quad b_2 = \frac{1}{R_2 C_2}$$

이 보상기는 2개의 0점과 극점을 가진다. 진상·지상 보상기로 동작하기 위한 조건은 $b_1 > a_1$, $b_2 > a_2$이다.

전달함수

★★ 【86. 92. 기사】
01 그림에서 전달 함수 $G(s)$는?

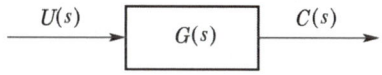

① $\dfrac{U(s)}{C(s)}$ 　　② $\dfrac{C(s)}{U(s)}$ 　　③ $U(s) \cdot C(s)$ 　　④ $\dfrac{C^2(s)}{U(s)}$

해설 전달 함수는 모든 초기값을 0으로 하였을 때 출력 신호의 라플라스 변환과 입력 신호의 라플라스 변환의 비이다.
$$G(s) = \frac{C(s)}{U(s)}$$

☆ 【83. 산업기사】
02 전달 함수의 성질 중 옳지 않은 것은?

① 어떤 계의 전달 함수는 그 계에 대한 임펄스 응답의 라플라스 변환과 같다.

② 전달 함수 $P(s)$인 계의 입력이 임펄스 함수(δ 함수)이고 모든 초기값이 0이면 그 계의 출력 변환은 $P(s)$와 같다.

③ 계의 전달 함수는 계의 미분 방정식을 라플라스 변환하고 초기값에 의하여 생긴 항을 무시하면 $P(s) = \mathcal{L}^{-1}\left[\dfrac{Y'^2}{X^2} \right]$와 같이 얻어진다.

④ 계 전달 함수의 분모를 0으로 놓으면 이것이 곧 특성 방정식이 된다.

해설 계의 미분방정식은 s를 미분연산자 $\dfrac{d}{dt}$로 치환함으로써 얻어진다. 이 미분방정식을 라플라스 변환하고 초기값에 의해 생긴 항을 무시하면 $P(s) = \dfrac{Y(s)}{X(s)}$로 정리하여 얻는다.

★★★☆ 【77. 79. 기사, 80. 82. 83. 산업기사】
03 그림과 같은 회로의 전달 함수는? 단, $T = RC$이다.

① $\dfrac{1}{Ts^2 + 1}$ 　　② $\dfrac{1}{Ts + 1}$

③ $Ts^2 + 1$ 　　④ $Ts + 1$

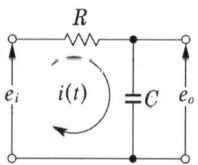

$\boxed{\text{해설}}$
$\begin{cases} e_i(t) = Ri(t) + \dfrac{1}{C}\displaystyle\int i(t)dt \\ e_o(t) = \dfrac{1}{C}\displaystyle\int i(t)dt \end{cases}$

초기값을 0으로 하고 라플라스 변환하면

$\begin{cases} E_i(s) = RI(s) + \dfrac{1}{Cs}I(s) = \left(R + \dfrac{1}{Cs}\right)I(s) \\ E_o(s) = \dfrac{1}{Cs}I(s) \end{cases}$

$\therefore G(s) = \dfrac{E_o(s)}{E_i(s)} = \dfrac{\dfrac{1}{Cs}}{R + \dfrac{1}{Cs}} = \dfrac{1}{RCs + 1} = \dfrac{1}{Ts + 1}$

★★☆【87. 00. 12. 기사, 82. 산업기사】

04 그림과 같은 회로의 전달 함수는 어느 것인가?

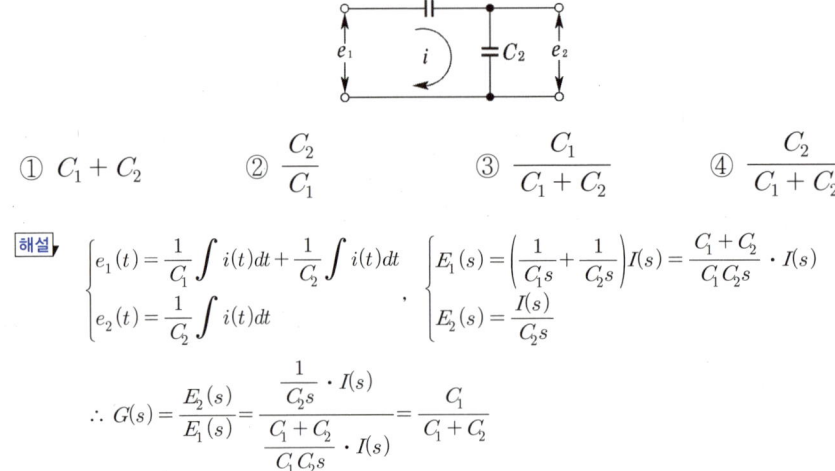

① $C_1 + C_2$ ② $\dfrac{C_2}{C_1}$ ③ $\dfrac{C_1}{C_1 + C_2}$ ④ $\dfrac{C_2}{C_1 + C_2}$

$\boxed{\text{해설}}$
$\begin{cases} e_1(t) = \dfrac{1}{C_1}\displaystyle\int i(t)dt + \dfrac{1}{C_2}\displaystyle\int i(t)dt \\ e_2(t) = \dfrac{1}{C_2}\displaystyle\int i(t)dt \end{cases}$, $\begin{cases} E_1(s) = \left(\dfrac{1}{C_1 s} + \dfrac{1}{C_2 s}\right)I(s) = \dfrac{C_1 + C_2}{C_1 C_2 s} \cdot I(s) \\ E_2(s) = \dfrac{I(s)}{C_2 s} \end{cases}$

$\therefore G(s) = \dfrac{E_2(s)}{E_1(s)} = \dfrac{\dfrac{1}{C_2 s} \cdot I(s)}{\dfrac{C_1 + C_2}{C_1 C_2 s} \cdot I(s)} = \dfrac{C_1}{C_1 + C_2}$

★★【82. 83. 기사】

05 RC 저역 필터 회로의 전달 함수 $G(j\omega)$는 $\omega = 0$에서 얼마인가?

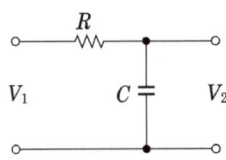

① 0   ② 0.5   ③ 1   ④ 0.707

$\boxed{\text{해설}}$
$G(j\omega) = \dfrac{V_2(j\omega)}{V_1(j\omega)} = \dfrac{1}{j\omega RC + 1}$

여기서 $\omega = 0$이므로 $\therefore G(j\omega) = 1$

★★★☆【89. 99. 02. 기사, ⊕ : 88. 기사, 81. 산업기사】

06 회로망의 전달 함수 $H(s) = \dfrac{V_2(s)}{V_1(s)}$ 를 구하면?

① $\dfrac{LC}{1+LCs}$ ② $\dfrac{LC}{1+LCs^2}$

③ $\dfrac{1}{1+LCs}$ ④ $\dfrac{1}{1+LCs^2}$

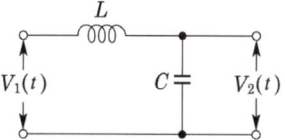

해설 $\dfrac{V_2(s)}{V_1(s)} = \dfrac{\dfrac{1}{Cs}}{Ls + \dfrac{1}{Cs}} = \dfrac{1}{1+LCs^2}$

★★☆【82. 기사, 80. 82. 산업기사, ⊕ : 88. 산업기사】

07 그림과 같은 회로의 전달 함수는? 단, 초기값은 0이다.

① $\dfrac{s}{R+Ls}$ ② $\dfrac{1}{s+\dfrac{R}{L}}$

③ $\dfrac{1}{R+Ls}$ ④ $\dfrac{s}{s+\dfrac{R}{L}}$

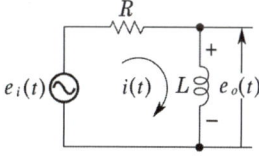

해설 $\begin{cases} e_i(t) = Ri(t) + L\dfrac{d}{dt}i(t) \\ e_o(t) = L\dfrac{d}{dt}i(t) \end{cases}$

모든 초기값을 0으로 하고 라플라스 변환하면

$\begin{cases} E_i(s) = (R+Ls)I(s) \\ E_o(s) = LsI(s) \end{cases}$, $\therefore G(s) = \dfrac{E_o(s)}{E_i(s)} = \dfrac{Ls}{R+Ls} = \dfrac{s}{s+\dfrac{R}{L}}$

★☆【78. 83. 산업기사, ⊕ : 78. 산업기사】

08 그림과 같은 회로에서 2차측을 개방했을 때

$Y(s) = \dfrac{I_1(s)}{V_1(s)}$ 는 얼마인가?

① $\dfrac{Rs}{s+CR}$ ② $\dfrac{Cs}{Cs+R}$

③ $\dfrac{Cs}{CRs+1}$ ④ $\dfrac{s}{s+\dfrac{1}{CR}}$

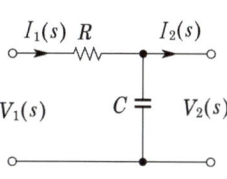

해설 2차측을 개방하면 $I_2 = 0$ 이므로 $v_1(t) = i_1(t)R + \dfrac{1}{C}\displaystyle\int i_1(t)dt$

양변을 라플라스 변환하면 $V_1(s) = I_1(s)R + \dfrac{I_1(s)}{Cs} = I_1(s)\left(R + \dfrac{1}{Cs}\right)$

$$\therefore \; Y(s) = \frac{I_1(s)}{V_1(s)} = \frac{1}{R + \dfrac{1}{Cs}} = \frac{Cs}{RCs + 1}$$

★★★ 【82. 98. 기사, 82. 89. 산업기사】

09 그림과 같은 $R-C$ 병렬 회로의 전달 함수 $\dfrac{E_o(s)}{I(s)}$ 는?

① $\dfrac{R}{RCs+1}$ ② $\dfrac{C}{RCs+1}$

③ $\dfrac{RC}{RCs+1}$ ④ $\dfrac{RCs}{RCs+1}$

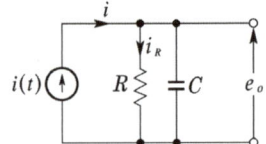

해설
$$\begin{cases} e_o(t) = \dfrac{1}{C}\int \{i(t) - i_R(t)\}dt \\ i_R(t) = \dfrac{1}{R}e_o(t) \end{cases}$$

초기값을 0으로 하고 라플라스 변환하면

$$\begin{cases} E_o(s) = \dfrac{1}{Cs}\{I(s) - I_R(s)\} \\ I_R(s) = \dfrac{1}{R}E_o(s) \end{cases}$$

$$E_o(s) = \frac{1}{Cs}I(s) - \frac{1}{RCs}E_o(s), \quad E_o(s)\left(1 + \frac{1}{RCs}\right) = \frac{1}{Cs}I(s)$$

$$\therefore \; G(s) = \frac{E_o(s)}{I(s)} = \frac{\dfrac{1}{Cs}}{1 + \dfrac{1}{RCs}} = \frac{R}{RCs + 1}$$

★★ 【82. 기사, ⊕ : 83. 88. 산업기사】

10 다음의 브리지 회로에서 입력 전압 e_i에 대한 출력 전압 e_o의 전달 함수를 구하면?

① $\dfrac{LCs^2+1}{LCs^2-1}$ ② $\dfrac{1}{LCs^2+1}$

③ $\dfrac{1}{LCs^2-1}$ ④ $\dfrac{LCs^2-1}{LCs^2+1}$

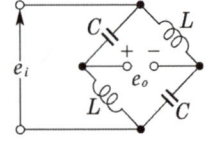

해설
$$\begin{cases} e_i(t) = L\dfrac{d}{dt}i(t) + \dfrac{1}{C}\int i(t)dt \\ e_o(t) = L\dfrac{d}{dt}i(t) - \dfrac{1}{C}\int i(t)dt \end{cases}$$

초기값을 0으로 하고 라플라스 변환하면

$$\begin{cases} E_i(s) = LsI(s) + \dfrac{1}{Cs}I(s) = \left(Ls + \dfrac{1}{Cs}\right)I(s) \\ E_o(s) = LsI(s) - \dfrac{1}{Cs}I(s) = \left(Ls - \dfrac{1}{Cs}\right)I(s) \end{cases}$$

$$\therefore \; G(s) = \frac{E_o(s)}{E_i(s)} = \frac{Ls - \dfrac{1}{Cs}}{Ls + \dfrac{1}{Cs}} = \frac{LCs^2 - 1}{LCs^2 + 1}$$

★ 【83. 87. 산업기사】

11 그림과 같은 RC 브리지 회로의 전달 함수 $\dfrac{E_o(s)}{E_i(s)}$ 는?

① $\dfrac{1}{1+RCs}$

② $\dfrac{RCs}{1+RCs}$

③ $\dfrac{1+RCs}{1-RCs}$

④ $\dfrac{1-RCs}{1+RCs}$

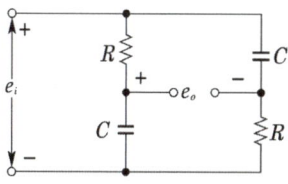

해설 $e_i(t) = Ri(t) + \dfrac{1}{C}\int i(t)dt, \quad e_o(t) = \dfrac{1}{C}\int i(t) - Ri(t)$

초기값을 0으로 하고 라플라스 변환하면

$E_i(s) = \left(R + \dfrac{1}{Cs}\right)I(s), \quad E_o(s) = \left(\dfrac{1}{Cs} - R\right)I(s)$

$\therefore \ G(s) = \dfrac{E_o(s)}{E_i(s)} = \dfrac{\dfrac{1}{Cs} - R}{R + \dfrac{1}{Cs}} = \dfrac{1 - RCs}{RCs + 1}$

★★ 【83. 99. 기사】

12 그림의 전기회로에서 전달 함수는?

① $\dfrac{LRs}{LCs^2 + RCs + 1}$

② $\dfrac{Cs}{LCs^2 + RCs + 1}$

③ $\dfrac{RCs}{LCs^2 + RCs + 1}$

④ $\dfrac{LRCs}{LCs^2 + RCs + 1}$

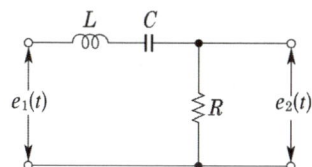

해설 $\begin{cases} e_1(t) = L\dfrac{d}{dt}i(t) + \dfrac{1}{C}\int i(t)dt + Ri(t) \\ e_2(t) = Ri(t) \end{cases}$

초기값을 0으로 하고 라플라스 변환하면

$E_1(s) = Ls I(s) + \dfrac{1}{Cs}I(s) + RI(s) = \left(Ls + \dfrac{1}{Cs} + R\right)I(s)$

$E_2(s) = RI(s)$

$\therefore \ G(s) = \dfrac{E_2(s)}{E_1(s)} = \dfrac{R}{Ls + \dfrac{1}{Cs} + R} = \dfrac{RCs}{LCs^2 + RCs + 1}$

★★★★ 【87. 88. 99. 04. 11. 25. 기사, 89. 94. 99. 산업기사】

13 그림과 같은 회로에서 e_i를 입력, e_o를 출력으로 할 경우 전달 함수는?

① $\dfrac{s}{LCs^2 + RCs + 1}$

② $\dfrac{1}{LCs^2 + RCs + 1}$

③ $\dfrac{Ls}{LCs^2 + RCs + 1}$

④ $\dfrac{Cs}{LCs^2 + RCs + 1}$

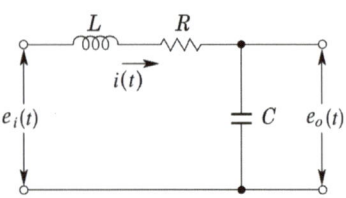

해설

$$\begin{cases} e_i(t) = L\dfrac{d}{dt}i(t) + Ri(t) + \dfrac{1}{C}\displaystyle\int i(t)dt \\ e_o(t) = \dfrac{1}{C}\displaystyle\int i(t)dt \end{cases}$$

초기값을 0으로 하고 라플라스 변환하면

$$\begin{cases} E_i(s) = Ls\,I(s) + RI(s) + \dfrac{1}{Cs}I(s) = \left(Ls + R + \dfrac{1}{Cs}\right)I(s) \\ E_o(s) = \dfrac{1}{Cs}I(s) \end{cases}$$

$$\therefore G(s) = \dfrac{E_o(s)}{E_i(s)} = \dfrac{\dfrac{1}{Cs}}{R + Ls + \dfrac{1}{Cs}} = \dfrac{1}{LCs^2 + RCs + 1}$$

★☆ 【85. 03. 05. 09. 기사, ⊕ : 83. 산업기사】

14 다음 회로의 전달 함수 $G(s) = E_o(s)/E_i(s)$는 얼마인가?

① $\dfrac{(R_1 + R_2)C_2 s + 1}{R_2 C_2 s + 1}$

② $\dfrac{R_2 C_2 s + 1}{(R_1 + R_2)C_2 s + 1}$

③ $\dfrac{R_2 C_2 + 1}{(R_1 + R_2)C_2 s + 1}$

④ $\dfrac{(R_1 + R_2)C_2 + 1}{R_2 C_2 + 1}$

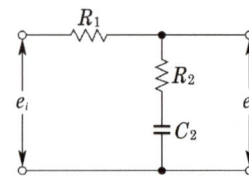

해설

$$G(s) = \dfrac{E_o(s)}{E_i(s)} = \dfrac{R_2 + \dfrac{1}{C_2 s}}{R_1 + R_2 + \dfrac{1}{C_2 s}} = \dfrac{R_2 C_2 s + 1}{(R_1 + R_2)C_2 s + 1}$$

☆【85. 산업기사】

15 그림과 같은 회로의 전압비 전달 함수 $H(j\omega)$는 얼마인가? 단, 입력 $v(t)$는 정현파 교류 전압이며, 출력은 v_R이다.

① $\dfrac{j\omega}{(5-\omega^2)+j\omega}$ ② $\dfrac{j\omega}{(5+\omega^2)+j\omega}$

③ $\dfrac{j\omega}{(5-\omega)^2+j\omega}$ ④ $\dfrac{j\omega}{(5+\omega)^2+j\omega}$

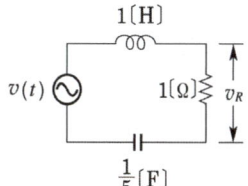

해설
$$\begin{cases} v_R(t)=Ri(t) \\ v(t)=L\dfrac{d}{dt}i(t)+Ri(t)+\dfrac{1}{C}\displaystyle\int i(t)dt \end{cases}$$

초기값을 0으로 하고 라플라스 변환하면,
$$\begin{cases} V_R(s)=RI(s) \\ V(s)=LsI(s)+RI(s)+\dfrac{1}{Cs}I(s)=\left(Ls+R+\dfrac{1}{Cs}\right)I(s) \end{cases}$$

$$H(s)=\frac{V_R(s)}{V(s)}=\frac{R}{Ls+R+\dfrac{1}{Cs}} \text{ 질량은}$$

$s=j\omega$, $L=1[\text{H}]$, $R=1[\Omega]$, $C=\dfrac{1}{5}[\text{F}]$를 대입하면

$$\therefore H(j\omega)=\frac{V_R(j\omega)}{V(j\omega)}=\frac{1}{j\omega+1+\dfrac{1}{\dfrac{1}{5}j\omega}}=\frac{j\omega}{(j\omega)^2+j\omega+5}=\frac{j\omega}{(5-\omega^2)+j\omega}$$

★★【01. 04. 06. 기사, 81. 82. 산업기사】

16 그림과 같은 회로에서 전압비 전달 함수 $\left(\dfrac{E_o(s)}{E_i(s)}\right)$는?

① $\dfrac{R_1}{R_1Cs+1}$

② $\dfrac{s+1}{s+(R_1+R_2)+R_1R_2C}$

③ $\dfrac{R_1R_2s+RCs}{R_1Cs+R_1R_2s^2+C}$

④ $\dfrac{R_2+R_1R_2Cs}{R_2+R_1R_2Cs+R_1}$

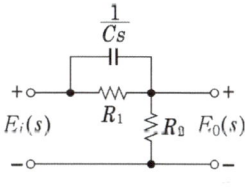

해설 문제의 R_1과 C의 합성 임피던스 등가 회로는 그림과 같다. 그림에서
$$E_i(s)=\left\{\left(\frac{R_1}{1+CsR_1}\right)+R_2\right\}I(s)$$
$$E_o(s)=R_2I(s)$$
$$\therefore G(s)=\frac{E_o(s)}{E_i(s)}=\frac{R_2}{\dfrac{R_1}{1+CsR_1}+R_2}=\frac{R_2+R_1R_2Cs}{R_1+R_2+R_1R_2Cs}$$

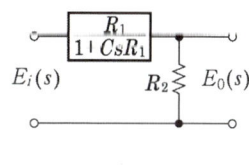

17 ★★★ 【82. 87. 89. 03. 기사】

그림과 같은 $R-C$ 회로의 전달 함수는? 단, $T_1 = R_2 C$, $T_2 = (R_1 + R_2)C$이다.

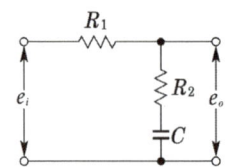

① $\dfrac{T_1}{T_2 s + 1}$ ② $\dfrac{T_2 s}{T_1 s + 1}$ ③ $\dfrac{T_1 s + 1}{T_2 s + 1}$ ④ $\dfrac{T_1(T_1 s + 1)}{T_2(T_2 s + 1)}$

해설▸

$$G(s) = \frac{E_o(s)}{E_i(s)} = \frac{R_2 + \dfrac{1}{Cs}}{R_1 + R_2 + \dfrac{1}{Cs}} = \frac{R_2 Cs + 1}{(R_1 + R_2)Cs + 1} = \frac{T_1 s + 1}{T_2 s + 1}$$

18 ★★ 【78. 92. 기사】

그림과 같은 회로의 전달 함수는?

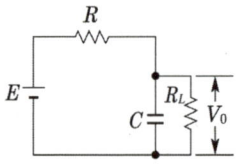

① $\dfrac{1}{CRs + 1 + \dfrac{R}{R_L}}$ ② $\dfrac{1}{CRs + \dfrac{R}{R_L}}$

③ $\dfrac{1}{\dfrac{s}{CR} + 1 + \dfrac{R}{R_L}}$ ④ $\dfrac{1}{\dfrac{s}{CR} + \dfrac{R}{R_L}}$

해설▸ 회로 전류를 각각 i_1, i_2라 하면 계통 방정식은

$$\begin{cases} Ri_1 + \dfrac{1}{C}\int (i_1 - i_2)dt = E \\ R_L i_2 + \dfrac{1}{C}\int (i_2 - i_1)dt = 0 \\ R_L i_2 = V_o \end{cases}$$

초기값을 0으로 하고 라플라스 변환하면

$$\begin{cases} \left(R + \dfrac{1}{Cs}\right)I_1(s) - \dfrac{1}{Cs}I_2(s) = E(s) \\ \left(R_L + \dfrac{1}{Cs}\right)I_2(s) = \dfrac{1}{Cs}I_1(s) \\ R_L I_2(s) = V_o(s) \end{cases}$$

위의 식들에서 $I_1(s)$, $I_2(s)$를 소거하고 $V_o(s)$, $E(s)$에 대해서 풀면

$$\therefore G(s) = \frac{V_o(s)}{E(s)} = \frac{1}{CRs + \left(1 + \dfrac{R}{R_L}\right)}$$

★【82. 83. 산업기사】
19 그림과 같은 회로에서 전류비 전달 함수를 라플라스 함수로 표시하면?

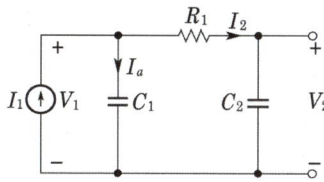

① $\dfrac{1}{s + (C_1 + C_2)/R_1 C_1 s}$
② $\dfrac{RC_1 C_2 s}{R_1 C_1 s + (C_1 + C_2)/R_1 C_1 C_2}$

③ $\dfrac{R_1(C_1 + C_2)s}{R_1 C_2 s + R_1 C_1 C_2 s^2}\left(\dfrac{1}{R_1 C_1 C_2}\right)$
④ $\dfrac{1}{s + (C_1 + C_2)/R_1 C_1 C_2}\left(\dfrac{1}{R_1 C_1}\right)$

해설 $\dfrac{1}{C_1}\displaystyle\int (I_1 - I_2)dt = \dfrac{1}{C_2}\int I_2 dt + R_1 I_2$, $\dfrac{1}{sC_1}\{I_1(s) - I_2(s)\} = \dfrac{1}{sC_2}I_2(s) + R_1 I_2(s)$

$$\therefore \frac{I_2(s)}{I_1(s)} = \frac{\dfrac{1}{sC_1}}{\dfrac{1}{sC_1} + \dfrac{1}{sC_2} + R_1} = \frac{1}{s + \dfrac{C_1 + C_2}{R_1 C_1 C_2}}\left(\frac{1}{R_1 C_1}\right)$$

★【97. 기사】
20 그림과 같은 회로에서 전달 함수 $G(s) = \dfrac{I(s)}{V(s)}$ 를 구하면?

(단, $R = 5[\Omega]$, $C_1 = \dfrac{1}{10}[\mathrm{F}]$, $C_2 = \dfrac{1}{5}[\mathrm{F}]$, $L = 1[\mathrm{H}]$이다.)

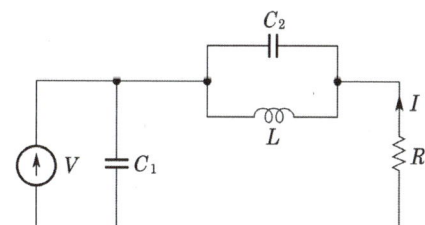

① $\dfrac{1}{5} \cdot \dfrac{s^2 + 5}{s^2 + s + 5}$
② $\dfrac{1}{10} \cdot \dfrac{2s + 5}{s^2 + 2s + 5}$

③ $\dfrac{1}{10} \cdot \dfrac{2s^2 + 15}{s^2 + 2s + 3}$
④ $\dfrac{1}{5} \cdot \dfrac{s^2 + 5}{s^2 + s + 1}$

해설 $G(s) = \dfrac{I(s)}{V(s)} = \dfrac{1}{R + \dfrac{\dfrac{Ls}{C_2 s}}{\dfrac{1}{C_2 s} + Ls}} = \dfrac{LC_2 s^2 + 1}{RLC_2 s^2 + Ls + R} = \dfrac{1}{5} \cdot \dfrac{s^2 + 5}{s^2 + s + 5}$

★ 【94. 기사】

21 그림에서 전달 함수 $G(s) = \dfrac{V_2(s)}{V_1(s)}$ 를 구하시오. 단, $R = 10[\Omega]$, $L_1 = 0.4[H]$, $L_2 = 0.6$ [H], $M = 0.4[H]$이다.

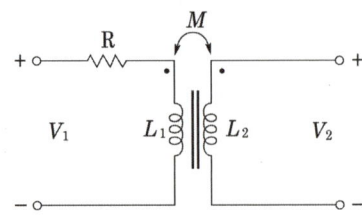

① $\dfrac{s+30}{s+25}$ ② $\dfrac{30}{s+25}$ ③ $\dfrac{s}{s+25}$ ④ $\dfrac{s}{3s+50}$

해설
$$V_1(s) = RI_1(s) + sL_1I_1, \quad V_2(s) = sMI_1$$
$$G(s) = \frac{V_2(s)}{V_1(s)} = \frac{sM}{R+sL_1} = \frac{s}{s+25}$$

★ 【02. 기사】

22 회로에서 $V_1(s)$를 입력, $V_2(s)$를 출력이라 할 때 전달 함수가 $\dfrac{1}{s+1}$ 이 되려면 $C[F]$의 값은?

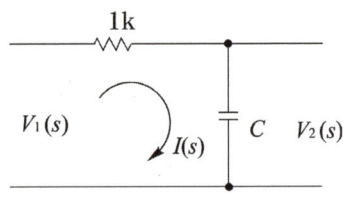

① 1   ② 0.1   ③ 0.01   ④ 0.001

해설
$$G(s) = \frac{V_2(s)}{V_1(s)} = \frac{\frac{1}{sC}}{R+\frac{1}{Cs}} = \frac{1}{RCs+1}$$

$G(s) = \dfrac{1}{s+1}$ 이 되기 위해서는 $RC = 1$

$\therefore 1000 \times C = 1$, $C = \dfrac{1}{1000} = 0.001[F]$

★ 【99. 기사】

23 상승시간 t_r 인 전달 함수를 갖는 3개의 계통을 종속으로 접속하면 전체 상승시간은?

① $\dfrac{1}{3}t_r$ ② $\dfrac{1}{\sqrt{3}}t_r$ ③ $\sqrt{3}\,t_r$ ④ $3\,t_r$

해설
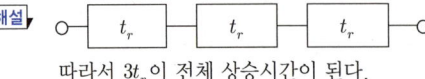
따라서 $3t_r$ 이 전체 상승시간이 된다.

답 21. ③ 22. ④ 23. ④

┃ 유사문제 원문 및 해설 : 동일출판사 홈페이지 ≫ 고객센터 ≫ 자료실

유사문제

01. 전달 함수를 정의할 때 옳게 나타낸 것은?

📄 모든 초기값을 0으로 한다.

02. 다음 전달 함수에 관한 말 중 옳은 것은?

📄 2계 회로에서는 전달 함수의 분모는 s의 2차식이다.

03. 전달 함수의 성질을 설명한 것 중에서 옳지 않은 것은?

📄 어떤 계의 전달 함수는 그 계에 대한 과도 응답의 라플라스 변환과 같다.

04. 그림과 같은 회로망의 전달 함수 $G(s)$는?
단, $s = j\omega$이다.

📄 $\dfrac{1}{RCs+1}$

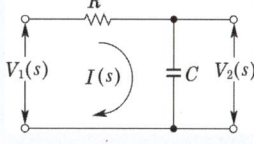

05. 그림과 같은 회로에서 전달 함수 $V_2(s)/V_1(s)$를 구하면?

📄 $\dfrac{RCs}{1+RCs}$

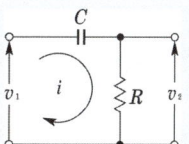

06. 다음 회로의 전압비 전달 함수 $V_2(s)/V_1(s)$는?

📄 $\dfrac{1}{s+1}$

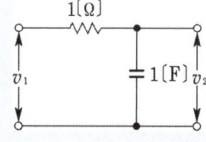

07. 아래 회로에서 입력을 $v(t)$, 출력을 $i(t)$로 했을 때의 입·출력 전달 함수는? (단, 스위치 S는 $t=0$ 순간에 회로에 전압이 공급된다고 한다.)

📄 $\dfrac{I(s)}{V(s)} = \dfrac{s}{R\left(s+\dfrac{1}{RC}\right)}$

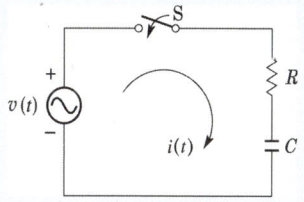

08. 그림과 같은 회로에서 i를 입력, e_o를 출력으로 할 경우 전달 함수 $\dfrac{E(s)}{I(s)}$는?

📄 $\dfrac{1}{C_1 s + C_2 s}$

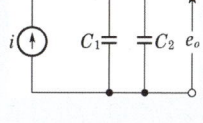

09. 그림과 같은 전기 회로의 입력을 e_i, 출력을 e_o라고 할 때, 전달 함수는? 단, $T = \dfrac{L}{R}$이다.

📄 $\dfrac{Ts}{Ts+1}$

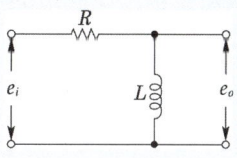

10. 그림과 같은 회로의 전압비 전달 함수

$$G(j\omega) = \frac{V_c(j\omega)}{V(j\omega)} \text{는?}$$

답 $\dfrac{4}{(j\omega)^2 + j\omega + 4}$

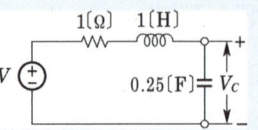

제어요소의 전달함수

★☆ 【82. 89. 산업기사, ⊕ : 78. 산업기사】
24 적분 요소의 전달 함수는?

① K ② $\dfrac{K}{1+Ts}$ ③ $\dfrac{1}{Ts}$ ④ Ts

해설 비례요소 : K, 미분요소 : Ts, 적분요소 : $\dfrac{1}{Ts}$

1차 지연요소 : $\dfrac{K}{Ts+1}$, 2차 지연요소 : $\dfrac{\frac{1}{K}}{T^2 s^2 + 2\delta Ts + 1}$

★ 【82. 83. 산업기사】
25 다음 사항 중 옳게 표현된 것은?

① 비례 요소의 전달 함수는 $\dfrac{1}{Ts}$ 이다.   ② 미분 요소의 전달 함수는 K 이다.

③ 적분 요소의 전달 함수는 Ts 이다.   ④ 1차 지연 요소의 전달 함수는 $\dfrac{K}{Ts+1}$ 이다.

해설 비례요소 : K, 미분요소 : Ts, 적분요소 : $\dfrac{1}{Ts}$

1차 지연요소 : $\dfrac{K}{Ts+1}$, 2차 지연요소 : $\dfrac{\frac{1}{K}}{T^2 s^2 + 2\delta Ts + 1}$

★☆ 【98. 기사, 79. 산업기사】
26 단위 계단 함수를 어떤 제어 요소에 입력으로 넣었을 때 그 전달 함수가 그림과 같은 블록 선도로 표시될 수 있다면 이것은?

$$R(s) \rightarrow \boxed{\dfrac{\omega_n^2}{s^2 + 2\zeta\omega_n s + \omega_n^2}} \rightarrow C(s)$$

① 1차 지연 요소   ② 2차 지연 요소   ③ 미분 요소   ④ 적분 요소

답 24. ③ 25. ④ 26. ②

해설 비례요소 : K, 미분요소 : Ts, 적분요소 : $\dfrac{1}{Ts}$

1차 지연요소 : $\dfrac{K}{Ts+1}$, 2차 지연요소 : $\dfrac{\dfrac{1}{K}}{T^2s^2+2\delta Ts+1}$

★★【79. 80. 89. 산업기사, ⊕ : 82. 산업기사】

27 다음 중 부동작 시간(dead time) 요소의 전달 함수는?

① Ks ② $1+Ks^{-1}$ ③ K/e^{Ls} ④ $T/1+Ts$

해설 $y(t)=Kx(t-L)$, $Y(s)=Ke^{-Ls}X(s)$

$\therefore G(s)=\dfrac{Y(s)}{X(s)}=Ke^{-Ls}=\dfrac{K}{e^{Ls}}$

★☆【02. 기사】

28 전달 함수가 $G(s)=\dfrac{1}{s^2+5s+1}$ 인 시스템에 계단 입력이 인가 되었다. 시스템의 응답 파형은?

①
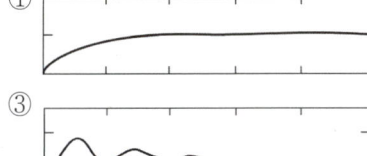
②
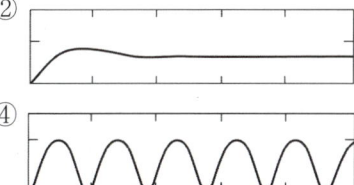

③

④

해설 $\dfrac{1}{s^2+5s+1}$ 과 2차계의 전달함수 $\dfrac{\omega_n^2}{s^2+2\delta\omega_n s+\omega_n^2}$ 를 비교하면 $\omega_n=1$, $2\delta=5$, $\delta=\dfrac{5}{2}$

$\therefore \delta>1$이므로 과제동의 응답파형이 나타난다.

★☆【90. 기사, 83. 산업기사】

29 그림과 같은 액면계에서 $q(t)$를 입력, $h(t)$를 출력으로 본 전달 함수는?

① $\dfrac{K}{s}$

② Ks

③ $1+Ks$

④ $\dfrac{K}{1+s}$

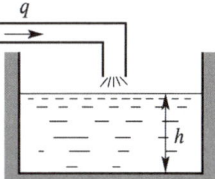

해설 액면계의 단면적을 A라 하면

$h(t)=\dfrac{1}{A}\int q(t)dt$, $H(s)=\dfrac{1}{As}Q(s)$

$G(s)=\dfrac{H(s)}{Q(s)}=\dfrac{1}{As}=\dfrac{K}{s}\left(\because K=\dfrac{1}{A}\right)$

유사문제

┃ 유사문제 원문 및 해설 : 동일출판사 홈페이지 ≫ 고객센터 ≫ 자료실

01 그림과 같은 블록 선도가 의미하는 요소는?

답 1차 늦은 요소

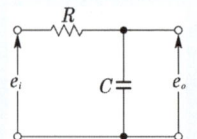

$$R(s) \rightarrow \boxed{\frac{K}{1+sT}} \rightarrow (s)$$

02 그림과 같은 요소는 제어계의 어떤 요소의 변화인가?

답 1차 지연 요소

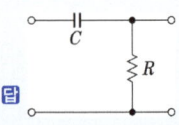

03 다음 중 미분 회로는? 단, $\frac{1}{\omega C} \gg R$인 경우이다.

답

04 그림과 같은 회로에 대한 서술 중 옳지 못한 것은?

답 $|CRs| \gg 1$일 때, 미분 회로로 동작한다.

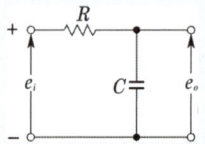

보상기의 전달함수

★ 【97. 기사】

30 PD 제어기는 제어계의 과도 특성 개선을 위해 흔히 사용된다. 이것에 대응하는 보상기는?

① 지 · 진상 보상기
② 지상 보상기
③ 진상 보상기
④ 동상 보상기

해설 PD(비례 미분 요소) : 진상 보상, PI(비례 적분 요소) : 지상 보상

★★☆ 【80. 기사, 80. 82. 산업기사, ㉾ : 83. 산업기사】

31 그림과 같은 $R-C$ 회로망으로 구성된 지상 보상 회로(lag compensator)의 전달 함수를 구하면?

① $\dfrac{R_2 + \dfrac{1}{Cs}}{R_1 + R_2 + \dfrac{1}{Cs}}$

② $\dfrac{Cs}{Cs + R_1 + R_2}$

③ $\dfrac{\dfrac{1}{R_1}}{Cs + R_1 + R_2}$

④ $\dfrac{Cs + \dfrac{1}{R_1}}{Cs + \dfrac{1}{R_1} + \dfrac{1}{R_2}}$

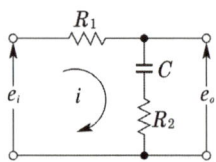

答 30. ③ 31. ①

해설

$$\begin{cases} R_1 i(t) + \dfrac{1}{C}\displaystyle\int i(t)dt + R_2 i(t) = e_i(t) \\[2mm] \dfrac{1}{C}\displaystyle\int i(t)dt + R_2 i(t) = e_o(t) \end{cases}$$

초기값을 0으로 하고 라플라스 변환하면

$$\begin{cases} \left(R_1 + R_2 + \dfrac{1}{Cs}\right)I(s) = E_i(s) \\[2mm] \left(R_2 + \dfrac{1}{Cs}\right)I(s) = E_o(s) \end{cases}$$

$$\therefore G(s) = \frac{E_o(s)}{E_i(s)} = \frac{R_2 + \dfrac{1}{Cs}}{R_1 + R_2 + \dfrac{1}{Cs}} = \frac{a(s+b)}{b(s+a)}$$

여기서 $a = \dfrac{1}{(R_1 + R_2)C}$, $b = \dfrac{1}{R_2 C}$ 이고 $a < b$ 이다.

★★★★★ 【76. 82. 96. 99. 03. 07. 08. 14. 기사】
32 그림과 같은 회로망은 어떤 보상기로 사용할 수 있는가? (단, $1 \ll R_1 C$인 경우로 한다.)

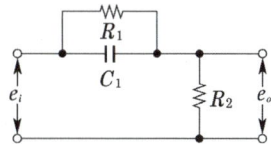

① 진상보상기   ② 지상보상기   ③ 지·진상보상기   ④ 진·지상보상기

해설

$$G(s) = \frac{\dfrac{1}{R_1} + Cs}{\dfrac{1}{R_1} + \dfrac{1}{R_2} + Cs} = \frac{R_2 + R_1 R_2 Cs}{R_1 + R_2 + R_1 R_2 Cs} = \frac{R_2}{R_1 + R_2} \cdot \frac{1 + R_1 Cs}{1 + \dfrac{R_1 R_2}{R_1 + R_2}Cs}$$

$$\alpha = \frac{R_2}{R_1 + R_2}, \ \alpha < 1$$

$T = R_1 C$라 놓으면 $\therefore G(s) = \dfrac{\alpha(1 + Ts)}{1 + \alpha Ts}$

여기서, $\alpha Ts \ll 1$이라고 하면 전달 함수는 근사적으로 $G(s) ≒ \alpha(1 + Ts)$로 되어 미분 요소(진상 회로)가 된다.

★★ 【94. 기사, ⊕ : 78. 기사】
33 그림과 같은 회로에서 입력전압의 위상은 출력전압의 위상과 비교하여 어떠한가?

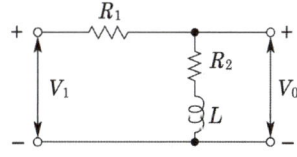

① 앞선다.   ② 뒤진다.
③ 동상이다.   ④ 앞설 수도 있고 뒤질 수도 있다.

답 32. ① 33. ②

해설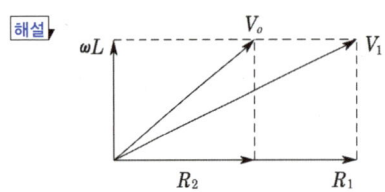

★ 【82. 89. 산업기사】
34 그림과 같은 회로는?

① 미분 회로

② 적분 회로

③ 가산 회로

④ 미분, 적분 회로

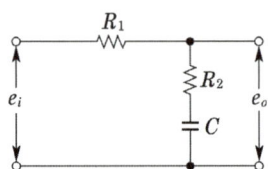

해설

$$G(s) = \frac{R_2 + \dfrac{1}{Cs}}{R_1 + R_2 + \dfrac{1}{Cs}} = \frac{R_2 Cs + 1}{(R_1 + R_2)Cs + 1} = \frac{1 + T_2 s}{1 + \beta T_2 s}$$

(단, $T_2 = R_2 C$, $\beta = \dfrac{R_1 + R_2}{R_2} > 1$이고, 만일 $T_2 s \ll 1$, $\beta T_2 s \gg 1$이라 놓으면)

$\therefore G(s) \fallingdotseq \dfrac{1}{\beta T_2 s}$ 로 되어 적분 회로(지상 회로)가 된다.

★ 【94. 23. 기사】
35 보상기의 전달 함수가 $G_c(s) = \dfrac{1 + \alpha Ts}{1 + Ts}$ 일 때 진상 보상기가 되기 위한 조건은?

① $\alpha > 1$　　　　② $\alpha < 1$　　　　③ $\alpha = 1$　　　　④ $\alpha = 0$

해설

$$G_c(s) = \frac{\alpha\left(s + \dfrac{1}{\alpha T}\right)}{s + \dfrac{1}{T}} : \text{진상 보상기 조건}$$

$\therefore \dfrac{1}{\alpha T} < \dfrac{1}{T}$ 이어야 하므로 $\therefore \alpha > 1$ 이어야 한다.

★★★ 【98. 00. 04. 기사, ⊕ : 98. 기사】
36 다음의 전달 함수를 갖는 회로가 진상 보상 회로의 특성을 가지려면 그 조건은 어떠한가?

$$G(s) = \frac{s + b}{s + a}$$

① $a > b$　　　　② $a < b$　　　　③ $a > 1$　　　　④ $b > 1$

해설 지상 보상 조건 $b > a$, 진상 보상 조건 : $a > b$

유사문제

∥ 유사문제 원문 및 해설 : 동일출판사 홈페이지 ≫ 고객센터 ≫ 자료실

01 그림과 같은 회로는 어떤 특징을 갖춘 회로인가?

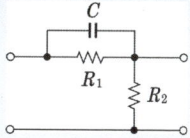

답 미분 회로

02 전달 함수 중 진상 회로망을 표시한 것은? 단, $\alpha > 1$, $T > 1$이다.

답 $G(s) = \dfrac{1}{\alpha}\left(\dfrac{1 + \alpha Ts}{1 + Ts}\right)$

물리계의 전달함수

★ 【80. 89. 산업기사】

37 회전 운동계의 각속도를 전기적 요소로 변환하면?

① 전압　　　　　　　　　　　② 전류
③ 정전 용량　　　　　　　　　④ 인덕턴스

해설 회전 운동계의 전기적 요소 변환
① 각도 : 전하　　　　　② 토크 : 전압
③ 각속도 : 전류　　　　④ 회전마찰 : 전기저항
⑤ 비틀림 강도 : 정전용량　⑥ 관성 모먼트 : 인덕턴스

★☆ 【90. 기사, 76. 산업기사】

38 질량, 속도, 힘을 전기계로 유추(analogy)하는 경우 옳은 것은?

① 질량 = 임피던스, 속도 = 전류, 힘 = 전압
② 질량 = 인덕턴스, 속도 = 전류, 힘 = 전압
③ 질량 = 저항, 속도 = 전류, 힘 = 전압
④ 질량 = 용량, 속도 = 전류, 힘 = 전압

해설 병진형 운동계를 전기계로 유추하면 다음과 같다.
변위(위치) → 전기량, 힘 → 전압, 속도 → 전류, 점성 저항(점성 마찰) → 전기 저항
강도 → 정전 용량, 질량 → 인덕턴스

답 37. ② 38. ②

★ 【75. 78. 산업기사】
39 그림과 같은 기계계의 회로를 전기 회로로 옳게 표시한 것은?

단, K : 스프링 상수, B : 마찰 제동 계수, M : 질량이다.

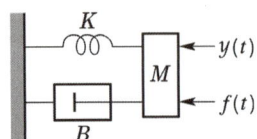

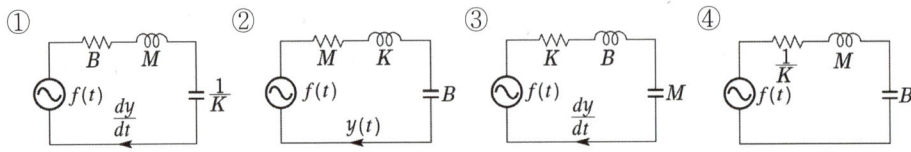

해설

$$M\frac{d^2}{dt^2}y(t) + B\frac{d}{dt}y(t) + Ky(t) = f(t)$$

$$(Ms^2 + Bs + K)Y(s) = F(s)$$

$$G(s) = \frac{Y(s)}{F(s)} = \frac{1}{Ms^2 + Bs + K}$$

이 경우를 전기 회로로 표시하면 그림과 같다.

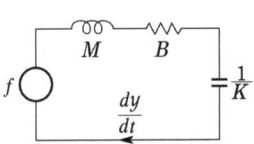

★ 【83. 기사】
40 그림과 같은 질량–스프링–마찰계의 전달 함수 $G(s) = X(s)/F(s)$는 어느 것인가?

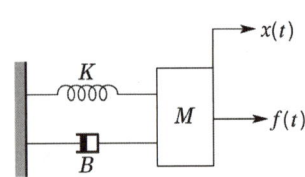

① $\dfrac{1}{Ms^2 + Bs + K}$

② $\dfrac{1}{Ms^2 - Bs - K}$

③ $\dfrac{1}{Ms^2 - Bs + K}$

④ $\dfrac{1}{Ms^2 + Bs - K}$

해설

$$M\frac{d^2}{dt^2}x(t) + B\frac{d}{dt}x(t) + Kx(t) = f(t)$$

$$(Ms^2 + Bs + K)X(s) = F(s)$$

$$G(s) = \frac{X(s)}{F(s)} = \frac{1}{Ms^2 + Bs + K}$$

이 경우를 전기 회로로 표시하면 그림과 같다.

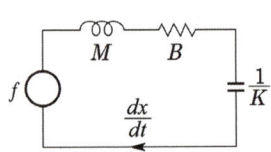

답 39. ① 40. ①

41 ★★【94. 기사, ⊕ : 78. 기사】

$R-L-C$ 회로와 역학계의 등가 회로에서 그림과 같이 스프링 달린 질량 M의 물체가 바닥에 닿아 있을 때 힘 F를 가하는 경우로 L은 M에, $\dfrac{1}{C}$은 K에, R은 f에 해당한다. 이 역학계에 대한 운동 방정식은?

① $F = Mx + f\dfrac{dx}{dt} + K\dfrac{d^2 x}{dt^2}$

② $F = M\dfrac{dx}{dt} + fx + K$

③ $F = M\dfrac{d^2 x}{dt^2} + f\dfrac{dx}{dt} + Kx$

④ $F = M\dfrac{dx}{dt} + f\dfrac{d^2 x}{dt^2} + K$

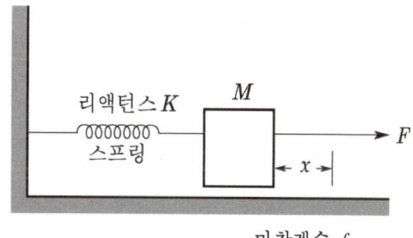

리액턴스 K 스프링 M F x 마찰계수 f

해설 스프링, 질량 마찰계의 운동 방정식은 $F = M\dfrac{d^2 x}{dt^2} + f\dfrac{dx}{dt} + Kx$이다.

42 ☆【83. 산업기사】

일정한 질량 M을 가진 이동하는 물체의 위치 y는 이 물체에 가해지는 외력이 f일 때 운동계는 마찰 등의 반저항력을 무시하면 $M\dfrac{d^2 y}{dt^2} = f$의 미분 방정식으로 표시된다. 위치에 관계되는 전달 함수를 구하면?

① $\dfrac{Y(s)}{F(s)} = \dfrac{1}{Ms^2}$

② $\dfrac{F(s)}{Y(s)} = \dfrac{s^2}{M}$

③ $\dfrac{F(s)}{Y(s)} = \dfrac{s}{M^2}$

④ $\dfrac{Y(s)}{F(s)} = \dfrac{-1}{Ms^2}$

해설 $f = M\dfrac{d^2 y}{dt^2}$를 라플라스 변환하면 $F(s) = Ms^2 Y(s)$이다.

따라서 전달 함수는 $G(s) = \dfrac{Y(s)}{F(s)} = \dfrac{1}{Ms^2}$가 된다.

43 ☆【83. 산업기사】

관성이 J이고 점성 마찰이 B일 때 부하에 연결된 모터는 입력 전류 i에 비례하는 토크를 발생시킨다. 모터와 부하에 대한 미분 방정식이 $J\dfrac{d^2 \theta}{dt^2} + B\dfrac{d\theta}{dt} = Ki$일 때 입력 전류와 전동기 축 위치(각변위) θ간의 전달 함수를 구하면?

① $KJs + B$

② $s^2 B + KJs$

③ $\dfrac{s}{K(J+B)}$

④ $\dfrac{K}{s(Js+B)}$

해설 $J\dfrac{d^2\theta}{dt^2} + B\dfrac{d\theta}{dt} = K i$

라플라스 변환하면

$(Js^2 + Bs)\theta(s) = KI(s)$, ∴ $G(s) = \dfrac{\theta(s)}{I(s)} = \dfrac{K}{s(Js+B)}$

★☆【77. 83. 88. 산업기사】

44 힘 f 에 의하여 움직이고 있는 질량 M 인 물체의 좌표를 y 축에 가한 힘에 의한 전달 함수는?

① Ms^2 ② Ms ③ $\dfrac{1}{Ms}$ ④ $\dfrac{1}{Ms^2}$

해설 $f(t) = M\dfrac{d^2 y(t)}{dt^2}$

초기값을 0으로 하고 라플라스 변환하면

$F(s) = Ms^2 Y(s)$, ∴ $G(s) = \dfrac{Y(s)}{F(s)} = \dfrac{1}{Ms^2}$

★【85. 기사】

45 직류 전동기의 각변위를 $\theta(t)$ 라 할 때, 전동기의 회전 관성 J_m 과 전동기의 토크 T_m 사이에는 어떠한 관계가 있는가?

① $T_m(t) = J_m\displaystyle\int_0^t \theta(\tau)d\tau$ ② $T_m(t) = J_m\theta(t)$

③ $T_m(t) = J_m\dfrac{d}{dt}\theta(t)$ ④ $T_m(t) = J_m\dfrac{d^2}{dt^2}\theta(t)$

해설 토크 $T_m(t)$ 와 변위 $\theta(t)$ 사이의 관계는 뉴튼의 법칙에 의해 $T_m(t) = J_m\dfrac{d^2}{dt^2}\theta(t)$ 의 관계가 있다.

☆【83. 산업기사】

46 그림과 같은 기계적인 회전 운동계에서 토크 $T(t)$ 를 입력으로, 변위 $\theta(t)$ 를 출력으로 하였을 때의 전달 함수는?

① $\dfrac{1}{Js^2 + Bs + K}$

② $Js^2 + Bs + K$

③ $\dfrac{s}{Js^2 + Bs + K}$

④ $\dfrac{Js^2 + Bs + K}{s}$

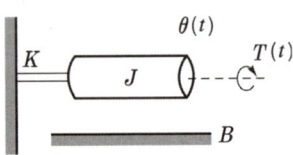

해설 토크 $T(t)$ 와 변위 $\theta(t)$ 사이의 관계는 뉴턴의 법칙에 의하여

$$J\frac{d^2}{dt^2}\theta(t) + B\frac{d}{dt}\theta(t) + K\theta(t) = T(t)$$

라플라스 변환하면

$$Js^2\theta(s) + Bs\theta(s) + K\theta(s) = T(s) \quad \therefore G(s) = \frac{\theta(s)}{T(s)} = \frac{1}{Js^2 + Bs + K}$$

유사문제

▮ 유사문제 원문 및 해설 : 동일출판사 홈페이지 ≫ 고객센터 ≫ 자료실

01. 병진 운동 물리계의 전기계와 등가인 소자는? 단, M은 질량, C는 용량, J는 관성 능률, K는 스프링 정수, L은 인덕턴스이다.

  🔖 $M{\rightarrow}L,\ K{\rightarrow}C$

02. 회전 운동 물리계의 관성 모멘트, 비틀림 강도, 회전 점성 저항을 전기계로 유추하는 경우 옳은 것은?

  🔖 인덕턴스, 정전 용량, 전기 저항

03. 회전 계통의 운동 마찰 계수와 유사한 전기 계통의 요소는?

  🔖 저항

04. 그림과 같은 기계계의 회로를 전기 회로로 옳게 표시한 것은? 단, K : 스프링 상수, B : 마찰 제동 계수, M : 질량이다.

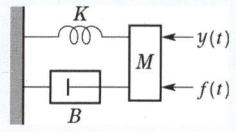

  🔖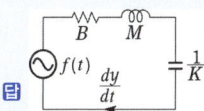

05. 그림과 같은 가속계(accelerometer)에서 입력 $A(s)\left(a = \dfrac{d^2x}{dt^2}\right)$에 대한 출력 $Y(s)$의 전달함수를 구하면? 단, 외력 : f, 물체의 변위 : y, 물체의 신장 스프링 상수 : K, 점성 마찰 계수 : B이다.

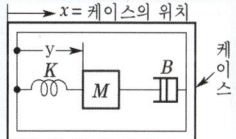

  🔖 $\dfrac{Y(s)}{A(s)} = \dfrac{1}{s^2 + \left(\dfrac{B}{M}\right)s + K/M}$

06. 교류 태코미터(AC tachometer)의 제어 권선 전압 $e(t)$와 회전각 θ의 관계는?

  🔖 $\dfrac{d\theta}{dt} \propto e(t)$

07. 그림과 같은 교류 서보 모터(AC servomotor)의 전달 함수를 표시하는 것은? 단, K_m은 전동기 상수(motor gain constant)이고, T_m은 전동기 시정수(motor time constant)이다.

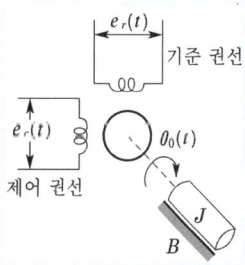

  🔖 $\dfrac{\theta_0(s)}{E_c(s)} = \dfrac{K_m}{s(T_m s + 1)}$

08. 그림의 회전계가 전기계로 옳게 표시된 것은?

단, θ : 각변위, T : 회전력,

β : 마찰 제동 계수, J : 관성 능률이다.

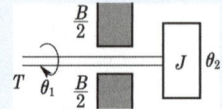

답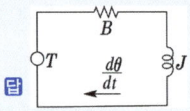

09. 그림과 같은 진상 보상 회로의 전달 함수는?

답 $\dfrac{E_0(s)}{E_i(s)} = \dfrac{s+20}{s+30}$

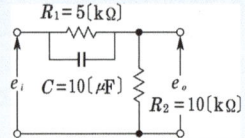

미분방정식의 전달함수

☆ 【84. 산업기사】

47 입력 신호가 v_i, 출력 신호가 v_o일 때, $a_1 v_o + a_2 \dfrac{dv_o}{dt} + a_3 \displaystyle\int v_o dt = v_i$의 전달 함수는?

① $\dfrac{s}{a_2 s^2 + a_1 s + a_3}$　　　　　　② $\dfrac{1}{a_2 s^2 + a_1 s + a_3}$

③ $\dfrac{s}{a_3 s^2 + a_2 s + a_1}$　　　　　　④ $\dfrac{1}{a_2 s^2 + a_2 s + a_1}$

해설 초기값을 0으로 하고 라플라스 변환하면

$$a_1 V_o(s) + a_2 s V_o(s) + \frac{1}{s} a_3 V_o(s) = V_i(s)$$

$$V_o(s)\left(a_1 + a_2 s + \frac{a_3}{s}\right) = V_i(s)$$

$$\therefore G(s) = \frac{V_o(s)}{V_i(s)} = \frac{1}{a_1 + a_2 s + \dfrac{a_3}{s}} = \frac{s}{a_2 s^2 + a_1 s + a_3}$$

★★ 【92. 05. 기사, 80. 81. 산업기사】

48 미분 방정식 $\dfrac{d^2 y}{dt^2} + 3\dfrac{dy}{dt} + 2y = x + \dfrac{dx}{dt}$로 나타낼 수 있는 선형계(linear system)의 전달 함

수는? 단, $y = y(t)$는 계의 출력, $x = x(t)$는 계의 입력이다.

① $\dfrac{s+2}{3s^2 + s + 1}$　　② $\dfrac{s+1}{2s^2 + s + 3}$　　③ $\dfrac{s+1}{s^2 + 3s + 2}$　　④ $\dfrac{s+1}{s^2 + s + 3}$

답 47. ①　48. ③

해설▶ $\{s^2 Y(s) - sy(0) - y'(0)\} + 3\{s Y(s) - y(0)\} + 2 Y(s) = X(s) + \{s X(s) - x(0)\}$

모든 초기값을 0으로 보고 정리하면

$$(s^2 + 3s + 2) Y(s) = (s+1) X(s) \quad \therefore \frac{Y(s)}{X(s)} = \frac{s+1}{s^2 + 3s + 2}$$

★★★ 【03. 기사, 80. 81. 83. 86. 89. 산업기사, ⊕ : 11. 기사】

49 어떤 계를 표시하는 미분 방정식이 $\dfrac{d^2 y(t)}{dt^2} + 3\dfrac{dy(t)}{dt} + 2y(t) = \dfrac{dx(t)}{dt} + x(t)$ 라고 한다.

$x(t)$는 입력, $y(t)$는 출력이라고 한다면 이 계의 전달 함수는 어떻게 표시되는가?

① $G(s) = \dfrac{s^2 + 3s + 2}{s+1}$ ② $G(s) = \dfrac{2s+1}{s^2 + s + 1}$

③ $G(s) = \dfrac{s+1}{s^2 + 3s + 2}$ ④ $G(s) = \dfrac{s^2 + s + 1}{2s+1}$

해설▶ $\{s^2 Y(s) - sy(0) - y'(0)\} + 3\{s Y(s) - y(0)\} + 2 Y(s) = \{s X(s) - x(0)\} + X(s)$

모든 초기값을 0으로 보고 정리하면

$$(s^2 + 3s + 2) Y(s) = (s+1) X(s), \quad \therefore \frac{Y(s)}{X(s)} = \frac{s+1}{s^2 + 3s + 2}$$

★★☆ 【88. 90. 기사, 83. 산업기사】

50 다음 방정식에서 $X_1(s)/X_3(s)$를 구하면?

$$\begin{cases} x_2(t) = 3\dfrac{d}{dt}x_1(t) \\ x_3(t) = x_2(t) + 2\dfrac{d}{dt}x_2(t) + 5\displaystyle\int x_3(t)dt - 2x_1(t) \end{cases}$$

단, 초기값은 모두 0이다.

① $\dfrac{s-5}{6s^2 + 3s - 2}$ ② $\dfrac{s+5}{6s^2 - 3s + 2}$

③ $\dfrac{s-5}{6s^3 + 3s^2 - 2s}$ ④ $\dfrac{s+5}{6s^3 + 3s^2 + 2s}$

해설▶ 라플라스 변환하면

$X_2(s) = 3s X_1(s)$

$X_3(s) = X_2(s) + 2s X_2(s) + \dfrac{5}{s} X_3(s) - 2 X_1(s)$

위 두 식에서 $X_2(s)$를 소거하면

$X_3(s) = 3s X_1(s) + 6s^2 X_1(s) + \dfrac{5}{s} X_3(s) - 2 X_1(s)$

$X_3(s)\left(1 - \dfrac{5}{s}\right) = (6s^2 + 3s - 2) X_1(s)$

$\therefore \dfrac{X_1(s)}{X_3(s)} = \dfrac{1 - \dfrac{5}{s}}{6s^2 + 3s - 2} = \dfrac{s-5}{s(6s^2 + 3s - 2)} = \dfrac{s-5}{6s^3 + 3s^2 - 2s}$

답 49. ③ 50. ③

★ 【00. 기사】

51 입력 신호 $x(t)$와 출력 신호 $y(t)$의 관계가 다음과 같을 때 전달 함수는?

(단, $\dfrac{d^2}{dt^2}y(t)+5\dfrac{d}{dt}y(t)+6y(t)=x(t)$)

① $\dfrac{1}{(S+2)(S+3)}$ ② $\dfrac{S+1}{(S+2)(S+3)}$

③ $\dfrac{S+4}{(S+2)(S+3)}$ ④ $\dfrac{S}{(S+2)(S+3)}$

해설 $\{s^2Y(s)-sy(0)-y'(0)\}+5\{sY(s)-y(0)\}+6Y(s)=x(s)$

모든 초기치를 0으로 보고 정리하면

$(s^2+5s+6)Y(s)=X(s)$

∴ $\dfrac{Y(s)}{X(s)}=\dfrac{1}{s^2+5s+6}=\dfrac{1}{(s+2)(s+3)}$

★☆ 【92. 기사, 81. 산업기사】

52 $\dfrac{X(s)}{R(s)}=\dfrac{1}{s+4}$ 의 전달 함수를 미분 방정식으로 표시하면?

① $\dfrac{d}{dt}r(t)+4r(t)=x(t)$ ② $\displaystyle\int r(t)dt+4r(t)=x(t)$

③ $\dfrac{d}{dt}x(t)+4x(t)=r(t)$ ④ $\displaystyle\int x(t)dt+4x(t)=r(t)$

해설 $X(s)(s+4)=R(s)$, $sX(s)+4X(s)=R(s)$

∴ $\dfrac{d}{dt}x(t)+4x(t)=r(t)$

★★ 【83. 기사, 83. 89. 04. 산업기사】

53 시간 지연 요인을 포함한 어떤 특정계가 다음 미분 방정식으로 표현된다. 이 계의 전달 함수를 구하면?

$$\frac{dy(t)}{dt}+y(t)=x(t-T)$$

① $P(s)=\dfrac{Y(s)}{X(s)}=\dfrac{e^{-sT}}{s+1}$ ② $P(s)=\dfrac{X(s)}{Y(s)}=\dfrac{e^{sT}}{s-1}$

③ $P(s)=\dfrac{X(s)}{Y(s)}=\dfrac{s+1}{e^{sT}}$ ④ $P(s)=\dfrac{Y(s)}{X(s)}=\dfrac{s^{-2sT}}{s+1}$

해설 $(s+1)Y(s)=e^{-sT}X(s)$, ∴ $\dfrac{Y(s)}{X(s)}=\dfrac{e^{-sT}}{s+1}$

★★☆ 【89. 기사, 83. 산업기사, ⊕ : 87. 기사】

54 $\dfrac{A(s)}{B(s)} = \dfrac{1}{2s+1}$ 의 전달 함수를 미분 방정식으로 표시하면?

① $\dfrac{da(t)}{dt} + 2a(t) = 2b(t)$ 　　　　② $2\dfrac{da(t)}{dt} + a(t) = 2b(t)$

③ $\dfrac{da(t)}{dt} + 2a(t) = b(t)$ 　　　　④ $2\dfrac{da(t)}{dt} + a(t) = b(t)$

해설 $\dfrac{A(s)}{B(s)} = \dfrac{1}{2s+1}$, $A(s)(2s+1) = B(s)$, $2sA(s) + A(s) = B(s)$

$\therefore 2\dfrac{d}{dt}a(t) + a(t) = b(t)$

☆ 【83. 산업기사】

55 $\dfrac{X(s)}{Y(s)} = \dfrac{2}{(s+1)^2}$ 의 전달 함수를 미분 방정식으로 표시하면?

① $y(t) = \dfrac{1}{2}\dfrac{d^2x(t)}{dt^2} + \dfrac{dx(t)}{dt} + \dfrac{1}{2}x(t)$ 　　② $y(t) = 2\dfrac{dx(t)}{dt} + x(t) + \displaystyle\int x(t)dt$

③ $y(t) = \dfrac{dx(t)}{dt} + x(t) + 1$ 　　　　④ $2x(t) = \dfrac{d^2y(t)}{dt^2} + 2\dfrac{dy(t)}{dt} + y(t)$

해설 $\dfrac{X(s)}{Y(s)} = \dfrac{2}{s^2+2s+1}$

$2Y(s) = s^2X(s) + 2sX(s) + X(s)$, $2y(t) = \dfrac{d^2}{dt^2}x(t) + 2\dfrac{d}{dt}x(t) + x(t)$

$\therefore y(t) = \dfrac{1}{2}\dfrac{d^2}{dt^2}x(t) + \dfrac{d}{dt}x(t) + \dfrac{1}{2}x(t)$

☆ 【83. 산업기사】

56 $\dfrac{E_o(s)}{E_i(s)} = \dfrac{1}{s^2+3s+1}$ 의 전달 함수를 미분 방정식으로 표시하면?

① $\dfrac{d^2}{dt^2}e_o(t) + 3\dfrac{d}{dt}e_o(t) + e_o(t) = e_i(t)$

② $\dfrac{d^2}{dt^2}e_i(t) + 3\dfrac{d}{dt}e_i(t) + e_i(t) = e_o(t)$

③ $\dfrac{d^2}{dl^2}e_i(t) + 3\dfrac{d}{dt}e_i(t) + \displaystyle\int e_i(t)dt = e_o(t)$

④ $\dfrac{d^2}{dt^2}e_o(t) + 3\dfrac{d}{dt}e_o(t) + \displaystyle\int e_o(t)dt = e_i(t)$

해설
$$\frac{E_o(s)}{E_i(s)} = \frac{1}{s^2 + 3s + 1}, \quad (s^2 + 3s + 1)E_o(s) = E_i(s)$$

$$\therefore \frac{d^2}{dt^2}e_o(t) + 3\frac{d}{dt}e_o(t) + e_o(t) = e_i(t)$$

★ 【79. 80. 산업기사】

57 전달 함수가 $G(s) = \dfrac{Y(s)}{X(s)} = \dfrac{10}{(s+1)(s+2)}$ 인 계를 미분 방정식의 형으로 나타낸 것은?

① $\dfrac{d^2}{dt^2}x(t) + 3\dfrac{d}{dt}x(t) + 2x(t) = 10y(t)$

② $\dfrac{d^2}{dt^2}x(t) + 3\dfrac{d}{dy}x(t) + 2x(t) = 10$

③ $\dfrac{d^2}{dt^2}y(t) + 3\dfrac{d}{dt}y(t) + 2y(t) = 10x(t)$

④ $\dfrac{d^2}{dt^2}y(t) + 3\dfrac{d}{dx}y(t) + 2y(t) = 10$

해설
$$\frac{Y(s)}{X(s)} = \frac{10}{s^2 + 3s + 2}, \quad s^2 Y(s) + 3s Y(s) + 2 Y(s) = 10X(s)$$

$$\therefore \frac{d^2}{dt^2}y(t) + 3\frac{d}{dt}y(t) + 2y(t) = 10x(t)$$

☆ 【23. 기사, 82. 산업기사】

58 전달 함수가 $G(s) = \dfrac{C(s)}{R(s)} = \dfrac{s+1}{s^2 + 3s + 1}$ 인 함수의 미분 방정식은?

① $\dfrac{d^2 c(t)}{dt^2} + 3\dfrac{dc(t)}{dt} + c(t) = \dfrac{dr(t)}{dt} + r(t)$

② $\dfrac{d^2 c(t)}{dt^2} + \dfrac{dc(t)}{dt} + c(t) = \dfrac{dr(t)}{dt} + r(t)$

③ $3\dfrac{d^2 c(t)}{dt^2} + \dfrac{dc(t)}{dt} + c(t) = \dfrac{dr(t)}{dt} + r(t)$

④ $\dfrac{d^2 c(t)}{dt^2} + 3\dfrac{dc(t)}{dt} + 3c(t) = 2\dfrac{dr(t)}{dt} + r(t)$

해설
$$\frac{C(s)}{R(s)} = \frac{s+1}{s^2 + 3s + 1}, \quad C(s)(s^2 + 3s + 1) = (s+1)R(s)$$

역라플라스 변환하면 $\therefore \dfrac{d^2 c(t)}{dt^2} + 3\dfrac{dc(t)}{dt} + c(t) = \dfrac{dr(t)}{dt} + r(t)$

59 ★★☆ 【83. 90. 기사, 83. 산업기사】

어떤 계의 임펄스 응답(impulse response)이 정현파 신호 $\sin t$일 때, 이 계의 전달 함수와 미분 방정식을 구하면?

① $\dfrac{1}{s^2+1}$, $\dfrac{d^2y}{dt^2}+y=x$ 　　　② $\dfrac{1}{s^2-1}$, $\dfrac{d^2y}{dt^2}+2y=2x$

③ $\dfrac{1}{2s+1}$, $\dfrac{d^2y}{dt^2}-y=x$ 　　　④ $\dfrac{1}{2s^2-1}$, $\dfrac{d^2y}{dt^2}-2y=2x$

해설 $y(t)=\sin t$, $\therefore\ Y(s)=\mathcal{L}\,[y(t)]=\mathcal{L}\,[\sin t]=\dfrac{1}{s^2+1}$

$\dfrac{Y(s)}{X(s)}=\dfrac{1}{s^2+1}$, $X(s)=(s^2+1)\,Y(s)$

역라플라스 변환하면 $\therefore\ x(t)=\dfrac{d^2}{dt^2}y(t)+y(t)$

60 ★☆ 【02. 기사】

어떤 제어계의 임펄스 응답이 $\sin 2t$일 때 계의 전달 함수는?

① $\dfrac{s}{s+2}$ 　　　② $\dfrac{s}{s^2+2}$ 　　　③ $\dfrac{2}{s^2+2}$ 　　　④ $\dfrac{2}{s^2+4}$

해설 계의 임펄스 응답이 $\sin 2t$일 때 전달 함수는 $\dfrac{2}{s^2+2^2}=\dfrac{2}{s^2+4}$

(전달 함수는 임펄스 응답의 라플라스 변환을 말한다.)

⤳ 유사문제

▌유사문제 원문 및 해설 : 동일출판사 홈페이지 ≫ 고객센터 ≫ 자료실

01. 제어계의 미분 방정식이 $\dfrac{d^3c(t)}{dt^3}+4\dfrac{d^2c(t)}{dt^2}+5\dfrac{dc(t)}{dt}+c(t)=5\gamma(t)$로 주어졌을 때 전달 함수를 구하면?

답 $\dfrac{C(s)}{R(s)}=\dfrac{5}{s^3+4s^2+5s+1}$

02. 전달 함수 $\dfrac{B(s)}{A(s)}$의 값이 $\dfrac{1}{s^2+2s+1}$로 주어지는 경우 이때 미분 방정식의 값은?

답 $\dfrac{d^2}{dt^2}b(t)+2\dfrac{d}{dt}b(t)+b(t)=a(t)$

03. 어떤 제어계의 전달 함수가 $G(s)=\dfrac{2s+1}{s^2+s+1}$로 표시될 때, 이 계에 입력 $x(t)$를 가했을 때 출력 $y(t)$를 구하는 미분 방정식은?

답 $\dfrac{d^2y}{dt^2}+\dfrac{dy}{dt}+y=2\dfrac{dx}{dt}+x$

답 59. ① 60. ④

CHAPTER 04

블록 선도와 신호 흐름 선도

01 블록 선도의 표시법

블록 선도는 제어에 관계되는 신호가 어떠한 모양으로 변하여 어떻게 전달되는가를 표시하는 계통도로서 선형 시스템뿐만 아니라 비선형 시스템을 나타내는 데도 쓰일 수 있다.

블록 선도는 일반적으로 전달요소, 화살표 표시, 가합점, 인출점으로 구성된다.

1) 전달요소

입력신호를 받아서 변환된 출력신호를 만드는 신호 전달 요소는 그림과 같이 블록 속에 표시하며, 입력 $r(t)$를 라플라스 한 값과 출력 $c(t)$를 라플라스 한 값 사이의 관계를 표시하며 전달함수는 다음과 같다.

$$G(s) = \frac{C(s)}{R(s)}$$

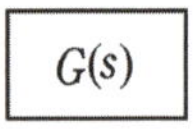

2) 화살표

신호의 흐르는 방향을 표시하는 화살표($\rightarrow$)는 전달요소에서의 신호흐름의 방향을 표시하며 신호의 역 방향으로는 전해지지 않는다.

$R(s)$는 입력, $C(s)$는 출력이고, 식으로 나타내면 다음과 같다.

$$C(s) = G(s)\,R(s)$$

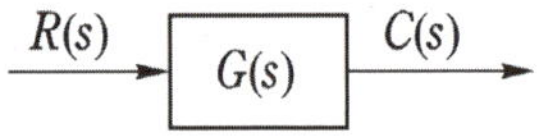

여기서 $G(s)$를 제어시스템의 전달함수라 한다.

3) 가합점

두 가지 이상의 신호가 있을 때 이들 신호의 합과 차를 만드는 가합점은 그림과 같이 화살표 옆에 +, −의 기호를 붙여 차, 또는 합을 나타낸다.

(1) 신호의 합 : $C(s) = R(s) + B(s)$

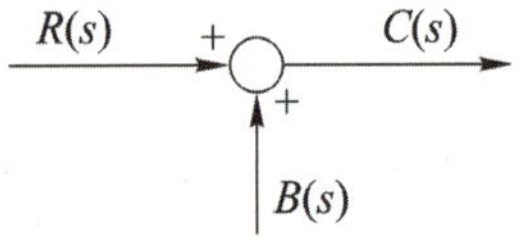

(2) 신호의 차 : $C(s) = R(s) - B(s)$

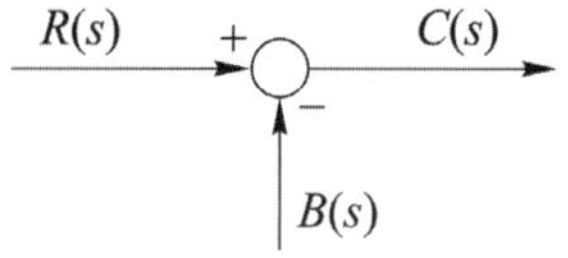

4) 인출점

하나의 신호를 여러 부분으로 분기하기 위한 인출점은 그림과 같이 나타내며 경로에 흐르는 신호는 인출되는 경로에도 흐른다.

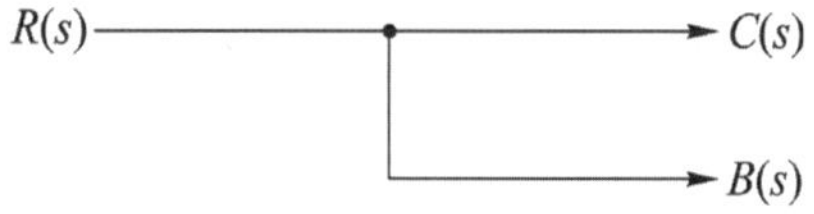

$$R(s) = C(s) = B(s)$$

5) 전기시스템의 기본요소

전기회로의 회로소자 R, L, C의 블록선도 표현은 다음과 같다.

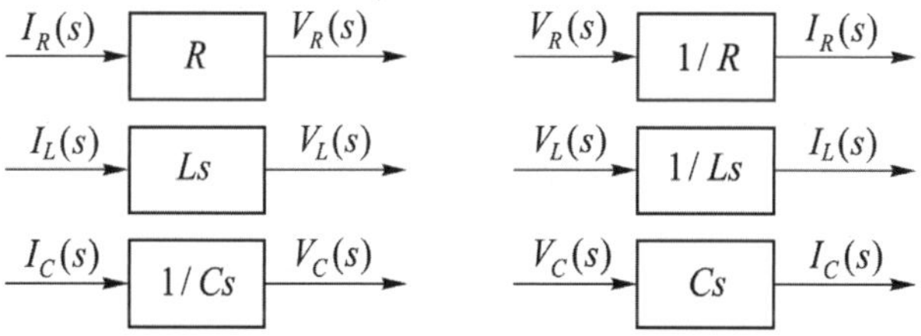

6) 전기회로망의 블록신도 표시

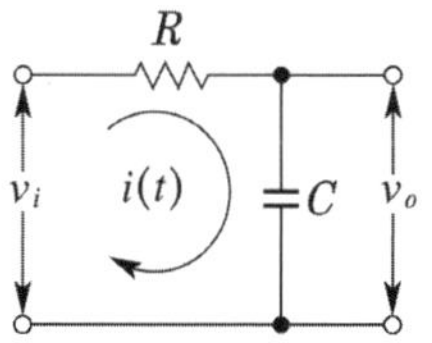

RC 회로망에서 R에 대하여 전류 방정식의 라플라스 변환은

$$i(s) = \frac{1}{R}[V_i(s) - V_0(s)]$$

가 되며, C에 대하여 전압 방정식의 라플라스 변환은

$$V_0(s) = \frac{1}{Cs}I(s)$$

로 나타낼수 있다. 이를 블록선도로 표시하면

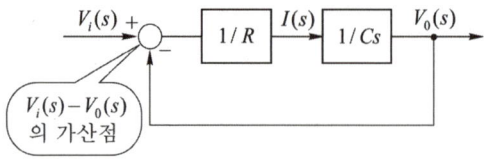

가 된다. 이를 단위 피드백 회로로 변환하면 다음과 같다.

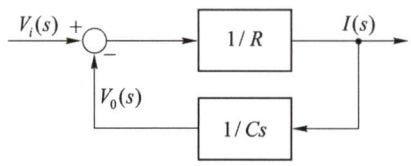

블록 선도는 ① 직렬접속 ② 병렬접속 ③ 궤환(feedback) 접속의 세 가지 기본 형태로 나타낼 수 있다.

1) 직렬접속

전달함수 $G_1(s)$, $G_2(s)$를 갖는 2개의 전달요소가 그림과 같이 직렬로 접속되어 있다고 하면 전달요소는 다음 식과 같다.

$$R(s) \rightarrow \boxed{G_1(s)} \xrightarrow{E(s)} \boxed{G_2(s)} \xrightarrow{C(s)}$$

$$E(s) = G_1(s)R(s)$$
$$C(s) = G_2(s)E(s) = G_1(s)\,G_2(s)R(s)$$

따라서 직렬접속 시의 전달함수와 등가 변환회로는 다음과 같다.

$$\frac{C(s)}{R(s)} = G_1(s)\,G_2(s)$$ 출제 산업 1번, 기사 1번

$$R(s) \rightarrow \boxed{G_1(s)\,G_2(s)} \rightarrow C(s)$$

2) 병렬결합

전달요소가 병렬로 접속된 경우의 전달함수는 다음과 같다.

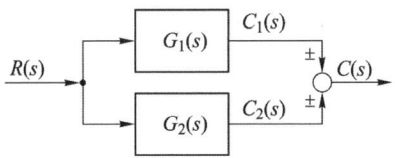

$$C_1(s) = G_1(s) R(s)$$
$$C_2(s) = G_2(s) R(s)$$
$$C(s) = C_1(s) \pm C_2(s)$$

따라서, 병렬접속 시의 전달함수와 등가 변환회로는 다음과 같다.

$$\frac{C(s)}{R(s)} = G_1(s) \pm G_2(s)$$

3) 궤환결합(negative feedback control system)

다음의 블록 선도는 자동 제어에서 주로 사용하고 있는 부궤환 제어 시스템(negative feedback control system)의 기본 블록 선도이며, 궤환되는 신호가 가산점에 (+)로 들어갈 때는 정궤환이라고 하나 거의 사용되지 않는다.

$$E(s) = R(s) - B(s) = R(s) - H(s)C(s)$$
$$C(s) = G(s)E(s)$$
$$B(s) = H(s)C(s)$$

식을 정리해 보면

$$C(s) = G(s)R(s) - G(s)H(s)C(s)$$

따라서, 전달함수 및 등가변환 회로는 다음과 같다.

전달함수 $\dfrac{C(s)}{R(s)} = \dfrac{G(s)}{1 + G(s)H(s)}$ 출제 산업 8번, 기사 13번

또, $G(s)$, $H(s)$를 한바퀴 돌면서 경로에 있는 전 요소의 곱 $G(s)H(s)$를 순전달함수 또는 개루프 전달함수라 한다.

전달함수의 기본식 : $G(s) = \dfrac{\text{전향경로}}{1 - \text{피드백}}$ 출제 산업 10번, 기사 32번

4) 대표적인 블록 선도의 등가변환 표

No.	변환사항	변 환 전	등 가 변 환
1	요소의 순서 교환		
2	합산점의 순서 교환		
3	합산점의 정돈		
4	인출점의 순서 교환		
5	합산점을 요소 앞에 이동		
6	합산점을 요소 뒤에 이동		
7	인출점을 요소 앞에 이동		

No.	변환사항	변 환 전	등 가 변 환
8	인출점을 요소 뒤에 이동	$a \to G \to b$, a	$a \to G \to b$, $a \to 1/G$
9	인출점을 합산점 앞에 이동	$a \pm b \to c$, c	$c = a \pm b$, $c = a \pm b \pm b$
10	인출점을 합산점 뒤에 이동	a, a, $\pm$, b, $a \pm b$	$a \pm b \to c$, a, b, $\mp$
11	종속 결합 요소는 일괄	$a \to K_1G_1 \to K_2G_2 \to b$	$a \to K_1K_2G_1G_2 \to b$
12	병렬 요소를 직렬 요소로 변환	$a \to G_1 \to b$, $G_2 \to c$, $\pm\ d = b \pm c$	$a \to G_2 \to \dfrac{1}{G_2} \to G_1 \to b$, c, $\pm\ d$
13	직렬 요소를 병렬 요소로 변환	$a \to G_1 \to b \to c$, a, $\pm$	$a \to 1/G_2 \to G_2 \to G_1$, G_2, a, $\pm$
14	병렬 결합을 1개 요소로 변환	$a \to G_1 \to b$, $G_2 \to c$, $\pm\ d = b \pm c$	$a \to G_1 \pm G_2 \to d$
15	단위 피드백 결합으로 변환	$a \pm c \to G \to d$, $b \gets H$	$a \to 1/H \to \pm \to G \to H \to d$
16	피드백 요소로 변환	$a \pm \to G \to d$	$a \to H \to \pm \to 1/H \to G \to d$, H
17	피드백 요소 1개 요소로 변환	$a \pm \to G \to b$, H	$a \to \dfrac{G}{1 \mp GH} \to b$
18	단일 요소를 피드백 요소로 변환	$a \to G \to b$	$a + \mp \to \dfrac{G}{1 \mp G} \to b$
19	단일 요소를 피드백 요소로 변환	$a \to G \to b$	$u + - \to b$, $\dfrac{1}{G} - 1$

03 – 신호흐름 선도

신호흐름 선도는 일련의 선형방정식을 도식적으로 모델링 하는 방법의 하나이고, 몇 개의 방향성 가지를 연결하는 마디들로 구성되어 있다.

1) 신호흐름 선도의 성질

① 선형시스템에만 적용된다.

② 결과가 원인의 함수로 표현되는 형태의 대수방정식이어야 한다.

③ 마디는 변수를 나타내는 데 쓰이고, 마디는 원인과 결과의 순서로 왼쪽으로부터 차례로 배열한다.

④ 신호흐름 선도의 신호는 가지의 화살표 방향으로만 전송한다.

⑤ 입력 마디에서 출력까지 연결된 가지는 입력의 변수가 출력의 종속됨을 나타내고, 역은 성립하지 않는다.

⑥ 입력 마디와 출력 사이의 가지를 따라 이동하는 신호 입력은 가지의 이득을 곱해져서 마디 출력에는 가지의 이득과 입력을 곱한 신호를 전송하게 된다.

2) 용어의 해석

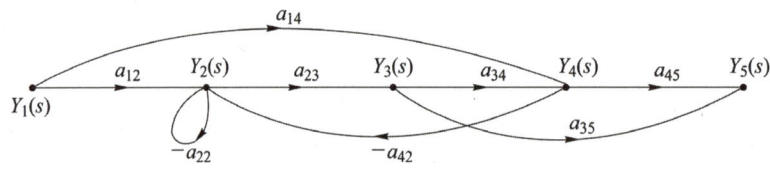

(1) 입력마디(source) : $Y_1(s)$

신호가 밖으로 나가는 방향의 가지만을 갖는 마디

(2) 출력마디(sink) : $Y_5(s)$

신호가 들어오는 방향의 가지만을 갖는 마디.

(3) 경로(path)

동일한 진행방향을 갖는 연결된 가지의 집합을 말한다.

경로의 종류

① $Y_1(s) \rightarrow Y_2(s) \rightarrow Y_3(s) \rightarrow Y_4(s) \rightarrow Y_5(s)$

② $Y_1(s) \rightarrow Y_4(s) \rightarrow Y_5(s)$

③ $Y_1(s) \rightarrow Y_2(s) \rightarrow Y_3(s) \rightarrow Y_5(s)$

(4) 전향경로(forward path)

입력 마디(source)에서 시작하여 두 번 이상 거치지 않고 출력 마디(sink)까지 도달하는 경로

① $Y_1(s) \rightarrow Y_2(s) \rightarrow Y_3(s) \rightarrow Y_4(s) \rightarrow Y_5(s)$

② $Y_1(s) \rightarrow Y_4(s) \rightarrow Y_5(s)$

③ $Y_1(s) \rightarrow Y_2(s) \rightarrow Y_3(s) \rightarrow Y_5(s)$

(5) 경로이득(path gain)

경로를 형성하고 있는 가지들의 이득의 곱을 말한다.

$$Y_1(s) \rightarrow Y_2(s) \rightarrow Y_3(s) \rightarrow Y_5(s)$$

의 전방경로에서의 경로이득은 $a_{12}\,a_{23}\,a_{34}\,a_{45}$ 이다.

(6) 전향경로이득(forward path gain)

전향경로의 경로이득을 말한다.

(7) 루프(loop)

한 마디에서 시작하여 다시 그 마디로 돌아오는 경로를 말하며, 모든 마디는 두 번 이상 지날 수 없다.

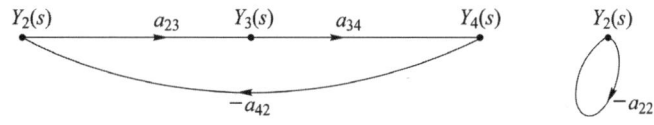

신호흐름 선도의 루프

(8) 루프이득(loop gain)

루프의 경로 이득을 말한다.

①
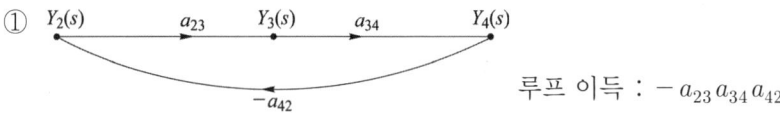

루프 이득 : $-a_{23}\,a_{34}\,a_{42}$

②
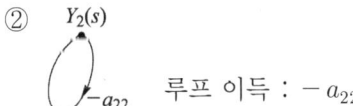
루프 이득 : $-a_{22}$

3) 신호흐름 선도의 대수연산

신호흐름 선도의 대수 연산법을 다음과 같이 정의할 수 있다.

(1) 가산법

마디 변수의 이득의 값은 마디로 들어오는 모든 신호들의 합과 같다.

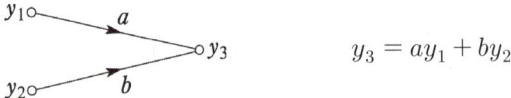

$$y_3 = ay_1 + by_2$$

(2) 병렬법

신호흐름 선도에서 두 마디 사이에 같은 방향으로 연결된 병렬 가지는 병렬로 된 가지들의 이득의 합과 같은 이득을 갖는 하나의 가지로 나타낼 수 있다.

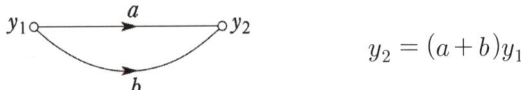

$$y_2 = (a+b)y_1$$

(3) 적산법

신호흐름 선도에서 한 방향으로 직렬로 연결된 가지들은 각 가지들의 이득의 곱한값과 같은 이득을 가지는 한 개의 가지로 나타낼 수 있다

$$y_4 = abcy_1$$

(4) 궤환루프법

$$y_2 = \frac{a}{1+ab}y_1$$

(5) 자기루프법

$$y_2 = \frac{a}{1+b}y_1$$ **출제** 산업 1번, 기사 2번

4) 신호흐름선도의 등가변환

제어계의 블록 선도를 전달 함수의 개념을 살려서 간단한 계통의 신호 흐름 선도로 등가 변환할 수 있으며, 이에 대한 블록 선도와 신호흐름 선도의 대응 관계는 표와 같다.

번호	항 목	블록 선도	신호 흐름 선도
1	신호	a →	
2	전달요소 $b = G \cdot a$	a → $\boxed{G}$ → b	a ○ $\xrightarrow{G}$ ○ b
3	가합점 $c = a \pm b$	a → ⊕($+$/$\pm$) → c, b	a ○ $\xrightarrow{1}$ ○ c, b ○ $\xrightarrow{\pm 1}$
4	인출점 $a = b = c$	a → • → b, → c	a ○ $\xrightarrow{1}$ ○ b, $\xrightarrow{1}$ ○ c
5	종속접속 $c = G_1 \cdot G_2 \cdot a$	a → $\boxed{G_1}$ b $\boxed{G_2}$ → c	a ○ $\xrightarrow{G_1}$ b ○ $\xrightarrow{G_2}$ ○ c
6	병렬접속 $d = (G_1 \pm G_2)a$	a → $\boxed{G_1}$ → ⊕($\pm$) → d, $\boxed{G_2}$	a ○ $\xrightarrow{1}$ b ○ $\xrightarrow{G_1}$ c ○ $\xrightarrow{1}$ ○ d, $\xrightarrow{\pm G_2}$
7	피드백 접속 $d = \dfrac{G}{1 \pm GH} \cdot a$	a → ⊖($\mp$) b → $\boxed{G}$ → • → d, $\boxed{H}$	a ○ $\xrightarrow{1}$ b ○ $\xrightarrow{G}$ c ○ $\xrightarrow{1}$ ○ d, $\xrightarrow{\mp H}$

5) 신호흐름 선도의 일반 이득 공식

출력과 입력과의 비, 즉 계통의 이득 또는 전달 함수 G는 다음의 메이슨(Mason)의 정리에 의하여 구할 수 있다.

$$G = \frac{\sum G_k \Delta_k}{\Delta}$$
출제 산업 9번, 기사 24번

$\Delta = 1$ (서로 다른 루프 이득의 합) ｜ (서로 접촉히지 않은 두 개의 루프 이득의 곱)
　　－(서로 접촉하지 않은 세 개의 루프 이득의 곱) + …

G_k : 입력마디에서 출력마디까지의 K 번째의 전방경로 이득

Δ_k : K번째의 전방경로 이득과 서로 접촉하지 않는 신호흐름 선도에 대한 △의 값

6) 전기회로의 신호흐름 선도

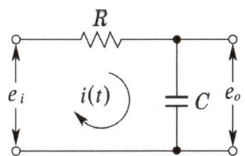

위 회로망을 신호흐름 선도로 표시하면 다음과 같다.
전압과 전류에 관한 방정식을 세우면

$$(e_i - e_0)\frac{1}{R} = i, \quad \frac{1}{Cs}i = e_0$$

라플라스 변환하면

$$E_i\frac{1}{R} - E_0\frac{1}{R} = I, \quad \frac{1}{Cs}I = E_0$$

그러므로

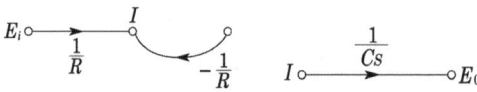

합성하면

정리하면 다음과 같다.

출제 산업 1번, 기사 2번

04 ─ 연산 증폭기(OP amp)

1) 이상적인 연산 증폭기의 특성

- 입력저항 $R_i = \infty$
- 출력저항 $R_0 = 0$
- 전압이득 $V = \infty$
- 대역폭 $= \infty$

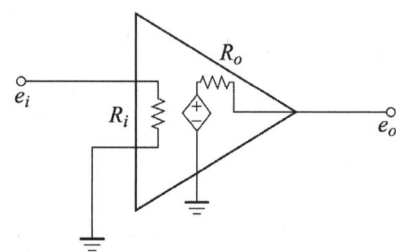

2) 연산 증폭기의 종류

(1) 증폭회로(부호 변환기)

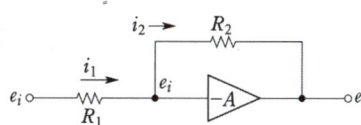

$$e_o = -\frac{R_2}{R_1}e_i$$

출제 산업 2번, 기사 5번

(2) 적분기

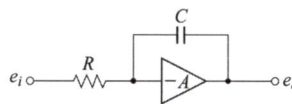

$$e_o = -\frac{1}{RC}\int e_i\, dt$$

출제 기사 5번

(3) 미분기

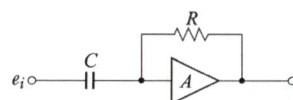

$$e_o = -RC\frac{d\,e_i}{dt}$$

출제 기사 2번

블록선도의 전달함수

★☆ 【90. 기사, ⊕ : 76. 산업기사】
01 종속으로 접속된 두 전달 함수의 종합 전달 함수를 구하면?

① $G_1 + G_2$ 　② $G_1 \times G_2$ 　③ $\dfrac{1}{G_1} + \dfrac{1}{G_2}$ 　④ $\dfrac{1}{G_1} \times \dfrac{1}{G_2}$

해설 입력을 X, 출력을 Y라 하면 $Y = (G_1 \cdot G_2)X$이므로

전달함수 $G(s) = \dfrac{Y}{X} = G_1 \cdot G_2$

★ 【76. 82. 산업기사】
02 그림과 같은 피드백 제어계의 폐루프 전달 함수는?

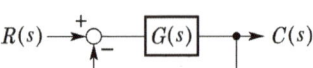

① $\dfrac{R(s)C(s)}{1 + G(s)}$ 　② $\dfrac{G(s)}{1 + R(s)}$ 　③ $\dfrac{C(s)}{1 + R(s)}$ 　④ $\dfrac{G(s)}{1 + G(s)}$

해설 $(R - C)G = C$, $RG - CG = C$, $RG = C(1 + G)$

$\therefore \dfrac{C}{R} = \dfrac{G}{1 + G}$

★★★☆ 【95. 99. 21. 기사, 82. 산업기사, ⊕ : 82. 89. 산업기사】
03 다음과 같은 블록 선도의 등가 합성 전달 함수는?

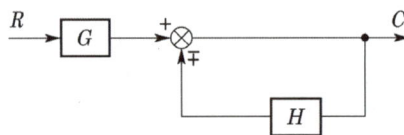

① $\dfrac{1}{1 \pm GH}$ 　② $\dfrac{G}{1 \pm GH}$ 　③ $\dfrac{G}{1 \pm H}$ 　④ $\dfrac{1}{1 \pm H}$

해설 $C = RG \pm CH$, $C(1 \pm H) = RG$

$\therefore \dfrac{C}{R} = \dfrac{G}{1 \pm H}$

★★★★★【79. 82. 87. 90. 93. 98. 14. 기사, 78. 11. 산업기사】

04 그림과 같은 피드백 회로의 종합 전달 함수는?

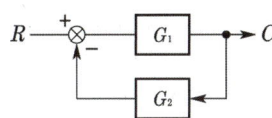

① $\dfrac{1}{G_1}+\dfrac{1}{G_2}$ ② $\dfrac{G_1}{1-G_1G_2}$

③ $\dfrac{G_1}{1+G_1G_2}$ ④ $\dfrac{G_1G_2}{1+G_1G_2}$

해설 $(R-CG_2)G_1=C,\ RG_1=C+CG_1G_2=C(1+G_1G_2)$

$$\therefore\ \frac{C}{R}=\frac{G_1}{1+G_1G_2}$$

별해 전향경로 이득 : G_1 , 루프이득 : $-G_1G_2$

$$G(s)=\frac{\sum 전향\,경로\,이득}{1-\sum 루프이득}=\frac{G_1}{1+G_1G_2}$$

★【01. 02. 기사】

05 다음 블록 선도를 옳게 등가변환한 것은?

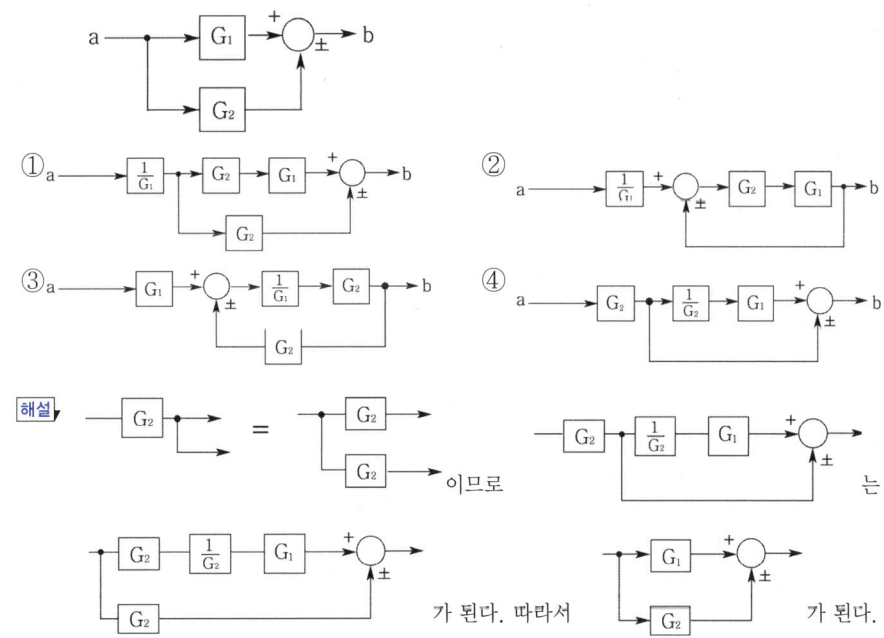

★★【94. 25. 기사, 82. 산업기사, ⊕ : 78. 산업기사】

06 그림의 블록 선도에서 C/R를 구하면?

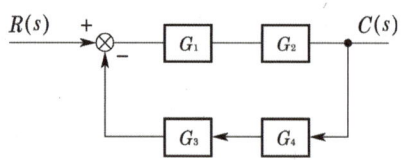

① $\dfrac{G_1 + G_2}{1 + G_1 G_2 + G_3 G_4}$ ② $\dfrac{G_1 G_2}{1 + G_1 G_2 G_3 G_4}$

③ $\dfrac{G_3 G_4}{1 + G_1 G_2 G_3 G_4}$ ④ $\dfrac{G_1 G_2}{1 + G_1 G_2 + G_3 G_4}$

해설 $C = (R - CG_3 G_4) G_1 G_2,\ C(1 + G_1 G_2 G_3 G_4) = R G_1 G_2,\ \therefore \dfrac{C}{R} = \dfrac{G_1 G_2}{1 + G_1 G_2 G_3 G_4}$

별해 전향경로 이득 : $G_1 G_2$, 루프이득 : $-G_1 G_2 G_3 G_4$,

$G(s) = \dfrac{\sum 전향\,경로\,이득}{1 - \sum 루프이득} = \dfrac{G_1 G_2}{1 + G_1 G_2 G_3 G_4}$

★★【95. 기사, 81. 82. 산업기사】

07 그림의 두 블록 선도가 등가인 경우 A요소의 전달 함수는?

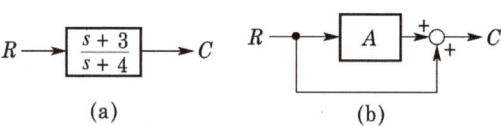

(a) (b)

① $\dfrac{-1}{s+4}$ ② $\dfrac{-2}{s+4}$ ③ $\dfrac{-3}{s+4}$ ④ $\dfrac{-4}{s+4}$

해설 $\dfrac{s+3}{s+4} = A + 1,\ \therefore A = \dfrac{s+3}{s+4} - 1 = \dfrac{-1}{s+4}$

★★【96. 00. 기사】

08 다음 시스템의 전달 함수(C/R)는?

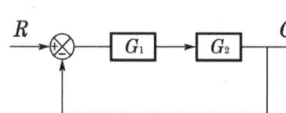

① $\dfrac{C}{R} = \dfrac{G_1 G_2}{1 + G_1 G_2}$ ② $\dfrac{C}{R} = \dfrac{G_1 G_2}{1 - G_1 G_2}$

③ $\dfrac{C}{R} = \dfrac{1 + G_1 G_2}{G_1 G_2}$ ④ $\dfrac{C}{R} = \dfrac{1 - G_1 G_2}{G_1 G_2}$

해설 $(R-C)G_1G_2 = C$, $RG_1G_2 - CG_1G_2 = C$, $C(1+G_1G_2) = RG_1G_2$

$$\frac{C}{R} = \frac{G_1G_2}{1+G_1G_2}$$

별해 전향경로 이득 : G_1G_2, 루프이득 : $-G_1G_2$,

$$G(s) = \frac{\sum 전향\,경로\,이득}{1-\sum 루프이득} = \frac{G_1G_2}{1+G_1G_2}$$

★ 【94. 11. 기사】

09 다음 블록 선도의 변환에서 (   )에 맞는 것은?

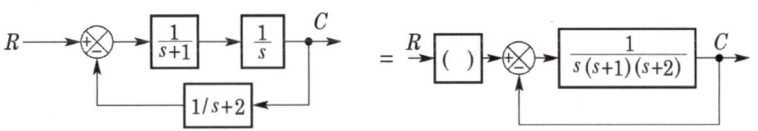

① $s+2$ ② $s+1$ ③ s ④ $s(s+1)(s+2)$

해설 $\left(R - \dfrac{1}{s+2}C\right)\dfrac{1}{s+1} \cdot \dfrac{1}{s} = C$, $R - \dfrac{1}{s+2}C = (s+1)sC$

$$R = \left[s(s+1) + \frac{1}{s+2}\right]C = \frac{s(s+1)(s+2)+1}{s+2}C$$

$$\therefore (s+2)$$

★★☆ 【98. 07. 기사, 76. 산업기사, ⊕ : 82. 산업기사】

10 그림과 같은 블록 선도에서 등가 전달 함수는?

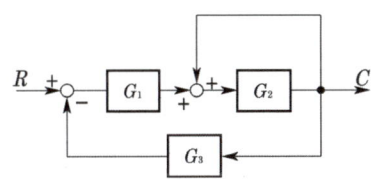

① $\dfrac{G_1G_2}{1+G_2+G_1G_2G_3}$ ② $\dfrac{G_1G_2}{1-G_2+G_1G_2G_3}$

③ $\dfrac{G_1G_3}{1+G_2+G_1G_2G_3}$ ④ $\dfrac{G_2G_3}{1-G_2+G_1G_2G_3}$

해설 G_2의 피드백 요소를 없애면 그림과 같다.

$$\therefore G(s) = \frac{C}{R} = \frac{\dfrac{G_1G_2}{1-G_2}}{1+\dfrac{G_1G_2}{1-G_2} \cdot G_3} = \frac{G_1G_2}{1-G_2+G_1G_2G_3}$$

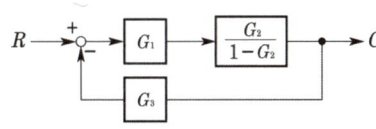

별해 전향경로 이득 : G_1G_2, 루프이득 : G_2, $-G_1G_2G_3$

$$G(s) = \frac{\sum 전향\,경로\,이득}{1-\sum 루프이득} = \frac{G_1G_2}{1-G_2+G_1G_2G_3}$$

★★★★★ 【79. 82. 91. 94. 96. 98. 99. 기사】

11 그림과 같은 블록 선도에서 $\frac{C}{R}$의 값은?

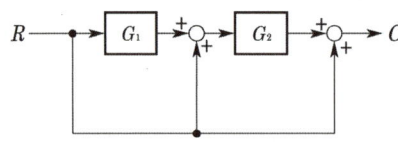

① $1 + G_1 + G_1 G_2$

② $1 + G_2 + G_1 G_2$

③ $\dfrac{G_1 + G_2}{1 - G_2 - G_1 G_2}$

④ $\dfrac{(1 + G_1)G_2}{1 - G_2}$

해설 $(RG_1 + R)G_2 + R = C$, $R(G_1 G_2 + G_2 + 1) = C$

$\therefore G(s) = \dfrac{C}{R} = G_1 G_2 + G_2 + 1$

★★★★★ 【89. 93. 94. 95. 97. 99. 01. 12. 23. 기사, 81. 16. 산업기사】

12 다음 그림의 블록 선도에서 C/R는?

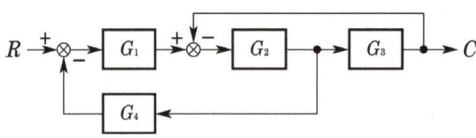

① $\dfrac{G_3 G_4}{1 + G_1 G_2 G_3}$

② $\dfrac{G_1 G_3}{1 + G_1 G_2 + G_3 G_4}$

③ $\dfrac{G_1 G_2 G_3}{1 + G_2 G_3 + G_1 G_2 G_4}$

④ $\dfrac{G_1 G_2}{1 + G_2 G_3 + G_1 G_4}$

해설 G_3 앞의 인출점을 요소 뒤로 이동하면 그림과 같은 블록 선도로 나타낼 수 있다.

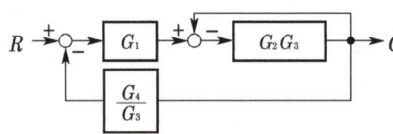

$\left\{\left(R - C\dfrac{G_4}{G_3}\right)G_1 - C\right\}G_2 G_3 = C$

$RG_1 G_2 G_3 - CG_1 G_2 G_4 - C(G_2 G_3) = C$

$RG_1 G_2 G_3 = C(1 + G_2 G_3 + G_1 G_2 G_4)$

$\therefore G(s) = \dfrac{C}{R} = \dfrac{G_1 G_2 G_3}{1 + G_2 G_3 + G_1 G_2 G_4}$

별해 전향경로 이득 : $G_1 G_2 G_3$, 루프이득 : $-G_2 G_3$, $-G_1 G_2 G_4$

$G(s) = \dfrac{\sum 전향 경로 이득}{1 - \sum 루프이득} = \dfrac{G_1 G_2 G_3}{1 + G_2 G_3 + G_1 G_2 G_4}$

★☆ 【95. 02. 기사, 80. 산업기사】
13 그림의 블록 선도에서 전달 함수로 표시한 것은?

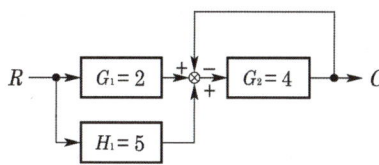

① $\dfrac{12}{5}$ ② $\dfrac{16}{5}$ ③ $\dfrac{20}{5}$ ④ $\dfrac{28}{5}$

해설 $(RG_1 + RH_1 - C)G_2 = C$, $RG_1G_2 + RH_1G_2 - CG_2 = C$, $R(G_1G_2 + H_1G_2) = C(1 + G_2)$

$G(s) = \dfrac{C}{R} = \dfrac{G_1G_2 + H_1G_2}{1 + G_2} = \dfrac{G_2(G_1 + H_1)}{1 + G_2}$ 이므로

$G_1 = 2$, $G_2 = 4$, $H_1 = 5$를 대입하면 $\therefore G(s) = \dfrac{4(2+5)}{1+4} = \dfrac{28}{5}$

별해 전향경로 이득 : $(G_1 + H_1)G_2$, 루프이득 : $-G_2$

$G(s) = \dfrac{\sum 전향 경로 이득}{1 - \sum 루프이득} = \dfrac{(G_1 + H_1)G_2}{1 + G_2} = \dfrac{(2+5)\cdot 4}{1+4} = \dfrac{28}{5}$

★ 【02. 기사】
14 블록 선도에서 $r(t) = 25$, $G_1 = 1$, $H_1 = 5$, $c(t) = 50$ 일 때 H_2를 구하면?

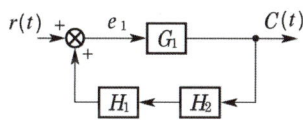

① $\dfrac{1}{4}$ ② $\dfrac{1}{10}$ ③ $\dfrac{2}{5}$ ④ $\dfrac{2}{3}$

해설 $\dfrac{c(t)}{r(t)} = \dfrac{50}{25} = \dfrac{G_1}{1 - G_1 \cdot H_1 \cdot H_2}$

$2 = \dfrac{1}{1 - 5H_2}$, $2 - 10H_2 = 1$, $\therefore H_2 = \dfrac{1}{10}$

★ 【00. 기사】
15 그림의 전체 전달 함수는?

① 0.22
② 0.33
③ 1.22
④ 3.1

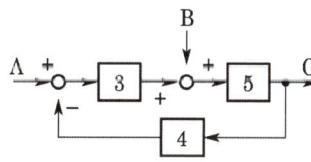

해설 $\dfrac{C}{A}=\dfrac{3\times5}{1+(3\times4\times5)}=\dfrac{15}{61}$, $\dfrac{C}{B}=\dfrac{5}{1+(3\times4\times5)}=\dfrac{5}{61}$

$G(s)=\dfrac{C}{A}+\dfrac{C}{B}=\dfrac{15}{61}+\dfrac{5}{61}=\dfrac{20}{61}=0.33$, (공식 $G(s)=\dfrac{경로}{1-폐로}$)

★ 【97. 기사】

16 그림과 같은 피드백 회로의 종합 전달 함수는?

① $\dfrac{G_1G_2}{1+G_1G_2+G_3G_4}$

② $\dfrac{G_1+G_2}{1+G_1G_3G_4+G_2G_3G_4}$

③ $\dfrac{G_1+G_2}{1+G_1G_2G_3G_4}$

④ $\dfrac{G_1G_2}{1+G_4G_2+G_3G_1}$

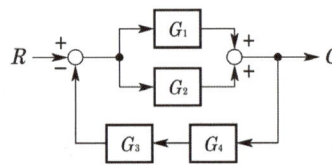

해설 $C=(R-CG_3G_4)(G_1+G_2)=RG_1+RG_2-CG_1G_3G_4-CG_2G_3G_4$

$C(1+G_1G_3G_4+G_2G_3G_4)=R(G_1+G_2)$, $\therefore \dfrac{C}{R}=\dfrac{G_1+G_2}{1+G_1G_3G_4+G_2G_3G_4}$

별해 전향경로 이득 : G_1+G_2, 루프이득 : $-(G_1+G_2)G_3G_4$

$G(s)=\dfrac{\sum 전향\,경로\,이득}{1-\sum 루프이득}=\dfrac{G_1+G_2}{1+(G_1+G_2)G_3G_4}=\dfrac{G_1+G_2}{1+G_1G_3G_4+G_2G_3G_4}$

★ 【95. 02. 기사】

17 $r(t)=2$, $G_1=100$, $H_1=0.01$일 때 $c(t)$를 구하면?

① 2

② 5

③ 9

④ 10

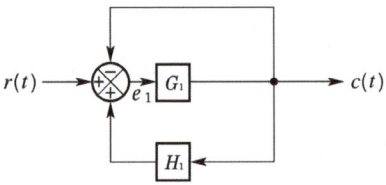

해설 $C=(R+CH_1-C)G_1=RG_1+CG_1H_1-CG_1$, $C(1+G_1-G_1H_1)=RG_1$

$\therefore C=\dfrac{RG_1}{1+G_1-G_1H_1}=\dfrac{2\times100}{1+100-(100\times0.01)}=2$

별해 전향경로 이득 : G_1, 루프이득 : $-G_1$, G_1H_1

$G(s)=\dfrac{C(s)}{R(s)}=\dfrac{\sum 전향\,경로\,이득}{1-\sum 루프이득}=\dfrac{G_1}{1+G_1-G_1H_1}$

$\therefore C(s)=\dfrac{R(s)G_1}{1+G_1-G_1H_1}=\dfrac{2\times100}{1+100-(100\times0.01)}=2$

★☆ 【89. 기사, 83. 산업기사】

18 그림과 같은 2중 입력으로 된 블록 선도의 출력 C는?

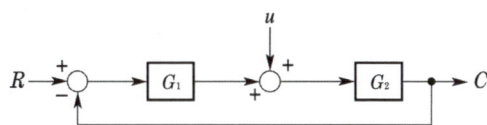

① $\left(\dfrac{G_2}{1-G_1G_2}\right)(G_1R+u)$ ② $\left(\dfrac{G_2}{1+G_1G_2}\right)(G_1R+u)$

③ $\left(\dfrac{G_1}{1-G_1G_2}\right)(G_1R-u)$ ④ $\left(\dfrac{G_1}{1+G_1G_2}\right)(G_1R-u)$

해설 $\{(R-C)G_1+u\}G_2=C,\ RG_1G_2-CG_1G_2+uG_2=C,\ RG_1G_2+uG_2=C(1+G_1G_2)$

$\therefore C=\dfrac{G_1G_2}{1+G_1G_2}R+\dfrac{G_2}{1+G_1G_2}u=\dfrac{G_2}{1+G_1G_2}(G_1R+u)$

★★☆ 【83. 88. 기사, ⊕ : 77. 산업기사】

19 그림에서 x를 입력, y를 출력으로 했을 때의 전달 함수는? 단, $A\gg1$이다.

① $G(s)=1+\dfrac{1}{RCs}$

② $G(s)=\dfrac{RCs}{1+RCs}$

③ $G(s)=1+RCs$

④ $G(s)=\dfrac{1}{1+RCs}$

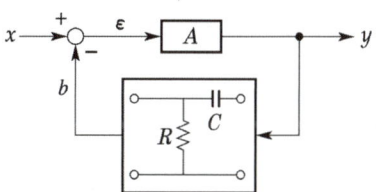

해설 먼저 피드백 요소의 전달 함수 G_f를 구하면 $G_f(j\omega)=\dfrac{R}{\dfrac{1}{j\omega C}+R}=\dfrac{j\omega CR}{1+j\omega CR}$

따라서 전체의 주파수 전달 함수 $G(j\omega)$는 $G(j\omega)=\dfrac{Y(j\omega)}{X(j\omega)}=\dfrac{A}{1+A\cdot\dfrac{j\omega CR}{1+j\omega CR}}=\dfrac{1}{\dfrac{1}{A}+\dfrac{j\omega CR}{1+j\omega CR}}$

$A\to\infty$이면 $\therefore G(j\omega)=\dfrac{Y(j\omega)}{X(j\omega)}=\dfrac{1+j\omega CR}{j\omega CR}=1+\dfrac{1}{j\omega CR}=1+\dfrac{1}{RCs}$ (단, $j\omega=s$)

★★★★★ 【93. 98. 00. 기사, 82. 83. 산업기사, ⊕ : 77. 81. 산업기사】

20 그림과 같은 블록 선도에서 외란이 있는 경우의 출력은?

① $H_1H_2e_i+H_2e_f$

② $H_1H_2(e_i+e_f)$

③ $H_1c_i+H_2c_f$

④ $H_1H_2e_ie_f$

해설 $e_o=(e_iH_1+e_f)H_2=H_1H_2e_i+H_2e_f$

유사문제

∥ 유사문제 원문 및 해설 : 동일출판사 홈페이지 ≫ 고객센터 ≫ 자료실

01. 그림과 같은 주어진 제어 회로의 전달 함수 $\dfrac{V_2(s)}{V_1(s)}$ 를 구하면?

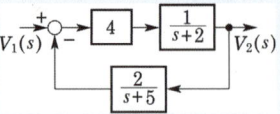

답 $\dfrac{V_2(s)}{V_1(s)} = \dfrac{4s+20}{s^2+7s+18}$

02. 다음 블록 선도 중 합성 전달 함수의 값이 다른 것은?

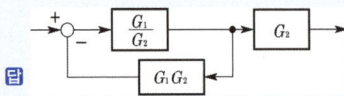

답

03. 그림과 같은 블록 선도에서 등가 합성 전달 함수 $\dfrac{C}{R}$ 는?

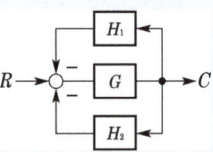

답 $\dfrac{G}{1+H_1G+H_2G}$

04. 그림과 같은 블록 선도로 표시되는 제어계의 전달 함수를 구하면?

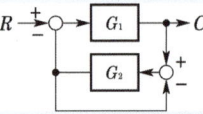

답 $\dfrac{G_1+G_1G_2}{1+G_2+G_1G_2}$

05. 그림과 같은 계통의 전달 함수는?

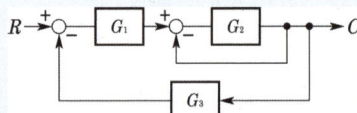

답 $\dfrac{G_1G_2}{1+G_2+G_1G_2G_3}$

06. 그림과 같은 블록 선도에서 전달 함수는?

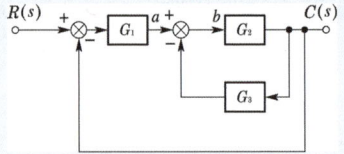

답 $G(s) = \dfrac{G_1G_2}{1+G_1G_2+G_2G_3}$

07. 그림에서 출력 y는?

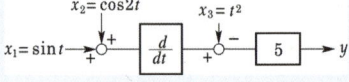

답 $5(\cos t - 2\sin 2t - t^2)$

08. 그림과 같은 블록 선도에서 C는?

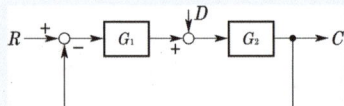

답 $C = \dfrac{G_1G_2}{1+G_1G_2}R + \dfrac{G_2}{1+G_1G_2}D$

09. 다음 그림에서 A가 무한히 크다면 전체 주파수 전달 함수는?

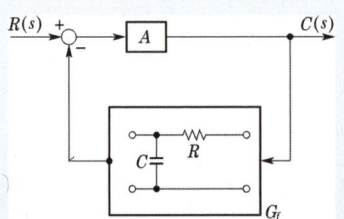

답 $1+j\omega RC$

연산 증폭기

★☆ 【94. 기사, 83. 산업기사】
21 그림과 같은 곱셈 회로에서 출력 전압 e_2는? 단, A는 이상적인 연산 증폭기이다.

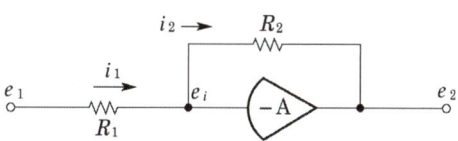

① $e_2 = \dfrac{R_2}{R_1} e_1$ ② $e_2 = \dfrac{R_1}{R_2} e_1$

③ $e_2 = -\dfrac{R_2}{R_1} e_1$ ④ $e_2 = -\dfrac{R_1}{R_2} e_1$

해설 주어진 그림의 각 분기 회로의 전류가 그림과 같이 흐를 때, 증폭기의 입력 임피던스가 저항 R_2보다 훨씬 더 크다면 그때는 $i_A \fallingdotseq 0$이고, $i_1 \fallingdotseq i_2$(키르히호프의 법칙), 저항을 통한 옴의 법칙을 적용하면

$e_1 - e_i = R_1 i_1$, $e_i - e_2 = R_2 i_2 \fallingdotseq R_2 i_1$

$\therefore i_1 = \dfrac{e_1 - e_i}{R_1} = \dfrac{e_i - e_2}{R_2}$

증폭기의 관계식 $\dfrac{e_2}{e_i} = -A$를 사용하면

$\dfrac{e_1 + \dfrac{e_2}{A}}{R_1} = \dfrac{-\dfrac{e_2}{A} - e_2}{R_2}$

그리고 A가 $e_1 \gg \dfrac{e_2}{A}$와 $e_2 \gg \dfrac{e_2}{A}$를 만드는 매우 큰 수라면 $\dfrac{e_1}{R_1} = -\dfrac{e_2}{R_2}$

$\therefore e_2 = -\dfrac{R_2}{R_1} e_1$

★★★ 【85. 90. 96. 11. 기사】
22 다음 연산 증폭기의 출력 X_3는?

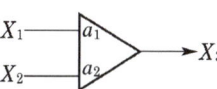

① $-a_1 X_1 - a_2 X_2$ ② $a_1 X_1 + a_2 X_2$

③ $(a_1 + a_2)(X_1 + X_2)$ ④ $-(a_1 - a_2)(X_1 + X_2)$

해설 $X_3 = -a_1 X_1 - a_2 X_2$

★★ 【93. 97. 기사】
23 그림과 같이 연산 증폭기를 사용한 연산 회로의 출력항은 어느 것인가?

① $E_o = Z_0\left(\dfrac{E_1}{Z_1} + \dfrac{E_2}{Z_2}\right)$

② $E_o = -Z_0\left(\dfrac{E_1}{Z_1} + \dfrac{E_2}{Z_2}\right)$

③ $E_o = Z_0\left(\dfrac{E_1}{Z_2} + \dfrac{E_2}{Z_2}\right)$

④ $E_o = -Z_0\left(\dfrac{E_1}{Z_2} + \dfrac{E_2}{Z_2}\right)$

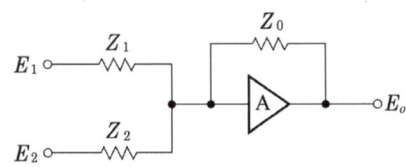

해설 $E_o = -\dfrac{Z_o}{Z_1}E_1 - \dfrac{Z_o}{Z_2}E_2 = -Z_o\left(\dfrac{E_1}{Z_1} + \dfrac{E_2}{Z_2}\right)$

★★☆ 【88. 89. 15. 기사, 83. 산업기사】
24 그림과 같은 연산 증폭기에서 출력 전압 V_o을 나타낸 것은? 단, V_1, V_2, V_3는 입력 신호이고, A는 연산 증폭기의 이득이다.

① $V_o = \dfrac{R_0}{3R}(V_1 + V_2 + V_3)$

② $V_o = \dfrac{R}{R_0}(V_1 + V_2 + V_3)$

③ $V_o = \dfrac{R_0}{R}(V_1 + V_2 + V_3)$

④ $V_o = -\dfrac{R_0}{R}(V_1 + V_2 + V_3)$

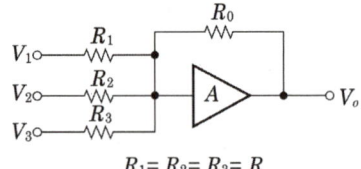

$R_1 = R_2 = R_3 = R$

해설 $V_o = -\dfrac{R_o}{R_1}V_1 - \dfrac{R_o}{R_2}V_2 - \dfrac{R_o}{R_3}V_3 = -\dfrac{R_o}{R}V_1 - \dfrac{R_o}{R}V_2 - \dfrac{R_o}{R}V_3$

$\qquad = -\dfrac{R_o}{R}(V_1 + V_2 + V_3)$

★★ 【97. 05. 기사, 75. 78. 산업기사】
25 연산 증폭기의 성질에 관한 설명 중 옳지 않은 것은?

① 전압 이득이 매우 크다.　　　② 입력 임피던스가 매우 작다.

③ 전력 이득이 매우 크다.　　　④ 입력 임피던스가 매우 크다.

해설 연산 증폭기의 특징
① 입력 임피던스가 크다.　② 출력 임피던스는 적다.
③ 증폭도가 매우 크다.　④ 정부(+, −) 2개의 전원을 필요로 한다.

★★【76. 98. 기사】
26 그림의 연산 증폭기를 사용한 회로의 기능은?

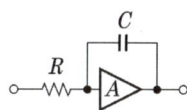

① 가산기　　　　② 미분기　　　　③ 적분기　　　　④ 제한기

 적분기 : $e_o = -\dfrac{1}{RC}\displaystyle\int e_i\,dt$

★【94. 기사】
27 그림과 같은 아날로그 적분기의 전달함수는? 단, −1은 아날로그 적분기용 연산증폭기의 이득을 의미한다.

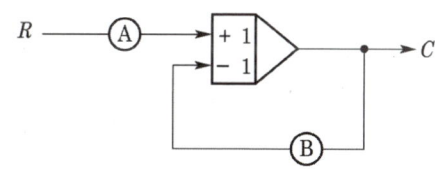

① $\dfrac{A}{s-B}$　　　② $\dfrac{A}{s+B}$　　　③ $\dfrac{B}{s+A}$　　　④ $\dfrac{B}{s-A}$

해설

$$C=\dfrac{\dfrac{A}{s}R}{1+\dfrac{B}{s}}=\dfrac{A}{s+B}R \quad \therefore \dfrac{C}{R}=\dfrac{A}{s+B}$$

★★【87. 92. 기사】
28 이득이 10^7인 연산 증폭기 회로에서 출력 전압 V_o를 나타내는 식은? 단, V_i는 입력 신호이다.

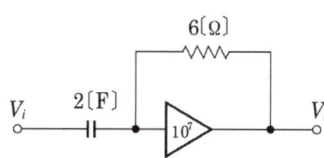

① $V_o = -12\dfrac{dV_i}{dt}$　　　　　　　② $V_o = -8\dfrac{dV_i}{dt}$

③ $V_o = -0.5\dfrac{dV_i}{dt}$　　　　　　④ $V_o = -\dfrac{1}{8}\dfrac{dV_i}{dt}$

해설

$$V_o = -CR\dfrac{dV_i}{dt} = -12\dfrac{dV_i}{dt}$$

답 26. ③　27. ②　28. ①

★ 【88. 02. 기사】
29 다음 연산 기구의 출력으로 바르게 표현된 것은? (단, OP 증폭기는 이상적인 것으로 생각한다.)

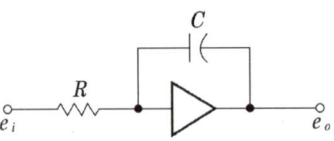

① $e_o = -\dfrac{1}{RC}\displaystyle\int e_i dt$ ② $e_o = -\dfrac{1}{RC}\dfrac{de_i}{dt}$

③ $e_o = -RC\displaystyle\int e_i dt$ ④ $e_o = -\dfrac{C}{R}\displaystyle\int e_i dt$

해설 적분기 : $e_o = -\dfrac{1}{RC}\displaystyle\int e_i\, dt$

★ 【93. 기사】
30 다음의 상태 변수도가 뜻하는 계의 방정식은 어느 것인가?

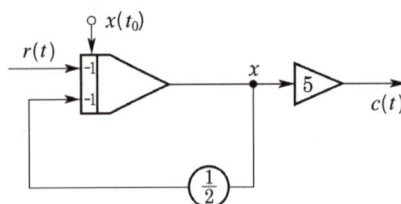

① $-2\dfrac{d}{dt}c(t) + c(t) = 10r(t)$ ② $-0.5\dfrac{dc}{dt} + c = 10r$

③ $2\dfrac{dc}{dt} + c = 5r$ ④ $\dfrac{dc}{dt} + 2c = 5r$

해설 $X(s) = \dfrac{R(s)}{s} + \dfrac{1}{2}\dfrac{X(s)}{s}$, $X(s)\left(1 - \dfrac{1}{2s}\right) = \dfrac{R(s)}{s}$

$X(s) = \dfrac{R(s)}{s\left(1 - \dfrac{1}{2s}\right)} = \dfrac{2R(s)}{2s - 1}$ ·········· ①

$C(s) = -5X(s)$ ·········· ②

식 ①을 식 ②에 대입하면

$C(s) = -5\left(\dfrac{2R(s)}{2s - 1}\right) = -\dfrac{10R(s)}{2s - 1}$

$2sC(s) - C(s) = -10R(s)$

역라플라스 변환하면 $\therefore -2\dfrac{d}{dt}c(t) + c(t) = 10r(t)$

유사문제

‖ 유사문제 원문 및 해설 : 동일출판사 홈페이지 ≫ 고객센터 ≫ 자료실

01. 연산 증폭기(op-amp)의 응용 회로가 아닌 것은?

답 디지털 반가산 증폭기

02. 그림과 같은 이득이 인 연산 증폭기 회로에서 출력 전압 e_0를 나타내는 것은? 단, e_1, e_2, e_3는 입력 신호 전압이다.

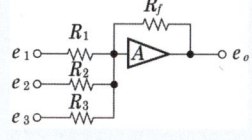

답 $e_o = -R_f\left(\dfrac{1}{R_1}e_1 + \dfrac{1}{R_2}e_2 + \dfrac{1}{R_3}e_3\right)$

03. 비교 기록용 오차 검출기로 주로 사용되는 증폭기는?

답 차동 증폭기

04. 그림과 같은 회로의 입력으로 스텝(step) 전압을 인가할 때 출력에는 어떤 전압이 나타나겠는가? 단, A는 연산 증폭기이다.

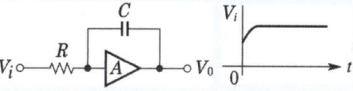

답 크기가 직선적으로 증가하는 전압

05. 그림의 회로명은?

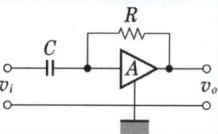

답 미분기

06. 다음 아날로그 컴퓨터로 표시되는 계통의 전달 함수는?

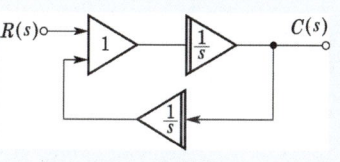

답 $\dfrac{s}{s^2+1}$

신호흐름선도

★☆【96. 04. 기사, 81. 산업기사】

31 그림의 신호 흐름 선도를 단순화하면?

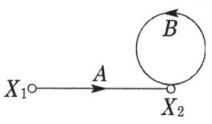

① $X_1 \xrightarrow{\ AB\ } X_2$

② $X_1 \xrightarrow{\ 1/A-B\ } X_2$

③ $X_1 \xrightarrow{\ A/1-B\ } X_2$

④ $X_1 \xrightarrow{\ 1-B\ } X_2$

해설 $G_1 = A$, $\Delta_1 = 1$, $L_{11} = B$

$\Delta = 1 - L_{11} = 1 - B$, $\therefore G = \dfrac{G_1 \Delta_1}{\Delta} = \dfrac{A}{1-B}$

답 31. ③

32 그림과 같은 신호 흐름 선도에서 $C(s)/R(s)$의 값은?

★★☆【97. 01. 02. 11. 기사, 80. 산업기사】

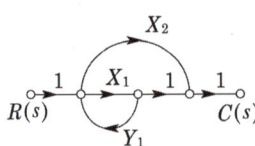

① $\dfrac{C(s)}{R(s)} = \dfrac{X_1}{1 - X_1 Y_1}$ 　　　② $\dfrac{C(s)}{R(s)} = \dfrac{X_2}{1 - X_1 Y_1}$

③ $\dfrac{C(s)}{R(s)} = \dfrac{X_1 X_2}{1 - X_1 Y_1}$ 　　　④ $\dfrac{C(s)}{R(s)} = \dfrac{X_1 + X_2}{1 - X_1 Y_1}$

해설 $\dfrac{C(s)}{R(s)} = \dfrac{\text{전향경로의 합}}{1 - \text{피드백}} = \dfrac{X_1 + X_2}{1 - X_1 Y_1}$

33 그림과 같은 신호 흐름 선도에서 $\dfrac{C}{R}$의 값은?

★☆【97. 기사, 76. 산업기사】

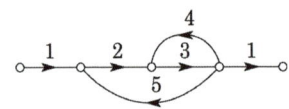

① $-\dfrac{1}{41}$ 　　② $-\dfrac{3}{41}$ 　　③ $-\dfrac{5}{41}$ 　　④ $-\dfrac{6}{41}$

해설 $G_1 = 1 \cdot 2 \cdot 3 \cdot 1 = 6$, $\Delta_1 = 1$, $L_{11} = 3 \cdot 4 = 12$

$L_{21} = 2 \cdot 3 \cdot 5 = 30$, $\Delta = 1 - (L_{11} + L_{21}) = 1 - (12 + 30) = -41$

$\therefore \dfrac{C}{R} = \dfrac{G_1 \Delta_1}{\Delta} = \dfrac{6 \times 1}{-41} = -\dfrac{6}{41}$

34 그림과 같은 신호 흐름 선도에서 전달 함수 $\dfrac{C(s)}{R(s)}$는?

★★【75. 20. 기사, ⊕ : 80. 82. 산업기사】

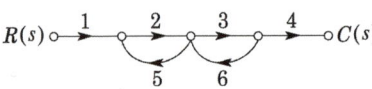

① $-\dfrac{8}{9}$ 　　② $\dfrac{4}{5}$ 　　③ 180 　　④ 10

해설 $G_1 = 1 \cdot 2 \cdot 3 \cdot 4 = 24$, $\Delta_1 = 1$, $L_{11} = 2 \cdot 5 = 10$

$L_{21} = 3 \cdot 6 = 18$, $\Delta = 1 - (L_{11} + L_{21}) = 1 - (10 + 18) = -27$

$\therefore G = \dfrac{C}{R} = \dfrac{G_1 \Delta_1}{\Delta} = \dfrac{24}{-27} = -\dfrac{8}{9}$

답 32. ④　33. ④　34. ①

35 ★★ 【91. 03. 11. 기사, 81. 산업기사】
그림과 같은 신호 흐름 선도에서 C/R를 구하면?

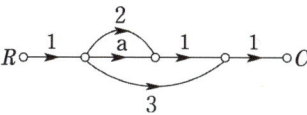

① $a+2$ ② $a+3$ ③ $a+5$ ④ $a+6$

해설 $G_1 = a$, $\Delta_1 = 1$
$G_2 = 2$, $\Delta_2 = 1$
$G_3 = 3$, $\Delta_3 = 1$, $\Delta = 1$
$$\therefore G = \frac{C}{R} = \frac{G_1\Delta_1 + G_2\Delta_2 + G_3\Delta_3}{\Delta} = a+2+3 = a+5$$

36 ★★★ 【94. 05. 07. 09. 12. 기사】
그림의 신호 흐름 선도에서 $\dfrac{C}{R}$는?

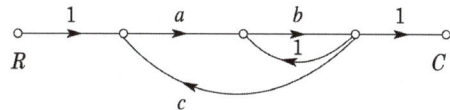

① $\dfrac{ab}{1+b-abc}$ ② $\dfrac{ab}{1-b-abc}$ ③ $\dfrac{ab}{1-b+abc}$ ④ $\dfrac{ab}{1-ab+abc}$

해설 $G_1 = ab$, $\Delta_1 = 1$, $L_{11} = b$, $L_{21} = abc$
$\Delta = 1 - (L_{11} + L_{21}) = 1 - b - abc$
$$\therefore G = \frac{C}{R} = \frac{G_1\Delta_1}{\Delta} = \frac{ab}{1-b-abc}$$

37 ★★ 【83. 86. 18. 23. 기사】
다음 신호 흐름 선도에서 전달 함수 C/R를 구하면 얼마인가?

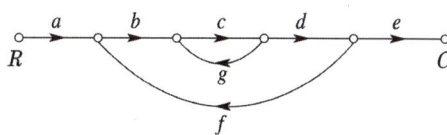

① $\dfrac{abcdg}{1-abcde}$ ② $\dfrac{abcde}{1-cg-bcdf}$ ③ $\dfrac{abcde}{1-cg-cgf}$ ④ $\dfrac{abcde}{1+cg+cgf}$

해설 $G_1 = abcde$, $\Delta_1 = 1$, $L_{11} = cg$, $L_{21} = bcdf$
$\Delta = 1 - (L_{11} + L_{21}) = 1 - cg - bcdf$
$$\therefore G = \frac{C}{R} = \frac{G_1\Delta_1}{\Delta} = \frac{abcde}{1-cg-bcdf}$$

답 35. ③ 36. ② 37. ②

38 아래 신호 흐름 선도의 전달 함수 $\left(\dfrac{C}{R}\right)$를 구하면?

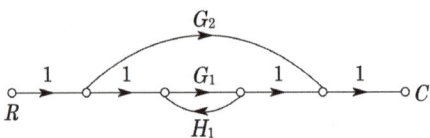

① $\dfrac{C}{R} = \dfrac{G_1 + G_2}{1 - G_1 H_1}$

② $\dfrac{C}{R} = \dfrac{G_1 + G_2}{1 - G_1 H_1 - G_2 H_2}$

③ $\dfrac{C}{R} = \dfrac{G_1 + G_2(1 - G_1 H_1)}{1 - G_1 H_1}$

④ $\dfrac{C}{R} = \dfrac{G_1 G_2}{1 - G_1 H_1}$

해설 ▸ $G_1' = G_1, \quad \Delta_1 = 1, \quad G_2' = G_2, \quad \Delta_2 = 1 - G_1 H_1$

$L_{11} = G_1 H_1, \quad \Delta = 1 - L_{11} = 1 - G_1 H_1$

$\therefore G = \dfrac{C}{R} = \dfrac{G_1 \Delta_1 + G_2 \Delta_2}{\Delta} = \dfrac{G_1 + G_2(1 - G_1 H_1)}{1 - G_1 H_1}$

39 그림과 같은 신호 흐름 선도에서 $\dfrac{C}{R}$의 값은?

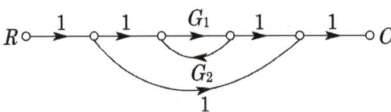

① $\dfrac{1 + G_1 - G_1 G_2}{1 - G_1 G_2}$

② $\dfrac{1 + G_1}{1 - G_1 G_2}$

③ $\dfrac{1 + G_1 G_2}{1 + G_1 + G_1 G_2}$

④ $\dfrac{1 - G_1 G_2}{1 + G_1 - G_1 G_2}$

해설 ▸ $G_1' = G_1, \quad \Delta_1 = 1, \quad G_2' = 1, \quad \Delta_2 = 1 - G_1 G_2, \quad \Delta = 1 - G_1 G_2$

$\therefore \dfrac{C}{R} = \dfrac{G_1' \Delta_1 + G_2' \Delta_2}{\Delta} = \dfrac{G_1 + (1 - G_1 G_2)}{1 - G_1 G_2} = \dfrac{1 + G_1 - G_1 G_2}{1 - G_1 G_2}$

40 그림의 신호 흐름선도에서 y_2/y_1의 값은?

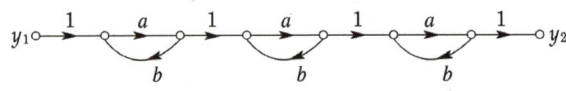

① $\dfrac{a^3}{(1 - ab)^3}$

② $\dfrac{a^3}{1 - 3ab + a^2 b^2}$

③ $\dfrac{a^3}{1 - 3ab}$

④ $\dfrac{a^3}{1 - 3ab + 2a^2 b^2}$

해설 ▶ 신호 흐름 선도는 3개 부분으로 나누어 계산할 수 있다.

각 부분의 전달 함수는 $\dfrac{a}{1-ab}$ 이고, 각 부분의 종속(직렬) 접속 관계이므로

전체 전달 함수 $G(s) = G_1 \times G_2 \times G_3 = G_1^3 = \left(\dfrac{a}{1-ab}\right)^3$

별해 ▶
$$G(s) = \dfrac{\sum \text{전향 경로 이득}}{1 - \sum \text{루프이득}_1 + \sum \text{루프이득}_2 - \sum \text{루프이득}_3}$$
$$= \dfrac{a^3}{1 - 3(ab) + 3(ab)^2 - (ab)^3} = \dfrac{a^3}{(1-ab)^3}$$

★☆ 【92. 기사, 81. 산업기사】

41 그림과 같은 신호 흐름 선도에서 $\dfrac{C}{R}$ 는?

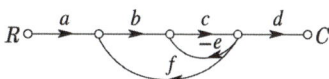

① $\dfrac{abcd}{1 + ce + bcf}$

② $\dfrac{abcd}{1 - ce + bcf}$

③ $\dfrac{abcd}{1 + ce - bcf}$

④ $\dfrac{abcd}{1 - ce - bcf}$

해설 ▶ $G_1 = abcd$, $\Delta_1 = 1$, $L_{11} = -ce$, $L_{21} = bcf$
$\Delta = 1 - (L_{11} + L_{21}) = 1 + ce - bcf$
$\therefore G = \dfrac{C}{R} = \dfrac{G_1 \Delta_1}{\Delta} = \dfrac{abcd}{1 + ce - bcf}$

★ 【98. 기사】

42 그림과 같은 신호 흐름 선도의 전달 함수 $\dfrac{C}{R}$ 는?

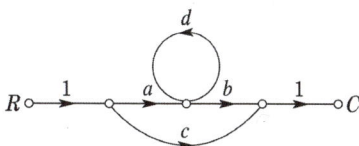

① $\dfrac{ab + c(1-d)}{1-d}$

② $\dfrac{ab + c}{1-d}$

③ $\dfrac{ab + c(1+d)}{1-d}$

④ $\dfrac{ab}{1-d}$

답 **41.** ③ **42.** ①

해설 $G_1 = ab, \quad \Delta_1 = 1$
$G_2 = c, \quad \Delta_2 = 1 - d$
$L_{11} = d, \quad \Delta = 1 - L_{11} = 1 - d$
$\therefore G = \dfrac{C}{R} = \dfrac{G_1 \Delta_1 + G_2 \Delta_2}{\Delta} = \dfrac{ab + c(1-d)}{1-d}$

★★★★【87. 93. 96. 99. 기사】
43 단위 피드백계에서 입력과 출력이 같다면 전향 전달함수 G의 값은?

① $|G| = 1$ ② $|G| = 0$
③ $|G| = \infty$ ④ $|G| = 0.707$

해설 $\dfrac{C}{R} = \dfrac{G}{1+G} = \dfrac{1}{\dfrac{1}{G}+1}$ (여기서, $\left|\dfrac{C}{R}\right| = 1$이 되려면 $|G| = \infty$이어야 된다.)

★★【93. 94. 기사】
44 $M = 1$일 때 $|G|$의 값은?

① ∞ ② 0   ③ 0.1   ④ 1

해설 $M = 1$이면 $M = \dfrac{G}{1+G}$
$\therefore G = \infty$

★★★★【79. 82. 94. 97. 기사】
45 그림의 신호 흐름 선도에서 $\dfrac{C}{R}$를 구하면?

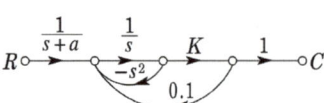

① $(s+a)(s^2 - s - 0.1K)$ ② $(s-a)(s^2 - s - 0.1K)$
③ $\dfrac{K}{(s+a)(s^2 - s - 0.1K)}$ ④ $\dfrac{K}{(s+a)(s^2 + s - 0.1K)}$

해설 $G_1 = \left(\dfrac{1}{s+a}\right) \cdot \left(\dfrac{1}{s}\right) \cdot K = \dfrac{K}{s(s+a)}$
두 개의 피드백 루프 이득은
$L_{11} = \left(\dfrac{1}{s}\right) \cdot (-s^2) = -s, \quad L_{21} = \dfrac{1}{s} \cdot K \cdot 0.1 = \dfrac{0.1K}{s}$
$\Delta = 1 - (L_{11} + L_{21}) = \dfrac{s^2 + s - 0.1K}{s}$이다.
$\Delta_1 = 1$이므로 $\therefore G = \dfrac{C}{R} = \dfrac{G_1 \Delta_1}{\Delta} = \dfrac{K}{(s+a)(s^2 + s - 0.1K)}$

답 43. ③ 44. ① 45. ④

★★【97. 00. 02. 기사】

46 신호-흐름 선도의 전달 함수는?

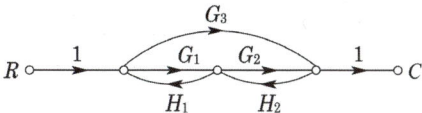

① $\dfrac{G_1 G_2 + G_3}{1 - (G_1 H_1 + G_2 H_2) - G_3 H_1 H_2}$

② $\dfrac{G_1 G_2 + G_3}{1 - (G_1 H_1 - G_2 H_2)}$

③ $\dfrac{G_1 G_2 - G_3}{1 - (G_1 H_1 - G_2 H_2)}$

④ $\dfrac{G_1 G_2 - G_3}{1 - (G_1 H_1 + G_2 H_2)}$

해설

$G_1' = G_1 G_2, \quad \Delta_1 = 1$

$G_2' = G_3, \quad \Delta_2 = 1$

$L_{11} = G_1 H_1, \quad L_{21} = G_2 H_2, \quad L_{31} = G_3 H_1 H_2, \quad \Delta = 1 - (L_{11} + L_{21} + L_{31})$

$\therefore \dfrac{C}{R} = \dfrac{G_1' \Delta_1 + G_2' \Delta_2}{\Delta} = \dfrac{G_1 G_2 + G_3}{1 - (G_1 H_1 + G_2 H_2) - G_3 H_1 H_2}$

★☆【98. 기사, 80. 산업기사】

47 다음의 미분 방정식을 신호 흐름 선도에 옳게 나타낸 것은?

단, $c(t) = x_1(t)$, $x_2(t) = \dfrac{d}{dt} x_1(t)$로 표시한다.

$$2 \frac{dc(t)}{dt} + 5 c(t) = r(t)$$

①

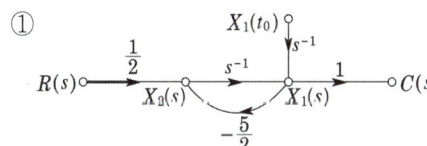

②

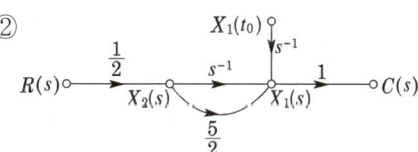

③

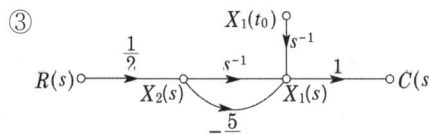

④

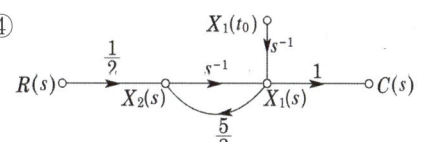

해설

$\dfrac{d}{dt} c(t) = \dfrac{d}{dt} x_1(t) = x_2(t)$ ...... ①

이므로 주어진 원 미분 방정식을 다음과 같이 변경할 수 있다.

$\dfrac{d}{dt} c(t) = -\dfrac{5}{2} c(t) + \dfrac{1}{2} r(t)$

$x_2(t) = -\dfrac{5}{2} x_1(t) + \dfrac{1}{2} r(t)$ ...... ②

식 ①을 적분하면

$x_1(t) = \displaystyle\int_{t_0}^{t} x_2(\tau) d\tau + x_1(t_0)$ ...... ③

식 ②, ③을 라플라스 변환하면

$$X_2(s) = -\frac{5}{2}X_1(s) + \frac{1}{2}R(s) \qquad \cdots\cdots ④$$

$$X_1(s) = \frac{X_2(s)}{s} + \frac{x_1(t_0)}{s} \qquad \cdots\cdots ⑤$$

식 ④, ⑤를 신호 흐름 선도로 변환하면 그림 (a), (b)와 같다. 또한 두 선도를 합성하면 (c)가 된다.

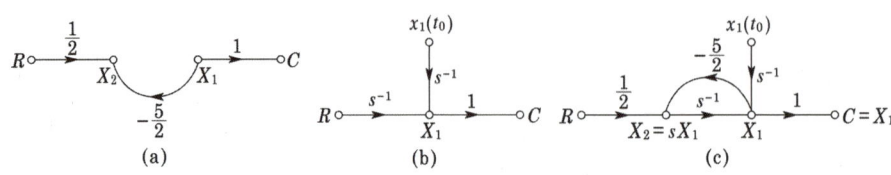

★ 【92. 기사】

48 다음 상태 변수 신호 흐름 선도가 나타내는 방정식은?

① $\dfrac{d^2}{dt^2}c(t) + 5\dfrac{d}{dt}c(t) + 4c(t) = r(t)$

② $\dfrac{d^2}{dt^2}c(t) - 5\dfrac{d}{dt}c(t) - 4c(t) = r(t)$

③ $\dfrac{d^2}{dt^2}c(t) + 4\dfrac{d}{dt}c(t) + 5c(t) = r(t)$

④ $\dfrac{d^2}{dt^2}c(t) - 4\dfrac{d}{dt}c(t) - 5c(t) = r(t)$

해설 $\dfrac{d^2}{dt^2}c(t) + 4\dfrac{d}{dt}c(t) + 5c(t) = r(t)$

★★☆ 【98. 00. 기사, ㉛ : 78. 산업기사】

49 그림과 같은 회로망에 맞는 신호 흐름 선도는?

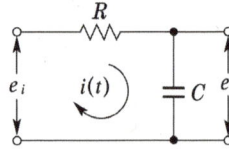

①
$$\frac{1}{R} \quad \frac{1}{Cs} \quad I \\ E_i \qquad -\frac{1}{R} \qquad E_0$$

②
$$\frac{1}{R} \quad \frac{1}{Cs} \quad I \\ E_i \qquad \frac{1}{R} \qquad E_0$$

③
$$\frac{1}{R} \quad \frac{1}{Cs} \quad I \\ E_i \qquad -\frac{1}{R} \qquad E_0$$

④
$$\frac{1}{R} \quad \frac{1}{Cs} \quad I \\ E_i \qquad \frac{1}{R} \qquad E_0$$

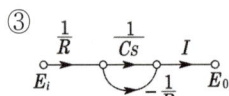
48. ③   49. ①

해설 $(e_i - e_0)\dfrac{1}{R} = i, \quad \dfrac{1}{Cs} i = e_0$

라플라스 변환하면 $E_i \dfrac{1}{R} - E_0 \dfrac{1}{R} = I, \quad \dfrac{1}{Cs} I = E_0$

그러므로

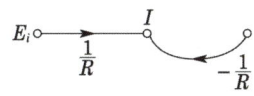 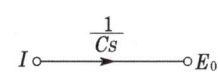

합성하면

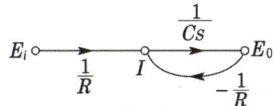

유사문제

▍유사문제 원문 및 해설 : 동일출판사 홈페이지 ≫ 고객센터 ≫ 자료실

01. $y_2 = (a+b)y_1$ 형태의 선형 방정식을 표시하는 신호 흐름 선도는?

답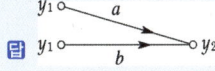

02. 그림의 신호 흐름 선도에서 X_2/X_1를 구하면?

답 $\dfrac{abc}{1-bd}$

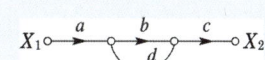

03. 그림의 신호 흐름 선도에서 $\dfrac{C}{R}$는?

답 $\dfrac{a+b}{1-c}$

04. 그림과 같은 신호 흐름 선도에서 $\dfrac{C}{R}$는?

답 $ab+b+1$

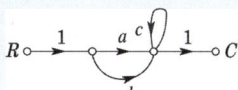

01 과도해석에 사용되는 시험기준 입력 출제 산업 2번, 기사 2번

1) 계단입력(step displacement input)

계단입력은 단위계단 입력을 일반화한 입력으로서 기준입력이 정상상태에서 갑자기 변환한 후 변환된 상태를 일정하게 유지하는 입력으로서 수학적인 계단 함수는 다음과 같다.

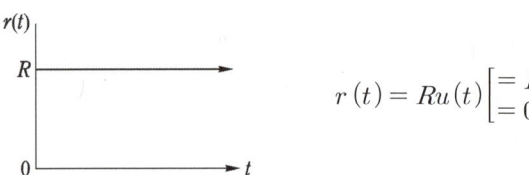

$$r(t) = Ru(t) \begin{bmatrix} = R & t \geq 0 \\ = 0 & t < 0 \end{bmatrix}$$

여기서, R은 상수이다.

2) 등속입력(uniform velocity input or ramp input)

기준입력 신호의 값 또는 위치가 시간에 따라 일정한 비율로 변하는 입력으로서 수학적인 램프 함수의 표현은 다음과 같다.

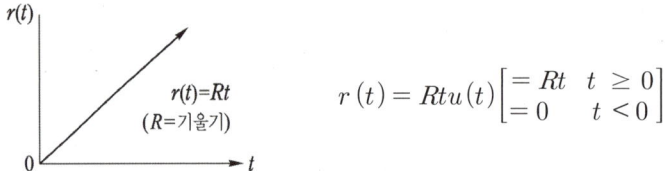

$$r(t) = Rtu(t) \begin{bmatrix} = Rt & t \geq 0 \\ = 0 & t < 0 \end{bmatrix}$$

여기서, R는 상수이다.

3) 등가속 입력

기준 입력 신호의 값 또는 위치가 시간에 따라 일정한 비율로 변하는 경우로서 수학적인 표현은 다음과 같다.

$$r(t) = Rt^2 u(t) \begin{bmatrix} = Rt^2 & t \geq 0 \\ = 0 & t < 0 \end{bmatrix}$$

여기서, R은 상수이다.

02 – **자동제어계의 시간 응답 특성**

1) 정상응답(steady state response)

정상응답 오차는 자동 제어계의 정확도를 표시하는 지표인 것으로서 정상응답 특성은 시험 입력에 대한 정상오차의 값을 측정하여 판단한다.

2) 과도 응답(transient response)

제어 시스템의 과도 응답특성의 평가는 속응성과 안정성에 대해 행하여진다. 속응성은 제어시스템이 어느 정도 빨리 목표치에 도달하는가를 나타내는 것이고 또한, 안정성은 제어량이 정상치에 도달할 때까지의 감쇠특성을 나타낸 것이다. 일반적으로 인디셜 응답에 의해 제어시스템의 과도특성을 해석하며 과도 응답 특성은 다음과 같은 양으로 표시한다. 출제 기사 2번

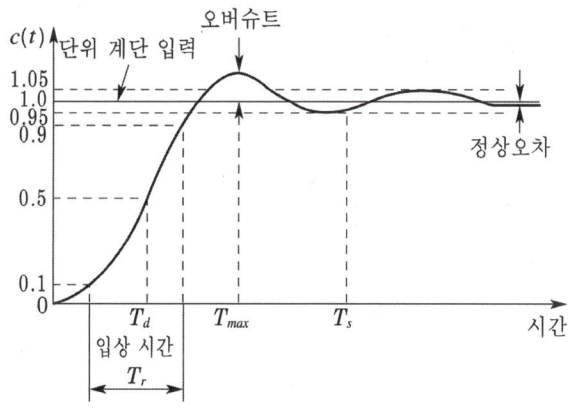

단위 계단 입력에 대한 시간 응답

(1) 오버슈트(overshoot) 출제 산업 1번, 기사 1번

과도응답 중에 생기는 입력과 출력 사이의 최대 편차량을 말하며 이 양은 자동제어계의 안정성의 척도가 되며 그 특징은 다음과 같다.

① 과도응답 중에 생기는 입력과 출력 사이의 최대 편차량을 말한다.

② 자동제어계의 안정도의 척도가 된다.

③ 상대 오버슈트를 사용하는 것이 응답을 비교하는 데 편리하다.

④ 상대 오버슈트 $= \dfrac{\text{최대 오버슈트}}{\text{최종의 희망값}} \times 100[\%]$

⑤ 백분율 오버슈트 $= \dfrac{\text{최대 오버슈트}}{\text{최종 목푯값}} \times 100[\%]$

⑥ 최대 오버슈트 발생 시간

$\omega_n \sqrt{1-\delta^2}t = n\pi$ 에서 최대 오버슈트는 $n=1$에서 발생하므로

$$t_p = \frac{\pi}{\omega_n \sqrt{1-\delta^2}}$$

(2) 지연 시간(delay time)

지연 시간 T_d는 응답이 최초로 목푯값의 50[%]가 되는 데 요하는 시간이다.

출제 산업 1번, 기사 6번

(3) 감쇠비(decay ratio)

감쇠비는 과도 응답의 소멸되는 속도를 나타내는 양으로써 최대 오버슈트와 다음 주기에 오는 오버슈트와의 비이다.

$$감쇠비 = \frac{제2\ 오버슈트}{최대\ 오버슈트}$$ 출제 기사 4번

(4) 상승 시간(rise time)

응답이 처음으로 목푯값에 도달하는 데 요하는 시간 T로 정의한다. 일반적으로 응답이 목푯값의 10[%]로부터 90[%]까지 도달하는 데 요하는 시간이다. 출제 산업 1번, 기사 1번

(5) 응답 시간(response time or settling time)

응답 시간 T_s는 응답이 요구하는 오차 이내로 정착되는 데 요하는 시간이다. 과도 응답 특성을 표시하는 양은 이들 외에도 제동비, 제동 계수, 고유 진동수, 주기 등이 있다.

---

03 - 자동제어계의 과도응답

1) 특성 방정식

그림의 폐회로 전달 함수(closed loop transterfunction)는

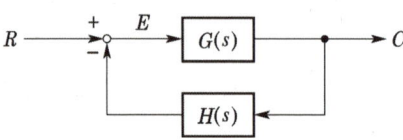

$$\frac{C(s)}{R(s)} = \frac{G(s)}{1+G(s)H(s)}$$ 출제 산업 1번, 기사 1번

이며, 전달 함수식의 분모 $1 + G(s)H(s)$는 자동 제어계 해석에 매우 중요한 요소가 된다. 분모를 0으로 놓은 식을 선형 자동 제어계의 특성 방정식이라고 한다.

$$1 + G(s)H(s) = 0$$

2) 특성 방정식의 근의 위치와 응답

자동 제어계가 안정하려면 특성 방정식의 근이 s평면의 우반 평면에 존재하여서는 안 된다. 그 이유로는 근이 우반면에 존재하면 진동은 점점 커지고 또 근이 좌반면에 존재하면 진동은 점점 작아지기 때문이다.

따라서 근이 s평면의 좌반부에서 j축에서 많이 떨어져 있을수록 정상값에 빨리 도달한다.

s 평면에서의 근의 위치와 응답

계단 응답	s 평면상의 근의 위치
$\varepsilon^{-\delta 3 t}$, $\varepsilon^{\delta 1 t}$, $\varepsilon^{-\delta 2 t}$	$-\delta_2$, $-\delta_1$, δ_3
$\varepsilon^{-at}\sin\omega t$ $(a=0)$	$j\omega\,(a=0)$, $-j\omega$
$\varepsilon^{+xt}\sin\omega t$ 출제 산업 2번, 기사 2번	$\alpha+j\omega$, $\alpha-j\omega$
$\varepsilon^{-xt}\sin\omega t$ 출제 산업 4번, 기사 2번	$-\alpha+j\omega$, $-\alpha-j\omega$

3) 영점 및 극점

(1) 영점

$Z(s) = 0$가 되는 s의 값을 영점(zero)이라 하며 회로의 단락상태를 나타내고 기호 ○으로 표시한다.

(2) 극점

$Z(s) = \infty$가 되는 s의 값을 극점(pole)이라 하며 회로가 개방상태임을 뜻하고 기호 ×로 표시한다.

영 점	극 점
• $Z(s) = 0$가 되는 s의 값	• $Z(s) = \infty$가 되는 s의 값
• 분자항 = 0	• 분모항 = 0
• 단락상태	• 회로의 개방상태
• ○로 표시	• × 으로 표시

출제 기사 1번

4) 1차계의 과도응답

그림에 표시한 자동제어계의 폐회로 전달 함수는

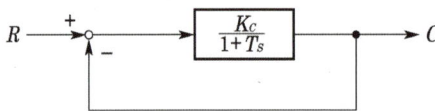

$$\frac{C(s)}{R(s)} = \frac{K_c}{Ts + K_c + 1}$$

위 식을 변형하면

$$\frac{C(s)}{R(s)} = \frac{K_c}{Ts + K_c + 1} = \frac{\dfrac{K_c}{K_c + 1}}{\dfrac{Ts}{K_c + 1} + \dfrac{K_c + 1}{K_c + 1}} = \frac{K}{\tau s + 1}$$

그러므로

$$\frac{C(s)}{R(s)} = \frac{K}{\tau s + 1}$$

여기서, $K = K_c / (K_c + 1)$, $\tau = T / (K_c + 1)$

위 식의 형으로 표시되는 계를 1차계라 한다.

이러한 1차 제어계의 단위 단계 입력에 대한 응답(인디셜 응답)은

$$C(s) = \frac{K}{\tau s + 1} \cdot \frac{1}{s}$$

위 식을 부분분수 전개하여 역라플라스 변환하면 다음과 같다.

$$c(t) = K\left(1 - e^{-\frac{1}{\tau}t}\right)$$ 출제 산업 2번, 기사 1번

여기서, K는 이득이다.

1차계에서 응답 특성의 지표가 되는 것은 시정수 τ 이다.

시정수 τ 는 $t = 0$에서의 단위 단계 응답의 미분값의 역수를 말한다. 즉,

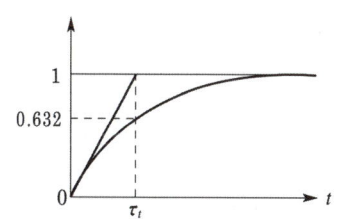

$$\frac{1}{\tau} = \left[\frac{dc(t)}{dt}\right]_{t=0}$$

5) 2차계의 과도응답

2차계의 전달 함수는 다음과 같다.

$$\frac{C(s)}{R(s)} = \frac{\omega_n^2}{s^2 + 2\delta\omega_n s + \omega_n^2}$$ 출제 기사 5번

위 식의 특성 방정식은 전달 함수의 분모를 0으로 놓으면

$$s^2 + 2\delta\omega_n s + \omega_n^2 = 0$$

가 된다. 여기서 s의 근을 구하면

$$s_1, \ s_2 = -\delta\omega_n \pm j\omega_n\sqrt{1-\delta^2} = -\sigma \pm j\omega$$

가 된다.

여기서, δ : 제동비 또는 감쇠 계수

ω_n : 자연 주파수 또는 고유 주파수

$\sigma = \delta\omega_n$: 제동 계수 또는 실제 제동

$\tau = \dfrac{1}{\sigma} = \dfrac{1}{\delta\omega_n}$: 시정수

$\omega = \omega_n\sqrt{1-\delta^2}$: 실제 주파수 또는 감쇠 진동 주파수 출제 기사 2번

특성 방정식의 근의 위치는 제동비에 따라 변한다.

(1) $\delta < 1$인 경우 : 부족 제동 　출제 | 산업 1번, 기사 5번

$$s_1, \ s_2 = -\delta\omega_n \pm j\omega_n\sqrt{1-\delta^2}$$

공액 복소수근을 가지므로 감쇠 진동을 한다.

(2) $\delta = 1$인 경우 : 임계 제동

$$s_1, \ s_2 = -\omega_n$$

중근(실근)을 가지므로 진동에서 비진동으로 옮겨가는 임계 상태이다.

(3) $\delta > 1$인 경우 : 과제동 　출제 | 기사 1번

$$s_1, \ s_2 = -\delta\omega_n \pm \omega_n\sqrt{\delta^2 - 1}$$

서로 다른 2개의 실근을 가지므로 비진동이다. 　출제 | 산업 1번

(4) $\delta = 0$인 경우 : 무제동 　출제 | 산업 1번

$$s_1, \ s_2 = \pm j\omega_n$$

2차 자동 제어계의 단위 계단 입력을 인가하는 경우 출력 응답(인디셜 응답)은 다음과 같이 된다.

$$C(s) = \frac{\omega_n^2}{\left(s^2 + 2\delta\omega_n s + \omega_n^2\right)} \cdot R(s) = \frac{\omega_n^2}{s\left(s^2 + 2\delta\omega_n s + \omega_n^2\right)}$$

$$c(t) = \mathcal{L}^{-1}[C(s)] = \mathcal{L}^{-1}\left\{\frac{\omega_n^2}{s\left(s^2 + 2\delta\omega_n s + \omega_n^2\right)}\right\}$$

위 식을 역변환하면

$$c(t) = 1 - \frac{e^{-\delta\omega_n t}}{\sqrt{1-\delta^2}} \sin\left\{\omega_n\sqrt{1-\delta^2}\,t + \tan^{-1}\frac{\sqrt{1-\delta^2}}{\delta}\right\}$$

6) 특성근, 제동비 및 시간응답 특성 요약

특성근의 종류	s-평면상의 위치	제동비	시간응답특성	안정도
서로 다른 실근 $s = -\alpha, \ -\beta$	부의 실수축	과 제 동 $\delta > 1$	지수적 감쇠	안정
중복근 $s = -\alpha$	부의 실수축	임계제동 $\delta = 1$	지수적 감쇠	안정
공액복소근 $s = -\alpha \pm j\beta$	2, 3상한	부족제동 $\delta < 1$	감쇠 진동	안정

시간응답

★☆ 【99. 기사, 78. 산업기사】

01 오버슈트에 대한 설명 중 옳지 않은 것은?

① 자동 제어계의 정상오차이다.

② 자동 제어계에 안정도의 척도가 된다.

③ 상대 오버슈트 $= \dfrac{\text{최대 오버슈트}}{\text{최종의 희망값}} \times 100$

④ 계단응답 중에 생기는 입력과 출력 사이의 최대 편차량이 최대 오버슈트이다.

해설 , 오버슈트란 ① 입력과 출력 사이의 최대 편차량을 말한다.

② 자동제어계의 안정도의 척도가 된다.

③ 상대 오버슈트를 사용하는 것이 응답을 비교하는 데 편리하다.

④ 상대 오버슈트 $= \dfrac{\text{최대 오버슈트}}{\text{최종의 희망값}} \times 100[\%]$

★☆ 【97. 04. 기사, 83. 산업기사】

02 다음 과도 응답에 관한 설명 중 틀린 것은?

① 오버슈트는 응답 중에 생기는 입력과 출력 사이의 최대 편차를 말한다.

② 시간 늦음(time delay)이란 응답이 최초로 희망값의 10[%] 진행되는 데 요하는 시간을 말한다.

③ 감쇠비 $= \dfrac{\text{제2의 오버슈트}}{\text{최대 오버슈트}}$

④ 입상 시간(rise time)이란 응답이 희망값의 10[%]에서 90[%]까지 도달하는 데 요하는 시간을 말한다.

해설 , 시간 늦음(지연 시간)은 응답이 최초로 희망값(정상값)의 50[%]가 되는 데 요하는 시간이다.

★★★ 【92. 99. 00. 04. 기사】

03 과도 응답의 소멸되는 정도를 나타내는 감쇠비(decay ratio)는?

① 최대 오버슈트/제2오버슈트 ② 제3오버슈트/제2오버슈트

③ 제2오버슈드/최대 오버슈드 ④ 제2오버슈트/제3오버슈트

해설 , 과도 응답의 소멸되는 속도를 나타낸 양

감쇠비 $= \dfrac{\text{제2 오버슈트}}{\text{최대 오버슈트}}$

☆ 【83. 산업기사】
04 과도 응답에서 상승 시간 t_r은 응답이 최종값의 몇 [%]까지의 시간으로 정의되는가?

① $1 \sim 100$ ② $10 \sim 90$

③ $20 \sim 80$ ④ $30 \sim 70$

해설 입상 시간(상승 시간)이란 응답이 희망값의 10~90[%]까지 도달하는 데 요하는 시간을 말한다.

☆ 【02. 기사】
05 응답이 최종값의 10[%]에서 90[%]까지 되는 데 요하는 시간은?

① 상승 시간(rise time)   ② 지연 시간(delay time)

③ 응답 시간(response time)   ④ 정정 시간(settling time)

해설 입상 시간(상승 시간)이란 응답이 희망값의 10~90[%]까지 도달하는 데 요하는 시간을 말한다.

★★★ 【86. 93. 기사, ⊕ : 95. 05. 기사】
06 응답이 최초로 희망값의 50[%]까지 도달하는 데 요하는 시간을 무엇이라고 하는가?

① 상승 시간(rise time)   ② 지연 시간(delay time)

③ 응답 시간(response time)   ④ 정정 시간(settling time)

해설 지연 시간이란 응답이 최초 희망값(정상값)의 50[%] 진행되는 데 요하는 시간으로 정의한다.

유사문제

유사문제 원문 및 해설 : 동일출판사 홈페이지 ≫ 고객센터 ≫ 자료실

01. 다음에서 서로 등가 관계가 옳지 못한 쌍은?
답 비례 동작 = D 동작

02. 선형 시불변 회로의 임펄스 응답은 어떻게 구하는가?
답 스텝 응답을 미분하여 구한다.

03. 자동 제어계에서 과도 응답 중 지연 시간을 옳게 정의한 것은?
답 목푯값의 50[%]에 도달하는 시간

04. 정정 시간(settling time)이란?
답 응답의 최종값의 허용 범위가 2~5[%] 내에 안정되기까지 요하는 시간

05. 지연 시간이란 제어계에 계단 입력을 가하였을 때 계통 응답이 [　　]의 [　　][%]에 도달할 때까지의 시간을 말한다.
답 정상값, 50

06. 어떤 제어계의 단위 계단 입력에 대한 출력 응답 $c(t)$가 $c(t) = 1 - e^{-2t}$일 때 지연 시간 T_d[s]는?
답 0.346

임펄스 응답, 인디셜 응답

07 ★★★ 【92. 00. 기사, 76. 77. 산업기사】
시간 영역에서 자동 제어계를 해석할 때 기본 시험 입력에 보통 사용되지 않는 입력은?

① 정속도 입력　　　　　　　　　② 정현파 입력
③ 단위 계단 입력　　　　　　　　④ 정가속도 입력

해설, 시험 기준 입력 종류 : ① 계단 입력 ② 등속 입력 ③ 등가속 입력

08 ★ 【96. 04. 기사】
어떤 제어계에 입력 신호를 가하고 난 후 출력 신호가 정상 상태에 도달할 때까지의 응답을 무엇이라고 하는가?

① 시간 응답　　　② 선형 응답　　　③ 정상 응답　　　④ 과도 응답

해설, 입력 신호를 가하고 난 후 출력 신호가 정상 상태에 도달할 때까지의 응답을 과도 응답이라 한다.

09 ★★★ 【84. 94. 98. 기사】
다음 임펄스 응답에 관한 말 중 옳지 않은 것은?

① 입력과 출력만 알면 임펄스 응답을 알 수 있다.
② 회로 소자의 값을 알면 임펄스 응답을 알 수 있다.
③ 회로의 모든 초기값이 0일 때 입력과 출력을 알면 임펄스 응답을 알 수 있다.
④ 회로의 모든 초기값이 0일 때 단위 임펄스 입력에 대한 출력이 임펄스 응답이다.

해설, 입력과 출력을 알면 임펄스 응답을 알 수 있다. 그러나 회로 소자의 값만으로는 응답 특성을 구할 수 없다.

10 ★ 【96. 기사】
단위 계단 입력 신호에 대한 과도 응답을 무엇이라 하는가?

① 임펄스 응답　　　② 인디셜 응답　　　③ 노멀 응답　　　④ 램프 응답

해설, ① 인디셜 응답 = 단위 계단 응답
② 임펄스 응답 = 하중 함수
③ 전달 함수 = 임펄스 응답의 라플라스 변환

11 ☆ 【82. 산업기사】
전달 함수 $C(s) = G(s)R(s)$에서 입력 함수를 단위 임펄스, 즉 $\delta(t)$로 가할 때 계의 응답은?

① $C(s) = G(s)\delta(s)$　　　　　　② $C(s) = \dfrac{G(s)}{\delta(s)}$

③ $C(s) = \dfrac{G(s)}{s}$　　　　　　　④ $C(s) = G(s)$

$\boxed{\text{해설}}$ $R(s) = \mathcal{L}[r(t)] = \mathcal{L}[\delta(t)] = 1$

$\therefore C(s) = G(s)R(s) = G(s) \cdot 1 = G(s)$

$C(s) = G(s)$

★★★ 【89. 산업기사, ⊕ : 79. 83. 기사, 81. 산업기사】

12 어떤 제어계의 임펄스 응답이 $\sin \omega t$ 일 때 계의 전달 함수는?

① $\dfrac{\omega}{s + \omega}$ ② $\dfrac{s}{s^2 + \omega^2}$ ③ $\dfrac{\omega}{s^2 + \omega^2}$ ④ $\dfrac{\omega^2}{s + \omega}$

$\boxed{\text{해설}}$ 계의 임펄스 응답이 $\sin\omega t$ 일 때 전달 함수는 $\dfrac{\omega}{s^2 + \omega^2}$

(전달 함수는 임펄스 응답의 라플라스 변환을 말한다.)

★☆ 【88. 기사, 80. 산업기사】

13 어떤 계의 계단 응답이 지수 함수적으로 증가하고 일정값으로 된 경우 이 계는 어떤 요소인가?

① 1차 뒤진 요소   ② 미분 요소   ③ 부동작 요소   ④ 2차 뒤진 요소

$\boxed{\text{해설}}$ 비례 요소   적분 요소   미분 요소   1차 지연 요소   2차 지연 요소

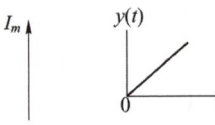 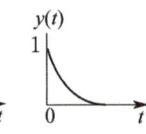 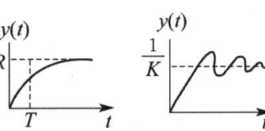

★ 【98. 기사】

14 $\dfrac{di(t)}{dt} + i(t) = 1$일 때, $i(t)$는 다음 중 어느 것인가? 단, $t = 0$에서 $i(0) = 0$이다.

① $1 + e^{-t}$ ② $1 - e^{-t}$ ③ $1 + e^{t}$ ④ $1 - e^{t}$

$\boxed{\text{해설}}$ $sI(s) + I(s) = \dfrac{1}{s}$, $I(s) = \dfrac{1}{s(s+1)} = \dfrac{K_1}{s} + \dfrac{K_2}{s+1}$

$K_1 = 1$, $K_2 = -1$

$\therefore I(s) = \dfrac{1}{s} - \dfrac{1}{s+1}$ $\therefore i(t) = 1 - e^{-t}$

★ 【82. 86. 산업기사】

15 전달 함수 $G(s) = \dfrac{1}{s+1}$인 제어계의 인디셜 응답은?

① $1 - e^{-t}$ ② e^{-t} ③ $1 + e^{-t}$ ④ $e^{-t} - 1$

$\boxed{\text{해설}}$ $G(s) = \dfrac{C(s)}{R(s)} = \dfrac{1}{s+1}$, $C(s) = \dfrac{1}{s+1} \cdot R(s) = \dfrac{1}{s+1} \cdot \dfrac{1}{s} = \dfrac{1}{s(s+1)} = \dfrac{1}{s} - \dfrac{1}{s+1}$

$\therefore c(t) = 1 - e^{-t}$

★【80. 83. 산업기사】

16 $G(s) = \dfrac{1}{s^2(s+1)}$ 인 계의 단위 임펄스 응답은?

① $t+1-e^{-t}$　　② $t-1+e^{-t}$　　③ $1+e^{-t}-t$　　④ $1-e^{-t}-t$

해설 $R(s) = \pounds[r(t)] = \pounds[\delta(t)] = 1, \quad G(s) = \dfrac{C(s)}{R(s)} = \dfrac{1}{s^2(s+1)}$

$C(s) = \dfrac{1}{s^2(s+1)} R(s) = \dfrac{1}{s^2(s+1)} \cdot 1 = \dfrac{1}{s^2(s+1)} = \dfrac{1}{s^2} + \dfrac{-1}{s} + \dfrac{1}{s+1}$

$\therefore c(t) = \pounds^{-1}[C(s)] = \pounds^{-1}\left[\dfrac{1}{s^2} - \dfrac{1}{s} + \dfrac{1}{s+1}\right] = t-1+e^{-t}$

★★【82. 산업기사, ⊕ : 78. 81. 83. 산업기사】

17 어떤 계에 단위 임펄스 입력이 가해질 경우 출력이 e^{-3t}로 나타났다. 이 계의 전달 함수는?

① $\dfrac{1}{s+1}$　　② $\dfrac{1}{s-1}$　　③ $\dfrac{1}{s+3}$　　④ $\dfrac{1}{s-3}$

해설 $R(s) = 1, \quad C(s) = \pounds[e^{-3t}] = \dfrac{1}{s+3}$

$G(s) = \dfrac{C(s)}{R(s)} = \dfrac{\frac{1}{s+3}}{1} = \dfrac{1}{s+3}$

★★★【78. 79. 97. 기사】

18 어떤 제어계의 입력으로 단위 임펄스가 가해졌을 때 출력이 te^{-3t}이었다. 이 제어계의 전달 함수를 구하면?

① $\dfrac{1}{(s+3)^2}$　　② $\dfrac{t}{(s+1)(s+2)}$　　③ $t(s+2)$　　④ $(s+1)(s+2)$

해설 $\pounds[f(t)e^{-at}] = F(s+a)$

$\pounds[t] = \dfrac{1}{s^2}$ 이므로 $\pounds[te^{-3t}] = \dfrac{1}{(s+3)^2}$

따라서 $R(s) = L[r(t)] = \pounds[\delta(t)] = 1, \quad C(s) = \pounds[c(t)] = \pounds[te^{-3t}] = \dfrac{1}{(s+3)^2}$

$G(s) = \dfrac{C(s)}{R(s)} = \dfrac{1}{(s+3)^2}$

★★★【78. 79. 88. 기사】

19 임펄스 응답이 다음과 같이 주어지는 계의 전달 함수는?

$$c(t) = 1 - 1.8e^{-4t} + 0.8e^{-9t}$$

① $\dfrac{36s}{(s+4)(s+9)}$ 　　　② $\dfrac{36}{(s+4)(s+9)}$

③ $\dfrac{36}{s(s+4)(s+9)}$ 　　　④ $\dfrac{(s+4)}{s(s+4)(s+9)}$

해설 $R(s) = \mathcal{L}[r(t)] = \mathcal{L}[\delta(t)] = 1$

$C(s) = \mathcal{L}[c(t)] = \mathcal{L}[1 - 1.8e^{-4t} + 0.8e^{-9t}]$

$\qquad = \dfrac{1}{s} - \dfrac{1.8}{s+4} + \dfrac{0.8}{s+9} = \dfrac{36}{s(s+4)(s+9)}$

$G(s) = \dfrac{C(s)}{R(s)} = \dfrac{36}{s(s+4)(s+9)}$

유사문제

‖ 유사문제 원문 및 해설 : 동일출판사 홈페이지 ≫ 고객센터 ≫ 자료실

01. $G(s) = \dfrac{1}{s^2+1}$ 인 계의 단위 임펄스 응답은?

답 $\sin t$

02. 그림과 같은 동작 신호에 대한 적분 동작 반응은?
단, K는 비례 상수이다.

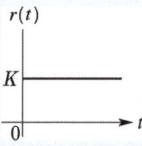

답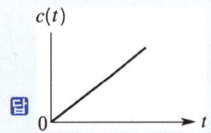

03. 문제 3 어떤 요소의 인디셜 응답을 측정하였더니 단일한 지수 함수 상으로 변화하였다. 이 요소는?

답 1차 지상 요소

04. $G(s) = \dfrac{1}{s+1}$ 인 계의 단위 계단 응답은?

답 $c(t) = 1 - e^{-t}$

05. 전달 함수 $G(s) = \dfrac{s+1}{s+2}$ 인 제어계의 경사 응답 $y(t)$를 나타낸 값은?

답 $y = \dfrac{1}{4}(1 - e^{-2t} + 2t)$

06. 전달 함수 $G(s) = \dfrac{1}{(s+a)^2}$ 인 계통의 임펄스 응답 $c(t)$는?

답 te^{-at}

07. 어떤 제어계에 단위 계단 입력을 가하였더니 출력이 $1 - e^{-2t}$로 나타났다. 이 계의 전달 함수는?

답 $\dfrac{2}{s+2}$

08. 주어진 제어계의 인디셜 응답이 $c(t) = 1 - \dfrac{7}{3}e^{-t} + \dfrac{3}{2}e^{-2t} - \dfrac{1}{6}e^{-4t}$ 이다. 이 계의 전달 함수는?

답 $\dfrac{s+8}{(s+1)(s+2)(s+4)}$

1차 제어계의 과도응답

20 ★★☆ 【76. 91. 기사, 81. 산업기사】

그림과 같은 RC 병렬 회로의 임펄스 응답은?

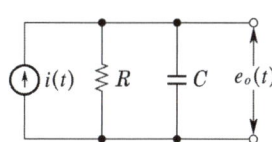

① $e^{-\frac{1}{RC}t}$ ② $\frac{1}{R}e^{-\frac{1}{RC}t}$ ③ $\frac{1}{C}e^{-\frac{1}{RC}t}$ ④ $\frac{1}{RC}e^{-\frac{1}{RC}t}$

해설

$$G(s) = \frac{E_o(s)}{I(s)} = \frac{R \times \frac{1}{Cs}}{R + \frac{1}{Cs}} = \frac{R}{RCs+1}, \quad I(s) = 1$$

$$\frac{E_o(s)}{I_o(s)} = \frac{E_o(s)}{1} = \frac{R}{RCs+1} = \frac{\frac{1}{C}}{s + \frac{1}{RC}}$$

$$\therefore e_o(t) = \mathcal{L}^{-1}[E_o(s)] = \frac{1}{C}e^{-\frac{1}{RC}t}$$

21 ☆ 【82. 산업기사】

그림과 같은 RC 직렬 회로에 단위 임펄스 전압을 가하였을 때의 전류 파형은? 단, C 에는 초기 충전 전하가 없다.

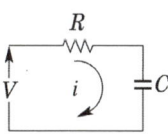

① $i(t)$ ② $i(t)$ ③ $i(t)$ ④ $i(t)$

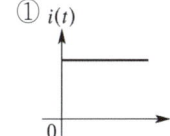 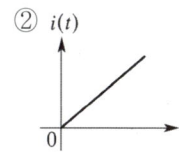 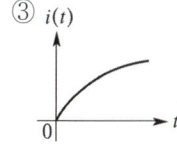 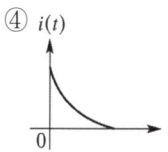

해설

$$Ri(t) + \frac{1}{C}\int i(t)dt = V, \quad RI(s) + \frac{1}{Cs}I(s) = \frac{V}{s}, \quad I(s)\left(R + \frac{1}{Cs}\right) = \frac{V}{s}$$

$$I(s) = \frac{V}{s\left(R + \frac{1}{Cs}\right)} = \frac{VCs}{s(1 + sCR)} = \frac{\frac{V}{R}}{s + \frac{1}{RC}}$$

$$\therefore i(t) = \mathcal{L}^{-1}[I(s)] = \frac{V}{R}e^{-\frac{1}{RC}t}$$

답 20. ③ 21. ④

★☆ 【90. 기사, 81. 산업기사】
22 그림과 같은 RC 직렬 회로에 단위 계단 전압을 가했을 때의 전류 파형은? 단, C 에는 초기 충전 전하가 없다.

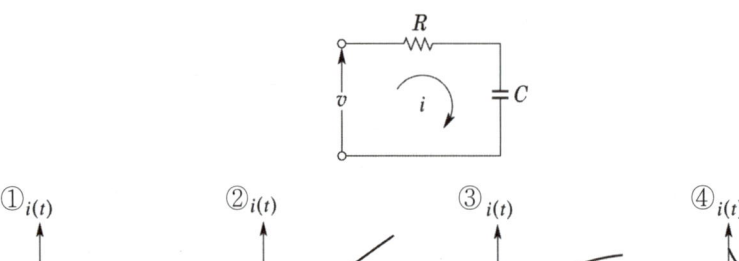

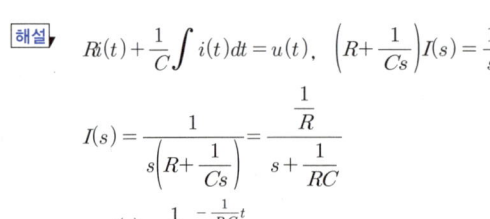

해설 $Ri(t) + \dfrac{1}{C}\displaystyle\int i(t)dt = u(t),\ \left(R + \dfrac{1}{Cs}\right)I(s) = \dfrac{1}{s}$

$I(s) = \dfrac{1}{s\left(R + \dfrac{1}{Cs}\right)} = \dfrac{\dfrac{1}{R}}{s + \dfrac{1}{RC}}$

$\therefore\ i(t) = \dfrac{1}{R}e^{-\frac{1}{RC}t}$

★☆ 【76. 기사, 89. 산업기사】
23 그림과 같은 RC 회로에 계단 전압을 인가하면 출력 전압은? 단, 콘덴서는 미리 충전되어 있지 않았다.

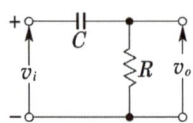

① 아무 것도 나타나지 않는다.
② 같은 모양의 계단 전압이 나타난다.
③ 처음에는 입력과 같이 변했다가 지수적으로 감쇠한다.
④ 0부터 지수적으로 증가한다.

해설 $G(s) = \dfrac{V_o(s)}{V_i(s)} = \dfrac{RCs}{RCs + 1}$

$V_i(s) = \mathcal{L}\,[v_i(t)] = \mathcal{L}\,[u(t)] = \dfrac{1}{s}$

$V_o(s) = \dfrac{RCs}{RCs + 1}V_i(s) = \dfrac{RCs}{RCs + 1} \cdot \dfrac{1}{s} = \dfrac{1}{s + \dfrac{1}{RC}}$

$\therefore\ v_o(t) = \mathcal{L}^{-1}\,[V_o(s)] = e^{-\frac{1}{RC}t}$

답 22. ④ 23. ③

★ 【94. 기사】
24 다음과 같은 회로에서 $t = 0_+$에서 스위치 K를 닫았다. $i_1(0_+)$, $i_2(0_+)$는 얼마인가?

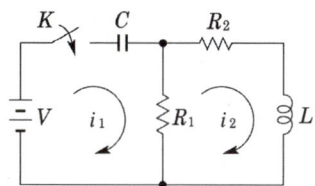

① $i_1(0_+) = 0$

$i_2(0_+) = V/R_2$

② $i_1(0_+) = V/R_1$

$i_2(0_+) = 0$

③ $i_1(0_+) = 0$

$i_2(0_+) = 0$

④ $i_1(0_+) = V/R_1$

$i_2(0_+) = V/R_2$

> **해설** $V_c(0^-) = 0$이고
> $V_c(0^+) = 0$이므로 또한 $i_2(0^-) = 0$이고
> $i_2(0^+) = 0$이므로 등가회로는 아래와 같다.
> $\therefore i_1(0^+) = \dfrac{V}{R_1}$, $i_2(0^+) = 0$

★★ 【89. 기사, 77. 79. 산업기사】
25 다음과 같은 계통 방정식의 정상값은? 단, $\omega(0) = 0$이다.

$$\frac{d\omega}{dt} + 5\omega = 20$$

① 0   ② 1   ③ 2   ④ 4

> **해설** $\dfrac{d\omega}{dt} + 5\omega = 20$을 라플라스 변환하면 $s\omega(s) - \omega(0) + 5\omega(s) = \dfrac{20}{s}$
> $\omega(s)(s+5) = \dfrac{20}{s}$, $\omega(s) = \dfrac{20}{s(s+5)}$
> $\therefore \lim_{t \to \infty} \omega(t) = \lim_{s \to 0} s\omega(s) = \lim_{s \to 0} s \cdot \dfrac{20}{s(s+5)} = 4$

★ 【92. 기사】
26 비례 동작의 비례대가 50[%]일 때 제어 계수는?

① 0.25   ② 0.33   ③ 0.50   ④ 0.63

> **해설** 제어 계수를 η, 비례대를 PR 라 하면
> $\eta = \dfrac{PB}{100 + PB} = \dfrac{50}{100 + 50} = 0.33$

★【98. 기사】

27 비례대를 20[%]라 하면 P 동작의 비례 이득은?

① 1   ② 5   ③ 10   ④ 20

해설
$$비례대 = \frac{1}{비례이득} \times 100$$

$$\therefore 비례이득 = \frac{1}{비례대} \times 100 = \frac{1}{20} \times 100 = 5$$

⤡ 유사문제

‖ 유사문제 원문 및 해설 : 동일출판사 홈페이지 ≫ 고객센터 ≫ 자료실

01. 그림과 같은 저역 통과 RC 회로에 계단 전압을 인가하면 출력 전압은?

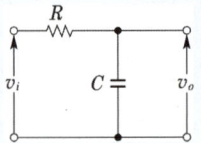

  📘 0부터 상승하여 계단 전압에 이른다.

02. 회전체의 운동을 나타내는 방정식 $\omega = \omega_0\left(1 - e^{-\frac{t}{T}}\right)$ 에서 ω가 정상값 98[%]까지 소요되는 시간은?

  📘 $t = 4T$

03. 단위 계단 함수를 입력으로 어떤 제어계에 넣었더니 출력 응답이 $c(t) = 1 - e^{-t}$로 되었다. 이 계의 지연 시간 T_d를 구하여라.

  📘 0.693

▌ 특성방정식의 근

★★【92. 00. 기사】

28 개루프 전달 함수가 $G(s) = \dfrac{s+2}{s(s+1)}$ 일 때 폐루프 전달 함수는?

① $\dfrac{s+2}{s^2+s}$ ② $\dfrac{s+2}{s^2+2s+2}$

③ $\dfrac{s+2}{s^2+s+2}$ ④ $\dfrac{s+2}{s^2+2s+4}$

해설 폐루프 전달 함수를 $G'(s)$라 하면

$$G'(s) = \frac{G(s)}{1+G(s)} = \frac{\dfrac{s+2}{s(s+1)}}{1+\dfrac{s+2}{s(s+1)}} = \frac{s+2}{s^2+2s+2}$$

📘 27. ② 28. ②

★ 【98. 기사】

29 그림과 같은 유한 영역에서 극, 영점 분포를 가진 2단자 회로망의 구동점 임피던스는? 단, 환산 계수는 H라 한다.

① $\dfrac{Hs\,(s+b)}{(s+a)}$

② $\dfrac{H(s+a)}{s\,(s+b)}$

③ $\dfrac{s\,(s+b)}{H(s+a)}$

④ $\dfrac{s+a}{Hs\,(s+b)}$

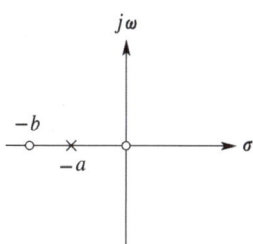

해설 영점이 $-b$, 0이므로 분자는 $s(s+b)$가 되고, 극점이 $-a$이므로 분모는 $s+a$가 된다.

★☆ 【89. 기사, 85. 산업기사】

30 $G(s) = \dfrac{s+1}{s^2 + 2s - 3}$ 의 특성 방정식의 근은 얼마인가?

① $-2, 3$ ② $1, -3$ ③ $1, 2$ ④ 1

해설 $s^2 + 2s - 3 = 0$에서 $(s-1)(s+3) = 0$이므로 근은 $s = +1$ or -3

★ 【78. 기사】

31 전달 함수 $G(s) = \dfrac{s^2(s+3)}{(s+1)(s+2+j1)(s+2-j1)}$ 에 있어서 영점(zero)에 관하여 옳게 표현한 것은?

① $s=0$에 2(개) 및 -3에 1(개)   ② $s=0$에 1(개) 및 -3에 1(개)

③ -3에 1(개)   ④ $s=0$에 1(개) 및 -3에 1(개)

해설 영점은 $s^2(s+3) = 0$

∴ $s = 0, 0, -3$

★★ 【94. 97. 기사】

32 s 평면(복소 평면)에서의 극점 배치가 다음과 같을 경우 이 시스템의 시간 영역에서의 동작은?

① 감쇠 진동을 한다.

② 점점 진동이 커진다.

③ 같은 진폭으로 계속 진동한다.

④ 진동하지 않는다.

해설 근이 우반면에 존재하면 진동은 점점 커진다.

또 근이 좌반면에 존재하면 진동은 점점 작아진다.

답 29. ① 30. ② 31. ① 32. ②

★★☆ 【76. 기사, 75. 76. 80. 산업기사】
33 어떤 자동 제어 계통의 극이 그림과 같이 주어지는 경우 이 시스템의 시간 영역에서의 동작 특성을 나타낸 것은?

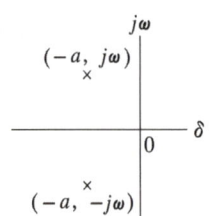

① 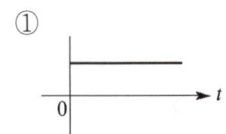 ② 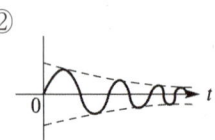 ③ 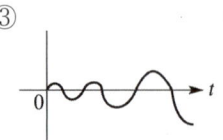 ④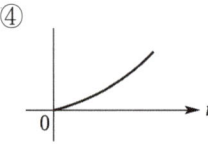

해설 ▶
$$F(s) = \frac{s-(-a)}{\{s-(-a+j\omega)\}\{s-(-a-j\omega)\}} = \frac{s+a}{(s+a)^2+\omega^2} = \frac{s+a}{(s+a-j\omega)(s+a+j\omega)}$$

$$f(t) = \mathcal{L}^{-1}[F(s)] = e^{-at}\cos\omega t$$

즉, s평면상의 좌반부에 근이 있으면 지수 함수적으로 감쇠 진동한다.

★★ 【95. 기사, ⊕ : 80. 기사】
34 회로망 함수의 라플라스 변환이 $I/s+a$로 주어지는 경우 이의 시간영역에서 동작을 도시한 것 중 옳은 것은? 단, a는 정(正)의 상수이다.

① 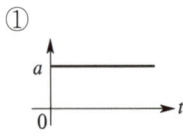 ② 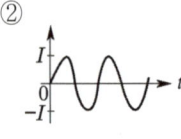 ③ 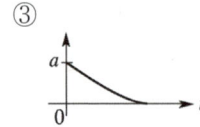 ④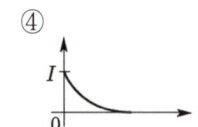

해설 ▶
$$f(t) = \mathcal{L}^{-1}\left[\frac{1}{s+a}\right] = e^{-at}$$

따라서 $\mathcal{L}^{-1}\left[\frac{I}{s+a}\right] = Ie^{-at}$

★ 【83. 기사】
35 그림은 전역 통과형 전달 함수의 극과 영점을 표시하고 있다. 이 전달 함수에 대하여 옳지 않은 것은?

① 입력, 출력의 진폭은 주파수에 따라 다르다.
② 입력, 출력의 진폭은 같다.
③ 입력, 출력의 위상차가 주파수에 따라 다르다.
④ 입력보다 출력은 위상이 뒤진다.

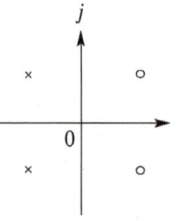

답 33. ② 34. ④ 35. ①

해설 그림에서 극점과 영점은 좌표를 실수부와 허수부가 1의 위치라면 전달 함수는

$$G(s) = \frac{(s-1+j)(s-1-j)}{(s+1+j)(s+1-j)} = \frac{s^2 - 2s + 2}{s^2 + 2s + 2}$$

$$G(j\omega) = \frac{2 - \omega^2 - j2\omega}{2 - \omega^2 + j2\omega}$$

$$= \sqrt{\frac{(2-\omega^2)^2 + 4\omega^2}{(2-\omega^2)^2 + 4\omega^2}} \angle \tan^{-1}\frac{-2\omega}{2-\omega^2} \angle \tan^{-1}\frac{2\omega}{2-\omega^2} = 1 \angle -2\tan^{-1}\frac{2\omega}{2-\omega^2}$$

여기서, $|G(j\omega)| = 1$이므로 입력과 출력의 진폭은 주파수에 관계없이 일정하고, 출력은 입력에 비해 위상이 뒤지며 주파수에 따라 위상차가 변화한다.

★☆【80. 산업기사, ㉕ : 77. 기사】

36 그림의 그래프에 있는 특성 방정식의 근의 위치는?

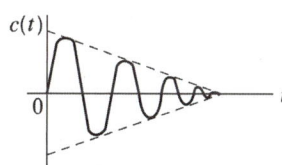

① 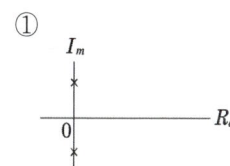　② 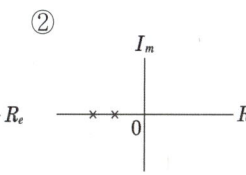　③ 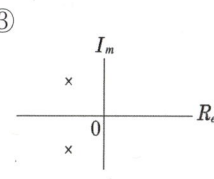　④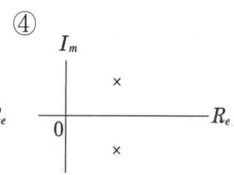

해설

계단 응답	s 평면상의 근의 위치
$\varepsilon^{-\delta 3 t}$, $\varepsilon^{\delta 1 t}$, $\varepsilon^{-\delta 2 t}$	$-\delta_2$, $-\delta_1$, δ_3
$\varepsilon^{-at}\sin\omega t$ $(a=0)$	$j\omega\,(a=0)$, $-j\omega$
$\varepsilon^{+xt}\sin\omega t$	$\alpha + j\omega$, $\alpha - j\omega$
$\varepsilon^{-xt}\sin\omega t$	$-\alpha + j\omega$, $-\alpha - j\omega$

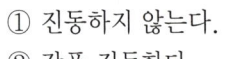
37 어떤 자동 제어 계통의 극이 s 평면에 그림과 같이 주어지는 경우 이 시스템의 시간 영역에서 동작 상태는?

① 진동하지 않는다.
② 감폭 진동한다.
③ 점점 더 크게 진동한다.
④ 지속 진동한다.

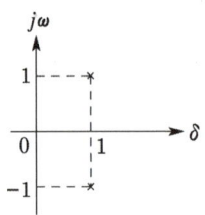

[해설] $F(s) = \dfrac{1}{(s-1+j)(s-1-j)} = \dfrac{1}{(s-1)^2+1}$

$\therefore f(t) = \mathcal{L}^{-1}[F(s)] = e^t \sin t$

★【98. 기사】
38 그림과 같이 s 평면상에 A, B, C, D 4개의 근이 있을 때 이 중에서 가장 빨리 정상 상태에 도달하는 것은?

① A
② B
③ C
④ D

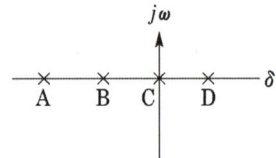

 근은 특성근을 의미하며 정상 상태에 빨리 도달하려면 시정수 값이 작아야 한다. 시정수 $= -\dfrac{1}{\text{특성근}}$ 이므로 특성근의 값이 (−)값으로서 큰 값을 가져야 한다. 특성근 값이 (+)값이면 정상 상태가 될 수 없다(점점 증폭된다). 특성근 값이 0이면 무감쇠 진동된다.

🔗 유사문제

‖ 유사문제 원문 및 해설 : 동일출판사 홈페이지 ≫ 고객센터 ≫ 자료실

01. 개루프 전달 함수가 $\dfrac{(s+2)}{(s+1)(s+3)}$ 인 부궤환 제어계의 특성 방정식은?

[답] $s^2 + 5s + 5 = 0$

02. 회로 함수 $F(s) = \dfrac{s^2-1}{s^3-2s-4}$ 의 극에 해당하지 않는 것은?

[답] $+1$

03. $G(s) = \dfrac{(s+2)(s+3)}{(s+4)(s+5)}$ 일 때 극은?

[답] $-4, -5$

---

04. 그림과 같은 극과 영점을 갖는 함수는?

　답 $F(s) = \dfrac{s+1}{s^2+1}$

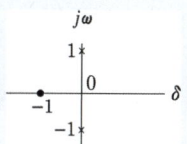

05. s평면상에서 극의 위치가 그림 S_a의 위치에 있을 때 이를 시간 영역의 응답으로 옳게 표현한 그림은?

답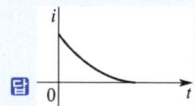

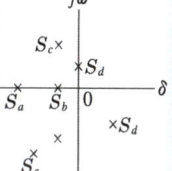

06. s평면상에 영점(0)과 극(×)이 그림과 같이 표현되는 함수는?

　답 $e^{-at}\cos\omega t$

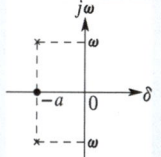

07. s평면상에서 전달 함수의 극점이 그림과 같은 위치에 있으면 이 회로망의 상태는?

　답 감쇠 진동한다.

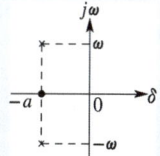

08. 그림 중에서 $i = e^{-at}\sin\omega t$ 의 파형을 나타내는 것은?

답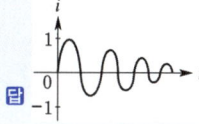

09. s평면(복소 평면)에서의 극점 배치가 그림과 같을 경우 이 시스템의 시간 영역에서의 동작은?

　답 점점 진동이 커진다.

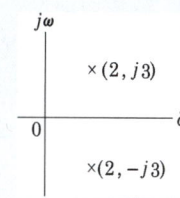

2차 제어계의 과도응답

☆【83. 산업기사】

39 다음과 같이 나타낼 수 있는 2차 제어계의 극의 설명 중 옳지 않은 것은?

$$\frac{Y(s)}{X(s)} = \frac{\omega_n^2}{s^2 + 2\delta\omega_n s + \omega_n^2} 3$$

① $\delta < 0$이면 s평면 우반부(RHP)에 있다.

② $\delta = 0$이면 두 극은 허수이고 $s = \pm j\omega_n$이다.

③ $\delta = 1$일 때 두 극은 같고 부의 실수 $(s = -\omega_n)$이다.

④ $\delta > 1$이면 두 극은 부의 실수와 양의 실수가 된다.

해설　① $\delta < 1$이면 $s_1,\ s_2 = -\delta\omega_n \pm j\omega_n \sqrt{1-\delta^2}$
　　　　 공액 복소근을 가지므로 감쇠 진동을 한다.
　　　② $\delta = 1$이면 $s_1,\ s_2 = -\omega_n$
　　　　 같은 실근을 가지므로 임계 상태이다.
　　　③ $\delta > 1$이면 $s_1,\ s_2 = -\delta\omega_n \pm \omega_n \sqrt{\delta^2 - 1}$
　　　　 서로 다른 두 개의 부의 실근을 가지므로 비진동이다.
　　　④ $\delta = 0$이면 $s_1,\ s_2 = \pm j\omega_n$
　　　　 순공액 허근을 가지므로 무한 진동을 한다.

★【89. 기사】

40 2차 회로의 회로 방정식은 다음과 같다.

$$2\frac{d^2 v}{dt^2} + 8\frac{dv}{dt} + 8v = 0$$

이 때의 설명 중 틀린 것은?

① 특성근은 두 개이다.

② 이 회로는 임계적으로 제동되었다.

③ 이 회로는 -2인 점에 중복된 극점 두 개를 갖는다.

④ $v(t)$는 $v(t) = K_1 e^{-2t} + K_2 e^{2t}$의 꼴을 갖는다.

해설　특성 방정식
　　　$(2s^2 + 8s + 8)V_s = 0,\ (s^2 + 4s + 4)2V_s = 0,\ (s+2)^2 = 0$이므로
　　　$V(t) = K_1 e^{-2t} + K_2 e^{-2t}$의 꼴을 갖는다.

☆【83. 산업기사】

41 전달 함수 $G(s) = \dfrac{\omega_n^2}{s^2 + 2\delta\omega_n s + \omega_n^2}$ 으로 표시되는 2차 제어계일 때 인디셜 응답은? 단, $\omega_n = 1$, $\delta = 1$이다.

① $1 - 2te^{-t} - e^{-t}$ ② $1 - te^{-t} - e^{-t}$

③ $1 - te^{-2t} - e^{-2t}$ ④ $1 - te^{-t}$

해설 $G(s) = \dfrac{C(s)}{R(s)} = \dfrac{1}{s^2 + 2s + 1}$

$C(s) = \dfrac{1}{s^2 + 2s + 1} R(s) = \dfrac{1}{s^2 + 2s + 1} \cdot \dfrac{1}{s} = \dfrac{1}{s(s+1)^2} = \dfrac{1}{s} - \dfrac{1}{(s+1)^2} - \dfrac{1}{s+1}$

$\therefore c(t) = \mathcal{L}^{-1}[C(s)] = 1 - te^{-t} - e^{-t}$

★【14. 기사, 81. 82. 산업기사】

42 전달 함수가 $G(s) = \dfrac{\omega_n^2}{s^2 + 2\zeta\omega_n s + \omega_n^2}$ 으로 표시되는 2차계에서 $\omega_n = 1$, $\zeta = 1$인 경우의 단위 임펄스 응답은?

① e^{-t} ② te^{-t}

③ $1 - te^{-t}$ ④ $1 - e^{-t}$

해설 $R(s) = \mathcal{L}[r(t)] = L[\delta(t)] = 1$

$G(s) = \dfrac{\omega_n^2}{s^2 + 2\zeta\omega_n s + \omega_n^2} = \dfrac{1}{s^2 + 2s + 1} = \dfrac{1}{(s+1)^2}$

$C(s) = \dfrac{1}{(s+1)^2} R(s) = \dfrac{1}{(s+1)^2} \cdot 1 = \dfrac{1}{(s+1)^2}$

$\therefore c(t) = \mathcal{L}^{-1}[C(s)] = te^{-t}$

★【83. 기사】

43 감쇠비 $h = 0.4$, 고유 각주파수 $\omega_n = 1$[rad/s]인 2차계의 전달 함수는?

① $\dfrac{1}{s^2 + 0.4s + 1}$ ② $\dfrac{1}{s^2 + 0.8s + 1}$

③ $\dfrac{1}{s^2 + 0.4s + 0.16}$ ④ $\dfrac{0.16}{s^2 + 0.8s + 0.4}$

해설 $G(s) = \dfrac{C(s)}{R(s)} = \dfrac{\omega_n^2}{s^2 + 2h\omega_n s + \omega_n^2} = \dfrac{1^2}{s^2 + 2 \times 0.4 \times 1s + 1^2} = \dfrac{1}{s^2 + 0.8s + 1}$

★ 【94. 기사】

44 2차 제어계에서 공진 주파수 ω_m와 고유 주파수 ω_n, 감쇠비 α 사이의 관계가 바른 것은?

① $\omega_m = \omega_n\sqrt{1-\alpha^2}$ ② $\omega_m = \omega_n\sqrt{1+\alpha^2}$

③ $\omega_m = \omega_n\sqrt{1-2\alpha^2}$ ④ $\omega_m = \omega_n\sqrt{1+2\alpha^2}$

해설 $\dfrac{C(s)}{R(s)} = \dfrac{\omega_n^2}{s^2 + 2\delta\omega_n s + \omega_n^2}$ 에서 $4u^3 - 4u + 8u\delta^2 = 0$이므로 $u_p = \sqrt{1-2\delta^2} = \dfrac{\omega_p}{\omega_n}$

따라서 공진 주파수는 위 식에서 $\omega_p = \omega_n\sqrt{1-2\delta^2}$

★★★ 【78. 11. 기사, 80. 82. 산업기사, ⊕ : 11. 기사】

45 어떤 제어계의 전달 함수의 극점이 그림과 같다. 이 계의 고유 주파수 ω_n과 감쇠율 δ는?

① $\omega_n = \sqrt{2}$, $\delta = \sqrt{2}$

② $\omega_n = 2$, $\delta = \sqrt{2}$

③ $\omega_n = \sqrt{2}$, $\delta = \dfrac{1}{\sqrt{2}}$

④ $\omega_n = \dfrac{1}{\sqrt{2}}$, $\delta = \sqrt{2}$

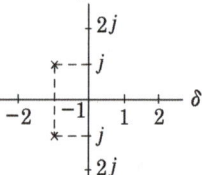

해설 특성근은 $s_1 = -1+j$, $s_2 = -1-j$이므로 특성 방정식은 $(s+1-j)(s+1+j) = 0$이다.

$s^2 + 2\delta\omega_n s + \omega_n^2 = (s+1-j)(s+1+j) = (s+1)^2 + 1 = s^2 + 2s + 2 = 0$이므로

$2\delta\omega_n = 2$, $\omega_n^2 = 2$ ∴ $\omega_n = \sqrt{2}$, $\delta = \dfrac{1}{\sqrt{2}}$

★★ 【97. 99. 기사】

46 전달 함수 $G(s) = \dfrac{1}{1 + 6j\omega + 9(j\omega)^2}$ 의 고유 각주파수는?

① 9 ② 3 ③ 1 ④ 0.33

해설 $G(s) = \dfrac{\omega_n^2}{s^2 + 2\delta\omega_n s + \omega_n^2} = \dfrac{\frac{1}{9}}{s^2 + \frac{6}{9}s + \frac{1}{9}}$, $\omega_n^2 = \dfrac{1}{9}$, ∴ $\omega_n = \dfrac{1}{3} = 0.33$

★ 【82. 기사】

47 다음과 같은 계통의 시정수[s]는?

$$2\dfrac{d^2 y}{dt^2} + 4\dfrac{dy}{dt} + 8y = 8x$$

① 5 ② 3 ③ 2 ④ 1

답 44. ③ 45. ③ 46. ④ 47. ④

해설 초기값을 0으로 하고 라플라스 변환하면

$$(2s^2 + 4s + 8)\,Y(s) = 8X(s)$$

$$G(s) = \frac{Y(s)}{X(s)} = \frac{8}{2s^2 + 4s + 8} = \frac{4}{s^2 + 2s + 4}$$

2차계의 전달 함수 $G(s) = \dfrac{\omega_n^{\,2}}{s^2 + 2\delta\omega_n s + \omega_n^{\,2}}$ 과 비교하면 $2\delta\omega_n = 2$, $\omega_n^{\,2} = 4$이므로

$$\omega_n = 2[\text{rad/s}], \quad \sigma = \frac{2}{2\omega_n} = \frac{1}{2}$$

또한 감쇠 계수 σ는 $\sigma = \delta\omega_n = 1$

시정수 $\tau = \dfrac{1}{\sigma} = \dfrac{1}{1} = 1$

★【94. 02. 기사】

48 2차 제어계에 대한 설명 중 잘못된 것은?

① 제동 계수의 값이 작을수록 제동이 적게 걸려 있다.

② 제동 계수의 값이 1일 때 가장 알맞게 제동되어 있다.

③ 제동 계수의 값이 클수록 제동은 많이 걸려 있다.

④ 제동 계수의 값이 1일 때 임계 제동되었다고 한다.

해설 $\delta < 1$인 경우 : 부족 제동(감쇠 진동), $\delta > 1$인 경우 : 과제동(비진동)

$\delta = 1$인 경우 : 임계 제동(임계 상태), $\delta = 0$인 경우 : 무제동(무한 진동 또는 완전 진동)

★★☆【79. 91. 기사, ㉧ : 77. 산업기사】

49 특성 방정식 $s^2 + 2\delta\omega_n s + \omega_n^{\,2} = 0$에서 δ를 제동비라고 할 때 $\delta < 1$인 경우는?

① 임계 진동　　　② 강제 진동　　　③ 감쇠 진동　　　④ 완전 진동

해설 $\delta < 1$인 경우 : 부족 제동(감쇠 진동), $\delta > 1$인 경우 : 과제동(비진동)

$\delta = 1$인 경우 : 임계 제동(임계 상태), $\delta = 0$인 경우 : 무제동(무한 진동 또는 완전 진동)

★【92. 기사】

50 그림과 같은 궤환 제어계의 감쇠 계수(제동비)는?

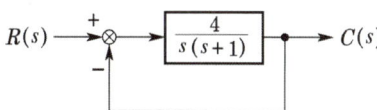

① 1　　　　　　② $\dfrac{1}{2}$　　　　　　③ $\dfrac{1}{3}$　　　　　　④ $\dfrac{1}{4}$

해설 특성 방정식 $1 + G(s)H(s) = 1 + \dfrac{4}{s(s+1)} = \dfrac{s^2 + s + 4}{s^2 + s} = 0$

$s^2 + s + 2^2 = s^2 + 2\delta\omega_n s + \omega_n^{\,2}$이므로 $\therefore \delta = \dfrac{1}{4}$

★ 【83. 기사】
51 단위 부궤환 계통에서 $G(s)$가 다음과 같을 때 $K = 2$이면 무슨 제동인가?

$$G(s) = \frac{K}{s(s+2)}$$

① 무제동　　　　② 임계 제동　　　　③ 과제동　　　　④ 부족 제동

해설　$K = 2$일 때 특성 방정식은 $s(s+2) + K = s^2 + 2s + 2 = 0$
　　　　$\therefore s = -1 \pm j$ (공액 복소수근) 이므로 부족 제동($\delta < 1$)이다.

★☆ 【89. 04. 기사, ㉿ : 11. 기사】
52 2차 시스템의 감쇠율(damping ratio) δ가 $\delta < 1$이면 어떤 경우인가?

① 비감쇠　　　　② 과감쇠　　　　③ 부족 감쇠　　　　④ 발산

해설　$\delta < 1$인 경우 : 부족 제동(감쇠 진동), $\delta > 1$인 경우 : 과제동(비진동)
　　　　$\delta = 1$인 경우 : 임계 제동(임계 상태), $\delta = 0$인 경우 : 무제동(무한 진동 또는 완전 진동)

★ 【98. 기사】
53 전달 함수 $G(j\omega) = \dfrac{1}{1 + j\omega + (j\omega)^2}$ 인 요소의 인디셜 응답은?

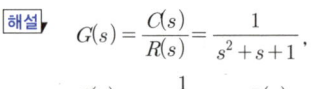

① 뒤짐　　　　② 임계 진동　　　　③ 진동　　　　④ 비진동

해설　$G(s) = \dfrac{C(s)}{R(s)} = \dfrac{1}{s^2 + s + 1}$, $R(s) = \dfrac{1}{s}$

　　　　$C(s) = \dfrac{1}{s^2 + s + 1} \cdot R(s) = \dfrac{1}{s^2 + s + 1} \cdot \dfrac{1}{s}$

　　　　$\therefore s = 0, \ -0.5 \pm j0.5\sqrt{3}$ 이므로 부족제동, 감쇠진동한다.

☆ 【81. 산업기사】
54 폐경로 전달 함수가 $\dfrac{\omega_n^2}{s^2 + 2\delta\omega_n s + \omega_n^2}$ 으로 주어진 단위 궤한계가 있다. $0 < \delta < 1$인 경우

에 단위 계단 입력에 대한 응답은?

① 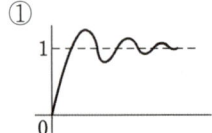　② 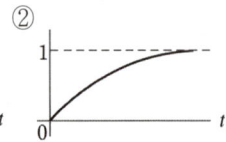　③ 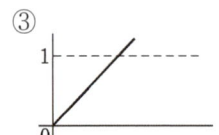　④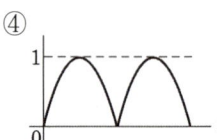

해설　① $0 < \delta < 1$, ② $\delta > 1$, ④ $\delta = 0$인 경우이다.

☆ 【82. 산업기사】
55 2차계에서 오버슈트가 가장 크게 일어나는 계통의 감쇠율은?

① $\delta = 0.01$　　　② $\delta = 0.5$　　　③ $\delta = 1$　　　④ $\delta = 10$

해설 ▸ 감쇠율 δ의 값이 작아질수록 출력 응답은 진동이 심해진다. $\delta = 0$(무제동)의 경우 일정한 진폭으로 무한히 진동한다.

★ 【98. 02. 기사】
56 2차 제어계에서 최대 오버슈트가 발생하는 시간 t_p와 고유 주파수 ω_n, 감쇠 계수 δ 사이의 관계식은?

① $t_p = \dfrac{2\pi}{\omega_n \sqrt{1-\delta^2}}$　　　　　　② $t_p = \dfrac{2\pi}{\omega_n \sqrt{1+\delta^2}}$

③ $t_p = \dfrac{\pi}{\omega_n \sqrt{1-\delta^2}}$　　　　　　④ $t_p = \dfrac{\pi}{\omega_n \sqrt{1+\delta^2}}$

해설 ▸ 최대 오버슈트 발생 시간은 $\omega_n \sqrt{1-\delta^2}\,t = n\pi$ 에서

$n = 1$에서 발생하므로 $t_p = \dfrac{\pi}{\omega_n \sqrt{1-\delta^2}}$ 이 된다.

★★ 【98. 기사, ㉧ : 91. 기사】
57 다음 미분 방정식으로 표시되는 2차 계통에서 감쇠율(damping ratio) δ와 제동의 종류는?

$$\frac{d^2 y(t)}{dt^2} + 6\frac{dy(t)}{dt} + 9y(t) = 9x(t)$$

① $\delta = 0$: 무제동　　　　　　② $\delta = 1$: 임계 제동

③ $\delta = 2$: 과제동　　　　　　④ $\delta = 0.5$: 감쇠 진동 또는 부족 제동

해설 ▸ 미분 방정식을 라플라스 변환하면 $s^2 Y(s) + 6s Y(s) + 9Y(s) = 9X(s)$

$\dfrac{Y(s)}{X(s)} = \dfrac{9}{s^2 + 6s + 9} = \dfrac{\omega_n^2}{s^2 + 2\delta\omega_n s + \omega_n^2}$ 에서 $2\delta\omega_n = 6$, $\omega_n = 3$

$\delta = \dfrac{6}{2\omega_n} = \dfrac{6}{6} = 1$

★ 【97. 23. 기사】
58 전달 함수 $\dfrac{C(s)}{R(s)} = \dfrac{1}{4s^2 + 3s + 1}$ 인 제어계는 어느 경우인가?

① 과제동(over damped)　　　　② 부족 제동(under damped)

③ 임계 제동(critical damped)　　④ 무제동(undamped)

해설 ▸

$$G = \frac{\omega_n^2}{s^2 + 2\delta\omega_n s + \omega_n^2} = \frac{1}{4s^2 + 3s + 1} = \frac{\frac{1}{4}}{s^2 + \frac{3}{4}s + \frac{1}{4}}$$

$$\omega_n{}^2 = \frac{1}{4}, \ \omega_n = \frac{1}{2}$$

$$2\delta\omega_n = \frac{3}{4}, \ \delta = \frac{3}{4} = 0.75 < 1 \text{이므로} \ \therefore \text{부족 제동}$$

★ 【97. 기사】

59 제동비가 1보다 점점 작아질 때 나타나는 현상은?

① 오버슈트가 점점 작아진다.

② 오버슈트가 점점 커진다.

③ 일정한 진폭을 가지고 무한히 진동한다.

④ 진동하지 않는다.

해설 $\delta < 1$이면 부족제동으로 과행량이 생겨 오버슈트가 커진다.

★★★ 【95. 97. 기사, 91. 98. 산업기사】

60 $R - L - C$ 직렬 회로에서 부족 제동인 경우 감쇠 진동의 고유주파수 f는?

① 공진 주파수보다 크다.　　　　② 공진 주파수보다 작다.

③ 공진 주파수에 관계없이 일정하다.　④ 공진 주파수와 같이 증가한다.

해설 $R - L - C$ 직렬회로의 특성근 s는

$$s = -\alpha \pm j\sqrt{\omega_0^2 - \alpha^2} = -\alpha \pm j\omega_d$$

(단, ω_0 : 공진주파수, α : 감쇠정수, ω_d : 감쇠진동의 고유주파수)

특성근에서 $\omega_d = \sqrt{\omega_0^2 - \alpha^2} > 0$이므로 $\omega_d < \omega_0$을 만족해야 한다.

따라서 감쇠진동의 고유주파수는 공진주파수보다 작다.

★ 【98. 기사】

61 그림 (a)와 같은 회로의 구동점 임피던스의 극, 영점이 그림 (b)와 같다. $Z(0) = 1$일 때 RLC의 값은?

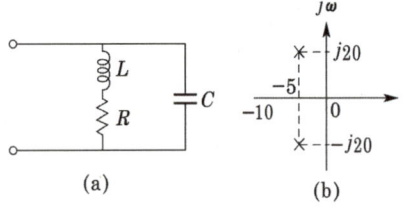

(a)　　　　(b)

① $R = 1[\Omega], \ L = 0.1[\mathrm{H}], \ C = 0.0235[\mathrm{F}]$

② $R = 1[\Omega], \ L = 0.2[\mathrm{H}], \ C = 1[\mathrm{F}]$

③ $R = 2[\Omega], \ L = 0.1[\mathrm{H}], \ C = 0.0235[\mathrm{F}]$

④ $R = 2[\Omega], \ L = 0.2[\mathrm{H}], \ C = 1[\mathrm{F}]$

답 59. ② 60. ② 61. ①

해설▸

구동점 임피던스 $Z(s) = \dfrac{\dfrac{1}{C}\left(s + \dfrac{R}{L}\right)}{s^2 + s\dfrac{R}{L} + \dfrac{1}{LC}}$, 영점 $s = -\dfrac{R}{L} = -10$

극 $s = \dfrac{1}{2}\left\{ -\dfrac{R}{L} \pm j\sqrt{\dfrac{4}{LC} - \left(\dfrac{R}{L}\right)^2} \right\} = -5 \pm j\,20$

$\therefore Z(0) = R = 1[\Omega]$, $L = 0.1[H]$, $C = 0.0235[F]$

★★ 【01. 99. 02. 기사】

62 어떤 회로의 영입력 응답(또는 자연응답)이 다음과 같다. $V(t) = 84(e^{-t} - e^{-6t})$ 다음의 서술에서 잘못된 것은?

① 회로의 시정수 1(秒), 1/6(秒) 두 개다.

② 이 회로의 2차 회로이다.

③ 이 회로는 과제동(過制動)되었다.

④ 이 회로는 임계제동되었다.

해설▸

$\mathcal{L}[84(e^{-t} - e^{-6t})] = 84\left(\dfrac{1}{s+1} - \dfrac{1}{s+6}\right) = 84\left[\dfrac{(s+6)-(s+1)}{(s+1)(s+6)}\right]$

$= 84\left[\dfrac{5}{s^2+7s+6}\right] = 70\left[\dfrac{6}{s^2+7s+6}\right]$

여기서, $2\delta\omega_n s = 7s$, $\omega_n^2 = 6$이므로

$\therefore 2\sqrt{6}\,\delta = 7$ $\quad \therefore \delta = \dfrac{7}{2\sqrt{6}} = 1.42$

따라서 $\delta > 1$이면 과제동, 비진동이 된다.

⤵ 유사문제

∥ 유사문세 원문 및 해설 : 농일출판사 홈페이지 ≫ 고객센터 ≫ 자료실

01. $G(s) = \dfrac{\omega_n^2}{s^2 + 2\zeta\omega_n s + \omega_n^2}$ 인 제어계에서 $\omega_n = 2$, $\zeta = 0$으로 할 때 단위 임펄스 응답은?

답 $2\sin 2t$

02. 특성 방정식 $s^2 + bs + c^2 = 0$이 감쇠 진동을 하는 경우 감쇠율은?

답 $b/2c$

03. 특성 방정식 $s^2 + s + 2 = 0$을 갖는 2차계의 제동비(damping ratio)는?

답 $\dfrac{1}{2\sqrt{2}}$

04. $M(s) = \dfrac{100}{s^2 + s + 100}$으로 표시되는 2차계에서 고유 진동수 ω_n은?

답 10

---

05. 그림과 같은 회로에서 $R = 80[\Omega]$, $L = 100[\text{H}]$, $C = 10,000[\mu\text{F}]$일 때의 고유 각주파수 ω_n과 감쇠율 δ를 구하면?

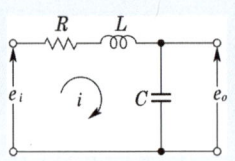

  답 $\omega_n = 1$, $\delta = 0.4$

06. 2차 제어계의 감쇠율 δ가 얼마일 때 부족 제동이 되는가?

  답 $0 < \delta < 1$

07. 전달 함수 $G(j\omega) = \dfrac{1}{1 + j6\omega + 9(j\omega)^2}$의 요소 인디셜 응답은?

  답 임계 진동

08. 2차 제어계의 응답 특성이 그림과 같이 주어지는 경우 제동 계수(damping factor) δ가 $\delta < 1$을 만족하는 곡선은?

  답 d

09. 다음의 제동 계수 중 최대 초과량이 가장 큰 것은?

  답 $\delta = 0.5$

10. 제동 계수 $\delta = 1$인 경우 어떠한가?

  답 임계 진동이다.

CHAPTER 06

편도와 감도

01 - 정상편차

정상상태에서 시스템의 입력으로서 기준입력 $r(t)$와 시스템 출력 $c(t)$와의 차이 값을 정상상태오차라고 한다.

1) 기준입력 $r(t)$와 출력 $c(t)$의 차원이 같고(입력이 전압이면 출력도 전압) 또 같은 양인 경우의 오차신호 $e(t)$는 다음과 같다.

$$e(t) = r(t) - c(t)$$

2) 입력과 출력의 레벨이 다른 경우(낮은 입력전압으로 높은 전압을 제어할 경우)에는 그림과 같이 궤환회로에 전송기를 설치하여야 하며 이 경우의 오차는 다음과 같다.

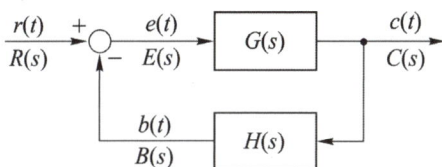

$$e(t) = r(t) - b(t)$$

이 식을 라플라스 변환시키면

$$E(s) = R(s) - B(s)$$

이 된다. 이때 오차는 입력에 따라, 이득에 따라 달라진다. 따라서 정상응답을 간단히 취급하기 위해 $H = 1$또는 $H \neq 1$를 가정하면 된다.

$H \neq 1$인 경우 오차는

$$E(s) = R(s) - B(s)$$
$$B(s) = H(s)C(s)$$

이므로 이를 대입하면

$$E(s) = R(s) \quad H(s)C(s)$$

여기서, $G(s) = \dfrac{G(s)}{1 + G(s)H(s)} = \dfrac{C(s)}{R(s)}$에서 $C(s) = \dfrac{G(s)R(s)}{1 + G(s)H(s)}$가 되므로 이를 대입한다.

$$E(s) = R(s) - \frac{G(s)H(s)}{1 + G(s)H(s)} \cdot R(s)$$

$$= \frac{R(s)[1 + G(s)H(s)]}{1 + G(s)H(s)} - \frac{G(s)H(s)R(s)}{1 + G(s)H(s)}$$

$$= \frac{R(s) + G(s)H(s)R(s)}{1 + G(s)H(s)} - \frac{G(s)H(s)R(s)}{1 + G(s)H(s)}$$

$$= \frac{R(s)}{1 + G(s)H(s)}$$

가 된다. 또 $H = 1$인 경우 블록 선도는

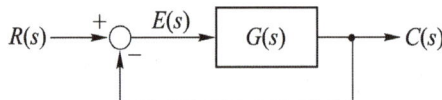

되며, 이 경우

$$E(s) = R(s) - \frac{G(s)}{1 + G(s)}R(s) = \frac{R(s)}{1 + G(s)}$$

가 된다.

3) 자동제어 시스템의 오차

일반적으로 자동제어 시스템의 오차는 단위 궤환 요소($H = 1$)를 가진 자동 제어 시스템의 오차를 뜻하는 것으로 생각한다.

$$E(s) = R(s) - C(s) = R(s) - \frac{G(s)}{1 + G(s)} \cdot R(s) = \frac{R(s)}{1 + G(s)}$$

따라서 자동제어시스템의 오차함수(error function)는 최종값 정리를 적용하면

$$e_{ss} = \lim_{t \to \infty} e(t) = \lim_{s \to 0} sE(s)$$

여기서, $sE(s)$는 허수축상이나 s 평면의 우반 평면에 극을 갖지 않는다고 하면 오차함수는

$$e_{ss} = \lim_{s \to 0} \frac{sR(s)}{1 + G(s)}$$

02 ─ 형에 의한 궤환 시스템의 분류

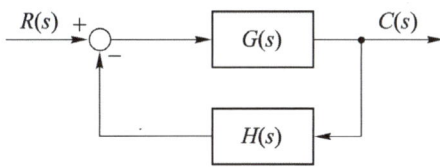

그림과 같은 표준 궤환 시스템의 전달 함수는

$$G(s)H(s) = \frac{K(s+z_1)(s+z_2)\cdots(s+z_m)}{(s+p_1)(s+p_2)\cdots(s+p_n)} = \frac{K\displaystyle\prod_{i=1}^{m}(s+z_i)}{\displaystyle\prod_{i=1}^{n}(s+p_i)}$$

여기서, K는 전향 경로의 이득, $-z_i$, $-p_i$는 각각 GH의 유한 영점과 유한 극이다. 만일 a개의 영점과 b개의 극이 원점에 있다면

$$G(s)H(s) = \frac{Ks^a(s+z_1)(s+z_2)\cdots(s+z_{m-a})}{s^b(s+p_1)(s+p_2)\cdots(s+p_{n-b})}$$

또한 $b \ge a$인 시스템만 다루며 $l = b - a$라 놓으면 전달함수는 다음과 같이 표시되며 l형의 시스템이라고 부른다.

$$G(s)H(s) = \frac{K(s+z_1)(s+z_2)\cdots(s+z_{m-a})}{s^l(s+p_1)(s+p_2)\cdots(s+p_{n-b-l})}$$

시스템의 정상오차는 $s = 0$에서 $G(s)H(s)$의 값이 지배하므로 시스템의 형을 결정하는 데는 원점에서의 극 $s^l\,(l = 0,\ 1,\ 2,\ \cdots)$의 수, 즉 l의 값에 의존된다고 볼 수 있다. 따라서 제어 시스템의 형은 다음과 같이 나타낼 수 있다.

$$\lim_{s \to 0} G(s)H(s) = \frac{K}{s^l}$$ **출제** 산업 2번, 기사 4번

① 0형의 제어 시스템 : $l = 0$인 제어 시스템
② 1형의 제어 시스템 : $l = 1$인 제어 시스템
③ 2형의 제어 시스템 : $l = 2$인 제어 시스템

03 ─ 기준 시험 입력에 대한 정상오차

기준 시험 입력은 계단, 램프, 포물선의 3가지가 주로 사용된다.

① 단위 계단 입력(정상 위치 편차)

$$r(t) = u(t) \rightarrow R(s) = \frac{1}{s}$$

② 단위 램프 입력(정상 속도 편차)

$$r(t) = tu(t) \rightarrow R(s) = \frac{1}{s^2}$$

③ 단위 포물선 입력(정상 가속도 편차)

$$r(t) = \frac{1}{2}t^2 u(t) \rightarrow R(s) = \frac{1}{s^3}$$

1) 정상 위치 편차

크기가 R인 계단 입력 $r(t) = Ru(t)$를 입력으로 가했을 때의 정상(상태)편차를 정상 위치 편차라고 말한다. 이 때 $r(t)$의 라플라스 변환 $R(s)$는 R/s이므로 정상 위치 편차 e_{ssp}는

(1) $H = 1$인 경우

$$e_{ssp} = \lim_{s \to 0} \frac{sR(s)}{1 + G(s)} = \lim_{s \to 0} \frac{R}{1 + G(s)}$$

$$= \frac{R}{1 + \lim_{s \to 0} G(s)} = \frac{R}{1 + K_p}$$

출제 산업 7번, 기사 5번

여기서, $K_p = \lim_{s \to 0} G(s)$를 위치 편차 상수라 정의한다.

(2) $H \neq 1$인 경우

$$e_{ssp} = \lim_{s \to 0} \frac{sR(s)}{1 + G(s)H(s)} = \lim_{s \to 0} \frac{R}{1 + G(s)H(s)}$$

$$= \frac{R}{1 + \lim_{s \to 0} G(s)H(s)} = \frac{R}{1 + K_p}$$

여기서, $K_p = \lim_{s \to 0} G(s)H(s)$를 위치 편차 상수라 정의한다.

입력이 계단함수일 때 $e_{ssp} = 0$이 되려면 $K_p = \infty$가 되어야 한다. 또한 K_p가 ∞가 되기 위해서는 l의 형은 0형이 되어야 한다. 계단 입력으로 인한 정상상태 오차는 다음과 같다.

$$l = 0일 \ 때 \quad e_{ssp} = \frac{R}{1 + K_p} = 일정$$

$$l = 1일 \ 때 \quad K_p = \infty \ 이므로 \ e_{ssp} = 0$$

2) 정상 속도 편차

제어계에 램프 입력 $r(t) = Rt \, u(t)$를 가했을 경우의 정상 편차를 정상 속도 편차라고 말한다. $Rtu(t)$의 라플라스 변환은 R/s^2이므로 정상 속도 편차 e_{ssv}는

(1) $H = 1$인 경우

$$e_{ssv} = \lim_{s \to 0} \frac{s}{1 + G(s)} \cdot \frac{R}{s^2} = \lim_{s \to 0} \frac{R}{s + s \, G(s)}$$

$$= \frac{R}{\lim_{s \to 0} s \, G(s)} = \frac{R}{K_v} \quad \boxed{\text{출제}} \ 산업 \ 2번, \ 기사 \ 3번$$

여기서, $K_v = \lim_{s \to 0} s \, G(s)$이며 속도 편차 상수라 한다.

(2) $H \neq 1$인 경우

$$e_{ssv} = \lim_{s \to 0} \frac{s}{1 + G(s)H(s)} \cdot \frac{R}{s^2} = \lim_{s \to 0} \frac{R}{s + s \, G(s)H(s)}$$

$$= \frac{R}{\lim_{s \to 0} s \, G(s)H(s)} = \frac{R}{K_v}$$

여기서, $K_v = \lim_{s \to 0} s \, G(s)H(s)$이며 속도 편차 상수라 한다.

입력이 램프 함수일 때 $e_{ssv} = 0$이 되려면, $K_v = \infty$가 되어야 한다. 따라서

$$K_v = \lim_{s \to 0} s \, G(s)H(s) = \lim_{s \to 0} \frac{K}{s^{l-1}}$$

여기서, $l = 0, \ 1, \ 2, \ \cdots$
위 식에서 $K_v = \infty$가 되려면 l의 형은 1형이다.
램프 함수 입력을 갖는 시스템의 정상 상태 오차는 다음과 같다.

$$l = 0 \text{일 때} \quad K_v = 0 \text{이므로} \ e_{ssv} = \infty$$

$$l = 1 \text{일 때} \quad e_{ssv} = \frac{R}{K_v} = \text{일정}$$

$$l = 2 \text{일 때} \quad K_v = \infty \text{이므로} \ e_{ssv} = 0$$

3) 정상 가속도 편차

제어계에 포물선 입력 $r(t) = \dfrac{1}{2} R t^2 u(t)$를 가했을 경우의 정상 편차를 정상 가속도 편차라 하

고, $\dfrac{1}{2} R t^2 u(t)$를 라플라스 변환하면 R/s^3이므로 정상 가속도 편차 e_{ssa}는

(1) $H = 1$인 경우

$$e_{ssa} = \lim_{s \to 0} \frac{s}{1 + G(s)} \cdot \frac{R}{s^3} = \lim_{s \to 0} \frac{R}{s^2 + s^2 G(s)}$$

$$= \frac{R}{\lim\limits_{s \to 0} s^2 G(s)} = \frac{R}{K_a} \quad \boxed{\text{출제}} \ \boxed{\text{산업 1번}}$$

여기서, $K_a = \lim\limits_{s \to 0} s^2 G(s)$이며 가속도 편차 상수라 한다.

(2) $H \neq 1$ 경우

$$e_{ssa} = \lim_{s \to 0} \frac{s}{1 + G(s)H(s)} \cdot \frac{R}{s^3} = \lim_{s \to 0} \frac{R}{s^2 + s^2 G(s)H(s)}$$

$$= \frac{R}{\lim\limits_{s \to 0} s^2 G(s)H(s)} = \frac{R}{K_a}$$

여기서, $K_a = \lim\limits_{s \to 0} s^2 G(s)H(s)$이며 가속도 편차 상수라 한다.

포물선 입력을 가지고 있는 시스템의 정상 상태 오차는 다음과 같다.

$$l = 0, \ 1 \text{일 때} \quad K_a = 0 \text{이므로} \ e_{ssa} = \infty$$

$$l = 2 \text{일 때} \quad e_{ssa} = \frac{R}{K_a} = \text{일정}$$

$$l = 3 \text{일 때} \quad K_a = \infty \text{이므로} \ e_{ssa} = 0$$

4) 제어 시스템의 정상 상태 오차

시스템의 형태 l	단위 계단 함수 입력 (위치 편차)		램프 함수 입력 (속도 편차)		포물선 함수 입력 (가속도 편차) 출제 산업 1번, 기사 1번	
	K_p	e_{ssp}	K_v	e_{ssv}	K_a	e_{ssa}
0	K_p	$\dfrac{R}{1+K_p}$	0	∞	0	∞
1	∞	0	K_v	$\dfrac{R}{K_v}$	0	∞
2	∞	0	∞	0	K_a	$\dfrac{R}{K_a}$
3	∞	0	∞	0	∞	0

출제 기사 2번 (0)
출제 산업 1번
출제 기사 2번 (1)
출제 기사 1번

---

04 감도

주어진 요소 K의 특성에 대한 계의 폐루프 전달 함수 T의 미분 감도 S_K^T는 다음과 같이 정의된다.

$$S_K^T = \frac{d\ln T}{d\ln K}$$

여기서,

$$T = \frac{C(s)}{R(s)}$$

위 식을 다시 다음과 같이 나타내면 감도의 물리적 의미(미소 증가분에 대한 변화)가 명확해진다.

$$S_K^T = \frac{dT/T}{dK/K} = \frac{K}{T} \cdot \frac{dT}{dK}$$ 출제 산업 2번, 기사 2번

1) 개루프 전달함수

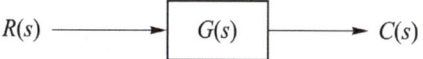

$$R(s) \longrightarrow \boxed{G(s)} \longrightarrow C(s)$$

$$S_G^T = \frac{\frac{dT}{T}}{\frac{dG}{G}} = \frac{G}{T} \cdot \frac{dT}{dG} \text{ 에서 } T = G \text{ 이므로}$$

$$S_G^T = \frac{G}{T} \cdot \frac{dT}{dG} = \frac{G}{G} \cdot \frac{dG}{dG} = 1 \text{이 된다.}$$

2) 폐루프 시스템감도

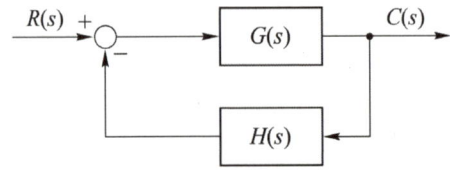

$$S_G^T = \frac{\frac{dT}{T}}{\frac{dG}{G}} = \frac{G}{T} \cdot \frac{dT}{dG} \text{ 에서 } T = \frac{G}{1+GH} \text{ 이므로}$$

$$S_G^T = \frac{G}{T} \cdot \frac{dT}{dG} = \frac{1+GH}{G} \cdot G \cdot \frac{d\frac{G}{1+GH}}{dG} = \frac{1}{1+GH} \text{ 가 된다.}$$

그러므로 GH를 증가시킴으로서 감도가 1보다 작아지므로 개루프 시스템의 감도 이하로 감소시킬수 있다.

3) 단위 피드백 요소 $H(s)$의 시스템 감도

$$S_G^T = \frac{\frac{dT}{T}}{\frac{dG}{G}} = \frac{G}{T} \cdot \frac{dT}{dG} \text{ 에서 } T = H \text{ 이므로}$$

$$S_H^T = \frac{H}{T} \cdot \frac{dT}{dH} = \frac{H}{\frac{G}{1+GH}} \cdot G \cdot \frac{d\frac{G}{1+GH}}{dH} = \frac{-GH}{1+GH} \text{ 가 된다.}$$

여기서, GH가 큰 값의 경우 감도는 1에 근접하며 $H(s)$의 변화가 직접적으로 출력 응답에 영향을 미칠 수 있다. 그러므로 주변 환경에 대하여 변하지 않거나 또는 상수값을 유지할 수 있는 피드백 요소를 사용하는 것이 중요하다.

4) 입력 변환기 K_1에 대한 계통의 감도

다음 그림의 보안 계통에서 입력 변환기 K_1에 대한 계통의 전달 함수 T의 감도는

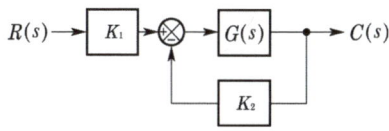

$$T = \frac{GK_1}{1 + GK_2}$$

$$\therefore \ C_{K1}^{T} = \frac{K_1}{T} \cdot \frac{dT}{dK_1} = \frac{K_1}{\dfrac{GK_1}{1 + GK_2}} \cdot \frac{d}{dK_1}\left(\frac{GK_1}{1 + GK_2}\right)$$

$$= \frac{1 + GK_2}{G} \cdot \frac{G(1 + GK_2)}{(1 + GK_2)^2} = 1 \quad \boxed{\text{출제}} \ \text{산업 2번, 기사 3번}$$

이 된다.

형에 의한 피드백 제어계의 분류

★★【92. 기사, 79. 83. 산업기사】
01 그림과 같은 블록 선도로 표시되는 제어계는 무슨 형인가?

① 0형
② 1형
③ 2형
④ 3형

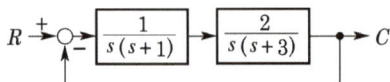

해설 $G(s)H(s) = \dfrac{2}{s^2(s+1)(s+3)}$ 에서

$a=0$, $b=2$이므로 $l=b-a=2$, 즉 2형 제어계이다.
(분모가 s에 대한 2차식이므로 2형 제어계이다.)

★★【88. 93. 기사】
02 표준 궤환이 그림과 같이 주어질 때 계의 형은?

$$G = \frac{24}{(2s+1)(4s+1)}, \quad H = \frac{4}{4s(3s+1)}$$

① 0
② 1
③ 2
④ 3

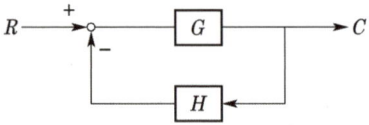

해설 $G = \dfrac{24}{(2s+1)(4s+1)}$, $H = \dfrac{4}{4s(3s+1)}$

$G(s)H(s) = \dfrac{96}{4s(2s+1)(4s+1)(3s+1)} = \dfrac{24}{s(2s+1)(4s+1)(3s+1)}$

식에서 분모의 차수가 1이므로 1형 제어계이다.

★☆【94. 09. 25. 기사】
03 $G(s)H(s) = \dfrac{K}{Ts+1}$ 일 때 이 계통은 어떤 형인가?

① 0형 ② 1형 ③ 2형 ④ 3형

해설 1차 지연 요소

0형 : $\dfrac{1}{1+K_p}$ (위치 편차), 1형 : $\dfrac{1}{K_v}$ (속도 편차), 2형 : $\dfrac{1}{K_a}$ (가속도 편차)

기준입력에 대한 정상편차

☆ 【80. 산업기사】

04 어떤 제어계에서 정속도 입력 $r(t) = Rtu(t)$에 대한 정상 속도 편차 $e_{ss} = \dfrac{R}{K_v} = \infty$ 이면 이 계는 무슨 형인가?

① 0형   ② 1형   ③ 2형   ④ 3형

계	정상 위치 편차	정상 속도 편차	정상 가속도 편차
2형	0	0	R/K_1
1형	0	R/K_1	∞
0형	R/K_1	∞	∞

★★ 【92. 93. 기사】

05 단위 램프 입력에 대하여 속도 편차 상수가 유한한 값을 갖는 제어계는?

① 3형   ② 2형   ③ 1형   ④ 0형

해설 $e_{ss} = \lim_{s \to 0} \dfrac{R}{s + sG(s)} = \dfrac{R}{\lim_{s \to 0} sG(s)}$

$K_v = \lim_{s \to 0} sG(s)$ 이므로, 1형 제어계의 $e_{ss} = \dfrac{R}{K_v}$ 의 유한한 값을 갖는다.

★ 【90. 03. 기사】

06 어떤 제어계에서 단위 계단 입력에 대한 정상 편차가 유한값이면 이 계는 무슨 형인가?

① 0형   ② 1형   ③ 2형   ④ 3형

해설 0형 : $\dfrac{1}{1 + K_p}$(위치 편차) , 1형 : $\dfrac{1}{K_v}$(속도 편차) , 2형 : $\dfrac{1}{K_a}$(가속도 편차)

★ 【96. 기사】

07 그림의 블록 선도에서 $H = 0.1$이면 오차 E[V]는?

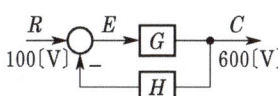

① -6 ② 6 ③ -40 ④ 40

해설 $E = R - CH = 100 - 600 \times 0.1 = 40$[V]

★ 【85. 기사】

08 계단 오차 상수를 K_p라 할 때 1형 시스템의 계단 입력 $u(t)$에 대한 정상 상태 오차 e_{ss}는?

① 1　　　　② $\dfrac{1}{K_p}$　　　　③ 0　　　　④ ∞

해설 $e_{ss} = \lim_{s \to 0} \dfrac{sR(s)}{1+G(s)} = \lim_{s \to 0} \dfrac{1}{1+\dfrac{K_p}{s^N}}$ 에서 $N=1$인 경우 $e_{ss}=0$

★☆ 【01. 기사, ⊕ : 80. 산업기사】

09 제어시스템의 정상상태 오차에서 포물선 함수 입력에 의한 정상 상태 오차를 $K_s = \lim_{s \to 0} s^2 G(s)H(s)$로 표현된다. 이때 K_s를 무엇이라고 부르는가?

① 위치오차상수　　　　② 속도오차상수
③ 가속도오차상수　　　　④ 평면오차상수

해설 위치 편차 상수 $K_p = \lim_{s \to 0} G(s)$, 속도 편차 상수 $K_v = \lim_{s \to 0} sG(s)$

가속 편차 상수 $K_a = \lim_{s \to 0} s^2 G(s)$

★★★☆ 【95. 기사, 77. 산업기사, ⊕ : 79. 기사, 77. 83. 산업기사】

10 개루프 전달 함수 $G(s)$가 다음과 같이 주어지는 단위 피드백계에서 단위 속도 입력에 대한 정상 편차는?

$$G(s) = \dfrac{10}{s(s+1)(s+2)}$$

① $\dfrac{1}{2}$　　　　② $\dfrac{1}{3}$　　　　③ $\dfrac{1}{4}$　　　　④ $\dfrac{1}{5}$

해설 $e_{ssv} = \dfrac{1}{\lim\limits_{s \to 0} sG(s)} = \dfrac{1}{\lim\limits_{s \to 0} s \cdot \dfrac{10}{s(s+1)(s+2)}} = \dfrac{1}{\dfrac{10}{2}} = \dfrac{1}{5}$

★ 【94. 기사】

11 다음 그림과 같은 블록 선도의 제어 계통에서 속도 편차 상수 K_v는 얼마인가?

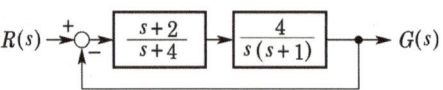

① 2　　　　② 0　　　　③ 0.5　　　　④ ∞

해설 $K_v = \lim_{s \to 0} s \cdot \dfrac{4(s+2)}{s(s+1)(s+4)} = 2$

답 8. ③　9. ③　10. ④　11. ①

12 ★★ 【88. 기사, 82. 83. 산업기사】
개루프 전달 함수 $G(s)$가 다음과 같이 주어지는 단위 피드백계에서 단위 속도 입력에 대한 정상 편차는?

$$G(s) = \frac{2(1+0.5s)}{s(1+s)(1+2s)}$$

① 0　　　　② $\frac{1}{2}$　　　　③ 1　　　　④ 2

해설 $e_{ss} = \dfrac{1}{\lim\limits_{s\to 0} s\,G(s)} = \dfrac{1}{\lim\limits_{s\to 0} s \cdot \dfrac{2(1+0.5s)}{s(1+s)(1+2s)}} = \dfrac{1}{2}$

13 ★☆ 【80. 81. 82. 산업기사】
단위 피드백 제어계에서 개루프 전달 함수 $G(s)$가 다음과 같이 주어지는 계의 단위 계단 입력에 대한 정상 편차는?

$$G(s) = \frac{10}{(s+1)(s+2)}$$

① $\frac{1}{3}$　　　　② $\frac{1}{4}$　　　　③ $\frac{1}{5}$　　　　④ $\frac{1}{6}$

해설 $e_{ss} = \lim\limits_{s\to 0} \dfrac{s}{1+G(s)} R(s)$에서 $R(s) = \dfrac{1}{s}$이므로

$e_{ss} = \lim\limits_{s\to 0} \dfrac{s}{1+G(s)} \cdot \dfrac{1}{s} = \dfrac{1}{1+\lim\limits_{s\to 0} G(s)} = \dfrac{1}{1+\lim\limits_{s\to 0}\dfrac{10}{(s+1)(s+2)}} = \dfrac{1}{1+5} = \dfrac{1}{6}$

14 ☆ 【81. 산업기사】
그림과 같은 단위 궤환 제어계에 $R(s) = \dfrac{3}{s} - \dfrac{1}{s^2} + \dfrac{1}{s^3}$ 의 입력이 주어질 때의 정상 편차는?

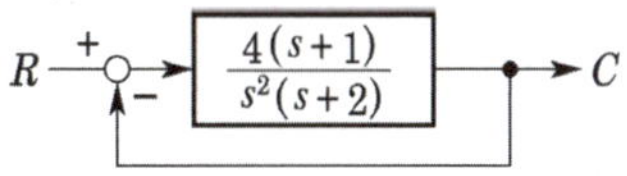

$$R \xrightarrow{\;+\;} \bigcirc \xrightarrow{\;-\;} \boxed{\dfrac{4(s+1)}{s^2(s+2)}} \longrightarrow C$$

① 0　　　　② $\frac{1}{2}$　　　　③ $\frac{1}{3}$　　　　④ $\frac{1}{4}$

해설 $G(s) = \dfrac{4(s+1)}{s^2(s+2)}$으로 2형 제어계로 정상 가속도 편차만 있으므로

$e_{ss} = \dfrac{1}{\lim\limits_{s\to 0} s^2 G(s)} = \dfrac{1}{\lim\limits_{s\to 0} s^2 \cdot \dfrac{4(s+1)}{s^2(s+2)}} = \dfrac{1}{\lim\limits_{s\to 0}\dfrac{4(s+1)}{s+2}} = \dfrac{1}{\dfrac{4}{2}} = \dfrac{1}{2}$

★【94. 기사】

15 $G_{c1}(s) = K$, $G_{c2}(s) = \dfrac{1+0.1s}{1+0.2s}$, $G_p(s) = \dfrac{200}{s(s+1)(s+2)}$ 인 그림과 같은 제어계에 단위 램프 입력을 가할 때 정상 편차가 0.01이라면 K의 값은?

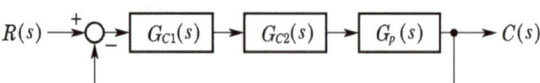

① 0.1   ② 1   ③ 10   ④ 100

해설 ┃ 속도 편차 상수 $K_v = \lim\limits_{s \to 0} s \cdot \dfrac{200K(1+0.1s)}{s(s+1)(s+2)(1+0.2s)} = 100K$

속도 편차는 $e_{ssv} = \dfrac{1}{K_v} = \dfrac{1}{100K} = 0.01$이므로

$\therefore K = 1$

★☆【92. 04. 기사, ㉿ : 07. 기사, 79. 산업기사】

16 그림과 같은 제어계에서 단위 계단 외란 D가 인가되었을 때의 정상 편차는?

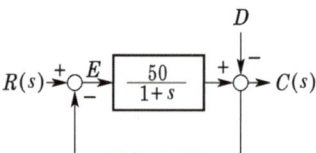

① 50   ② 51   ③ 1/50   ④ 1/51

해설 ┃ $R(s) = 0$, $D(s) = \dfrac{1}{s}$ 일 때

$E(s) = -\left\{ -D(s) + \dfrac{50}{1+s} E(s) \right\}$, $E(s)\left(1 + \dfrac{50}{1+s}\right) = D(s)$

$E(s) = \dfrac{1}{1 + \dfrac{50}{1+s}} \cdot D(s) = \dfrac{1+s}{s+51} \cdot \dfrac{1}{s}$

$\therefore e_{ss} = \lim\limits_{s \to 0} s E(s) = \lim\limits_{s \to 0} s \cdot \dfrac{1+s}{s+51} \cdot \dfrac{1}{s} = \lim\limits_{s \to 0} \dfrac{1+s}{s+51} = \dfrac{1}{51}$

★【86. 기사】

17 개루프 전달 함수 $G(s) = \dfrac{1}{s(s^2 + 5s + 6)}$ 인 단위 궤환계에서 단위 계단 입력을 가하였을 때의 잔류 편차(offset)는?

① 0   ② 1/6   ③ 6   ④ ∞

해설 ┃ $e_{ss} = \lim\limits_{s \to 0} \dfrac{s}{1 + G(s)} R(s)$에서 $R(s) = \dfrac{1}{s}$이므로

$$\therefore e_{ssp}=\lim_{s\to 0}\frac{s}{1+G(s)}\cdot\frac{1}{s}=\lim_{s\to 0}\frac{1}{1+G(s)}$$

$$=\lim_{s\to 0}\frac{1}{1+\dfrac{1}{s(s^2+2s+6)}}=\lim_{s\to 0}\frac{s(s^2+2s+6)}{s(s^2+2s+6)+1}=0$$

유사문제

∥ 유사문제 원문 및 해설 : 동일출판사 홈페이지 ≫ 고객센터 ≫ 자료실

01. 다음 중 위치 편차 상수로 정의된 것은? 단, 개루프 전달 함수는 $G(s)$이다.

답 $\lim\limits_{s\to 0}G(s)$

02. 정상 편차(e_{ss})와 위치 편차 상수(K_p)와의 관계는? 단, 입력은 $R(s)=\dfrac{1}{s}$이다.

답 $e_{ss}=\dfrac{1}{1+K_p}$

03. 그림과 같은 계통에서 정상 상태 편차(steady state error)는?

답 $e_{ss}=\lim\limits_{s\to 0}\dfrac{s}{1+G(s)}R(s)$

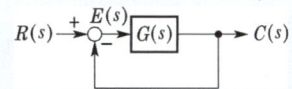

04. 단위 부궤환계에서 단위 계단 입력이 가하여졌을 때의 정상 편차는? 단, 개루프 전달 함수는 $G(s)$이다.

답 $\dfrac{1}{1+\lim\limits_{s\to 0}G(s)}$

05. 그림에 블록 선도로 보인 안정한 제어계의 단위 경사 입력에 대한 정상 상태 오차는?

답 $\dfrac{1}{2}$

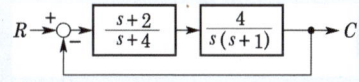

06. 단일 궤환 제어계의 개루프 전달 함수가 다음과 같을 때 $r(t)=5u(t)$에 대한 정상 상태 오차 e_{ss}는?

답 $\dfrac{5}{3}$

07. 다음에서 입력이 $r(t)=5t$일 때 정상 상태 편차는 얼마인가?

답 $e_{ss}=6$

08. 개루프 전달 함수 $G(s)$가 다음과 같이 주어지는 계가 있다. 단위 속도 입력이 주어졌을 때 정상 속도 편차가 0.05가 되기 위해서는 K의 값을 얼마로 할 것인가?

답 4

09. 일순 전달 함수기 $G_0(s)=\dfrac{K}{s(s+5)(s+20)}$로 주어졌을 때 속도 편차 정수 K_v는 $K_v=\lim\limits_{s\to 0}sG_0(s)$로 구할 수 있다. 지금 $K_v=3$이 되는 이득 K를 구하면?

답 $K=300$

감도

☆ 【25. 기사, 81. 산업기사】

18 그림과 같은 블록 선도의 제어계에서 K에 대한 폐루프 전달 함수 $T = \dfrac{C}{R}$의 감도는?

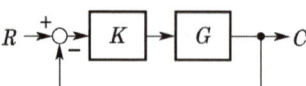

① $S_K^T = 1$

② $S_K^T = \dfrac{1}{1+KG}$

③ $S_K^T = \dfrac{G}{1+KG}$

④ $S_K^T = \dfrac{KG}{1+KG}$

해설 전달 함수 T는 $T = \dfrac{C}{R} = \dfrac{KG}{1+KG}$, 감도 공식 $S_K^T = \dfrac{K}{T} \cdot \dfrac{dT}{dK}$에 대입하면

$$S_K^T = \dfrac{K}{\dfrac{KG}{1+KG}} \cdot \dfrac{d}{dK}\left(\dfrac{KG}{1+KG}\right) = \dfrac{1+KG}{G} \cdot \dfrac{G(1+KG) - KG \cdot G}{(1+KG)^2}$$

$$= \dfrac{1+KG}{G} \cdot \dfrac{G(1+KG-KG)}{(1+KG)^2} = \dfrac{1}{1+KG}$$

★☆ 【89. 기사, 83. 산업기사】

19 폐루프 전달 함수 $T = \dfrac{C}{R} = \dfrac{A_1 + KA_2}{A_3 + KA_4}$인 계에서 K에 대한 T의 감도 S_K^T는?

① $\dfrac{K(A_2A_3 - A_1A_4)}{(A_1 + KA_2)(A_3 + KA_4)}$

② $\dfrac{A_1A_2K(A_3 + KA_4)}{A_2A_3 + A_1A_4}$

③ $\dfrac{A_2A_3 + A_1A_4}{(A_1 + A_3)(A_2 + A_4)}$

④ $\dfrac{A_1A_2 + A_3A_4}{K(A_1A_4 + A_2A_3)}$

해설 $S_K^T = \dfrac{K}{T} \cdot \dfrac{dT}{dK}$에서

$$\dfrac{dT}{dK} = \dfrac{d}{dK}\left(\dfrac{A_1 + KA_2}{A_3 + KA_4}\right)$$

$$= \dfrac{A_2(A_3 + KA_4) - A_4(A_1 + KA_2)}{(A_3 + KA_4)^2} = \dfrac{A_2A_3 - A_1A_4}{(A_3 + KA_4)^2} \text{ 이므로}$$

$$\therefore S_K^T = \dfrac{K}{T} \cdot \dfrac{dT}{dK} = \dfrac{K(A_3 + KA_4)}{A_1 + KA_2} \cdot \dfrac{A_2A_3 - A_1A_4}{(A_3 + KA_4)^2}$$

$$= \dfrac{K(A_2A_3 - A_1A_4)}{(A_3 + KA_4)(A_1 + KA_2)}$$

★【87. 11. 23. 기사】

20 그림의 블록 선도에서 폐루프 전달 함수 $T = C/R$에서 H에 대한 감도 S_H^T는?

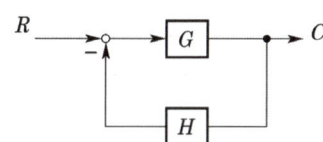

① $\dfrac{-GH}{1+GH}$ ② $\dfrac{-H}{(1+GH)^2}$ ③ $\dfrac{H}{1+GH}$ ④ $\dfrac{-H}{1+GH}$

해설
$$T = \frac{C}{R} = \frac{G}{1+GH}$$
$$\therefore S_H^T = \frac{H}{T} \cdot \frac{dT}{dH} = \frac{H}{\dfrac{G}{1+GH}} \cdot \frac{d}{dH}\left(\frac{G}{1+GH}\right) = \frac{-GH}{1+GH}$$

★★★☆【93. 95. 04. 기사, ㉮ : 79. 기사, 83. 산업기사】

21 다음 그림의 보안 계통에서 입력 변환기 K_1에 대한 계통의 전달 함수 T의 감도는 얼마인가?

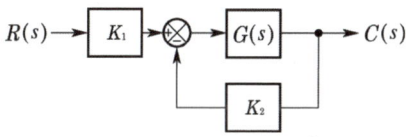

① -1 ② 0 ③ 0.5 ④ 1

해설
$$T = \frac{GK_1}{1+GK_2}$$
$$\therefore C_{K1}^T = \frac{K_1}{T} \cdot \frac{dT}{dK_1} = \frac{K_1}{\dfrac{GK_1}{1+GK_2}} \cdot \frac{d}{dK_1}\left(\frac{GK_1}{1+GK_2}\right) = \frac{1+GK_2}{G} \cdot \frac{G(1+GK_2)}{(1+GK_2)^2} = 1$$

CHAPTER 07

주파수 응답

01 - 주파수 전달함수

출제 산업 1번

제어계의 전달 함수가 $G(s)$인 요소에 주파수 ω의 정현파 신호를 가할 때 출력 신호의 정상값은 입력과 같은 주파수의 정현파가 되며 진폭은 $|G(j\omega)|$배가 되고 위상은 $\angle\, G(j\omega)$만큼 벗어난다.

이 입출력의 진폭비 $|G(j\omega)|$와 위상차 $\angle\, G(j\omega)$, 즉 복소 진폭비 $G(j\omega)$의 주파수 ω에 대한 관계는 요소 고유의 신호 전달 특성을 표시하며 주파수 전달 함수라 한다.

$$[G(s)]_{s\,=\,j\omega} = G(j\omega) = |G(j\omega)|\, \angle\, G(j\omega)$$

여기서, $G(j\omega)$: 주파수 전달함수

$|G(j\omega)|$: 주파수 이득(gain)

$\angle\, G(j\omega)$: 위상차 또는 위상각

• 진폭비 $=\dfrac{\text{출력의 진폭}}{\text{입력의 진폭}}$

• 위상차 $= \theta$

또한, 진폭비와 위상차는 다음과 같이 나타낼 수 있다.

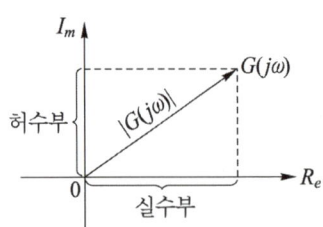

• 진폭비 $= G(j\omega)$의 길이 $= |G(j\omega)| = \sqrt{\text{실수부}^2 + \text{허수부}^2}$

• 위상차 $= G(j\omega)$ 벡터의 편각 $= \angle\, G(j\omega) = \tan^{-1}\dfrac{\text{허수부}}{\text{실수부}}$ 출제 기사 2번

02 - 주파수 응답의 도시

주파수 응답의 도시 방법에는 보통 벡터궤적, 보드 선도, 이득 − 위상 선도의 세 가지가 주로 사용된다.

1) 벡터 궤적

ω가 0에서 ∞까지 변화하였을 때의 $G(j\omega)$의 크기와 위상각의 변화를 극좌표에 그린 것으로 이 궤적을 벡터 궤적이라 하며 기본적 요소의 벡터 궤적은 다음과 같다.

(1) 비례 요소

$$G(s) = K$$

비례 요소는 주파수 전달 함수가 $G(j\omega) = K$로 일정한 실수 값만을 그림과 같이 실수축상 K의 위치에 단 하나의 점으로 나타난다.

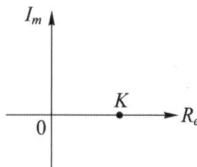

(2) 미분 요소

$$G(s) = s$$

주파수 전달 함수 $G(j\omega) = j\omega$ 는 단지 허수부만으로 ω가 점점 증가함에 따라 $j\omega$ 는 허수축상에서 그림과 같이 위로 올라가는 직선으로 된다.

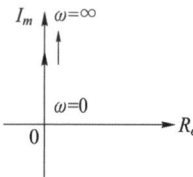

(3) 적분 요소

$$G(s) = \frac{1}{s}$$

주파수 전달함수 $G(j\omega) = \dfrac{1}{j\omega} = -j\dfrac{1}{\omega}$로서 순 허수 뿐이므로 $\omega \to 0$에서는 허수축상 $-\infty$로, $\omega \to \infty$일때 허수축상에서 원점에 수렴 하므로 그림과 같이 ω가 점점 증가함에 따라 허수축상 $-\infty$에서 0으로 올라가는 직선이 된다.

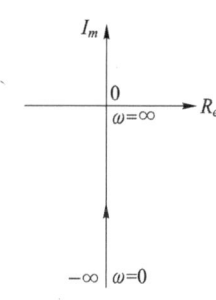

(4) 비례 미분 요소

$$G(s) = 1 + Ts$$

주파수 전달함수 $G(j\omega) = 1 + j\omega T$ 로서 실수부는 1로서 항상 일정하며, 허수부는 ωT 이므로 $\omega = 0 \to \infty$ 로 되면 허수부만 $0 \to \infty$로 로 증가 하므로 그림과 같이 $(1, \ j0)$인 점에서 수직으로 위로 올라가는 직선이 된다.

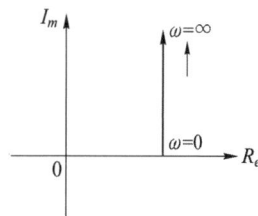

(5) 1차 지연 요소

$G(s) = \dfrac{1}{1+Ts}$ 이므로

$$G(j\omega) = \dfrac{1}{1+j\omega T}$$
$$= \dfrac{1}{1+\omega^2 T^2}(1-j\omega T)$$

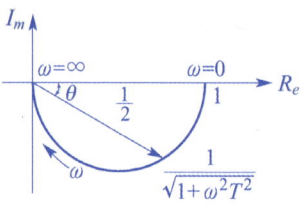

$$x = \dfrac{1}{1+\omega^2 T^2}$$
$$y = \dfrac{-\omega T}{1+\omega^2 T^2}$$

$$\therefore x^2 + y^2 = \dfrac{1}{(1+\omega^2 T^2)^2} + \dfrac{\omega^2 T^2}{(1+\omega^2 T^2)^2}$$
$$= \dfrac{1+\omega^2 T^2}{(1+\omega^2 T^2)^2} = \dfrac{1}{(1+\omega^2 T^2)} = x$$

$\therefore x^2 + y^2 - x = 0$ 이므로

$$x^2 - x + \dfrac{1}{4} = \left(x - \dfrac{1}{2}\right)^2$$

의 조건을 이용하여 원의 방정식을 세우면

$$\left(x - \dfrac{1}{2}\right)^2 + y^2 = \left(\dfrac{1}{2}\right)^2$$

이 되며, 이것은 중심$(\dfrac{1}{2},\ j0)$, 반지름 $\dfrac{1}{2}$인 원이 된다.

즉, 위상각으로 표시하면,

$$G(j\omega) = \dfrac{1}{\sqrt{1+\omega^2 T^2}} \angle -\tan^{-1}\omega T$$

$\omega = 0$일 때 $G(j\omega)$의 크기는 1, 위상각은 0°이므로 $\omega = 0$에서의 $G(j\omega)$는 실축상의 단위점에 표시된다. ω의 값을 점차 증대시키면 $G(j\omega)$의 크기는 감소되고 위상각은 점점 커져 $\omega \to \infty$에서 $G(j\omega)$의 크기는 0으로, 위상각은 $-90°$로 된다. 이 함수의 벡터 궤적은 그림과 같은 반원을 그린다.

(6) 2차 지연 요소

$$G(s) = \frac{1}{T^2 s^2 + 2\delta T s + 1}$$

$$G(j\omega) = \frac{1}{(j\omega T)^2 + j 2\delta\omega T + 1} = \frac{1}{1 - (\omega T)^2 + j 2\delta\omega T}$$

여기서 $\omega T = u$ 라 놓으면,

$$|G(j\omega)| = \frac{1}{\sqrt{(1-u)^2 + (2\delta u)^2}}$$

$$\angle G(j\omega) = -\tan^{-1}\frac{2\delta u}{1 - u}$$

(7) 부동작 시간 요소

$$G(s) = e^{-LS}$$
$$G(j\omega) = e^{-j\omega L} = \cos\omega L - j\sin\omega L$$
$$G(j\omega) = \sqrt{(\cos\omega L)^2 + (\sin\omega L)^2} = 1$$
$$\angle G(j\omega) = \tan^{-1}\frac{-\sin\omega L}{\cos\omega L} = -\omega L$$

따라서 $|G(j\omega)| = 1$, $\angle G(j\omega)$는 ω의 증가에 따라 $(-)$방향으로 회전하므로 벡터 궤적은 그림과 같다.

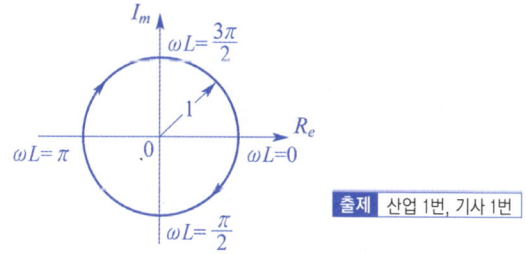

출제 산업 1번, 기사 1번

2) 보드선도   출제 기사 2번

벡터 궤적은 주파수 응답 $G(j\omega)$를 복소 평면 위에서 1개의 곡선으로 표시한 것에 대하여 보드 선도는 이것을 이득 $|G(j\omega)|$와 위상각 $\angle G(j\omega)$로 나누어 각각 주파수 ω의 함수로 표시한 것이다. 즉 보드 선도는 횡축에 주파수 ω를 대수 눈금으로 취하고 종축에 이득 $|G(j\omega)|$의 데 시벨값, 즉 $20\log_{10}|G(j\omega)| \equiv G[\mathrm{dB}]$ 을 취하여 이득곡선과 위상차 ϕ를 도(또는 라디안) 단 위로 취하여 표시한 위상 곡선으로 구성된다.

- 이득 $g = 20\log_{10}|G(j\omega)H(j\omega)|[\text{dB}]$ ▌출제▐ 산업 16번, 기사 27번

- 위상차 $\phi = \angle G(j\omega)H(j\omega)[°]$ ▌출제▐ 기사 2번

① 크기

$(j\omega)^{\pm n}$의 크기를 [dB]로 나타내면

$20\log|(j\omega)^{\pm n}| = \pm 20n\log\omega[\text{dB}]$의 직선으로 표시된다. ▌출제▐ 산업 2번, 기사 2번

② 기울기

직선의 기울기는 $20\log|(j\omega)^{\pm n}| = \pm 20n\log\omega[\text{dB}]$를 $\log\omega$에 관하여 미분하면 얻어진다.

$$\frac{d\ 20\log|(j\omega)^{\pm n}|}{d\ \log\omega} = \pm 20n[\text{dB}]$$

이것은 직교좌표 시스템에서 $\log\omega$의 단위량 변화에 대하여 [dB] 이득은 $\pm 20n[\text{dB}]$의 변화가 일어난다는 뜻이다. 즉, 기울기는 다음과 같이 말할 수 있다.

1디케이드(decade) 주파수 변화에 대해 $\pm 20n[\text{decibel}]$의 이득 변화가 일어난다.
▌출제▐ 기사 1번

- 두 주파수 ω_1과 ω_2 사이의 디케이드(decade) 수

$$디케이드\ 수 = \frac{\log\dfrac{\omega_2}{\omega_1}}{\log 10}$$

- 옥타브(octave) : 두 각주파수를 분리하는 데 사용되며 다음과 같이 정의된다.

$$옥타브\ 수 = \frac{\log\dfrac{\omega_2}{\omega_1}}{\log 2}$$

- 옥타브(octave)와 디케이드(decade) 사이의 관계

$$옥타브(\text{octave})\ 수 = \frac{1}{\log 2}[\text{decade}] = \frac{1}{0.301}[\text{decade}]$$
$$= 3.33[\text{decade}]$$

∴ 기울기는 $\pm 20n[\text{dB/decade}]$ 혹은 $\pm 6n[\text{dB/octave}]$이다.

③ $(j\omega)^{\pm n}$의 위상각

$$\text{Arg}(j\omega)^{\pm n} = \pm 90n[°]$$

(1) 미분요소

미분요소의 전달함수는 $G(s) = s$인 경우 $G(j\omega) = j\omega$이므로

진폭비 $|G(j\omega)| = \omega$

위상각 $Arg\,G(j\omega) = \tan^{-1}\dfrac{\omega}{0} = 90°$

이득 $g = 20\log|G(j\omega)| = 20\log\omega$

이므로 1[decade]마다 20[dB]씩 증가한다.

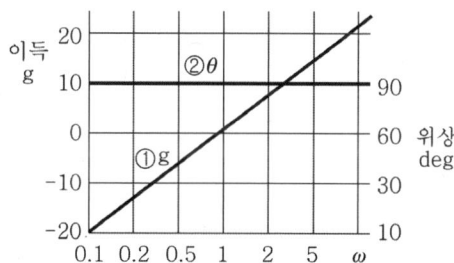

(2) 적분요소

적분요소의 전달함수는 $G(s) = \dfrac{1}{s}$인 경우 $G(j\omega) = \dfrac{1}{j\omega} = -j\dfrac{1}{\omega}$이므로

진폭비 $|G(j\omega)| = \left|-j\dfrac{1}{\omega}\right| = \dfrac{1}{\omega}$

위상각 $Arg\,G(j\omega) = -\tan^{-1}\dfrac{1/\omega}{0} = -90°$

이득 $g = 20\log\dfrac{1}{\omega} = -20\log\omega$

이므로 1[decade]마다 20[dB]씩 감소한다.

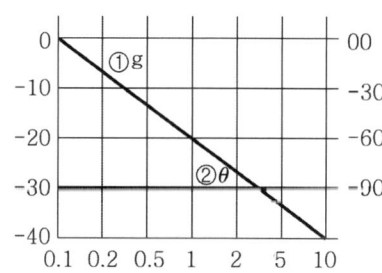

(3) 비례요소

비례요소의 전달함수 $G(s) = K$ 이므로

진폭비 $|G(j\omega)| = K$

위상각 $Arg\ G(j\omega) = \tan^{-1}\dfrac{0}{K} = 0°$

이득은 $g = 20\log K$

이므로 일정하게 된다.

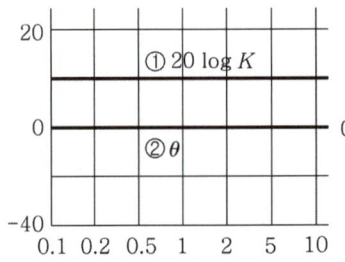

(4) 1차 지연요소

1차 지연 요소의 전달함수가 $G(s) = \dfrac{1}{1 + Ts}$ 인 경우

$$G(j\omega) = \frac{1}{1 + j\omega T} = \frac{1 - j\omega T}{1 + \omega^2 T^2} = \frac{1}{1 + \omega^2 T^2} - j\frac{\omega T}{1 + \omega^2 T^2}$$

이므로 진폭비

$$|G(j\omega)| = \sqrt{\text{실수부}^2 + \text{허수부}^2}$$
$$= \frac{1}{1 + \omega^2 T^2}\sqrt{1^2 + (\omega T)^2} = \frac{1}{\sqrt{1 + \omega^2 T^2}}$$

위상각

$$Arg\ G(j\omega) = \tan^{-1}\frac{-\omega T}{1} = \tan^{-1}(-\omega T) = -\tan^{-1}\omega T$$

이득

$$g = 20\log|G(j\omega)| = 20\log\frac{1}{\sqrt{1 + \omega^2 T^2}}$$
$$= 20\log 1 - 20\log\sqrt{1 + \omega^2 T^2}$$
$$= -20\log\sqrt{1 + \omega^2 T^2} = -20\log(1 + \omega^2 T^2)^{\frac{1}{2}}$$
$$= -10\log(1 + \omega^2 T^2)$$

이 된다. 여기서,

$$\omega T \ll 1 \text{ 이면 } g \fallingdotseq -10\log 1 \fallingdotseq 0$$
$$\omega T = 1 \text{ 이면 } g \fallingdotseq -10\log(1+1) \fallingdotseq -3$$
$$\omega T = 10 \text{ 이면 } g \fallingdotseq -10\log(1+100) \fallingdotseq -20$$
$$\omega T = 20 \text{ 이면 } g \fallingdotseq -10\log(1+400) \fallingdotseq -26$$

가 된다. 또, $\omega T \gg 1$이면

$$g = -10\log(\omega T)^2 = -20\log \omega T$$

이므로 1[decade]마다 20[dB]씩 감소한다.

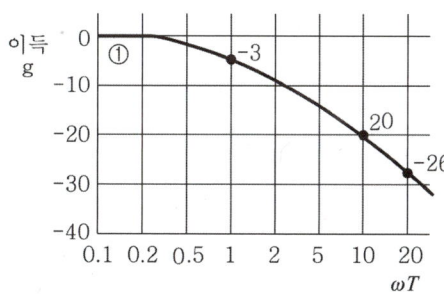

(5) 2차의 극 또는 영점(2차 지연 요소)

$$G(s) = \frac{\omega_n^2}{s^2 + 2\delta\omega_n s + \omega_n^2} = \frac{1}{\dfrac{s^2}{\omega_n^2} + \dfrac{2\delta}{\omega_n}s + 1}$$ 출제 산업 1번

$$G(j\omega) - \frac{1}{\left[1 - \left(\dfrac{\omega}{\omega_n}\right)^2\right] + j\omega\dfrac{2\delta}{\omega_n}}$$

$G(j\omega)$의 크기는

$$20\log|G(j\omega)| = -20\log\sqrt{\left[1 - \left(\dfrac{\omega}{\omega_n}\right)^2\right]^2 + \left(\dfrac{2\delta\omega}{\omega_n}\right)^2}\text{[dB]}$$

$G(j\omega)$의 위상각은

$$\text{Arg}G(j\omega) - -\tan^{-1}\frac{\dfrac{2\delta\omega}{\omega_n}}{1 - \left(\dfrac{\omega}{\omega_n}\right)^2}$$

$\dfrac{\omega}{\omega_n} \ll 1$인 주파수 영역에서 $G(j\omega)$의 크기는

$$20\log|G(j\omega)| = -20\log 1 = 0[\text{dB}]$$

그러므로 2차 인수의 저주파수 점근선도 기울기 0을 갖는 직선이다.

$\dfrac{\omega}{\omega_1} \gg 1$인 주파수 영역에서는 $G(j\omega)$의 크기는

$$20\log|G(j\omega)| = -20\log\sqrt{\left[1 - \left(\dfrac{\omega}{\omega_n}\right)^2\right]^2 + \left(2\delta\dfrac{\omega}{\omega_n}\right)^2}$$

$$\cong -20\log\sqrt{\left(\dfrac{\omega}{\omega_n}\right)^4}$$

$$= -40\log\left(\dfrac{\omega}{\omega_n}\right)[\text{dB}]$$

위 식은 반대수(半對數) 좌표계에서 기울기 $-40[\text{dB/decade}]$를 갖는 직선 방정식을 표시한다.

(6) 전달 늦음 $G(s) = e^{-TS}$의 보드 선도

$$G(j\omega) = e^{-j\omega T}$$

$G(j\omega)$의 크기는

$$20\log|G(j\omega)| = 20\log\left|e^{-j\omega T}\right| = 0[\text{dB}]$$

위상각은

$$\text{Arg } G(j\omega) = \text{Arg } e^{-j\omega T} = \text{Arg}(\cos\omega T - j\sin\omega T)$$
$$= \tan^{-1}(-\tan\omega T) = -\omega T[\text{rad}]$$

3) 이득 – 위상 각도

이득–위상 선도는 보드 선도의 이득 선도, 위상 선도를 1개의 곡선으로 나타낸 것으로, 종축에 이득의 데시벨값 $g[\text{dB}]$을 취하고 횡축에 위상각 $\theta°$를 취하여 주파수 ω를 파라미터로 표시한 것이다.

이 선도의 장점은 폐루프계의 상대 안정도와 주파수 응답을 알기 위하여 니콜스 차트(Nichols chart) 상에 중첩시켜 그대로 자동 제어계의 안정성을 판정하는 데 있다.

03 - 주파수 특성에 관한 상수

자동 제어계의 주파수 영역 내에서 성능을 설명하는 상수는 다음과 같은 것이 있다.

1) 영 주파수에서의 이득 M_0

최종값 정리에 의하면 단위 계단 입력에 대한 정상 응답은 폐회로 전달 함수에서 $s = 0$으로 놓아 얻을 수 있으므로 M_0는 정상값이다. 그리고 $1 - M_0$는 정상 오차이다.

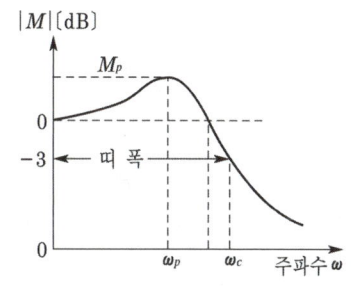

2) 대역폭

대역폭은 크기가 $0.707 M_0$ 또는 $(20 \log M_0 - 3)$[dB]에서의 주파수로 정의한다. 대역폭이 넓으면 넓을수록 응답 속도가 빠르다.

3) 공진 정점 M_p

최댓값으로 정의하며 계의 안정도의 척도가 된다. M_p가 크면 과도 응답 시 오버슈트가 커진다. 제어계에서 최적의 M_p의 값은 대략 $1.1 \sim 1.5$이다. 출제 기사 3번

4) 공진 주파수 ω_p

공진 정점이 일어나는 주파수이며, 일반적으로 ω_p의 값이 높으면 주기는 작다.

5) 분리도

분리도는 신호와 잡음(외란)을 분리하는 제어계의 특성을 가리킨다. 일반적으로 예리한 분리 특성은 큰 M_p를 동반하므로 불안정하기가 쉽다. 출제 기사 3번

04 - 2차 시스템에서의 M_p와 ω_p

2차 자동 제어계의 M_p와 ω_p는 계의 제동비 δ 및 고유 주파수 ω_n과 직접적인 관계가 있다. 2차계 전달 함수는

$$\frac{C(s)}{R(s)} = \frac{\omega_n^2}{s^2 + 2\delta \omega_n s + \omega_n^2}$$ 출제 산업 1번

주파수 전달 함수는

$$M(j\omega) = \frac{C(j\omega)}{R(j\omega)} = \frac{1}{1 + j2\delta\dfrac{\omega}{\omega_n} - \left(\dfrac{\omega}{\omega_n}\right)^2}$$

$u = \dfrac{\omega}{\omega_n}$ 라 놓으면 $|M(j\omega)|$는

$$M = |M(j\omega)| = \frac{1}{[(1-u^2)^2 + (2\delta u)^2]^{1/2}}$$

$M(j\omega)$의 위상각 ϕ_m은

$$\phi_m = -\tan^{-1}\frac{2\delta u}{1-u^2}$$

공진 주파수 ω_p는 M을 u에 관하여 미분하면 얻을 수 있다. 즉,

$$\frac{dM}{du} = -\frac{1}{2}(u^4 - 2u^2 + 1 + 4\delta^2 u^2)^{-3/2}(4u^3 - 4u + 8u\delta^2) = 0$$

위 식에서 $4u^3 - 4u + 8u\delta^2 = 0$이므로

$$u_p = \sqrt{1 - 2\delta^2} = \frac{\omega_p}{\omega_n}$$

따라서 공진 주파수는 위 식에서

$$\omega_p = \omega_n\sqrt{1 - 2\delta^2}$$

을 얻는다. 위 식은 $1 - 2\delta^2 \geq 0$에 대해서 유효하므로

$$\delta \leq 0.707$$

을 얻는다. 위 식이 가지는 의미는 $\delta > 0.707$에 대해서는 ω 대 M 곡선상에서 공진 정점이 나타나지 않는다는 뜻이다. 즉, 제동비 δ가 0.707보다 크면 모든 $\omega(>0)$에 대하여 M의 값은 M_0보다 작은 값을 갖는다. 공진 정점 M_p는

$$M_p = \frac{1}{\{[1 - (1 - 2\delta^2)]^2 + 4\delta^2(1 - 2\delta^2)\}^{1/2}}$$

$$= \frac{1}{2\delta\sqrt{1 - \delta^2}} \quad \boxed{\text{출제}}\ \text{산업 1번, 기사 1번}$$

여기서 2차계의 주파수 영역 특성 M_p와 ω_p는 시간 영역 특성 δ와 ω_n에 의하여 정해진다.

주파수 응답

☆ 【76. 산업기사】
01 주파수 응답에 필요한 입력은?

① 계단 입력　　　② 임펄스 입력　　　③ 램프 입력　　　④ 정현파 입력

해설 주파수 응답법은 임의의 제어계 $G(S)$에 정현파 입력을 가했을 때 정상 상태에서 출력에 관심을 두고 입력 정현파 진폭을 일정하게 유지하면서 그때그때 주파수에 대한

진폭비 $= \dfrac{출력의\ 진폭}{입력의\ 진폭}$

위상차 = 입력의 위상과 출력의 위상차를 나타내는 방법을 말한다.

★☆ 【96. 06. 기사, ⊕ : 77. 산업기사】
02 전향 이득이 증가할수록 어떤 변화가 오는가?

① 오버슈트가 증가한다.　　　② 빨리 정상 상태에 도달한다.
③ 오차가 증가한다.　　　④ 입상 시간이 늦어진다.

해설 전향 이득이 증가하면 오버슈트(최대 초과량)가 증가한다.

★ 【83. 기사】
03 일반적으로 선형 제어계의 주파수 특성은?

① 저주파 여파기 특성　　　② 중간 주파 여파기 특성
③ 대역 주파 여파기 특성　　　④ 고주파 여파기 특성

해설 선형 제어계 : 저주파 필터(여파기 특성)

이득

★ 【97. 16. 기사】
04 전압비 10^6배일 때 감쇠량으로 표시하면 몇 [dB]인가?

① 20　　　② 60　　　③ 100　　　④ 120

해설 이득 $= 20\log10^6 = 120[dB]$

★ 【95. 기사】

05 $G(s) = 1/s$에서 $\omega = 10$[rad/sec]일 때 이득[dB]은?

① -50 ② -40 ③ -30 ④ -20

해설 이득 $= 20\log\left|\dfrac{1}{10}\right| = -20$[dB]

★★★☆ 【94. 98. 04. 06. 08. 기사, 82. 83. 산업기사, ⊕ : 82. 산업기사】

06 $G(j\omega) = j0.1\omega$ 에서 $\omega = 0.01$[rad/s]일 때, 계의 이득[dB]은?

① -100 ② -80 ③ -60 ④ -40

해설 $g = 20\log|G(j\omega)| = 20\log|0.001j| = 20\log\left|\dfrac{1}{1000}j\right| = -60$[dB]

★ 【93. 기사】

07 벡터 궤적의 임계점$(-1, j0)$에 대응하는 보드 선도상의 점은 이득이 A[dB], 위상이 B되는 점이다. A, B에 알맞은 것은?

① $A = 0$[dB], $B = -180°$ ② $A = 0$[dB], $B = 0°$

③ $A = 1$[dB], $B = 0°$ ④ $A = 1$[dB], $B = 180°$

해설 이득 $= 20\log|G| = 20\log 1 = 0$[dB]
위상 $= -180°$ 또는 $180°$

★★ 【98. 15. 기사, ⊕ : 96. 기사】

08 $G(j\omega) = 5j\omega$이고, $\omega = 0.02$일 때 이득[dB]은?

① 20 ② 10 ③ -20 ④ -10

해설 $g = 20\log|G(j\omega)| = 20\log|5j\omega|_{\omega = 0.02}$
$= 20\log|j5 \times 0.02| = 20\log|j0.1| = 20\log 10^{-1} = -20$

★ 【93. 기사】

09 $G(s) = e^{-LS}$에서 $\omega = 100$[rad/s]일 때 이득[dB]은?

① 0 ② 20 ③ 30 ④ 40

해설 $G(s) = e^{-LS} = e^{-j\omega L} = \cos(\omega L) - j\sin(\omega L)$
$|G(s)| = 1$ ∴ 이득 $= 20\log 1 = 0$[dB]

★★★★ 【79. 83. 기사, 78. 80. 81. 82. 산업기사】

10 $G(s) = \dfrac{1}{1 + sT}$에서 $\omega T = 10$일 때 $|G(j\omega)|$의 값[dB]은?

① 10 ② 20 ③ -10 ④ -20

답 5. ④ 6. ③ 7. ① 8. ③ 9. ① 10. ④

해설 $g[\mathrm{dB}] = 20\log|G(j\omega)| = 20\log\left|\dfrac{1}{1+j\omega T}\right| = 20\log\dfrac{1}{\sqrt{1+(\omega T)^2}} = 20\log\dfrac{1}{\sqrt{1+10^2}}$

$\fallingdotseq 20\log\dfrac{1}{10} = -20[\mathrm{dB}]$

★★【96. 23. 기사, 80. 산업기사, ⊕ : 78. 산업기사, 05 기사】

11 $T(s) = \dfrac{1}{s(s+10)}$ 인 선형 제어계에서 $\omega = 0.1$일 때 주파수 전달 함수의 이득[dB]은?

① -20 ② 0 ③ 20 ④ 40

해설 $g = 20\log|G(j\omega)| = 20\log\left|\dfrac{1}{j\omega(j\omega+10)}\right| = 20\log\dfrac{1}{\omega\sqrt{\omega^2+10^2}}$

$= 20\log\dfrac{1}{0.1\sqrt{0.1^2+10^2}} \fallingdotseq 20\log 1 = 0[\mathrm{dB}]$

★【98. 14. 기사】

12 $G(s) = \dfrac{1}{1+10s}$ 인 1차 지연 요소의 $G[\mathrm{dB}]$는? 단, $\omega = 0.1[\mathrm{rad/sec}]$이다.

① 약 3 ② 약 -3 ③ 약 10 ④ 약 20

해설 $G(s) = 20\log|G(j\omega)| = 20\log\left|\dfrac{1}{1+j10\times0.1}\right| = 20\log\dfrac{1}{\sqrt{2}} \fallingdotseq -3$

★★★★★【79. 92. 96. 99. 01. 05. 07. 09. 24. 기사, 80. 81. 82. 산업기사, ⊕ : 82. 산업기사】

13 $G(s) = \dfrac{1}{1+Ts}$ 인 제어계에서 절점 주파수의 이득은?

① $-5[\mathrm{dB}]$ ② $4[\mathrm{dB}]$ ③ $-3[\mathrm{dB}]$ ④ $2[\mathrm{dB}]$

해설 $\omega T = 1$에서 $\omega = \dfrac{1}{T}$(절점 주파수)이므로

$g = 20\log|G(j\omega)| = 20\log\left|\dfrac{1}{1+j}\right| = 20\log\left(\dfrac{1}{\sqrt{2}}\right) \fallingdotseq -3[\mathrm{dB}]$

★★★★★【88. 91. 94. 96. 99. 02. 기사, 80. 82. 83. 산업기사】

14 주파수 전달함수 $G(j\omega) = \dfrac{1}{j100\omega}$ 인 계에서 $\omega = 0.1[\mathrm{rad/sec}]$일 때 이 계의 이득[dB] 및 위상각 $\theta[\mathrm{deg}]$는 얼마인가?

① $-20[\mathrm{dB}]$, $-90°$ ② $-40[\mathrm{dB}]$, $-90°$

③ $20[\mathrm{dB}]$, $-90°$ ④ $40[\mathrm{dB}]$, $90°$

해설 $g = 20\log|G(j\omega)| = 20\log\left|\dfrac{1}{j100\omega}\right| = 20\log\left|\dfrac{1}{j10}\right| = 20\log\dfrac{1}{10} = -20[\mathrm{dB}]$

$\theta = \angle G(j\omega) = \angle\dfrac{1}{j100\omega} = \angle\dfrac{1}{j10} = -90°$

★【98. 기사】

15 전달 함수 $G(s) = \dfrac{10}{(s+1)(s+2)}$ 으로 표시되는 제어 계통에서 직류 이득은 얼마인가?

① 1　　　　　　② 2　　　　　　③ 3　　　　　　④ 5

[해설] 직류에서는 $j\omega = 0$, $s = 0$이므로 $G = \dfrac{10}{2} = 5$

유사문제

‖ 유사문제 원문 및 해설 : 동일출판사 홈페이지 ≫ 고객센터 ≫ 자료실

01. $G(s) = \dfrac{1}{s(s+10)}$ 인 선형 제어계에서 $\omega = 0.1$일 때 주파수 전달 함수의 이득은?

[답] 0[dB]

02. $G(s) = 0.1s$ 에서 $\omega = 10$[rad/sec]일 때 이득과 위상각은?

[답] 0[dB], 90°

03. $G(s) = 1 + sT$ 인 제어계에서 $\omega T = 100$ 일 때 이득[dB]은?

[답] 40[dB]

04. $G(s) = \dfrac{1}{0.1s(0.01s+1)}$ 에서 $\omega = 0.1$[rad/s]일 때의 이득 및 위상각은?

[답] 40[dB], −90°

05. 20[dB]과 40[dB]의 전압 이득을 갖는 증폭기 두 개를 종속 접속하면 종합 이득은? 단, 증폭기의 입력 임피던스는 매우 크다고 생각한다.

[답] 60[dB]

벡터 궤적

★★【99. 00. 기사】

16 $G(j\omega) = \dfrac{1}{1 + j\,2\,T}$ 이고 $T = 2$[sec]일 때 크기 $|G(j\omega)|$의 위상 $\angle G(j\omega)$는 각각 얼마인가?

① 0.44, −36°　　② 0.44, 36°　　③ 0.24, −76°　　④ 0.24, 76°

[해설] $G(j\omega) = \dfrac{1}{1 + j2 \times 2}$ 이므로

$|G(j\omega)| = \left| \dfrac{1}{1 + j4} \right| = \left| \dfrac{1}{\sqrt{17}} \right| = 0.24$

$\theta = \angle G(j\omega) = -\tan^{-1} 4 = -76°$

[답] 15. ④ 16. ③

★★【79. 94. 10. 기사】

17 $G(s) = \dfrac{1}{1+5s}$ 일 때 절점에서 절점 주파수 ω_0를 구하면?

① 0.1[rad/s]　　　② 0.5[rad/s]　　　③ 0.2[rad/s]　　　④ 5[rad/s]

해설▶　절점 주파수는 $1 = 5\omega_0$, ∴ $\omega_0 = 0.2$

★【96. 02. 기사】

18 $G(j\omega) = \dfrac{1}{1+j\,10\omega}$ 로 주어지는 계의 절점 주파수는 몇 [rad/sec]인가?

① 0.1　　　② 1　　　③ 10　　　④ 11

해설▶　$\omega T = 1$, $10\,\omega = 1$, $\omega = \dfrac{1}{10} = 0.1$

★【95. 기사】

19 $G(j\omega) = 4j\omega^2$의 계의 이득이 0[dB]이 되는 각주파수는?

① 1　　　② 0.5　　　③ 4　　　④ 2

해설▶　이득$= 20\log |G(j\omega)| = 0$[dB]이므로
　　　$|G(j\omega)| = 4\omega^2 = 1$　∴ $\omega = 0.5$

★★【80. 기사, ㊌ : 81. 82. 산업기사】

20 1차 지연 요소의 벡터 궤적은?

①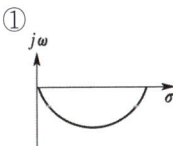　　②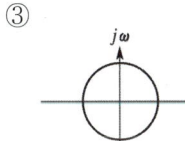　　③ 　　④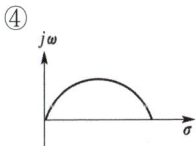

해설▶　1차 지연 요소의 전달 함수는 $G(s) = \dfrac{1}{1+Ts}$에서 $s = j\omega$로 대치하면

　　　$G(j\omega) = \dfrac{1}{1+j\omega T}$이 되므로 ω를 0~∞까지 변화시키면

　　　중심 $\left(\dfrac{1}{2},\ 0\right)$이고 반지름 $\dfrac{1}{2}$인 반원이 된다.

☆【03. 15. 기사, 81. 산업기사】

21 벡터 궤적이 그림과 같이 표시되는 요소는?

① 비례 요소
② 1차 지연 요소
③ 부동작 시간 요소
④ 2차 지연 요소

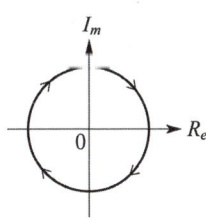

답　17. ③　18. ①　19. ②　20. ①　21. ③

해설 부동작 시간 요소 $G(s) = e^{-Ls}$ 는

$$G(j\omega) = e^{-j\omega L} = \cos\omega L - j\sin\omega L$$

$$|G(j\omega)| = \sqrt{(\cos\omega L)^2 + (\sin\omega L)^2} = 1$$

$$\angle G(j\omega) = \tan^{-1}\left(\frac{\sin\omega L}{\cos\omega L}\right) = -\omega L$$

크기는 1이고, ω의 증가에 따라 벡터 궤적 $G(j\omega)$는 원주상을 시계 방향으로 회전한다.

★★ 【01. 10. 기사, 80. 산업기사, ㊉ : 78. 산업기사】

22 그림과 같은 벡터 궤적을 갖는 계의 주파수 전달 함수는?

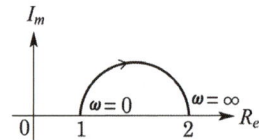

① $\dfrac{1}{j\omega + 1}$　　② $\dfrac{1}{j2\omega + 1}$　　③ $\dfrac{j\omega + 1}{j2\omega + 1}$　　④ $\dfrac{j2\omega + 1}{j\omega + 1}$

해설 $G(j\omega) = \dfrac{1 + j\omega T_2}{1 + j\omega T_1}$ 에서

$\omega = 0$일 때, $|G(j\omega)| = 1$

$\omega = \infty$일 때, $|G(j\omega)| = \dfrac{T_2}{T_1} = 2$

$T_2 > T_1$이고, 위상각은 (+)값이므로　∴ $G(j\omega) = \dfrac{1 + j2\omega}{1 + j\omega}$

★☆ 【98. 기사, 80. 산업기사】

23 $G(s) = \dfrac{K}{s(1 + Ts)}$ 의 벡터 궤적은?

①　　　　　②　　　　　③　　　　　④

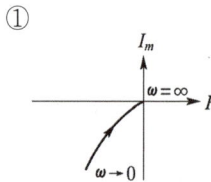
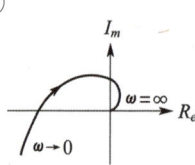
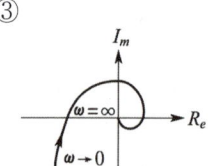
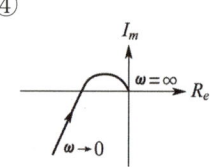

해설 $G(j\omega) = \dfrac{K}{j\omega(1 + j\omega T)}$

$$\lim_{\omega \to 0}|G(j\omega)| = \lim_{\omega \to 0}\left|\frac{K}{j\omega(1 + j\omega T)}\right| = \lim_{\omega \to 0}\left|\frac{K}{j\omega}\right| = \infty$$

$$\lim_{\omega \to 0}\angle G(j\omega) = \lim_{\omega \to 0}\angle\frac{K}{j\omega(1 + j\omega T)} = \lim_{\omega \to 0}\angle\frac{K}{j\omega} = -90°$$

$$\lim_{\omega \to \infty}|G(j\omega)| = \lim_{\omega \to \infty}\left|\frac{K}{j\omega(1 + j\omega T)}\right| = \lim_{\omega \to \infty}\left|\frac{K}{(j\omega)^2 T}\right| = 0$$

$$\lim_{\omega \to \infty}\angle G(j\omega) = \lim_{\omega \to \infty}\angle\frac{K}{j\omega(1 + j\omega T)} = \lim_{\omega \to \infty}\angle\frac{K}{(j\omega)^2 T} = -180°$$

답 22. ④　23. ①

☆ 【03. 기사】

24 그림과 같은 극좌표 선도를 갖는 계통의 전달함수는?

① $G(s) = \dfrac{K_0}{1+sT}$

② $G(s) = \dfrac{K_0}{s(1+sT)}$

③ $G(s) = \dfrac{K_0}{s(1+sT_1)(1+sT_2)}$

④ $G(s) = \dfrac{K_0}{s(1+sT_1)(1+sT_2)(1+sT_3)}$

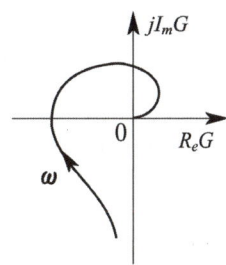

유사문제

‖ 유사문제 원문 및 해설 : 동일출판사 홈페이지 ≫ 고객센터 ≫ 자료실

01. 전달 함수 $G(j\omega) = \dfrac{1}{1+j\omega T}$의 크기와 위상각을 구한 값은? 단, $T > 0$이다.

답 $G(j\omega) = \dfrac{1}{\sqrt{1+\omega^2 T^2}} \angle -\tan^{-1}\omega T$

02. 전달 함수 $G(s) = \dfrac{20}{3+2s}$을 갖는 요소가 있다. 이 요소에 $\omega = 2$인 정현파를 주었을 때 $|G(j\omega)|$를 구하면?

답 $|G(j\omega)| = 4$

03. $G(j\omega) = \dfrac{10}{j\omega(j\omega+1)}$에 있어서 $\omega \to \infty$에서의 $|G(j\omega)|$ 및 $G(j\omega)$의 값은?

답 0, $-180°$

04. 전달 함수가 $G(j\omega) = \dfrac{j\omega}{j\omega+(1/RC)}$인 경우 $\omega = \infty$에서의 $|G(j\omega)|$ 및 $G(j\omega)$ 값은?

답 1, $0°$

05. 전달 함수 $G(s)$가 다음과 같은 계가 있다. $\omega = 0$ 근방에서의 위상각은?

답 -90h°

06. 주파수 전달 함수가 $G(j\omega) = \alpha + j\omega\beta$인 경우 절점 주파수 ω_0는?

답 $\dfrac{\alpha}{\beta}$

07. $G(s) = \dfrac{K}{(1+T_1 s)(1+T_2 s)(1+T_3 s)}$의 벡터 궤적은?

답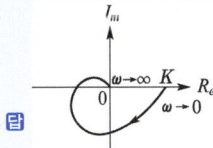

답 24. ④

08. 그림과 같은 회로의 극좌표 도시(polar plot)는?

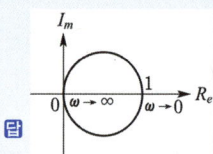

답

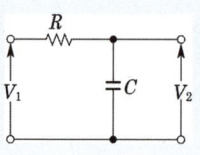

09. 그림과 같은 회로에서 V_2/V_1의 극좌표 도시는?

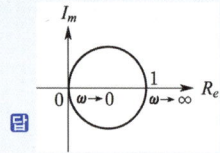

답

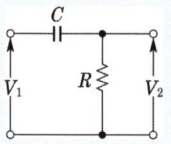

보드선도

☆ 【78. 산업기사】

25 보드 선도에서 전달 함수 $G(j\omega) = \dfrac{K}{1 + j\omega T}$인 요소의 절점 이득과 절점 주파수의 참이득과의 차[dB]는?

① $20\log 1$ ② $20\log\dfrac{1}{\sqrt{2}}$ ③ $20\log\sqrt{2}$ ④ $20\log 10$

해설

절점 주파수 이득 $\omega T = 1$에서 $\omega = \dfrac{1}{T}$

$$g = 20\log\left|\dfrac{1}{1 + j\omega T}\right| = 20\log\left|\dfrac{1}{1 + j}\right| = 20\log\dfrac{1}{\sqrt{2}}$$

★ 【00. 기사】

26 $G(s) = K/S$인 적분 요소의 보드 선도에서 이득 곡선의 1[decade]당 기울기는?

① $10[\text{dB}]$ ② $20[\text{dB}]$ ③ $-10[\text{dB}]$ ④ $-20[\text{dB}]$

해설

$g = 20\log|G(j\omega)| = 20\log\left|\dfrac{K}{j\omega}\right| = 20\log\dfrac{K}{\omega} = 20\log K - 20\log\omega$

$\omega = 0.1$ 일 때 $g = 20\log K + 20[\text{dB}]$

$\omega = 1$ 일 때 $g = 20\log K[\text{dB}]$

$\omega = 10$ 일 때 $g = 20\log K - 20[\text{dB}]$

그러므로 $-20[\text{dB}]$의 경사를 가지며, 위상각은 $\theta = G(j\omega) = \angle\dfrac{K}{j\omega} = -90°$

답 25. ② 26. ④

★★ 【00. 09. 기사, ⊕ : 82. 83. 산업기사】

27 $G(j\omega) = K(j\omega)^2$인 보드 선도의 기울기는 몇 [dB/dec]인가?

① -40 ② 20 ③ 40 ④ -20

해설 $g = 20\log|G(j\omega)| = 20\log|K(j\omega)^2| = 20\log K\omega^2 = 20\log K + 40\log\omega$
$\omega = 0.1$ 일 때 $g = 20\log K - 40$[dB]
$\omega = 1$ 일 때 $g = 20\log K$
$\omega = 10$ 일 때 $g = 20\log K + 40$[dB]
그러므로 40[dB/dec]의 경사를 가지며 $\theta = \angle G(j\omega) = \angle K(j\omega)^2 = 180°$

★☆ 【93. 기사, 81. 산업기사】

28 $G(s) = s$의 보드 선도는?

① $+20$[dB/dec]의 경사를 가지며 위상각 $90°$

② -20[dB/dec]의 경사를 가지며 위상각 $-90°$

③ 40[dB/dec]의 경사를 가지며 위상각 $180°$

④ -40[dB/dec]의 경사를 가지며 위상각 $-180°$

해설 $g = 20\log|G(j\omega)| = 20\log|j\omega| = 20\log\omega$
$\omega = 0.1$일 때 $g = -20$[dB]
$\omega = 1$일 때 $g = 0$[dB]
$\omega = 10$일 때 $g = 20$[dB]
그러므로 20[dB/dec]의 경사를 가지며 $\theta = \angle G(j\omega) = \angle(j\omega) = 90°$

★★ 【78. 97. 기사】

29 $G(j\omega) = K(j\omega)^2$의 보드 선도는?

① -40[dB]의 경사를 가지며 위상각 $-180°$

② 40[dB]의 경사를 가지며 위상각 $180°$

③ -20[dB]의 경사를 가지며 위상각 $-90°$

④ 20[dB]의 경사를 가지며 위상각 $90°$

해설 $g = 20\log|G(j\omega)| = 20\log|K(j\omega)^2| = 20\log K\omega^2 = 20\log K + 40\log\omega$
$\omega = 0.1$일 때 $g = 20\log K - 40$[dB]
$\omega = 1$일 때 $g = 20\log K$
$\omega = 10$일 때 $g = 20\log K + 40$[dB]
그러므로 40[dB/dec]의 경사를 가지며 $\theta = \angle G(j\omega) = \angle K(j\omega)^2 = 180°$

★★★☆ 【91. 96. 01. 기사, 76. 산업기사】

30 $G(j\omega) = K(j\omega)^3$의 보드 선도는?

① 20[dB/dec]의 경사를 가지며 위상각 $90°$

② 40[dB/dec]의 경사를 가지며 위상각 $-90°$

③ 60[dB/dec]의 경사를 가지며 위상각 $-90°$

④ 60[dB/dec]의 경사를 가지며 위상각 $270°$

답 27. ③   28. ①   29. ②   30. ④

해설 ▸ $g = 20\log|G(j\omega)| = 20\log|K(j\omega)^3| = 20\log K\omega^3 = 20\log K + 60\log\omega$

$\omega = 0.1$일 때 $g = 20\log K - 60$[dB]

$\omega = 1$일 때 $g = 20\log K$[dB]

$\omega = 10$일 때 $g = 20\log K + 60$[dB]

그러므로 60[dB]의 경사를 가지며

$\theta = \angle G(j\omega) = \angle K(j\omega)^3 = 270°$

★★ 【82. 87. 기사】
31 어떤 계통의 보드 선도 중 이득 선도가 그림과 같을 때 이에 해당하는 계통의 전달 함수는?

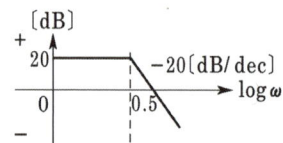

① $\dfrac{20}{5s+1}$ ② $\dfrac{10}{2s+1}$ ③ $\dfrac{10}{5s+1}$ ④ $\dfrac{20}{2s+1}$

해설 ▸ $g[\text{dB}] = 20\log\left|\dfrac{10}{2j\omega+1}\right| = 20\log10 - 20\log\sqrt{(2\omega)^2+1}$

절점은 0.5이므로

$\omega \ll 0.5$, $g = 20\log10 - 20\log1 = 20$[dB]

$\omega \gg 0.5$, $g = 20\log10 - 20\log\omega = 20[\text{dB}] - 20[\text{dB/dec}]$

★★★ 【98. 00. 05. 22. 23. 25. 기사】
32 그림과 같은 보드 선도를 갖는 계의 전달 함수는?

① $G(s) = \dfrac{10}{(s+1)(10s+1)}$

② $G(s) = \dfrac{5}{(s+1)(10s+1)}$

③ $G(s) = \dfrac{10}{(s+1)(s+10)}$

④ $G(s) = \dfrac{20}{(s+1)(5s+1)}$

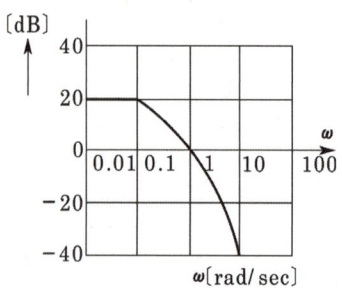

해설 ▸ $G(s) = \dfrac{10}{(s+1)(10s+1)}$ 의 보드선도 이득 곡선은

$g[\text{dB}] = 20\log\left|\dfrac{10}{(j\omega+1)(j10\omega+1)}\right| = 20\log\dfrac{10}{\sqrt{\omega^2+1}\,\sqrt{(10\omega)^2+1}}$

$= 20\log10 - 20\log\sqrt{\omega^2+1} - 20\log\sqrt{(10\omega)^2+1}$

· $\omega < 0.1$일 때

$g = 20 - 20\log1 - 20\log1 = 20$[dB]

· $0.1 < \omega < 1$일 때

$g = 20 - 20\log1 - 20\log10\omega = 20 - 20\log10 - 20\log\omega$

$= -20\log\omega$이므로 -20[dB/dec]

📋 31. ② 32. ①

• $\omega > 1$일 때

$g = 20 - 20\log\omega - 20\log10\omega = 20 - 20\log\omega - 20\log10 - 20\log\omega$

$= -40\log\omega$이므로 $-40[\mathrm{dB/dec}]$

★☆ 【02. 11. 기사】

33 그림과 같은 보드 위상 선도를 가지는 회로망은 어떤 보상기로 사용될 수 있는가?

① 진상 보상기

② 지상 보상기

③ 지·진상 보상기

④ 진·지상 보상기

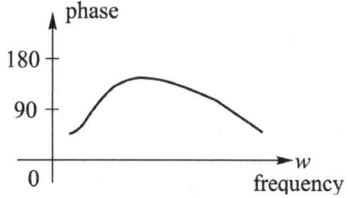

★ 【85. 기사】

34 다음 그림은 입상 진상 회로의 보드 선도이다. 이에 적합한 전달 함수는?

① $\dfrac{T_2}{T_1} \cdot \dfrac{1 + T_1 s}{1 + T_2 s}$, $T_1 > T_2$

② $\dfrac{T_1}{T_2} \cdot \dfrac{1 + T_1 s}{1 + T_2 s}$, $T_1 > T_2$

③ $\dfrac{T_2}{T_1} \cdot \dfrac{1 + T_1 s}{1 + T_2 s}$, $T_1 < T_2$

④ $\dfrac{T_1}{T_2} \cdot \dfrac{1 + T_1 s}{1 + T_2 s}$, $T_1 < T_2$

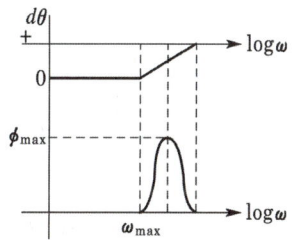

해설 진상회로 $\dfrac{s+a}{s+b}$ $(a < b)$, 지상회로 $\dfrac{s+a}{s+b}$ $(a > b)$의 조건에서

$$\frac{T_2}{T_1} \cdot \frac{1 + T_1 s}{1 + T_2 s} = \frac{s + \dfrac{1}{T_1}}{s + \dfrac{1}{T_2}}$$

$T_1 > T_2$일 때 $\dfrac{1}{T_1} < \dfrac{1}{T_2}$이므로 $a < b$의 조건을 만족

★☆ 【96. 23. 기사, 82. 산업기사】

35 2차 지연 요소의 보드 선도에서 이득 곡선의 두 점근선이 만나는 점의 주파수는?

① 영 주파수 　　② 공진 주파수 　　③ 고유 주파수 　　④ 차단 주파수

해설 2개의 점근선의 교점을 절점이라 하고 $u-1$, 즉 $\omega - \dfrac{1}{T}$인 주파수를 절점 주파수라 한다. 2차 지연 요소

의 보드 선도의 두 점근선의 교점은 $-40\log\dfrac{\omega}{\omega_n} = 0[\mathrm{dB}]$로부터 $\omega = \omega_n$으로 된다. 따라서 2차 인수의 절

점 주파수는 $\omega = \omega_n$(고유 주파수)이라고 생각된다.

또한 2차 지연 요소의 보드 선도의 특징은

(1) 이득 곡선은 $u = \omega T \ll 1$일 때 횡축에 평행한 직선과 $u \gg 1$일 때의 디케이드(decade)당 $-40[\text{dB}]$의 경사를 갖는 직선을 점근선으로 가진다. 절점은 $u = 1$, 즉 $\omega = \dfrac{1}{T}$이다.

(2) 위상 곡선은 $0° \sim 180°$ 사이를 변화하고 절점에서 $-90°$이다.

(3) 실제의 크기 곡선은 점근선과 현저하게 편기된다. 그 이유는 크기 곡선과 위상각 곡선은 절점 주파수 ω_n(고유 주파수)에만 의하지 않고 제동비 또는 감쇠율(damping ratio) δ에도 의하기 때문이다.

★★ 【79. 83. 03. 기사】

36 폐루프 전달 함수 $\dfrac{C(s)}{R(s)} = \dfrac{1}{2s+1}$인 계에서 대역폭(帶域幅, BW)은 몇 [rad]인가?

① 0.5[rad] ② 1[rad] ③ 1.5[rad] ④ 2[rad]

해설 $G(j\omega) = \dfrac{1}{2j\omega+1}$, $|G(j\omega)| = \dfrac{1}{\sqrt{(2\omega)^2+1}}$

대역폭을 구하기 위하여 차단 주파수를 ω_c라 하면

$\dfrac{1}{\sqrt{(2\omega_c)^2+1}} = \dfrac{1}{\sqrt{2}}$ $\therefore \omega_c = 0.5[\text{rad}]$

★ 【94. 기사】

37 $G(j\omega) = \dfrac{1}{1+j\omega T}$에서 $\omega = 3[\text{rad/sec}]$, $|G(j\omega)| = 0.1$일 때 시정수 T의 값은 약 얼마인가?

① 25 ② 3.3 ③ 50 ④ 75

해설 $|G(j\omega)| = \left|\dfrac{1}{1+j3T}\right| = \dfrac{1}{\sqrt{1^2+(3T)^2}} = 0.1$

$\therefore T = \sqrt{11} ≒ 3.3$

유사문제

‖ 유사문제 원문 및 해설 : 동일출판사 홈페이지 ≫ 고객센터 ≫ 자료실

01. 보드 선도의 횡축에 대하여 옳은 것은?

답 주파수-대수 눈금

02. $G(s) = Ts+1$로 표시되는 제어계에서 주파수 ω가 아주 클 때 $|G(j\omega)|$는 어떤 변화[dB/dec]를 하는가?

답 +20

03. $G(s) = \dfrac{K}{Ts+1}$로 표시되는 제어계에서 주파수 ω가 아주 클 때 $|G(j\omega)|$는 어떤 변화[dB/dec]를 하는가?

답 -20

---

04. 그림의 보드 선도에서 전달 함수 $G(s)$로서 옳은 것은?

답 $\dfrac{10(1+2s)}{s(1+0.2s)(1+0.1s)}$

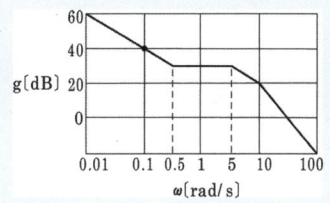

05. 단위 궤환계에서 입력과 출력이 같다면 G(전향 전달 함수)의 값은?

답 $|G| = \infty$

2차 제어계의 공진정점과 주파수

38 ★★ 【99. 01. 02. 기사】

분리도가 예리(sharp)해질수록 나타나는 현상은?

① 정상오차가 감소한다.　　② 응답속도가 빨라진다.

③ M_p의 값이 감소한다.　　④ 제어계가 불안정하여진다.

해설 분리도가 예리하면 큰 공진정점을 동반하므로 불안정하기 쉽다.

39 ★☆ 【96. 기사, ⊕ : 82. 산업기사】

폐 loop(루프) 전달 함수 $G(s) = \dfrac{\omega_n{}^2}{s^2 + 2\delta\omega_n s + \omega_n{}^2}$인 2차계에 대해서 공진값 M_p는?

① $M_p = \omega_n \sqrt{1 - 2\delta^2}$ 　　　② $M_p = \dfrac{1}{2\delta\sqrt{1-\delta^2}}$

③ $M_p = \omega_n \sqrt{1 - \delta^2}$ 　　　④ $M_p = \dfrac{1}{\sqrt{1 - 2\delta^2}}$

해설 $M_p = \dfrac{1}{\{[1 - (1 - 2\delta^2)]^2 + 4\delta^2(1 - 2\delta^2)\}^{\frac{1}{2}}} = \dfrac{1}{2\delta\sqrt{1 - \delta^2}}$

40 ☆ 【80. 산업기사】

전달 함수 $\dfrac{C(s)}{R(s)} = \dfrac{25}{s^2 + 6s + 25}$인 2차계의 과도 진동 주파수 ω_0는?

① 3[rad/s]　　　② 4[rad/s]

③ 5[rad/s]　　　④ 6[rad/s]

답 38. ④　39. ②　40. ②

해설

$$G(s) = \frac{\omega_n^2}{s^2 + 2\delta\omega_n s + \omega_n^2} = \frac{25}{s^2 + 6s + 25}, \quad \omega_n^2 = 25$$

$$\therefore \omega_n = 5 \text{(고유 진동 주파수)}$$

$$2\delta\omega_n = 6 \quad \delta = \frac{6}{10}$$

$$\omega_0 = \omega_n\sqrt{1-\delta^2} = 5\sqrt{1-\left(\frac{6}{10}\right)^2} = 5\sqrt{1-\frac{9}{25}} = 4[\text{rad/s}]$$

★★★【93. 96. 00. 기사】

41 2차 제어계에 있어서 공진 정점 M_p가 너무 크면 제어계의 안정도는 어떻게 되는가?

① 불안정하게 된다.   ② 안정하게 된다.

③ 불변이다.   ④ 조건부 안정이 된다.

해설 M_p가 크면 과도 응답 시 오버슈트가 커진다. 제어계에서 최적의 M_p값은 1.1~1.5이다.

01 — 루드–훌비쯔의 안정 판별법

이 방법은 실제로 특성 방정식의 근을 구하지 않고 특성 방정식의 계수 수열에서 안정 판별을 하는 것이다.

일반적으로 선형 자동 제어계의 특성 방정식이 다음과 같은 n차의 s다항식으로 주어질 때

$$F(s) = 1 + G(s)H(s) = a_0 s^n + a_1 s^{n-1} + a_2 s^{n-2} + \cdots + a_{n-1}s + a_n = 0$$

위 식의 근이 모두 s평면의 좌반부에 있어야만 제어계는 안정하다고 할 수 있다. <kbd>출제</kbd> 기사 4번
특성근이 s평면의 좌반부 즉, 부 (−)의 실수부를 갖는 조건은 다음과 같다.

- 특성 방정식의 모든 계수의 부호가 같아야 한다. <kbd>출제</kbd> 기사 1번
- 계수 중 어느 하나라도 0이 되어서는 안 된다.
- 루드 수열의 제1열의 원소 부호가 같아야 한다.
- 제1열의 부호 변화는 s평면의 우반면에 존재하는 근의 수를 의미한다. <kbd>출제</kbd> 기사 3번

1) 루드 수열에 의한 안정성 판별법 <kbd>출제</kbd> 산업 15번, 기사 47번

(1) 제1단계

$$F(s) = 1 + G(s)H(s)$$
$$= a_0 s^n + a_1 s^{n-1} + a_2 s^{n-2} + \cdots + a_{n-1}s + a_n = 0$$

위 식의 계수를 다음과 같이 두 줄로 나열한다.

$$a_0 \ \ a_2 \ \ a_4 \ \ a_6 \ \ a_8 \ \cdots\cdots$$
$$a_1 \ \ a_3 \ \ a_5 \ \ a_7 \ \ a_9 \ \cdots\cdots$$

(2) 제2단계

다음과 같은 규칙적인 방법으로 루드 수열을 계산하여 만든다.

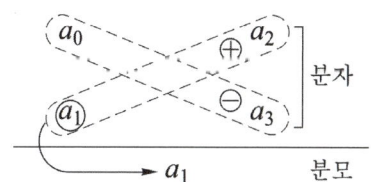

① s^4 행 작성

s^6	a_0	a_2	a_4	a_6
s^5	a_1	a_3	a_5	0
s^4	$\dfrac{a_1a_2-a_3a_0}{a_1}=A$	$\dfrac{a_1a_4-a_0a_5}{a_1}=B$	$\dfrac{a_1a_6-a_0\times0}{a_1}=a_6$	0

② s^3 행 작성

s^5	a_1	a_3	a_5	0
s^4	$\dfrac{a_1a_2-a_3a_0}{a_1}=A$	$\dfrac{a_1a_4-a_0a_5}{a_1}=B$	$\dfrac{a_1a_6-a_0\times0}{a_1}=a_6$	0
s^3	$\dfrac{Aa_3-a_1B}{A}=C$	$\dfrac{Aa_5-a_1a_6}{A}=D$	$\dfrac{A\times0-a_1\times0}{A}=0$	0

③ s^2 행 작성

s^4	$\dfrac{a_1a_2-a_3a_0}{a_1}=A$	$\dfrac{a_1a_4-a_0a_5}{a_1}=B$	$\dfrac{a_1a_6-a_0\times0}{a_1}=a_6$	0
s^3	$\dfrac{Aa_3-a_1B}{A}=C$	$\dfrac{Aa_5-a_1a_6}{A}=D$	$\dfrac{A\times0-a_1\times0}{A}=0$	0
s^2	$\dfrac{CB-AD}{C}=E$	$\dfrac{Ca_6-A\times0}{C}=a_6$	$\dfrac{C\times0-A\times0}{C}=0$	0

④ s^1 행 작성

s^3	$\dfrac{Aa_3-a_1B}{A}=C$	$\dfrac{Aa_5-a_1a_6}{A}=D$	$\dfrac{A\times0-a_1\times0}{A}=0$	0
s^2	$\dfrac{CB-AD}{C}=E$	$\dfrac{Ca_6-A\times0}{C}=a_6$	$\dfrac{C\times0-A\times0}{C}=0$	0
s^1	$\dfrac{ED-Ca_6}{E}=F$	$\dfrac{E\times0-C\times0}{E}=0$	0	0

⑤ s^0 행 작성

s^2	$\dfrac{CB-AD}{C}=E$	$\dfrac{Ca_6-A\times0}{C}=a_6$	$\dfrac{C\times0-A\times0}{C}=0$	0
s^1	$\dfrac{ED-Ca_6}{E}=F$	$\dfrac{E\times0-C\times0}{E}=0$	0	0
s^0	$\dfrac{Fa_6-E\times0}{F}=a_6$	0	0	0

⑥ 루드 표 전체

s^6	a_0	a_2	a_4	a_6
s^5	a_1	a_3	a_5	0
s^4	$\dfrac{a_1a_2-a_3a_0}{a_1}=A$	$\dfrac{a_1a_4-a_0a_5}{a_1}=B$	$\dfrac{a_1a_6-a_0\times0}{a_1}=a_6$	0
s^3	$\dfrac{Aa_3-a_1B}{A}=C$	$\dfrac{Aa_5-a_1a_6}{A}=D$	$\dfrac{A\times0-a_1\times0}{A}=0$	0
s^2	$\dfrac{CB-AD}{C}=E$	$\dfrac{Ca_6-A\times0}{C}=a_6$	$\dfrac{C\times0-A\times0}{C}=0$	0
s^1	$\dfrac{ED-Ca_6}{E}=F$	$\dfrac{E\times0-C\times0}{E}=0$	0	0
s^0	$\dfrac{Fa_6-E\times0}{F}=a_6$	0	0	0

(3) 제3단계

2단계에서 작성한 루드의 표에서 제1열(a_0, a_1, A, C, E, F, a_6)의 원소 부호를 조사한다. 특성 방정식의 모든 근이 부의 실수부를 가지려면 루드의 표에서 제1열의 원소 부하가 같고 정($+$)이라야 한다. 만일 제1열의 원소 중 부($-$)의 값이 존재하면 부호 변화의 개수만큼의 근이 우반 평면에 존재한다.

02 ─ 홀비쯔 안정 판별법 ░출제░ 산업 1번, 기사 8번

이 방법은 특성 방정식의 계수로서 만들어지는 행렬식에 의하여 판별한다.
앞의 식에서 특성 방정식의 모든 근이 좌반 평면에 존재할 필요하고도 충분한 조건은 방정식의 홀비쯔 행렬식 $D_k(k = 1, 2, \cdots, n)$가 모든 k에 대하여 정의값을 가져야 한다.
홀비쯔 행렬식 작성법은 다음과 같다.

① 계수를 다음과 같이 두 줄로 나열한다.

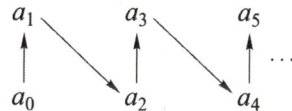

② 홀비쯔 행렬식 작성 방법

하부에서 상부로 계수가 $0 \to a_1 \to a_2 \to a_3 \cdots$의 순서가 되도록 나열한다. 이 때 행렬식에서 n보다 크거나 0보다 작은 인덱스는 0으로 대치한다. 예를 들어

• D_3 행렬식의 경우는

$$D_3 \begin{vmatrix} a_1 & a_3 & a_5 \\ a_0 & a_2 & a_4 \\ 0 & a_1 & a_3 \end{vmatrix}$$

• D_4 행렬식의 경우는

$$D_4 \begin{vmatrix} a_1 & a_3 & a_5 & a_7 \\ a_0 & a_2 & a_4 & a_6 \\ 0 & u_1 & u_3 & a_5 \\ 0 & 0 & a_2 & a_4 \end{vmatrix}$$

③ 계가 안정되기 위한 필요조건은 루드의 방법과 동일하며 충분조건은
$a_0 > 0$, $D_1 > 0$, $D_2 > 0$, $\cdots$, $D_n > 0$이다.

$$D_1 = a_1, \quad D_2 = \begin{vmatrix} a_1 & a_3 \\ a_0 & a_2 \end{vmatrix}, \quad D_3 = \begin{vmatrix} a_1 & a_3 & a_5 \\ a_0 & a_2 & a_4 \\ 0 & a_1 & a_3 \end{vmatrix}$$

$$D_n = \begin{vmatrix} a_1 & a_3 & a_5 & \cdots & a_{2n-1} \\ a_0 & a_2 & a_4 & \cdots & a_{2n-2} \\ 0 & a_1 & a_3 & \cdots & a_{2n-3} \\ 0 & a_0 & a_2 & \cdots & a_{2n-4} \\ 0 & 0 & a_1 & \cdots & a_{2n-5} \\ \vdots & & & & \\ 0 & 0 & 0 & \cdots & a_n \end{vmatrix}$$

03 – 나이퀴스트(Nyquist) 안정도 판별법

루드–홀비쯔 판별법은 계통의 안정, 불안정만을 가려내는 데는 편리하지만 안정성의 양부, 안정도의 평가, 비교 등에 대해서는 전혀 정보를 제공하지 않는다. 그러나, 나이퀴스트 판별법은 다음과 같은 특징이 있다.

① 절대 안정도에 관하여 루드–홀비쯔 판별법과 같은 정보를 제공한다.
② 시스템의 안정도를 개선할 수 있는 방법을 제시한다.
③ 시스템의 주파수 영역 응답에 대한 정보를 제공한다.   출제 기사 1번

그림의 폐회로 전달 함수(closed loop transterfunction)는

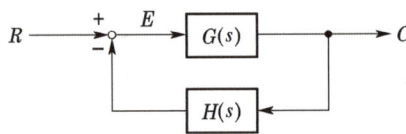

$$\frac{C(s)}{R(s)} = \frac{G(s)}{1 + G(s)H(s)}$$

이며, 전달 함수식의 분모 $1 + G(s)H(s)$는 자동 제어계 해석에 매우 중요한 요소가 된다. 분모를 0으로 놓은 식을 선형 자동 제어계의 특성 방정식이라고 한다.

특성방정식 : $1 + G(s)H(s) = 0$

여기서, $G(s) = \dfrac{A_1(s)}{B_1(s)}$, $H(s) = \dfrac{A_2(s)}{B_2(s)}$

그러므로

$$1 + G(s)H(s) = 1 + \frac{A_1(s)}{B_1(s)} \cdot \frac{A_2(s)}{B_2(s)}$$

$$= \frac{B_1(s)B_2(s) + A_1(s)A_2(s)}{B_1(s)B_2(s)} = 0$$

이므로 분자와 분모를 인수분해 하면

$$1 + G(s)H(s) = C_0 \frac{(s-z_1)(s-z_2)\cdots(s-z_n)}{(s-p_1)(s-p_2)\cdots(s-p_n)} = 0$$

여기서, $C_0 = \dfrac{a_0}{b_0}$ 인 상수가 된다

특성 방정식의 근(영점과 극점)을 구하고, 제어계가 안정하기 위해서는 특성방정식의 근이 (+)의 실수부를 갖지 않아야 한다. (근이 좌반면에 존재한다.)

다음 그림은 영점과 극점에 의한 s의 경로를 s평면상에 나타낸 것으로 이것을 나이퀴스트 선도라 한다.

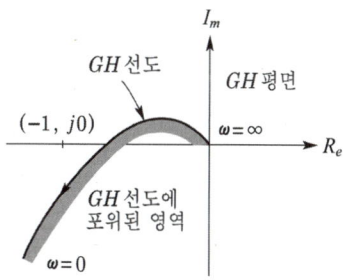

나이퀴스트 선도

1) 안정성 판별법

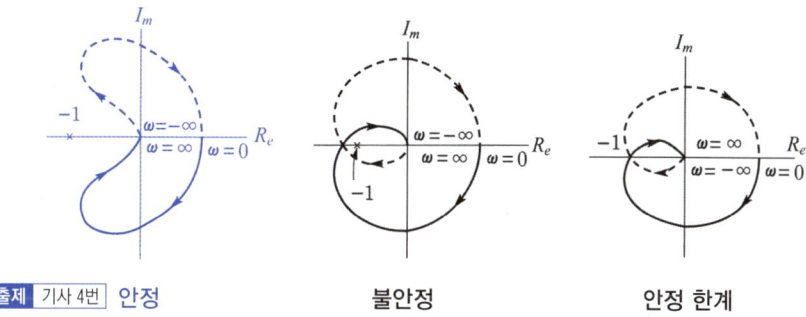

출제 기사 4번 안정   불안정   안정 한계

그림은 나이퀴스트 선도에 의한 안정, 불안정 및 임계 안정의 경우를 예시한 것이다.

즉, 자동 제어계(또는 폐회로계)가 안정한지 또는 불안정한지는 $G(s)H(s)$의 $\omega > 0$에 대한

벡터 궤적을 ω가 증가하는 방향으로 궤적을 따라갈 때 점 $(-1, j0)$을 왼쪽으로 보게 되면 안정, 오른쪽으로 보게 되면 불안정이라고 말할 수 있다. 　출제 산업 5번, 기사 4번

2) 이득 여유

그림에 표시된 나이퀴스트 선도가 부의 실축을 자르는 $G(j\omega)H(j\omega)$의 크기를 $|GH_C|$, 이 점에 대응하는 주파수를 ω_C라고 할 때 이득 여유는 다음과 같이 정의한다.

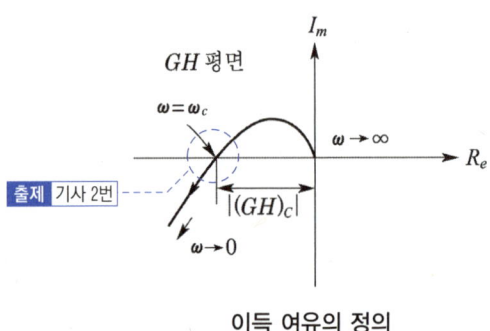

이득 여유의 정의

$$\text{이득 여유}(GM) = 20\log\frac{1}{|GH_C|}$$
$$= -20\log|GH_C|\,[\text{dB}] \quad \text{출제 산업 1번, 기사 11번}$$

만일 그림의 나이퀴스트 선도에서 이득의 값을 증대시켜가면 GH 선도는 임계점과 교차하게 되며 $|GH_C| = 1$이 된다. 따라서, 위 식으로부터 이득 여유는 0[dB]이다. 또한, 2차계의 $G(s)H(s)$의 나이퀴스트 선도는 부(−)의 실축과 교차하지 않으므로 $|GH_C| = 0$, 따라서 이득 여유는 위의 식으로부터 ∞[dB]임을 알 수 있다.

3) 위상 여유

위상 여유는 $G(s)H(s)$에 영향을 주는 계의 파라미터의 변화가 폐회로계의 안정성에 주는 영향을 지시해 주는 항으로서 $G(s)H(s)$의 나이퀴스트 선도상의 단위 크기를 갖는 점을 임계점 $(-1, j0)$과 겹치게 할 때 회전해야 할 각도로 정의한다.

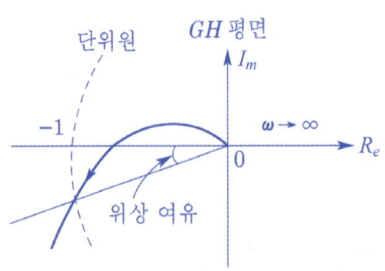

위상 여유의 정의 　출제 기사 1번

다시 말하면, 단위원과 나이퀴스트 선도와의 교점을 표시하는 벡터가 부(−)의 실축과 만드는 각이다.

안정계에 요구되는 여유는 다음과 같다.
- 이득 여유 (GM) = 4~12[dB]
- 위상 여유 (PM) = 30~60° 출제 산업 1번, 기사 1번

04 - 보드 선도의 안정도 판별법

$G(s)H(s)$ 평면에 있어서 그림과 같이 단위원을 그려, 이것과 벡터 궤적과의 교점 A_i를 이득 교점, 또한 벡터 궤적과 부의 실수축과의 교점 B_i를 위상 교점이라 한다.

여기서 이득 교점에서의 벡터 $\overline{OA_i}$를 부의 실수축을 기준으로 해서 반시계 방향을 정으로 하여 측정한 위상각을 위상 여유, 또한 위상 교차점에서 이득을 [dB] 단위로 나타내서 그 부호를 바꾼 것, 즉 $\dfrac{1}{OB_i}$의 [dB]값을 이득 여유라 하면 안정 궤적 a는 위상 여유, 이득 여유가 정의 값을 갖고, 반대로 불안정 궤적 c는 위상 여유, 이득 여유가 부의 값을 가지며, 안정 한계에서는 위상 여유, 이득 여유가 모두 0이다.

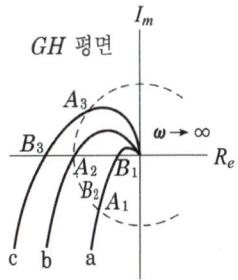

이득 교점(A_i)과
위상 교점(B_i)

그림은 보드 선도상에서의 안정 판별의 예를 표시한 것이다.

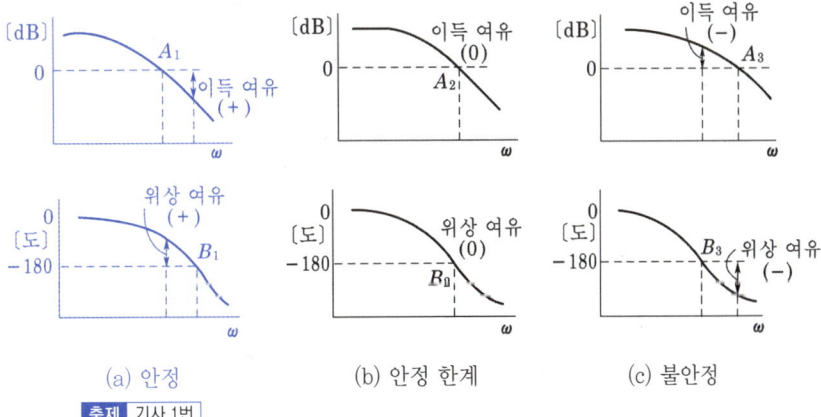

(a) 안정   (b) 안정 한계   (c) 불안정

출제 기사 1번

루드 안정도 판별법

01 ★★★ 【85. 95. 01. 기사】
루드 – 훌비쯔 표를 작성할 때 제1열 요소의 부호 변환은 무엇을 의미하는가?

① s평면의 좌반면에 존재하는 근의 수
② s평면의 우반면에 존재하는 근의 수
③ s평면의 허수축에 존재하는 근의 수
④ s평면의 원점에 존재하는 근의 수

해설 s평면 우반면에 존재하는 근의 수를 말하며 제어계가 불안정함을 의미한다. 부호변화 횟수만큼 근의 수가 존재한다.

02 ★ 【93. 05. 기사】
$2s^3 + 5s^2 + 3s + 1 = 0$으로 주어진 계의 안정도를 판정하고 우반 평면상의 근을 구하면?

① 임계 상태이며 허축상에 근이 2개 존재한다.
② 안정하고 우반 평면에 근이 없다.
③ 불안정하며 우반 평면상에 근이 2개이다.
④ 불안정하며 우반 평면상에 근이 1개이다.

해설 모든 차수의 항이 존재하고, 각 계수의 부호가 모두 같으므로 계는 안전하다. 따라서 s평면의 우반부에는 근이 없다.

03 ★★★★ 【98. 00. 기사, ⊕ : 92. 93. 기사】
특성 방정식의 근이 모두 복소 s평면의 좌반부에 있으면 이 계의 안정 여부는?

① 조건부 안정   ② 불안정   ③ 임계 안정   ④ 안정

해설 s평면의 좌반부 : 안정
s평면의 축상 : 임계안정
s평면의 우반부 : 불안정

04 ★ 【96. 기사】
특성 방정식이 $s^5 + 4s^4 - 3s^3 + 2s^2 + 6s + k = 0$으로 주어진 제어계의 안정성은?

① $k = -2$ ② 절대 불안정   ③ $k = -3$ ④ $k > 0$

해설 식 중에서 부호의 변화가 있으므로 절대 불안정하다(계의 안정조건은 모든 차수의 항이 존재하고, 각 계수의 부호가 같아야 한다).

★【94. 기사】
05 −1, −5에 극을, 1과 −2에 영점을 가지는 계가 있다. 이 계의 안정 판별은?

① 불안정하다.   ② 임계 상태이다.

③ 안정하다.   ④ 알 수 없다.

해설   극점이 −1, −5로 모두 좌반 평면에 존재하므로 안정

★☆【09. 23. 기사, 78. 산업기사】
06 개루프 전달 함수 $G(s) = \dfrac{(s+2)}{(s+1)(s+3)}$ 인 부궤환 제어계의 특성 방정식은?

① $s^2 + 5s + 5 = 0$ ② $s^2 + 5s + 6 = 0$

③ $s^2 + 6s + 5 = 0$ ④ $s^2 + 4s + 3 = 0$

해설   부궤환 제어계의 전달 함수는 $\dfrac{G(s)}{1+G(s)H(s)}$ 이고 특성 방정식은 $1+G(s)H(s)=0$이다.

$$1 + \frac{s+2}{(s+1)(s+3)} = 0, \quad \therefore \ s^2 + 5s + 5 = 0$$

★【97. 기사】
07 특성 방정식이 $s^4 + 2s^3 + s^2 + 4s + 2 = 0$일 때 이 계의 안정도를 판별하면?

① 불안정   ② 안정

③ 임계 안정   ④ 조건부 안정

해설

s^4	1	1	2
s^3	2	4	0
s^2	−1	2	
s^1	8	0	
s^0	2		

제1열의 부호 변화가 있으므로 불안정하다.

★★【83. 기사, ㉺ : 85. 기사】
08 특성 방정식이 $s^3 + 2s^2 + 3s + 4 = 0$일 때 이 계통은?

① 안정하다.   ② 불안정하다.

③ 조건부 안정   ④ 알 수 없다.

해설 루드의 표는

s^3	1	3
s^2	2	4
s^1	1	0
s^0	4	

제1열의 부호 변화가 없으므로 안정하다.

★☆ 【96. 04. 07. 기사, 80. 산업기사】

09 특성 방정식 $s^3 + s^2 + s = 0$일 때 이 계통은?

① 안정하다.　　　② 불안정하다.　　　③ 조건부 안정이다.　　　④ 임계 상태이다.

해설 루드의 표

s^3	1	1
s^2	1	0
s^1	1	
s^0	0	

제1열의 부호가 변하지 않았으나 0이 있으므로 임계 상태이다.

★☆ 【99. 02. 기사, 83. 산업기사】

10 다음 특성 방정식 중 안정될 필요 조건을 갖춘 것은?

① $s^4 + 3s^2 + 10s + 10 = 0$　　　② $s^3 + s^2 - 5s + 10 = 0$

③ $s^3 + 2s^2 + 4s - 1 = 0$　　　④ $s^3 + 9s^2 + 20s + 12 = 0$

해설 계의 안정 조건은 모든 차수의 항이 존재하고 각 계수의 부호가 같아야 한다.

★☆ 【03. 기사】

11 다음 특성방정식 중 안정한 것은?

① $4s^2 + 3s^3 - s^2 + s + 10 = 0$　　　② $2s^3 + 3s^2 + 4s + 5 = 0$

③ $s^4 - 2s^3 - 3s^2 + 4s + 5 = 0$　　　④ $s^5 + s^3 + 2s^2 + 4s + 3 = 0$

해설 식 중에서 부호의 변화가 있으면 불안정하다(계의 안정조건은 모든 차수의 항이 존재하고, 각 계수의 부호가 같아야 한다).

★ 【94. 기사】

12 특성 방정식이 $Ks^3 + 2s^2 - s + 5 = 0$인 제어계가 안정하기 위한 K의 값을 구하면?

① $K < 0$　　　② $K < -\dfrac{2}{5}$　　　③ $K > \dfrac{2}{5}$　　　④ 안정한 값이 없다.

해설 식 중에 부호 변화가 있으므로 불안정

★★ 【89. 기사, 82. 산업기사, ⊕ : 83. 산업기사】

13 특성 방정식 $s^3 - 4s^2 - 5s + 6 = 0$로 주어지는 계는 안정한가? 또는 불안정한가? 또 우반평면에 근을 몇 개 가지는가?

① 안정하다, 0개　　　② 불안정하다, 1개

③ 불안정하다, 2개　　　④ 임계 상태이다, 0개

해설 ▸ 루드의 수열은

$$
\begin{array}{c|cc}
s^3 & 1 & -5 \\
s^2 & -4 & 6 \\
s^1 & -3.5 & 0 \\
s^0 & 6 & 0
\end{array}
$$

부호의 변화가 2번 있으므로 계는 우반 평면에 2개의 근을 갖는 불안정한 계이다.

★★ 【83. 95. 기사】

14 불안정한 제어계의 특성 방정식은?

① $s^3 + 7s^2 + 14s + 8 = 0$　　　　② $s^3 + 2s^2 + 3s + 6 = 0$

③ $s^3 + 5s^2 + 11s + 15 = 0$　　　　④ $s^3 + 2s^2 + 2s + 2 = 0$

해설 ▸ ②의 특성 방정식에 관한 루드의 표는,

$$
\begin{array}{c|cc}
s^3 & 1 & 3 \\
s^2 & 2 & 6 \\
s^1 & 0 & 0
\end{array}
$$

s^1행의 요소가 전부 0이므로 루드 판별은 불안정하게 끝난다.

★ 【99. 기사】

15 $s^3 + 11s^2 + 2s + 40 = 0$에는 양의 실수부를 갖는 근은 몇 개 있는가?

① 0　　　　　　　　　　　　② 1

③ 2　　　　　　　　　　　　④ 3

해설 ▸ $s^3 + 11s^2 + 2s + 40 = 0$
루드의 공식을 이용하면

$$
\begin{array}{c|cc}
s^3 & 1 & 2 \\
s^2 & 11 & 40 \\
s^1 & \dfrac{22-40}{11} = -1.64 & 0 \\
s^0 & 40 &
\end{array}
$$

제 1 열에 11에서 −1.64, −1.64에서 40으로 부호 변화가 두 번 있으므로 양의 실수를 갖는 근은 2개이다.

★★★★ 【94. 99. 기사, ⊕ : 75. 87. 기사】

16 특성방정식 $2s^4 + s^3 + 3s^2 + 5s + 10 = 0$일 때 s평면의 오른쪽 평면에 몇 개의 근을 갖게 되는가?

① 1　　　　　　　　　　　　② 2

③ 3　　　　　　　　　　　　④ 0

해설 ▶ 루드의 공식을 이용하면

$$
\begin{array}{c|ccc}
s^4 & 2 & 3 & 10 \\
s^3 & 1 & 5 & \\
s^2 & -7 & 10 & \\
s^1 & +\dfrac{45}{7} & 0 & \\
s^0 & 10 & &
\end{array}
$$

제 1열의 부호가 2번 바뀌었으므로 s 평면의 우반면에 근 2개를 갖는다.

★★ 【84. 99. 기사】
17 특성방정식 $s^4 + 7s^3 + 17s^2 + 17s + 6 = 0$의 특성근 중에는 양의 실수부를 갖는 근이 몇 개 있는가?

① 1   ② 2   ③ 3   ④ 무근

해설 ▶ 루드의 표는

$$
\begin{array}{c|ccc}
s^4 & 1 & 17 & 6 \\
s^3 & 7 & 17 & 0 \\
s^2 & 14.57 & 6 & 0 \\
s^1 & 14.12 & 0 & \\
s^0 & 6 & &
\end{array}
$$

제 1 열의 모든 요소가 같은 부호이므로 모두 (−)의 실수부를 갖는다.

★★★☆ 【95. 99. 01. 11. 기사, 82. 산업기사】
18 특성방정식 $s^2 + Ks + 2K - 1 = 0$인 계가 안정될 K의 범위는?

① $K > 0$ ② $K > \dfrac{1}{2}$ ③ $K < \dfrac{1}{2}$ ④ $0 < K < \dfrac{1}{2}$

해설 ▶ 루드의 수열은

$$
\begin{array}{c|cc}
s^2 & 1 & 2K-1 \\
s^1 & K & \\
s^0 & 2K-1 &
\end{array}
$$

제 1열의 부호 변화가 없어야 계가 안정하므로 $2K - 1 > 0$, $K > 0$

$\therefore K > \dfrac{1}{2}$

★☆ 【97. 기사, 82. 산업기사】
19 다음과 같은 궤환 제어계가 안정하기 위한 K의 범위를 구하면?

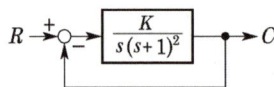

① $K > 0$ ② $K > 1$ ③ $0 < K < 1$ ④ $0 < K < 2$

해설 특성 방정식은

$$1 + G(s)H(s) = 1 + \frac{K}{s(s+1)^2} = 0$$

$$s(s+1)^2 + K = s^3 + 2s^2 + s + K = 0$$ 이므로

루드의 표는

$$
\begin{array}{c|cc}
s^3 & 1 & 1 \\
s^2 & 2 & K \\
s^1 & \dfrac{2-K}{2} & 0 \\
s^0 & K &
\end{array}
$$

제1열의 부호 변화가 없어야 안정하므로
$2 - K > 0, \ K > 0 \quad \therefore \ 0 < K < 2$

★★ 【95. 03. 04. 기사, ⊕ : 92. 기사】
20 다음 그림과 같은 제어계가 안정하기 위한 K의 범위는?

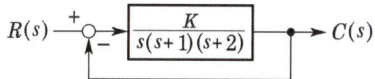

① $0 < K < 6$ 　　　　② $1 < K < 5$
③ $-1 < K < 6$　　　　④ $-1 < K < 5$

해설 특성 방정식은

$$s(s+1)(s+2) + K = s^3 + 3s^2 + 2s + K = 0$$

이므로 루드의 표는

$$
\begin{array}{c|cc}
s^3 & 1 & 2 \\
s^2 & 3 & K \\
s^1 & \dfrac{6-K}{3} & 0 \\
s^0 & K &
\end{array}
$$

제1열의 부호 변화가 없어야 안정하므로 $6 - K > 0, \ 6 > K$
$K > 0, \quad \therefore \ 0 < K < 6$

★ 【94. 기사】
21 그림과 같은 폐루프 제어계의 안정도는?

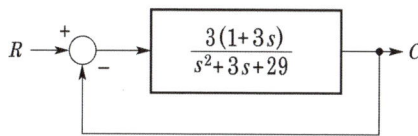

① 안정　　　　　　　② 불안정
③ 임계 안정　　　　　④ 조건부 안정

해설 특성 방정식은 $s^2 + 3s + 29 + 3(1 + 3s) = s^2 + 12s + 32 = 0$이므로 루드의 표는

s^2	1	32
s^1	12	0
s^0	32	

제1열의 부호 변화가 없으므로 안정하다.

★★ 【83. 89. 12. 기사】

22 특성 방정식 $s^3 + 34.5s^2 + 7500s + 7500K = 0$으로 표시되는 계통이 안정되려면 K의 범위는?

① $0 < K < 34.5$ ② $K < 0$

③ $K > 34.5$ ④ $0 < K < 69$

해설 루드의 표는

s^3	1	7500
s^2	34.5	$7500K$
s^1	$\dfrac{34.5 \times 7500 - 7500K}{34.5}$	0
s^0	$7500K$	

제1열의 부호 변화가 없어야 안정하므로
$34.5 \times 7500 - 7500K > 0$, $7500K > 0$
$\therefore 0 < K < 34.5$

★★★★★ 【79. 83. 93. 98. 00. 기사, 75. 80. 83. 산업기사, ⊕ : 94. 기사, 82. 산업기사】

23 주어진 계통의 특성 방정식이 $s^4 + 6s^3 + 11s^2 + 6s + K = 0$이다. 안정하기 위한 K의 범위는?

① $K < 0, \ K > 20$ ② $0 < K < 20$

③ $0 < K < 10$ ④ $K < 20$

해설 안정계의 필요 조건에서 $K > 0$, 또 충분 조건은 루드의 표에서 구해진다.
루드의 표는

s^4	1	11	K
s^3	6	6	0
s^2	10	K	
s^1	$\dfrac{60 - 6K}{10}$	0	
s^0	K		

제1열의 요소가 모두 양이 되기 위해서는
$\dfrac{60 - 6K}{10} > 0$
$\therefore K < 10, \ K > 0$ $\therefore 0 < K < 10$

★★★ 【92. 00. 기사, 79. 80. 산업기사】

24 특성 방정식이 $s^3 + 3Ks^2 + (K+2)s + 4 = 0$으로 주어질 때 안정하기 위한 K의 범위를 루드(Routh)의 판정 조건은?

① $K < -2.528$ ② $K > 0.528$

③ $-2.528 < K < 0.528$ ④ $K = 1$

해설 루드의 표는

$$
\begin{array}{c|cc}
s^3 & 1 & K+2 \\
s^2 & 3K & 4 \\
s^1 & \dfrac{3K(K+2)-4}{3K} & 0 \\
s^0 & 4 &
\end{array}
$$

s^2행으로부터 $3K > 0$ ∴ $K > 0$

s^1행으로부터 $\dfrac{3K(K+2)-4}{3K} > 0$

∴ $3K^2 + 6K - 4 > 0$, $K < -2.528$, $K > 0.528$

안정하기 위한 K의 범위는 ∴ $K > 0.528$

★ 【00. 기사】

25 $G(S)H(S) = \dfrac{K(1+ST_2)}{S^2(1+ST_1)}$ 를 갖는 제어계의 안정 조건은? (단, K, T_1, $T_2 > 0$)

① $T_2 = 0$ ② $T_1 > T_2$ ③ $T_1 = T_2$ ④ $T_1 < T_2$

해설

$$1 + G(s)H(s) = 1 + \frac{K + ST_2K}{S^2 + T_1S^3} = \frac{T_1S^3 + S^2 + KT_2S + K}{T_1S^3 + S^2}$$

∴ $T_1S^3 + S_2 + KT_2S + K = 0$

$$
\begin{array}{c|ccc}
s^3 & T_1 & KT_2 & 0 \\
s^2 & 1 & K & 0 \\
s^1 & \dfrac{KT_2 - KT_1}{1} & & \\
s^0 & K & &
\end{array}
$$

1열이 0보다 커야 하므로 $K(T_2 - T_1) > 0$

∴ $T_2 > T_1$

유사문제

‖ 유사문제 원문 및 해설 : 동일출판사 홈페이지 » 고객센터 » 자료실

01. 제어계가 안정하려면 특성 방정식의 근이 s평면 (복소수 평면)에서 어느 곳에 위치하여야 하는가?

답 ㄷ, ㄹ 부분

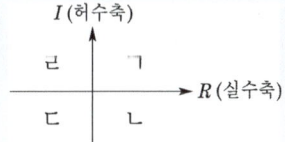

---

02. 안정한 제어계는 특성 방정식 $1+G(s)H(s)=0$의 근이 평면의 어느 곳에 있어야 하는가?

　답 s 평면의 좌반 평면

03. s^3+s^2-s+1에서 안정근은 몇 개인가?

　답 1 개

04. 어떤 제어계의 특성 방정식이 $s^2+as+b=0$일 때 안정 조건은?

　답 $a>0,\ b>0$

05. 특성 방정식 $s^5+s^4+4s^3+24s^2+3s+63=0$을 갖는 제어계는 정의 실수부를 갖는 특성근이 몇 개 있는가?

　답 2개

06. $s^5+2s^4+3s^3+4s^2+5s+6=0$은 양의 실수부를 갖는 근이 몇 개 있는가?

　답 2 개

07. 그림과 같은 제어계가 안정하기 위한 K의 범위는?

　답 $K>0$

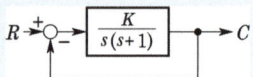

08. 특성방정식 $s^3+2s^2+(k+2)s+10=0$에서 안정하기 위한 k의 범위는?

　답 $k>3$

09. 루프 전달 함수(loop transfer function)가 $G(s)H(s)=\dfrac{K}{s(s+1)(2s+1)(3s+1)}$일 때 이 계가 안정하기 위한 K의 값은?

　답 $0<K<0.495$

10. 개루프 전달 함수가 $G(s)H(s)=\dfrac{2}{s(s+1)(s+3)}$일 때 이 계는 어떠한가?

　답 안정

11. 특성 방정식이 $s^5+4s^4-3s^2+2s^2+6s+K=0$으로 주어진 제어계의 안정성은?

　답 절대 불안정

훌비쯔 안정도 판별법

★【86. 02. 07. 기사 ⊕ : 05. 기사】

26 특성 방정식이 $s^4+2s^3+5s^2+4s+2=0$로 주어졌을 때 이것을 훌비쯔(Hurwitz)의 안정 조건으로 판별하면 이 계는?

① 안정　　　　　　　　　　② 불안정

③ 조건부 안정　　　　　　　④ 임계 상태

답 26. ①

해설 특성 방정식 $F(s) = a_0 s^4 + a_1 s^3 + a_2 s^2 + a_3 s^1 + a_4 = 0$에서

$a_0 = 1,\ a_1 = 2,\ a_2 = 5,\ a_3 = 4,\ a_4 = 2$이므로

$D_1 = a_1 = 2$

$D_2 = \begin{vmatrix} a_1 & a_3 \\ a_0 & a_2 \end{vmatrix} = \begin{vmatrix} 2 & 4 \\ 1 & 5 \end{vmatrix} = 6$

$D_3 = \begin{vmatrix} a_1 & a_3 & a_5 \\ a_0 & a_2 & a_4 \\ 0 & a_1 & a_3 \end{vmatrix} = \begin{vmatrix} 2 & 4 & 0 \\ 1 & 5 & 2 \\ 0 & 2 & 4 \end{vmatrix} = 16$

∴ $D_1,\ D_2,\ D_3 > 0$이므로 안정하다.

★ 【88. 기사】

27 제어계의 종합 전달 함수 $G(s) = \dfrac{s}{(s-2)(s^2+4)}$에서 안정성을 판정하면 어느 것인가?

① 안정하다　　　　② 불안정하다　　　　③ 알 수 없다　　　　④ 임계 상태이다

해설 종합 전달 함수이므로 특성 방정식은

$(s-2)(s^2+4) = s^3 - 2s^2 - 4s + 8 = 0$

홀비쯔의 판별법에서 $a_0 = 1,\ a_1 = -2,\ a_2 = -4,\ a_3 = 8$이므로

$D_1 = a_1 = -2$

$D_2 = \begin{vmatrix} a_1 & a_3 \\ a_0 & a_2 \end{vmatrix} = \begin{vmatrix} -2 & 8 \\ 1 & -4 \end{vmatrix} = 0$

$D_1 < 0,\ D_2 = 0$이므로 제어계는 불안정하다.

★☆ 【98. 12. 기사, 82. 산업기사】

28 제어계의 종합 전달 함수의 값이 $G(s) = \dfrac{s+1}{(s-3)(s^2+4)}$로 표시될 경우 안정성을 판정하면?

① 안정　　　　② 불안정　　　　③ 임계 상태　　　　④ 알 수 없다.

해설 종합 전달 함수이므로 특성 방정식은

$(s-3)(s^2+4) = s^3 - 3s^2 + 4s - 12 = 0$

홀비쯔의 판별법에서

$a_0 = 1,\ a_1 = -3,\ a_2 = 4,\ a_3 = -12$이므로 $D_1 = a_1 = -3$

$D_2 = \begin{vmatrix} a_1 & a_3 \\ a_0 & a_2 \end{vmatrix} = \begin{vmatrix} -3 & -12 \\ 1 & 4 \end{vmatrix} = -12 - (-12) = 0$

$D_1 < 0,\ D_2 = 0$이므로 제어계는 불안정하다.

★★★★★ 【92. 93. 97. 00. 18. 기사, 81. 82. 산업기사, ⊕ : 91. 94. 96. 04. 15. 기사】

29 특성 방정식이 $s^3 + 2s^2 + Ks + 5 = 0$으로 주어지는 제어계가 안정하기 위한 K의 값은?

① $K > 0$　　　　② $K > \dfrac{5}{2}$　　　　③ $K < 0$　　　　④ $K < \dfrac{5}{2}$

해설 ▶ 루드의 표는

$$
\begin{array}{c|cc}
s^3 & 1 & K \\
s^2 & 2 & 5 \\
s^1 & \dfrac{2K-5}{2} & 0 \\
s^0 & 5 &
\end{array}
$$

제1열의 부호 변화가 없으려면 $2K-5>0$ $\therefore K>\dfrac{5}{2}$

별해 ▶ 홀비쯔의 행렬식에서 $a_0=1,\ a_1=2,\ a_2=K,\ A_3=5$ 이므로

$$
D_1=a_1=2,\quad D_2=\begin{vmatrix} a_1 & a_3 \\ a_0 & a_2 \end{vmatrix}=\begin{vmatrix} 2 & 5 \\ 1 & K \end{vmatrix}=2K-5
$$

제어계가 안정하기 위해서는 행렬식 $D_1,\ D_2>0$ 이어야 하므로

$2K-5>0$ $\therefore K>\dfrac{5}{2}$

★【83. 04. 기사】

30 특성 방정식 $P(s)$ 가 다음과 같이 주어지는 계가 있다. 이 계가 안정되기 위해서는 K 와 T 사이에는 어떤 관계가 있는가? 단, K 와 T 는 정의 실수이다.

$$
P(s)=2s^3+3s^2+(1+5KT)s+5K=0
$$

① $K>T$ ② $15KT>10K$

③ $3+15KT>10K$ ④ $3-15KT>10K$

해설 ▶ 특성 방정식 $P(s)=2s^3+3s^2+(1+5KT)s+5K=0$ 에서

필요 조건은 $(1+5KT)>0$ $5K>0$

충분 조건은 홀비쯔 행렬식 >0

$$
D_2=\begin{vmatrix} 3 & 5K \\ 2 & (1+5KT) \end{vmatrix}=3(1+5KT)-10K>0,\quad \therefore\ 3+15KT>10K
$$

★【96. 기사】

31 개루프 전달 함수 $G(s)$ 가 다음과 같이 주어지는 단위 궤환계가 있다. 이 계에 보상 요소 $G_c(s)$ 를 종속으로 보상하여 이 계를 안정계로 하려고 한다. $G_c(s)$ 에서 $T_1,\ T_2$ 사이에는 어떤 관계가 있어야 하는가?

$$
G_c(s)=\frac{T_2 s+1}{T_1 s+1},\ G(s)=\frac{K}{(s-1)^2}
$$

① $T_1>T_2$ ② $T_1=T_2$ ③ $T_1<T_2$ ④ $T_1,\ T_2>0$

해설 ▶ 종속으로 보상한 다음 계의 특성 방정식은

$$
1+G(s)H(s)=1+\frac{K(T_2 s+1)}{(s-1)^2(T_1 s+1)}=0
$$

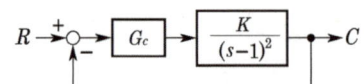

답 30. ③ 31. ③

$$(s-1)^2(T_1s+1)+K(T_2s+1)=0$$

$$T_1s^3+(1-2T_1)s^2+(T_1+KT_2-2)s+K+1=0$$

따라서 홀비쯔의 판별법에 의하여

$$D_1=a_1=(1-2T_1)$$

$$D_2=\begin{vmatrix} a_1 & a_3 \\ a_0 & a_2 \end{vmatrix}=\begin{vmatrix} (1-2T_1) & (K+1) \\ T_1 & (T_1+KT_2-2) \end{vmatrix}$$

안정되기 위해서는 D_1, $D_2>0$이어야 하므로

$$\therefore\ T_2>T_1$$

나이퀴스트 안정도 판별법

★★ 【97. 98. 기사】

32 $G(s)H(s)=\dfrac{K_1}{(T_1s+1)(T_2s+1)}$의 개루프 전달 함수에 대한 Nyquist 안정도 판별의 설명 중 옳은 설명은?

① K_1, T_1 및 T_2의 값에 관계없이 안정

② K_1, T_1 및 T_2의 모든 양의 값에 대하여 안정

③ K_1에 대하여 조건부 안정

④ T_1 및 T_2의 값에 대하여 조건부 안정

해설, $(T_1s+1)(T_2s+1)$ 결과의 계수 부호가 모두 양의 값일 경우 안정한 계가 된다.

★★★★ 【93. 94. 00. 01. 09. 14. 기사】

33 Nyquist 경로에 포위되는 영역에 특성 방정식의 근이 존재하지 않으면 제어계는 어떻게 되는가?

① 안정 ② 불안정 ③ 진동 ④ 발산

해설,

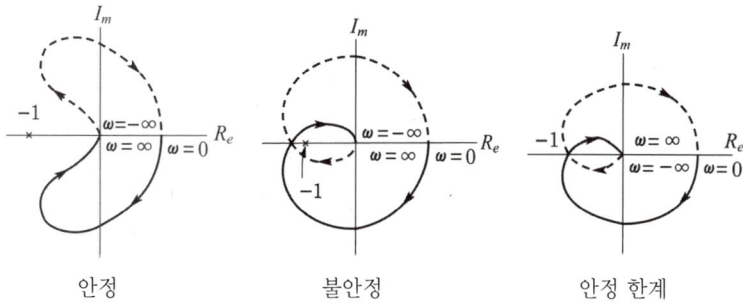

안정   불안정   안정 한계

★【92. 16. 기사】

34 2차 제어계 $G(s)H(s)$의 나이퀴스트 선도 특징이 아닌 것은?

① 부의 실축과 교차하지 않는다.   ② 이득 여유는 ∞ 이다.

③ 교차량 $|GH|=0$ 이다.   ④ 불안정한 제어계이다.

해설   2차 제어계 $G(s)H(s)$는 모두 불안정한 제어계는 아니다.

★【97. 11. 기사】

35 Nyquist 판정법의 설명으로 틀린 것은?

① Nyquist 선도는 제어계의 오차 응답에 관한 정보를 준다.

② 계의 안정을 개선하는 방법에 대한 정보를 제시해 준다.

③ 안정성을 판정하는 동시에 안정도를 제시해 준다.

④ Routh-Hurwitz 판정법과 같이 계의 안정 여부를 직접 판정해 준다.

해설   Nyquist 선도는 계의 주파수 응답에 관한 정보를 준다.

★★★★【82. 94. 00. 06. 07. 10. 12. 23. 기사】

36 $G(j\omega)=\dfrac{K}{j\omega(j\omega+1)}$ 의 나이퀴스트 선도를 도시한 것은? 단, $K>0$이다.

① 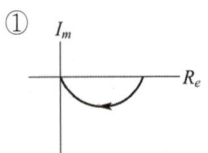 ② 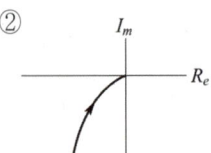 ③ 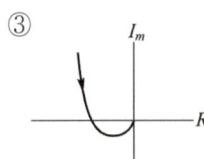 ④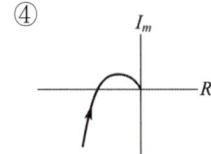

해설
$$\lim_{\omega\to 0}|G(j\omega)|=\lim_{\omega\to 0}\left|\frac{K}{j\omega(j\omega+1)}\right|=\lim_{\omega\to 0}\left|\frac{K}{j\omega}\right|=\infty$$

$$\lim_{\omega\to 0}\angle G(j\omega)=\lim_{\omega\to 0}\angle\frac{K}{j\omega(j\omega+1)}=\lim_{\omega\to 0}\angle\frac{K}{j\omega}=-90°$$

$$\lim_{\omega\to\infty}|G(j\omega)|=\lim_{\omega\to\infty}\left|\frac{K}{j\omega(j\omega+1)}\right|=\lim_{\omega\to\infty}\left|\frac{K}{(j\omega)^2}\right|=0$$

$$\lim_{\omega\to\infty}\angle G(j\omega)=\lim_{\omega\to\infty}\angle\frac{K}{j\omega(j\omega+1)}=\lim_{\omega\to\infty}\angle\frac{K}{(j\omega)^2}=-180°$$

★☆【75. 기사, 78. 산업기사】

37 피드백 제어계의 전 주파수 응답 $G(j\omega)H(j\omega)$의 나이퀴스트 벡터도에서 시스템이 안정한 궤적은?

① a

② b

③ c

④ d

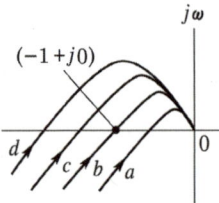

해설 나이퀴스트 벡터도에서 시스템이 안정하기 위한 조건은 $(-1, j0)$점을 포위하지 않고 회전하여야 한다.

★★★☆【96. 99. 기사, 78. 80. 산업기사, ⊕ : 79. 산업기사】
38 단위 피드백 제어계의 개루프 전달 함수의 벡터 궤적이다. 이 중 안정한 궤적은?

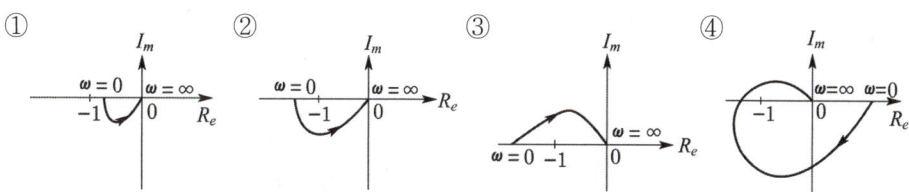

해설 나이퀴스트 선도에서 제어계가 안정하기 위한 조건은 ω가 증가하는 방향으로 $(-1, j0)$ 점이 좌측에 있을 경우이다.

☆【80. 산업기사】
39 다음 중 옳지 않은 것은?

① 나이퀴스트 선도에 극이 부가되면 안정성은 감소한다.

② 일반적으로 계에 영점이 부가되면 계는 안정화된다.

③ $G(s)$에 $e^{-j\omega T}$를 곱함으로써 나이퀴스트 선도는 반시계 방향으로 ωT[rad]만큼 회전시킨다.

④ 부의 실수를 갖는 n계의 유한극이 부가되면 나이퀴스트 선도는 시계 방향으로 $(n+1)\pi/2$만큼 회전한다.

해설 $G(s)$에 $e^{-j\omega T}$를 곱함으로써 나이퀴스트 선도는 $G(s)$의 선도를 시계 방향으로 ωT[rad]만큼 회전시킨다.

★★【95. 03. 11. 기사】
40 s평면의 우반면에 3개의 극점이 있고, 2개의 영점이 있다. 이때 다음과 같은 설명 중 어느 나이퀴스트 선도일 때 시스템이 안정힌가?

① $(-1, j0)$ 점을 반시계방향으로 1번 감쌌다.

② $(-1, j0)$ 점을 시계방향으로 1번 감쌌다.

③ $(-1, j0)$ 점을 반시계방향으로 5번 감쌌다.

④ $(-1, j0)$ 점을 시계방향으로 5번 감쌌다.

해설 z : s평면의 우반 평면상에 존재하는 영점의 개수
p : s평면의 우반 평면상에 존재하는 극의 개수
N : GH 평면상의 $(-1, j0)$점을 $G(s)H(s)$ 선도가 원점 둘레로 오른쪽으로 일주하는 회전수라고 하면, $N=z-p$ 의 관계가 성립한다. 즉, $N=2-3=-1$ 이므로 -1회, 다시 말하면 왼쪽으로 1회 일주하여야 안정하게 된다.

☆【02. 기사】

41 전달 함수 $\dfrac{K(s+6)}{s^4 + 8s^3 + 24s^2 + (32+K)s + 6K + 1}$ 의 시스템에 대하여 특성 방정식의 나이

퀴스트 선도를 그리기 위한 루프 전달 함수는?

① $\dfrac{K(32s+1)}{s^4 + 8s^3 + 24s^2 + s + 6}$

② $\dfrac{K}{(s^4 + 8s^3 + 24s^2 + s + 6)(32s + 1)}$

③ $\dfrac{K(s+6)}{s^4 + 8s^3 + 24s^2 + 32s + 1}$

④ $\dfrac{K}{[s^4 + 8s^3 + 24s^2 + (32+K)s + 6K + 1](s+6)}$

☆【03. 기사】

42 다음은 s−평면에 극점(×)과 영점(O)을 도시한 것이다. 나이퀴스트 안정도 판별법으로 안정도를 알아내기 위하여 Z, P의 값을 알아야 한다. 이를 바르게 나타낸 것은?

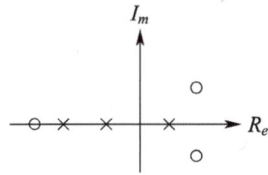

① $Z = 3$, $P = 3$ ② $Z = 1$, $P = 2$

③ $Z = 2$, $P = 1$ ④ $Z = 1$, $P = 3$

해설 s평면의 우반 평면상에 존재하는 영점과 극점의 수를 나타낸다.

이득여유와 위상여유

★★★★【82. 89. 99. 00. 23. 기사】

43 $G(s)H(s) = \dfrac{2}{(s+1)(s+2)}$ 의 이득 여유는?

① 3[dB]   ② 7[dB]   ③ 0[dB]   ④ 1[dB]

해설 $G(s)H(s) = \dfrac{2}{(s+1)(s+2)} = \dfrac{2}{s^2 + 3s + 2}$

위식에서 허수부를 0으로 놓으면 $s = 0$, $\omega = 0$[rad/sec]가 되므로

이득 여유 $GM = 20\log\left|\dfrac{1}{G(s)H(s)}\right|_{\omega \to 0} = 20\log 1 = 0$[dB]

★☆ 【92. 11. 기사, 82. 산업기사】

44 $G(s)H(s) = \dfrac{20}{s(s-1)(s+2)}$ 인 계의 이득 여유[dB]는?

① 10　　　　② 1　　　　③ −20　　　　④ −10

해설 $G(j\omega)H(j\omega) = \dfrac{20}{j\omega(j\omega-1)(j\omega+2)} = \dfrac{20}{-\omega^2 + j\omega(-\omega^2-2)}$

위 식의 허수부를 0으로 놓으면 $\omega(-\omega^2-2)=0$ 이때 $\omega \neq 0$이므로, $\omega^2=-2$의 값을 위 식에 대입

$|G(j\omega)H(j\omega)|_{\omega^2=-2} = \left|\dfrac{20}{-\omega^2}\right|_{\omega^2=-2} = \left|\dfrac{20}{2}\right| = 10$

∴ $20\log\dfrac{1}{|GH|} = 20\log\dfrac{1}{10} = -20$[dB]

★ 【94. 24. 기사】

45 $GH(j\omega) = \dfrac{10}{(j\omega+1)(j\omega+T)}$ 에서 이득 여유를 20[dB]보다 크게 하기 위한 T의 범위는?

① $T>1$　　　② $T>10$　　　③ $T<0$　　　④ $T>100$

해설 $GH(j\omega_C) = \dfrac{10}{(j\omega_C+1)(j\omega_C+T)} = \dfrac{10}{T-\omega_C^2+j\omega_C(1+T)}$

위 식의 허수부를 0으로 놓으면 $\omega_C=0$가 되므로 $GH(j\omega_C)|_{\omega_C=0} = \dfrac{10}{T}$

따라서 이득 여유 GM은

$GM = 20\log\left|\dfrac{1}{GH(j\omega_C)}\right|_{\omega_C=0} = 20\log\dfrac{T}{10} > 20$

$\dfrac{T}{10}>10$이어야 하므로 ∴ $T>100$

★★ 【00. 02. 기사, ⊕ : 94. 기사】

46 계의 특성상 감쇠 계수가 크면 위상 여유기 그고 감쇠성이 강히여 (A)는 좋으나 (B)는 나쁘다. A, B를 올바르게 묶은 것은?

① 이득 여유, 안정도　　　　② 오프셋, 안정도
③ 응답성, 이득 여유　　　　④ 안정도, 응답성

해설 감쇠계수(δ)가 크다는 것은 회로의 R 값이 크다는 것을 의미하며 이 경우 안정도는 향상되나 응답성은 저하(상승 시간 또는 지연 시간은 길어진다)한다.

★☆ 【92. 기사, 78. 산업기사】

47 어떤 제어계의 보드 선도에 있어서 위상 여유(phase margin)가 45°일 때 이 계통은?

① 안정하다　　　　② 불안정하다
③ 조건부 안정이다　　　　④ 무조건 불안정이다

해설 안정계에 요구되는 여유는 다음과 같다.
－ 이득 여유 4~12[dB]　－ 위상 여유 30~60°

답 44. ③　45. ④　46. ④　47. ①

48 ★ 【82. 기사】 다음의 이득 위상 선도 중 여유(margin)가 제일 큰 것은?

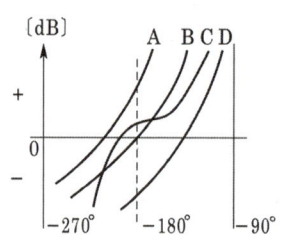

① A   ② B   ③ C   ④ D

해설 보드 선도와 크기 대 위상 선도에서 이득 여유와 위상 여유가 서로 어떻게 대응되는지를 그림에 보였다.

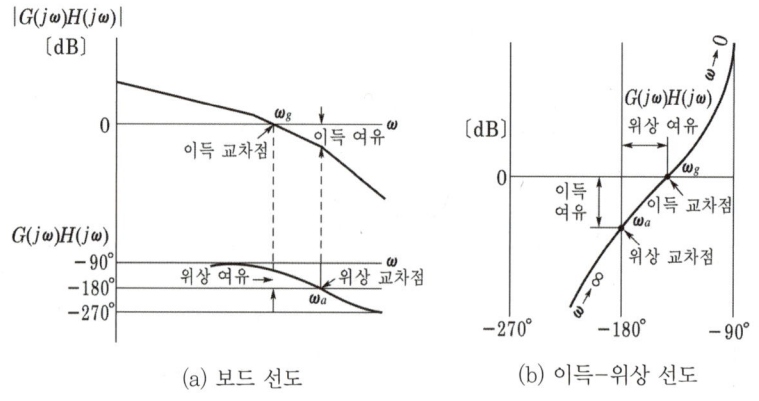

(a) 보드 선도   (b) 이득-위상 선도

보드 선도의 크기와 위상 선도

49 ★★ 【94. 04. 11. 기사】 보드 선도에서 이득 여유는 어떻게 구하는가?

① 크기 선도에서 $0 \sim 20$[dB] 사이에 있는 크기 선도의 길이이다.

② 위상 선도가 $0°$축과 교차되는 점에 대응되는 [dB]값의 크기이다.

③ 위상 선도가 $-180°$축과 교차하는 점에 대응되는 이득의 크기[dB]값이다.

④ 크기 선도에서 $-20 \sim 20$[dB] 사이에 있는 크기[dB]값이다.

해설 이득 여유란 위상 선도가 $-180°$선을 끊는 점의 이득의 부호를 바꾼 g_m이 이득 여유이다.

50 ★☆ 【97. 06. 15. 기사, ⊕ : 78. 산업기사】 주파수 응답에 의한 위치 제어계의 설계에서 계통의 안정도 척도와 관계가 적은 것은 어느 것인가?

① 공진치   ② 고유 주파수   ③ 위상 여유   ④ 이득 여유

해설 주파수 응답에서 안정도의 척도는 ① 공진치, ② 위상 여유, ③ 이득 여유가 된다.
즉, 고유 주파수($\omega_n = 1/\sqrt{LC}$)는 안정도와는 무관하다.

★【02. 기사】

51 보드 선도에서 이득 곡선이 0[dB]인 점을 지날 때의 주파수에서 양의 위상 여유가 생기고 위상 곡선이 −180°를 지날 때 양의 이득 여유가 생긴다면 이 폐루프 시스템의 안정도는 어떻게 되겠는가?

① 항상 안정   ② 항상 불안정

③ 안정성 여부를 판가름 할 수 없다   ④ 조건부 안정

★【83. 기사】

52 $G(s)H(s)$가 다음과 같이 주어지는 계가 있다. 이득 여유가 20[dB]이면 이때 K의 값은?

$$G(s)H(s) = \frac{K}{(1+s)(1+2s)(1+3s)}$$

① 1   ② 10   ③ 2   ④ 20

해설 $GM = 20\log\dfrac{1}{|GH_c|} = 20[\text{dB}], \quad \log\dfrac{1}{|GH_c|} = 1$

$\therefore |GH_c| = \dfrac{1}{10}$ …… ①

주어진 방정식에 $s = j\omega$를 대입하고 정리하면

$$G(j\omega)H(j\omega) = \frac{K}{(1+j\omega)(1+2j\omega)(1+3j\omega)} = \frac{K}{(1-11\omega^2) + j6\omega(1-\omega^2)} \quad …… ②$$

식 ②에서 허수부를 0으로 놓으면,

$1 - \omega_c^2 = 0 \quad \therefore \omega_c = \pm 1[\text{rad/s}]$이다. 이 값을 식 ②에 대입하면

$$\left| G(j\omega)H(j\omega) \right|_{\omega_C = 1} = \left| -\frac{K}{1-11\omega^2} \right|_{\omega_C = 1} = \frac{K}{10} \quad ……③$$

식 ①과 ③에서 $|GH_c| = \dfrac{K}{10} = \dfrac{1}{10} \quad \therefore K = 1$

★★★【79. 90. 98. 11. 기사】

53 $G(s)H(s) = \dfrac{K}{s^2 + 3s + 2}$ 인 계의 이득 여유가 40[dB]이면 이때 K의 값은?

① −50   ② $\dfrac{1}{50}$ ③ −20   ④ $\dfrac{1}{40}$

해설   허수부가 0일 때의 $G(s)H(s)$의 값 이득 여유

$\therefore 20\log\left|\dfrac{1}{GH}\right| = 40, \quad 20\log\left|\dfrac{1}{\frac{K}{2}}\right| = 40$

$\dfrac{1}{\frac{K}{2}} = 100, \quad \dfrac{2}{K} = 100, \quad K = \dfrac{1}{50}$

유사문제

‖ 유사문제 원문 및 해설 : 동일출판사 홈페이지 ≫ 고객센터 ≫ 자료실

01. $GH(j\omega) = \dfrac{20}{(j\omega+1)(j\omega+2)}$ 의 이득 여유[dB]는?

🖹 $-20[\text{dB}]$

02. $GH(j\omega) = \dfrac{K}{(1+2j\omega)(1+j\omega)}$ 의 이득 여유가 20[dB]일 때 K의 값은?

🖹 $K = \dfrac{1}{10}$

03. 어떤 제어계가 안정하기 위한 이득 여유 g_m과 위상 여유 ϕ_m은 각각 어떤 조건을 가져야 하는가?

🖹 $g_m > 0$, $\phi_m > 0$

04. 자동 제어계에서 이득을 높일 때 나타나는 현상 중 옳지 않은 것은?

🖹 상승 시간이 길어진다.

05. 위상 여유 ϕ_m이 $\phi_m > 0$인 관계를 만족할 때의 상태는?

🖹 안정

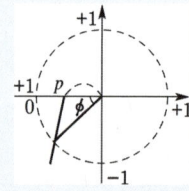

06. 제어계의 공진 주파수, 주파수 대역폭, 이득 여유 주파수, 위상 여유 주파수 등은 계통의 무슨 평가 척도가 되는가?

🖹 안정도

07. 일반적으로 안정한 제어계의 이득 교점 주파수 ω_1과 교점 주파수 ω_π와의 관계는?

🖹 $\omega_1 < \omega_\pi$

08. 나이퀴스트 선도에서의 임계점 $(-1,\, j0)$는 보드 선도에서 대응하는 이득[dB]과 위상은?

🖹 0, $180°$

보드선도에 의한 안정도 판별법

★ 【92. 기사】

54 $G(s) = \dfrac{10}{(s+1)(10s+1)}$ 의 보드(Bode) 선도의 이득 곡선은?

①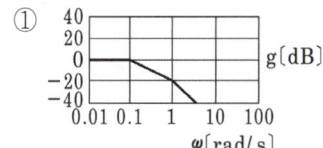

②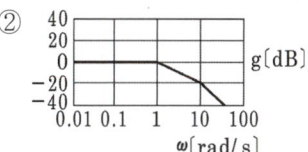

③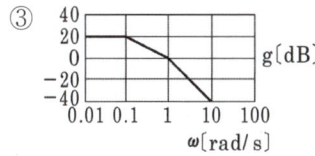

④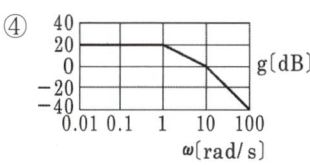

해설 $g[\text{dB}] = 20\log\left|\dfrac{10}{(j\omega+1)(j10\omega+1)}\right| = 20\log\dfrac{10}{\sqrt{\omega^2+1}\,\sqrt{(10\omega)^2+1}}$

$\qquad = 20\log 10 - 20\log\sqrt{\omega^2+1} - 20\log\sqrt{(10\omega)^2+1}$

- $\omega < 0.1$일 때

  $g = 20 - 20\log 1 - 20\log 1 = 20[\text{dB}]$

- $0.1 < \omega < 1$일 때

  $g = 20 - 20\log 1 - 20\log 10\omega = 20 - 20\log 10 - 20\log \omega$

  $\quad = -20\log\omega$이므로 $-20[\text{dB/dec}]$

- $\omega > 1$일 때

  $g = 20 - 20\log\omega - 20\log 10\omega = 20 - 20\log\omega - 20\log 10 - 20\log\omega$

  $\quad = -40\log\omega$이므로 $-40[\text{dB/dec}]$

★ 【01. 기사】

55 $G(S) = 1 + 10S$의 보드 선도의 이득곡선은?

①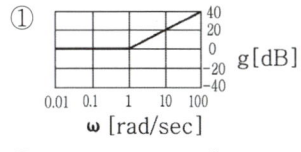

②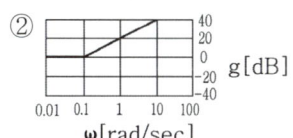

③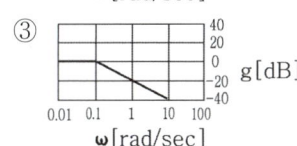

④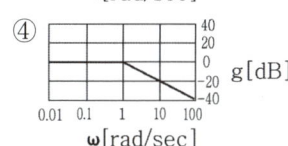

해설 $g[\text{dB}] = 20\log|10S+1| = 20\log\sqrt{10S^2+1}$

$\quad S < 0.1 \qquad g = 20\log\sqrt{1^2+1^2} = 3$

$\quad 0.1 < S < 1 \quad g = 20\log\sqrt{10^2+1^2} = 20$

$\quad 1 < S < 10 \quad g = 20\log\sqrt{100^2+1^2} = 40$

답 54. ③ 55. ②

56 ★★ 【85. 91. 02. 03. 07. 기사】

다음 안정도 판별법 중 $G(s)H(s)$의 극점과 영점이 우반 평면에 있을 경우 판정 불가능한 방법은?

① Routh-Hurwitz 판별법　　　② Bode 선도

③ Nyquist 판별법　　　　　　④ 근궤적법

해설 보드 선도는 극점과 영점이 우반 평면에 존재하는 경우 판정이 불가능하다.

57 ★★ 【94. 99. 기사, ⊕ : 11. 기사】

보드 선도의 안정 판정의 설명 중 옳은 것은?

① 위상 곡선이 −180°점에서 이득값이 양이다.

② 이득(0[dB]) 축과 위상(−180°) 축을 일치시킬 때 위상 곡선이 위에 있다.

③ 이득 곡선의 0[dB] 점에서 위상차가 180°보다 크다.

④ 이득 여유는 음의 값, 위상 여유는 양의 값이다.

해설 보드 선도에서 안정 여부는 위상 선도가 −180°축과 교차하는 경우 위상 여유가 0보다 크면 안정하며 0보다 작으면 불안정하다.

58 ★ 【03. 05. 기사】

보드 선도에서 이득여유에 대한 정보를 얻을 수 있는 것은?

① 위상 선도가 0°축과 교차하는 점에 대응하는 크기

② 위상 선도가 180°축과 교차하는 점에 대응하는 크기

③ 위상 선도가 −180°축과 교차하는 점에 대응하는 크기

④ 위상 선도가 −90°축과 교차하는 점에 대응하는 크기

유사문제

‖ 유사문제 원문 및 해설 : 동일출판사 홈페이지 ≫ 고객센터 ≫ 자료실

01. 보드 선도에서 위상 선도가 −180°축과 교차하지 않을 경우에 옳은 것은?

답 폐회로계는 항상 안정하다.

안정도

59 ★ 【03. 06. 기사】

안정된 제어계의 특성근이 2개의 공액복소근을 가질 때 이 근들이 허수축 가까이에 있는 경우 허수축에서 멀리 떨어져 있는 안정된 근에 비해 과도응답 영향은 어떻게 되는가?

① 천천히 사라진다.　　　　　② 영향이 같다.

③ 빨리 사라진다.　　　　　　④ 영향이 없다.

답 56. ② 57. ② 58. ③ 59. ①

해설 자동 제어계의 과도 응답 현상은 허축에 가장 가까이 있는 근이 지배하며, 이 근을 대표근이라 한다. 자동 제어계의 대표근은 대부분이 공액 복소수근이다.
이 근은 허수축에서 멀리 떨어진 안정된 근보다 과도현상이 오래 지속된다.

★【12. 기사, 77. 81. 산업기사】
60 지연 요소(dead time element)는 제어계의 안정도에 어떤 영향을 미치는가?

① 안정도에 관계없다

② 안정도를 개선한다

③ 안정도를 저하시킨다

④ 상대적 안정도의 척도 역할을 한다

해설 지연 요소는 출력 시간의 지연을 초래할 뿐 안정도와는 무관하다.

★【96. 기사】
61 다음 중 보상법에 대한 설명 중 맞는 것은?

① 위치 제어계의 종속 보상법 중 진상 요소의 주된 사용 목적은 속응성을 개선하는 것이다.

② 위치 제어계의 이득 조정은 속응성의 개선을 목적으로 한다.

③ 제어 정도의 개선에는 진상 요소에 의한 종속 보상법이 사용된다.

④ 이득 정수를 크게 하면 안정성도 개선된다.

해설 진상 보상기 : 속응성 개선, 위상 여유 증가
보상용 증폭기 : 편차 보상
지상 보상기 : 편차 감소

★【99. 기사】
62 보상기에서 원래 시스템에 극점을 첨가하면 일어나는 현상은?

① 시스템의 안정도가 감소된다.

② 시스템의 과도응답 시간이 짧아진다.

③ 근궤적을 s 평면의 왼쪽으로 옮겨 준다.

④ 안정도와는 무관하다.

해설 극점을 첨가하면
① 분모의 s 의 차수를 증가시킨다.　　② 회로 내의 L, C 개수 증가
③ 시스템은 불안정화 된다.(안정도 감소)　④ 과도 응답 시간이 길어진다.
⑤ 근궤적을 s-평면의 오른쪽으로 옮겨준다.

★【96. 기사】
63 진상 보상기의 설명 중 맞는 것은?

① 일종의 저주파 통과 필터의 역할을 한다.

② 2개의 극점과 2개의 영점을 가지고 있다.

③ 과도 응답 속도를 개선시킨다.

④ 정상 상태에서의 정확도를 현저히 개선시킨다.

해설▸ 진상 요소의 주된 사용 목적은 속응성(응답속도)을 개선하는 데 있다.

★【81. 98. 산업기사, 05 기사】

64 다음 임펄스 응답 중 안정한 계는?

① $c(t) = 1$

② $c(t) = \cos\omega t$

③ $c(t) = e^{-t}\sin\omega t$

④ $c(t) = 2t$

해설▸ t 가 ∞가 될 때 임펄스 응답이 0이면 계는 안정하다.

① $\lim\limits_{t\to\infty} 1 = 1$ ② $\lim\limits_{t\to\infty} \cos\omega t = \cos\omega t$

③ $\lim\limits_{t\to\infty} e^{-t}\sin\omega t = 0$ ④ $\lim\limits_{t\to\infty} 2t = \infty$

$\lim\limits_{t\to\infty} = 0$이 되면 계는 안정하다.

⤡ ─ 유사문제

∥ 유사문제 원문 및 해설 : 동일출판사 홈페이지 ≫ 고객센터 ≫ 자료실

01. 다음 전달 함수(개루프 전달 함수)의 정적 이득(static gain)을 구하면?

답 $\dfrac{K}{8}$

02. 어떤 제어 계통을 피드백 제어 계통으로 만들면 개루프(open loop) 시스템 때보다 루프 이득(loop gain)은 어떻게 되는가?

답 감소한다.

03. 직렬 진상 보상의 영향은?

답 위상 여유가 증가하고 공진 첨두값(정점)이 감소한다.

04. 제어계의 특성 개선을 위한 것이 아닌 것은?

답 저주파 영역의 이득만을 증가시키기 위하여 지상 보상기를 사용한다.

05. 다음의 임펄스 응답 중 안정한 계는?

답 $h(t) = te^{-t}$

답 64. ③

CHAPTER 09

근궤적법

01 근궤적

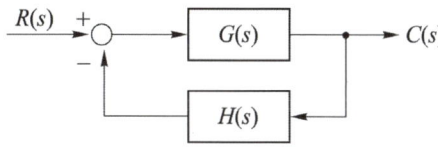

〈피드백 제어 시스템〉

그림에서 폐루프의 전달함수는 다음과 같다.

$$\frac{C(s)}{R(s)} = \frac{G(s)}{1 + G(s)H(s)} \qquad \cdots\cdots ①$$

폐루프의 특성 방정식은

$$1 + G(s)H(s) = 0 \qquad \cdots\cdots ②$$

여기서, $G(s)H(s)$는 폐루프 제어시스템의 전달함수이며 다음과 같다.

$$G(s)H(s) = -1 \qquad \cdots\cdots ③$$

식 ②를 만족하는 s는 식 ③을 만족할 것이므로 식 ③을 만족시키기 위해서는 s가 복소수이므로 다음 조건이 성립하여야 한다.

$$|G(s)H(s)| = 1 \quad \boxed{\text{출제 } \text{기사 1번}} \qquad \cdots\cdots ④$$

$$\angle G(s)H(s) = 180° + k \times 360° \qquad \cdots\cdots ⑤$$

여기서, $k = 0, \ \pm1, \ \pm2, \ \cdots$이다.

02 근궤적의 작도법

$G(s)H(s)$의 극, 0점과 특성 방정식의 근 사이의 관계로부터 근궤적을 그리는 방법은 다음과 같다.

1) 근궤적의 출발점($K = 0$)

근궤적은 $G(s)H(s)$의 극으로부터 출발한다.

2) 근궤적의 종착점($K = \infty$)

근궤적은 $G(s)H(s)$의 0점에서 끝난다. 출제 기사 1번

3) 근궤적의 개수

N : 근궤적의 개수
z : $G(s)H(s)$의 유한 0점(finite zero)의 개수
p : $G(s)H(s)$의 유한 극점(finite pole)의 개수

라고 하면 근궤적의 수 N은 z와 p 중에서 큰 수와 같다.

즉, $z > p$이면 $N = z$, $z < p$이면 $N = p$ 출제 산업 12번, 기사 7번

근궤적은 $G(s)H(s)$의 극에서 출발하여 0점에서 끝나므로 근궤적의 개수는 z와 p 중 큰 것과 일치한다. 또한 근궤적의 개수는 특성 방정식의 차수와 같다.

4) 근궤적의 대칭성

특성 방정식의 근이 실근 또는 공액 복소근을 가지므로 근궤적은 실축에 대하여 대칭이다. 출제 산업 2번, 기사 3번

5) 근궤적의 점근선

근 s에 대하여 근궤적은 점근선을 가진다. 이 때 점근선의 각도는

$$\alpha_K = \frac{(2K+1)\pi}{p - z}$$

여기서, $K = 0, 1, 2, \cdots = p - z$

6) 점근선의 교차점

① 점근선은 실수축 상에서만 교차하고 그 수 $n = p - z$이다. 출제 기사 1번
② 실수축 상에서의 점근선의 교차점은 다음과 같이 주어진다.

$$\delta = \frac{\sum G(s)H(s)\text{의 극} - \sum G(s)H(s)\text{의 영점}}{p - z}$$ 출제 기사 13번

7) 실수축상의 근궤적 출제 산업 1번, 기사 1번

$G(s)H(s)$의 실수축과 실영점으로부터 실수축이 분할될 때 어느 구간에서 오른쪽으로 실수축상의 극과 영점을 헤아려 갈 때 만일 총수가 홀수이면 그 구간에 근궤적이 존재하고, 짝수이면 존재하지 않는다.

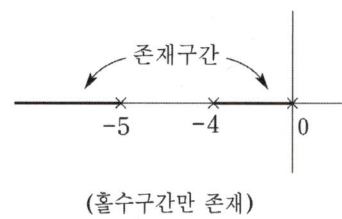

(홀수구간만 존재)

8) 출발점의 각도와 종착점의 각도

복소수 극에서 근궤적이 출발 또는 끝날 때의 각도(발생각) θ는

$\theta = [\pm 180° \times (\text{홀수})] - (\text{개루프 전달 함수의 나머지 극 및 영점에서부터}$
  $\text{해당되는 극까지의 벡터각의 총합)}$ 출제 기사 3번

9) 근궤적과 허수축간의 교차점   출제 산업 1번, 기사 8번

근궤적이 K의 변화에 따라 허축을 지나 s 평면의 우반 평면으로 들어가는 순간은 계의 안정성이 파괴되는 임계점에 해당한다. 이 점에 대응하는 K의 값과 ω는 루드-훌비쯔의 판별법으로부터 구할 수 있다.

10) 실수축상에서는 분지점   출제 기사 5번

특성 방정식의 중근이 존재하는 s 평면상의 점을 근궤적의 분지점이라고 하며 분지점을 알기 쉽게 구하기 위해서는 주어진 계의 특성 방정식을 다음 식과 같이 정리하여 사용한다.

$$K = f(s)$$

여기서, $f(s)$는 K를 포함하지 않는 s의 함수이다.
근궤적상의 분지점(실수와 복소수)은 K를 s에 관하여 미분하고, 이것을 0으로 놓이 얻는 방정식의 근이다. 즉, 분지점은

$$\frac{dK}{ds} = \frac{df(s)}{ds} = 0$$

11) 근궤적상의 임의점에서의 K의 계산   출제 기사 1번

지금까지는 주어진 계의 특성 방정식의 근의 궤적을 K가 $0 \sim \infty$까지의 변화에 대하여 그리는 방법을 설명하였으나 경우에 따라서는 궤적상의 한 점 s_1에 대응하는 K의 값을 계산할 필요가 있다. s_1에서의 K의 값은 다음 식으로부터 구할 수 있다.

$$K = \frac{1}{|G(s_1)H(s_1)|}$$

근궤적의 성질

01 ★【95. 기사】
시간 영역에서의 제어계를 해석, 설계하는 데 유용한 방법은?

① 나이퀴스트 판정법 ② 니콜스 선도법
③ 보드 선도법 ④ 근궤적법

해설 오버슈트, 제동비, 정정 시간(settling time) 등이 주어질 때에 제어계의 설계는 ①, ②, ③의 방법으로는 어렵고, 시간 영역에서 해석, 설계할 수 있는 근궤적법이 편리하다.

02 ★【94. 기사】
근궤적의 성질 중 옳지 않은 것은?

① 근궤적은 실수축에 관해 대칭이다.
② 근궤적은 개루프 전달 함수의 극으로부터 출발한다.
③ 근궤적은 가지수는 특성 정식의 차수와 같다.
④ 점근선은 실수축과 허수축상에서 교차한다.

해설 점근선은 실수축에서만 교차한다.

03 ★★★★【94. 95. 99. 06. 08. 기사, 82. 83. 산업기사】
근궤적은 무엇에 대하여 대칭인가?

① 원점 ② 허수축 ③ 실수축 ④ 대칭성이 없다.

해설 개루프 제어계의 복소근은 반드시 공액 복소쌍을 이루므로 근궤적은 실수축에 관해서 상하 대칭을 이룬다.

04 ★【96. 기사】
근궤적은 개루프 전달 함수의 어떤 점에서 출발하고 어떤 점에서 끝나는가?

① 영점에서 출발, 극점에서 끝난다.
② 영점에서 출발, 영점으로 되돌아와 끝난다.
③ 극점(pole)에서 출발, 영점(zero)에서 끝난다.
④ 극점에서 출발, 극점에서 되돌아와 끝난다.

해설 근궤적은 극에서 출발하여 0점에서 끝나므로 근궤적의 개수는 z와 p 중 큰 것과 일치한다. 또한 근궤적의 개수는 특성 방정식의 차수와 같다.

★【96. 기사】
05 근궤적이란 s 평면에서 개루프 전달 함수의 절대값이 어떤 점들의 집합인가?

① 0 　　　　　② −1 　　　　　③ ∞ 　　　　　④ 1

해설, $GH+1=0$, $GH=-1$ ∴ $|GH|=1$

근궤적의 수

★★★【93. 99. 01. 09. 23. 기사】
06 $G(s)H(s)=\dfrac{k}{s^2(s+1)^2}$ 에서 근궤적의 수는?

① 4 　　　　　② 2 　　　　　③ 1 　　　　　④ 0

해설, 근궤적의 수(N)는 근의 수(p)와 영점의 수(z)에서
$z=0$, $p=4$이므로 $z<p$ 이고 $N=p$ 이다. 따라서 $N=4$

★★【79. 01. 09. 10. 기사】
07 $G(s)H(s)=\dfrac{K(s+1)}{s(s+2)(s+3)}$ 에서 근궤적의 수는?

① 1 　　　　　② 2 　　　　　③ 3 　　　　　④ 4

해설, 근궤적의 수(N)는
① z(영점의 수) $>p$(극의 수)이면 $N=z$
② $z<p$, $N=p$
문제에서 $z=1$, $P=3$이므로 근궤적의 수 $N=p$, 즉 $N=3$

★☆【98. 기사, ㉻ : 80. 산업기사】
08 $G(s)H(s)=\dfrac{K(s+1)}{s^2(s+2)(s+3)}$ 에서 근궤적의 수는?

① 4 　　　　　② 3 　　　　　③ 2 　　　　　④ 1

해설, 근궤적의 수(N)는 근의 수(P)와 영점수(Z)에서 $Z=1$, $P=4$이므로 $N=P$ 즉, $N=4$

★☆【02. 10. 기사, ㉻ : 80. 산업기사】
09 어떤 제어 시스템의 $G(s)H(s)$가 $\dfrac{K(s+3)}{s^2(s+2)(s+4)(s+5)}$ 에서 근궤적의 수는?

① 1 　　　　　② 3 　　　　　③ 5 　　　　　④ 7

해설, 근궤적의 수(N)는 근의 수(P)와 영점수(Z)에서 $Z=1$, $P=5$이므로 $N=P$ 즉, $N=5$

근궤적의 점근선

★★★ 【95. 03. 04. 05. 11. 기사】

10 $G(s)H(s) = \dfrac{k(s-2)(s-3)}{s^2(s+1)(s+2)(s+4)}$ 에서 점근선의 교차점은 얼마인가?

① 2   ② 5   ③ $-\dfrac{2}{3}$ ④ -4

해설 $\sigma = \dfrac{\varSigma G(s)H(s)\text{의 극} - \varSigma G(s)H(s)\text{의 영점}}{p-z}$

여기서, p : 극점의 개수, z : 영점의 개수

$\sigma = \dfrac{(-1-2-4)-(2+3)}{5-2} = \dfrac{-12}{3} = -4$

★★★★ 【96. 01. 23. 기사, ⊕ : 78. 79. 05. 기사】

11 $G(s)H(s) = \dfrac{K(s-1)}{s(s+1)(s-4)}$ 에서 점근선의 교차점을 구하면?

① 4   ② 3   ③ 2   ④ 1

해설 $\sigma = \dfrac{\sum \text{극점} - \sum \text{영점}}{p-z} = \dfrac{(-1+4)-1}{3-1} = 1$

★★★ 【98. 99. 00. 05. 18. 기사】

12 개루프 전달함수 $G(s)H(s) = \dfrac{k(s-5)}{s(s-1)^2(s+2)^2}$ 일 때 주어지는 계에서 점근선의 교차점은?

① $-\dfrac{3}{2}$ ② $-\dfrac{7}{4}$ ③ $\dfrac{5}{3}$ ④ $-\dfrac{1}{5}$

해설 $\sigma = \dfrac{\sum \text{극점} - \sum \text{영점}}{p-z} = \dfrac{(0+1+1-2-2)-5}{5-1} = \dfrac{-7}{4}$

실수축 상의 근궤적

★ 【95. 10. 기사】

13 개루프 전달 함수 $G(s)H(s)$가 다음과 같을 때 실수축상의 근궤적 범위는 어떻게 되는가?

$$G(s)H(s) = \frac{K(s+1)}{s(s+2)}$$

① 원점과 (-2) 사이   ② 원점에서 점 (-1) 사이와 (-2)에서 $(-\infty)$ 사이

③ (-2)와 $(+\infty)$ 사이   ④ 원점에서 $(+2)$ 사이

해설

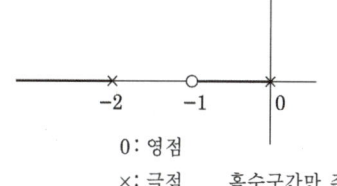

0 : 영점
× : 극점   홀수구간만 존재

☆【78. 산업기사】

14 개루프 전달 함수 $G(s)H(s)$가 다음과 같은 계의 실수축상의 근궤적은 어느 범위인가?

$$G(s)H(s) = \frac{K}{s(s+4)(s+5)}$$

① 0과 −4 사이의 실수축상

② −4와 −5 사이의 실수축상

③ −5와 −8 사이의 실수축상

④ 0과 −4, −5와 −∞ 사이의 실수축상

해설 $G(s) = \dfrac{K}{s(s+4)(s+5)}$의 극은
$P_1 = 0$, $P_2 = -4$, $P_3 = -5$
극수는 3이며 0점은 없다.

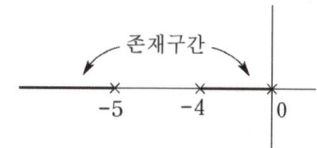

(홀수구간만 존재)

출발각도와 종착각도

★【03. 기사】

15 루프 전달함수 $G(s)H(s) = \dfrac{K}{(s+2)(s^2+2s+2)}$의 근궤직에서 $s = -1+j$ 에서의 출발각($K > 0$)은?

① $30°$ ② $45°$ ③ $60°$ ④ $90°$

해설 $\phi = [\pm 180° \times (홀수)] - (개루프 전달 함수의 나머지 극 및 영점에서부터 해당되는 극까지의 벡터각의 총합)

★【97. 기사】

16 특성 방정식 $s(s+4)(s^2+3s+3) + K(s+2) = 0$의 $-\infty < K < 0$의 근궤적의 점근선이 실수축과 이루는 각은 각각 몇 도인가?

① $0°$, $120°$, $240°$

② $45°$, $135°$, $225°$

③ $60°$, $180°$, $300°$

④ $90°$, $180°$, $270°$

14. ④ 15. ② 16. ③

해설 점근선의 각 $\alpha = \frac{(2K+1)\pi}{p-z}$ $(K=0,\ 1,\ 2)$

$K=0$일 때 $\alpha = \frac{\pi}{4-1} = 60°$, $K=1$일 때 $\alpha = \frac{3\pi}{3} = 180°$, $K=2$일 때 $\alpha = \frac{5\pi}{3} = 300°$

★【77. 기사】

17 $G(s)H(s) = \dfrac{K(s+1)}{s(s+4)(s^2+2s+2)}$ 로 주어질 때 특성 방정식 $1+G(s)H(s)=0$의 점근

선의 각도와 교차점을 구하면?

① $\sigma_0 = -\dfrac{5}{3}$, $\beta_0 = 60°,\ 180°,\ 300°$

② $\sigma_0 = -\dfrac{7}{3}$, $\beta_0 = 60°,\ 180°,\ 300°$

③ $\sigma_0 = -\dfrac{5}{3}$, $\beta_0 = 45°,\ 180°,\ 315°$

④ $\sigma_0 = -\dfrac{7}{5}$ $\beta_0 = 45°,\ 180°,\ 315°$

해설 실수축상에 점근선의 수는 $N=p-z=4-1=3$이므로 점근선의 각 β_0는

$\beta_0 = \dfrac{(2K+1)\pi}{p-z}$ $(K=0,\ 1,\ 2)$이므로

$K=0$에서 $\dfrac{(2K+1)\pi}{p-z} = \dfrac{180°}{4-1} = 60°$

$K=1$에서 $\dfrac{(2K+1)\pi}{p-z} = \dfrac{540°}{4-1} = 180°$

$K=2$에서 $\dfrac{(2K+1)\pi}{p-z} = \dfrac{900°}{4-1} = 300°$

3개의 점근선의 교차점은

$\sigma_0 = \dfrac{\sum G(s)H(s)의\ \ 극 - \sum G(s)H(s)의\ \ 영점}{p-z}$

$= \dfrac{0-4+(-1+j)+(-1+j)-(-1)}{3} = -\dfrac{5}{3}$

$\therefore \sigma_0 = -\dfrac{5}{3}$, $\beta_0 = 60°,\ 180°,\ 300°$

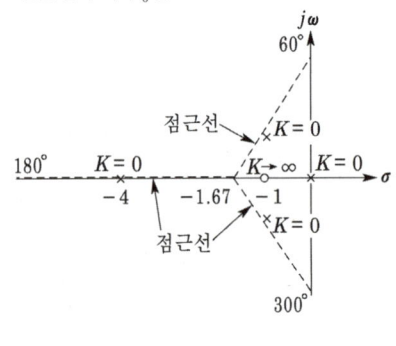

근궤적과 허수축간의 교차점

★★【93. 03. 23. 25. 기사】

18 $G(s)H(s) = \dfrac{K}{s(s+4)(s+5)}$에서 근궤적이 $j\omega$축과 교차하는 점은?

① $\omega = 4.48$ 　　　② $\omega = -4.48$

③ $\omega = 4.48,\ -4.48$ 　　　④ $\omega = 2.28$

해설 특성 방정식은 $s(s+4)(s+5)+K=s^3+9s^2+20s+K=0$
위 식의 루드 배열은

s^3	1	20
s^2	9	K(보조 방정식의 계수)
s^1	$\dfrac{180-K}{9}$	0
s^0	K	0

K의 임계값은 s^1의 제1열 요소를 0으로 놓아 얻을 수 있다.
$\dfrac{180-K}{9}=0$ ∴ $K=180$
허수축($j\omega$)을 끊은 점에서의 주파수 ω는 보조 방정식
$9s^2+K=0$에 $K=180$을 대입하면 $9s^2+180=0$
∴ $s=\pm j\sqrt{20}=\pm4.48j$이므로
∴ $\omega=\pm4.48[\text{rad/s}]$

★ 【03. 기사】

19 개루프 전달함수 $G(s)H(s)=\dfrac{K}{s(s+2)(s+4)}$ 의 근궤적이 $j\omega$축과 교차하는 점은?

① $\omega=\pm2.828[\text{rad/sec}]$ ② $\omega=\pm1.414[\text{rad/sec}]$
③ $\omega=\pm5.657[\text{rad/sec}]$ ④ $\omega=\pm14.14[\text{rad/sec}]$

해설 특성 방정식은 $s(s+2)(s+4)+K=s^3+6s^2+8s+K=0$
위 식의 루드 배열은

s^3	1	8
s^2	6	K(보조 방정식의 계수)
s^1	$\dfrac{48-K}{6}$	0
s^0	K	0

K의 임계값은 s^1의 제1열 요소를 0으로 놓아 얻을 수 있다.
$\dfrac{48-K}{6}=0$ ∴ $K=48$
허수축($j\omega$)을 끊은 점에서의 주파수 ω는 보조 방정식
$6s^2+K=0$에 $K=48$을 대입하면 $6s^2+48=0$
∴ $s=\pm j2\sqrt{2}=\pm2.828j$이므로
∴ $\omega=\pm2.828[\text{rad/s}]$

★☆ 【98. 18. 기사, 80. 산업기사】

20 폐루프 전달 함수 $G(s)$가 $\dfrac{8}{(s+2)^3}$ 인 때 근궤적의 허수축과의 교점이 64이면 이득 여유는 몇 [dB]인가?

① 8 ② 18 ③ 20 ④ 64

해설 ▶ 이득 여유$(GM) = \dfrac{\text{허수축과의 교차점에서 } K\text{의 값}}{K\text{의 설계값}}$

문제에서 $G(s)$의 이득 정수 K의 설계값은 8이고,
근궤적으로부터 허수축과 교차점에서의 K값은 64이므로

이득 여유$= \dfrac{64}{8} = 8$이다.

[dB]로 표시한 이득 여유는

∴ $GM = 20\log 8 = 18[\text{dB}]$

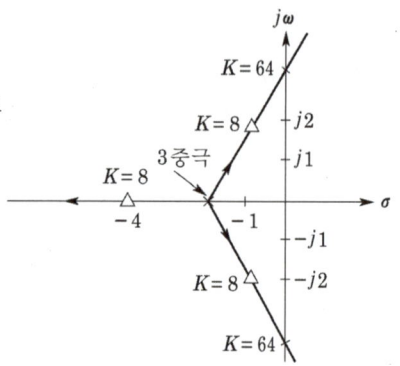

★★【98. 00. 04. 기사】

21 근궤적이 s평면의 $j\omega$축과 교차할 때 폐루프의 제어계는?

① 안정하다.　　　　　　　　　　② 불안정하다.
③ 임계 상태이다.　　　　　　　　④ 알 수 없다.

해설 ▶ 근궤적이 허수축$(j\omega)$과 교차할 때는 특성근의 실수부 크기가 0일 때와 같다.
특성근의 실수부가 0이면 임계 안정(임계 상태)이다.

★【82. 기사】

22 s평면에 그려질 근궤적의 일부가 허수축을 통과할 때 이 2차 계통의 감쇠 인자는 얼마인가?

① 0　　　　　　② 0.2　　　　　　③ 0.5　　　　　　④ 1.0

해설 ▶ 2차계의 특성 방정식 $s^2 + 2\delta\omega_n s + \omega_n^2 = 0$에서 근을 구하면

$s_1,\ s_2 = -\delta\omega_n \pm j\omega_n\sqrt{1-\delta^2} = -\sigma \pm j\omega$이 된다.

$\delta = 0$(무제동)의 경우에 $s_1,\ s_2 = \pm j\omega_n$이므로 감쇠 인자 $\sigma = \delta\omega_n$이 0일 때 허수축을 통과한다.

분지점

★【91. 03. 기사】

23 $G(s)H(s) = \dfrac{K}{s(s+4)(s+5)}$의 $K \geq 0$에서의 분지점은?

① -1.47　　　　　② -4.53　　　　　③ 1.47　　　　　④ 4.53

해설 ▶ $1 + G(s)H(s) = 1 + \dfrac{K}{s(s+4)(s+5)} = 0$

$K = -s(s+4)(s+5)$

$K(\sigma) = -\sigma(\sigma+4)(\sigma+5) = -\sigma^3 - 9\sigma^2 - 20\sigma$

$\dfrac{dK(\sigma)}{d\sigma} = -3\sigma^2 - 9\sigma - 20 = 0$

∴ $\sigma_1 = -1.47,\ \sigma_2 = -4.53$

$K>0$에 대한 실수축상의 구간은 $0\sim-4$, $-5\sim\infty$이므로 $\sigma_2=-4.53$은 근궤적점이 될 수 없으므로 버리고, 분지점은

$$\therefore \ \sigma_1=-1.47$$

★ 【03. 기사】

24 전달함수가 $G(s)H(s)=\dfrac{K}{s(s+2)(s+8)}$ 인 $K\geqq0$의 근궤적에서 분지점은?

① -0.93 ② -5.74 ③ -1.25 ④ -9.5

해설
$$1+G(s)H(s)=1+\frac{K}{s(s+2)(s+8)}=0$$
$$K=-s(s+2)(s+8)$$
$$K(\sigma)=-\sigma(\sigma+2)(\sigma+8)=-\sigma^3-10\sigma^2-16\sigma$$
$$\frac{dK(\sigma)}{d\sigma}=-3\sigma^2-20\sigma-16=0$$
$$\therefore \ \sigma_1=-0.93, \ \ \sigma_2=-5.74$$
$K\geq0$에 대한 실수축 상의 구간은 $0\sim-2$, $-8\sim-\infty$이므로 $\sigma_2=-5.74$은 근궤적점이 될 수 없으므로 버리고, 분지점은
$$\therefore \ \sigma_1=-0.93$$

★ 【97. 25. 기사】

25 특성 방정식 $(s+1)(s+2)+K(s+3)=0$의 완전 근궤적의 이탈점(breakaway point)은 각각 얼마인가?

① $s=-1.5$, $s=-3.5$인 점

② $s=-1.6$, $s=-2.6$인 점

③ $s=-3+\sqrt{2}$, $s=-3-2\sqrt{2}$인 점

④ $s=-3+\sqrt{2}$, $s=-3-\sqrt{2}$인 점

해설
$$K=-\frac{(s+1)(s+2)}{s+3}=-\frac{s^2+3s+2}{s+3}=0$$
$$K(\sigma)=-\frac{\sigma^2+3\sigma+2}{\sigma+3}=0$$
$$\frac{dK(\sigma)}{d\sigma}=-\frac{(2\sigma+3)(\sigma+3)-(\sigma^2+3\sigma+2)}{(\sigma+3)^2}=0$$
$$\sigma^2+6\sigma+7=0의 \ 근은 \ \sigma=-3\pm\sqrt{2}$$

★ 【02. 기사】

26 개루프 전달 함수가 다음과 같을 때 이 계의 이탈점(break away)은?

$$G(s)H(s)=\frac{K(s+4)}{s(s+2)}$$

① $s=-1.172$ ② $s=-6.828$

③ $s=-1.172$, -6.828 ④ $s=0$, $-2s$

해설 이 계의 특성 방정식은 $G(s)H(s) = \dfrac{K(s+4)}{s(s+2)}$ 이므로

$$1 + G(s)H(s) = \frac{s(s+2) + K(s+4)}{s(s+2)} = 0$$

또는

$$s(s+2) + K(s+4) = 0 \quad \cdots\cdots \text{①}$$

①을 고쳐쓰면

$$K = -\frac{s(s+2)}{s+4} \quad \cdots\cdots \text{②}$$

②를 s에 관하여 미분하면

$$\frac{dK}{ds} = \frac{-(2s+2)(s+4) + s(s+2)}{(s+4)^2} = 0 \quad \cdots\cdots \text{③}$$

③을 간단히 하면

$$s^2 + 8s + 8 = 0 \quad \cdots\cdots \text{④}$$

④를 풀면 $s_1 = -1.172$, $s_2 = -6.828$,

따라서 분지점은 $a = -1.172$, $b = -6.828$이다.

근궤적상의 임의의 K 계산

★【95. 기사】

27 개루프 전달 함수가 $G(s)H(s) = \dfrac{K}{s(s+1)(s+3)(s+4)}$, $K > 0$일 때 근궤적에 관한 설명 중 맞지 않는 것은?

① 근궤적의 가지수는 4이다.

② 점근선의 각도는 $\pm 45°$, $\pm 135°$이다.

③ 이탈점은 -0.424, -2이다.

④ 근궤적이 허수축과 만날 때 $K = 26$이다.

해설 $G(s) = \dfrac{K}{s(s+1)(s+3)(s+4)}$ 의 극은 $P_1 = 0$, $P_2 = -1$, $P_3 = -3$, $P_4 = -4$로

극수는 4이며 영점은 없다.

① 근궤적은 $s = 0$, $s = -1$, $s = -3$, $s = -4$인 4개의 극에서 출발한다.

② 근궤적의 분지수는 4이다.

③ $K \to \infty$일 때 근궤적은 무한 원점으로 접근한다.

④ 그때 점근선이 실축과 만나는 점 α_c는

$$\alpha_c = \frac{0 + (-1) + (-3) + (-4)}{4 - 0} = -2$$

실축과 이루는 각 β는

$$\beta_1 = \frac{(2 \times 0 + 1)180°}{4 - 0} = 45°$$

$$\beta_2 = \frac{(2 \times 1 + 1)180°}{4 - 0} = 135°$$

답 27. ③

$$\beta_3 = \frac{(2\times2+1)180°}{4-0} = 225°$$

$$\beta_4 = \frac{(2\times3+1)180°}{4-0} = 315°$$

⑤ 근궤적은 실수축에 대하여 대칭이다.

⑥ 실축상에 근궤적이 존재하는 부분은 $-1 \leq s \leq 0$, $-4 \leq s \leq -3$이 그 영역이다.

⑦ 근궤적의 실축상의 이탈점 α_b는

$$\frac{1}{0-\alpha_b} + \frac{1}{-1-\alpha_b} + \frac{1}{-3-\alpha_b} + \frac{1}{-4-\alpha_b} = 0$$

이 방정식을 간단히 하면

$2\alpha_b^3 + 12\alpha_b^2 + 19\alpha_b + 6 = 0$가 된다.

나머지 정리를 이용하여 위 방정식을 풀면 $\alpha_b = -0.42$ 또는 -3.5가 된다.

따라서 α_b에 0.42를 대입하면

$$\frac{1}{0-\alpha_b} + \frac{1}{-1-\alpha_b} + \frac{1}{-3+0.42} + \frac{1}{-4+0.42}$$ 로 하여 α_b를 구하면

$\alpha_b = -0.424$의 근사값이 얻어진다.

따라서 대칭성을 이용하면 $\alpha_b = -3.576$이다.

⑧ 근궤적이 허수축과 만나는 점 K를 구하기 위하여 루드 수열을 이용하여 계산하면 $K = 26.25$가 된다.

폐루프 전달함수

★★ 【95. 02. 기사】

28 PD 조절기와 전달 함수 $G(s) = 1.02 + 0.002s$의 영점은?

① -510 ② $-1,020$ ③ 510 ④ $1,020$

해설 $1.02 + 0.002s = 0$, $s = 510$

★ 【92. 기사】

29 개루프 전달 함수가 $G(s) = \dfrac{s+2}{s(s+1)}$일 때 폐루프 전달 함수는?

① $\dfrac{s+2}{s^2+s}$ ② $\dfrac{s+2}{s^2+2s+2}$

③ $\dfrac{s+2}{s^2+s+2}$ ④ $\dfrac{s+2}{s^2+2s+4}$

해설 폐루프 전달 함수를 $G'(s)$라 하면

$$G'(s) = \frac{G(s)}{1+G(s)} = \frac{\dfrac{s+2}{s(s+1)}}{1+\dfrac{s+2}{s(s+1)}} = \frac{s+2}{s^2+2s+2}$$

답 28. ① 29. ②

01 - 상태 방정식

피드백 제어이론은 시스템의 입력과 출력을 다룬 전달함수를 이용해서 시스템의 특성을 파악하는 방법으로 통상의 피드백 제어 시스템에는 간편하고 유용한 방법이지만 고도의 제어 시스템에는 적용하기 어려운 단점이 있다.

따라서, 벡터적인 것을 기초로 한 상태방정식에 의해 시스템을 나타내면 그 내부 상태를 자세히 다룰 수 있고 또한 제어가 가능한지 어떤지 불안정계를 안정시키기 위해서는 어떻게 하면 좋은가 등을 파악할 수 있다.

1) 상태 선도

제어 시스템의 n 차 미분 방정식이 다음과 같을 때

$$\frac{d^n}{dt^n}y(t) + a_n\frac{d^{n-1}}{dt^{n-1}}y(t) + \cdots + a_2\frac{d}{dt}y(t) + a_1 y(t) = u(t)$$

상태 변수는 대상으로 하는 시스템의 특성을 완전히 표시하는 양, 즉 어느 순간에서나 시스템의 상태를 결정하는 n개의 변수 $x_1(t)$, $x_2(t)$, $\cdots$, $x_n(t)$의 집합을 말하며, 상태변수는 미분 방정식의 초기값에 해당하는 것으로서 n계 시스템의 t_0에서의 상태는 $x_1(t_0)$, $x_2(t_0)$, $\cdots$, $x_n(t_0)$로 표시되는데, 이것은 $t \geq t_0$에 있어서 시스템에 대한 입력뿐만 아니라 시스템의 특성을 결정하는 데 충분한 초기값의 집합을 말한다.

제어 시스템은 이들 변수를 사용하여 그림과 같이 표현할 수 있다. 그림에서 입력단은 입력 변수의 집합을, 그리고 출력단은 출력 변수의 집합을 나타낸다.

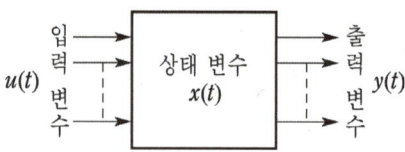

또 상태 변수의 집합은 시스템의 내부에 포함되고, 각 단자에는 직접 나타나지 않는 것이 보통이다. 이들 변수의 집합을 벡터로 표현하면 취급이 매우 편리하다. 즉, 입력 변수의 집합, 출력 변수의 집합 및 상태 변수의 집합을 각각의 변수의 수 l, m, n을 차수로 하는 다음과 같은 열벡터로 표시한다.

- 입력 벡터

$$u = \begin{bmatrix} u_1 \\ u_2 \\ \vdots \\ u_l \end{bmatrix} \qquad \cdots\cdots ①$$

- 출력 벡터

$$y = \begin{bmatrix} y_1 \\ y_2 \\ \vdots \\ y_m \end{bmatrix} \qquad \cdots\cdots ②$$

- 상태 벡터

$$x = \begin{bmatrix} x_1 \\ x_2 \\ \vdots \\ x_n \end{bmatrix} \qquad \cdots\cdots ③$$

이들의 변수는 일반으로 시간과 더불어 변화하므로 $u,\ y,\ x$ 는 시간 t 의 함수이다. 임의의 시간 t 에서 입력 벡터 u 가 취하는 모든 값의 집합은 입력(벡터) 공간을 만든다. 마찬가지로 임의의 시간 t 에서 출력 벡터 y 및 상태 벡터 x 가 취하는 모든 값의 집합은 각각 출력(벡터) 공간 및 상태(벡터) 공간을 만든다.

어떤 시간 t 에서의 시스템의 상태 벡터는 시스템의 초기 상태 벡터와 시간 t 까지 시스템에 인가된 입력 벡터에 의해서 표시되면 다음 식과 같은 형식으로 표시된다.

$$x(t) = f\{x(t_0),\ u(t_0,\ t)\} \qquad \cdots\cdots ④$$

단, $u(t_0,\ t)$는 t_0에서 t까지 인가된 입력 벡터를 의미하고 $f\{\ \}$는 1가 함수이다. 시간 t 에서의 출력 벡터는 마찬가지로 다음 식으로 표시된다.

$$y(t) = g\{x(t_0),\ u(t_0,\ t)\} \qquad \cdots\cdots ⑤$$

단, $g\{\ \}$는 1가 함수이다. 식 ④를 상태 방정식, 식 ⑤를 출력 방정식이라 한다.

일반적으로 제어의 대상이 되는 시스템은 미분 방정식으로 기술되는 경우가 많은데, 선형이고 정계수계에서는 상태 방정식 및 출력 방정식은 다음과 같이 표시된다.

$$\dot{x}(t) = Ax(t) + Bu(t) \qquad \cdots\cdots ⑥$$

$$y(t) = Cx(t) \qquad \cdots\cdots ⑦$$

지금 $x(t),\ u(t),\ y(t)$를 각각 n차, l차, m차의 벡터라 하면, A를 $(n \times n)$ 시스템 행렬, B를 $(n \times l)$ 제어 행렬, C를 $(m \times n)$ 출력 행렬이라 한다.

어떤 시간 t 에서의 시스템 내부 상태 $x(t)$는 n차원 상태 공간의 한 점으로 표시되고, 시간의 경과와 더불어 $x(t)$는 이 공간에서 연속인 궤적을 그린다. 따라서 임의의 시점에서의 시스템의 상태는 상태 공간에서 $x(t)$의 위치에 따라 결정되며 이것은 상태 방정식인 벡터 1계 미분 방정식의 해를 구함으로써 얻어진다. $x(t)$가 구해지면 출력 $y(t)$도 구해진다.

식 ⑥ 및 ⑦은 1개의 입력과 m 개의 출력을 갖는 제어 시스템의 일반적인 표현법이지만, 단일 입출력의 시스템이 n 계의 미분 방정식으로 표시되는 경우에도 상태 변수를 적당히 선정함으로써 위와 같은 n개의 1계 미분 방정식의 집합으로 기술된다.

2) 선형 시스템의 과도응답(천이 행렬) [출제] 기사 2번

선형 시스템에서의 주요 문제의 하나는 상태 방정식의 해를 구하는 것이다. 이것을 구하기 위하여 다음의 상태 방정식을 생각하여 본다.

$$\frac{d}{dt}x(t) = Ax(t) + Bu(t) \qquad \cdots\cdots ①$$

위의 식을 라플라스 변환하면,

$$sX(s) - x(0^+) = AX(s) + BU(s)$$

그러면

$$X(s) = [sI - A]^{-1}x(0^+) + [sI - A]^{-1}BU(s)$$

역라플라스 변환을 취하면 식 ①의 해는 다음과 같다.

$$x(t) = \Phi(t)x(0^+) + \int_0^t \Phi(t-\tau)Bu(\tau)d\tau \qquad \cdots\cdots ②$$

$$단, \ \Phi(t) = \mathcal{L}^{-1}\{[sI - A]^{-1}\} \qquad \cdots\cdots ③$$

여기서, I 는 단위행렬로 주 대각원소는 1이고 나머지 원소가 모두 0인 정사각행렬이다.

$$I = \begin{bmatrix} 1 & 0 \\ 0 & 1 \end{bmatrix} \ 또는 \ I = \begin{bmatrix} 1 & 0 & 0 \\ 0 & 1 & 0 \\ 0 & 0 & 1 \end{bmatrix}$$

과 같은 행렬이다.

식 ②를 상태 천이 방정식이라 하고 식 ③의 $\Phi(t)$를 천이 행렬이라 한다. 왜냐하면 시간 $t = 0$에서 t로 시스템의 상태가 천이하는 것을 나타내기 때문이다.

$u(t) = 0$이면 식 ①은

$$\dot{x}(t) = Ax(t) \qquad \cdots\cdots ④$$

이고, 이것의 해는 식 ②로부터

$$x(t) = \Phi(t)x(0^+) \qquad \cdots\cdots ⑤$$

이다. 여기서 $x(t)$를 이 시스템의 영입력 응답이라 한다.
다음에 천이 행렬의 성질을 고찰하여 본다. 지금

$$[sI - A]^{-1} = \frac{I}{s} + \frac{A}{s^2} + \frac{A^2}{s^3} + \cdots\cdots$$

라 놓을 수 있다. 왜냐하면 양변에 $[sI - A]$를 곱하면

$$[sI - A][sI - A]^{-1} = I$$

의 관계를 만족시키기 때문이다. 그러면

$$\mathcal{L}^{-1}\{[sI - A]^{-1}\} = I + At + \frac{A^2 t^2}{2!} + \cdots\cdots$$
$$= e^{A(t)} = \Phi(t)(t \geq 0) \qquad \cdots\cdots ⑥$$

그러므로

$$\Phi(0) = I$$
$$\Phi(t_2 + t_1)\Phi(t_1 - t_0) = \Phi(t_2 - t_0) \qquad \cdots\cdots ⑦$$
$$\Phi(t - \tau) = \Phi(t)\Phi(\tau)$$
$$\Phi^{-1}(t) = \Phi(-t)$$

초기 시간으로서 t_0를 쓰고 싶을 때가 많다. 그래서 식 ②에서 $t = t_0$라 놓고 $x(0^+)$에 관하여 풀면

$$x(0^+) = \Phi^{-1}(t_0)x(t_0) - \Phi^{-1}(t_0)\int_0^{t0} \Phi(t - \tau)Bu(\tau)d\tau \qquad \cdots\cdots ⑧$$

이것을 식 ②에 대입하면

$$x(t) = \Phi(t)\Phi(-t_0)x(t_0) - \Phi(t)\Phi(-t_0)\int_0^{t0} \Phi(t - \tau)Bu(\tau)d\tau$$
$$+ \int_0^t \Phi(t - \tau)Bu(\tau)d\tau$$
$$= \Phi(t - t_0)x(t_0) + \int_{t0}^0 \Phi(t - \tau)Bu(\tau)d\tau + \int_0^t \Phi(t - \tau)Bu(\tau)d\tau$$
$$= \Phi(t - t_0)x(t_0) + \int_{t0}^t \Phi(t - \tau)Bu(\tau)d\tau \qquad \cdots\cdots ⑨$$

식 ⑨는 $t \geq t_0$에 대한 식 ①의 완전 해, 즉 상태 천이 방정식이다.

3) 상태 천이 행렬의 성질

상태 방정식 $x(t) = Ax + Bu$일 때 특성방정식은 $|sI - A| = 0$으로

상태 천이 행렬 $\Phi(t) = \mathcal{L}^{-1}[(sI - A)^{-1}]$이며 다음과 같은 성질을 가진다. 출제 기사 20번

① $\Phi(0) = I\,(I\,:\,$단위행렬$)$ 출제 기사 2번

② $\Phi^{-1}(t) = \Phi(-t) = e^{-At}$

③ $\Phi(t_2 - t_1)\Phi(t_1 - t_0) = \Phi(t_2 - t_0)$(모든 값에 대하여)

④ $[\Phi(t)]^K = \Phi(Kt)$ 여기서 $K =$ 정수이다.

---

02 - z 변환

1) z 변환의 정의

라플라스 변환은 연속시스템인 선형 상미분방정식을 해석하는 데 이용하지만 불연속 시스템을 나타내는 차분 방정식이나 이산시스템인 경우에는 z 변환을 이용한다.

- 연속계 : $\displaystyle\int_0^\infty r(t)e^{-st}dt$

- 불연속계 : $\displaystyle\sum_{k=0}^\infty r(kT)e^{-skT} = \sum_{k=0}^\infty r(kT)z^{-k}$

따라서 $Z = e^{Ts}$ 이므로 양변에 ln을 취하면

$$s = \frac{1}{T}\ln Z$$ 출제 기사 4번

단, T는 샘플링 시간이다.

$$\text{따라서 } U(Z) = \sum_{k=0}^\infty u(kT)Z^{-k}$$

2) z 변환의 초기치 정리와 최종치 정리 출제 기사 4번

항 목	초기값 정리	최종값 정리
Z 변환	$e(0) = \lim\limits_{z \to \infty} E(z)$	$e(\infty) = \lim\limits_{z \to 1}\left(1 - \dfrac{1}{z}\right)E(z)$
라플라스 변환	$e(0) = \lim\limits_{s \to \infty} sE(s)$	$e(\infty) = \lim\limits_{s \to 0} sE(z)$

3) 간단한 함수들의 z 변환

(1) 임펄스 함수일 경우

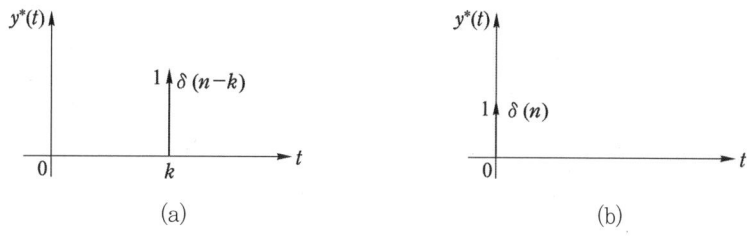

(a)   (b)

단위 임펄스 함수

임펄스함수는 다음과 같다.

$$y^*(t) = \delta(n-k)$$

z 변환하면 다음과 같다.

$$z[\delta(n-k)] = \sum_{k=0}^{\infty} \delta(n-k)z^{-k} = 1 + z^{-1} + z^{-2} + \cdots = z^{-k}$$

그림 (a)에서 $k = 0$인 그림 (b)에서 임펄스 함수는 다음과 같다.

$$y^*(t) = \delta(n)$$

z 변환은 $k = 0$일 때 다음을 얻는다.

$$z[\delta(n)] = 1$$

(2) 단위 계단 함수일 경우

그림 (a)와 같이 계단함수는 다음과 같다.

$$y(t) = Ru_s(t) = \begin{bmatrix} R & : & t \geq 0 \\ 0 & : & t < 0 \end{bmatrix}$$

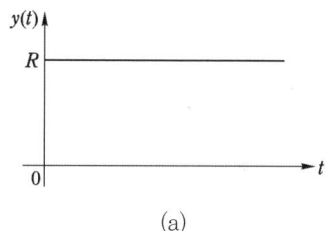 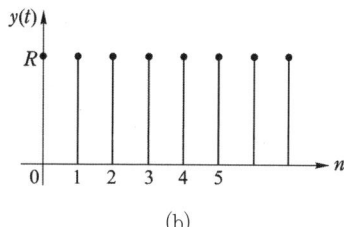

(a)   (b)

단위 계단 함수

표본화 함수는 (b)와 같이 나타내며 다음과 같다.

$$y(n) = Ru_s(n) = \begin{bmatrix} R & : n \geq 0 \\ 0 & : n < 0 \end{bmatrix}$$

여기서 R은 상수이다.

계단함수의 z 변환은 다음과 같다.

$$z\left[Ru_s(n)\right] = \frac{Rz}{z-1}$$

(3) 단위 램프 함수일 경우

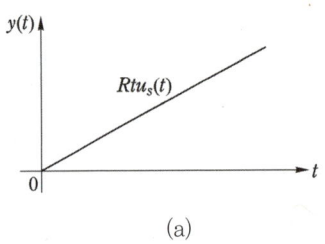

(a)　　　　　　　　　　　　(b)

단위 램프 함수

$$y(t) = Rtu_s(t)$$

여기서, R은 상수이다.

표본화 함수는 그림(b)와 같이 나타내며 다음과 같다.

$$y(n) = Rn\,u_s(n)$$

위 식을 z변환하면

$$z\left[Rnu_s(n)\right] = \sum_{n=0}^{\infty} Rnz^{-n}$$
$$= R(z^{-1} + 2z^{-2} + 3z^{-3} + 4z^{-4} + \cdots)$$
$$= \frac{Rz}{(z-1)^2}$$

(4) z 변환표

시간함수	z변환	시간함수	z변환
단위임펄스함수 $\delta(t)$	1	$e^{at}u_s(t)$	$\dfrac{z}{z-e^{aT}}=\dfrac{z}{z-e^a}$
$\delta(t-kT)$	z^{-k}	$te^{at}u_s(t)$	$\dfrac{ze^{aT}T}{(z-e^{aT})^2}=\dfrac{ze^a}{(z-e^a)^2}$
단위계단함수 $u_s(t)$ 출제 기사 13번	$\dfrac{z}{z-1}$	$e^{-at}u_s(t)$ 출제 산업 2번, 기사 13번	$\dfrac{z}{z-e^{-aT}}=\dfrac{z}{z-e^{-a}}$
$\delta_T(t)=\displaystyle\sum_{n=0}^{\infty}\delta(t-nT)$	$\dfrac{z}{z-1}$	$te^{-at}u_s(t)$	$\dfrac{ze^{-aT}T}{(z-e^{-aT})^2}=\dfrac{ze^{-a}}{(z-e^{-a})^2}$
$u_s(t-kT)$	$\dfrac{z}{z-1}z^{-k}$	$(1-e^{-at})u_s(t)$	$\dfrac{(1-e^{-aT})z}{(z-1)(z-e^{-aT})}$
$t\,u_s(t)$	$\dfrac{zT}{(z-1)^2}=\dfrac{z}{(z-1)^2}$	$a^t u_s(t)$	$\dfrac{z}{z-a}$

4) z변환의 전달함수   출제 기사 1번

$$z\text{변환 전달 함수} = \frac{G(z)}{1+G(z)}$$

5) z평면   출제 산업 1번, 기사 19번

샘플러의 주기를 T 라 할 때 s 평면상의 모든 점은 식 $z=e^{sT}$에 의하여 z 평면상에 사상된다. 이때 z 변환법을 사용한 샘플값 제어계가 안정하려면 $1+GH(z)=0$의 근의 위치는 s 평면의 좌반면에 있으며, z 평면의 원점을 중심으로 한 단위원 내부에 사상되어야 한다.

① s 평면의 허수축은 z 평면의 원점을 중심으로 한 단위원에 사상된다.

② s 평면의 우반면은 z 평면의 원점을 중심으로 한 단위원 외부에 사상된다.

③ s 평면의 좌반면은 z 평면의 원점을 중심으로 한 단위원 내부에 사상된다.

03 - 가제어성과 가관측성

가제어성과 가관측성은 최적 제어 이론의 기본이 된다. 유한 시간에서의 어느 임의의 초기 상태 $x(t_0)$로부터 임의로 다르게 지정된 상태 $x(t_1)$에, 시스템의 상태를 이동시키도록 적당한 입력 $u(t)$가 존재하는 경우, 이 시스템은 시각 (t_0)에 있어서 가제어라고 말하며, 어느 유한의 시간 구간 $t_0 \sim t_1$에서 시스템의 출력 $y(t)$를 관측하는 것에 대하여, 시스템의 임의의 초기값 $x(t_0)$의 값을 알고 있을 때, 이 시스템은 시간(t_0)에 있어서 가관측이라고 한다.

상태 방정식과 출력 방정식이

$$\dot{x}(t) = A x(t) + Bu(t)$$

$$y(t) = Cx(t)$$

로 표시될 때

(1) 가제어가 가능하도록 하는 필요 충분 조건은

$$Q = [B \quad AB \quad A^2B \quad \cdots \quad A^{n-1}B]$$

행렬 Q의 행렬식이 0이 아니면 제어 가능하다.

(2) 가관측이 가능하도록 하는 필요 충분 조건은

$$P = \begin{bmatrix} C \\ CA \\ CA^2 \\ \vdots \\ CA^{n-1} \end{bmatrix}$$

행렬 P의 행렬식이 0이 아니면 관측 가능하다.

천이 행렬

★★ 【85. 97. 기사】

01 n차 선형 시불변 시스템의 상태 방정식을 $\dfrac{d}{dt}X(t) = AX(t) + Bu(t)$로 표시할 때 상태 천

이 행렬 $\varPhi(t)(n \times n$ 행렬)에 관하여 잘못 기술된 것은?

① $\dfrac{d\varPhi(t)}{dt} = A\varPhi(t)$ 　② $\varPhi(t) = \mathcal{L}^{-1}\{(sI-A)^{-1}\}$

③ $\varPhi(t) = e^{At}$ 　④ $\varPhi(t)$는 시스템의 정상 상태 응답을 나타낸다.

해설 $\varPhi(t)$는 선형 시스템의 과도 응답(천이행렬)을 나타낸다.

★★★ 【82. 83. 01. 기사】

02 천이 행렬(transition matrix)에 관한 서술 중 옳지 않은 것은? 단, $\dot{x} = Ax + Bu$ 이다.

① $\varPhi(t) = e^{At}$

② $\varPhi(t) = \mathcal{L}^{-1}[sI-A]$

③ 천이 행렬은 기본 행렬(fundamental matrix)이라고도 한다.

④ $\varPhi(s) = [sI-A]^{-1}$

해설 $\varPhi(t) = \mathcal{L}^{-1}[(sI-A)^{-1}]$이며 상태 천이 행렬은 다음과 같은 성질을 가진다.
　1. $\varPhi(0) = I(I : 단위 행렬)$
　2. $\varPhi^{-1}(t) = \varPhi(-t) = e^{-At}$
　3. $\varPhi(t_2-t_1)\varPhi(t_1-t_0) = \varPhi(t_2-t_0)$(모든 값에 대하여)
　4. $[\varPhi(t)]^K = \varPhi(Kt)$ 여기서 K = 정수이다.

★★★★ 【88. 92. 98. 00. 기사】

03 다음 상태 방정식으로 표시되는 제어계의 천이 행렬 $\varPhi(t)$는?

$$\dot{X} = \begin{bmatrix} 0 & 1 \\ 0 & 0 \end{bmatrix} X + \begin{bmatrix} 0 \\ 1 \end{bmatrix} u$$

① $\begin{bmatrix} 0 & t \\ 1 & 1 \end{bmatrix}$ 　② $\begin{bmatrix} 1 & 1 \\ 0 & t \end{bmatrix}$ 　③ $\begin{bmatrix} 1 & t \\ 0 & 1 \end{bmatrix}$ 　④ $\begin{bmatrix} 0 & t \\ 1 & 0 \end{bmatrix}$

해설

$$[sI-A] = \begin{bmatrix} s & 0 \\ 0 & s \end{bmatrix} - \begin{bmatrix} 0 & 1 \\ 0 & 0 \end{bmatrix} = \begin{bmatrix} s & -1 \\ 0 & s \end{bmatrix}, \quad [sI-A]^{-1} = \dfrac{1}{\begin{vmatrix} s & -1 \\ 0 & s \end{vmatrix}} \begin{bmatrix} s & 1 \\ 0 & s \end{bmatrix} = \begin{bmatrix} \dfrac{1}{s} & \dfrac{1}{s^2} \\ 0 & \dfrac{1}{s} \end{bmatrix}$$

$$\therefore \boldsymbol{\Phi}(t) = \mathcal{L}^{-1}\{[s\boldsymbol{I}-\boldsymbol{A}]^{-1}\} = \mathcal{L}^{-1}\begin{bmatrix} \dfrac{1}{s} & \dfrac{1}{s^2} \\ 0 & \dfrac{1}{s} \end{bmatrix} = \begin{bmatrix} 1 & t \\ 0 & 1 \end{bmatrix}$$

★★★★★ 【87, 88, 97, 98, 99, 04, 05, 12, 기사】

04 다음 계통의 상태 천이 행렬 $\boldsymbol{\Phi}(t)$를 구하면?

$$\begin{bmatrix} \boldsymbol{X}_1 \\ \boldsymbol{X}_2 \end{bmatrix} = \begin{bmatrix} 0 & 1 \\ -2 & -3 \end{bmatrix}\begin{bmatrix} X_1 \\ X_2 \end{bmatrix}$$

① $\begin{bmatrix} 2e^{-t}-e^{2t} & e^{-t}-e^{2t} \\ -2e^{-t}+2e^{2t} & -e^{t}+2e^{2t} \end{bmatrix}$ ② $\begin{bmatrix} 2e^{t}+e^{2t} & -e^{-t}+e^{-2t} \\ 2e^{t}-2e^{2t} & e^{-t}-2e^{-2t} \end{bmatrix}$

③ $\begin{bmatrix} -2e^{-t}+e^{2t} & -e^{-t}-e^{-2t} \\ -2e^{-t}-2e^{-2t} & -e^{-t}-2e^{-2t} \end{bmatrix}$ ④ $\begin{bmatrix} 2e^{-t}-e^{-2t} & e^{-t}-e^{-2t} \\ -2e^{-t}+2e^{-2t} & -e^{-t}+2e^{-2t} \end{bmatrix}$

해설 $[s\boldsymbol{I}-\boldsymbol{A}] = \begin{bmatrix} s & 0 \\ 0 & s \end{bmatrix} - \begin{bmatrix} 0 & 1 \\ -2 & -3 \end{bmatrix} = \begin{bmatrix} s & -1 \\ 2 & s+3 \end{bmatrix}$

$\boldsymbol{\Phi}(s) = [s\boldsymbol{I}-\boldsymbol{A}]^{-1} = \dfrac{1}{\begin{vmatrix} s & -1 \\ 2 & s+3 \end{vmatrix}}\begin{bmatrix} s+3 & 1 \\ -2 & s \end{bmatrix} = \dfrac{1}{s^2+3s+2}\begin{bmatrix} s+3 & 1 \\ -2 & s \end{bmatrix}$

$= \begin{bmatrix} \dfrac{s+3}{(s+1)(s+2)} & \dfrac{1}{(s+1)(s+2)} \\ \dfrac{-2}{(s+1)(s+2)} & \dfrac{s}{(s+1)(s+2)} \end{bmatrix}$

$\therefore \boldsymbol{\Phi}(t) = \mathcal{L}^{-1}\{[s\boldsymbol{I}-\boldsymbol{A}]^{-1}\} = \begin{bmatrix} 2e^{-t}-e^{-2t} & e^{-t}-e^{-2t} \\ -2e^{-t}+2e^{-2t} & -e^{-t}+2e^{-2t} \end{bmatrix}$

★★ 【93, 96, 기사】

05 $\boldsymbol{A} = \begin{bmatrix} 0 & 1 \\ -5 & -2 \end{bmatrix}$, $\boldsymbol{B} = \begin{bmatrix} 0 \\ 1 \end{bmatrix}$인 상태 방정식 $\dfrac{d\boldsymbol{x}}{dt} = \boldsymbol{A}\boldsymbol{x} + \boldsymbol{B}r$ 에서 상태 천이 행렬 $\boldsymbol{\Phi}(t)$는?

① $\begin{bmatrix} e^{-t}\left(\cos 2t + \dfrac{1}{2}\sin 2t\right), & \dfrac{1}{2}e^{-t}\sin 2t \\ -\dfrac{5}{2}e^{-t}\sin 2t, & e^{-t}\left(\cos 2t - \dfrac{1}{2}\sin 2t\right) \end{bmatrix}$

② $\begin{bmatrix} e^{-t}\left(\cos 2t - \dfrac{1}{2}\sin 2t\right), & \dfrac{1}{2}e^{-t}\sin 2t \\ -\dfrac{5}{2}e^{-t}\sin 2t, & e^{-t}\left(\cos 2t + \dfrac{1}{2}\sin 2t\right) \end{bmatrix}$

③ $\begin{bmatrix} e^{-t}\left(\cos 2t + \dfrac{1}{2}\sin 2t\right), & -\dfrac{5}{2}e^{-t}\sin 2t \\ \dfrac{1}{2}e^{-t}\sin 2t, & e^{-t}\left(\cos 2t - \dfrac{1}{2}\sin 2t\right) \end{bmatrix}$

④ $\begin{bmatrix} e^{-t}\left(\cos 2t - \dfrac{1}{2}\sin 2t\right), & -\dfrac{5}{2}e^{-t}\sin 2t \\ \dfrac{1}{2}e^{-t}\sin 2t, & e^{-t}\left(\cos 2t + \dfrac{1}{2}\sin 2t\right) \end{bmatrix}$

해설 $\Phi(t) = \mathcal{L}^{-1}[sI - A]^{-1}$이므로

$$[sI - A] = \begin{bmatrix} s & 0 \\ 0 & s \end{bmatrix} - \begin{bmatrix} 0 & 1 \\ -5 & -2 \end{bmatrix} = \begin{bmatrix} s & -1 \\ 5 & s+2 \end{bmatrix}$$

$$[sI - A]^{-1} = \frac{1}{\begin{vmatrix} s & -1 \\ 5 & s+2 \end{vmatrix}} \begin{bmatrix} s+2 & 1 \\ -5 & s \end{bmatrix} = \begin{bmatrix} \dfrac{1}{2}\dfrac{2(s+2)}{(s+1)^2+2^2} & \dfrac{1}{2}\dfrac{2}{(s+1)^2+2^2} \\ \dfrac{1}{2}\dfrac{-10}{(s+1)^2+2^2} & \dfrac{1}{2}\dfrac{2s}{(s+1)^2+2^2} \end{bmatrix}$$

$$\mathcal{L}^{-1}[sI-A]^{-1} = \begin{bmatrix} e^{-t}\left(\cos 2t + \dfrac{1}{2}\sin 2t\right) & \dfrac{1}{2}e^{-t}\sin 2t \\ -\dfrac{5}{2}e^{-t}\sin 2t & e^{-t}\left(\cos 2t - \dfrac{1}{2}\sin 2t\right) \end{bmatrix}$$

★ 【02. 기사】

06 어떤 시불변계의 상태 방정식이 다음과 같다. 상태 천이 행렬 $\Phi(t)$는?

단, $A = \begin{pmatrix} 0 & 0 \\ -1 & -2 \end{pmatrix}$, $B = \begin{pmatrix} 1 \\ 1 \end{pmatrix}$, $\dot{x}(t) = Ax(t) + Bu(t)$

① $\begin{bmatrix} 1 & 0 \\ (e^{-2t}-1) & 1 \end{bmatrix}$

② $\begin{bmatrix} 1 & 0 \\ (e^{-2t}-1) & e^{-2t} \end{bmatrix}$

③ $\begin{bmatrix} 1 & 0 \\ 2(e^{-2t}-1) & e^{-2t} \end{bmatrix}$

④ $\begin{bmatrix} 1 & 0 \\ (e^{-2t}-1)/2 & e^{-2t} \end{bmatrix}$

해설

$$[sI - A] = \begin{bmatrix} s & 0 \\ 0 & s \end{bmatrix} - \begin{bmatrix} 0 & 0 \\ -1 & -2 \end{bmatrix} = \begin{bmatrix} s & 0 \\ 1 & s+2 \end{bmatrix}$$

$$\Phi(s) = [sI - A]^{-1} = \frac{1}{\begin{vmatrix} s & 0 \\ 1 & s+2 \end{vmatrix}} \begin{bmatrix} s+2 & 0 \\ -1 & s \end{bmatrix}$$

$$= \frac{1}{s(s+2)} \begin{bmatrix} s+2 & 0 \\ -1 & s \end{bmatrix} = \begin{bmatrix} \dfrac{1}{s} & 0 \\ \dfrac{-1}{s(s+2)} & \dfrac{1}{(s+2)} \end{bmatrix}$$

$$\therefore \Phi(t) = \mathcal{L}^{-1}\{[sI-A]^{-1}\} = \begin{bmatrix} 1 & 0 \\ (e^{-2t}-1)/2 & e^{-2t} \end{bmatrix}$$

★ 【94. 기사】

07 계수 행렬(또는 동반 행렬) A가 다음과 같이 주어지는 제어계가 있다. 천이 행렬(transition matrix)을 구하면?

$$A = \begin{bmatrix} 0 & 1 \\ -1 & -2 \end{bmatrix}$$

① $\begin{bmatrix} (t+1)e^{-t} & te^{-t} \\ -te^{-t} & (-t+1)e^{-t} \end{bmatrix}$

② $\begin{bmatrix} (t+1)e^{t} & te^{t} \\ -te^{-t} & (t+1)e^{t} \end{bmatrix}$

③ $\begin{bmatrix} (t+1)e^{-t} & -te^{-t} \\ te^{-t} & (l+1)e^{-t} \end{bmatrix}$

④ $\begin{bmatrix} (t+1)e^{-t} & 0 \\ 0 & (-t+1)e^{-t} \end{bmatrix}$

해설 $\Phi(t) = \mathcal{L}^{-1}\{[sI-A]^{-1}\} = \begin{bmatrix} (t+1)e^{-t} & te^{-t} \\ -te^{-t} & (-t+1)e^{-t} \end{bmatrix}$

★ 【98. 기사】

08 상태 방정식이 다음과 같은 계의 천이 행렬 $\phi(t)$는 어떻게 표시되는가?

$$\dot{x}(t) = Ax(t) + Bu$$

① $\mathcal{L}^{-1}\{(sI-A)\}$ 　　　　　② $\mathcal{L}^{-1}\{(sI-A)^{-1}\}$

③ $\mathcal{L}^{-1}\{(sI-B)\}$ 　　　　　④ $\mathcal{L}^{-1}\{(sI-B)^{-1}\}$

해설 $\dot{x} = Ax + Bu$의 특성 방정식은 $|sI-A| = 0$이며 천이 행렬은 $\mathcal{L}^{-1}|sI-A|^{-1}$이다.

★★ 【79. 00. 기사】

09 상태 변위 행렬식(state transition matrix)$\Phi(t) = e^{At}$에서 $t = 0$일 때의 값은?

① e 　　　　② I 　　　　③ e^{-1} 　　　　④ 0

해설 $\Phi(0) = I$ (I, 단위 행렬)

★ 【03. 기사】

10 시스템의 특성이 $G(s) = \dfrac{C(s)}{U(s)} = \dfrac{1}{s^2}$과 같을 때 상태 천이 행렬은?

① $\begin{bmatrix} 1 & 0 \\ 0 & 1 \end{bmatrix}$ 　　② $\begin{bmatrix} 1 & t \\ 0 & 1 \end{bmatrix}$ 　　③ $\begin{bmatrix} 1 & -t \\ 0 & 1 \end{bmatrix}$ 　　④ $\begin{bmatrix} -1 & 0 \\ 0 & 1 \end{bmatrix}$

해설 $G(s) = \dfrac{C(s)}{U(s)} = \dfrac{1}{s^2}$, $s^2 C(s) = U(s)$, $\dfrac{d^2c(t)}{dt^2} = u(t)$을 위상 변수형으로 나타내면

$\begin{bmatrix} 0 & 1 \\ 0 & 0 \end{bmatrix}\begin{bmatrix} c_1(t) \\ c_2(t) \end{bmatrix} = \begin{bmatrix} 0 \\ 1 \end{bmatrix} u(t)$에서 $A = \begin{bmatrix} 0 & 1 \\ 0 & 0 \end{bmatrix}$

$[sI - A] = \begin{bmatrix} s & 0 \\ 0 & s \end{bmatrix} - \begin{bmatrix} 0 & 1 \\ 0 & 0 \end{bmatrix} = \begin{bmatrix} s & -1 \\ 0 & s \end{bmatrix}$

$\Phi(s) = [sI - A]^{-1} = \dfrac{1}{\begin{vmatrix} s & -1 \\ 0 & s \end{vmatrix}}\begin{bmatrix} s & 1 \\ 0 & s \end{bmatrix} = \dfrac{1}{s^2}\begin{bmatrix} s & 1 \\ 0 & s \end{bmatrix} = \begin{bmatrix} \dfrac{1}{s} & \dfrac{1}{s^2} \\ 0 & \dfrac{1}{s} \end{bmatrix}$

$\therefore \Phi(t) = \mathcal{L}^{-1}\{[sI - A]^{-1}\} = \begin{bmatrix} 1 & t \\ 0 & 1 \end{bmatrix}$

⤱ 유사문제　　　　　　　‖ 유사문제 원문 및 해설 : 동일출판사 홈페이지 ≫ 고객센터 ≫ 자료실

01. 계수 행렬(또는 동반 행렬) A가 다음과 같이 주어지는 제어계가 있다. 천이 행렬(transition matrix)을 구하면?

$$A = \begin{bmatrix} 0 & 1 \\ -1 & -2 \end{bmatrix}$$

답 $\begin{bmatrix} (t+1)e^{-t} & te^{-t} \\ -te^{-t} & (-t+1)e^{-t} \end{bmatrix}$

---

02. 다음은 어떤 선형계의 상태 방정식이다. 상태 천이 행렬, $\boldsymbol{\Phi}(t)$는?

$$\dot{\boldsymbol{x}}(t) = \begin{bmatrix} -2 & 0 \\ 0 & -2 \end{bmatrix} \boldsymbol{x}(t) + \begin{bmatrix} 0 \\ 1 \end{bmatrix} \boldsymbol{u}(t)$$

답 $\boldsymbol{\Phi}(t) = \begin{bmatrix} e^{-2t} & 0 \\ 0 & e^{-2t} \end{bmatrix}$

상태 방정식

★ 【97. 16. 기사】

11 다음과 같은 상태 방정식의 고유값 λ_1과 λ_2는?

$$\begin{bmatrix} \dot{X}_1 \\ \dot{X}_2 \end{bmatrix} = \begin{bmatrix} 1 & -2 \\ -3 & 2 \end{bmatrix} \begin{bmatrix} X_1 \\ X_2 \end{bmatrix} + \begin{bmatrix} 2 & -3 \\ -4 & 3 \end{bmatrix} \begin{bmatrix} t_1 \\ t_2 \end{bmatrix}$$

① 4, -1 ② -4, 1 ③ 8, -1 ④ -8, 1

해설 $\begin{bmatrix} s & 0 \\ 0 & s \end{bmatrix} - \begin{bmatrix} 1 & -2 \\ -3 & 2 \end{bmatrix} = \begin{bmatrix} s-1 & 2 \\ 3 & s-2 \end{bmatrix} = (s-1)(s-2) - 6$

　　　　$= s^2 - 3s - 4 = (s-4)(s+1) = 0$

　　∴ $s = 4,\ -1$

★ 【93. 기사】

12 다음의 상태 방정식에 대한 서술 중 바르지 못한 것은? 단, $\boldsymbol{P}$, $\boldsymbol{B}$는 상수 행렬임.

$$\boldsymbol{x}(t) = \boldsymbol{P}\boldsymbol{X}(t) + \boldsymbol{B}\boldsymbol{u}(t)$$

① 이 제어계의 영상태 응답 $\boldsymbol{X}(t)$는 $\boldsymbol{X}(t) = \boldsymbol{\Phi}(t)\boldsymbol{X}(0+)$이다.

② 이 제어계의 영입력 응답 $\boldsymbol{X}(t)$는 $\boldsymbol{X}(t) = \boldsymbol{\Phi}(t)\boldsymbol{X}(0+)$이다.

③ 이 제어계의 영입력 응답 $\boldsymbol{X}(t)$는 $\boldsymbol{X}(t) = e^{pt}x(0+)$이다.

④ 이 제어계의 영상태 응답 $\boldsymbol{X}(t)$는 $\boldsymbol{X}(t) = \displaystyle\int_0^t \boldsymbol{\Phi}(t-\tau)\boldsymbol{B}\boldsymbol{u}(\tau) \cdot d\tau$이다(단, $t \geq 0$).

★★★★ 【79. 83. 89. 97. 03. 12. 기사】

13 상태 방정식 $\boldsymbol{x}(t) = \boldsymbol{A}\boldsymbol{x}(t) + \boldsymbol{B}r(t)$인 제어계의 특성 방정식은?

① $|s\boldsymbol{I} - \boldsymbol{B}| = \boldsymbol{I}$ ② $|s\boldsymbol{I} - \boldsymbol{A}| = \boldsymbol{I}$

③ $|s\boldsymbol{I} - \boldsymbol{B}| = 0$ ④ $|s\boldsymbol{I} - \boldsymbol{A}| = 0$

해설 n차 선형 시불변 시스템의 상태 방정식은 $\dfrac{d}{dt}\boldsymbol{x}(t) = \boldsymbol{A}\boldsymbol{x}(t) + \boldsymbol{B}r(t)$

　　　이때 제어계의 특성 방정식 $|s\boldsymbol{I} - \boldsymbol{A}| = 0$

답 11. ① 12. ① 13. ④

★★★★ 【79. 93. 94. 00. 03. 07. 기사】

14 다음의 상태방정식으로 표시되는 제어계가 있다. 이 방정식의 값은 어떻게 되는가?
(단, $x(0)$는 초기상태 벡터이다)

$$\dot{x}(t) = A x(t)$$

① $e^{-At} x(0)$　　　② $e^{At} x(0)$　　　③ $A e^{-At} x(0)$　　　④ $A e^{At} x(0)$

해설, $x(t) = Ax + Bu$를 라플라스 변환하면
$sX(s) - x(0^+) = AX(s) + Bu(s)$
$X(s)(s-A) = x(0)$ 과도 상태 무시
∴ $X(s) = \dfrac{1}{s-A} x(0)$를 역라플라스 변환하면 $x(t) = e^{At} x(0)$

★ 【91. 기사】

15 상태 방정식 $\dot{X} = AX + BU$로 표시되는 계의 특성 방정식의 근은?
단, $A = \begin{bmatrix} 0 & 1 \\ -2 & -2 \end{bmatrix}$, $B = \begin{bmatrix} 1 \\ 0 \end{bmatrix}$임.

① $1 \pm j2$　　　② $-1 \pm j2$　　　③ $1 \pm j$　　　④ $-1 \pm j$

해설, $|sI - A| = \begin{bmatrix} s & 0 \\ 0 & s \end{bmatrix} - \begin{bmatrix} 0 & 1 \\ -2 & -2 \end{bmatrix} = \begin{bmatrix} s & -1 \\ 2 & s+2 \end{bmatrix} = s(s+2) + 2$
∴ $s^2 + 2s + 2$의 근은 $s = -1 \pm j$가 된다.

★ 【83. 04. 23. 기사】

16 상태 방정식 $\dot{x} = A x(t) + Bu(t)$에서 $A = \begin{bmatrix} 0 & 1 \\ -2 & -3 \end{bmatrix}$일 때 특성 방정식의 근은?

① $-2, -3$　　　② $-1, -2$　　　③ $-1, -3$　　　④ $1, -3$

해설, $|sI - A|$의 행렬식은
$|sI - A| = \begin{vmatrix} s & -1 \\ 2 & s+3 \end{vmatrix} = s(s+3) + 2 = s^2 + 3s + 2$
$s^2 + 3s + 2 = (s+1)(s+2) = 0$
∴ $s = -1, -2$

★★ 【83. 94. 11. 기사】

17 $A = \begin{bmatrix} 0 & 1 \\ -3 & -2 \end{bmatrix}$, $B = \begin{bmatrix} 4 \\ 5 \end{bmatrix}$인 상태 방정식 $\dfrac{dx}{dt} = A x + Br$에서 제어계의 특성 방정식은?

① $s^2 + 4s + 3 = 0$　　　　　② $s^2 + 3s + 2 = 0$
③ $s^2 + 3s + 4 = 0$　　　　　④ $s^2 + 2s + 3 = 0$

해설, $\begin{bmatrix} x_1 \\ x_2 \end{bmatrix} = \begin{bmatrix} 0 & 1 \\ -3 & -2 \end{bmatrix} \begin{bmatrix} x_1 \\ x_2 \end{bmatrix} + \begin{bmatrix} 4 \\ 5 \end{bmatrix} r$

$|sI - A| = \begin{bmatrix} s & 0 \\ 0 & s \end{bmatrix} - \begin{bmatrix} 0 & 1 \\ -3 & -2 \end{bmatrix} = \begin{bmatrix} s & -1 \\ 3 & s+2 \end{bmatrix} = s(s+2) + 3 = s^2 + 2s + 3$

∴ $s^2 + 2s + 3 = 0$

★★【92. 96. 02. 기사】

18 다음 계통의 상태 방정식을 유도하면?

$$\dddot{x} + 5\ddot{x} + 10\dot{x} + 5x = 2u$$

(단, 상태 변수를 $x_1 = x$, $x_2 = \dot{x}$, $x_3 = \ddot{x}$로 놓았다.)

① $\begin{bmatrix} \dot{x}_1 \\ \dot{x}_2 \\ \dot{x}_3 \end{bmatrix} = \begin{bmatrix} 0 & 1 & 0 \\ 0 & 0 & 1 \\ -5 & -10 & -5 \end{bmatrix} \begin{bmatrix} x_1 \\ x_2 \\ x_3 \end{bmatrix} + \begin{bmatrix} 0 \\ 0 \\ 2 \end{bmatrix} u$ ② $\begin{bmatrix} \dot{x}_1 \\ \dot{x}_2 \\ \dot{x}_3 \end{bmatrix} = \begin{bmatrix} 0 & 1 & 0 \\ 0 & 0 & 1 \\ -5 & -10 & -5 \end{bmatrix} \begin{bmatrix} x_1 \\ x_2 \\ x_3 \end{bmatrix} + \begin{bmatrix} 2 \\ 0 \\ 0 \end{bmatrix} u$

③ $\begin{bmatrix} \dot{x}_1 \\ \dot{x}_2 \\ \dot{x}_3 \end{bmatrix} = \begin{bmatrix} -5 & 0 & 0 \\ -10 & 1 & 0 \\ -5 & 0 & 1 \end{bmatrix} \begin{bmatrix} x_1 \\ x_2 \\ x_3 \end{bmatrix} + \begin{bmatrix} 2 \\ 0 \\ 0 \end{bmatrix} u$ ④ $\begin{bmatrix} \dot{x}_1 \\ \dot{x}_2 \\ \dot{x}_3 \end{bmatrix} = \begin{bmatrix} -5 & 0 & 1 \\ -10 & 1 & 0 \\ -5 & 0 & 0 \end{bmatrix} \begin{bmatrix} x_1 \\ x_2 \\ x_3 \end{bmatrix} + \begin{bmatrix} 0 \\ 2 \\ 0 \end{bmatrix} u$

해설 $\dddot{x} + 5\ddot{x} + 10\dot{x} + 5x = 2u$

$$\begin{bmatrix} \dot{x}_1 \\ \dot{x}_2 \\ \dot{x}_3 \end{bmatrix} = \begin{bmatrix} 0 & 1 & 0 \\ 0 & 0 & 1 \\ -5 & -10 & -5 \end{bmatrix} \begin{bmatrix} x_1 \\ x_2 \\ x_3 \end{bmatrix} + \begin{bmatrix} 0 \\ 0 \\ 2 \end{bmatrix} u$$

(−) 부호를 붙인다.

별해 상태 변수 $x_1(t)$, $x_2(t)$, $x_3(t)$를 다음과 같이 정의한다.

$$x_1 = x, \quad x_2 = \dot{x}_1 = \dot{x}, \quad x_3 = \dot{x}_2 = \ddot{x}$$

이들 상태 변수를 원 식에 대입하면

$$\dot{x}_3 + 5x_3 + 10x_2 + 5x_1 = 2u$$

정리하면

$$\dot{x}_1 = x_2, \quad \dot{x}_2 = x_3, \quad \dot{x}_3 = -5x_1 - 10x_2 - 5x_3 + 2u$$

그러므로

$$\therefore \begin{bmatrix} \dot{x}_1 \\ \dot{x}_2 \\ \dot{x}_3 \end{bmatrix} = \begin{bmatrix} 0 & 1 & 0 \\ 0 & 0 & 1 \\ -5 & -10 & -5 \end{bmatrix} \begin{bmatrix} r_1 \\ x_2 \\ x_3 \end{bmatrix} + \begin{bmatrix} 0 \\ 0 \\ 2 \end{bmatrix} u$$

★★【92. 00. 기사, ⊕ : 06. 기사】

19 다음 운동 방정식으로 표시되는 계의 계수 행렬 A는 어떻게 표시되는가?

$$\frac{d^2 c(t)}{dt^2} + 3\frac{dc(t)}{dt} + 2c(t) = r(t)$$

① $\begin{bmatrix} -2 & -3 \\ 0 & 1 \end{bmatrix}$ ② $\begin{bmatrix} 1 & 0 \\ -3 & -2 \end{bmatrix}$ ③ $\begin{bmatrix} 0 & 1 \\ -2 & -3 \end{bmatrix}$ ④ $\begin{bmatrix} -3 & -2 \\ 1 & 0 \end{bmatrix}$

해설 $\dot{x}_2(t) = -2x_1(t) - 3x_2(t)$

$$\therefore \begin{bmatrix} \dot{x}_1(t) \\ \dot{x}_2(t) \end{bmatrix} = \begin{bmatrix} 0 & 1 \\ -2 & -3 \end{bmatrix} \begin{bmatrix} x_1(t) \\ x_2(t) \end{bmatrix} + \begin{bmatrix} 0 \\ 1 \end{bmatrix} r(t)$$

답 18. ① 19. ③

★★ 【95. 00. 기사】

20 $\dfrac{d^2x}{dt^2}+\dfrac{dx}{dt}+2x=2u$ 의 상태 변수를 $x_1=x$, $x_2=\dfrac{dx}{dt}$ 라 할 때 시스템 매트릭스(system matrix)는?

① $\begin{bmatrix} 0 & 1 \\ 1 & 1 \end{bmatrix}$
② $\begin{bmatrix} 0 & 1 \\ 2 & 1 \end{bmatrix}$
③ $\begin{bmatrix} 0 & 1 \\ -2 & -1 \end{bmatrix}$
④ $\begin{bmatrix} 0 \\ 2 \end{bmatrix}$

해설 $\dot{x_2}(t)=-2x_1(t)-x_2(t)$

$\therefore \begin{bmatrix} \dot{x_1}(t) \\ \dot{x_2}(t) \end{bmatrix}=\begin{bmatrix} 0 & 1 \\ -2 & -1 \end{bmatrix}\begin{bmatrix} x_1(t) \\ x_2(t) \end{bmatrix}+\begin{bmatrix} 0 \\ 2 \end{bmatrix}u(t)$

★ 【92. 16. 기사】

21 다음과 같은 상태 방정식으로 표현되는 제어계에 대한 아래의 서술 중 바르지 못한 것은?

$$\dot{X}=\begin{bmatrix} 0 & 1 \\ -2 & -3 \end{bmatrix}X+\begin{bmatrix} 1 & 1 \\ 0 & -2 \end{bmatrix}\omega$$

① 이 제어계는 2차 제어계이다.
② 이 제어계는 부족 제동(underdamped)된 상태에 있다.
③ x는 (2×1)의 계위(order)를 갖는다.
④ $(s+1)(s+2)=0$이 특성 방정식이다.

해설 특성 방정식은 $s^2+3s+2=0$이므로 $s^2+2\delta\omega_n s+\omega_n^2=0$과 비교하면

$2\delta\omega_n=3$, $\omega_n^2=2$

$\omega_n=\sqrt{2}$, $2\sqrt{2}\delta=3$

$\therefore \delta=\dfrac{3}{2\sqrt{2}}>1$: 과제동

★★★ 【83. 93. 98. 기사】

22 선형 시불변계가 다음의 동태 방정식(dynamic equation)으로 쓰여질 때 전달 함수 $G(s)$는? 단, $(sI-A)$는 정칙(nonsingular)하다.

$$\dfrac{dx(t)}{dt}=Ax(t)+Br(t)$$

$c(t)=Dx(t)+Er(t)$ $\qquad x(t)=n \times 1$ state vector

$c(t)=p \times 1$ input vector $\qquad r(t)=q \times 1$ output vector

① $G(s)=(sI-A)^{-1}B+E$
② $G(s)=D(sI-A)^{-1}B+E$
③ $G(s)=D(sI-A)^{-1}B$
④ $G(s)=D(sI-A)B$

해설 $G(s)=D(sI-A)^{-1}B+E$

★★ 【83. 99. 기사】

23 그림과 같은 회로도에서 상태 변수를 각각,

$$x_1(t) = e_c(t)$$
$$x_2(t) = i_1(t)$$
$$x_3(t) = i_2(t)$$

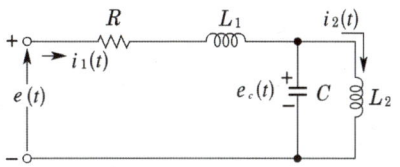

로 잡았을 때 벡터 행렬로 나타낸 상태 방정식 $\dot{X} = AX + BU$에서 A 행렬은 무엇인가?

① $\begin{bmatrix} 0 & -1/C & -1/C \\ -1/L_1 & -R/L_1 & 0 \\ 1/L_2 & 0 & 0 \end{bmatrix}$

② $\begin{bmatrix} 0 & -1/C & -1/C \\ -1/L_1 & -R/L_1 & 0 \\ -1/L_2 & 0 & 0 \end{bmatrix}$

③ $\begin{bmatrix} 0 & 1/C & -1/C \\ -1/L_1 & -R/L_1 & 0 \\ 1/L_2 & 0 & 0 \end{bmatrix}$

④ $\begin{bmatrix} 0 & 1/C & 1/C \\ 1/L_1 & R/L_1 & 0 \\ 1/L_2 & 0 & 0 \end{bmatrix}$

해설 인덕터에 흐르는 전류와 정전 용량 양단에 걸리는 전압에 대한 식을 세우면,

$$i_1(t) - i_2(t) = C\frac{de_c(t)}{dt}, \quad L_1\frac{di_1(t)}{dt} = e(t) - Ri_1(t) - e_c(t), \quad L_2\frac{di_2(t)}{dt} = e_c(t)$$

상태 변수를 다음과 같이 정의하면,

$$x_1 = e_c(t), \quad x_2 = i_1(t), \quad x_3 = i_2(t)$$

이 회로망에 대한 상태 방정식은 다음과 같다.

$$\dot{x}_1 = \frac{1}{C}x_2 - \frac{1}{C}x_3, \quad \dot{x}_2 = -\frac{1}{L_1}x_1 - \frac{R_1}{L_1}x_2 + \frac{1}{L_1}e(t), \quad \dot{x}_3 = \frac{1}{L_2}x_1$$

벡터 행렬로 표시하면

$$\begin{bmatrix} \dot{x}_1 \\ \dot{x}_2 \\ \dot{x}_3 \end{bmatrix} = \begin{bmatrix} 0 & 1/C & -1/C \\ -1/L_1 & -R_1/L_1 & 0 \\ 1/L_2 & 0 & 0 \end{bmatrix}\begin{bmatrix} x_1 \\ x_2 \\ x_3 \end{bmatrix} + \begin{bmatrix} 0 \\ 1/L_1 \\ 0 \end{bmatrix}e(t)$$

여기서

$$\dot{x} = \begin{bmatrix} \dot{x}_1 \\ \dot{x}_2 \\ \dot{x}_3 \end{bmatrix}, \quad x - \begin{bmatrix} x_1 \\ x_2 \\ x_3 \end{bmatrix}, \quad A - \begin{bmatrix} 0 & 1/C & -1/C \\ -1/I_1 & -R_1/I_1 & 0 \\ 1/L_2 & 0 & 0 \end{bmatrix}, \quad R - \begin{bmatrix} 0 \\ 1/L_1 \\ 0 \end{bmatrix}$$

$$u(t) = e(t)$$
$$\therefore \dot{x} = Ax + Ru$$

★ 【98. 기사】

24 다음 계통의 고유값을 구하면?

$$\begin{bmatrix} X_1 \\ X_2 \\ X_3 \end{bmatrix} = \begin{bmatrix} 0 & 1 & 0 \\ 3 & 0 & 2 \\ -12 & -7 & -6 \end{bmatrix}\begin{bmatrix} X_1 \\ X_2 \\ X_3 \end{bmatrix}$$

① $\lambda = -1, \lambda = -2, \lambda = -3$

② $\lambda = -1, \lambda = -3, \lambda = -5$

③ $\lambda = 0, \lambda = -2, \lambda = -3$

④ $\lambda = 0, \lambda = -3, \lambda = -5$

해설

$$[sI - A] = \begin{bmatrix} s & 0 & 0 \\ 0 & s & 0 \\ 0 & 0 & s \end{bmatrix} - \begin{bmatrix} 0 & 1 & 0 \\ 3 & 0 & 2 \\ -12 & -7 & -6 \end{bmatrix} = \begin{bmatrix} s & -1 & 0 \\ -3 & s & -2 \\ 12 & 7 & s+6 \end{bmatrix}$$

$$|sI - A| = \begin{vmatrix} s & -1 & 0 \\ -3 & s & -2 \\ 12 & 7 & s+6 \end{vmatrix} = s^3 + 6s^2 + 11s + 6 = 0 \text{이므로}$$

$$\therefore s = -1, \ s = -2, \ s = -3$$

★ 【03. 기사】

25 다음의 상태방정식의 설명 중 옳은 것은?

$$\dot{x} = \begin{bmatrix} -1 & 1 & 0 \\ 0 & -1 & 0 \\ 0 & 0 & -2 \end{bmatrix} \cdot X + \begin{bmatrix} 0 \\ 1 \\ 1 \end{bmatrix} \cdot U, \quad y = [\ 1 \quad 0 \quad 0\ ] \cdot X$$

① 이 시스템은 가제어이다.
② 이 시스템은 가제어가 아니다.
③ 이 시스템은 가제어가 아니고 가관측이다.
④ 가제어성 여부를 따질 수 없다.

해설

$$A = \begin{bmatrix} -1 & 1 & 0 \\ 0 & -1 & 0 \\ 0 & 0 & -2 \end{bmatrix}, \ B = \begin{bmatrix} 0 \\ 1 \\ 1 \end{bmatrix}, \ C = [\ 1 \quad 0 \quad 0\ ]$$

$$A^2 = \begin{bmatrix} -1 & 1 & 0 \\ 0 & -1 & 0 \\ 0 & 0 & -2 \end{bmatrix} \begin{bmatrix} -1 & 1 & 0 \\ 0 & -1 & 0 \\ 0 & 0 & -2 \end{bmatrix} = \begin{bmatrix} 1 & -2 & 0 \\ 0 & 1 & 0 \\ 0 & 0 & 4 \end{bmatrix}$$

• 가제어

$$[B \ AB \ A^2B] = \begin{bmatrix} 0 & 1 & -2 \\ 1 & -1 & 1 \\ 1 & -2 & 4 \end{bmatrix} \text{에서 행렬식이 } -1 \text{ 즉, } 0 \text{이 아니므로 가제어 성립}$$

• 가관측

$$\begin{bmatrix} C \\ CA \\ CA^2 \end{bmatrix} = \begin{bmatrix} 1 & 0 & 0 \\ -1 & 1 & 0 \\ 1 & -2 & 0 \end{bmatrix} \text{에서 행렬식이 } 0 \text{이므로 가관측 성립 안함}$$

유사문제

‖ 유사문제 원문 및 해설 : 동일출판사 홈페이지 》 고객센터 》 자료실

01. $\begin{bmatrix} 3 & 4 \\ 1 & 3 \end{bmatrix}$ 의 고유값(eigen value)는?

답 1, 5

02. 다음 회로의 상태 모델에 대한 아래의 서술에서 잘못된 것은? 단, $V_c(0) = 0$이다.

답 상태 방정식은 $\dfrac{dV_c}{dt} = \dfrac{1}{CR_2} V_c + \dfrac{1}{C} I$이다.

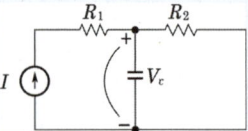

답 25. ①

03. 다음 방정식으로 표시되는 제어계가 있다. 이 계를 상태 방정식 $\dot{x} = Ax + Bu$로 나타내면 계수 행렬 A는 어떻게 되는가?

$$\frac{d^3 c(t)}{dt^3} + 5\frac{d^2 c(t)}{dt^2} + \frac{dc(t)}{dt} + 2c(t) = r(t)$$

답 $\begin{bmatrix} 0 & 1 & 0 \\ 0 & 0 & 1 \\ -2 & -1 & -5 \end{bmatrix}$

04. 미분 방정식 $\ddot{x} + 2\dot{x} + 5x = r(t)$로 표시되는 계의 상태 방정식을 $\dot{x} = Ax + Bu$라 하면 계수 행렬 A, B는? 단, $x_1 = x$, $x_2 = \dot{x_1}$임

답 $\begin{bmatrix} 0 & 1 \\ -5 & -2 \end{bmatrix}$, $\begin{bmatrix} 0 \\ 1 \end{bmatrix}$

z 변환

★★★ 【84. 95. 01. 03. 기사】
26 T를 샘플 주기라고 할 때 z변환은 라플라스 변환 함수의 s 대신 다음의 어느 것을 대입하여야 하는가?

① $\dfrac{1}{T}\ln\dfrac{1}{z}$ ② $\dfrac{1}{T}\ln z$ ③ $T\ln z$ ④ $T\ln\dfrac{1}{z}$

해설 라플라스 변환 함수의 s 대신 $\dfrac{1}{T}\ln z$를 대입한다.

★★★★★ 【83. 91. 97. 99. 11. 21. 기사, ⊕ : 88. 99. 06. 기사】
27 다음은 단위 계단 함수 $u(t)$의 라플라스 또는 z변환쌍을 나타낸다. 이 중에서 옳은 것은?

① $\mathcal{L}[u(t)] = 1$ ② $z[u(t)] = 1/z$

③ $\mathcal{L}[u(t)] = 1/s^2$ ④ $z[u(t)] = z/z - 1$

해설

$f(t)$	$F(s)$	$F(z)$
$\delta(t)$	1	1
$u(t)$	$\dfrac{1}{s}$	$\dfrac{z}{z-1}$
t	$\dfrac{1}{s^2}$	$\dfrac{Tz}{(z-1)^2}$
e^{-at}	$\dfrac{1}{s+a}$	$\dfrac{z}{z-e^{-at}}$

답 26. ② 27. ④

★★★ 【02. 09. 10. 21. 기사, ⊕ : 88. 99. 기사】

28 $f(t) = e^{-at}$의 z변환은?

① $\dfrac{1}{z - e^{-at}}$ ② $\dfrac{1}{z + e^{-at}}$ ③ $\dfrac{z}{z - e^{-at}}$ ④ $\dfrac{z}{z + e^{-at}}$

해설

$f(t)$	$F(s)$	$F(z)$
$\delta(t)$	1	1
$u(t)$	$\dfrac{1}{s}$	$\dfrac{z}{z-1}$
t	$\dfrac{1}{s^2}$	$\dfrac{Tz}{(z-1)^2}$
e^{-at}	$\dfrac{1}{s+a}$	$\dfrac{z}{z - e^{-at}}$

★★★ 【83. 88. 00. 04. 기사】

29 신호 $x(t)$가 다음과 같을 때의 z변환 함수는 어느 것인가? 단, 신호 $x(t)$는

$$x(t) = 0 \qquad t < 0$$
$$x(t) = e^{-at} \qquad t \geq 0$$

이며 이상(理想) 샘플러의 샘플 주기는 $T[\text{s}]$이다.

① $(1 - e^{-aT})z / (z-1)(z - e^{-aT})$ ② $z / z - 1$

③ $z / (z - e^{-aT})$ ④ $Tz / (z-1)^2$

해설

$f(t)$	$F(s)$	$F(z)$
$\delta(t)$	1	1
$u(t)$	$\dfrac{1}{s}$	$\dfrac{z}{z-1}$
t	$\dfrac{1}{s^2}$	$\dfrac{Tz}{(z-1)^2}$
e^{-at}	$\dfrac{1}{s+a}$	$\dfrac{z}{z - e^{-at}}$

★★★★★ 【91. 98. 00. 08. 기사, ⊕ : 83. 93. 95. 07. 11. 기사, 83. 92. 산업기사】

30 z변환 함수 $z / (z - e^{-at})$에 대응되는 라플라스 변환과 이에 대응되는 시간함수는?

① $1 / (s+a)^2$, te^{-at} ② $1 / (1 - e^{-ts})$, $\displaystyle\sum_{n=0}^{\infty} \delta(t - nT)$

③ $a / s(s+a)$, $1 - e^{-at}$ ④ $1 / (s+a)$, e^{-at}

답 28. ③ 29. ③ 30. ④

해설

$f(t)$	$F(s)$	$F(z)$
$\delta(t)$	1	1
$u(t)$	$\dfrac{1}{s}$	$\dfrac{z}{z-1}$
t	$\dfrac{1}{s^2}$	$\dfrac{Tz}{(z-1)^2}$
e^{-at}	$\dfrac{1}{s+a}$	$\dfrac{z}{z-e^{-at}}$

★★ 【98. 00. 기사】

31 계통의 특성 방정식 $1 + G(s)H(s) = 0$의 음의 실근은 z평면 어느 부분으로 사상(mapping)되는가?

① z평면의 좌반평면

② z평면의 우반평면

③ z평면의 원점을 중심으로 한 단위원 외부

④ z평면의 원점을 중심으로 한 단위원 내부

해설 ① s평면의 허수축은 z평면의 원점을 중심으로 한 단위원에 사상
② s평면의 우반면은 z평면의 원점을 중심으로 한 단위원 외부에 사상
③ s평면의 좌반면은 z평면의 원점을 중심으로 한 단위원 내부에 사상
따라서 음의 실근은 s평면 좌반면에 존재하므로 ③항에 해당된다.

★★☆ 【89. 95. 기사, 89. 산업기사】

32 z변환법을 사용한 샘플값 제어계가 안정하려면 $1 + GH(z) = 0$의 근의 위치는?

① z평면의 좌반면에 존재하여야 한다.

② z평면의 우반면에 존재하여야 한다.

③ $|z| = 1$인 단위원 내에 존재하여야 한다.

④ $|z| = 1$인 단위원 밖에 존재하여야 한다.

해설 ① s평면의 허수축은 z평면의 원점을 중심으로 한 단위원에 사상
② s평면의 우반면은 z평면의 원점을 중심으로 한 단위원 외부에 사상
③ s평면의 좌반면은 z평면의 원점을 중심으로 한 단위원 내부에 사상(안정)

★★ 【97. 01. 기사】

33 샘플값(sampled-data) 제어 계통이 안정되기 위한 필요 충분 조건은?

① 전체(over-all) 전달 함수의 모든 극점이 z평면의 원점에 중심을 둔 단위원 내부에 위치해야 한다.

② 전체 전달 함수의 모든 영점이 z평면의 원점에 중심을 둔 단위원 내부에 위치해야 한다.

③ 전체 전달 함수의 모든 극점이 z평면 좌반면에 위치해야 한다.

④ 전체 전달 함수의 모든 극점이 z평면 우반면에 위치해야 한다.

답 31. ④ 32. ③ 33. ①

해설 안정 조건 : 전체 전달 함수의 모든 극점이 z평면의 원점에 중심을 둔 단위원 내부에 위치해야 한다.

★ 【02. 기사】

34 z 변환법을 사용한 샘플치 제어계의 안정을 옳게 설명한 것은?

① 폐루프 전달 함수의 모든 극이 z 평면상의 원점에 중심을 둔 단위 원 안쪽에 위치하여야 한다.

② 특성 방정식의 모든 특성근의 절대값이 1보다 커야 한다.

③ 폐루프 전달 함수의 모든 극이 z 평면상의 원점에 중심을 둔 단위 원 외부에 위치하고 특성근의 절대값이 1보다 커야 한다.

④ 폐루프 전달 함수의 모든 극이 z 평면상의 원점에 중심을 둔 단위 원 외부에 위치하고 특성근의 절대값이 1보다 적어야 한다.

해설 특성 방정식의 근이 모두 s평면의 좌반부에 있으면 이 계는 안정하다 할 수 있으며, s평면의 좌반부는 z평면의 원점을 중심으로 한 단위원 내부에 사상된다.

★★★★★ 【89. 93. 94. 98. 00. 기사, ⊕ : 94. 기사】

35 z평면상의 원점에 중심을 둔 단위 원주상에 mapping되는 것은 s평면의 어느 성분인가?

① 양의 반평면　　　　　　　　② 음의 반평면

③ 실수축　　　　　　　　　　④ 허수축

해설 z 평면상 음의 좌평면상은 s 평면의 내점에 사상된다.
① s 평면의 허수축은 z 평면의 원점을 중심으로 한 단위원에 사상
② s 평면의 우반면은 z 평면의 원점을 중심으로 한 단위원 외부에 사상
③ s 평면의 좌반면은 z 평면의 원점을 중심으로 한 단위원 내부에 사상

★★★★ 【92. 96. 98. 00. 03. 05. 12. 23. 기사】

36 샘플러의 주기를 T라 할 때 s평면상의 모든 점은 식 $z = e^{sT}$에 의하여 z평면상에 사상된다. s평면의 좌반평면상의 모든 점은 z평면상 단위원의 어느 부분으로 mapping되는가?

① 내점　　　　　　　　　　② 외점

③ 원주상의 점　　　　　　　④ z평면 전체

해설 ① s 평면의 허수축은 z 평면의 원점을 중심으로 한 단위원에 사상
② s 평면의 우반면은 z 평면의 원점을 중심으로 한 단위원 외부에 사상
③ s 평면의 좌반면은 z 평면의 원점을 중심으로 한 단위원 내부에 사상

★★★★ 【85. 90. 94. 99. 기사】

37 $e(t)$의 초기치는 $e(t)$의 z변환을 $E(z)$라 했을 때 다음 어느 방법으로 얻어지는가?

① $\lim_{z \to 0} z E(z)$　　② $\lim_{z \to 0} E(z)$　　③ $\lim_{z \to \infty} z E(z)$　　④ $\lim_{z \to \infty} E(z)$

답 34. ①　35. ④　36. ①　37. ④

항 목	초기값 정리	최종값 정리
Z 변환	$e(0) = \lim\limits_{z \to \infty} E(z)$	$e(\infty) = \lim\limits_{z \to 1}\left(1 - \dfrac{1}{z}\right)E(z)$
라플라스 변환	$e(0) = \lim\limits_{s \to \infty} sE(s)$	$e(\infty) = \lim\limits_{s \to 0} sE(s)$

★★★★ 【92. 96. 99. 02.기사】

38 다음 그림의 전달함수 $\dfrac{Y(z)}{R(z)}$ 는 다음 중 어느 것인가?

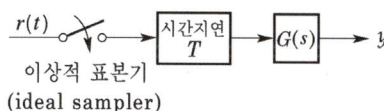

① $G(z)\,Tz^{-1}$

② $G(z)\,Tz$

③ $G(z)\,z^{-1}$

④ $G(z)\,z$

해설 $\dfrac{Y(z)}{R(z)} = G(z)\,z^{-1}$

★★ 【83. 92. 기사】

39 $C^*(s) = R^*(s)\,G^*(s)$ 의 z변환 $C(z)$ 는 어느 것인가?

① $R(z)\,G(z)$

② $R(z) + G(z)$

③ $R(z)/\,G(z)$

④ $R(z) - G(z)$

해설 $C^*(s) = R^*(s)\,G^*(s) = R(z)\,G(z)$

★★★★★ 【87. 93. 98. 18. 기사, ㉥ : 86. 87. 94. 97. 기사】

40 단위 계단 함수의 라플라스 변환과 z변환 함수는 어느 것인가?

① $\dfrac{1}{s}$, $\dfrac{z}{z-1}$

② s, $\dfrac{z}{z-1}$

③ $\dfrac{1}{s}$, $\dfrac{z-1}{z}$

④ s, $\dfrac{z-1}{z}$

해설

$f(t)$	$F(s)$	$F(z)$
$\delta(t)$	1	1
$u(t)$	$\dfrac{1}{s}$	$\dfrac{z}{z-1}$
t	$\dfrac{1}{s^2}$	$\dfrac{Tz}{(z-1)^2}$
e^{-at}	$\dfrac{1}{s+a}$	$\dfrac{z}{z-e^{-at}}$

답 38. ③ 39. ① 40. ①

★ 【96. 기사】

41 다음 그림의 폐루프 샘플값 제어계의 z변환 전달 함수는?

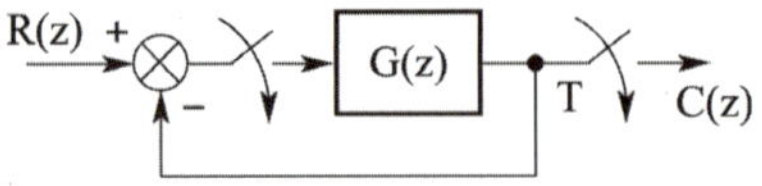

R(z) + ⊗ → / → G(z) → • → / → C(z)
−   T

① $\dfrac{1}{1+G(z)}$ ② $\dfrac{1}{1-G(z)}$ ③ $\dfrac{G(z)}{1+G(z)}$ ④ $\dfrac{G(z)}{1-G(z)}$

해설 z변환 전달 함수$=\dfrac{G(z)}{1+G(z)}$

★★ 【94. 97. 16. 기사】

42 그림과 같은 이산치계의 z변환 전달 함수 $\dfrac{C(z)}{R(z)}$를 구하면? 단, $z\left[\dfrac{1}{s+a}\right]=\dfrac{z}{z-e^{-aT}}$이다.

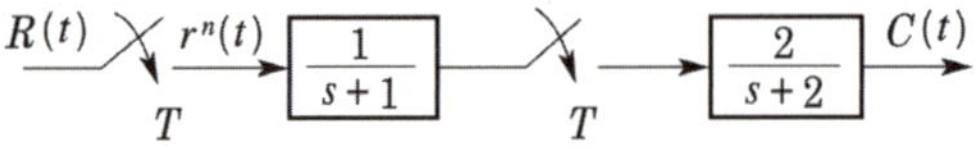

$R(t)$ → / → $r^n(t)$ → $\dfrac{1}{s+1}$ → / → $\dfrac{2}{s+2}$ → $C(t)$
         T   T

① $\dfrac{2z}{z-e^{-T}}-\dfrac{2z}{z-e^{-2T}}$ ② $\dfrac{2z}{z-e^{-2T}}-\dfrac{2z}{z-e^{T}}$

③ $\dfrac{2z^2}{(z-e^{-T})(z-e^{-2T})}$ ④ $\dfrac{2z}{(z-e^{-T})(z-e^{-2T})}$

해설 $C(z)=G_1(z)\,G_2(z)\,R(z)$

$\therefore G(z)=\dfrac{C(z)}{R(z)}=G_1(z)\,G_2(z)=z\left[\dfrac{1}{s+1}\right]z\left[\dfrac{2}{s+2}\right]=\dfrac{2z^2}{(z-e^{-T})(z-e^{-2T})}$

★★★ 【79. 90. 95. 기사】

43 다음 차분 방정식으로 표시되는 불연속계(discrete data system)가 있다. 이 계의 전달 함수는?

$$C(K+2)+5\,C(K+1)+3\,C(K)=r(K+1)+2r(K)$$

① $\dfrac{C(z)}{R(z)}=(z+1)(z^2+5z+3)$ ② $\dfrac{C(z)}{R(z)}=\dfrac{z^2+5z+3}{z+2}$

③ $\dfrac{C(z)}{R(z)}=\dfrac{z+2}{z^2+5z+3}$ ④ $\dfrac{C(z)}{R(z)}=\dfrac{z^2+5z+3}{z}$

해설 주어진 차분 방정식의 양변을 z변환하면

$z^2C(z)+5zC(z)+3C(z)=zR(z)+2R(z)$

$\therefore \dfrac{C(z)}{R(z)}=\dfrac{z+2}{z^2+5z+3}$

유사문제

‖ 유사문제 원문 및 해설 : 동일출판사 홈페이지 ≫ 고객센터 ≫ 자료실

01. $R(z) = \dfrac{(1-e^{-aT})z}{(z-1)(z-e^{-aT})}$ 의 역변환은?

　　답 $1-e^{-aT}$

02. s평면의 우반면은 z평면의 어느 부분으로 사상(mapping)되는가?

　　답 z평면의 원점에 중심을 둔 단위원 외부

03. s평면의 허수축은 z평면의 어느 부분에 사상(mapping)되는가?

　　답 원점을 중심으로 한 단위 원상

CHAPTER 11

시퀀스 제어

시퀀스란 「현상이 일어나는 순서」를 말하며, 또한 시퀀스 제어란 「미리 정해 놓은 순서 또는 일정한 논리에 의하여 정해진 순서에 따라 제어의 각 단계를 순서적으로 진행하는 제어」로 되어 있다. 시퀀스 제어의 간단한 예로서는 전기 세탁기, 자동 판매기, 엘리베이터, 교통 신호기, 또한 트랜스퍼 머신, 무인 발전소 등에 활용되고 있다.

01 - 논리 시퀀스회로

1) 논리적 회로(AND gate)
2개의 입력 A와 B가 모두 "1"일 때만 출력이 "1"이 되는 회로로서 AND 회로의 논리식은 X=A·B로 표시한다.

2) 논리합 회로(OR gate)
입력 A 또는 B의 어느 한쪽이든가, 양자가 "1"일 때 출력이 "1"이 되는 회로로서 OR 회로의 논리식은 X=A+B로 표시한다.

3) 논리 부정 회로(NOT gate)
입력이 "0"일 때 출력은 "1", 입력이 "1"일 때 출력은 "0"이 되는 회로로 입력신호에 대해서 부정(NOT)의 출력이 나오는 것이다. NOT 회로의 논리식은 $X = \overline{A}$ 로 표시한다.

4) NAND 회로(NAND gate)
AND 회로에 NOT 회로를 접속한 AND−NOT 회로로서 논리식은 $X = \overline{A \cdot B}$ 가 된다.

5) NOR 회로(NOR gate)
OR 회로에 NOT 회로를 접속한 OR−NOT 회로로서 논리식은 $X = \overline{A + B}$ 가 된다.

6) 배타적 논리 합회로(exclusive−OR gate)
입력 A, B가 서로 같지 않을 때만 출력이 "1"이 되는 회로인데 A, B가 모두 "1"이어서는 안 된다는 의미가 있다. 논리식은 $X = \overline{A} \cdot B + A \cdot \overline{B} = A \oplus B$ 로 표시된다.

회 로	유접점	무접점	논리회로	진리표

AND 회로 출제 기사 1번

논리회로: $X = A \cdot B$

A	B	X
0	0	0
0	1	0
1	0	0
1	1	1

OR 회로 출제 기사 1번

무접점 출제: 산업 2번, 기사 1번

논리회로: $X = A + B$

A	B	X
0	0	0
0	1	1
1	0	1
1	1	1

NOT 회로

논리회로: $X = \overline{A}$

A	B
0	1
1	0

NAND 회로 출제 산업 1번

무접점 출제: 기사 1번

논리회로: $X = \overline{A \cdot B}$

A	B	X
0	0	1
0	1	1
1	0	1
1	1	0

NOR 회로

무접점 출제: 산업 1번, 기사 2번

논리회로: $X = \overline{A + B}$

A	B	X
0	0	1
0	1	0
1	0	0
1	1	0

exclusive −OR 회로 출제 기사 1번

논리회로: $X = \overline{A} \cdot B + A \cdot \overline{B} = A \oplus B$

A	B	X
0	0	0
0	1	1
1	0	1
1	1	0

7) 한시 회로

입력 신호의 변화 시간보다 정해진 시간만큼 뒤져서 출력 신호가 변화하는 회로를 한시 회로라 한다. 이것에는 다음 3가지 종류가 있다.

① 한시 동작 회로 : 입력 신호가 0에서 1로 변화할 때에만 출력 신호의 변화가 뒤지는 회로
② 한시 복귀 회로 : 입력 신호가 1에서 0으로 변할 때 출력 신호의 변화가 뒤지는 회로
③ 뒤진 회로 : 어느 때나 출력 신호의 변화가 뒤지는 회로

02 - 논리 대수 및 드모르간의 정리

1) 논리 대수

논리 대수에서 취급하는 변수로는 2진법의 "0"과 "1"만으로 된다. 논리 회로의 해석, 설계 및 응용 등에 이용되고 있다.

논리 대수 정리 및 스위치 회로 표시

정 리	스위치 회로
T1 : 교환의 법칙 ① $A + B = B + A$ ② $A \cdot B = B \cdot A$	
T2 : 결합의 법칙 ① $(A + B) + C = A + (B + C)$ ② $(A \cdot B) \cdot C = A \cdot (B \cdot C)$	
출제 기사 3번 T3 : 분배의 법칙 ① $A \cdot (B + C) = A \cdot B + A \cdot C$ ② $A + (B \cdot C) = (A + B) \cdot (A + C)$	
T4 : 동일의 법칙 ① $A + A = A$ ② $A \cdot A = A$	
T5 : 부정의 법칙 ① $\bar{\bar{A}} = A$	

정 리	스위치 회로
출제 산업 3번, 기사 3번 T6 : 흡수의 법칙 ① $A + A \cdot B = A$ ② $A \cdot (A + B) = A$	
출제 산업 1번, 기사 2번 T7 : 공리 ① $0 + A = A$ ② $1 \cdot A = A$ ③ $1 + A = 1$ ④ $0 \cdot A = 0$	

2) 드 모르간의 정리　출제 기사 1번

(1) 쌍대(duality) 회로

복잡한 직·병렬 회로를 간단한 회로로 등가변환할 때 이들 등가회로를 서로 쌍대 회로라고 하며, 쌍대 회로의 변환 방법은 직렬을 병렬로 병렬은 직렬로 바꾸고, a접점은 b접점으로 b접점은 a접점으로 바꾸면 된다.

(2) 일반화된 드 모르간의 정리

$$\overline{(X_1 + X_2 + X_3 \cdots X_n)} = \overline{X_1} \cdot \overline{X_2} \cdot \overline{X_3} \cdot \cdots \cdot \overline{X_n}$$

$$\overline{(X_1 \cdot X_2 \cdot X_3 \cdots X_n)} = \overline{X_1} + \overline{X_2} + \overline{X_3} + \cdots + \overline{X_n}$$

(NOT)를 조합시켜서 상호 교환이 가능하도록 하는 중요한 정리로서 논리적 결합의 구성상 필수적인 성질의 것이다.

(3) 논리 함수의 부정

$$\overline{f(X_1, \ X_2, \ \cdots, \ X_n, +, \ \cdot \ )} = f(\overline{X_1}, \ \overline{X_2}, \ \cdots, \ \overline{X_n}, \ \cdot \ , +)$$

03 시퀀스 제어회로의 종류

1) 조합 회로

일반적으로 논리 연산을 하는 회로 요소 또는 회로 중에서, 시간 지연이 없는 것 또는 무시할 수 있을 때 그 출력 신호가 현재 입력 신호의 값만으로 결정되는 논리 회로를 조합 회로라 한다. 이 조합 회로의 큰 특징은 기억을 포함하지 않는 것이다.

2) 순서 회로

일반적으로 시간 지연을 갖고 그 지연이 적극적인 역할을 하는 논리 회로를 순서 회로라 하고 조합 회로보다 복잡하다.

이 순서 회로의 특징은 기억을 가지고 있는 것이며, 이 기억의 능력이 시퀀스 제어 회로에서 대단히 유용한 역할을 하고 있다.

04 시퀀스 제어계의 구성

1) 명령 처리부의 구성

시퀀스 제어 회로는 그림에 나타나는 바와 같이 명령 처리부를 가지며, 이는 순서 제어 회로와 조작 회로의 2개 부분으로 나눌 수 있다.

순서 제어 회로는 조합 회로와 순서 회로로 되어 있고, 그 중의 조합 회로는 내부 상태의 제어에 사용되고, 순서 회로는 보통 전력 수준이 높은 회로 요소로 되어 있다.

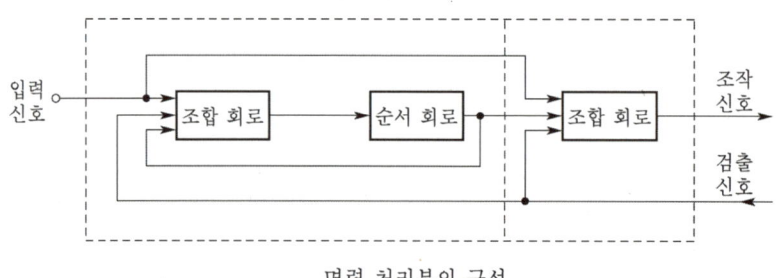

명령 처리부의 구성

2) 시퀀스 제어계의 구성

시퀀스 제어계는 일반적으로 그림과 같이 각 블록 제어의 각 단계를 순차로 진행시킬 수 있게 되어 있고, 그 체계를 만들기 위하여 필요한 신호가 블록간을 연결하고 있다. 그림의 명령 처리부는 푸시 버튼 등 기타의 입력 장치로부터 오는 p개의 신호 및 제어 대상에 붙여진 검출단으로부터 오는 r개의 신호로 구성되는 $p+r$개의 입력 변수를 가지고 있다. 그 출력 변수로는 조작단에 보내는 q개의 조작 신호가 있다.

제어 대상은 조작 신호를 입력 변수로 하고 제어 대상의 실제의 상태를 출력 변수로 한다. 이 출력 변수는 각 검출단을 거쳐서 명령 처리부에 피드백 된다.

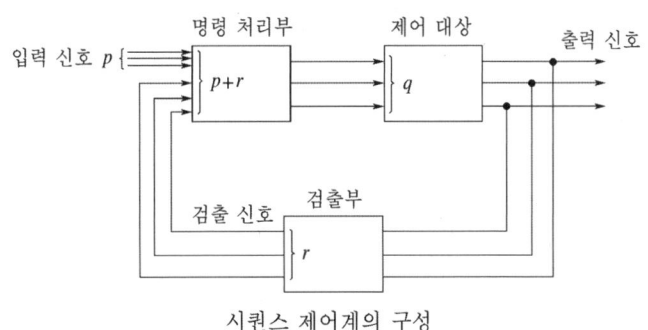

시퀀스 제어계의 구성

3) 시퀀스 제어의 특징

① 입력 신호에서 출력 신호까지 정해진 순서에 따라 일방적으로 제어 명령이 전해진다.

② 어떠한 조건을 만족하여도 제어 신호가 전달되어진다.

③ 제어 결과에 따라 조작이 자동적으로 이행한다.

시퀀스 제어의 종류

01 ★☆【80. 81. 82. 산업기사】
오늘날 시퀀스(sequence) 제어는 대부분 반도체 논리 소자를 사용한 무접점식 시퀀스 제어를 사용하고 있는데, 이를 종류별로 나눌 때 옳지 않은 것은?

① 조건 제어
② 순서 제어
③ 시한 제어
④ 직선 제어

해설 시퀀스의 종류는 조합회로와 순서회로로 나눈다. 조합회로는 조건, 시한 등이 있다.

시퀀스 제어의 구성

02 ★★★★【77. 91. 94. 99. 기사】
시퀀스(sequence) 제어에서 다음 중 옳지 않은 것은?

① 조합논리회로(組合論理回路)도 사용된다.
② 기계적 계전기도 사용된다.
③ 전체 계통에 연결된 스위치가 일시에 동작할 수도 있다.
④ 시간 지연 요소도 사용된다.

해설 시퀀스 제어란 미리 정해 놓은 순서에 따라 각 단계가 순차적으로 진행되는 제어로서 연결 스위치가 일시에 동작할 수는 없다.

03 ★★【87. 기사, 81. 82. 산업기사】
시퀀스 제어에 있어서 기억과 판단 기구 및 검출기를 가진 제어 방식은?

① 시한 제어
② 순서 프로그램 제어
③ 조건 제어
④ 피드백 제어

해설 피드백 제어 : 비교 검출부가 있어 기억과 판단 기능을 갖는다.

04 ★★【94. 97. 기사】
디지털 신호를 시간적인 차례로 조합하여 만든 신호를 무엇이라 하는가?

① 직렬 신호
② 병렬 신호
③ 택일 신호
④ 조합 신호

해설 ▸ 직렬 신호 : 2값 신호를 시간적인 차례로 조합하여 만든 신호
　　　병렬 신호 : 2값 이상의 정보를 몇 개의 2값 신호의 조합으로 나타내고 각각의 2값 신호를 별개의 회
　　　　　　　　 선으로 동시에 보내는 형식의 신호
　　　택일 신호 : 각각의 정보값을 각각 1회선에 대응시켜 전송하는 방식
　　　조합 신호 : 2개 이상의 회선 신호값의 조합으로 표시하는 병렬 신호

릴레이 시퀀스

★ 【79. 기사】

05 그림과 같은 결선도는 전자 개폐기의 기본 회로도이다. 그림 중에서 OFF 스위치와 보조 접점 b를 나타낸 것은?

① OFF 스위치 ㉠, 보조 접점 b ㉣
② OFF 스위치 ㉡, 보조 접점 b ㉢
③ OFF 스위치 ㉢, 보조 접점 b ㉡
④ OFF 스위치 ㉣, 보조 접점 b ㉠

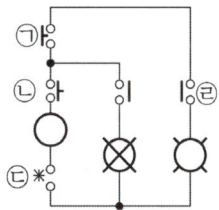

해설 ▸ OFF 스위치 ㉠, ON 스위치 ㉡, 열동 계전기 ㉢, 보조 접점 b ㉣

★★ 【89. 기사, 79. 89. 산업기사】

06 그림과 같은 계전기 접점 회로의 논리식은?

① $x \cdot (x - y)$
② $x + x \cdot y$
③ $x + (x + y)$
④ $x \cdot (x + y)$

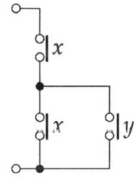

해설 ▸ x와 y는 병렬이므로 OR회로$(x+y)$이고, 이것과 x가 직렬이므로 AND 회로이다. 따라서 $x \cdot (x+y)$ 이다.

★ 【82. 기사】

07 그림과 같은 계전기 접점 회로의 논리식은?

① $(\overline{x} + y) \cdot (x + \overline{y})$
② $(\overline{x} + \overline{y}) \cdot (x + y)$
③ $\overline{x} \cdot y + x \cdot y$
④ $x \cdot y$

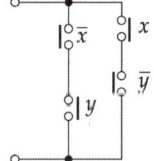

해설 ▸ $\overline{x}$와 y가 AND되며, x와 $\overline{y}$가 AND되어 전체가 OR되었다.

답 ▸ 5. ① 6. ④ 7. ③

★★【93. 00. 09. 기사】
08 그림과 같은 계전기 접점 회로의 논리식은?

① $A + B + C$

② $(A + B)C$

③ $A \cdot B + C$

④ $A \cdot B \cdot C$

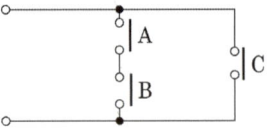

해설 AB(직렬)와 C(병렬). 즉, $AB + C$이다.

★【86. 기사】
09 다음 계전기 접점 회로의 논리식은?

① $(x \cdot \overline{y}) + (\overline{x} \cdot y) + (\overline{x} \cdot \overline{y})$

② $(x \cdot \overline{y}) + (\overline{x} \cdot y) + (\overline{x} \cdot y)$

③ $(x + \overline{y}) \cdot (\overline{x} + y) \cdot (\overline{x} + \overline{y})$

④ $(x + \overline{y}) \cdot (\overline{x} \cdot y) \cdot (\overline{x + y})$

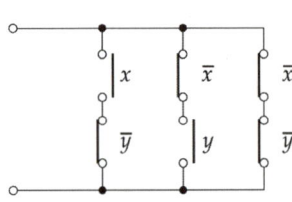

해설 $Z = x \cdot \overline{y} + \overline{x} \cdot y + \overline{x} \cdot \overline{y}$ 가 된다.(직렬=논리곱, 병렬=논리합)

★【94. 07. 18. 기사】
10 다음 그림과 같은 논리 회로는?

① OR 회로

② AND 회로

③ NOT 회로

④ NOR 회로

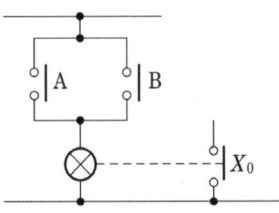

해설 병렬 입력 : A와 B 중 어느 하나 이상이 입력되면 출력이 발생한다.

★【92. 기사】
11 다음 그림과 같은 논리(logic) 회로는?

① OR 회로

② AND 회로

③ NOT 회로

④ NOR 회로

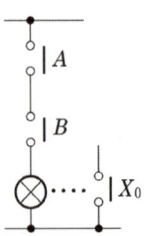

해설 직렬 회로 논리 – AND 논리

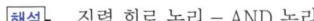

★☆ 【03. 기사】
12 다음 회로는 무엇을 나타낸 것인가?

① AND

② OR

③ Exclusive OR

④ NAND

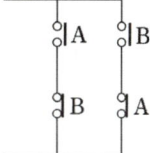

해설, $Y = A\overline{B} + \overline{A}B = A \oplus B$이므로 Exclusive OR 회로이다.

불 대수 및 드 모르간의 정리

★★☆ 【90. 96. 기사, 79. 산업기사】
13 다음 논리식 중 옳지 않은 것은?

① $A + A = A$ 　　　　　　　② $A \cdot A = A$

③ $A + \overline{A} = 1$ 　　　　　　④ $A \cdot \overline{A} = 1$

해설, ① $A \cdot \overline{A} = 0$　② $A + \overline{A} = 1$　③ $A + 1 = 1$　④ $A \cdot 1 = A$
　　　⑤ $A \cdot 0 = 0$　⑥ $A + 0 = A$　⑦ $A \cdot A = A$　⑧ $A + A = A$

★★ 【92. 기사, 82. 산업기사, ⑨ : 78. 산업기사】
14 다음의 불 대수 계산에서 옳지 않은 것은?

① $\overline{A \cdot B} = \overline{A} + \overline{B}$ 　　　　② $\overline{A + B} = \overline{A} \cdot \overline{B}$

③ $A + A = A$ 　　　　　　④ $A + A\overline{B} = 1$

해설, $A + A\overline{B} = A(1 + \overline{B}) = A$

★☆ 【98. 기사, 81. 산업기사】
15 논리식 $L = X + \overline{X}Y$를 간단히 한 식은?

① X 　　　② $\overline{X}$ 　　　③ $X + Y$ 　　　④ $\overline{X} + Y$

해설, $X + \overline{X}Y = (X + \overline{X})(X + Y) = X + Y$

☆ 【03. 기사】
16 논리식 $A + AB$를 간단히 계산한 결과는?

① A 　　　② $\overline{A} + B$ 　　　③ $A + \overline{B}$ 　　　④ $A + B$

해설, $A + AB = A(1 + B) = A$

---

17 ★★ 【99. 02. 11. 기사】
다음 논리식을 간단히 하면?

$$X = \overline{A}\,\overline{B}\,C + A\,\overline{B}\,\overline{C} + A\,\overline{B}\,C$$

① $\overline{B}(A + C)$ 　　② $\overline{C}(A + B)$ 　　③ $\overline{A}(B + C)$ 　　④ $C(A + \overline{B})$

해설 ▸ $X = \overline{A}\,\overline{B}C + A\overline{B}\,\overline{C} + A\overline{B}C = \overline{A}\,\overline{B}C + A\overline{B}\,\overline{C} + A\overline{B}C + A\overline{B}C$
$\qquad = \overline{B}C(\overline{A} + A) + A\overline{B}(\overline{C} + C) = \overline{B}C + A\overline{B}$
$\qquad = \overline{B}(A + C)$

18 ★★ 【95. 99. 02. 기사】
논리식 $L = \overline{x} \cdot \overline{y} + \overline{x} \cdot y + x \cdot y$ 를 간단히 한 것은?

① $x + y$ 　　② $\overline{x} + y$ 　　③ $x + \overline{y}$ 　　④ $\overline{x} + \overline{y}$

해설 ▸ $L = \overline{x}\overline{y} + \overline{x}y + xy$
$\qquad = \overline{x}(\overline{y} + y) + xy = \overline{x} + xy = (\overline{x} + x)(\overline{x} + y) = \overline{x} + y$

19 ★ 【96. 11. 기사】
$\overline{A} + \overline{B} \cdot \overline{C}$와 동일한 것은?

① $\overline{A + BC}$ 　　② $\overline{A(B + C)}$ 　　③ $\overline{A \cdot B + C}$ 　　④ $\overline{A \cdot B} + C$

해설 ▸ $\overline{A} + \overline{B} \cdot \overline{C} = \overline{A} + \overline{(B + C)} = \overline{A(B + C)}$

20 ★ 【95. 기사】
다음 식 중 드 모르간의 정리를 나타낸 식은?

① $A + B = B + A$ 　　　　　② $A \cdot (B \cdot C) = (A \cdot B) \cdot C$
③ $\overline{A \cdot B} = \overline{A} \cdot \overline{B}$ 　　　　　④ $\overline{A \cdot B} = \overline{A} + \overline{B}$

해설 ▸ 드 모르간의 법칙 $\overline{A \cdot B} = \overline{A} + \overline{B}$
$\qquad\qquad\qquad\quad \overline{A + B} = \overline{A} \cdot \overline{B}$

21 ★★★ 【83. 95. 96. 06. 기사】
다음 논리식 중 다른 값을 나타내는 논리식은?

① $XY + X\overline{Y}$ 　　　　　② $(X + Y)(X + \overline{Y})$
③ $X(X + Y)$ 　　　　　④ $X(\overline{X} + Y)$

해설 ▸ ① $XY + X\overline{Y} = X(Y + \overline{Y}) = X \cdot 1 = X$
$\qquad$ ② $(X + Y)(X + \overline{Y}) = XX + X(Y + \overline{Y}) + Y\overline{Y} = X + X \cdot 1 + 0 = X$
$\qquad$ ③ $X(X + Y) = XX + XY = X + XY = X(1 + Y) = X$
$\qquad$ ④ $X(\overline{X} + Y) = X\overline{X} + XY = 0 + XY = XY$

★【03. 기사】

22 논리식 $\overline{A} + \overline{B} \cdot \overline{C}$ 를 간단히 계산한 결과는?

① $\overline{A} + \overline{B}\,\overline{C}$ ② $\overline{A(B+C)}$

③ $\overline{A} \cdot \overline{B} + \overline{C}$ ④ $\overline{A \cdot B} + \overline{C}$

[해설] 드모르간 정리에서 $\overline{A} + \overline{B} \cdot \overline{C} = \overline{A} + \overline{B+C} = \overline{A(B+C)}$

유사문제

∥ 유사문제 원문 및 해설 : 동일출판사 홈페이지 ≫ 고객센터 ≫ 자료실

01. 논리식 $A \cdot (A+B)$ 를 간단히 하면?

[답] A

02. 논리식 $L = \overline{x} \cdot y + \overline{x} \cdot \overline{y}$ 를 간단히 한 식은?

[답] $\overline{x}$

로직 시퀀스

★★【03. 05. 10. 기사】

23 다음의 논리 회로를 간단히 하면?

① AB

② $\overline{A}B$

③ $A\overline{B}$

④ $\overline{AB}$

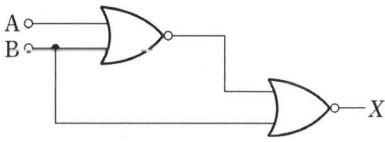

[해설] $\overline{\overline{(A+B)}+B} = \overline{\overline{(A \cdot B)}+B} = \overline{(A+B)} \cdot \overline{(B+B)} = A \cdot \overline{B}$

★★【84. 93. 기사】

24 다음은 2차 논리계를 나타낸 것이다. 출력 y는?

① $y = A + B \cdot C$

② $y = B + A \cdot C$

③ $y = \overline{A} + B \cdot C$

④ $y = B + \overline{A} \cdot C$

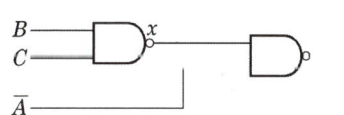

[답] 22. ② 23. ③ 24. ①

해설 드 모르간의 정리에 의하여

$$x = (\overline{BC}) = \overline{B} + \overline{C}$$
$$y = \overline{(x \cdot \overline{A})} = \overline{(\overline{B} + \overline{C})\overline{A}} = B \cdot C + A$$

★★★ 【91. 01. 05. 기사, 82. 산업기사, ⊕ : 83. 산업기사】

25 다음 논리 회로의 출력 X_0는?

① $A \cdot B + \overline{C}$

② $(A + B)\overline{C}$

③ $A + B + \overline{C}$

④ $AB\overline{C}$

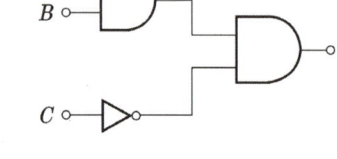

해설
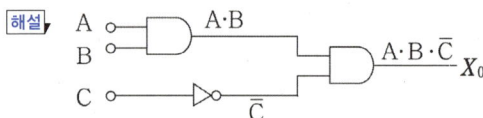

★☆ 【04. 기사 81. 산업기사】

26 그림과 같은 논리 회로에서 출력 f의 값은?

① A

② $\overline{A}BC$

③ $AB + \overline{B}C$

④ $(A + B)C$

해설 $f = AB + \overline{B}C$

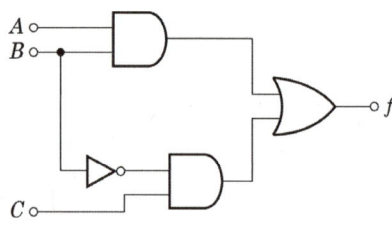

★☆ 【97. 기사, 83. 산업기사】

27 그림의 논리 회로의 출력 y를 옳게 나타내지 못한 것은?

① $y = A\overline{B} + AB$

② $y = A(\overline{B} + B)$

③ $y = A$

④ $y = B$

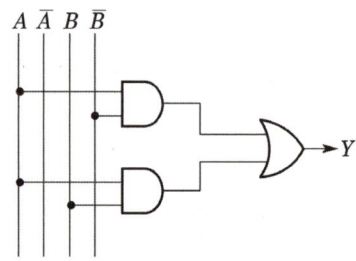

해설 $y = A \cdot \overline{B} + A \cdot B = A(\overline{B} + B) = A$

28 ★★【83. 99. 05. 07. 09. 기사】
그림과 같은 회로의 출력 Z는 어떻게 표현되는가?

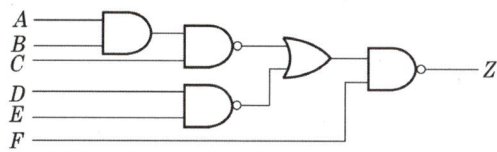

① $\overline{A} + \overline{B} + \overline{C} + \overline{D} + \overline{E} + \overline{F}$　　② $A + B + C + D + E + \overline{F}$

③ $\overline{A}\ \overline{B}\ \overline{C}\ \overline{D}\ \overline{E} + F$　　④ $ABCDE + \overline{F}$

해설▶　$Z = \overline{(\overline{ABC} + \overline{DE})F} = \overline{(\overline{ABC} + \overline{DE})} + \overline{F} = ABCDE + \overline{F}$

29 ★★★☆【94. 99. 01. 12. 기사, 80. 산업기사】
다음 논리회로의 출력은?

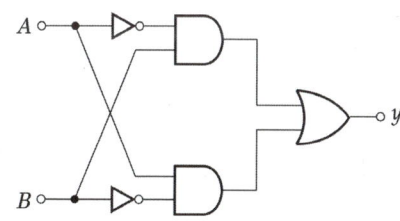

① $Y = A\overline{B} + \overline{A}B$

② $Y = \overline{A}\ \overline{B} + \overline{A}B$

③ $Y = A\overline{B} + \overline{A}\ \overline{B}$

④ $Y = \overline{A} + \overline{B}$

해설▶　Exclusive OR 회로(베타적 논리합 회로)
　　　($A \oplus B = A\overline{B} + \overline{A}B$의 논리회로)

30 ☆【80. 산업기사】
그림은 무엇을 나타낸 논리 연산 회로인가?

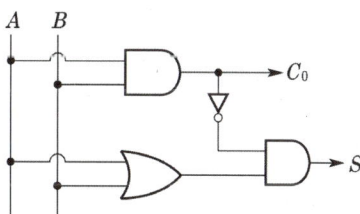

① NAND 회로

② EXCLUSIVE OR 회로

③ HALF−ADDER 회로

④ FULL−ADDER 회로

31 ★【93. 기사】
그림과 같은 논리 회로에서 $A = 1$, $B = 1$인 입력에 대한 출력 x, y는 각각 얼마인가?

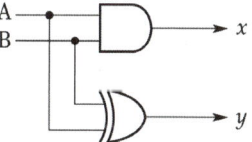

① $x = 0$, $y = 0$

② $x = 0$, $y = 1$

③ $x = 1$, $y = 0$

④ $x = 1$, $y = 1$

해설▶　x는 AND 조건, y는 EX OR 조건을 만족해야 한다. 그러므로 $x = 1$, $y = 0$

답 28. ④　29. ①　30. ③　31. ③

32 ★★【89. 96. 기사】

논리 회로의 종류에서 설명이 잘못된 것은?

① AND 회로 : 입력 신호 A, B, C의 값이 모두 1일 때에만 출력 신호 Z의 값이 1이 되는 신호로 논리식은 $A \cdot B \cdot C = Z$로 표시한다.

② OR 회로 : 입력 신호 A, B, C 중 어느 한 값이 1이면 출력 신호 Z의 값이 1이 되는 회로로, 논리식은 $A + B + C = Z$로 표시한다.

③ NOT 회로 : 입력 신호 A와 출력 신호 Z가 서로 반대로 되는 회로로, 논리식은 $\overline{A} = Z$로 표시한다.

④ NOR 회로 : AND 회로의 부정 회로로, 논리식은 $A + B = C$로 표시한다.

해설 ▶ NOR 회로는 OR 회로의 부정 회로이므로 $\overline{A + B} = C$로 표시된다.

33 ☆【78. 산업기사】

그림의 논리 회로에서 두 입력 X, Y와 출력 Z 사이의 관계를 나타낸 진리표에서 A, B, C, D의 값으로 옳은 것은?

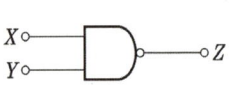

X	Y	Z
1	1	A
1	0	B
0	1	C
0	0	D

① A, B, C, $D = 0$, 1, 1, 1 ② A, B, C, $D = 0$, 0, 1, 1

③ A, B, C, $D = 1$, 0, 1, 0 ④ A, B, C, $D = 0$, 1, 0, 1

해설 ▶ 주어진 회로는 NAND 회로이므로 $Z = \overline{X \cdot Y} = \overline{X} \cdot \overline{Y}$

🔗 유사문제

❚ 유사문제 원문 및 해설 : 동일출판사 홈페이지 ≫ 고객센터 ≫ 자료실

01. 그림의 논리 기호를 표시한 것으로 옳은 식은?.

답 $(A + B + C) \cdot D$

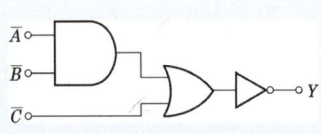

02. 그림과 같은 논리 회로의 논리식은?

답 $Y = (A + B)C$

답 32. ④ 33. ①

03. 그림과 등가인 게이트는?

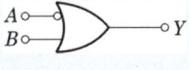

📑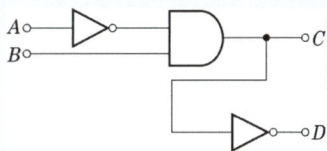

04. 그림과 같은 논리 회로의 동작을 잘못 설명한 것은?

📑 $A = B$이면, $D = 0$이다.

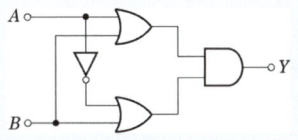

05. 그림과 같은 논리 회로의 출력은?

📑 B

06. $X = \overline{A}\,\overline{B}\,\overline{C} + \overline{A}\,\overline{B}C + \overline{A}BC + \overline{A}B\overline{C}$를 간략화시킨 후 논리 회로를 그렸을 때 옳은 것은?

📑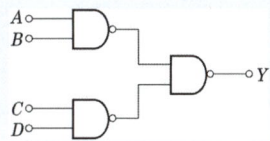

07. A, B, C, D를 논리 변수라 할 때 그림과 같은 게이트 회로의 출력은?

📑 $A \cdot B + C \cdot D$

08. 그림의 논리 회로에 대한 논리식은?

📑 $D = (A + \overline{B}) + C$

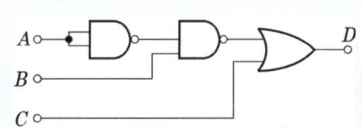

09. 다음 진리표의 gate는?

입력		출력
A	B	X
0	0	1
0	1	0
1	0	0
1	1	0

📑 NOR

10. 그림의 게이트 회로명은?

📑 EXCLUSIVE OR

11. 그림과 같은 논리 회로에서 3개의 입력 단자에 각각 1의 입력이 들어가면 출력 단자 A와 B에는 어떤 출력이 나오겠는가?

📑 A에 1, B에 1

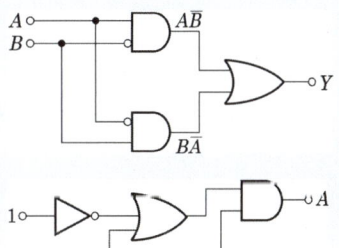

무접점 시퀀스

★★ 【92. 기사, 76. 78. 산업기사】

34 그림의 게이트 명칭은?

① AND gate

② OR gate

③ NAND gate

④ NOR gate

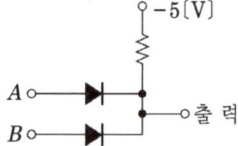

해설, 병렬 입력 : A와 B 중 어느 하나 이상이 입력되면 출력이 발생한다.

★ 【95. 23. 기사】

35 다음 그림과 같은 논리 회로는?

① AND 회로

② NAND 회로

③ OR 회로

④ NOR 회로

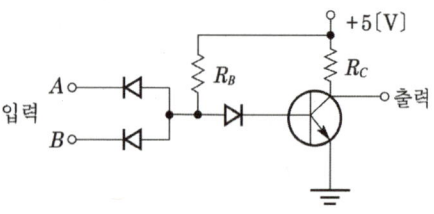

해설, NAND 회로

★ 【98. 기사】

36 다음 회로와 동일한 논리 심벌은?

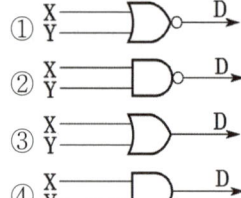

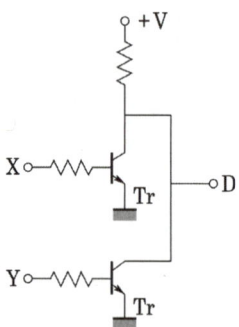

해설, X 또는 Y에 신호가 입력되면 Tr이 동작하여 출력 D가 소멸된다. 따라서 NOR회로에 해당된다.

★ 【04. 23. 기사】

37 그림의 게이트(gate)명칭은 어떻게 되는가?

① AND gate

② OR gate

③ NAND gate

④ NOR gate

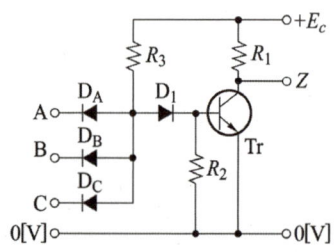

답 34. ② 35. ② 36. ① 37. ③

해설▶ A, B, C에 신호가 동시에 입력되면 Tr이 동작하여 출력 Z가 소멸되므로 NAND회로에 해당된다.

★【98. 기사】

38 그림과 같은 동작을 하는 2진 계수기(binary counter)를 만드려면 최소한 플립-플롭(flip-flop)이 몇 개가 필요한가?

① 7개
② 6개
③ 4개
④ 3개

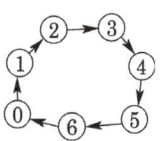

해설▶ 3 bit 2진 카운터 (n bit 2진 카운터는 n개의 플립-플롭으로 구성되어 있고 $2^n - 1$까지 셀 수 있다.)

★【85. 기사】

39 어느 시퀀스 제어 시스템의 내부 상태가 12가지로 바뀐다면 설계할 때 플립-플롭(flip flop)은 최소한 몇 개가 필요한가?

① 3   ② 4   ③ 6   ④ 12

해설▶ 4 bit 2진 카운터(n bit 2진 카운터는 n개의 플립-플롭으로 되어 있고 $2^n - 1$까지 셀 수 있다.)

유사문제

┃ 유사문제 원문 및 해설 : 동일출판사 홈페이지 ≫ 고객센터 ≫ 자료실

01. 그림과 같은 회로를 논리 심벌로 표시할 때 옳은 것은?

답▶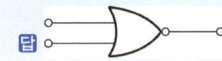

02. 다음 그림은 반가산기(half-adder)의 심벌이다.
반가산기의 진리표 중 옳은 것은?

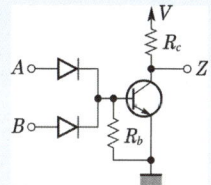

답▶

입력		출력	
A	B	C	D
0	0	0	0
0	1	0	1
1	0	0	1
1	1	1	0

답▶ 38. ④ 39. ②

카르노도

★★★【92. 00. 02. 기사】

40 다음 카르노(Karnaugh)도를 간략히 하면?

① $Y = \overline{C}\,\overline{D} + BC$

② $Y = B\overline{D}$

③ $Y = A + \overline{A}\,B$

④ $Y = A + B\,\overline{C}\,D$

	$\overline{C}\,\overline{D}$	$\overline{C}\,D$	$C\,D$	$C\,\overline{D}$
$\overline{A}\,\overline{B}$	0	0	0	0
$\overline{A}\,B$	1	0	0	1
$A\,B$	1	0	0	1
$A\,\overline{B}$	0	0	0	0

해설

CD AB	00	01	11	10
00				
01	1			1
11	1			1
10				

4개로 묶으면 공통적인 것은 $B\overline{D}$가 된다.

---

01 제어계의 요소

1) 기계적 부품

스프링, 다이어프램, 벨로스, 노즐, 드로틀, 대시 포트, 파이프, 파일럿 밸브, 피스톤 등

2) 전기적 부품

전자석, 코일, 계전기, 열전대, 진공관, 전동기 등.
또, 기기로 조립된 것으로는 기계적인 것으로 노즐 플래퍼, 다이어프램 밸브, 유압 분사관 서보 전동기 등이 있고 전기적인 것에는 직류 교류 변환기(convertor), 전자관 증폭기(electro amplifier) 등이 있다.

02 증폭기기(제어계에 많이 사용되는 전자요소) 출제 기사 3번

증폭 기기에는 전기식, 공기식, 유압식이 있다.

증폭 기기의 종류

	전기계	기계계
정지기	진공관, 트랜지스터, 사이리스터(SCR), 사이리드론, 자기 증폭기	공기식(노즐, 플래퍼, 벨로스) 유압식(인내 밸브), 지렛대
회전기	앰플리다인, 로토트롤	

전기식 증폭 기기의 특징

	전자관	트랜지스터	사이러트론	SCR	계전기	자기증폭기	앰플리다인
입력신호	DC, AC		DC, AC 펄스		DC, AC	DC, AC	DC
출력신호	DC, AC		사인파의 일부		온·오프 신호	사인파의 일부	DC
시정수	수$[\mu s]$		수 $100[\mu s]$	$10\sim20[\mu s]$	수$[ms]$	전원 반주기 이상	$5\sim50[ms]$
전달함수	K		*	K	K	*	**
출력	10[W]	2수~10[W]	100~500[W]	$10\sim10^4[W]$		5~10[W]	0.5~5[kW]
견고성	좋음	우수	약함	우수	좋음	우수	좋음
에니지원	DC		AC		DC, AC	AC	도크
수명	10,000[h]	50,000[h]	수 100[h]	반영구적	10^8[회]	영구적	브러시 정류자 따름

* $\dfrac{K}{1+sT}$ ** $\dfrac{K}{s(1+sT_1)(1+sT_2)}$

03 - 조절기기

조절부는 검출부에서 측정된 제어량을 기준 입력과 비교하여 그 차의 신호(동작 신호)를 만들고 이것을 증폭하며, 또 P, PI, PD, PID 동작 등의 조작량으로 변환하여 조작부에 보내는 부분이다.

조절부의 제어 동작은 공정 제어에 있어서 특히 중요하다. 지금 동작 신호를 x_i, 조작량을 x_0라 하면 제어 동작에는 다음과 같은 것이 있다.

연속동작
- 비례 동작(P 동작) $x_0 = K_p x_i$ 단, K_p : 비례 이득(비례 감도)
- 적분 동작(I 동작) $x_0 = \dfrac{1}{T_I} \displaystyle\int x_i dt$ 단, T_I : 적분 시간
- 미분 동작(D 동작) $x_0 = T_D \dfrac{dx_i}{dt}$ 단, T_D : 미분 시간
- 비례+적분 동작(PI 동작) $x_0 = K_p \left(x_i + \dfrac{1}{T_I} \displaystyle\int x_i dt \right)$ **출제** 산업 1번, 기사 5번
- 비례+미분 동작(PD 동작) $x_0 = K_p \left(x_i + T_D \dfrac{dx_i}{dt} \right)$
- 비례+적분+미분 동작(PID 동작) $x_0 = K_p \left(x_i + \dfrac{1}{T_I} \displaystyle\int x_i dt + T_D \dfrac{dx_i}{dt} \right)$ **출제** 산업 1번, 기사 3번

불연속동작
- 2위치 동작(온·오프 동작)
- 불연속 동작
- 다위치 동작

제어 동작의 특징

제어 동작	특 징	정상편차	속응도
2위치 동작	사이클링이 있음	있음	
P 동작	사이클링을 방지함	있음	늦음
I 동작		없음	늦음
PI 동작	뒤진 회로의 특성과 같음	없음	늦음
D 동작	단독으로 사용하지 않음		빠름
PD 동작	앞선 회로의 특성과 같음	있음	늦음
PID 동작	뒤진-앞선 회로의 특성과 같음	최적	최적

조절기의 종류

전기식	기계식
2위치(온·오프) 조절기 전자식 조절기	공구식 P, PI 및 PID 조절기 힘 평형식 P 조절기 유압식 P 및 I 조절기

04 – 조작 기기

조작 기기는 직접 제어 대상에 작용하는 장치이고, 응답이 빠르며 조작력이 큰 것이 요구된다.

조작 기기의 종류

전기식	기계식
전자 밸브, 전동 밸브, 2상 서보 전동기, 직류 서보 전동기, 펄스 전동기 출제 산업 2번, 기사 3번	클러치, 다이어프램 밸브, 밸브 포지셔너, 유압식 조작기(안내 밸브, 조작 실린더, 조작 피스톤, 분사관)

조작 기기의 특징

	전기식	공기식	유압식
적응성	대단히 넓고, 특성의 변경이 쉽다.	PID 동작을 만들기 쉽다.	관성이 적고, 대출력을 얻기가 쉽다.
속응성	늦음	장거리에서는 어렵다.	빠르다.
전 송	장거리의 전송이 가능하고, 늦음이 적음	장거리가 되면, 늦음이 크게 됨	늦음은 적으나, 배관에 잠거리는 어렵다.
부피, 무게에 대한 출력	감속 장치가 필요하고, 출력은 작음	출력은 크지 않음	저속이고, 큰 출력을 얻을 수 있음
안전성	방폭형이 필요함	안전함	인화성이 있음

05 – 검출기기

온도, 압력, 유량 등의 물리량을 증폭 및 전송이 용이한 양으로 변환하는 검출 기기를 변환기라 한다.

검출기의 종류

제 어	검출기	비 고
자동 조정용	• 전압 검출기 • 속도 검출기	전자관 및 트랜지스터 증폭기, 자기 증폭기 회전계 발전기, 주파수 검출법, 스피더
서보 기구용	• 전위차계 • 차동 변압기 • 싱크로 • 마이크로신	권선형 저항을 이용하여 변위, 변각을 측정 변위를 자기 저항의 불균형으로 변환 변각을 검출 변각을 검출
공정 제어용	• 압력계	① 기계식 압력계(벨로스, 다이어프램, 부르동관) ② 전기식 압력계(전기 저항 압력계, 피라니 진공계, 전리 진공계)
	• 유량계	① 조리개 유량계 ② 넓이식 유량계 ③ 전자 유량계
	• 액면계	① 차압식 액면계(노즐, 오리피스, 벤튜리관) ② 플로트식 액면계
	• 온도계	① 저항 온도계(백금, 니켈, 구리, 서미스터) ② 열전 온도계(백금-백금 로듐, 크로멜-알루멜, 철-콘스탄탄) ③ 압력형 온도계(부르동관) ④ 바이메탈 온도계 ⑤ 방사 온도계 ⑥ 광 온도계
	• 가스 성분계	① 열전도식 가스 성분계 ② 연소식 가스 성분계 ③ 자기 산소계 ④ 적외선 가스 성분계
	• 습도계	① 전기식 건습구 습도계 ② 광전관식 노점 습도계
	• 액체 성분계	① pH계 ② 액체 농도계

변환 요소의 종류

변환량	변환요소
압력 → 변위 [출제] 산업5번, 기사 7번	벨로스, 다이어프램, 스프링
변위 → 압력 [출제] 기사 1번	노즐 플래퍼, 유압 분사관, 스프링
변위 → 임피던스	가변 저항기, 용량형 변환기, 가변 저항 스프링
변위 → 전압	포텐셔미터, 차동 변압기, 전위차계
전압 → 변위	전자석, 전자 코일
광 ↗ 임피던스	광전관, 광전도 셀, 광전 트랜지스터
광 ↘ 전압	광전지, 광전 다이오드
방사선 → 임피던스	GM관, 전리함
온도 → 임피던스	측온 저항(열선, 서미스터, 백금, 니켈)
온도 → 전압 [출제] 기사 1번	열전대(백금-백금 로듐, 철-콘스탄탄, 구리-콘스탄탄, 크로멜-알루멜)

증폭기기

01 ★★★ 【79. 89. 97. 기사】
제어계에 가장 많이 이용되는 전자 요소는?

① 증폭기　　　　② 변조기　　　　③ 주파수 변환기　　　④ 가산기

해설 증폭기 중 TR(트랜지스터)이 가장 대표적이다.

유사문제

‖ 유사문제 원문 및 해설 : 동일출판사 홈페이지 ≫ 고객센터 ≫ 자료실

01. 부궤환(negative feedback) 증폭기의 장점은?

답 안정도의 증가

02. 트랜지스터와 진공관을 비교하면 트랜지스터의 베이스와 이미터는 진공관의 어느 것에 해당하는 가?

답 그리드, 캐소드

03. 초고주파용 트랜지스터의 구비 조건으로서 알맞지 않은 것은?

답 이미터 접합 면적이 커야 한다.

04. 접합형 트랜지스터에 α(베이스 접지 전력 증폭 정수)와 β(이미터 접지 전류 증폭 정수) 사이에는 어떤 관계식이 성립하는가?

답 $\beta = \dfrac{\alpha}{1-\alpha}$

조절기기

02 ★ 【84. 기사】
다음 중 공기식 조절기의 특징이 아닌 것은?

① 증폭 요소가 노즐 플래퍼이다.
② 불꽃에 대한 방폭에 유의할 필요가 있다.
③ 신호의 전송에 시간 지연이 따른다.
④ 크기가 작다.

해설 ① PID 동작을 만들기 쉽다. ② 장거리에서는 속응성이 나쁘다.
③ 출력은 크지 않다.   ④ 안전하다.

★★☆【87. 96. 기사, 82. 산업기사】
03 진동이 일어나는 장치의 진동을 억제시키는 데 가장 효과적인 제어 동작은?

① on-off 동작   ② 비례 동작
③ 미분 동작   ④ 적분 동작

해설 미분 동작(D 동작)은 시정수가 큰 프로세스 제어 등의 응답의 오버슈트를 감소시킨다.

★☆【91. 기사, 82. 산업기사 ⊕ : 05 기사】
04 PI 제어 동작은 프로세스 제어계의 정상 특성 개선에 흔히 쓰인다. 이것에 대응하는 보상요소는?

① 지상 보상 요소   ② 진상 보상 요소
③ 진지상 보상 요소   ④ 동상 보상 요소

해설 PI 제어 동작은 정상 특성 즉 제어의 정도를 개선하는 지상 요소이다. 따라서 지상 보상의 특성은 다음과 같다.
① 주어진 안정도에 대하여 속도 편차 상수 K_v가 증가한다.
② 시간 응답이 일반적으로 늦다.
③ 이득 여유가 증가하고 공진값 M_p가 감소한다.
④ 이득 교점 주파수가 낮아지며 대역폭은 감소한다.
여기서 PI 동작은 지상 요소, PD 동작은 진상 요소에 대응된다.

★【00. 기사】
05 PI 제어 동작을 공정 제어계의 무엇을 개선하기 위해 쓰이고 있는가?

① 속응성   ② 정상 특성   ③ 이득   ④ 안정도

해설 PI : 정상 편차 개선, PD : 속응성 개선

★★【94. 98. 기사】
06 비례 적분 동작을 하는 PI 조절계의 전달 함수는?

① $K_p\left(1+\dfrac{1}{T_I s}\right)$ ② $K_p+\dfrac{1}{T_I s}$ ③ $1+\dfrac{1}{T_I s}$ ④ $\dfrac{K_p}{T_I s}$

해설 PI 동작이므로
$$y(t)=K_p\left[x(t)+\frac{1}{T_I}\int x(t)dt\right],\quad Y(s)=K_p\left(1+\frac{1}{T_I s}\right)\times(s)$$
$$\therefore G(s)=\frac{Y(s)}{X(s)}=K_p\left(1+\frac{1}{T_I s}\right)$$

★★☆ 【88. 93. 기사, 83. 산업기사】
07 조작량 $y(t)$가 다음과 같이 표시되는 PID 동작에서 비례 감도, 적분 시간, 미분 시간은?

$$y(t) = 4z(t) + 1.6\frac{d}{dt}z(t) + \int z(t)dt$$

① 2, 0.4, 4　　　② 2, 4, 0.4　　　③ 4, 4, 0.4　　　④ 4, 0.4, 4

해설 $y(t) = K\left[z(t) + \dfrac{1}{T_i}\int z(t)dt + T_d\dfrac{d}{dt}z(t)\right]$이므로

$y(t) = 4z(t) + 1.6\dfrac{d}{dt}z(t) + \int z(t)dt = 4\left[z(t) + \dfrac{1}{4}\int z(t)dt + 0.4\dfrac{d}{dt}z(t)\right]$

∴ $K = 4$, $T_i = 4$, $T_d = 0.4$

★★★★☆ 【00. 23. 기사, ㉜ : 83. 87. 88. 기사, 82. 산업기사】
08 적분 시간이 3분, 비례 감도가 5인 PI 조절계의 전달 함수는?

① $5 + 3s$　　　② $5 + \dfrac{1}{3s}$　　　③ $\dfrac{3s}{15s + 5}$　　　④ $\dfrac{15s + 5}{3s}$

해설 PI 동작(비례 적분 제어)이므로

$y(t) = K_p\left[z(t) + \dfrac{1}{T_i}z(t)dt\right]$, 　$Y(s) = K_p(1 + \dfrac{1}{T_i s})z(s)$

∴ $G(s) = \dfrac{Y(s)}{Z(s)} = K_p\left(1 + \dfrac{1}{T_i s}\right) = 5\left(1 + \dfrac{1}{3s}\right) = \dfrac{15s + 5}{3s}$

★ 【83. 기사】
09 어떤 자동 조절기의 전달 함수에 대한 설명 중 옳지 않은 것은?

$$G(s) = K_p\left(1 + \frac{1}{T_i s} + T_d s\right)$$

① 이 조절기는 비례-적분-미분 동작 조절기이다.
② K_p를 비례 감도라고도 한다.
③ T_d는 미분 시간 또는 레이트 시간(rate time)이라 한다.
④ T_i는 리셋률(reset rate)이다.

해설 T_i는 적분 시간이다.

★★★★ 【97. 98. 99. 00. 기사】
10 PID 동작은 어느 것인가?

① 사이클링과 오프셋이 제거되고 응답속도가 빠르며 안정성도 있다.
② 응답속도를 빨리 할 수 있으나 오프셋은 제거되지 않는다.
③ 오프셋은 제거되나 제어동작에 큰 부동작 시간이 있으면 응답이 늦어진다.
④ 사이클링을 제거할 수 있으나 오프셋이 생긴다.

답 7. ③　8. ④　9. ④　10. ①

해설, PID 제어는
① 정상특성과 응답속응성을 동시에 개선시킨다.   ② 오버슈트를 감소시킨다.
③ 정정시간을 적게 하는 효과가 있다.   ④ 연속선형 제어

★ 【97. 기사】

11 조작량 $y = 4x + \dfrac{d}{dt}x + 2\int xdt$로 표시되는 PID 동작에 있어서 미분 시간과 적분 시간은?

① 4, 2   ② $\dfrac{1}{4}$, 2   ③ $\dfrac{1}{2}$, 4   ④ $\dfrac{1}{4}$, 4

해설, $Y = 4\left[1 + \dfrac{1}{4}s + \dfrac{1}{2s}\right]X$이므로 비례 감도 $= 4$, 미분 시간 $= \dfrac{1}{4}$, 적분 시간 $= 2$

★ 【03. 20. 23. 기사】

12 제어기 전달함수가 $\dfrac{2s+5}{7s}$인 제어기가 있다. 이 제어기는 어떤 제어기인가?

① 비례미분 제어계   ② 적분 제어계
③ 비례 적분제어계   ④ 비례 적분 미분 제어계

해설, $G(s) = \dfrac{2s+5}{7s} = \dfrac{2}{7} + \dfrac{5}{7s} = \dfrac{2}{7} + \dfrac{1}{\frac{7}{5}s} = \dfrac{2}{7}\left(1 + \dfrac{1}{\frac{2}{5}s}\right)$이므로 비례적분 제어계이다.

유사문제

‖ 유사문제 원문 및 해설 : 동일출판사 홈페이지 ≫ 고객센터 ≫ 자료실

01. $\dfrac{M(s)}{E(s)} = 3 + 1.5s + \dfrac{1}{s}1.5$인 PID 동작에서 적분 시간($T_i$)과 미분 시간($T_d$)은 각각 얼마인가?

달 $T_i = 2$, $T_d = 0.5$

조작기기

★★★★ 【88. 94. 기사, 81. 82. 산업기사, ⊕ : 83. 기사】

13 제어 기기의 대표적인 것을 들면 검출기, 변환기, 증폭기, 조작 기기를 들 수 있는데, 서보 전동기(servomotor)는 어디에 속하는가?

① 검출기   ② 변환기   ③ 조작 기기   ④ 증폭기

해설, 서보 전동기는 조작기기에 해당된다.

달 11. ② 12. ③ 13. ③

14 ★【81. 83. 산업기사】
AC 서보 전동기(AC servomotor)의 설명 중 옳지 않은 것은?

① AC 서보 전동기는 그다지 큰 회전력이 요구되지 않는 계에 사용되는 전동기이다.

② 이 전동기에는 기준 권선과 제어 권선의 두 고정자 권선이 있으며, 90° 위상차가 있는 2상 전압을 인가하여 회전 자계를 만든다.

③ 고정자의 기준 권선에는 정전압을 인가하며 제어 권선에는 제어용 전압을 인가한다.

④ 이 전동기는 속도 회전력 특성을 선형화하고 제어 전압을 입력으로 회전자의 회전각을 출력으로 보았을 때 이 전동기의 전달 함수는 미분 요소와 2차 요소의 직렬 결합으로 볼 수 있다.

해설 AC 서보 전동기의 전달 함수는 적분 요소와 2차 요소의 직렬 결합으로 취급된다.

15 ★☆【92. 12. 기사, 82. 산업기사】
서보 전동기의 특징을 열거한 것 중 옳지 않은 것은?

① 원칙적으로 정역전(正逆轉)이 가능하여야 한다.

② 저속이며 거침없는 운전이 가능하여야 한다.

③ 직류용은 없고, 교류용만 있다.

④ 급가속, 급감속이 용이한 것이라야 한다.

해설 서보모터의 특징
① 기계적 응답이 좋다(속응성). ② 시정수가 짧다.
③ 제어 조작이 용이하다.　　 ④ 기동 토크가 크다. ⑤ 직류식과 교류식이 있다.

검출기기

16 ★★★★★【91. 99. 00. 기사, ⊕ ' 94. 95. 96. 00. 기사, 82. 산업기사】
압력→변위의 변환 장치는?

① 노즐 플래퍼　　② 차동 변압기　　③ 다이어프램　　④ 전자석

해설 변환 요소의 종류

변 환 량	변 환 요 소
압 력 → 변 위	벨로우즈, 다이어프램, 스프링
변 위 → 압 력	노즐 플래퍼, 유압 분사관, 스프링
변 위 → 임피던스	가변 저항기, 용량형 변환기, 가변 저항 스프링
변 위 → 전 압	포텐셔미터, 차동 변압기, 전위차계
전 압 → 변 위	전자석, 전자 코일
광 ↗ 임피던스	광전관, 광전도 셀, 광전 트랜지스터
광 ↘ 전 압	광전시, 광전 나이오늄
방사선 → 임피던스	GM관, 전리함
온 도 → 임피던스	측온 저항(열선, 서미스터, 백금, 니켈)
온 도 → 전 압	열전대(백금-백금 로듐, 철-콘스탄탄, 구리-콘스탄탄, 크로멜-알루멜)

★ 【02. 기사】

17 변위→압력의 변환 장치는?

① 벨로우즈　　　② 가변 저항기　　　③ 다이어프램　　　④ 유압 분사관

해설 • 벨로우즈 : 압력 → 변위　　• 가변 저항기 : 변위 → 임피던스
　　• 다이어프램 : 압력 → 변위　• 유압 분사관 : 변위 → 압력

★ 【03. 기사】

18 다음 중 온도를 전압으로 변환시키는 요소는?

① 차동 변압기　　　② 열전대　　　③ 측온 저항　　　④ 광전지

해설 변환 요소의 종류

변 환 량	변 환 요 소
압 력→변 위	벨로우즈, 다이어프램, 스프링
변 위→압 력	노즐 플래퍼, 유압 분사관, 스프링
변 위→임피던스	가변 저항기, 용량형 변환기, 가변 저항 스프링
변 위→전 압	포텐셔미터, 차동 변압기, 전위차계
전 압→변 위	전자석, 전자 코일
광 ↗ 임피던스	광전관, 광전도 셀, 광전 트랜지스터
광 ↘ 전 압	광전지, 광전 다이오드
방사선 → 임피던스	GM관, 전리함
온 도→임피던스	측온 저항(열선, 서미스터, 백금, 니켈)
온 도→전 압	열전대(백금−백금 로듐, 철−콘스탄탄, 구리−콘스탄탄, 크로멜−알루멜)

⤳ 유사문제

‖ 유사문제 원문 및 해설 : 동일출판사 홈페이지 ≫ 고객센터 ≫ 자료실

01. 전압→변위로 변환시키는 장치는?

답 전자석

사이리스터

★★ 【90. 95. 12. 기사】

19 다음 중 DIAC(diode AC semiconductor switch)의 $V-I$ 특성 곡선은 어느 것인가?

① 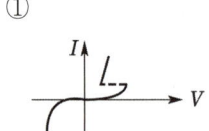 ② 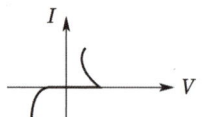 ③ 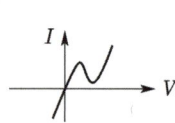 ④

해설 ① SCR(실리콘 제어 정류 소자)의 $V-I$ 특성, DIAC은 양방향성 소자

답 17. ④　18. ②　19. ④

20 ★【82. 기사】
SCR을 사용할 경우 올바른 전압 공급 방법은?

① 애노드 ⊖ 전압, 캐소드 ⊕ 전압, 게이트 ⊕ 전압
② 애노드 ⊖ 전압, 캐소드 ⊕ 전압, 게이트 ⊖ 전압
③ 애노드 ⊕ 전압, 캐소드 ⊖ 전압, 게이트 ⊕ 전압
④ 애노드 ⊕ 전압, 캐소드 ⊖ 전압, 게이트 ⊖ 전압

해설 A(애노드)에 (+)를, K(캐소드)에 (−)를 가한 다음 G(게이트)에 트리거 펄스를 가하면 SCR은 도통상태가 된다.

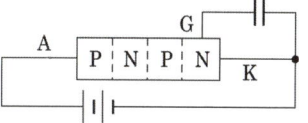

21 ★☆【94. 기사, 82. 산업기사】
SCR에 관한 설명으로 적당하지 않은 것은?

① pnpn 소자이다.
② 직류, 교류, 전력 제어용으로 사용된다.
③ 스위칭 소자이다.
④ 쌍방향성 사이리스터이다.

해설 쌍방향성 사이리스터는 TRIAC이다.

22 ☆【81. 산업기사】
그림과 같은 브리지 정류기는 어느 점에 교류 입력을 연결하여야 하는가?

① A−B점
② A−C점
③ B−C점
④ B−D 점

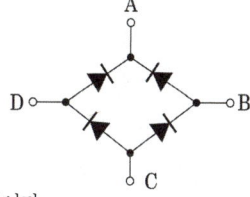

해설 교류 입력은 B−D점이며, 직류 출력은 A(+)와 C(−)점이다.

23 ★【97. 기사】
다음 그림은 어떤 소자의 등가 회로인가?

① SCR
② PUT
③ UJT
④ TRIAC

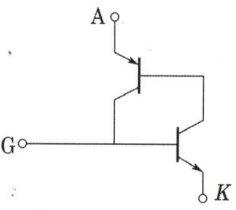

해설 SCR은 역저지 3단자로써 정류기능을 갖는다.

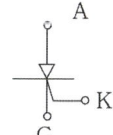

★ 【93. 05. 기사】

24 8개 비트(bit)를 사용한 아날로그-디지털 변환기(Analog-to-Digital Converter)에 있어서 출력의 종류는 몇 가지가 되는가?

① 256 　　　　② 128 　　　　③ 64 　　　　④ 8

해설 ▶ 출력의 종류 : $2^8 = 256$개

유사문제

‖ 유사문제 원문 및 해설 : 동일출판사 홈페이지 ≫ 고객센터 ≫ 자료실

01. 실리콘 제어 정류기(SCR)의 전압 대 전류 특성과 비슷한 소자는?

　답 사이러트론(thyratron)

02. 실리콘 제어 정류 소자(SCR)의 $V-I$ 특성을 나타낸 것은?

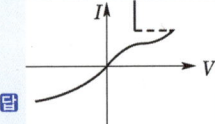

　답

03. 실리콘 제어 정류 소자(silicon controlled rectifier)의 성질이 아닌 것은?

　답 온도가 상승하면 피크 전류(peak current)도 증가한다.

04. 전원 전압을 안정하게 유지하기 위해서 사용되는 다이오드는?

　답 제너 다이오드

05. 터널 다이오드의 응용 예가 아닌 것은?

　답 정전압 정류 작용

06. 다음 중 가변 용량 소자는?

　답 버랙터 다이오드

07. 배리스터의 주된 용도는?

　답 서지 전압에 대한 회로 보호

08. 다음 소자 중 온도 보상용으로 쓰일 수 있는 것은?

　답 서미스터

09. 서미스터의 온도가 증가할 때 저항은?

　답 감소한다.

10. 다음에서 전력 소모가 제일 적은 게이트 회로는?

　답 CMOS

답 24. ①

11. 다음 중 배리스터의 전압, 전류 특성이 아닌 것은?

🔲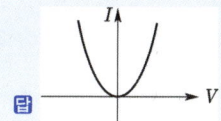

12. 도전 상태(on 상태)에 있는 SCR을 차단 상태(off 상태)로 하기 위한 방법으로 알맞은 것은?

🔲 양극 전압을 음으로 한다.

13. 사이리스터에서 래칭 전류에 관한 설명으로 옳은 것은?

🔲 사이리스터가 턴 온하기 시작하는 순전류

14. 다음 제너 다이오드(Zener diode) 회로에서 $v_1 = 20\sin\omega t$, $v_2 = 5\,V$, $R_L \ll R_s$일 때 v_2의 파형은?

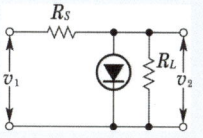

🔲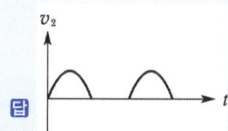

15. 그림과 같은 정류 회로에서 다이오드의 저항 r, 부하 저항 R_L, 부하 전류를 i_L이라 한다. 그리고 i_L의 평균값 및 실효값을 각각 I_d 및 I라 하면 정류 능력은 어떻게 되는가?

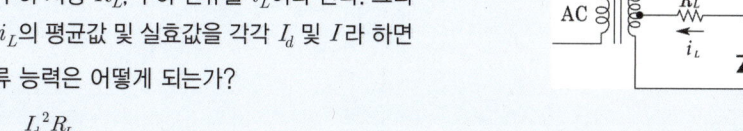

🔲 $\dfrac{I_d^2 R_L}{I^2(R_L + r)}$

16. 그림과 같은 반파 정류 회로에서 $R_f = 20[\Omega]$, $R_L - 1[\mathrm{k}\Omega]$, $v_i - 110[\mathrm{V}](\mathrm{rms})$일 때 정류 효율 [%]은? 여기서 R_f는 다이오드의 순방향 저항이다.

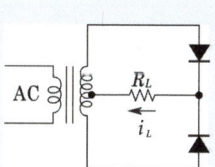

🔲 40.6[%]

17. 다음은 무슨 회로인가?

🔲 배전압 정류 회로

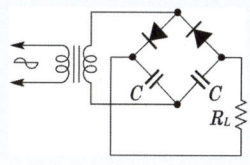

전기기사 · 공사기사
2011-2025

제어공학
과년도문제 및 CBT 복원문제

동일출판사 홈페이지에서 무료 동영상 강의를 보실 수 있습니다.
– 각 년도 4회차 문제의 동영상은 지원하지 않습니다.

문제의 번호는 실제 시험문제의 번호와 같게 하였습니다.
회로이론에 해당하는 문제는 삭제하였습니다.

2011년 - 1회 _ 전기기사·공사기사

61 다음 중 $\dfrac{1}{s-\alpha}$ 을 z변환하면?

① $\dfrac{1}{1-z^{-1}e^{\alpha T}}$ ② $\dfrac{1}{1-z^{-1}e^{-\alpha T}}$

③ $\dfrac{1}{1-ze^{\alpha T}}$ ④ $\dfrac{1}{1+ze^{\alpha T}}$

풀이 $\dfrac{1}{s-\alpha}$ 을 역라플라스하면 e^{at} 이므로,

$\therefore z[e^{at}] = 1 + e^{aT}z^{-1} + e^{2aT}z^{-2} + \cdots$

$= \dfrac{1}{1-z^{-1}e^{\alpha T}}$ **답** ①

62 2차 시스템의 감쇠율 δ가 $\delta > 1$이면 어떤 경우인가?

① 비 제동 ② 과 제동
③ 부족 제동 ④ 발산

풀이
- $\delta < 1$인 경우 : 부족 제동(감쇠 진동)
- $\delta > 1$인 경우 : 과제동(비진동)
- $\delta = 1$인 경우 : 임계 제동(임계 상태)
- $\delta = 0$인 경우 : 무제동(무한 진동 또는 완전 진동)

답 ②

63 그림의 신호흐름선도에서 $\dfrac{y_2}{y_1}$은?

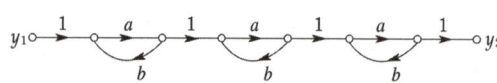

① $\dfrac{a^3}{(1-ab)^3}$ ② $\dfrac{a^3}{(1-3ab+ab)}$

③ $\dfrac{a^3}{1-3ab}$ ④ $\dfrac{a^3}{(1-3ab+2ab)}$

풀이 신호흐름선도는 3개 부분으로 나누어 계산할 수 있다.

G_1 G_2

G_3

각 부분의 전달함수는 $\dfrac{a}{1-ab}$ 이고,

각 부분의 종속(직렬) 접속 관계이므로
전체 전달함수

$G(s) = G_1 \times G_2 \times G_3 = G_1^3 = \left(\dfrac{a}{1-ab}\right)^3$

별해

$G(s) = \dfrac{\sum 전향 경로 이득}{1 - \sum 루프이득_1 + \sum 루프이득_2 - \sum 루프이득_3}$

$= \dfrac{a^3}{1-3(ab)+3(ab)^2-(ab)^3} = \dfrac{a^3}{(1-ab)^3}$ **답** ①

64 보드 선도의 이득 교차점에서 위상각 선도가 $-180°$ 축의 상부에 있을 때 이 계의 안정 여부는?

① 불안정하다. ② 판정 불능이다.
③ 임계 안정이다. ④ 안정하다.

풀이 보드 선도에서 안정 여부는 위상선도가 $-180°$축과 교차하는 경우 위상 여유가 0보다 크면 안정하며 0보다 작으면 불안정하다.

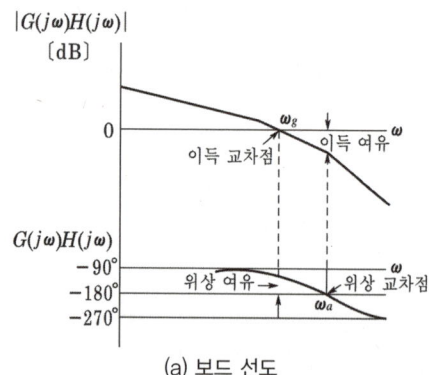

(a) 보드 선도

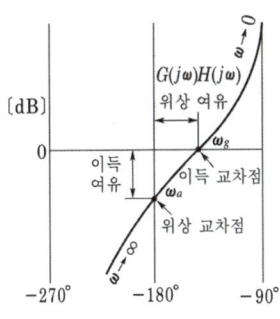

[dB]

$G(j\omega)H(j\omega)$
위상 여유

ω_g

이득 여유

이득 교차점

ω_a

위상 교차점

$-270°$ $-180°$ $-90°$

(b) 이득-위상선도

보드 선도의 크기와 위상선도 **답 ④**

65 어떤 시스템을 표시하는 미분방정식이

$$2\frac{d^2y(t)}{dt^2}+3\frac{dy(t)}{dt}+4y(t)=\frac{dx(t)}{dt}+3x(t)$$

인 경우 $x(t)$를 입력, $y(t)$를 출력이라면 이 시스템의 전달함수는? (단, 모든 초기조건은 0이다.)

① $G(s)=\dfrac{s+3}{2s^2+3s+4}$

② $G(s)=\dfrac{s-3}{2s^2-3s+4}$

③ $G(s)=\dfrac{s+3}{2s^2+3s-4}$

④ $G(s)=\dfrac{s-3}{2s^2-3s-4}$

풀이 $2\{s^2Y(s)-sy(0)-y'(0)\}$
$+3\{sY(s)-y(0)\}+4Y(s)$
$=\{sX(s)-x(0)\}+3X(s)$
모든 초기값을 0으로 보고 정리하면
$(2s^2+3s+4)Y(s)=(s+3)X(s)$
$\therefore \dfrac{Y(s)}{X(s)}=\dfrac{s+3}{2s^2+3s+4}$ **답 ①**

66 특성방정식

$(s+1)(s+2)(s+3)+K(s+4)=0$의
완전 근궤적상 $K=0$인 점은?

① $s=-4$인 점
② $s=-1,\ s=-2,\ s=-3$인 점
③ $s=1,\ s=2,\ s=3$인 점
④ $s=4$인 점

풀이 $K=-\dfrac{(s+1)(s+2)(s+3)}{s+4}=0$ 이므로,
$s=-1,\ s=-2,\ s=-3$ 이다. **답 ②**

67 Nyquist 판정법의 설명으로 틀린 것은?

① Nyquist 선도는 제어계의 오차 응답에 관한 정보를 준다.
② 계의 안정을 개선하는 방법에 대한 정보를 제시해 준다.
③ 안정성을 판정하는 동시에 안정도를 제시해 준다.
④ Routh-Hurwitz 판정법과 같이 계의 안정여부를 직접 판정해 준다.

풀이 Nyquist 안정도 판별법
• 절대 안정도에 관하여 루드-훌비쯔 판별법과 같은 정보를 제공한다.
• 시스템의 안정도를 개선할 수 있는 방법을 제시한다.
• 시스템의 주파수 영역 응답에 대한 정보를 제공한다. **답 ①**

68 선형 시불변 시스템의 상태방정식이

$\dfrac{d}{dt}x(t)=Ax(t)+Bu(t)$로 표시될 때,

상태 천이 방정식(state transition equation)의 식은?
(단, $\phi(t)$는 일치하는 상태천이 행렬이다.)

① $x(t)=\phi(t)x(0)+\displaystyle\int_0^t\phi(t+\tau)u(\tau)d\tau$

② $x(t)=\phi(t)x(0)+\displaystyle\int_0^t\phi(t-\tau)u(t)d\tau$

③ $x(t)=\phi(t)x(0)+\displaystyle\int_0^t\phi(t+\tau)Bu(t)d\tau$

④ $x(t)=\phi(t)x(0)+\displaystyle\int_0^t\phi(t-\tau)Bu(\tau)d\tau$

풀이 $\dfrac{d}{dt}x(t)=Ax(t)+Bu(t)$을 라플라스 변환하면
$sX(s)-x(0)=AX(s)+BU(s)$
이것을 $X(s)$에 대하여 정리하면

$$X(s) = [sI-A]^{-1}x(0) + [sI-A]^{-1}BU(s)$$

해를 구하기 위해 다시 역라플라스 변환을 취하면,

$$\therefore x(t) = \Phi(t)x(0) + \int_0^t \Phi(t-\tau)Bu(\tau)d\tau$$ **답** ④

69 그림과 같은 폐루프 전달함수 $T = \dfrac{C}{R}$에서 H에 대한 감도 S_H^T는?

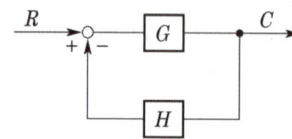

① $\dfrac{GH}{1+GH}$ ② $\dfrac{-GH}{1+GH}$

③ $\dfrac{GH}{(1-GH)^2}$ ④ $\dfrac{-GH}{(1+GH)^2}$

풀이
$$T = \frac{C}{R} = \frac{G}{1+GH}$$
$$\therefore S_H^T = \frac{H}{T} \cdot \frac{dT}{dH} = \frac{H}{\dfrac{G}{1+GH}} \cdot \frac{d}{dH}\left(\frac{G}{1+GH}\right)$$
$$= \frac{-GH}{1+GH}$$ **답** ②

70 $G(s)H(s) = \dfrac{20}{s(s-1)(s+2)}$인 계의 이득 여유는?

① $-20[\mathrm{dB}]$ ② $-10[\mathrm{dB}]$
③ $1[\mathrm{dB}]$ ④ $10[\mathrm{dB}]$

풀이
$$G(j\omega)H(j\omega) = \frac{20}{j\omega(j\omega-1)(j\omega+2)}$$
$$= \frac{20}{-\omega^2 + j\omega(-\omega^2-2)}$$

위 식의 허수부를 0으로 놓으면 $\omega(-\omega^2-2) = 0$
이때 $\omega \neq 0$이므로, $\omega^2 = -2$의 값을 위 식에 대입

$$|G(j\omega)H(j\omega)|_{\omega^2=-2} = \left|\frac{20}{-\omega^2}\right|_{\omega^2=-2} = \left|\frac{20}{2}\right|$$
$$= 10$$
$$\therefore 20\log\frac{1}{|GH|} = 20\log\frac{1}{10} = -20[\mathrm{dB}]$$ **답** ①

78 라플라스 변환함수 $F(s) = \dfrac{s+2}{s^2+4s+13}$에 대한 역변환 함수 $f(t)$는?

① $e^{-2t}\cos 3t$ ② $e^{-3t}\cos 2t$
③ $e^{3t}\cos 2t$ ④ $e^{2t}\cos 3t$

풀이
$$F(s) = \frac{s+2}{s^2+4s+13} = \frac{s+2}{s^2+4s+4+9}$$
$$= \frac{s+2}{(s+2)^2+3^2}$$
이므로 $\therefore f(t) = e^{-2t}\cos 3t$ 가 된다. **답** ①

2011년 - 2회 _ 전기기사·공사기사

61 논리식 $\overline{A} + \overline{B}\,\overline{C}$와 같은 논리식은?

① $\overline{A+BC}$ ② $\overline{A(B+C)}$
③ $\overline{A \cdot B + C}$ ④ $\overline{A \cdot B} + C$

풀이 드모르간의 정리에 의해
$$\overline{A}+\overline{B} = \overline{A \cdot B}, \ \overline{A} \cdot \overline{B} = \overline{A+B}$$이므로,
$$\therefore \overline{A} + \overline{B} \cdot \overline{C} = \overline{A + \overline{(B+C)}} = \overline{A(B+C)}$$ **답** ②

62 $\dfrac{dx(t)}{dt} = Ax(t) + Bu(t)$, $A = \begin{bmatrix} 0 & 1 \\ -3 & 4 \end{bmatrix}$, $B = \begin{bmatrix} 1 \\ 1 \end{bmatrix}$인 상태방정식에 대한 특성방정식을 구하면?

① $s^2 - 4s - 3 = 0$
② $s^2 - 4s + 3 = 0$
③ $s^2 + 4s + 3 = 0$
④ $s^2 + 4s - 3 = 0$

풀이
$$\begin{bmatrix} x_1 \\ x_2 \end{bmatrix} = \begin{bmatrix} 0 & 1 \\ -3 & 4 \end{bmatrix}\begin{bmatrix} x_1 \\ x_2 \end{bmatrix} + \begin{bmatrix} 1 \\ 1 \end{bmatrix}u$$
$$|sI-A| = \begin{bmatrix} s & 0 \\ 0 & s \end{bmatrix} - \begin{bmatrix} 0 & 1 \\ -3 & 4 \end{bmatrix} = \begin{bmatrix} s & -1 \\ 3 & s-4 \end{bmatrix}$$
$$= s(s-4) + 3 = s^2 - 4s + 3$$
$$\therefore s^2 - 4s + 3 = 0$$ **답** ②

63 다음의 신호흐름선도에서 C/R는?

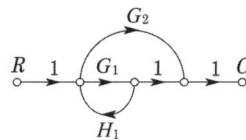

① $\dfrac{G_1 + G_2}{1 - G_1 H_1}$

② $\dfrac{G_1 G_2}{1 - G_1 H_1}$

③ $\dfrac{G_1 + G_2}{1 + G_1 H_1}$

④ $\dfrac{G_1 G_2}{1 + G_1 H_1}$

풀이 전향경향 이득 : $G_1 + G_2$

루프 이득 : $G_1 H_1$

$$\frac{C(s)}{R(s)} = \frac{\sum \text{전향경로 이득}}{1 - \sum \text{루프 이득}} = \frac{G_1 + G_2}{1 - G_1 H_1}$$

답 ①

64 기준 입력과 주궤환량과의 차로서, 제어계의 동작을 일으키는 원인이 되는 신호는?

① 조작신호
② 동작신호
③ 주궤환신호
④ 기준입력신호

풀이 ① 조작신호(량) : 제어요소에서 제어대상에 인가되는 신호(량)이다.
② 동작신호 : 기준입력과 주궤환신호와의 편차인 신호로서 제어 동작을 일으키는 원인이 되는 신호이다.
③ 주궤환신호 : 동작신호를 얻기 위하여 기준입력과 비교되는 신호로서 제어량의 함수 관계가 된다.
④ 기준입력신호 : 제어계를 동작시키는 기준으로서 목푯값에 비례하는 신호입력이다.

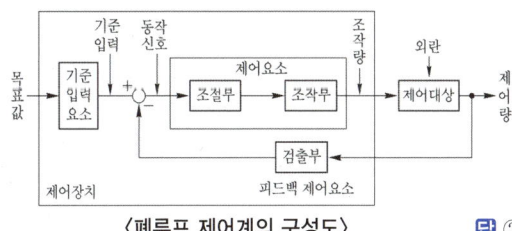

〈폐루프 제어계의 구성도〉

답 ②

65 특성방정식 $S^2 + KS + 2K - 1 = 0$인 계가 안정될 K의 범위는?

① $K > 0$

② $K > \dfrac{1}{2}$

③ $K < \dfrac{1}{2}$

④ $0 < K < \dfrac{1}{2}$

풀이 루드의 수열은

$$\begin{array}{c|cc} s^2 & 1 & 2K-1 \\ s^1 & K & \\ s^0 & 2K-1 & \end{array}$$

제1열의 부호변화가 없어야 계가 안정하므로

$2K - 1 > 0, \ K > 0 \quad \therefore \ K > \dfrac{1}{2}$

답 ②

66 제어계 전달함수의 극값(pole)이 그림과 같을 때 이 계의 고유 각주파수 ω_n는?

① $\dfrac{1}{\sqrt{2}}$

② $\dfrac{1}{2}$

③ $\sqrt{2}$

④ $\sqrt{3}$

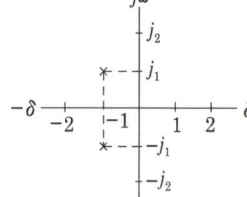

풀이 특성근은 $s_1 = -1 + j, \ s_2 = -1 - j$이므로

특성방정식은 $(s + 1 - j)(s + 1 + j) = 0$이다.

$$s^2 + 2\delta \omega_n s + \omega_n{}^2 = (s + 1 - j)(s + 1 + j)$$
$$= (s + 1)^2 + 1$$
$$= s^2 + 2s + 2 = 0$$이므로

$\omega_n{}^2 = 2 \quad \therefore \ \omega_n = \sqrt{2}$

답 ③

67 그림과 같은 보드 위상선도를 가지는 회로망은 어떤 보상기로 사용될 수 있는가?

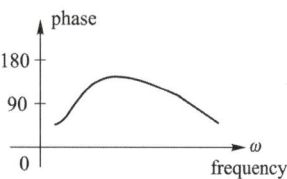

① 진상보상기
② 지상보상기
③ 지상 진상보상기
④ 진상 지상보상기

답 ①

68 $R(z) = \dfrac{(1 - e^{-aT})z}{(z - 1)(z - e^{-aT})}$의 역변환은?

① $1 - e^{-aT}$

② $1 + e^{-aT}$

③ te^{-aT}

④ te^{aT}

풀이 $R(z) = \dfrac{(1-e^{-aT})z}{(z-1)(z-e^{-aT})}$

$\qquad = \dfrac{z(z-e^{-aT})-z(z-1)}{(z-1)(z-e^{-aT})}$

$\qquad = \dfrac{z}{z-1} - \dfrac{z}{z-e^{-aT}}$

따라서 $r(t)$는 $1-e^{-aT}$가 된다. **답** ①

69 ω가 0에서 ∞까지 변화하였을 때 $G(j\omega)$의 크기와 위상각을 극좌표에 그린 것으로 이 궤적을 표시하는 선도는?

① 근궤적도
② 나이퀴스트 선도
③ 니콜스 선도
④ 보드 선도

풀이 영점과 극점에 의한 s의 경로를 s평면상에 나타낸 것을 나이퀴스트 선도라고 한다.

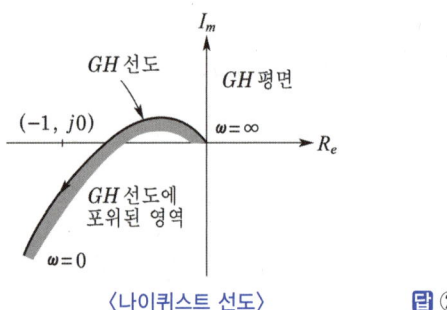

〈나이퀴스트 선도〉 **답** ②

70 근궤적

$$G(s)H(s) = \dfrac{k(s-2)(s-3)}{s^2(s+1)(s+2)(s+4)}$$

에서 점근선의 교차점은 얼마인가?

① -6　　　② -4
③ 6　　　④ 4

풀이 교차점

$\sigma = \dfrac{\Sigma G(s)H(s)\text{의 극} - \Sigma G(s)H(s)\text{의 영점}}{p-z}$

(여기서, p : 극점의 개수, z : 영점의 개수)
$p=5$개$(0, 0, -1, -2, -4)$, $z=2$개$(2, 3)$이므로

$\therefore \sigma = \dfrac{(-1-2-4)-(2+3)}{5-2}$

$\qquad = \dfrac{-12}{3} = -4$ **답** ②

76 다음과 같은 파형의 라플라스 변환은?

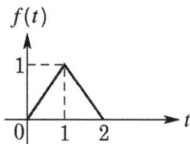

① $1 - 2e^{-s} + e^{-2s}$
② $s(1 - 2e^{-s} + e^{-2s})$
③ $\dfrac{1}{s}(1 - 2e^{-s} + e^{-2s})$
④ $\dfrac{1}{s^2}(1 - 2e^{-s} + e^{-2s})$

풀이 $f(t) = t[u(t)-u(t-1)]$
$\qquad\quad -(t-2)[u(t-1)-u(t-2)]$
$\qquad = [tu(t)-(t-1)u(t-1)-u(t-1)]$
$\qquad\quad -[(t-1)u(t-1)-u(t-1)-(t-2)u(t-2)]$

$\therefore F(s) = \dfrac{1}{s^2} - \dfrac{e^{-s}}{s^2} - \dfrac{e^{-s}}{s} - \dfrac{e^{-s}}{s^2} + \dfrac{e^{-s}}{s} + \dfrac{e^{-2s}}{s^2}$

$\qquad = \dfrac{1}{s^2}(1 - 2e^{-s} + e^{-2s})$ **답** ④

77 그림과 같은 회로의 전달함수 $\dfrac{E_o(s)}{E_i(s)}$는?

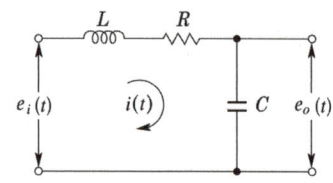

① $\dfrac{s}{LCs^2 + RCs + 1}$

② $\dfrac{1}{LCs^2 + RCs + 1}$

③ $\dfrac{Ls}{LCs^2 + RCs + 1}$

④ $\dfrac{Cs}{LCs^2 + RCs + 1}$

풀이 $\begin{cases} e_i(t) = L\dfrac{d}{dt}i(t) + Ri(t) + \dfrac{1}{C}\displaystyle\int i(t)dt \\ e_o(t) = \dfrac{1}{C}\displaystyle\int i(t)dt \end{cases}$

초기값을 0으로 하고 라플라스 변환하면

$$
\begin{cases}
E_i(s) = LsI(s) + RI(s) + \dfrac{1}{Cs}I(s) \\[2mm]
\qquad = \left(Ls + R + \dfrac{1}{Cs}\right)I(s) \\[2mm]
E_o(s) = \dfrac{1}{Cs}I(s)
\end{cases}
$$

$$
\therefore \ G(s) = \frac{E_o(s)}{E_i(s)} = \frac{\dfrac{1}{Cs}}{Ls + R + \dfrac{1}{Cs}}
$$

$$
= \frac{1}{LCs^2 + RCs + 1}
$$

답 ②

2011년 - 3회 _ 전기기사

61 $G(s)H(s)$가 다음과 같이 주어지는 계에서 근 궤적 점근선의 실수축과의 교차점은?

$$
G(s)H(s) = \frac{K(s+1)}{s(s+3)(s-4)}
$$

① 0   ② 1
③ 3   ④ -4

풀이
$$
\sigma = \frac{\Sigma G(s)H(s)\text{의 극} - \Sigma G(s)H(s)\text{의 영점}}{p - z}
$$
$$
= \frac{(-3+4) - (-1)}{3-1} = 1
$$
여기서, p : 극점의 개수 , z : 영점의 개수   답 ②

62 다음 연산증폭기의 출력은?

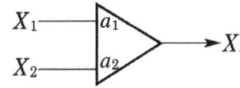

① $X_3 = -a_1 X_1 - a_2 X_2$
② $X_3 = a_1 X_1 + a_2 X_2$
③ $X_3 = (a_1 + a_2)(X_1 + X_2)$
④ $X_3 = -(a_1 - a_2)(X_1 + X_2)$

풀이 $X_3 = -a_1 X_1 - a_2 X_2$ 답 ①

63 특성방정식이
$$
s^5 + 3s^4 + 2s^3 + 2s^2 + 3s + 1 = 0
$$
인 경우 불안정한 근의 수는?

① 0   ② 1   ③ 2   ④ 3

풀이 루드의 공식을 이용하면

s^5	1	2	3
s^4	3	2	1
s^3	$\dfrac{4}{3}$	$\dfrac{8}{3}$	
s^2	-4	1	
s^1	3		
s^0	1		

제 1열의 부호가 2번 바뀌었으므로 s 평면의 우반면에 불안정한 근 2개를 갖는다.   답 ③

64 $A = \begin{bmatrix} 0, & 1 \\ -3, & -2 \end{bmatrix}$, $B = \begin{bmatrix} 4 \\ 5 \end{bmatrix}$ 인 상태방정식

$$
\frac{dx}{dt} = Ax + Br \text{에서 제어계의 특성방정식은?}
$$

① $s^2 + 4s + 3 = 0$ ② $s^2 + 3s + 2 = 0$
③ $s^2 + 3s + 4 = 0$ ④ $s^2 + 2s + 3 = 0$

풀이 $\begin{bmatrix} x_1 \\ x_2 \end{bmatrix} = \begin{bmatrix} 0 & 1 \\ -3 & -2 \end{bmatrix}\begin{bmatrix} x_1 \\ x_2 \end{bmatrix} + \begin{bmatrix} 4 \\ 5 \end{bmatrix}r$

따라서,
$$
|sI - A| = \begin{bmatrix} s & 0 \\ 0 & s \end{bmatrix} - \begin{bmatrix} 0 & 1 \\ -3 & -2 \end{bmatrix} = \begin{bmatrix} s & -1 \\ 3 & s+2 \end{bmatrix}
$$
$$
= s(s+2) + 3 = s^2 + 2s + 3 \quad \text{답 ④}
$$

65 폐루프 전달함수 $C(s)/R(s)$가 다음과 같은 2차 제어계에 대한 설명 중 잘못된 것은?

$$
\frac{C(s)}{R(s)} = \frac{\omega_n^2}{s^2 + 2\delta\omega_n s^2 + \omega_n^2}
$$

① 이 폐루프계의 특성방정식은 $s^2 + 2\omega_n s + \omega_n^2 = 0$ 이다.
② 이 계는 $\delta = 0.1$일 때 부족 제동된 상태에 있게 된다.
③ 최대 오버슈트는 $e^{-\pi\delta/\sqrt{1-\delta^2}}$ 이다.
④ δ값을 작게 할수록 제동은 많이 걸리게 되니 비교 안정도는 향상된다.

답 전항정답

66 Z-변환함수 $Z/(Z-e^{-aT})$에 대응되는 라플라스 변환함수는?

① $1/(s+a)^2$

② $1/(1-e^{-Ts})$

③ $a/s(s+a)$

④ $1/(s+a)$

풀이

$f(t)$	$F(s)$	$F(z)$
$\delta(t)$	1	1
$u(t)$	$\dfrac{1}{s}$	$\dfrac{z}{z-1}$
t	$\dfrac{1}{s^2}$	$\dfrac{Tz}{(z-1)^2}$
e^{-at}	$\dfrac{1}{s+a}$	$\dfrac{z}{z-e^{-at}}$

답 ④

67 보드 선도에서 이득여유는 어떻게 구하는가?

① 크기선도에서 $0 \sim 20[\mathrm{dB}]$ 사이에 있는 크기선도의 길이이다.

② 위상선도가 $0°$ 축과 교차되는 점에 대응되는 $[\mathrm{dB}]$값의 크기이다.

③ 위상선도가 $-180°$ 축과 교차 되는 점에 대응되는 이득의 크기 $[\mathrm{dB}]$값이다.

④ 크기선도에서 $-20 \sim 20[\mathrm{dB}]$ 사이에 있는 크기$[\mathrm{dB}]$값이다.

풀이 이득여유란 위상선도가 $-180°$선을 끊는 점의 이득의 부호를 바꾼 g_m이 이득여유이다. **답 ③**

68 그림과 같은 신호흐름선도에서 $\dfrac{C}{R}$의 값은?

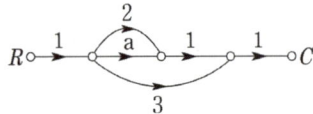

① a+2   ② a+3

③ a+5   ④ a+6

풀이 $G_1 = a,\ \Delta_1 = 1$
$G_2 = 2,\ \Delta_2 = 1$
$G_3 = 3,\ \Delta_3 = 1,\ \Delta = 1$

$\therefore G = \dfrac{C}{R} = \dfrac{G_1\Delta_1 + G_2\Delta_2 + G_3\Delta_3}{\Delta}$
$\quad = a + 2 + 3 = a + 5$ **답 ③**

69 조절부의 동작에 의한 분류 중 제어계의 오차가 검출될 때 오차가 변화하는 속도에 비례하여 조작량을 조절하는 동작으로 오차가 커지는 것을 미연에 방지하는 제어 동작은 무엇인가?

① 비례동작제어

② 미분동작제어

③ 적분동작제어

④ 온-오프(ON-OFF)제어

풀이

	종 류	특 징
P	비례동작	• 정상오차를 수반 • 잔류편차 발생
I	적분동작	• 잔류편차 제거
D	미분동작	• 오차가 커지는 것을 미리 방지
PI	비례적분동작	• 잔류편차 제거 • 제어결과가 진동적으로 될 수 있다.
PD	비례미분동작	• 응답 속응성의 개선
PID	비례적분·미분동작	• 잔류편차 제거 • 응답의 오버슈트 감소 • 응답 속응성의 개선

답 ②

70 s평면의 우반면에 3개의 극점이 있고, 2개의 영점이 있다. 이때 다음과 같은 설명 중 어느 나이퀴스트 선도일 때 시스템이 안정한가?

① $(-1,\ j0)$점을 반 시계방향으로 1번 감쌌다.

② $(-1,\ j0)$점을 시계방향으로 1번 감쌌다.

③ $(-1,\ j0)$점을 반 시계방향으로 5번 감쌌다.

④ $(-1,\ j0)$점을 시계방향으로 5번 감쌌다.

풀이 z : s평면의 우반 평면상에 존재하는 영점의 개수
p : s평면의 우반 평면상에 존재하는 극의 개수
N : GH평면상의 $(-1, j0)$점을 $G(s)H(s)$ 선도가 원점 둘레를 오른쪽으로 일주하는 회전수라고 하면, $N = z - p$의 관계가 성립한다.
즉, $N = 2 - 3 = -1$이므로 -1회, 다시 말하면 왼쪽(반시계방향)으로 1회 일주하여야 안정하게 된다.
답 ①

71 다음 회로에서 입력을 $V(t)$, 출력을 $I(t)$로 했을 때의 입출력 전달함수는? (단, 스위치 S는 $t=0$ 순간에 회로 전압을 공급한다.)

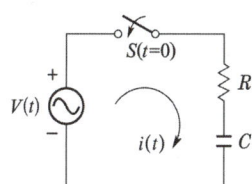

① $\dfrac{I(s)}{V(s)} = \dfrac{s}{R\left(s + \dfrac{1}{RC}\right)}$

② $\dfrac{I(s)}{V(s)} = \dfrac{1}{RC\left(s + \dfrac{1}{RC}\right)}$

③ $\dfrac{I(s)}{V(s)} = \dfrac{s}{RCs + 1}$

④ $\dfrac{I(s)}{V(s)} = \dfrac{RCs}{RCs + 1}$

풀이 $v(t) = Ri(t) + \dfrac{1}{C}\int i(t)dt$

초기값을 0으로 하고 라플라스 변환하면

$V(s) = RI(s) + \dfrac{1}{Cs}I(s) = \left(R + \dfrac{1}{Cs}\right)I(s)$

$\therefore \ G(s) = \dfrac{I(s)}{V(s)} = \dfrac{1}{R + \dfrac{1}{Cs}}$

$= \dfrac{Cs}{RCs + 1} = \dfrac{s}{R\left(s + \dfrac{1}{RC}\right)}$ **답** ①

72 $L^{-1}\left[\dfrac{1}{s^2 + 2s + 5}\right]$의 값은?

① $e^{-t}\sin 2t$ ② $e^{-t}\sin t$

③ $\dfrac{1}{2}e^{-t}\sin 2t$ ④ $\dfrac{1}{2}e^{-t}\sin t$

풀이 $F(s) = \dfrac{1}{s^2 + 2s + 5} = \dfrac{1}{s^2 + 2s + 1 + 4}$

$= \dfrac{1}{2} \cdot \dfrac{2}{(s+1)^2 + 2^2}$ 이므로

$\therefore \ f(t) = \dfrac{1}{2}e^{-t}\sin 2t$가 된다. **답** ③

2011년 – 4회 _ 공사기사

67 다음과 같은 회로에서 전압비 전달 함수 $\dfrac{V_2(s)}{V_1(s)}$는?

① $\dfrac{s+1}{s}$

② $\dfrac{1}{s+1}$

③ $\dfrac{s}{s+1}$

④ $\dfrac{s}{s-1}$

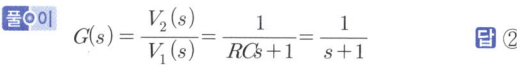

풀이 $G(s) = \dfrac{V_2(s)}{V_1(s)} = \dfrac{1}{RCs + 1} = \dfrac{1}{s+1}$ **답** ②

70 $f(t) = t^2 e^{-at}$ 를 라플라스 변환하면?

① $\dfrac{2}{(s+a)^2}$ ② $\dfrac{1}{(s+a)^3}$

③ $\dfrac{-2}{(s+a)^3}$ ④ $\dfrac{2}{(s+a)^3}$

풀이 복소 추이 정리에 의해서

$\mathcal{L}[f(t)] = \mathcal{L}[t^2 e^{-at}] = \mathcal{L}[t^2]_{s=s+a}$

$= \left[\dfrac{2}{s^3}\right]_{s=s+a} = \dfrac{2}{(s+a)^3}$ **답** ④

71 특성방정식 $s^3 + s^2 - s + 1$에서 안정근은 몇 개인가?

① 0개 ② 1개

③ 2개 ④ 3개

풀이 루드의 표

s^3	1	-1
s^2	1	1
s^1	-2	
s^0	1	

제1열의 부호 변화가 2번 있으므로 정(+)의 실수부를 갖는 근(불안정)이 2개이고, 부(−)의 실수부를 갖는 근(안정근)이 1개이다. **답** ②

72 다음은 단위계단 함수 $u(t)$의 라플라스 혹은 z 변환쌍을 나타낸 것이다. 이 중에서 옳은 것은?

① $z[u(t)] = 1$
② $z[u(t)] = 1/z$
③ $z[u(t)] = 0$
④ $z[u(t)] = z/(z-1)$

풀이

$f(t)$	$F(s)$	$F(z)$
$\delta(t)$	1	1
$u(t)$	$\dfrac{1}{s}$	$\dfrac{z}{z-1}$
t	$\dfrac{1}{s^2}$	$\dfrac{Tz}{(z-1)^2}$
e^{-at}	$\dfrac{1}{s+a}$	$\dfrac{z}{z-e^{-at}}$

답 ④

73 다음 블록선도의 변환에서 ( )에 맞는 것은?

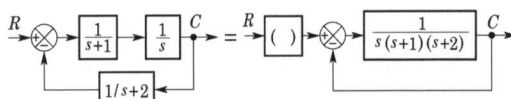

① $s+2$
② $s+1$
③ s
④ $s(s+1)(s+2)$

풀이
$$\left(R - \frac{1}{s+2}C\right)\frac{1}{s+1} \cdot \frac{1}{s} = C$$
$$R - \frac{1}{s+2}C = (s+1)sC$$
$$R = \left[s(s+1) + \frac{1}{s+2}\right]C = \frac{s(s+1)(s+2)+1}{s+2}C$$
$$\therefore \ s+2$$

답 ①

74 그림과 같은 벡터 궤적(주파수응답)을 나타내는 계의 전달함수는?

① s
② $\dfrac{1}{s}$
③ $\dfrac{1}{1+Ts}$
④ $\dfrac{\omega_n^2}{s^2 + 2\zeta\omega_n s + \omega^2}$

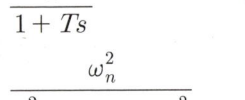

풀이 그림의 벡터 궤적은 1차 지연 요소이므로
$$\therefore \ G(s) = \frac{1}{1+Ts}$$

답 ③

75 제어 요소가 제어 대상에 주는 양은?

① 기준 입력
② 동작 신호
③ 제어량
④ 조작량

풀이 자동제어계의 구성

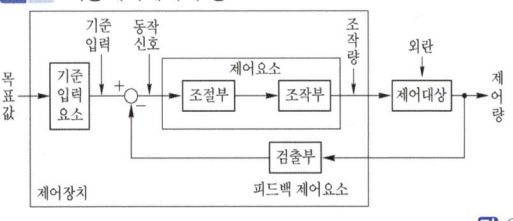

답 ④

76 논리식 $\overline{A}BC + ABC + \overline{A}\,\overline{B}\,\overline{C}$ 를 간단히 하면?

① $\overline{A}B + BC$
② $A\overline{B} + BC$
③ $\overline{A}B + AC$
④ $A\overline{B} + B\overline{C}$

풀이
$$X = \overline{A}BC + ABC + \overline{A}\,\overline{B}\,\overline{C}$$
$$= \overline{A}BC + ABC + \overline{A}\,\overline{B}\,\overline{C} + \overline{A}BC$$
$$= BC(\overline{A} + A) + \overline{A}B(\overline{C} + C)$$
$$= \overline{A}B + BC$$

답 ①

77 그림과 같은 신호 흐름 선도의 전달함수는?

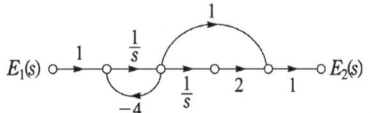

① $\dfrac{E_2(s)}{E_1(s)} = \dfrac{s+2}{s(s+4)}$

② $\dfrac{E_2(s)}{E_1(s)} = \dfrac{s-2}{s(s-4)}$

③ $\dfrac{E_2(s)}{E_1(s)} = \dfrac{s+4}{s(s+2)}$

④ $\dfrac{E_2(s)}{E_1(s)} = \dfrac{s-4}{s(s-2)}$

풀이 $G_1 = \dfrac{1}{s}\left(1 + \dfrac{2}{s}\right), \quad \Delta_1 = 1$

$L_{11} = \dfrac{-4}{s}, \quad \Delta = 1 - L_{11} = 1 + \dfrac{4}{s}$

$\therefore G = \dfrac{C}{R} = \dfrac{G_1 \Delta_1}{\Delta} = \dfrac{\dfrac{1}{s}\left(1 + \dfrac{2}{s}\right)}{1 + \dfrac{4}{s}} = \dfrac{s+2}{s(s+4)}$ **답** ①

---

78 개루프 전달함수가

$$G(s)H(s) = \frac{K(s+10)(s+33)}{s(s+3)(s+8)(s+20)}$$

일 때의 근 궤적에서 점근선의 실수축과의 교차점은?

① 24   ② 12

③ 6   ④ 3

풀이 $\sigma = \dfrac{\Sigma G(s)H(s)의\ 극 - \Sigma G(s)H(s)의\ 영점}{p - z}$

여기서, p : 극점의 개수, z : 영점의 개수

$\sigma = \dfrac{(-3-8-20)-(-10-33)}{4-2} = \dfrac{12}{2} = 6$ **답** ③

---

79 $\dfrac{d^2 x(t)}{dt^2} + 2\dfrac{dx(t)}{dt} - 3x(t) = 4,$

$x(0) = x'(0) = 0$일 때 $x(t)$는?

① $-\dfrac{4}{3} - \dfrac{1}{3}e^{-3t} - e^{-t}$

② $\dfrac{4}{3} + \dfrac{1}{3}e^{3t} + e^{t}$

③ $-\dfrac{4}{3} + \dfrac{1}{3}e^{-3t} + e^{t}$

④ $\dfrac{4}{3} - \dfrac{1}{3}e^{-3t} - e^{-t}$

풀이 $s^2 X(s) + 2sX(s) - 3X(s) = \dfrac{4}{s}$

$X(s)(s^2 + 2s - 3) = \dfrac{4}{s}$

$X(s) = \dfrac{4}{s(s^2 + 2s - 3)} = \dfrac{4}{s(s+3)(s-1)}$

$= \dfrac{K_1}{s} + \dfrac{K_2}{(s+3)} + \dfrac{K_3}{(s-1)}$

$K_1 = \lim_{s \to 0} s \cdot F(s) = \left[\dfrac{4}{(s+3)(s-1)}\right]_{s=0} = -\dfrac{4}{3}$

$K_2 = \lim_{s \to -3}(s+3) \cdot F(s) = \left[\dfrac{4}{s(s-1)}\right]_{s=-3} = \dfrac{1}{3}$

$K_3 = \lim_{s \to 1}(s-1) \cdot F(s) = \left[\dfrac{4}{s(s+3)}\right]_{s=1} = 1$

$X(s) = -\dfrac{4/3}{s} + \dfrac{1/3}{s+3} + \dfrac{1}{s-1}$

$\therefore x(t) = \mathcal{L}^{-1}[X(s)] = -\dfrac{4}{3} + \dfrac{1}{3}e^{-3t} + e^{t}$ **답** ③

---

80 $G(s)H(s) = \dfrac{K}{(s+1)(s+2)}$인 계의 이득여유가 40[dB]이면 이때의 K 값은?

① -50 ② $\dfrac{1}{50}$

③ -20 ④ $\dfrac{1}{40}$

풀이 허수부가 0일 때의 $G(s)H(s)$의 값 이득 여유

$\therefore 20\log\left|\dfrac{1}{GH}\right| = 40, \quad 20\log\left|\dfrac{1}{\frac{K}{2}}\right| = 40$

$\dfrac{1}{\frac{K}{2}} = 100, \quad \dfrac{2}{K} = 100, \quad K = \dfrac{1}{50}$ **답** ②

문제의 번호는 실제 시험문제의 번호와 같게 하였습니다.
회로이론에 해당하는 문제는 삭제하였습니다.

2012년 – 1회 _ 전기기사·공사기사

61 그림과 같은 블록선도로 표시되는 제어계는?

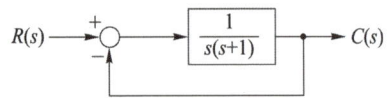

① 0형 　　　　② 1형
③ 2형 　　　　④ 3형

풀이 $G(s)H(s) = \dfrac{1}{s(s+1)}$ 에서

시스템의 형의 결정은 원점에서의 극($s=0$)의 수이므로 1형 제어계이다. **답②**

62 나이퀴스트 선도에서의 임계점 (-1, $j0$)는 보드 선도에서 대응하는 이득[dB]과 위상은?

① 1, 0° 　　　　② 0, $-90°$
③ 0, 180° 　　　④ 0, 90°

풀이 • 이득 $= 20\log|G| = 20\log 1 = 0$[dB]
• 위상 $= -180°$ 또는 180° **답③**

63 자동제어계의 기본적 구성에서 제어요소는 무엇으로 구성되는가?

① 비교부와 검출부
② 검출부와 조작부
③ 검출부와 조절부
④ 조절부와 조작부

풀이 제어요소는 동작신호를 조작량으로 변환하는 요소이고 조절부와 조작부로 이루어진다.

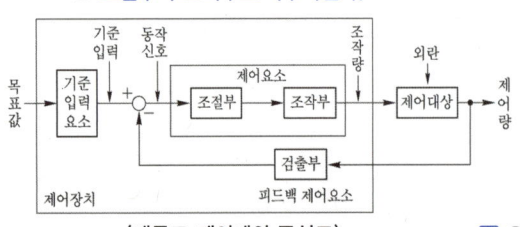

〈폐루프 제어계의 구성도〉 **답④**

64 루프 전달함수가 다음과 같은 제어계의 실수축 상의 근궤적 범위는? (단, $K > 0$)

$$G(s)H(s) = \frac{K}{s(s+1)(s+2)}$$

① 0 ~ -1 사이의 실수축상
② -1 ~ -2 사이의 실수축상
③ -2 ~ $-\infty$ 사이의 실수축상
④ 0 ~ -1, -2 ~ $-\infty$ 사이의 실수축상

풀이 $G(s) = \dfrac{K}{s(s+1)(s+2)}$ 의 극은
$P_1 = 0$, $P_2 = -1$, $P_3 = -2$
극수는 3개이며, 영점은 없다.

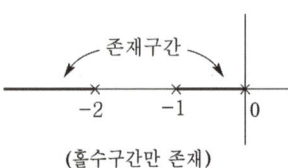

(홀수구간만 존재) **답④**

65 상태방정식 $\dot{x} = Ax(t) + Bu(t)$에서
$A = \begin{bmatrix} 0 & 1 \\ -2 & -3 \end{bmatrix}$ 인 시스템의 안정도는 어떠한가?

① 안정하다.
② 불안정하다.
③ 임계안정하다.
④ 판정불능

풀이 $|sI - A|$ 의 행렬식은,
$$|sI - A| = \begin{vmatrix} s & 0 \\ 0 & s \end{vmatrix} - \begin{vmatrix} 0 & 1 \\ -2 & -3 \end{vmatrix} = \begin{vmatrix} s & -1 \\ 2 & s+3 \end{vmatrix}$$
$$= s(s+3)+2 = s^2 + 3s + 2$$
$s^2 + 3s + 2 = (s+1)(s+2) = 0$
$\therefore s = -1, -2$
근이 모두 s평면의 좌반부에 있으므로 안정하다. **답①**

66 그림과 같은 신호흐름선도에서 $\dfrac{C}{R}$를 구하면?

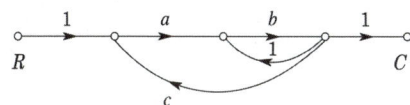

① $\dfrac{ab}{1+b-abc}$ ② $\dfrac{ab}{1-b-abc}$

③ $\dfrac{ab}{1-b+abc}$ ④ $\dfrac{ab}{1+b+abc}$

풀이 $G_1 = ab$, $\Delta_1 = 1$, $L_{11} = b$, $L_{21} = abc$

$\Delta = 1 - (L_{11} + L_{21}) = 1 - b - abc$

$\therefore G = \dfrac{C}{R} = \dfrac{G_1 \Delta_1}{\Delta} = \dfrac{ab}{1-b-abc}$

별해   전향경로 이득 : ab, 루프 이득 : b, abc

$G(s) = \dfrac{\sum \text{전향경로 이득}}{1 - \sum \text{루프 이득}} = \dfrac{ab}{1-b-abc}$ **답** ②

67 다음 설명 중 틀린 것은?

① 상태공간 해석법은 비선형·시변 시스템에 대해서도 사용 가능하다.

② 상태방정식은 입력과 상태변수의 관계로 표현된다.

③ 상태변수는 시스템의 과거, 현재 그리고 미래 조건을 나타내는 척도로 이용된다.

④ 상태방정식의 형태가 다르게 표현되면 시간응답 또는 주파수응답이 변한다.

풀이   상태 공간 해석법에서 상태방정식의 형태만 다르게 표현되면 시간응답 또는 수파수응답은 변하지 않는다.
   답 ④

68 서보모터의 특징으로 틀린 것은?

① 원칙적으로 정역전 운전이 가능하여야 한다.

② 지속이며 저침없는 운전이 가능하여야 한다.

③ 직류용은 없고 교류용만 있다.

④ 급가속, 급감속이 용이한 것이라야 한다.

풀이   서보모터의 특징

① 기계적 응답이 좋다(속응성).

② 시정수가 짧다.

③ 제어 조작이 용이하다.

④ 기동 토크가 크다.

⑤ 직류식과 교류식이 있다.   **답** ③

69 $G(j\omega)H(j\omega) = \dfrac{K}{(1+2j\omega)(1+j\omega)}$ 의 이득여유가 20[dB]일 때 K값은?
(단, $\omega = 0$이다.)

① $K = 0$ ② $K = \dfrac{1}{10}$

③ $K = 1$ ④ $K = 10$

풀이   이득여유 $= 20\log \left| \dfrac{1}{GH} \right| = 20[\text{dB}]$이므로

$|GH| = \left| \dfrac{K}{1 - 2\omega^2 + j3\omega} \right|_{\omega = 0} = K$ 에서

$|GH| = \dfrac{1}{10}$

$\therefore K = \dfrac{1}{10}$ **답** ②

71 그림과 같은 RC 회로에서 $RC \ll 1$인 경우 어떤 요소의 회로인가?

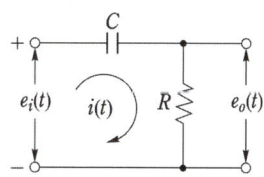

① 비례요소   ② 미분요소

③ 적분요소   ④ 추이요소

풀이 RC 회로에서의 전달함수는 $G(s) = \dfrac{RCs}{1+RCs}$

여기서, $RC \ll 1$이면, $G(s) ≒ RCs$이다.

이와 같은 전달함수를 갖는 요소를 1차 지연요소를 포함한 미분요소(lag element)라 한다.   **답** ②

61 다음 진리표의 논리소자는?

입력		출력
A	B	C
0	0	1
0	1	0
1	0	0
1	1	0

① NOR ② OR
③ AND ④ NAND

풀이 주어진 진리표를 논리식으로 작성하면,
$C = \overline{A} \cdot \overline{B} = \overline{A+B}$ 이므로 NOR 소자이다. **답** ①

62 어떤 제어계의 전달함수
$G(s) = \dfrac{s}{(s+2)(s^2+2s+2)}$ 에서
안정성을 판정하면?

① 안정하다.
② 불안정하다.
③ 임계상태이다.
④ 알 수 없다.

풀이 종합 전달함수이므로 특성방정식은
$(s+2)(s^2+2s+2) = s^3+4s^2+6s+4 = 0$이다.
훌비쯔의 판별법에서
$a_0=1,\ a_1=4,\ a_2=6,\ a_3=4$이므로
$D_1 = a_1 = 4$
$D_2 = \begin{vmatrix} a_1 & a_3 \\ a_0 & a_2 \end{vmatrix} = \begin{vmatrix} 4 & 4 \\ 1 & 6 \end{vmatrix} = 24-4 = 20$
$D_1 > 0,\ D_2 > 0$이므로 제어계는 안정하다. **답** ①

63 물체의 위치, 각도, 자세, 방향 등을 제어량으로 하고 목푯값의 임의의 변화에 추종하는 것과 같이 구성된 제어장치를 무엇이라고 하는가?

① 프로세서 제어
② 서보기구
③ 자동조정
④ 추종제어

풀이 제어량의 종류에 의한 분류

항목	프로세스 제어	서보 제어	자동조정 제어
특징	플랜트나 생산 공정 중의 상태량을 제어량으로 하는 제어	기계적 변위를 제어량으로 해서 목푯값의 임의의 변화에 추종하도록 구성된 제어계	전기적, 기계적 양을 주로 제어하는 것으로서, 응답 속도가 대단히 빨라야 한다.
제어량의 종류	• 온도 • 유량 • 압력 • 액위 • 농도 • 밀도 등	• 물체의 위치 • 방위 • 자세 등	• 전압 • 전류 • 주파수 • 회전속도 • 힘 등

답 ②

64 상태방정식 $x(t) = \boldsymbol{A}x(t) + \boldsymbol{B}r(t)$인 제어계의 특성방정식은?

① $|s\boldsymbol{I} - \boldsymbol{B}| = \boldsymbol{I}$ ② $|s\boldsymbol{I} - \boldsymbol{A}| = \boldsymbol{I}$
③ $|s\boldsymbol{I} - \boldsymbol{B}| = 0$ ④ $|s\boldsymbol{I} - \boldsymbol{A}| = 0$

풀이 n차 선형 시불변 시스템의 상태방정식은
$\dfrac{d}{dt}x(t) = \boldsymbol{A}x(t) + \boldsymbol{B}r(t)$
이때 제어계의 특성방정식
$|s\boldsymbol{I} - \boldsymbol{A}| = 0$ **답** ④

65 샘플러의 주기를 T라 할 때 s평면상의 모든 점은 식 $z = e^{sT}$에 의하여 z평면상에 사상된다. s평면의 좌반 평면상의 모든 점은 z평면상 단위원의 어느 부분으로 사상되는가?

① 내점 ② 외점
③ 원주상의 점 ④ z평면 전체

풀이

안 정 도	근의 위치	
	s 평면	z 평면
안 정	좌반면	원점을 중심으로 한 단위원 내부
불 안정	우반면	원점을 중심으로 한 단위원 외부
임계안정	허수축	원점을 중심으로 한 단위원

답 ①

66 특성방정식 $s^2 + 2\delta\omega_n s + \omega_n^2 = 0$이 부족제동을 하기 위한 δ 값은?

① $\delta = 1$ ② $\delta < 1$
③ $\delta > 1$ ④ $\delta = 0$

풀이 $\zeta < 1$인 경우 : **부족 제동**(감쇠 진동)
$\zeta > 1$인 경우 : 과제동(비진동)
$\zeta = 1$인 경우 : 임계 제동(임계 상태)
$\zeta = 0$인 경우 : 무제동(무한 진동 또는 완전 진동)
답 ②

67 그림과 같은 블록선도에 대한 등가 종합 전달함수(C/R)는?

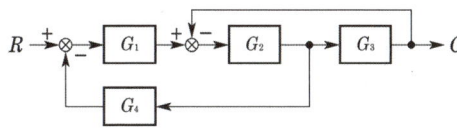

① $\dfrac{G_1 G_2 G_3}{1 + G_1 G_2 + G_1 G_2 G_3}$

② $\dfrac{G_1 G_2 G_3}{1 + G_2 G_2 + G_1 G_2 G_3}$

③ $\dfrac{G_1 G_2 G_4}{1 + G_1 G_2 + G_1 G_2 G_4}$

④ $\dfrac{G_1 G_2 G_3}{1 + G_2 G_3 + G_1 G_2 G_4}$

풀이 G_3 앞의 인출점을 요소 뒤로 이동하면 그림과 같은 블록 선도로 나타낼 수 있다.

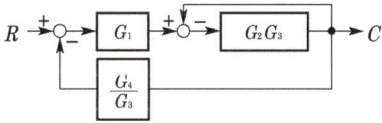

$\left\{ \left(R - C\dfrac{G_4}{G_3} \right) G_1 - C \right\} G_2 G_3 = C$
$R G_1 G_2 G_3 - C G_1 G_2 G_4 - C(G_2 G_3) = C$
$R G_1 G_2 G_3 = C(1 + G_2 G_3 + G_1 G_2 G_4)$
$\therefore \ G(s) = \dfrac{C}{R} = \dfrac{G_1 G_2 G_3}{1 + G_2 G_3 + G_1 G_2 G_4}$

별해 전향경로 이득 : $G_1 G_2 G_3$
루프 이득 : $-G_2 G_3, \ -G_1 G_2 G_4$
$G(s) = \dfrac{\sum \text{전향경로 이득}}{1 - \sum \text{루프 이득}}$
$= \dfrac{G_1 G_2 G_3}{1 + G_2 G_3 + G_1 G_2 G_4}$
답 ④

68 $G(s) = \dfrac{s+2}{s^2+1}$ 의 극점과 영점은?

① $-2, \ -2$ ② $-j, \ -2$
③ $-2, \ j$ ④ $\pm j, \ -2$와 ∞

풀이 영점은 $Z(s) = 0$, 극점은 $Z(s) = \infty$가 되는 s의 값이므로,
영점 : $s + 2 = 0 \to s = -2, \ \infty$
극점 : $s^2 + 1 = 0 \to s = \sqrt{(-1)} = \pm j$
답 ④

69 폐루프 전달함수 $\dfrac{G(s)}{1 + G(s)H(s)}$ 의 극의 위치를 루프 전달함수 $G(s)H(s)$의 이득 상수 K의 함수로 나타내는 기법은?

① 근궤적법   ② 주파수응답법
③ 보드 선도법   ④ Nyguist 판정법

풀이 근궤적법은 K가 0으로부터 ∞까지 변할 때 특성방정식 $1 + G(s)H(s) = 0$의 각 K에 대응하는 근을 s면상에 점철하는 것이다.
답 ①

70 $G(jw) = \dfrac{K}{jw(jw+1)}$ 의 나이퀴스트 선도를 도시한 것은? (단, $K > 0$이다.)

① 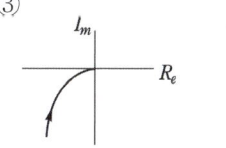   ②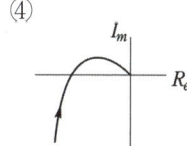

③ 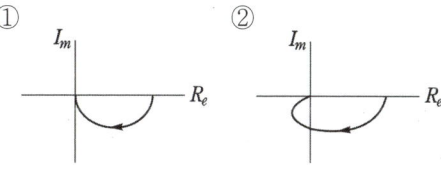   ④

풀이 $\displaystyle\lim_{\omega \to 0} |G(j\omega)| = \lim_{\omega \to 0} \left| \frac{K}{j\omega(j\omega+1)} \right| = \lim_{\omega \to 0} \left| \frac{K}{j\omega} \right| = \infty$

$\displaystyle\lim_{\omega \to 0} \angle G(j\omega) = \lim_{\omega \to 0} \angle \frac{K}{j\omega(j\omega+1)} = \lim_{\omega \to 0} \angle \frac{K}{j\omega} = -90°$

$\displaystyle\lim_{\omega \to \infty} |G(j\omega)| = \lim_{\omega \to \infty} \left| \frac{K}{j\omega(j\omega+1)} \right| = \lim_{\omega \to \infty} \left| \frac{K}{(j\omega)^2} \right| = 0$

$\displaystyle\lim_{\omega \to \infty} \angle G(j\omega) = \lim_{\omega \to \infty} \angle \frac{K}{j\omega(j\omega+1)}$
$= \lim_{\omega \to \infty} \angle \frac{K}{(j\omega)^2} = -180°$
답 ③

71 블록선도에서 $C(s) = R(s)$라면 전달함수 $G(s)$는?

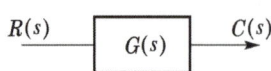

① 0 　　② −1 　　③ ∞ 　　④ 1

풀이 전달함수는 모든 초기값을 0으로 하였을 때 출력 신호의 라플라스 변환과 입력 신호의 라플라스 변환의 비이다.

$$\therefore G(s) = \frac{C(s)}{R(s)} = \frac{R(s)}{R(s)} = 1$$ **답** ④

75 $F(s) = \dfrac{8}{s^3} + \dfrac{3}{s+2}$의 역 라플라스 변환은?

① $(3t^2 + 3e^{-3t})u(t)$
② $(4t^2 + 3e^{-2t})u(t)$
③ $(8t^2 - 3e^{2t})u(t)$
④ $(8t^2 + 3e^{-2t})u(t)$

풀이 $\mathcal{L}^{-1}\left[\dfrac{n!}{s^{n+1}}\right] = t^n$, $\mathcal{L}^{-1}\left[\dfrac{1}{s+a}\right] = e^{-at}$ 이므로

$$\therefore \mathcal{L}^{-1}\left[\frac{8}{s^3} + \frac{3}{s+2}\right] = \frac{4 \times 2!}{s^{2+1}} + \frac{3 \times 1}{s+2}$$
$$= (4t^2 + 3e^{-2t})u(t)$$ **답** ②

2012년 3회 _ 전기기사

61 다음 논리회로의 출력은?

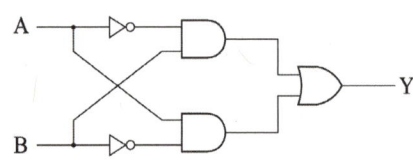

① $Y = A\overline{B} + \overline{A}B$
② $Y = \overline{A}\,\overline{B} + \overline{A}B$
③ $Y = A\overline{B} + \overline{A}\,\overline{B}$
④ $Y = \overline{A} + \overline{B}$

풀이 Exclusive OR 회로(베타적 논리합 회로)
$(A \oplus B = A\overline{B} + \overline{A}B$의 논리회로) **답** ①

62 Routh 안정도 판별법에 의한 방법 중 불안정한 제어계의 특성방정식은?

① $s^3 + 2s^2 + 3s + 4 = 0$
② $s^3 + s^2 + 5s + 4 = 0$
③ $s^3 + 4s^2 + 5s + 2 = 0$
④ $s^3 + 3s^2 + 2s + 8 = 0$

풀이 ④의 특성방정식에 관한 루드의 표는,

s^3	1	2
s^2	3	8
s^1	$-\dfrac{2}{3}$	0
s^0	8	0

제 1열의 부호가 2번 바뀌었으므로 s평면의 우반면에 불안정한 근 2개를 갖는다. **답** ④

63 샘플러의 주기를 T라 할 때 s–평면상의 모든 점은 식 $z = e^{sT}$에 의하여 z–평면상에 사상된다. s– 평면의 좌반평면상의 모든 점은 z–평면상 단위원의 어느 부분으로 사상되는가?

① 내점
② 외점
③ 원주상의 점
④ z–평면 전체

풀이

안정도	근의 위치	
	s 평면	z 평면
안 정	좌반면	원점을 중심으로 한 단위원 내부
불 안 정	우반면	원점을 중심으로 한 단위원 외부
임계안정	허수축	원점을 중심으로 한 단위원

답 ①

64 그림과 같은 신호흐름 선도에서 전달함수 $\dfrac{C}{R}$ 는?

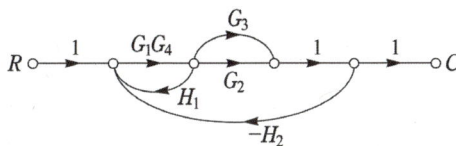

① $\dfrac{G_1 G_4 (G_2 + G_3)}{1 + G_1 G_4 H_1 + G_1 G_4 (G_2 + G_3) H_2}$

② $\dfrac{G_1 G_4 (G_2 + G_3)}{1 - G_1 G_4 H_1 + G_1 G_4 (G_3 + G_2) H_2}$

③ $\dfrac{G_1 G_2 + G_3 G_4}{1 + G_1 G_3 G_4 H_2 + G_1 G_2 H_1}$

④ $\dfrac{G_1 G_2 - G_3 G_4}{1 - G_1 G_2 H_1 + G_1 G_3 G_4 H_2}$

풀이 $G_1' = G_1 G_2 G_4$, $\Delta_1 = 1$
$G_2' = G_1 G_2 G_3$, $\Delta_2 = 1$
$L_{11} = G_1 G_4 H_1$, $L_{21} = -G_1 G_2 G_4 H_2$
$L_{31} = -G_1 G_3 G_4 H_2$
$\Delta = 1 - (L_{11} + L_{21} + L_{31})$
$\therefore \dfrac{C}{R} = \dfrac{G_1' \Delta_1 + G_2' \Delta_2}{\Delta}$
$\quad = \dfrac{G_1 G_2 G_4 + G_1 G_3 G_4}{1 - G_1 G_4 H_1 + G_1 G_2 G_4 H_2 + G_1 G_3 G_4 H_2}$
$\quad = \dfrac{G_1 G_4 (G_2 + G_3)}{1 - G_1 G_4 H_1 + G_1 G_4 (G_2 + G_3) H_2}$

별해 전향경로 이득 : $G_1 G_2 G_3$, $G_1 G_2 G_4$
루프 이득 : $G_1 G_4 H_1$, $-G_1 G_2 G_4 H_2$, $-G_1 G_3 G_4 H_2$
$G(s) = \dfrac{\sum 전향경로 이득}{1 - \sum 루프 이득}$
$\quad = \dfrac{G_1 G_2 G_4 + G_1 G_3 G_4}{1 - G_1 G_4 H_1 + G_1 G_2 G_4 H_2 + G_1 G_3 G_4 H_2}$
$\quad = \dfrac{G_1 G_4 (G_2 + G_3)}{1 - G_1 G_4 H_1 + G_1 G_4 (G_2 + G_3) H_2}$ **답** ②

65 다음 쌍곡선 함수의 라플라스 변환은?

$$f(t) = \sinh at$$

① $\dfrac{s}{s^2 - a}$ ② $\dfrac{s}{s^2 + a}$

③ $\dfrac{a}{s^2 + a^2}$ ④ $\dfrac{a}{s^2 - a^2}$

풀이 $\sinh at = \dfrac{1}{2} \{ e^{at} - e^{-at} \}$ 이므로

$\mathcal{L}[\sinh at] = \dfrac{1}{2} \mathcal{L} \{ e^{at} - e^{-at} \} = \dfrac{a}{s^2 - a^2}$ **답** ④

66 특성방정식

$$s^3 + 34.5s^2 + 7500s + 7500K = 0$$

로 표시되는 계통이 안정되려면 K 의 범위는?

① $0 < K < 34.5$ ② $K < 0$

③ $K > 34.5$ ④ $0 < K < 69$

풀이 루드의 표는

s^3	1	7500
s^2	34.5	$7500K$
s^1	$\dfrac{34.5 \times 7500 - 7500K}{34.5}$	0
s^0	$7500K$	

제1열의 부호변화가 없어야 안정하므로
$\quad 7500K > 0$
$\quad 34.5 \times 7500 - 7500K > 0 \rightarrow K < 34.5$
$\therefore 0 < K < 34.5$ **답** ①

67 개루프 전달함수 $G(s)H(s) = \dfrac{K}{s(s+3)^2}$ 의 이탈점에 해당되는 것은?

① -2.5 ② -2

③ -1 ④ -0.5

풀이 이 계의 특성방정식은

$G(s)H(s) = \dfrac{K}{s(s+3)^2}$ 이므로

$1 + G(s)H(s) = \dfrac{s(s+3)^2 + K}{s(s+3)^2} = 0$

또는 $s(s+3)^2 + K = 0$ ····························· ①
①을 고쳐쓰면 $K = -s(s+3)^2$ ·············· ②
②를 s에 관하여 미분하면
$\dfrac{dK}{ds} = -3s^2 - 12s - 9 = -3(s^2 + 4s + 3) = 0$
$s^2 - 4s - 3 = 0$
$(s+3)(s+1) = 0$
따라서, 이탈점은 $a = -3$, $b = -1$이다. **답** ③

68 다음의 신호선도를 메이슨의 공식을 이용하여 전달함수를 구하고자 한다. 이 신호선도에서 루프(Loop)는 몇 개인가?

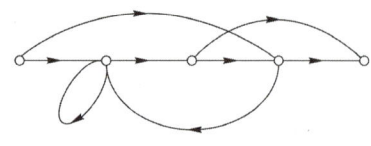

① 1   ② 2
③ 3   ④ 4

풀이 피드백 되는 루프를 찾는다.   **답** ②

69 $G(jw) = \dfrac{K}{jw(jw+1)}$ 의

나이퀴스트 선도는? (단, $K > 0$이다.)

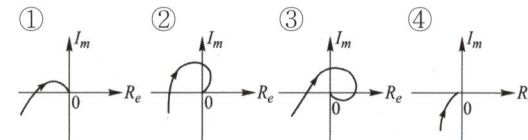

풀이 주파수 전달함수 $G(j\omega) = \dfrac{K}{j\omega(j\omega+1)}$

$\displaystyle\lim_{\omega \to 0} |G(j\omega)| = \lim_{\omega \to 0} \left| \frac{K}{j\omega(j\omega+1)} \right|$
$\displaystyle = \lim_{\omega \to 0} \left| \frac{K}{j\omega} \right| = \infty$

$\displaystyle\lim_{\omega \to 0} \angle G(j\omega) = \lim_{\omega \to 0} \angle \frac{K}{j\omega(j\omega+1)}$
$\displaystyle = \lim_{\omega \to 0} \angle \frac{K}{j\omega} = -90°$

$\displaystyle\lim_{\omega \to \infty} |G(j\omega)| = \lim_{\omega \to \infty} \left| \frac{K}{j\omega(j\omega+1)} \right|$
$\displaystyle = \lim_{\omega \to \infty} \left| \frac{K}{(j\omega)^2} \right| = 0$

$\displaystyle\lim_{\omega \to \infty} \angle G(j\omega) = \lim_{\omega \to \infty} \angle \frac{K}{j\omega(j\omega+1)}$
$\displaystyle = \lim_{\omega \to \infty} \angle \frac{K}{(j\omega)^2} = -180°$ **답** ④

70 다음 전달함수 중 적분 요소에 해당되는 것은?

① 전위차계   ② 인덕턴스회로
③ RC 직렬회로   ④ LR 직렬회로

풀이

RC 직렬회로는

$e(t) = Ri(t) + \dfrac{1}{C}\displaystyle\int i(t)\, dt$ 이므로,

전달함수

$G(s) = \dfrac{E(s)}{I(s)} = \dfrac{R}{s} + \dfrac{1}{Cs} = \dfrac{1}{s}\left(R + \dfrac{1}{C}\right)$

따라서, 적분요소에 해당된다.   **답** ③

73 다음 함수의 역라플라스 변환은?

$$I(s) = \frac{2s+3}{(s+1)(s+2)}$$

① $e^{-t} + e^{-2t}$ ② $e^{-t} - e^{-2t}$
③ $e^{-t} - 2e^{-2t}$ ④ $e^{-t} + 2e^{-2t}$

풀이

$I(s) = \dfrac{2s+3}{(s+1)(s+2)} = \dfrac{K_1}{s+1} + \dfrac{K_2}{s+2}$

$K_1 = \displaystyle\lim_{s \to -1}(s+1)F(s) = \left[\dfrac{2s+3}{s+2}\right]_{s=-1} = 1$

$K_2 = \displaystyle\lim_{s \to -2}(s+2)F(s) = \left[\dfrac{2s+3}{s+1}\right]_{s=-2} = 1$

$I(s) = \dfrac{1}{s+1} + \dfrac{1}{s+2}$

$\therefore i(t) = \mathcal{L}^{-1}[I(s)] = \mathcal{L}^{-1}\left[\dfrac{1}{s+1} + \dfrac{1}{s+2}\right]$
$= e^{-t} + e^{-2t}$ **답** ①

2012년 - 4회 _ 공사기사

64 다음 함수의 역 라플라스 변환을 구하면?

$$F(s) = \frac{3s+8}{s^2+9}$$

① $3\cos 3t - \dfrac{8}{3}\sin 3t$

② $3\sin 3t + \dfrac{8}{3}\cos 3t$

③ $3\cos 3t + \dfrac{8}{3}\sin t$

④ $3\cos 3t + \dfrac{8}{3}\sin 3t$

풀이
$$F(s) = \frac{3s+8}{s^2+9} = \frac{3s}{s^2+3^2} + \frac{8}{s^2+3^2}$$
$$= 3\left(\frac{s}{s^2+3^2}\right) + \frac{8}{3}\left(\frac{3}{s^2+3^2}\right)$$
$$\therefore f(t) = \mathcal{L}^{-1}[F(s)]$$
$$= 3\cos 3t + \frac{8}{3}\sin 3t$$
답 ④

69 다음과 같은 회로의 전달함수를 구하면?

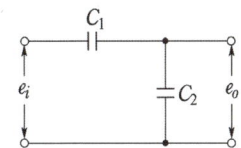

① $C_1 + C_2$ 　　　② $\dfrac{C_2}{C_1}$

③ $\dfrac{C_1}{C_1+C_2}$ 　　④ $\dfrac{C_2}{C_1+C_2}$

풀이
$$\begin{cases} e_1(t) = \dfrac{1}{C_1}\int i(t)dt + \dfrac{1}{C_2}\int i(t)dt \\ e_2(t) = \dfrac{1}{C_2}\int i(t)dt \end{cases}$$

$$\begin{cases} E_1(s) = \left(\dfrac{1}{C_1 s} + \dfrac{1}{C_2 s}\right)I(s) = \dfrac{C_1+C_2}{C_1 C_2 s} \cdot I(s) \\ E_2(s) = \dfrac{I(s)}{C_2 s} \end{cases}$$

$$\therefore G(s) = \frac{E_2(s)}{E_1(s)} = \frac{\dfrac{1}{C_2 s} \cdot I(s)}{\dfrac{C_1+C_2}{C_1 C_2 s} \cdot I(s)} = \frac{C_1}{C_1+C_2}$$
답 ③

71 제어계의 종합 전달함수 값이

$$G(s) = \frac{s+1}{(s-3)(s^2+4)} \text{로 표시될 경우}$$

안정성의 판정은?

① 안정 　　　② 불안정
③ 임계상태 　　④ 알 수 없음

풀이
• 종합 전달 함수이므로 특성 방정식은
$$1 + G(s)H(s) = (s-3)(s^2+4)$$
$$= s^3 - 3s^2 + 4s - 12 = 0$$
• 훌비쯔의 판별법에서
$$a_0 = 1, \ a_1 = -3, \ a_2 = 4, \ a_3 = -12 \text{이므로}$$

$$D_1 = a_1 = -3$$
$$D_2 = \begin{vmatrix} a_1 & a_3 \\ a_0 & a_2 \end{vmatrix} = \begin{vmatrix} -3 & -12 \\ 1 & 4 \end{vmatrix}$$
$$= -12 - (-12) = 0$$
$$D_1 < 0, \ D_2 = 0 \text{이므로 제어계는 불안정하다.}$$
답 ②

72 다음 중 DIAC(diode AC semi conductor switch)의 $V-I$ 특성곡선은?

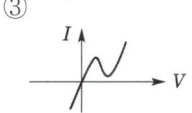

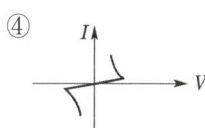

풀이 DIAC은 4층 다이오드의 쌍이 병렬로 연결된 2극 사이 리스터로, 쌍방향으로 대칭적인 부성저항을 나타낸다.
답 ④

73 그림과 같은 신호 흐름 선도의 전달함수 $\dfrac{C(s)}{R(s)}$ 는?

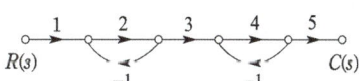

① 2 　　　　② 4
③ 6 　　　　④ 8

풀이 신호 흐름 선도는 3개 부분으로 나누어 계산할 수 있다.

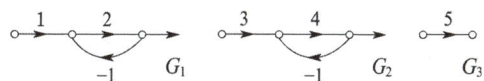

각 부분의 전달 함수는
• $G_1 = \dfrac{\text{전향경로의 합}}{1 - \text{피드백}} = \dfrac{2}{1+2} = \dfrac{2}{3}$
• $G_2 = \dfrac{\text{전향경로의 합}}{1 - \text{피드백}} = \dfrac{3 \times 4}{1+4} = \dfrac{12}{5}$
• $G_3 = 5$

이고, 각 부분의 종속(직렬) 접속 관계이므로
전체 전달 함수 $G(s) = \dfrac{2}{3} \times \dfrac{12}{5} \times 5 = 8$
답 ④

74 계통방정식이 $J\dfrac{d\omega}{dt}+f\omega=r(t)$로 표시되는 시스템의 시정수는? (단, J는 관성 모멘트, f는 마찰 제동계수, ω는 각속도, τ는 회전력이다.)

① $\dfrac{J}{f}$ ② $\dfrac{f}{J}$

③ $-\dfrac{J}{f}$ ④ $f\cdot J$

풀이 • 1차 지연 요소의 전달함수

$G(s)=\dfrac{K}{Ts+1}$ 에서

K는 이득정수, T는 시정수이다.

• 계통방정식을 라플라스 변환하면

$(Js+f)\Omega(s)=R(s)$

따라서 전달 함수

$G(s)=\dfrac{\Omega(s)}{R(s)}=\dfrac{1}{Js+f}=\dfrac{\dfrac{1}{f}}{\dfrac{J}{f}s+1}=\dfrac{K}{Ts+1}$

따라서 시정수 $T=\dfrac{J}{f}$ 이다. **답** ①

75 전달함수 $G(s)=\dfrac{C(s)}{R(s)}=\dfrac{1}{(s+a)^2}$ 인 제어계의 임펄스 응답 $c(t)$는?

① e^{-at} ② $1-e^{-at}$

③ te^{-at} ④ $\dfrac{1}{2}t^2$

풀이 • 임펄스 입력

$R(s)=\mathcal{L}[r(t)]=\mathcal{L}[\delta(t)]=1$

• 전달함수 $G(s)=\dfrac{C(s)}{R(s)}=\dfrac{1}{(s+a)^2}$

• 임펄스 응답

$C(s)=\dfrac{1}{(s+a)^2}\cdot R(s)=\dfrac{1}{(s+a)^2}\cdot 1$

따라서 임펄스 응답 $c(t)$는

$c(t)=\mathcal{L}^{-1}[C(s)]=\mathcal{L}^{-1}\left[\dfrac{1}{(s+a)^2}\right]=te^{-at}$ **답** ③

76 제어계의 특성방정식이

$a_0 s^n+a_1 s^{n-1}+\cdots\cdots+a_{n-1}s+a_n=0$

로 했을 때 이 방정식의 근이 전부 복소평면의 좌반 평면에 있고 제어계가 안정하기 위한 필요충분조건이 아닌 것은?

① 계수 $a_0,\ a_1,\cdots\cdots,\ a_n$가 모두 존재할 것

② 계수가 모두 동부호일 것

③ 훌비쯔의 행렬식이 전부 정(正)일 것

④ 루스(Routh)의 행렬식이 전부 정(正)일 것

풀이 제어계가 안정하려면 루스 수열의 제1열의 원소 부호가 같아야 한다. **답** ④

77 단위 피드백제어계의 개루프 전달함수가 $G(s)=\dfrac{1}{(s+1)(s+2)}$ 일 때 단위 계단 입력에 대한 정상편차는?

① $\dfrac{2}{3}$ ② $\dfrac{3}{2}$

③ $\dfrac{1}{3}$ ④ $\dfrac{1}{2}$

풀이 $e_{ss}=\lim\limits_{s\to 0}\dfrac{s}{1+G(s)}R(s)$ 에서

$R(s)=\dfrac{1}{s}$ 이므로

$e_{ss}=\lim\limits_{s\to 0}\dfrac{s}{1+G(s)}\cdot\dfrac{1}{s}=\dfrac{1}{1+\lim\limits_{s\to 0}G(s)}$

$=\dfrac{1}{1+\lim\limits_{s\to 0}\dfrac{1}{(s+1)(s+2)}}=\dfrac{1}{1+\dfrac{1}{2}}=\dfrac{2}{3}$ **답** ①

78 다음 함수를 z 변환하였을 때 옳지 않은 것은?

① $\sigma(t)=1$

② $u(t)=\dfrac{z}{z-1}$

③ $t=\dfrac{Tz}{(z-1)^2}$

④ $e^{-at}=\dfrac{z}{z-e^{aT}}$

풀이

$f(t)$	$F(s)$	$F(z)$
$\delta(t)$	1	1
$u(t)$	$\dfrac{1}{s}$	$\dfrac{z}{z-1}$
t	$\dfrac{1}{s^2}$	$\dfrac{Tz}{(z-1)^2}$
e^{-at}	$\dfrac{1}{s+a}$	$\dfrac{z}{z-e^{-at}}$

답 ④

---

79 다음 시스템의 상태 천이 행렬을 구하면?

$$\begin{bmatrix} X_1 \\ X_2 \end{bmatrix} = \begin{bmatrix} 0 & 1 \\ -2 & -3 \end{bmatrix}\begin{bmatrix} X_1 \\ X_2 \end{bmatrix}$$

① $\begin{bmatrix} 2e^{-t}-e^{-2t} & e^{-t}-e^{-2t} \\ -2e^{-t}+2e^{-2t} & -e^{-t}+2e^{-2t} \end{bmatrix}$

② $\begin{bmatrix} 2e^{-t}-e^{2t} & e^{-t}-e^{2t} \\ -2e^{-t}+2e^{-2t} & -e^{-t}+2e^{-2t} \end{bmatrix}$

③ $\begin{bmatrix} 2e^{-t}-e^{-2t} & e^{-t}-e^{-2t} \\ 2e^{-t}+2e^{-2t} & e^{-t}+2e^{-2t} \end{bmatrix}$

④ $\begin{bmatrix} 2e^{-t}-e^{2t} & e^{-t}-e^{2t} \\ 2e^{-t}+2e^{-2t} & e^{-t}+2e^{-2t} \end{bmatrix}$

풀이 $[s\boldsymbol{I}-\boldsymbol{A}] = \begin{bmatrix} s & 0 \\ 0 & s \end{bmatrix} - \begin{bmatrix} 0 & 1 \\ -2 & -3 \end{bmatrix} = \begin{bmatrix} s & -1 \\ 2 & s+3 \end{bmatrix}$

$\boldsymbol{\Phi}(s) = [s\boldsymbol{I}-\boldsymbol{A}]^{-1} = \dfrac{1}{\begin{vmatrix} s & -1 \\ 2 & s+3 \end{vmatrix}}\begin{bmatrix} s+3 & 1 \\ -2 & s \end{bmatrix}$

$\qquad = \dfrac{1}{s^2+3s+2}\begin{bmatrix} s+3 & 1 \\ -2 & s \end{bmatrix}$

$\qquad = \begin{bmatrix} \dfrac{s+3}{(s+1)(s+2)} & \dfrac{1}{(s+1)(s+2)} \\ \dfrac{-2}{(s+1)(s+2)} & \dfrac{s}{(s+1)(s+2)} \end{bmatrix}$

$\therefore\ \boldsymbol{\Phi}(t) = \mathcal{L}^{-1}\{[s\boldsymbol{I}-\boldsymbol{A}]^{-1}\}$

$\qquad = \begin{bmatrix} 2e^{-t}-e^{-2t} & e^{-t}-e^{-2t} \\ -2e^{-t}+2e^{-2t} & -e^{-t}+2e^{-2t} \end{bmatrix}$ **답** ①

---

80 지연요소(dead time element)는 제어계의 안정도에 어떤 영향을 미치는가?

① 안정도에 관계없다.

② 안정도를 개선한다.

③ 안정도를 저하시킨다.

④ 상대적 안정도의 척도역할을 한다.

풀이 지연 요소는 출력 시간의 지연을 초래할 뿐 안정도와는 무관하다. **답** ①

문제의 번호는 실제 시험문제의 번호와 같게 하였습니다.
회로이론에 해당하는 문제는 삭제하였습니다.

2013년 - 1회 _ 전기기사·공사기사

61 Z변환법을 사용한 샘플치 제어계가 안정되려면 $1 + GH(Z) = 0$의 근의 위치는?

① Z평면의 좌반면에 존재하여야 한다.
② Z평면의 우반면에 존재하여야 한다.
③ $|Z| = 1$인 단위원 내에 존재하여야 한다.
④ $|Z| = 1$인 단위원 밖에 존재하여야 한다.

풀이

안정도	근의 위치	
	s 평면	z 평면
안 정	좌반면	원점을 중심으로 한 단위원 내부
불안정	우반면	원점을 중심으로 한 단위원 외부
임계안정	허수축	원점을 중심으로 한 단위원

답 ③

62 2차계의 주파수 응답과 시간 응답간의 관계 중 잘못된 것은?

① 안정된 제어계에서 높은 대역폭은 큰 공진 첨두값과 대응된다.
② 최대 오버슈트와 공진 첨두값은 ζ(감쇠율)만의 함수로 나타낼 수 있다.
③ ω_n(고유주파수) 일정시 ζ(감쇠율)가 증가하면 상승시간과 대역폭은 증가한다.
④ 대역폭은 영 주파수 이득보다 3[dB] 떨어지는 주파수로 정의된다.

풀이 ζ(감쇠율)가 증가하면 대역폭은 감소한다. **답 ③**

63 제어량을 어떤 일정한 목푯값으로 유지하는 것을 목적으로 하는 제어법은?

① 추종제어 ② 비율제어
③ 프로그램 제어 ④ 정치제어

풀이 제어목적에 의한 분류
① 정치제어 : 제어량을 어떤 일정한 목푯값으로 유지하는 것을 목적으로 하는 제어법
② 프로그램 제어 : 미리 정해진 프로그램에 따라 제어량을 변화시키는 것을 목적으로 하는 제어법
③ 추종제어 : 미지의 임의 시간적 변화를 하는 목푯값에 제어량을 추종시키는 것을 목적으로 하는 제어법
④ 비율제어 : 목푯값이 다른 것과 일정 비율 관계를 가지고 변화하는 경우의 추종제어법 **답 ④**

64 전달함수 $G(s) = \dfrac{1}{s(s+10)}$에 $\omega = 0.1$인 정현파 입력을 주었을 때 보드선도의 이득은?

① -40[dB] ② -20[dB]
③ 0[dB] ④ 20[dB]

풀이

$$g = 20\log|G(j\omega)| = 20\log\left|\frac{1}{j\omega(j\omega+10)}\right|$$

$$= 20\log\frac{1}{\omega\sqrt{\omega^2+10^2}}\bigg|_{\omega=0.1}$$

$$= 20\log\frac{1}{0.1\sqrt{0.1^2+10^2}} \fallingdotseq 20\log 1$$

$$= 0[dB]$$

답 ③

65 자동제어의 분류에서 제어량의 종류에 의한 분류가 아닌 것은?

① 서보 기구
② 추치제어
③ 프로세스 제어
④ 자동조정

풀이 추치(추종)제어는 제어목적에 의한 분류로, 임의로 변화하는 목푯값을 추종하는 제어를 뜻한다.
① 제어목적에 의한 분류 : 정치제어, 프로그램 제어, 추종(추치)제어, 비율제어
② 제어량의 성질에 의한 분류 : 프로세스 제어, 서보 기구, 자동조정 **답 ②**

66 미분방정식이 $\dfrac{di(t)}{dt} + 2i(t) = 1$일 때 $i(t)$는?

(단, $t=0$에서 $i(0)=0$이다.)

① $\dfrac{1}{2}(1+e^{-t})$ ② $\dfrac{1}{2}(1-e^{-t})$

③ $\dfrac{1}{2}(1+e^{t})$ ④ $\dfrac{1}{2}(1-e^{t})$

풀이 미분방정식을 라플라스 변환하면

$$sI(s) - i(0) + 2I(s) = \frac{1}{s}$$

$t=0$에서 $i(0)=0$이므로 $I(s) = \dfrac{1}{s(s+2)}$

부분 분수 전개법에 의해 라플라스 역변환을 하면

$$\therefore i(t) = \frac{1}{2}(1-e^{-2t}) \qquad \text{답 전항정답}$$

67 $s^3 + 11s^2 + 2s + 40 = 0$에는 양의 실수부를 갖는 근은 몇 개 있는가?

① 0 ② 1

③ 2 ④ 3

풀이 $s^3 + 11s^2 + 2s + 40 = 0$
루드 공식을 이용하면

s^3	1	2
s^2	11	40
s^1	$\dfrac{22-40}{11} = -1.64$	0
s^0	40	

제 1 열에 11에서 –1.64, –1.64에서 40으로 부호변화가 두 번 있으므로 양의 실수를 갖는 근은 2개이다.

답 ③

68 다음 블록선도에서 $\dfrac{C}{R}$는?

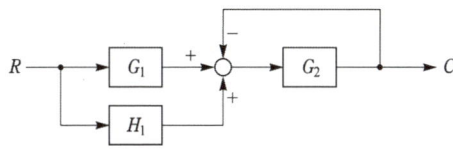

① $\dfrac{H_1}{1+G_1 G_2}$ ② $\dfrac{G_2(G_1+H_1)}{1+G_2}$

③ $\dfrac{1+G_2}{G_2(G_1+H_1)}$ ④ $\dfrac{G_1 G_2}{1+G_1 G_2 H_1}$

풀이 G_2의 피드백 요소를 없애면 그림과 같다.

$$\therefore\ G(s) = \frac{C}{R} = \frac{(G_1+H_1)G_2}{1+G_2}$$

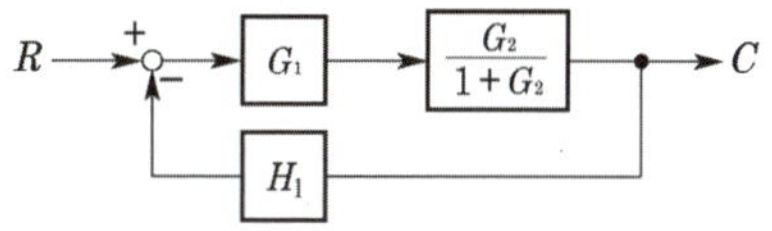

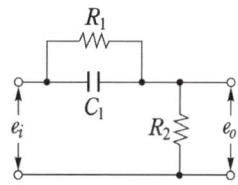

별해 전향경로 이득 : $(G_1+H_1)G_2$
루프 이득 : $-G_2$

$$G(s) = \frac{\sum \text{전향경로 이득}}{1 - \sum \text{루프 이득}}$$
$$= \frac{(G_1+H_1)G_2}{1+G_2} \qquad \text{답 ②}$$

69 그림과 같은 회로망은 어떤 보상기로 사용될 수 있는가? (단, $1 < R_1 C$인 경우로 한다.)

① 지연보상기 ② 지·진상보상기
③ 지상보상기 ④ 진상보상기

풀이

$$G(s) = \frac{\dfrac{1}{R_1} + Cs}{\dfrac{1}{R_1} + \dfrac{1}{R_2} + Cs}$$

$$= \frac{R_2 + R_1 R_2 Cs}{R_1 + R_2 + R_1 R_2 Cs}$$

$$= \frac{R_2}{R_1 + R_2} \cdot \frac{1 + R_1 Cs}{1 + \dfrac{R_1 R_2}{R_1 + R_2}Cs}$$

$$\alpha = \frac{R_2}{R_1 + R_2}, \quad \alpha < 1$$

$T = R_1 C$라 놓으면

$$\therefore\ G(s) = \frac{\alpha(1+Ts)}{1+\alpha Ts}$$

여기서, $\alpha Ts \ll 1$이라고 하면 전달함수는 근사적으로 $G(s) \fallingdotseq \alpha(1+Ts)$로 되어 미분요소(진상회로)가 된다.

답 ④

71 그림의 전기회로에서 전달함수 $\dfrac{E_2(s)}{E_1(s)}$는?

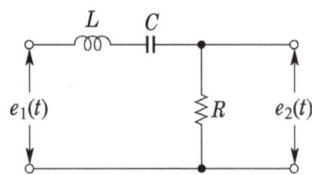

① $\dfrac{LRs}{LCs^2 + RCs + 1}$

② $\dfrac{Cs}{LCs^2 + RCs + 1}$

③ $\dfrac{RCs}{LCs^2 + RCs + 1}$

④ $\dfrac{LRCs}{LCs^2 + RCs + 1}$

풀이
$e_1(t) = L\dfrac{d}{dt}i(t) + \dfrac{1}{C}\int i(t)dt + Ri(t)$

$e_2(t) = Ri(t)$

초기값을 0으로 하고 라플라스 변환하면

$E_1(s) = Ls\,I(s) + \dfrac{1}{Cs}I(s) + RI(s)$

$\quad\quad = \left(Ls + \dfrac{1}{Cs} + R\right)I(s)$

$E_2(s) = RI(s)$

$\therefore\ G(s) = \dfrac{E_2(s)}{E_1(s)} = \dfrac{R}{Ls + \dfrac{1}{Cs} + R}$

$\quad\quad = \dfrac{RCs}{LCs^2 + RCs + 1}$ **답** ③

72 계의 특성상 감쇠계수가 크면 위상여유가 크고, 감쇠성이 강하여 (A)는(은) 좋으나 (B)는(은) 나쁘다, A, B를 바르게 묶은 것은?

① 안정도, 응답성
② 응답성, 이득여유
③ 오프셋, 안정도
④ 이득여유, 안정도

풀이 감쇠계수(δ)가 크다는 것은 회로의 R값이 크다는 것을 의미하며 이 경우 안정도는 향상되나 응답성은 저하(상승시간 또는 지연시간은 길어진다)한다. **답** ①

73 다음 파형의 라플라스 변환은?

① $\dfrac{E}{Ts}e^{-Ts}$

② $-\dfrac{E}{Ts}e^{-Ts}$

③ $-\dfrac{E}{Ts^2}e^{-Ts}$

④ $\dfrac{E}{Ts^2}e^{-Ts}$

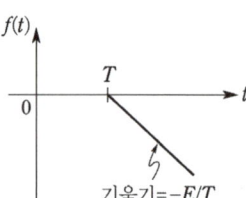
기울기$=-E/T$

풀이 $f(t) = -\dfrac{E}{T}(t-T)u(t-T)$이므로

$\mathcal{L}[f(t)] = -\dfrac{E}{Ts^2}e^{-Ts}$ **답** ③

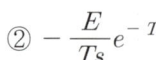
2013년 · 2회 _ 전기기사·공사기사

61 시간 지정이 있는 특수한 시스템이 미분방정식 $\dfrac{d}{dt}y(t) + y(t) = x(t-T)$로 표시될 때 이 시스템의 전달함수는?

① $e^{-t} + e$

② $e^{-sT} + \dfrac{1}{s}$

③ $\dfrac{e^{-sT}}{s(s+1)}$

④ $\dfrac{e^{-sT}}{s+1}$

풀이 초기값을 0으로 하고 라플라스 변환하면,

$\dfrac{1}{s}Y(s) + Y(s) = e^{-sT}X(s)$

$(s+1)Y(s) = e^{-sT}X(s)$

$\therefore\ G(s) = \dfrac{Y(s)}{X(s)} = \dfrac{e^{-sT}}{s+1}$ **답** ④

62 일정 입력에 대해 잔류 편차가 있는 제어계는?

① 비례제어계
② 적분제어계
③ 비례 적분제어계
④ 비례 적분 미분제어계

풀이 잔류편차가 발생하는 제어는 비례제어(P)와 비례 미분제어(PD)이며, 이러한 잔류편차는 적분제어(I)를 사용함으로써 제거할 수 있다. **답** ①

63 그림과 같은 논리회로에서 출력 F의 값은?

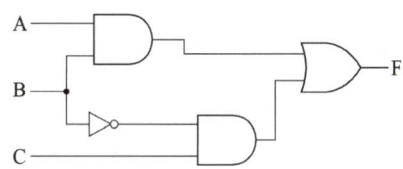

① A
② $\overline{A}BC$
③ $AB + \overline{B}C$
④ $(A+B)C$

풀이

논리곱	논리합	부정
A○╮ B○╯ ─○X	A○╮ B○╯ ─○X	A○─▷○X
$X = A \cdot B$	$X = A+B$	$X = \overline{A}$

따라서, $F = AB + \overline{B}C$ 답 ③

64 그림과 같은 요소는 제어계의 어떤 요소인가?

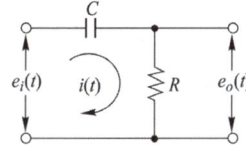

① 적분요소
② 미분요소
③ 1차 지연요소
④ 1차 지연 미분요소

풀이 • 비례 요소 : K • 미분 요소 : Ks
• 적분 요소 : $\dfrac{K}{s}$ • 1차 지연요소 : $\dfrac{K}{Ts+1}$

전달함수 $G(s) = \dfrac{RCs}{1+RCs} = \dfrac{Ts}{1+Ts}$ 이므로 1차 지연
요소를 포함한 미분요소이다. 답 ④

65 보상기 $G_c(s) = \dfrac{1+\alpha Ts}{1+Ts}$ 가 진상보상기가 되기 위한 조건은?

① $\alpha = 0$
② $\alpha = 1$
③ $\alpha < 1$
④ $\alpha > 1$

풀이
$$G_c(s) = \frac{\alpha\left(s+\dfrac{1}{\alpha T}\right)}{s+\dfrac{1}{T}} : \text{진상보상기 조건}$$

$\therefore \dfrac{1}{\alpha T} < \dfrac{1}{T}$ 이어야 하므로
$\therefore \alpha > 1$ 이어야 한다. 답 ④

66 개루프 전달함수가 다음과 같은 계에서 단위속도 입력에 대한 정상 편차는?

$$G(s) = \frac{10}{s(s+1)(s+2)}$$

① 0.2
② 0.25
③ 0.33
④ 0.5

풀이 정상속도 편차
$$e_{ssv} = \frac{1}{\lim_{s\to 0} sG(s)}$$
$$= \frac{1}{\lim_{s\to 0} s \cdot \dfrac{10}{s(s+1)(s+2)}} = \frac{1}{\dfrac{10}{2}}$$
$$= \frac{1}{5} = 0.2$$ 답 ①

67 다음 안정도 판별법 중 $G(s)H(s)$의 극점과 영점이 우반평면에 있을 경우 판정 불가능한 방법은?

① Routh-Hurwitz 판별법
② Bode 선도
③ Nyquist 판별법
④ 근궤적법

풀이 보드 선도는 극점과 영점이 우반 평면에 존재하는 경우 판정이 불가능하다. 답 ②

68 그림의 회로에서 출력전압 V_o는 입력전압 V_i와 비교할 때 위상 변화는?

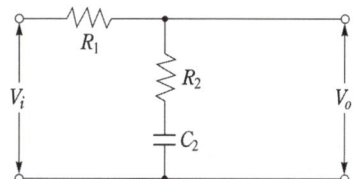

① 위상이 뒤진다.
② 위상이 앞선다.
③ 동상이다.
④ 낮은 주파수에서는 위상이 뒤떨어지고 높은 주파수에서는 앞선다.

풀이 회로에 흐르는 전류 I를 기준벡터($I = I\angle0°$)로 하면

(입력) $V_i = IR_1 + IR_2 + \dfrac{I}{jwC_2}$

$\quad\quad = V_1 + V_2 + V_{C2}$

(출력) $V_o = IR_2 + \dfrac{I}{jwC_2} = V_2 + V_{C2}$

V_1과 V_2는 전류와 동상이고, V_{C2}는 전류보다 90° 뒤진 위상이므로 벡터도는 그림과 같다. 따라서, V_o는 V_i보다 위상이 뒤진다.

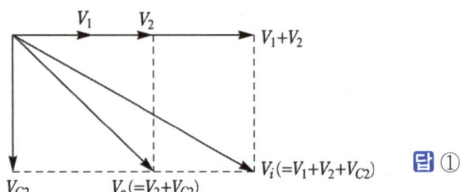

답 ①

69 $G(s)H(s) = \dfrac{K_1}{(T_1s+1)(T_2s+1)}$ 의 개루프

전달함수에 대한 Nyquist 안정도 판별에 대한 설명으로 옳은 것은?

① K_1, T_1 및 T_2의 값에 대하여 조건부 안정
② K_1, T_1 및 T_2의 값에 관계없이 안정
③ K_1 값에 대하여 조건부 안정
④ K_1, T_1 및 T_2의 모든 양의 값에 대하여 안정

풀이 $(T_1s+1)(T_2s+1)$의 계수 부호가 모두 양의 값일 경우 안정한 계가 된다. **답 ④**

70 개루프 전달함수 $G(s)H(s) = \dfrac{K}{s(s+3)^2}$ 의

이탈점에 해당되는 것은?

① 1   ② -1 ③ 2   ④ -2

풀이 이 계의 특성방정식은

$G(s)H(s) = \dfrac{K}{s(s+3)^2}$ 이므로

$1 + G(s)H(s) = \dfrac{s(s+3)^2 + K}{s(s+3)^2} = 0$

또는

$s(s+3)^2 + K = 0$ .... ㉠

㉠을 고쳐 쓰면

$K = -s(s+3)^2$ .... ㉡

㉡을 s에 관하여 미분하면

$\dfrac{dK}{ds} = -3s^2 - 12s - 9 = -3(s^2 - 4s - 3) = 0$ ... ㉢

$s^2 - 4s - 3 = 0$ .... ㉣

㉣을 풀면 $s = -1$, -3

따라서, 이탈점은 $a = -1$, $b = -3$이다. **답 ②**

2013년 · 3회 _전기기사

61 **제어계의 과도응답에서 감쇠비란?**

① 제2 오버슈트를 최대 오버슈트로 나눈 값이다.
② 최대 오버슈트를 제2 오버슈트로 나눈 값이다.
③ 제2 오버슈트와 최대 오버슈트를 곱한 값이다.
④ 제2 오버슈트와 최대 오버슈트를 더한 값이다.

풀이 과도 응답의 소멸되는 속도를 나타낸 양을 감쇠비라고 한다.

$$감쇠비 = \dfrac{제2오버슈트}{최대\ 오버슈트}$$ **답 ①**

62 $Y(z) = \dfrac{2z}{(z-1)(z-2)}$ 의 함수를 z역변환하

면?

① $y(t) = -2u(t) - 2u(2t)$
② $y(t) = -2u(t) + 2u(2t)$
③ $y(t) = -3\delta(t) - 3\delta(2t)$
④ $y(t) = -3\delta(t) + 3\delta(2t)$

풀이

$\dfrac{Y(z)}{z} = \dfrac{2}{(z-1)(z-2)} = \dfrac{k_1}{z-1} + \dfrac{k_2}{z-2}$

$k_1 = \dfrac{2}{z-2}\Big|_{s=1} = \dfrac{2}{-1} = -2$

$k_2 = \dfrac{2}{z-1}\Big|_{s=2} = \dfrac{2}{1} = 2$

$\dfrac{Y(z)}{z} = \dfrac{-2}{z-1} + \dfrac{2}{z-2}$

$\rightarrow Y(z) = \dfrac{-2z}{z-1} + \dfrac{2z}{z-2}$

$f(t)$	$F(s)$	$F(z)$
$u(t)$	$\dfrac{1}{s}$	$\dfrac{z}{z-1}$

이므로, 따라서

$y(t) = -2u(t) + 2u(2t)$ **답 ②**

63 특성방정식 $s^3 + 9s^2 + 20s + K = 0$에서 허수축과 교차하는 점 s는?

① $s = \pm j\sqrt{20}$ ② $s = \pm j\sqrt{30}$

③ $s = \pm j\sqrt{40}$ ④ $s = \pm j\sqrt{50}$

풀이 특성방정식은 $s^3 + 9s^2 + 20s + K = 0$

윗 식의 루드 배열은

s^3	1	20
s^2	9	K (보조 방정식의 계수)
s^1	$\dfrac{180-K}{9}$	0
s^0	K	0

K의 임계값은 s^1의 제1열 요소를 0으로 놓아 얻을 수 있다.

$\dfrac{180-K}{9} = 0$ $\therefore K = 180$

허수축($j\omega$)을 끊은 점에서의 주파수 ω는 보조 방정식 $9s^2 + K = 0$에 $K = 180$을 대입하면

$9s^2 + 180 = 0$

$\therefore s = \pm j\sqrt{20}$ **답** ①

64 상태 방정식이 다음과 같은 계의 천이행렬 $\varPhi(t)$는 어떻게 표시 되는가?

$$\dot{x}(t) = Ax(t) + Bu$$

① $L^{-1}[(sI-A)]$

② $L^{-1}[(sI-A)^{-1}]$

③ $L^{-1}[(sI-B)]$

④ $L^{-1}[(sI-B)^{-1}]$

풀이 $\dot{x} = Ax + Bu$ 의 특성방정식은 $|sI-A| = 0$이며 천이 행렬은 $\pounds^{-1}|sI-A|^{-1}$이다.   **답** ②

65 시간영역에서의 제어계 설계에 주로 사용되는 방법은?

① Bode 선도법

② 근궤적법

③ Nyquist 선도법

④ Nichols 선도법

풀이 오버슈트, 제동비, 정정 시간(settling time) 등이 주어지는 시간 영역에서의 해석 및 설계에는 근궤적법이 편리하며, Bode 선도법, Nyquist 선도법, Nichols 선도법은 주파수 영역에서 사용된다.   **답** ②

66 다음과 같은 궤환 제어계가 안정하기 위한 K의 범위는?

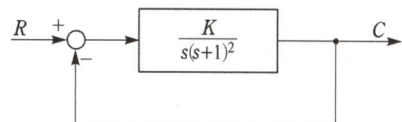

① $K > 0$ ② $K > 1$

③ $0 < K < 1$ ④ $0 < K < 2$

풀이 특성방정식

$$1 + G(s)H(s) = 1 + \frac{K}{s(s+1)^2} = 0$$

$s(s+1)^2 + K = s^3 + 2s^2 + s + K = 0$

루드의 표

s^3	1	1
s^2	2	K
s^1	$\dfrac{2-K}{2}$	0
s^0	K	

제1열의 부호변화가 없어야 안정하므로

$2 - K > 0$, $K > 0$

$\therefore 0 < K < 2$ **답** ④

67 Nyquist 선도에서 얻을 수 있는 자료 중 틀린 것은?

① 계통의 안정도 개선법을 알 수 있다.

② 상태 안정도를 알 수 있다.

③ 정상 오차를 알 수 있다.

④ 절대 안정도를 알 수 있다.

풀이 • Nyquist 선도는 제어계의 주파수 응답에 관한 정보를 준다.

• 계의 안정을 개선하는 방법에 대한 정보를 제시해 준다.

• 안정성을 판정하는 동시에 안정도를 제시해 준다.

• Routh-Hurwitz 판정법과 같이 계의 안정 여부를 직접 판정해 준다.   **답** ③

68 다음 시스템의 전달함수(C/R)는?

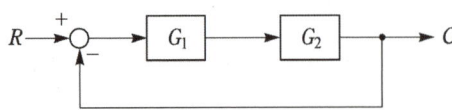

① $\dfrac{C}{R} = \dfrac{G_1 G_2}{1 + G_1 G_2}$ ② $\dfrac{C}{R} = \dfrac{G_1 G_2}{1 - G_1 G_2}$

③ $\dfrac{C}{R} = \dfrac{1 + G_1 G_2}{G_1 G_2}$ ④ $\dfrac{C}{R} = \dfrac{1 - G_1 G_2}{G_1 G_2}$

풀이 $(R - C)G_1 G_2 = C$, $RG_1 G_2 - CG_1 G_2 = C$

$C(1 + G_1 G_2) = RG_1 G_2$, $\dfrac{C}{R} = \dfrac{G_1 G_2}{1 + G_1 G_2}$

별해 전향경로 이득 : $G_1 G_2$, 루프 이득 : $-G_1 G_2$

$G(s) = \dfrac{\sum 전향경로\ 이득}{1 - \sum 루프\ 이득} = \dfrac{G_1 G_2}{1 + G_1 G_2}$ **답** ①

69 적분시간 4[sec], 비례감도가 4인 비례적분 동작을 하는 제어계에 동작신호 $z(t) = 2t$를 주었을 때 이 시스템의 조작량은?

① $t^2 + 8t$ ② $t^2 + 4t$
③ $t^2 - 8t$ ④ $t^2 - 4t$

풀이 PI 동작(비례 적분제어)이므로

$$y(t) = K_p \left[z(t) + \dfrac{1}{T_I} \int z(t) dt \right]$$

라플라스 변환하면

$$Z(s) = \mathcal{L}[z(t)] = \mathcal{L}[2t] = \dfrac{2}{s^2}$$

$$Y(s) = \mathcal{L}[y(t)] = K_p (1 + \dfrac{1}{T_i s}) Z(s)$$

$$= 4(1 + \dfrac{1}{4s}) \times \dfrac{2}{s^2} = \dfrac{2}{s^3} + \dfrac{8}{s^2}$$

$$\therefore y(t) = \mathcal{L}^{-1}[Y(s)] = \mathcal{L}^{-1}\left[\dfrac{2}{s^3} + \dfrac{8}{s^2} \right]$$

$$= t^2 + 8t$$ **답** ①

70 $\overline{A}BC + \overline{A}B\overline{C} + A\overline{B}\,\overline{C} + AB\overline{C} + \overline{A}\,\overline{B}C + \overline{A}\,\overline{B}\,\overline{C}$ 의 논리식을 간략화 하면?

① $A + AC$ ② $A + C$
③ $\overline{A} + A\overline{B}$ ④ $\overline{A} + A\overline{C}$

풀이 $X = \overline{A}BC + \overline{A}B\overline{C} + A\overline{B}\,\overline{C} + AB\overline{C} + \overline{A}\,\overline{B}C + \overline{A}\,\overline{B}\,\overline{C}$

$= A\overline{C}(\overline{B} + B) + \overline{A}C(\overline{B} + B) + \overline{A}\,\overline{C}(\overline{B} + B)$

$(\because \overline{B} + B = 1)$

$= A\overline{C} + \overline{A}(C + \overline{C}) = \overline{A} + A\overline{C}$ **답** ④

76 다음과 같은 전류의 초기값 $i(0_+)$은?

$$I(s) = \dfrac{12}{2s(s + 6)}$$

① 6   ② 2
③ 1   ④ 0

풀이 초기값 정리에 의해

$$\lim_{s \to \infty} s \cdot I_1(s) = \lim_{s \to \infty} s \cdot \dfrac{12}{2s(s + 6)} = 0$$ **답** ④

2013년 – 4회 _ 공사기사

64 2차 시스템의 감쇠율(damping ratio) δ가 $\delta < 1$이면 어떤 경우인가?

① 비감쇠   ② 과감쇠
③ 발산   ④ 부족감쇠

풀이 무제동 $\delta = 0$, 과제동 $\delta > 1$
부족제동 $\delta < 1$, 임계제동 $\delta = 1$ **답** ④

69 다음과 같은 함수 $f(t)$를 라플라스 변환하면?

$$t < 2 : f(t) = 0$$
$$2 \le t \le 4 : f(t) = 10$$
$$t > 4 : f(t) = 0$$

① $\dfrac{1}{s}(e^{-2s} + e^{-4s})$

② $\dfrac{5}{s}(e^{-2s} - e^{-4s})$

③ $\dfrac{10}{s}(e^{-2s} - e^{-4s})$

④ $\dfrac{10}{s}(e^{-4s} - e^{-2s})$

풀이 함수 $f(t)$를 도시하면

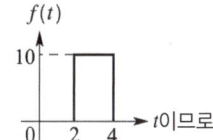

t이므로

$f(t) = 10 \cdot u(t-2) - 10 \cdot u(t-4)$이다.

$\therefore F(s) = \mathcal{L}[f(t)]$
$= \mathcal{L}[10 \cdot u(t-2)] - \mathcal{L}[10 \cdot u(t-4)]$
$= \dfrac{10e^{-2s}}{s} - \dfrac{10e^{-4s}}{s}$
$= \dfrac{10}{s}(e^{-2s} - e^{-4s})$

답 ③

---

71 계의 특성상 감쇠계수가 크면 위상여유가 크고 감쇠성이 강하여 (A)는(은) 좋으나 (B)는(은) 나쁘다. 괄호 안의 A, B를 올바르게 묶은 것은?

① 이득여유, 안정도
② 오프셋, 안정도
③ 응답성, 이득여유
④ 안정도, 응답성

풀이 감쇠계수(δ)가 크다는 것은 회로의 R값이 크다는 것을 의미하며 이 경우 안정도는 향상되나 응답성은 저하(상 승 시간 또는 지연 시간은 길어진다)한다. **답** ④

---

72 진상보상기의 특성에 대한 설명으로 잘못 된 것은?

① 제어계 응답의 속응성을 좋게 한다.
② 이득을 향상시켜 정상 오차를 개선한다.
③ 공진 주파수의 특성을 그대로 두면서 저주 파 영역의 이득을 높인다.
④ 저주파에서는 이득이 낮았다가 고주파에 서는 이득이 커진다.

답 ③

---

73 $s^2 + 5s + 25 = 0$의 특성 방정식을 갖는 시스 템에서 단위 계단 힘수 입력 시 최대 오버슈드 (maximum overshoot)가 발생하는 시간은 약 몇 [sec] 인가?

① 0.726
② 1.451
③ 2.902
④ 0.363

풀이 ① 특성 방정식

$s^2 + 5s + 25 = s^2 + 2\delta\omega_n s + \omega_n^2 = 0$에서

$2\delta\omega_n = 5, \ \omega_n^2 = 25$이므로

$\omega_n = 5, \ \delta = \dfrac{1}{2}$이다.

② 최대 오버슈트 발생 시간은

$\omega_n\sqrt{1-\delta^2}\,t = n\pi$에서

$n = 1$일 때 발생하므로

$t_p = \dfrac{\pi}{\omega_n\sqrt{1-\delta^2}} = \dfrac{\pi}{5 \times \sqrt{1-\left(\dfrac{1}{2}\right)^2}}$

$= 0.726$이 된다. **답** ①

---

74 다음 블록선도를 옳게 등가변환한 것은?

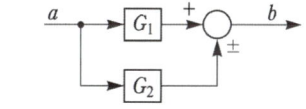

①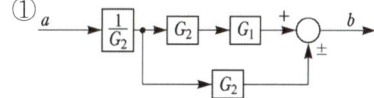

②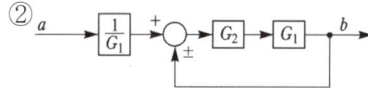

③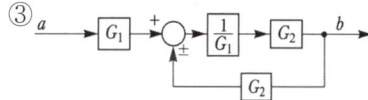

④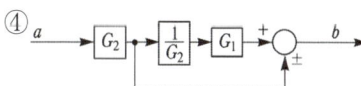

풀이 문제의 블록선도는 병렬이므로 $G_1 \pm G_2$이다.

④번을 전달함수로 표현하면

$G_2 \cdot \left\{ \left(\dfrac{1}{G_2} \cdot G_1 \right) \pm 1 \right\} = G_2 \cdot \left(\dfrac{G_1}{G_2} \pm 1 \right)$
$= G_1 \pm G_2$ **답** ④

---

75 Nyquist 선도에서 이득여유가 40[dB]이고 위 상여유가 50°이다. 이 시스템의 안정 여부는?

① 안정 상태이다.
② 불안정 상태이다.
③ 임계 상태이다.
④ 판정 불능 상태이다.

풀이 위상여유, 이득여유가 +이면 안정, −이면 불안정으로 된다.　**답** ①

76 어떤 시스템의 전달함수 $G(s)$가 $\dfrac{2s-3}{4s^2+2s-1}$로 표시될 때 이 시스템에 입력 $x(t)$를 가했을 때 출력 $y(t)$를 구하는 미분 방정식은? (단, 모든 초기조건은 0이다.)

① $4\dfrac{d^2y(t)}{dt^2}+2\dfrac{dy(t)}{dt}-y(t)=2\dfrac{dx(t)}{d(t)}+3x(t)$

② $-4\dfrac{d^2y(t)}{dt^2}-2\dfrac{dy(t)}{dt}+y(t)=-2\dfrac{dx(t)}{d(t)}+3x(t)$

③ $4\dfrac{d^2y(t)}{dt^2}+2\dfrac{dy(t)}{dt}-y(t)=2\dfrac{dx(t)}{d(t)}-3x(t)$

④ $-4\dfrac{d^2y(t)}{dt^2}+2\dfrac{dy(t)}{dt}-y(t)=2\dfrac{dx(t)}{d(t)}-3x(t)$

풀이 $\dfrac{Y(s)}{X(s)}=\dfrac{2s-3}{4s^2+2s-1}$

$Y(s)(4s^2+2s-1)=(2s-3)X(s)$

역라플라스 변환하면

$\therefore\ 4\dfrac{d^2y(t)}{dt^2}+2\dfrac{dy(t)}{dt}-y(t)=2\dfrac{dx(t)}{dt}-3x(t)$

답 ③

77 안정된 제어계의 특성근이 2개의 공액 복소근을 가질 때, 이 근들이 허수축 가까이에 있는 경우 허수축에서 멀리 떨어져 있는 안정된 근에 비해 과도응답 영향은 어떻게 되는가?

① 과도응답이 같다.
② 과도응답은 천천히 사라진다.
③ 과도응답이 빨리 사라진다.
④ 과도응답에는 영향을 미치지 않는다.

풀이 자동 제어계의 과도 응답 현상은 허축에 가장 가까이 있는 근이 지배하며, 이 근을 대표근이라 한다. 자동 제어계의 대표근은 대부분이 공액 복소수근이다. 이 근은 허수축에서 멀리 떨어진 안정된 근보다 과도현상이 오래 지속된다.　**답** ②

78 그림과 같은 회로의 출력 Z는 어떻게 표현되는가?

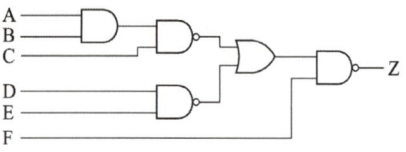

① $\overline{A}+\overline{B}+\overline{C}+\overline{D}+\overline{E}+F$
② $A+B+C+D+E+\overline{F}$
③ $\overline{A}\,\overline{B}\,\overline{C}\,\overline{D}\,\overline{E}+F$
④ $ABCDE+\overline{F}$

풀이 $Z=\overline{\overline{(ABC+\overline{DE})}F}=\overline{(\overline{ABC+\overline{DE}})}+\overline{F}$
$=ABCDE+\overline{F}$　**답** ④

79 그림과 같은 블록선도에서 전달함수 $\dfrac{C(s)}{R(s)}$를 구하면?

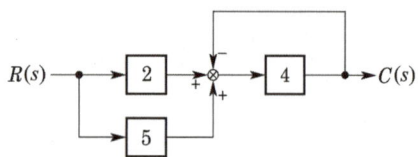

① $\dfrac{1}{8}$　　　② $\dfrac{5}{28}$

③ $\dfrac{28}{5}$　　　④ 8

풀이 $(2R+5R-C)\times4=C$이므로 전개하여 정리하면

$\therefore\ G(s)=\dfrac{C}{R}=\dfrac{28}{5}$

별해 전향경로 이득 : $(2+5)\times4=28$
루프 이득 : -4

$\therefore\ G(s)=\dfrac{\sum\text{전향 경로 이득}}{1-\sum\text{루프이득}}=\dfrac{28}{1+4}=\dfrac{28}{5}$　**답** ③

80 상태방정식 $x = A \cdot x + B \cdot u$, $y = C \cdot x$ 에서 특성방정식을 구하면?

단, $A = \begin{bmatrix} 0 & 1 & 0 \\ 0 & 0 & 1 \\ -12 & -19 & -8 \end{bmatrix}$,

$B = \begin{bmatrix} 0 \\ 0 \\ 6 \end{bmatrix}$, $C = [1 \ 0 \ 0]$이다.

① $s^3 + 8s^2 + 19s + 12 = 0$

② $s^3 + 12s^2 + 19s + 8 = 0$

③ $s^3 + 12s^2 + 19s + 8 = 6$

④ $s^3 + 8s^2 + 19s + 12 = 6$

풀이 n차 선형 시불변 시스템의 상태 방정식은

$$\frac{d}{dt}x(t) = Ax(t) + Br(t)$$

이때 제어계의 특성 방정식 $|sI - A| = 0$

$[sI - A] = \begin{bmatrix} s & 0 & 0 \\ 0 & s & 0 \\ 0 & 0 & s \end{bmatrix} - \begin{bmatrix} 0 & 1 & 0 \\ 0 & 0 & 1 \\ -12 & -19 & -8 \end{bmatrix}$

$= \begin{bmatrix} s & -1 & 0 \\ 0 & s & -1 \\ 12 & 19 & s+8 \end{bmatrix}$

$= s^3 + 8s^2 + 19s + 12 = 0$　　　답 ①

문제의 번호는 실제 시험문제의 번호와 같게 하였습니다.
회로이론에 해당하는 문제는 삭제하였습니다.

2014년 - 1회 _ 전기기사·공사기사

61 그림과 같은 RC 회로에 단위 계단전압을 가하면 출력전압은?

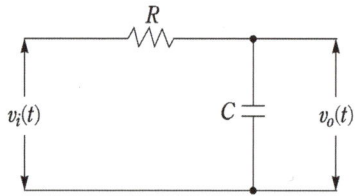

① 아무 전압도 나타나지 않는다.
② 처음부터 계단전압이 나타난다.
③ 계단전압에서 지수적으로 감쇠한다.
④ 0부터 상승하여 계단전압에 이른다.

풀이
• 전달함수 $G(s) = \dfrac{V_o(s)}{V_i(s)} = \dfrac{1}{RCs+1}$

• 입력(단위계단 전압)

$$V_i(s) = \mathcal{L}\left[v_i(t)\right] = \mathcal{L}\left[u(t)\right] = \frac{1}{s}$$

• 출력

$$V_o(s) = \frac{1}{RCs+1} V_i(s) = \frac{1}{RCs+1} \cdot \frac{1}{s}$$

$$= \frac{\dfrac{1}{RC}}{s\left(s+\dfrac{1}{RC}\right)} = \frac{1}{s} - \frac{1}{s+\dfrac{1}{RC}}$$

$$\therefore v_o(t) = \mathcal{L}^{-1}\left[V_o(s)\right] = 1 - e^{-\frac{1}{RC}t}$$

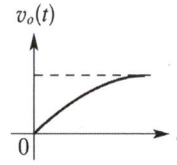

답 ④

62 단위계단 입력신호에 대한 과도응답은?

① 임펄스응답   ② 인디셜응답
③ 노멀응답   ④ 램프응답

풀이 입력신호가 단위 계단함수 일 때의 출력응답을 인디셜 응답 또는 단위 계단 응답이라고 한다.   **답** ②

63 자동제어의 분류에서 엘리베이터의 자동제어에 해당하는 제어는?

① 추종 제어
② 프로그램 제어
③ 정치 제어
④ 비율 제어

풀이 미리 정해진 프로그램에 따라 제어량을 변화시키는 목적으로 사용되는 것을 프로그램 제어라 한다.   **답** ②

64 Routh 안정도 판별법에 의한 방법 중 불안정한 제어계의 특성방정식은?

① $s^3 + 2s^2 + 3s + 4 = 0$
② $s^3 + s^2 + 5s + 4 = 0$
③ $s^3 + 4s^2 + 5s + 2 = 0$
④ $s^3 + 3s^2 + 2s + 10 = 0$

풀이 ④의 특성방정식에 관한 루드의 표는

s^3	1	2
s^2	3	10
s^1	$-\dfrac{4}{3}$	0
s^0	10	0

제1열의 부호가 2번 바뀌었으므로 s 평면의 우반면에 불안정한 근 2개를 갖는다.   **답** ④

65 다음 중 Z 변환함수 $\dfrac{3z}{(z-e^{-3t})}$ 에 대응되는 라플라스 변환 함수는?

① $\dfrac{1}{(s+3)}$ ② $\dfrac{3}{(s-3)}$

③ $\dfrac{1}{(s-3)}$ ④ $\dfrac{3}{(s+3)}$

풀이

$f(t)$	$F(s)$	$F(z)$
e^{-at}	$\dfrac{1}{s+a}$	$\dfrac{z}{z-e^{-at}}$

$$\therefore \frac{3z}{(z-e^{-3t})} \xrightarrow{F(s)} \frac{3}{(s+3)}$$

답 ④

---

66 그림과 같은 블록선도에서 $C(s)/R(s)$의 값은?

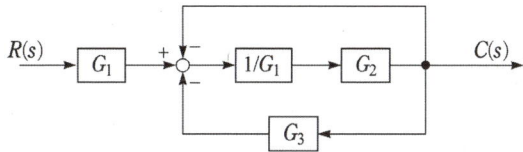

① $\dfrac{G_2}{G_1 - G_2 - G_3}$ ② $\dfrac{G_2}{G_1 - G_2 - G_2 G_3}$

③ $\dfrac{G_1}{G_1 + G_2 + G_2 G_3}$ ④ $\dfrac{G_1 G_2}{G_1 + G_2 + G_2 G_3}$

풀이

$$(RG_1 - C - CG_3)\frac{1}{G_1}G_2 = C$$

$$RG_2 - C\frac{G_2}{G_1} - C\frac{G_2 G_3}{G_1} = C$$

$$RG_2 = C\left(1 + \frac{G_2}{G_1} + \frac{G_2 G_3}{G_1}\right)$$

$$\therefore G(s) = \frac{C}{R} = \frac{G_1 G_2}{G_1 + G_2 + G_2 G_3}$$

별해 선향경로 이득 : G_2

루프 이득 : $-\dfrac{G_2}{G_{1,}} - \dfrac{G_2 G_3}{G_1}$

$$G(s) = \frac{\sum 전향\, 경로\, 이득}{1 - \sum 루프이득} = \frac{G_2}{1 + \dfrac{G_2}{G_1} + \dfrac{G_2 G_3}{G_1}}$$

$$= \frac{G_1 G_2}{G_1 + G_2 + G_2 G_3}$$

답 ④

---

67 이득이 K인 시스템의 근궤적을 그리고자 한다. 다음 중 잘못 된 것은?

① 근궤적의 가지수는 극(Pole)의 수와 같다.

② 근궤적은 $K=0$일 때 극에서 출발하고 $K=\infty$일 때 영점에 도착한다.

③ 실수축에서 이득 K가 최대가 되게 하는 점이 이탈점이 될 수 있다.

④ 근궤적은 실수축에 대칭이다.

풀이 근궤적의 작도법

① 근궤적은 $K=0$일 때 극에서 출발하고 $K=\infty$일 때 영점에 도착한다.

② 근궤적의 개수는 유한 영점의 개수(z)와 유한 극점의 개수(p) 중에서 큰 수와 같으며, 또한 특성방정식의 차수와 같다.

③ 특성방정식의 근이 실근 또는 공액 복소근을 가지므로, 근궤적은 실수축에 대하여 대칭이다.

④ 점근선은 실수축 상에서만 교차하고 그 수는 $n = p - z$이다.

⑤ 실수축에서 이득 K가 최대가 되게 하는 점이 이탈점이 될 수 있다.

답 ①

---

68 어떤 제어계에 단위 계단입력을 가하였더니 출력이 $1 - e^{-2t}$로 나타났다. 이 계의 전달함수는?

① $\dfrac{1}{s+2}$ ② $\dfrac{2}{s+2}$

③ $\dfrac{1}{s(s+2)}$ ④ $\dfrac{2}{s(s+2)}$

풀이

$$R(s) = \mathcal{L}[r(t)] = \mathcal{L}[u(t)] = \frac{1}{s}$$

$$C(s) = \mathcal{L}[c(t)] = \mathcal{L}[1 - e^{-2t}] = \frac{1}{s} - \frac{1}{s+2}$$

$$\therefore G(s) = \frac{C(s)}{R(s)} = \frac{\dfrac{1}{s} - \dfrac{1}{s+2}}{\dfrac{1}{s}} = 1 - \frac{s}{s+2}$$

$$= \frac{2}{s+2}$$

답 ②

---

69 다음과 같은 진리표를 갖는 회로의 종류는?

입 력		출력
A	B	
0	0	0
0	1	1
1	0	1
1	1	0

① AND   ② NAND

③ NOR   ④ EX-OR

풀이 • 배타적 논리합 회로(exclusive–OR gate)
입력 A, B가 서로 같지 않을 때만 출력이
"1"이 되는 회로이며, 논리식은
$X = \overline{A} \cdot B + A \cdot \overline{B} = A \oplus B$로 표시된다. **답** ④

70 다음 과도응답에 관한 설명 중 틀린 것은?

① 지연 시간은 응답이 최초로 목푯값의 50 [%]가 되는 데 소요되는 시간이다.

② 백분율 오버슈트는 최종 목푯값과 최대 오버슈트와의 비를 %로 나타낸 것이다.

③ 감쇠비는 최종 목푯값과 최대 오버슈트와의 비를 나타낸 것이다.

④ 응답시간은 응답이 요구하는 오차 이내로 정착되는 데 걸리는 시간이다.

풀이 감쇠비는 과도 응답의 소멸되는 속도를 나타내는 양으로써 최대 오버슈트와 다음 주기에 오는 오버슈트와의 비이다. **답** ③

75 $f(t) = 3t^2$의 라플라스 변환은?

① $\dfrac{3}{s^3}$ ② $\dfrac{3}{s^2}$

③ $\dfrac{6}{s^3}$ ④ $\dfrac{6}{s^2}$

풀이
$$F(s) = \mathcal{L}[3t^2] = 3 \times \frac{2!}{s^{(2+1)}}$$
$$= 3 \times \frac{2 \times 1}{s^3} = \frac{6}{s^3}$$ **답** ③

79 모든 초기값을 0으로 할 때, 입력에 대한 출력의 비는?

① 전달함수 ② 충격함수
③ 경사함수 ④ 포물선함수

풀이 전달함수는 모든 초기값을 0으로 하였을 때, 출력 신호의 라플라스 변환값과 입력 신호의 라플라스 변환값의 비이다. **답** ①

61 근궤적이 s평면의 $j\omega$축과 교차할 때 폐루프의 제어계는?

① 안정하다. ② 불안정하다.
③ 임계상태이다. ④ 알 수 없다.

풀이 근궤적이 허수축($j\omega$)과 교차할 때는 특성근의 실수부 크기가 0일 때와 같다. 특성근의 실수부가 0이면 임계 안정(임계 상태)이다. **답** ③

62 $G(s)H(s) = \dfrac{K}{s(s+1)(s+4)}$의 $K \geq 0$에서의 분지점(break away point)은?

① -2.867 ② 2.867
③ -0.467 ④ 0.467

풀이
$$1 + G(s)H(s) = 1 + \frac{K}{s(s+1)(s+4)} = 0$$
$$K = -s(s+1)(s+4)$$
$$K(\sigma) = -\sigma(\sigma+1)(\sigma+4) = -\sigma^3 - 5\sigma^2 - 4\sigma$$
$$\frac{dK(\sigma)}{d\sigma} = -3\sigma^2 - 10\sigma - 4 = 0$$
$$\therefore \sigma_1 = -0.467, \ \sigma_2 = -2.867$$
$K \geq 0$에 대한 실수축상의 구간은
$0 \sim -1, \ -4 \sim -\infty$이므로 $\sigma_2 = -2.867$은
근궤적점이 될 수 없으므로 버리고, 분지점은
$\therefore \sigma_1 = -0.467$ **답** ③

63 그림의 회로와 동일한 논리 소자는?

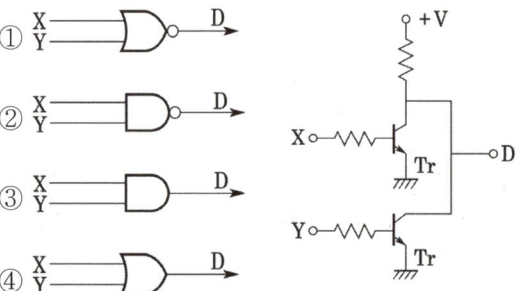

풀이

회로	유접점 회로	무접점 회로
NOR 회로	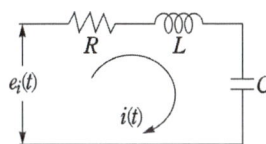	

회로	논리 회로	진리표
NOR 회로	$A \circ$ $B \circ$ X $X = \overline{A+B}$	<table><tr><td>A</td><td>B</td><td>X</td></tr><tr><td>0</td><td>0</td><td>1</td></tr><tr><td>0</td><td>1</td><td>0</td></tr><tr><td>1</td><td>0</td><td>0</td></tr><tr><td>1</td><td>1</td><td>0</td></tr></table>

X 또는 Y에 신호가 입력되면 Tr이 동작하여 출력 D가 소멸된다. 따라서 NOR 회로에 해당된다. **답** ①

64 그림과 같은 RLC 회로에서 입력전압 $e_i(t)$, 출력 전류가 $i(t)$인 경우 이 회로의 전달함수 $I(s)/E_i(s)$는? (단, 모든 초기조건은 0이다.)

① $\dfrac{Cs}{RCs^2 + LCs + 1}$ ② $\dfrac{1}{RCs^2 + LCs + 1}$

③ $\dfrac{Cs}{LCs^2 + RCs + 1}$ ④ $\dfrac{1}{LCs^2 + RCs + 1}$

풀이

$$e_i(t) = Ri(t) + L\frac{d}{dt}i(t) + \frac{1}{C}\int i(t)dt$$

초기값을 0으로 하고 라플라스 변환하면

$$E_i(s) = RI(s) + Ls\,I(s) + \frac{1}{Cs}I(s)$$

$$= \left(R + Ls + \frac{1}{Cs}\right)I(s)$$

$$\therefore G(s) = \frac{I(s)}{E_i(s)} = \frac{1}{R + Ls + \frac{1}{Cs}}$$

$$= \frac{Cs}{LCs^2 + RCs + 1}$$ **답** ③

65 아래의 신호흐름선도의 이득 $\dfrac{Y_6}{Y_1}$의 분자에 해당하는 값은?

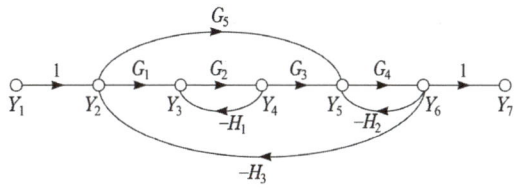

① $G_1 G_2 G_3 G_4 + G_4 G_5$

② $G_1 G_2 G_3 G_4 + G_4 G_5 + G_2 H_1$

③ $G_1 G_2 G_3 G_4 H_3 + G_2 H_1 + G_4 H_2$

④ $G_1 G_2 G_3 G_4 + G_4 G_5 + G_2 G_4 G_5 H_1$

풀이

① $G_1' = G_1 G_2 G_3 G_4$, $\Delta_1 = 1$,
  $G_2' = G_4 G_5$, $\Delta_2 = 1 + G_2 H_1$
  $L_{11} = -G_2 H_1$, $L_{21} = -G_4 H_2$,
  $L_{31} = -G_1 G_2 G_3 G_4 H_3$
  $L_{12} = G_2 G_4 H_1 H_2$

② $\Delta = 1 - (L_{11} + L_{21} + L_{31}) + L_{12}$
  $= 1 + G_2 H_1 + G_4 H_2 + G_1 G_2 G_3 G_4 H_3 + G_2 G_4 H_1 H_2$

$$\therefore \frac{Y_6}{Y_1} = \frac{G_1'\Delta_1 + G_2'\Delta_2}{\Delta}$$

$$= \frac{(G_1 G_2 G_3 G_4) \times 1 + G_4 G_5 \times (1 + G_2 H_1)}{1 + G_2 H_1 + G_4 H_2 + G_1 G_2 G_3 G_4 H_3 + G_2 G_4 H_1 H_2}$$

$$= \frac{G_1 G_2 G_3 G_4 + G_4 G_5 + G_2 G_4 G_5 H_1}{1 + G_2 H_1 + G_4 H_2 + G_1 G_2 G_3 G_4 H_3 + G_2 G_4 H_1 H_2}$$ **답** ④

66 2차 제어계에서 공진주파수(ω_m)와 고유주파수(ω_n), 감쇠비(α) 사이의 관계로 옳은 것은?

① $\omega_m = \omega_n \sqrt{1 - \alpha^2}$

② $\omega_m = \omega_n \sqrt{1 + \alpha^2}$

③ $\omega_m = \omega_n \sqrt{1 - 2\alpha^2}$

④ $\omega_m = \omega_n \sqrt{1 + 2\alpha^2}$

풀이 $\omega_m = \omega_n \sqrt{1 - 2\delta^2}$ **답** ③

67 다음 제어량 중에서 추종제어와 관계없는 것은?

① 위치   ② 방위
③ 유량   ④ 자세

풀이 • 항공기를 레이더로 추적하는 제어와 같이 임의로 변화하는 목푯값을 추적하는 제어를 추종 제어 혹은 추치 제어라 한다.
• 유량은 프로세스 제어이다.   **답** ③

68 다음의 미분방정식으로 표시되는 시스템의 계수 행렬 A는 어떻게 표시되는가?

$$\frac{d^2c(t)}{dt^2}+5\frac{dc(t)}{dt}+3c(t)=r(t)$$

① $\begin{bmatrix} -5 & -3 \\ 0 & 1 \end{bmatrix}$ ② $\begin{bmatrix} -3 & -5 \\ 0 & 1 \end{bmatrix}$

③ $\begin{bmatrix} 0 & 1 \\ -3 & -5 \end{bmatrix}$ ④ $\begin{bmatrix} 0 & 1 \\ -5 & -3 \end{bmatrix}$

풀이 $\dot{x_2}(t)=-3x_1(t)-5x_2(t)$

$\therefore \begin{bmatrix} \dot{x_1}(t) \\ \dot{x_2}(t) \end{bmatrix} = \begin{bmatrix} 0 & 1 \\ -3 & -5 \end{bmatrix}\begin{bmatrix} x_1(t) \\ x_2(t) \end{bmatrix}+\begin{bmatrix} 0 \\ 1 \end{bmatrix}r(t)$

답 ③

69 그림과 같은 RC 회로에서 $RC \ll 1$인 경우 어떤 요소의 회로인가?

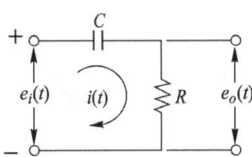

① 비례요소   ② 미분요소
③ 적분요소   ④ 2차 지연요소

풀이 비례 요소 : K, 미분요소 : Ks,

적분 요소 : $\frac{K}{s}$, 1차 지연요소 : $\frac{K}{Ts+1}$

전달함수 $G(s)=\frac{RCs}{1+RCs}=\frac{Ts}{1+Ts}$이므로

1차 지연 요소를 포함한 미분요소이다.
답 ②

71 보드선도상의 안정조건을 옳게 나타낸 것은? (단, g_m은 이득여유, ϕ_m은 위상여유)

① $g_m>0,\ \phi_m>0$ ② $g_m<0,\ \phi_m<0$
③ $g_m<0,\ \phi_m>0$ ④ $g_m>0,\ \phi_m<0$

풀이 보드 선도에서 안정 여부는 위상 선도가 $-180°$축과 교차하는 경우 위상여유(ϕ_m)와 이득여유(g_m)가 0보다 크면 안정하며 0보다 작으면 불안정하다.   **답** ①

73 RC 저역 여파기 회로의 전달함수 $G(j\omega)$에서 $\omega=\frac{1}{RC}$인 경우 $|G(j\omega)|$의 값은?

① 1

② $\frac{1}{\sqrt{2}}$

③ $\frac{1}{\sqrt{3}}$

④ $\frac{1}{2}$

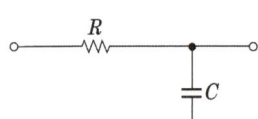

풀이 $G(s)=\dfrac{\frac{1}{sC}}{R+\frac{1}{sC}}=\dfrac{1}{sRC+1}$

$G(j\omega)=\dfrac{1}{j\omega RC+1}$에서 $\omega=\dfrac{1}{RC}$이므로

$|G(j\omega)|=\left|\dfrac{1}{1+j}\right|=\dfrac{1}{\sqrt{2}}=0.707$ **답** ②

78 $\dfrac{d^2x(t)}{dt^2}+2\dfrac{dx(t)}{dt}+x(t)=1$ 에서 $x(t)$는 얼마인가?
(단, $x(0)=x'(0)=0$이다.)

① $te^{-t}-e^t$ ② $t^{-t}+e^{-t}$
③ $1-te^{-t}-e^{-t}$ ④ $1+te^{-t}+e^{-t}$

풀이 $s^2X(s)+2sX(s)+X(s)=\dfrac{1}{s}$

$X(s)(s^2+2s+1)=\dfrac{1}{s}$

$X(s)=\dfrac{1}{s(s^2+2s+1)}=\dfrac{1}{s(s+1)^2}$

$=\dfrac{K_1}{s}+\dfrac{K_2}{(s+1)^2}+\dfrac{K_3}{(s+1)}$

$$K_1 = \lim_{s \to 0} s \cdot F(s) = \left[\frac{1}{s^2 + 2s + 1} \right]_{s=0} = 1$$

$$K_2 = \lim_{s \to -1} (s+1)^2 \cdot F(s) = \left[\frac{1}{s} \right]_{s=-1} = -1$$

$$K_3 = \lim_{s \to -1} \frac{d}{ds} \left(\frac{1}{s} \right) = \left[\frac{-1}{s^2} \right]_{s=-1} = -1$$

$$X(s) = \frac{1}{s} - \frac{1}{(s+1)^2} - \frac{1}{(s+1)}$$

$$\therefore x(t) = \mathcal{L}^{-1}[X(s)] = 1 - te^{-t} - e^{-t}$$ **답** ③

79 $\cos t \cdot \sin t$ 의 라플라스 변환은?

① $\dfrac{1}{8s} - \dfrac{1}{8} \cdot \dfrac{s}{s^2 + 16}$

② $\dfrac{1}{8s} - \dfrac{1}{8} \cdot \dfrac{4s}{s^2 + 16}$

③ $\dfrac{1}{4s} - \dfrac{1}{4} \cdot \dfrac{s}{s^2 + 4}$

④ $\dfrac{1}{4s} - \dfrac{1}{s} \cdot \dfrac{4s}{s^2 + 4}$

풀이 삼각 함수의 가법 정리

$\sin 2t = \sin(t+t) = 2\sin t \cos t$ 에 의하여

$\sin t \cos t = \dfrac{1}{2} \sin 2t$ 가 된다.

$$F(s) = \mathcal{L}[\sin t \, \cos t] = \mathcal{L}\left[\frac{1}{2} \sin 2t \right]$$

$$= \frac{1}{2} \cdot \frac{2}{s^2 + 2^2} = \frac{1}{s^2 + 4}$$ **답** 전항 정답

2014년 · **3회** _ 전기기사

61 $\dfrac{d^2 x}{dt^2} + \dfrac{dx}{dt} + 2x = 2u$ 의

상태변수를 $x_1 = x$, $x_2 = \dfrac{dx}{dt}$ 라 할 때,

시스템 매트릭스(system matrix)는?

① $\begin{bmatrix} 0 & 1 \\ 1 & 1 \end{bmatrix}$ ② $\begin{bmatrix} 0 & 1 \\ 2 & 1 \end{bmatrix}$

③ $\begin{bmatrix} 0 & 1 \\ -2 & -1 \end{bmatrix}$ ④ $\begin{bmatrix} 0 \\ 1 \end{bmatrix}$

풀이 $\dot{x}_2(t) = -2x_1(t) - x_2(t)$

$\therefore \begin{bmatrix} \dot{x}_1(t) \\ \dot{x}_2(t) \end{bmatrix} = \begin{bmatrix} 0 & 1 \\ -2 & -1 \end{bmatrix} \begin{bmatrix} x_1(t) \\ x_2(t) \end{bmatrix} + \begin{bmatrix} 0 \\ 2 \end{bmatrix} u(t)$ **답** ③

62 다음과 같은 블록선도의 등가합성 전달함수는?

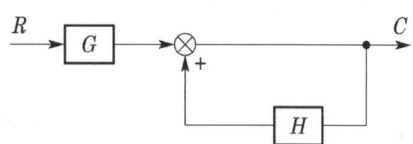

① $\dfrac{G}{1+H}$ ② $\dfrac{G}{1+GH}$

③ $\dfrac{G}{1-GH}$ ④ $\dfrac{G}{1-H}$

풀이 $C = RG + CH$, $C(1-H) = RG$

$\therefore \dfrac{C}{R} = \dfrac{G}{1-H}$

별해 전향경로 이득 : G, 루프 이득 : H

$$G(s) = \frac{\sum \text{전향 경로 이득}}{1 - \sum \text{루프이득}} = \frac{G}{1-H}$$ **답** ④

63 단위계단함수의 라플라스 변환과 z 변환함수는?

① $\dfrac{1}{s}$, $\dfrac{1}{z-1}$ ② s, $\dfrac{z}{z-1}$

③ $\dfrac{1}{s}$, $\dfrac{z-1}{z}$ ④ s, $\dfrac{z-1}{z}$

풀이

$f(t)$	$F(s)$	$F(z)$
$\delta(t)$	1	1
$u(t)$	$\dfrac{1}{s}$	$\dfrac{z}{z-1}$
t	$\dfrac{1}{s^2}$	$\dfrac{Tz}{(z-1)^2}$
e^{-at}	$\dfrac{1}{s+a}$	$\dfrac{z}{z-e^{-at}}$

답 전항 정답

64 Nyquist 선도로부터 결정된 이득여유는 4~12[db], 위상여유가 30~40°일 때 이 제어계는?

① 불안정
② 임계안정
③ 인디셜응답 시간이 지날수록 진동은 확대
④ 안정

풀이 안정계에 요구되는 여유는 다음과 같다.
  • 이득 여유 4~12[dB]
  • 위상 여유 30~60° **답** ④

65 다음과 같은 시스템의 전달함수를 미분 방정식의 형태로 나타낸 것은?

$$G(s) = \frac{Y(s)}{X(s)} = \frac{3}{(s+1)(s-2)}$$

① $\dfrac{d^2}{dt^2}x(t) + \dfrac{d}{dt}x(t) - 2x(t) = 3y(t)$

② $\dfrac{d^2}{dt^2}y(t) + \dfrac{d}{dt}y(t) - 2y(t) = 3x(t)$

③ $\dfrac{d^2}{dt^2}y(t) - \dfrac{d}{dt}y(t) - 2y(t) = 3x(t)$

④ $\dfrac{d^2}{dt^2}y(t) + \dfrac{d}{dt}y(t) + 2y(t) = 3x(t)$

풀이 $\dfrac{Y(s)}{X(s)} = \dfrac{3}{s^2 - s - 2}$

$s^2 Y(s) - s Y(s) - 2 Y(s) = 3X(s)$

$\therefore \dfrac{d^2}{dt^2}y(t) - \dfrac{d}{dt}y(t) - 2y(t) = 3x(t)$ **답** ③

66 자동제어계의 2차계 과도 응답에서 응답이 최초로 정상값의 50[%]에 도달하는 데 요하는 시간은 무엇인가?

① 상승시간 ② 지연시간
③ 응답시간 ④ 정정시간

풀이
  • 입상 시간(상승 시간) : 응답이 희망값의 10~90[%]까지 도달하는 데 요하는 시간을 말한다.
  • 시간 늦음(지연 시간) : 응답이 최초로 희망값(정상값)의 50[%]가 되는 데 요하는 시간이다.

  • 응답 시간 : 응답이 요구하는 오차 이내로 정착되는 데 요하는 시간
  • 정정 시간 : 응답의 최종값의 허용 범위가 ±5[%] 내에 안정되기까지 요하는 시간 **답** ②

67 단위 피드백 제어계에서 개루프 전달함수 $G(s)$가 다음과 같이 주어지는 계의 단위계단 입력에 대한 정상 편차는?

$$G(s) = \frac{6}{(s+1)(s+3)}$$

① $\dfrac{1}{2}$ ② $\dfrac{1}{3}$

③ $\dfrac{1}{4}$ ④ $\dfrac{1}{6}$

풀이 $e_{ss} = \lim\limits_{s \to 0} \dfrac{s}{1 + G(s)} R(s)$에서

$R(s) = \dfrac{1}{s}$이므로

$e_{ss} = \lim\limits_{s \to 0} \dfrac{s}{1 + G(s)} \cdot \dfrac{1}{s} = \dfrac{1}{1 + \lim\limits_{s \to 0} G(s)}$

$= \dfrac{1}{1 + \lim\limits_{s \to 0} \dfrac{6}{(s+1)(s+3)}} = \dfrac{1}{1+2} = \dfrac{1}{3}$ **답** ②

68 다음 진리표의 논리소자는?

입력		출력
A	B	C
0	0	1
0	1	0
1	0	0
1	1	0

① OR ② NOR
③ NOT ④ NAND

풀이

회로	유접점 회로	무접점 회로
NOR 회로		

회로	논리 회로	진리표
NOR 회로	$A \circ$ $B \circ$ $\triangleright \circ X$ $X = \overline{A+B}$	$\begin{array}{ccc} A & B & X \\ 0 & 0 & 1 \\ 0 & 1 & 0 \\ 1 & 0 & 0 \\ 1 & 1 & 0 \end{array}$

답 ②

---

69 다음과 같은 특성방정식의 근궤적 가지수는?

$$s(s+1)(s+2) + k(s+3) = 0$$

① 6   ② 5

③ 4   ④ 3

풀이 근궤적의 가지수는 특성방정식의 차수와 같으므로 세 개의 근과 세 개의 근궤적을 가진다. **답** ④

---

73 $f(t)$와 $\dfrac{df}{dt}$ 는 라플라스 변환이 가능하며

$\mathcal{L}\,[f(t)]$를 $F(s)$라고 할 때 최종값 정리는?

① $\lim\limits_{s \to 0} F(s)$ ② $\lim\limits_{s \to \infty} sF(s)$

③ $\lim\limits_{s \to \infty} F(s)$ ④ $\lim\limits_{s \to 0} sF(s)$

풀이 최종값의 정리 : 어떤 함수 $f(t)$에 대해서 시간 t 가 ∞ 에 가까워지는 경우 $f(t)$이 극한값
$$\lim_{t \to \infty} f(t) = \lim_{s \to 0} sF(s)$$
답 ④

---

79 구동점 임피던스(driving point impedance) 함수에 있어서 극점(pole)은?

① 단락회로 상태를 의미한다.

② 개방회로 상태를 의미한다.

③ 아무런 상태도 아니다.

④ 전류가 많이 흐르는 상태를 의미한다.

풀이 • 영점 : $Z(s) = 0$가 되는 s 의 값으로 회로의 단락 상태를 의미한다.

• 극점 : $Z(s) = \infty$ 가 되는 s 의 값으로 회로의 개방 상태를 의미한다. **답** ②

---

61 구동함수로 나타낸 임피던스를 부분분수로 전개할 때 K_0, K_1, K_2의 값은?

$$F(s) = \frac{s^2 + 2s - 2}{s(s+2)(s-3)}$$

① 0, -2, 3   ② -2, 6, 3

③ $\dfrac{1}{3}$, $-\dfrac{1}{5}$, $\dfrac{13}{15}$ ④ $\dfrac{2}{3}$, $\dfrac{1}{6}$, $-\dfrac{2}{5}$

풀이 $F(s) = \dfrac{s^2 + 2s - 2}{s(s+2)(s-3)} = \dfrac{K_1}{s} + \dfrac{K_2}{s+2} + \dfrac{K_3}{s-3}$

$K_1 = \lim\limits_{s \to 0} sF(s) = \left[\dfrac{s^2 + 2s - 2}{(s+2)(s-3)} \right]_{s=0} = \dfrac{1}{3}$

$K_2 = \lim\limits_{s \to -2} (s+2)F(s) = \left[\dfrac{s^2 + 2s - 2}{s(s-3)} \right]_{s=-2} = -\dfrac{1}{5}$

$K_3 = \lim\limits_{s \to 3} (s-3)F(s) = \left[\dfrac{s^2 + 2s - 2}{s(s+2)} \right]_{s=3} = \dfrac{13}{15}$

답 ③

---

70 Nyquist 경로에 포위되는 영역에 특성방정식의 근이 존재하지 않으면 제어계의 상태는?

① 안정   ② 불안정

③ 진동   ④ 발산

풀이

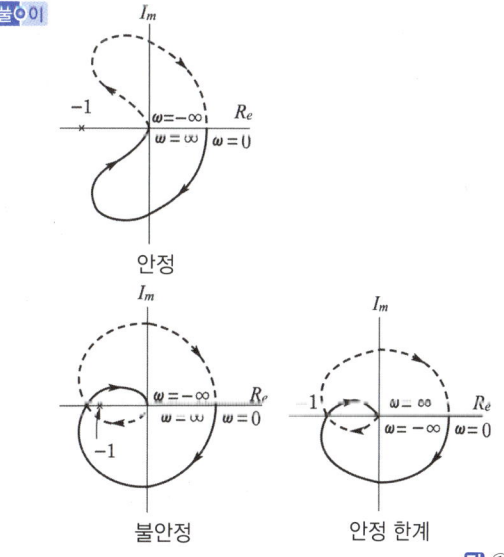

안정 / 불안정 / 안정 한계

답 ①

72 개루프 전달함수 $G(s) = \dfrac{s+2}{(s+1)(s+3)}$ 인 부궤환 제어계의 특성방정식은?

① $s^2 + 3s + 2 = 0$

② $s^2 + 4s + 3 = 0$

③ $s^2 + 4s + 6 = 0$

④ $s^2 + 5s + 5 = 0$

풀이 부궤환 제어계의 전달함수는

$\dfrac{G(s)}{1+G(s)H(s)}$ 이고,

특성방정식은 $1 + G(s)H(s) = 0$ 이다.

$1 + \dfrac{s+2}{(s+1)(s+3)} = 0$

$\therefore \ s^2 + 5s + 5 = 0$ **답** ④

73 전달함수가 $G(s) = \dfrac{\omega_n^2}{s^2 + 2\zeta\omega_n s + \omega_n^2}$ 으로 표시되는 2차계에서 $\omega_n = 1$, $\zeta = 1$인 경우의 단위 임펄스 응답은?

① e^{-t}

② te^{-t}

③ $1 - te^{-t}$

④ $1 - e^{-t}$

풀이 $R(s) = \mathcal{L}[r(t)] = L[\delta(t)] = 1$

$G(s) = \dfrac{\omega_n^2}{s^2 + 2\zeta\omega_n s + \omega_n^2} = \dfrac{1}{s^2 + 2s + 1} = \dfrac{1}{(s+1)^2}$

$C(s) = \dfrac{1}{(s+1)^2} R(s) = \dfrac{1}{(s+1)^2} \cdot 1 = \dfrac{1}{(s+1)^2}$

$\therefore c(t) = \mathcal{L}^{-1}[C(s)] = te^{-t}$ **답** ②

74 $G(s) = \dfrac{1}{1+10s}$ 인 1차 지연요소의 G(dB)는? (단, $\omega = 0.1$[rad/sec]이다.)

① 약 3

② 약 -3

③ 약 5

④ 약 -5

풀이 $G(s) = 20\log|G(j\omega)|$

$= 20\log\left|\dfrac{1}{1+j10\times0.1}\right| = 20\log\dfrac{1}{\sqrt{2}}$

$= -3$ **답** ②

75 논리식

$L = \bar{x} \cdot \bar{y} \cdot z + \bar{x} \cdot y \cdot z + x \cdot \bar{y} \cdot z$
$\quad + x \cdot y \cdot z$

를 간략화한 식은?

① z

② $x \cdot z$

③ $y \cdot z$

④ $x \cdot \bar{z}$

풀이 $L = \bar{x} \cdot \bar{y} \cdot z + \bar{x} \cdot y \cdot z + x \cdot \bar{y} \cdot z + x \cdot y \cdot z$

$= (\bar{x} + x) \cdot \bar{y} \cdot z + (\bar{x} + x) \cdot y \cdot z$

$= (\bar{x} + x) \cdot (\bar{y} + y) \cdot z = z$ **답** ①

76 $R(z) = \dfrac{(1 - e^{-aT})z}{(z-1)(z - e^{-aT})}$ 의 역변환은?

① $1 - e^{-aT}$

② $1 + e^{-aT}$

③ te^{-aT}

④ te^{aT}

풀이 $R(z) = \dfrac{(1 - e^{-aT})z}{(z-1)(z - e^{-aT})}$

$= \dfrac{z(z - e^{-aT}) - z(z-1)}{(z-1)(z - e^{-aT})}$

$= \dfrac{z}{z-1} - \dfrac{z}{z - e^{-aT}}$

따라서 $f(t)$는 $1 - e^{-aT}$가 된다. **답** ①

77 특성방정식 $s^2 + 2\zeta\omega_n s + \omega_n^2 = 0$에서 감쇠진동을 하는 제동비 ζ의 값은?

① $\zeta > 1$

② $\zeta = 1$

③ $\zeta = 0$

④ $0 < \zeta < 1$

풀이 $0 < \zeta < 1$인 경우 : 부족 제동 (감쇠 진동)

$\zeta > 1$인 경우 : 과제동 (비진동)

$\zeta = 1$인 경우 : 임계 제동 (임계 상태)

$\zeta = 0$인 경우 : 무제동 (무한 진동 또는 완전 진동) **답** ④

78 그림과 같은 회로망은 어떤 보상기로 사용될 수 있는가? (단, $1 < R_1 C_1$인 경우로 한다.)

① 지연 보상기

② 진·지상 보상기

③ 진상 보상기

④ 지상 보상기

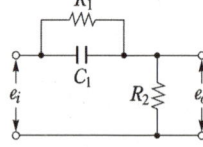

풀이

$$G(s) = \dfrac{\dfrac{1}{R_1} + Cs}{\dfrac{1}{R_1} + \dfrac{1}{R_2} + Cs}$$

$$= \dfrac{R_2 + R_1 R_2 Cs}{R_1 + R_2 + R_1 R_2 Cs}$$

$$= \dfrac{R_2}{R_1 + R_2} \cdot \dfrac{1 + R_1 Cs}{1 + \dfrac{R_1 R_2}{R_1 + R_2} Cs}$$

$$\alpha = \dfrac{R_2}{R_1 + R_2}, \quad \alpha < 1$$

$T = R_1 C$라 놓으면

$$\therefore \ G(s) = \dfrac{\alpha(1 + Ts)}{1 + \alpha Ts}$$

여기서, $\alpha Ts \ll 1$이라고 하면 전달함수는 근사적으로 $G(s) \fallingdotseq \alpha(1 + Ts)$로 되어 미분요소(진상 회로)가 된다. **답** ③

풀이

$$(R - CG_2)G_1 = C$$
$$RG_1 = C + CG_1 G_2 = C(1 + G_1 G_2)$$
$$\therefore \ \dfrac{C}{R} = \dfrac{G_1}{1 + G_1 G_2}$$

별해 전향경로 이득 : G_1, 루프 이득 : $-G_1 G_2$

$$G(s) = \dfrac{\sum \text{전향 경로 이득}}{1 - \sum \text{루프이득}} = \dfrac{G_1}{1 + G_1 G_2}$$ **답** ③

79 온도, 유량, 압력 등 공정제어를 제어량으로 하는 제어는?

① 프로세스 제어
② 자동조정
③ 서보기구
④ 정치제어

풀이 공업 공정의 상태량을 제어량으로 하는 제어를 프로세스(공정) 제어라 하며, 공정 공업에서는 원료나 에너지의 공급량(유량, 질량 등)을 규정하고 장치의 환경 조건(온도, 압력 등)을 정비함으로써 소요의 제품을 얻는다. 이 제어가 자동적으로 수행되는 공정 제어는 화학, 석유, 화섬, 철강, 가스, 펄프 공업 등에 널리 이용되고 있다. **답** ①

80 그림과 같은 피드백 회로의 전달함수는?

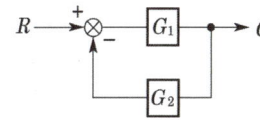

① $1 - G_1 G_2$

② $\dfrac{G_1}{1 - G_1 G_2}$

③ $\dfrac{G_1}{1 + G_1 G_2}$

④ $\dfrac{G_1 G_2}{1 + G_1 G_2}$

문제의 번호는 실제 시험문제의 번호와 같게 하였습니다.
회로이론에 해당하는 문제는 삭제하였습니다.

2015년 – 1회 _ 전기기사·공사기사

61 다음 중 $f(t) = e^{-at}$의 z 변환은?

① $\dfrac{1}{z - e^{-at}}$ ② $\dfrac{1}{z + e^{-at}}$

③ $\dfrac{z}{z - e^{-at}}$ ④ $\dfrac{z}{z + e^{-at}}$

풀이

$f(t)$	$F(s)$	$F(z)$
$\delta(t)$	1	1
$u(t)$	$\dfrac{1}{s}$	$\dfrac{z}{z-1}$
t	$\dfrac{1}{s^2}$	$\dfrac{Tz}{(z-1)^2}$
e^{-at}	$\dfrac{1}{s+a}$	$\dfrac{z}{z - e^{-at}}$

답 ③

62 다음은 시스템의 블록선도이다. 이 시스템이 안정한 시스템이 되기 위한 K의 범위는?

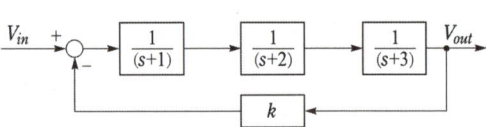

① $-6 < K < 60$
② $0 < K < 60$
③ $-1 < K < 3$
④ $0 < K < 3$

풀이 특성방정식은
$(s+1)(s+2)(s+3) + K$
$= s^3 + 6s^2 + 11s + (6+K) = 0$이므로
루드의 표는

s^3	1	11
s^2	6	6+K
s^1	$\dfrac{66-(6+K)}{6}$	0
s^0	6+K	

제1열의 부호 변화가 없어야 안정하므로
$66 - (6+K) > 0,\ 6+K > 0$
$\rightarrow\ K < 60,\ -6 < K$
$\therefore\ -6 < K < 60$

답 ①

63 $f(t) = \sin t \cdot \cos t$를 라플라스 변환하면?

① $\dfrac{1}{s^2 + 1^2}$ ② $\dfrac{1}{s^2 + 2^2}$

③ $\dfrac{1}{(s+2)^2}$ ④ $\dfrac{1}{(s+4)^2}$

풀이 삼각 함수의 가법 정리
$\sin 2t = \sin(t+t) = 2\sin t \cos t$ 에 의하여
$\sin t \cos t = \dfrac{1}{2} \sin 2t$ 가 된다.

$\therefore F(s) = \mathcal{L}[\sin t \cos t] = \mathcal{L}\left[\dfrac{1}{2} \sin 2t\right]$

$= \dfrac{1}{2} \cdot \dfrac{2}{s^2 + 2^2} = \dfrac{1}{s^2 + 2^2}$

답 ②

64 다음의 블록선도와 같은 것은?

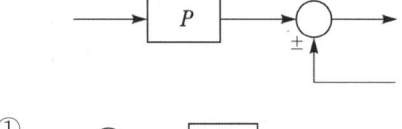

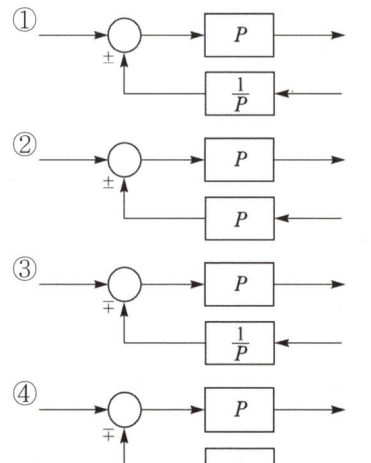

풀이

변환사항	변 환 전	등 가 변 환
인출점을 요소 앞에 이동	$a \rightarrow P \rightarrow b$ $b \leftarrow$	$a \rightarrow P \rightarrow b$ $P \rightarrow b$
합산점을 요소 앞에 이동	$a \rightarrow P \rightarrow b$ $\pm c$ $d = b \pm c$	$a \rightarrow \pm \rightarrow P \rightarrow d$ $1/P \leftarrow c$

답 ①

65 자동제어계의 기본적 구성에서 제어요소는 무엇으로 구성되는가?

① 비교부와 검출부
② 검출부와 조작부
③ 검출부와 조절부
④ 조절부와 조작부

풀이 제어 요소는 동작 신호를 조작량으로 변환하는 요소이고 조절부와 조작부로 이루어진다.

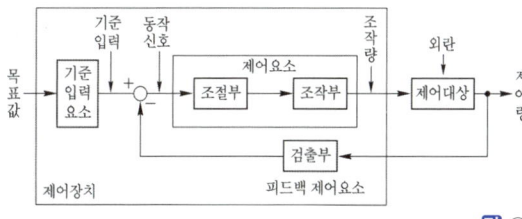

답 ④

67 응답이 최종값의 10[%]에서 90[%]까지 되는데 요하는 시간은?

① 상승시간(rising time)
② 지연시간(delay time)
③ 응답시간(response time)
④ 정정시간(settling time)

풀이 ① 입상 시간(상승 시간) : 응답이 희망값의 10～90[%]까지 도달하는 데 요하는 시간을 말한다.
② 시간 늦음(지연 시간) : 응답이 최초로 희망값(정상값)의 50[%]가 되는 데 요하는 시간이다.
③ 응답 시간 : 응답이 요구하는 오차 이내로 정착되는 데 요하는 시간
④ 정정 시간 : 응답의 최종값의 허용 범위가 ±5[%] 내에 안정되기까지 요하는 시간

답 ①

68 $G(s)H(s) = \dfrac{K}{s(s+4)(s+5)}$ 에서 근궤적의 수는?

① 1   ② 2   ③ 3   ④ 4

풀이 근궤적의 수(N)는
① z(영점의 수) $> p$(극의 수)이면 $N = z$
② $z < p$이면 $N = p$
문제에서 $z = 0$, $p = 3$이므로
근궤적의 수 $N = p = 3$이다.

답 ③

69 그림과 같은 RC 회로에서 전압 $v_i(t)$를 입력으로 하고 전압 $v_o(t)$를 출력으로 할 때 이에 맞는 신호흐름선도는? (단, 전달함수의 초기값은 0 이다.)

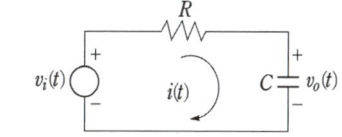

①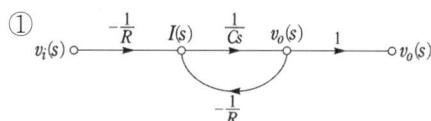

②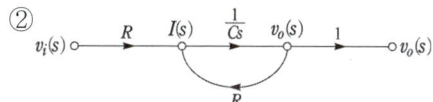

③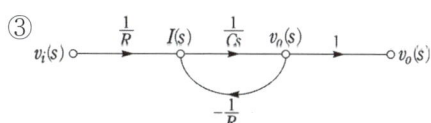

④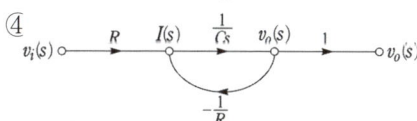

풀이 전압과 전류에 관한 방정식을 세우면

$$(v_i - v_0)\frac{1}{R} = i, \quad \frac{1}{Cs}i = v_0$$

라플라스 변환하면

$$V_i \frac{1}{R} - V_0 \frac{1}{R} = I, \quad \frac{1}{Cs}I = V_0$$

그러므로 신호흐름선도로 표시하면 다음과 같다.

$v_i(s) \circ\!\!\xrightarrow{\;R\;} I(s) \qquad v_0(s) \qquad I \xrightarrow{\frac{1}{Cs}} v_0(s)$
$\qquad\qquad -\frac{1}{R}$

합성하면

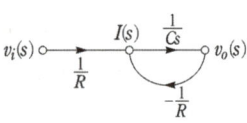

정리하면 다음과 같다.

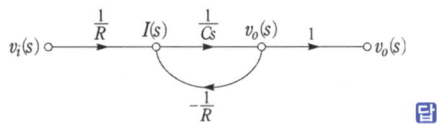

답 ③

70 $G(j\omega) = \dfrac{K}{j\omega(j\omega+1)}$의

나이퀴스트 선도는? (단, $K > 0$이다.)

① 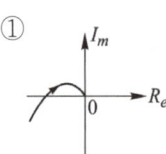 ②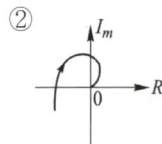

③ 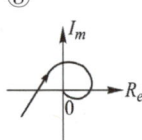 ④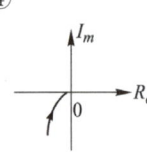

풀이 주파수 전달함수 $G(j\omega) = \dfrac{K}{j\omega(j\omega+1)}$

$\displaystyle\lim_{\omega\to 0}|G(j\omega)| = \lim_{\omega\to 0}\left|\dfrac{K}{j\omega(j\omega+1)}\right| = \lim_{\omega\to 0}\left|\dfrac{K}{j\omega}\right| = \infty$

$\displaystyle\lim_{\omega\to 0}\angle\,G(j\omega) = \lim_{\omega\to 0}\angle\,\dfrac{K}{j\omega(j\omega+1)} = \lim_{\omega\to 0}\angle\dfrac{K}{j\omega} = -90°$

$\displaystyle\lim_{\omega\to\infty}|G(j\omega)| = \lim_{\omega\to\infty}\left|\dfrac{K}{j\omega(j\omega+1)}\right|$

$\qquad\qquad = \displaystyle\lim_{\omega\to\infty}\left|\dfrac{K}{(j\omega)^2}\right| = 0$

$\displaystyle\lim_{\omega\to\infty}\angle\,G(j\omega) = \lim_{\omega\to\infty}\angle\,\dfrac{K}{j\omega(j\omega+1)}$

$\qquad\qquad = \displaystyle\lim_{\omega\to\infty}\angle\dfrac{K}{(j\omega)^2} = -180°$ 답 ④

74 그림과 같은 단위 계단 함수는?

① $u(t)$
② $u(t-a)$
③ $u(a-t)$
④ $-u(t-a)$

풀이 그림과 같은 단위 계단 함수를 시간함수로 표현하면 다음과 같다.

$f(t) = 1 \cdot u(t-a)$ 답 ②

2015년 - 2회 _ 전기기사·공사기사

61 다음의 연산증폭기 회로에서 출력전압 V_o를 나타내는 식은? (단, V_i는 입력신호이다.)

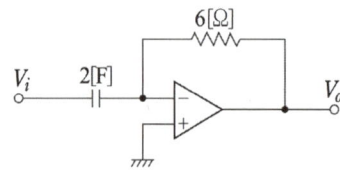

① $V_o = -12\dfrac{dV_i}{dt}$ ② $V_o = -8\dfrac{dV_i}{dt}$

③ $V_o = -0.5\dfrac{dV_i}{dt}$ ④ $V_o = -\dfrac{1}{8}\dfrac{dV_i}{dt}$

풀이 출력전압

$V_o = -CR\dfrac{dV_i}{dt} = -(2\times6)\times\dfrac{dV_i}{dt}$

$\qquad = -12\dfrac{dV_i}{dt}$ 답 ①

62 그림의 신호흐름선도에서 $\dfrac{C}{R}$를 구하면?

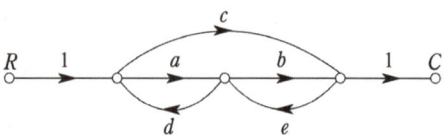

① $\dfrac{ab+c}{1-(ad+be)-cde}$

② $\dfrac{ab+c}{1+(ad+be)-cde}$

③ $\dfrac{ab+c}{1-(ad+be)}$

④ $\dfrac{ab+c}{1+(ad+be)}$

풀이
- $G_1' = ab$, $\Delta_1 = 1$, $G_2' = c$, $\Delta_2 = 1$
- $L_{11} = ad$, $L_{21} = be$, $L_{31} = cde$,
  $\Delta = 1 - (L_{11} + L_{21} + L_{31})$
  $\therefore \dfrac{C}{R} = \dfrac{G_1'\Delta_1 + G_2'\Delta_2}{\Delta} = \dfrac{ab+c}{1-(ad+be)-cde}$

답 ①

$f(t)$	$F(s)$	$F(z)$
t	$\dfrac{1}{s^2}$	$\dfrac{Tz}{(z-1)^2}$
e^{-at}	$\dfrac{1}{s+a}$	$\dfrac{z}{z-e^{-at}}$

답 ①

63 다음 특성방정식 중 안정될 필요조건을 갖춘 것은?

① $s^4 + 3s^2 + 10s + 10 = 0$

② $s^3 + s^2 - 5s + 10 = 0$

③ $s^3 + 2s^2 + 4s - 1 = 0$

④ $s^3 + 9s^2 + 20s + 12 = 0$

풀이 계의 안정 조건은 모든 차수의 항이 존재하고 각 계수의 부호가 같아야 한다. **답** ④

64 z변환법을 사용한 샘플치 제어계가 안정되려면 $1 + G(z)H(z) = 0$의 근의 위치는?

① z평면의 좌반면에 존재하여야 한다.

② z평면의 우반면에 존재하여야 한다.

③ $|z| = 1$인 단위원 안쪽에 존재하여야 한다.

④ $|z| = 1$인 단위원 바깥쪽에 존재하여야 한다.

풀이

안정도	근의 위치	
	s 평면	**z 평면**
안 정	좌반면	원점을 중심으로 한 단위원 내부
불 안 정	우반면	원점을 중심으로 한 단위원 외부
임계안정	허수축	원점을 중심으로 한 단위원

답 ③

65 $f(t) = Ke^{-at}$의 z 변환은?

① $\dfrac{Kz}{z - e^{-at}}$

② $\dfrac{Kz}{z + e^{-at}}$

③ $\dfrac{z}{z - Ke^{-at}}$

④ $\dfrac{z}{z + Ke^{-at}}$

풀이

$f(t)$	$F(s)$	$F(z)$
$\delta(t)$	1	1
$u(t)$	$\dfrac{1}{s}$	$\dfrac{z}{z-1}$

66 제어계의 입력이 단위계단신호일 때 출력응답은?

① 임펄스 응답   ② 인디셜 응답

③ 노멀 응답   ④ 램프 응답

풀이 입력신호가 단위계단함수일 때의 출력응답을 인디셜 응답 또는 단위 계단 응답이라고 한다. **답** ②

67 자동제어계의 과도응답의 설명으로 틀린 것은?

① 지연시간은 최종값의 50[%]에 도달하는 시간이다.

② 정정시간은 응답의 최종값의 허용범위가 ±5[%] 내에 안정되기까지 요하는 시간이다.

③ 백분율 오버슈트 $= \dfrac{최대오버슈트}{최종목푯값} \times 100$

④ 상승시간은 최종값의 10[%]에서 100[%]까지 도달하는 데 요하는 시간이다.

풀이 입상 시간(상승 시간)이란 응답이 희망값의 10~90[%]까지 도달하는 데 요하는 시간을 말한다. **답** ④

68 주파수 전달함수 $G(s) = s$인 미분요소가 있을 때 이 시스템의 벡터궤적은?

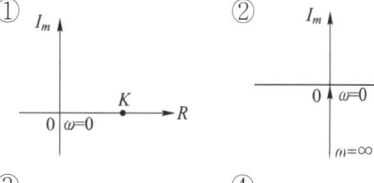

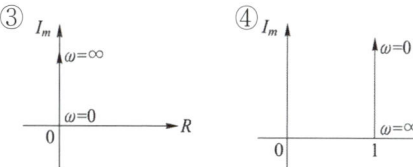

풀이 미분요소에서 주파수 전달함수 $G(j\omega) = j\omega$ 는 단지 허수부만으로, ω가 점점 증가함에 따라 $j\omega$ 는 허수축상에서 위로 올라가는 직선으로 된다. **답** ③

69 특성방정식 $P(s)$가 다음과 같이 주어지는 계가 있다. 이 계가 안정되기 위한 K와 T의 관계로 맞는 것은? (단, K와 T는 양의 실수이다.)

$$P(s) = 2s^3 + 3s^2 + (1 + 5KT)s + 5K = 0$$

① $K > T$
② $15KT > 10K$
③ $3 + 15KT > 10K$
④ $3 - 15KT > 10K$

풀이 특성방정식은
$$P(s) = 2s^3 + 3s^2 + (1 + 5KT)s + 5K = 0$$
이므로 루드의 표는

s^3	2	$1 + 5KT$
s^2	3	$5K$
s^1	$\dfrac{3 \times (1 + 5KT) - (2 \times 5K)}{3}$	0
s^0	$5K$	

제1열의 부호 변화가 없어야 안정하므로
$$3 \times (1 + 5KT) - (2 \times 5K) > 0, \ 5K > 0$$
따라서 K와 T의 관계는
$$3 + 15KT - 10K > 0$$
$$3 + 15KT > 10K$$
답 ③

70 2차계의 감쇠비 δ가 $\delta > 1$이면 어떤 경우인가?

① 비 제동
② 과 제동
③ 부족 제동
④ 발산

풀이
• $\delta < 1$인 경우 : 부족 제동(감쇠 진동)
• $\delta > 1$인 경우 : 과제동(비진동)
• $\delta = 1$인 경우 : 임계 제동(임계 상태)
• $\delta = 0$인 경우 : 무제동(무한 진동 또는 완전 진동)
답 ②

75 그림과 같은 회로의 전달함수는?
(단, $T_1 = R_1 C$, $T_2 = \dfrac{R_2}{R_1 + R_2}$ 이다.)

① $\dfrac{1}{1 + T_1 s}$

② $\dfrac{T_2(1 + T_1 s)}{1 + T_1 T_2 s}$

③ $\dfrac{1 + T_1 s}{1 + T_2 s}$

④ $\dfrac{T_2(1 + T_1 s)}{T_1(1 + T_2 s)}$

풀이 회로의 방정식은
$$C\frac{d}{dt}\{e_i(t) - e_0(t)\} + \frac{1}{R}\{e_i(t) - e_0(t)\} = \frac{1}{R_2}e_0(t)$$
이다. 초기값을 0으로 하고 라플라스 변환을 하면
$$Cs[E_i(s) - E_0(s)] + \frac{1}{R_1}[E_i(s) - E_0(s)] = \frac{1}{R_2}E_0(s)$$
전달함수 $G_{(s)}$는
$$G_{(s)} = \frac{E_0(s)}{E_i(s)} = \frac{Cs + \dfrac{1}{R_1}}{Cs + \dfrac{1}{R_1} + \dfrac{1}{R_2}}$$
$$= \frac{R_1 Cs + 1}{R_1 Cs + 1 + \dfrac{R_1}{R_2}} = \frac{R_1 Cs + 1}{R_1 Cs + \dfrac{R_1 + R_2}{R_2}}$$

여기서, $T_1 = R_1 C$, $T_2 = \dfrac{R_2}{R_1 + R_2}$ 이므로
$$\therefore G_{(s)} = \frac{T_1 s + 1}{T_1 s + \dfrac{1}{T_2}} = \frac{T_2(1 + T_1 s)}{1 + T_1 T_2 s}$$
답 ②

77 다음 파형의 라플라스 변환은?

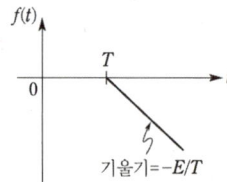

① $-\dfrac{E}{Ts^2}e^{-Ts}$

② $\dfrac{E}{Ts^2}e^{-Ts}$

③ $-\dfrac{E}{Ts^2}e^{Ts}$

④ $\dfrac{E}{Ts^2}e^{Ts}$

풀이 그림을 시간함수로 표현하면

$$f(t) = -\frac{E}{T}(t-T)u(t-T)$$ 이므로

이것을 라플라스 변환하면

$$\mathcal{L}[f(t)] = -\frac{E}{Ts^2}e^{-Ts}$$ **답** ①

80 $F(s) = \dfrac{2s+15}{s^3+s^2+3s}$ 일 때 $f(t)$의 **최종값**은?

① 15 ② 5 ③ 3 ④ 2

풀이 최종값 정리에 의하여

$$\lim_{t\to\infty}f(t) = \lim_{s\to0}sF(s) = \lim_{s\to0}s\cdot\frac{2s+15}{s(s^2+s+3)}$$

$$=\frac{15}{3}=5$$ **답** ②

2015년 · 3회 _ 전기기사

61 어떤 제어계의 전달함수

$$G(s) = \frac{s}{(s+2)(s^2+2s+2)}$$ 에서

안정성을 판정하면?

① 임계상태 ② 불안정
③ 안정 ④ 알 수 없다.

풀이 종합 전달함수이므로 특성방정식은

$$(s+2)(s^2+2s+2) = s^3+4s^2+6s+4 = 0$$

훌비쯔의 판별법에서

$a_0 = 1, \ a_1 = 4, \ a_2 = 6, \ a_3 = 4$ 이므로 $D_1 = a_1 = 4$

$$D_2 = \begin{vmatrix} a_1 & a_3 \\ a_0 & a_2 \end{vmatrix} = \begin{vmatrix} 4 & 4 \\ 1 & 6 \end{vmatrix} = 24-4 = 20$$

$D_1 > 0, \ D_2 > 0$ 이므로 제어계는 안정하다. **답** ③

62 전달함수의 크기가 주파수 0에서 최댓값을 갖는 저역통과 필터가 있다. 최댓값의 70.7[%] 또는 −3[dB]로 되는 크기까지의 주파수로 정의되는 것은?

① 공진주파수 ② 첨두공진점
③ 대역폭 ④ 분리도

풀이 ① 공진주파수 : 공진 정점이 일어나는 주파수이며, 일반적으로 ω_p의 값이 높으면 주기는 작다.
② 첨두공진점(M_p) : 최댓값으로 정의하며 계의 안정도의 척도가 된다. M_p가 크면 과도 응답 시 오버슈트가 커진다. 제어계에서 최적의 M_p의 값은 대략 1.1∼1.5이다.
③ 대역폭 : 대역폭은 크기가 $0.707M_0$ 또는 ($20\log M_0 - 3$)[dB]에서의 주파수로 정의한다. 대역폭이 넓으면 넓을수록 응답 속도가 빠르다. (여기서, M_0 : 영 주파수에서의 이득)
④ 분리도 : 분리도는 신호와 잡음(외란)을 분리하는 제어계의 특성을 가리킨다. 일반적으로 예리한 분리 특성은 큰 M_p를 동반하므로 불안정하기가 쉽다. **답** ③

63 그림과 같은 신호흐름선도에서 $C(s)/R(s)$의 값은?

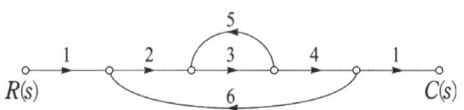

① $-\dfrac{24}{159}$ ② $-\dfrac{12}{79}$

③ $\dfrac{24}{65}$ ④ $\dfrac{24}{159}$

풀이 • 전향경로 이득 : $1\times2\times3\times4\times1 = 24$
• 루프 이득 : $3\times5 = 15, \ 2\times3\times4\times6 = 144$

$$G(s) = \frac{\sum 전향\ 경로\ 이득}{1-\sum 루프\ 이득}$$

$$=\frac{24}{1-15-144} = -\frac{12}{79}$$ **답** ②

64 자동제어계에서 과도응답 중 최종값의 10[%]에서 90[%]에 도달하는 데 걸리는 시간은?

① 정정시간(settling time)
② 지연시간(delay time)
③ 상승시간(rising time)
④ 응답시간(response time)

풀이 ① 정정 시간 : 응답의 최종값의 허용 범위가 ±5[%] 내에 안정되기까지 요하는 시간
② 시간 늦음(지연 시간) : 응답이 최초로 희망값(정상값)의 50[%]가 되는 데 요하는 시간이다.

③ 입상 시간(상승 시간)이란 응답이 희망값의 10~90 [%]까지 도달하는 데 요하는 시간을 말한다.

④ 응답 시간 : 응답이 요구하는 오차 이내로 정착되는 데 요하는 시간 답 ③

65 $G(s) = \dfrac{K}{s}$인 적분요소의 보드선도에서 이득 곡선의 1[decade] 당 기울기는 몇 [dB]인가?

① 10 ② 20

③ -10 ④ -20

풀이 $g = 20\log|G(j\omega)| = 20\log\left|\dfrac{K}{j\omega}\right| = 20\log\dfrac{K}{\omega}$

$= 20\log K - 20\log \omega$

$\omega = 0.1$일 때 $g = 20\log K + 20$[dB]

$\omega = 1$일 때 $g = 20\log K$[dB]

$\omega = 10$일 때 $g = 20\log K - 20$[dB]

그러므로 -20[dB]의 경사를 가지며,

위상각은 $\theta = G(j\omega) = \angle \dfrac{K}{j\omega} = -90°$이다. 답 ④

66 연산 증폭기의 성질에 관한 설명으로 틀린 것은?

① 전압 이득이 매우 크다.

② 입력 임피던스가 매우 작다.

③ 전력 이득이 매우 크다.

④ 출력 임피던스가 매우 작다.

풀이 연산 증폭기의 특징

① 입력 임피던스가 크다.

② 출력 임피던스는 적다.

③ 증폭도가 매우 크다.

④ 정부(+, −) 2개의 전원을 필요로 한다. 답 ②

67 다음 중 온도를 전압으로 변환시키는 요소는?

① 차동변압기 ② 열전대

③ 측온저항 ④ 광전지

풀이 변환 요소의 종류

변 환 량	변 환 요 소
압 력 → 변 위	벨로우즈, 다이어프램, 스프링
변 위 → 압 력	노즐 플래퍼, 유압 분사관, 스프링

변 환 량	변 환 요 소
변 위 → 임피던스	가변 저항기, 용량형 변환기, 가변 저항 스프링
변 위 → 전 압	포텐셔미터, 차동 변압기, 전위차계
전 압 → 변 위	전자석, 전자 코일
광 → 임피던스 광 → 전 압	광전관, 광전도 셀, 광전 트랜지스터, 광전지, 광전 다이오드
방사선 → 임피던스	GM관, 전리함
온 도 → 임피던스	측온 저항(열선, 서미스터, 백금, 니켈)
온 도 → 전 압	열전대(백금-백금 로듐, 철-콘스탄탄, 구리-콘스탄탄, 크로멜-알루멜)

답 ②

68 다음 블록선도의 전달함수는?

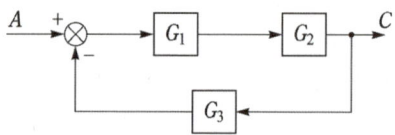

① $\dfrac{G_1 G_2}{1 - G_1 G_2 G_3}$ ② $\dfrac{G_1 G_2}{1 + G_1 G_2 G_3}$

③ $\dfrac{G_1}{1 - G_1 G_2 G_3}$ ④ $\dfrac{G_2}{1 + G_1 G_2 G_3}$

풀이 $(A - CG_3)G_1 G_2 = C$

$\rightarrow AG_1 G_2 = C + CG_1 G_2 G_3 = C(1 + G_1 G_2 G_3)$

$\therefore \dfrac{C}{A} = \dfrac{G_1 G_2}{1 + G_1 G_2 G_3}$

별해 전향경로 이득 : $G_1 G_2$

루프 이득 : $-G_1 G_2 G_3$

$G(s) = \dfrac{\sum \text{전향 경로 이득}}{1 - \sum \text{루프이득}} = \dfrac{G_1 G_2}{1 + G_1 G_2 G_3}$ 답 ②

69 특성방정식이 $s^4 + s^3 + 2s^2 + 3s + 2 = 0$인 경우 불안정한 근의 수는?

① 0개 ② 1개

③ 2개 ④ 3개

풀이 루드의 공식을 이용하면

s^4	1	2	2
s^3	1	3	0
s^2	$\frac{1 \times 2 - 1 \times 3}{1} = -1$	$\frac{1 \times 2 - 1 \times 0}{1} = 2$	
s^1	$\frac{-1 \times 3 - 1 \times 2}{-1} = 5$	0	
s^0	$\frac{5 \times 2 - (-1) \times 0}{5} = 2$		

제 1열의 부호가 2번 바뀌었으므로 s 평면의 우반면에 불안정한 근 2개를 갖는다. **답 ③**

---

70 3상 불평형 전압을 V_a, V_b, V_c라고 할 때 역상전압 V_2는?

① $V_2 = \frac{1}{3}(V_a + V_b + V_c)$

② $V_2 = \frac{1}{3}(V_a + a V_b + a^2 V_c)$

③ $V_2 = \frac{1}{3}(V_a + a^2 V_b + V_c)$

④ $V_2 = \frac{1}{3}(V_a + a^2 V_b + a V_c)$

풀이
- 영상전압 $V_0 = \frac{1}{3}(V_a + V_b + V_c)$
- 정상전압 $V_1 = \frac{1}{3}(V_a + a V_b + a^2 V_c)$
- 역상전압 $V_2 = \frac{1}{3}(V_a + a^2 V_b + a V_c)$ **답 ④**

---

71 $e(t)$의 z변환을 $E(z)$라 했을 때 $e(t)$의 초기값은?

① $\lim_{z \to 0} z E(z)$

② $\lim_{z \to 0} E(z)$

③ $\lim_{z \to \infty} z E(z)$

④ $\lim_{z \to \infty} E(z)$

풀이

항 목	초기값 정리	최종값 정리
z 변환	$e(0) = \lim_{z \to \infty} E(z)$	$e(\infty) = \lim_{z \to 1}\left(1 - \frac{1}{z}\right)E(z)$
라플라스 변환	$e(0) = \lim_{s \to \infty} s E(s)$	$e(\infty) = \lim_{s \to 0} s E(s)$

답 ④

---

74 다음 함수의 라플라스 역변환은?

$$I(s) = \frac{2s + 3}{(s+1)(s+2)}$$

① $e^{-t} - e^{-2t}$ ② $e^t - e^{-2t}$

③ $e^{-t} + e^{-2t}$ ④ $e^t + e^{-2t}$

풀이
$$I(s) = \frac{2s + 3}{(s+1)(s+2)} = \frac{K_1}{s+1} + \frac{K_2}{s+2}$$
$$K_1 = \lim_{s \to -1}(s+1)F(s) = \left[\frac{2s+3}{s+2}\right]_{s=-1} = 1$$
$$K_2 = \lim_{s \to -2}(s+2)F(s) = \left[\frac{2s+3}{s+1}\right]_{s=-2} = 1$$
$$I(s) = \frac{1}{s+1} + \frac{1}{s+2}$$
$$\therefore i(t) = \mathcal{L}^{-1}[I(s)] = \mathcal{L}^{-1}\left[\frac{1}{s+1} + \frac{1}{s+2}\right]$$
$$= e^{-t} + e^{-2t}$$ **답 ③**

---

76 그림과 같은 전기회로의 전달함수는?
(단, $e_i(t)$ 입력전압, $e_o(t)$ 출력전압이다.)

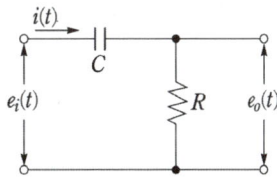

① $\dfrac{1 + CRs}{CR}$ ② $\dfrac{1 + CRs}{CRs}$

③ $\dfrac{CR}{1 + CRs}$ ④ $\dfrac{CRs}{1 + CRs}$

풀이
$$\begin{cases} v_1(t) = \frac{1}{C}\int i(t)dt + Ri(t) \\ v_2(t) = Ri(t) \end{cases}$$
초기값을 0으로 하고 라플라스 변환하면
$$\begin{cases} V_1(s) = \frac{1}{Cs}I(s) + RI(s) \\ V_2(s) = RI(s) \end{cases}$$
$$\therefore G(s) = \frac{V_2(s)}{V_1(s)} = \frac{R}{\frac{1}{Cs} + R} = \frac{CRs}{1 + CRs}$$ **답 ④**

2015년 4회 _ 공사기사

---

62 회로망의 전달함수 $H(s) = \dfrac{V_2(s)}{V_1(s)}$ 를 구하면?

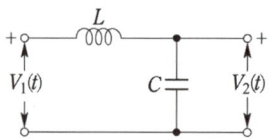

① $\dfrac{LC}{1+LCs}$

② $\dfrac{LC}{1+LCs^2}$

③ $\dfrac{1}{1+LCs}$

④ $\dfrac{1}{1+LCs^2}$

풀이

$$\frac{V_2(s)}{V_1(s)} = \frac{\frac{1}{Cs}}{Ls+\frac{1}{Cs}} = \frac{1}{1+LCs^2}$$

답 ④

67 $F(s) = \dfrac{1}{s(s+a)}$ 의 라플라스 역변환은?

① e^{-at}

② $1-e^{-at}$

③ $a(1-e^{-at})$

④ $\dfrac{1}{a}(1-e^{-at})$

풀이

$$F(s) = \frac{1}{s(s+a)} = \frac{K_1}{s} + \frac{K_2}{s+a}$$

$$K_1 = \lim_{s \to 0} s \cdot F(s) = \left[\frac{1}{s+a}\right]_{s=0} = \frac{1}{a}$$

$$K_2 = \lim_{s \to -a}(s+a)F(s) = \left[\frac{1}{s}\right]_{s=-a} = -\frac{1}{a}$$

$$F(s) = \frac{1}{a} \cdot \frac{1}{s} - \frac{1}{a} \cdot \frac{1}{s+a}$$

$$\therefore f(t) = \mathcal{L}^{-1}F(s)$$

$$= \mathcal{L}^{-1}\left[\frac{1}{a} \cdot \frac{1}{s} - \frac{1}{a} \cdot \frac{1}{s+a}\right]$$

$$= \frac{1}{a} \cdot \mathcal{L}^{-1}\left[\frac{1}{s} - \frac{1}{s+a}\right]$$

$$= \frac{1}{a}(1-e^{-at})$$

답 ④

---

71 단위 임펄스함수 $\delta(t)$를 z변환하면?

① 1

② $\dfrac{1}{1+z^{-1}}$

③ $\dfrac{1}{1-z^{-1}}$

④ $\dfrac{1}{z}$

풀이

$f(t)$	$F(s)$	$F(z)$
$\delta(t)$	1	1
$u(t)$	$\dfrac{1}{s}$	$\dfrac{z}{z-1}$
t	$\dfrac{1}{s^2}$	$\dfrac{Tz}{(z-1)^2}$
e^{-at}	$\dfrac{1}{s+a}$	$\dfrac{z}{z-e^{-at}}$

답 ①

72 대역폭(Band Width)은 과도응답 성질의 한 척도로 사용되는데 이의 특성으로 알맞은 것은?

① 대역폭이 적으면 비교적 높은 주파수만이 통과한다.

② 대역폭이 크면 시간응답은 일반적으로 늦고 완만하다.

③ 대역폭이 적으면 시간응답은 일반적으로 늦고 완만하다.

④ 대역폭이 크면 비교적 낮은 주파수만이 통과한다.

풀이 대역폭은 크기가 $0.707M_0$ 또는 $(20\log M_0 - 3)$[dB]에서의 주파수로 정의한다. 대역폭이 넓으면 넓을수록 응답 속도가 빠르다. **답** ③

73 전달함수 $G(j\omega) = j5\omega$이고, $\omega = 0.02$일 때 이득[dB]은?

① 20

② 10

③ -20

④ -10

풀이

$$g = 20\log|G(j\omega)| = 20\log|5j\omega|_{\omega=0.02}$$

$$= 20\log|j5 \times 0.02| = 20\log|j0.1|$$

$$= 20\log10^{-1} = -20[\text{dB}]$$

답 ③

74 특성방정식 $s^3 + Ks^2 + 2s + K + 1 = 0$으로 주어진 제어계가 안정하기 위한 K범위는?

① $K > 0$
② $K > 1$
③ $-1 < K < 1$
④ $K > -1$

풀이 루드의 표는

s^3		1	2
s^2		K	$K+1$
s^1	$\dfrac{2K-(K+1)}{K} = 1 - \dfrac{1}{K}$		0
s^0		$K+1$	

제1열의 부호 변화가 없으려면

$$K > 0, \ 1 - \frac{1}{K} > 0, \ K + 1 > 0$$

$$\therefore \ K > 1$$

별해 훌비쯔의 행렬식에서

$a_0 = 1, \ a_1 = K, \ a_2 = 2, \ a_3 = K + 1$이므로

$$D_1 = a_1 = K$$

$$D_2 = \begin{vmatrix} a_1 & a_3 \\ a_0 & a_2 \end{vmatrix} = \begin{vmatrix} K & K+1 \\ 1 & 2 \end{vmatrix}$$
$$= 2K - (K+1) = K - 1$$

제어계가 안정하기 위해서는 $D_1 > 0, \ D_2 > 0$이어야 하므로

$$K > 0, \ K - 1 > 0$$

$$\therefore \ K > 1$$

답 ②

75 다음 회로에서 출력 전압 V_0는?
(단, $V_1, \ V_2, \ V_3$는 입력 신호전압이다.)

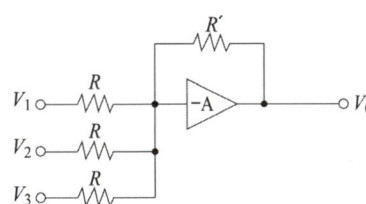

① $V_0 = -\dfrac{R'}{3R}(V_1 + V_2 + V_3)$

② $V_0 = \dfrac{R'}{3R}(V_1 + V_2 + V_3)$

③ $V_0 = -\dfrac{R'}{R}(V_1 + V_2 + V_3)$

④ $V_0 = \dfrac{R'}{R}(V_1 + V_2 + V_3)$

풀이
$$V_o = -\frac{R'}{R_1}V_1 - \frac{R'}{R_2}V_2 - \frac{R'}{R_3}V_3$$
$$= -\frac{R'}{R}V_1 - \frac{R'}{R}V_2 - \frac{R'}{R}V_3$$
$$= -\frac{R'}{R}(V_1 + V_2 + V_3)$$

답 ③

76 상태방정식 $\dfrac{d}{dt}x(t) = Ax(t) + Bu(t)$에서

$A = \begin{bmatrix} -6 & 7 \\ 2 & -1 \end{bmatrix}$이라면 A의 고유값은?

① $1, \ -8$
② $1, \ -5$
③ $2, \ -8$
④ $2, \ -5$

풀이 특성방정식 $[sI - A] = 0$에서
$$\begin{bmatrix} s & 0 \\ 0 & s \end{bmatrix} - \begin{bmatrix} -6 & 7 \\ 2 & -1 \end{bmatrix} = \begin{bmatrix} s+6 & -7 \\ -2 & s+1 \end{bmatrix}$$
$$= (s+6)(s+1) - 14 = 0$$
$$s^2 + 7s - 8 = 0$$
$$(s-1)(s+8) = 0$$
$$\therefore \ s = 1 \ \text{or} \ -8$$

답 ①

77 단위 부궤환 시스템이 $G(s) = \dfrac{2}{s(s+2)}$와

같을 때, 다음 중 옳은 것은?

① 무제동
② 임계제동
③ 과제동
④ 부족제동

풀이 특성방정식은
$$s(s+2) + 2 = s^2 + 2s + 2 = 0$$
$$\therefore \ s = \frac{-2 \pm \sqrt{2^2 - 4 \times 1 \times 2}}{2} = -1 \pm j$$

(공액 복소수근)이므로 부족제동($\delta < 1$)이다.

답 ④

78 시퀀스제어에 관한 설명으로 틀린 것은?

① 시스템이 저가이고 간단하다.
② 제어동작이 출력과 관계없어 오차가 많이 나올 수 있다.
③ 입력과 출력 간의 오차를 시스템 내부에서 스스로 조절할 수 있다.
④ 미리 정해진 순서에 따라 제어가 순차적으로 진행된다.

풀이 (1) 개회로 제어계(open loop control system)

가장 간단한 장치로서 제어 동작이 출력과 관계없이 신호의 통로가 열려 있는 제어 계통을 개회로 제어계라 한다. 또한 이 제어계는 미리 정해 놓은 순서에 따라서 제어의 각 단계가 순차적으로 진행되므로 시퀀스 제어(sequential control)라고도 한다.

(2) 개회로 제어계의 특징

① 제어 시스템이 가장 간단하며, 설치비가 싸다.

② 제어동작이 출력과 관계가 없어 오차가 많이 생길 수 있으며 이 오차를 교정할 수가 없다.

답 ③

79 논리식 $L = \overline{x} \cdot \overline{y} + \overline{x} \cdot y + x \cdot y$를 간략화 한 것은?

① $x + y$ ② $\overline{x} + y$

③ $x + \overline{y}$ ④ $\overline{x} + \overline{y}$

풀이 $L = \overline{x} \cdot \overline{y} + \overline{x} \cdot y + x \cdot y$

$= (\overline{x} \cdot \overline{y} + \overline{x} \cdot y) + (x \cdot y + \overline{x} \cdot y)$

$(\because \overline{x} \cdot y = \overline{x} \cdot y + \overline{x} \cdot y)$

$= \overline{x}(\overline{y} + y) + y(\overline{x} + x) = \overline{x} + y$

$(\because \overline{y} + y = 1, \ \overline{x} + x = 1)$

답 ②

80 $\dfrac{k}{s+a}$ 인 전달함수를 신호흐름선도로 표시하면?

①
```
  k      s      -1
o───o────o────o
       ↘ a ↗
```

②
```
  s      k       1
o───o────o────o
       ↘ -a ↗
```

③
```
  k     -1/s    -1
o───o────o────o
       ↘ a ↗
```

④
```
  s      -k      1
o───o────o────o
       ↘ -a ↗
```

풀이 보기의 신호흐름선도를 전달함수로 표현하면 다음과 같다.

① $\dfrac{-ks}{1-as}$ ② $\dfrac{ks}{1+ak}$

③ $\dfrac{k}{s+a}$ ④ $\dfrac{-ks}{1-ak}$

답 ③

문제의 번호는 실제 시험문제의 번호와 같게 하였습니다.
회로이론에 해당하는 문제는 삭제하였습니다.

2016년 – 1회 _전기기사·공사기사

---

61 제어오차가 검출될 때 오차가 변화하는 속도에 비례하여 조작량을 조절하는 동작으로 오차가 커지는 것을 사전에 방지하는 제어 동작은?

① 미분동작제어
② 비례동작제어
③ 적분동작제어
④ 온-오프(ON-OFF)제어

풀이 미분동작제어(D동작)
제어계 오차가 검출될 때 오차가 변화하는 속도에 비례하여 조작량을 가·감산하도록 하는 동작으로 오차가 커지는 것을 미리 방지하는 데 있다. **답** ①

---

62 다음과 같은 상태방정식으로 표현되는 제어계에 대한 설명으로 틀린 것은?

$$\dot{x} = \begin{bmatrix} 0 & 1 \\ -2 & -3 \end{bmatrix} x + \begin{bmatrix} 1 & 1 \\ 0 & -2 \end{bmatrix} u$$

① 2차 제어계이다.
② x는 (2×1)의 벡터이다.
③ 특성방정식은 $(s+1)(s+2)=0$이다.
④ 제어계는 부족제동(under damped)된 상태에 있다.

풀이 특성방정식은 $s^2 + 3s + 2 = 0$이므로
$s^2 + 2\delta\omega_n s + \omega_n^2 = 0$과 비교하면
$2\delta\omega_n = 3$,
$\omega_n^2 = 2 \rightarrow \omega_n = \sqrt{2}$,
$2\sqrt{2}\delta = 3$
$\therefore \delta = \dfrac{3}{2\sqrt{2}} > 1$: 과제동 **답** ④

---

63 벡터 궤적이 그림과 같이 표시되는 요소는?

① 비례요소
② 1차 지연 요소
③ 2차 지연요소
④ 부동작 시간요소

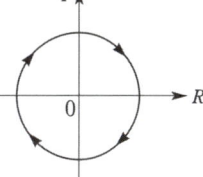

풀이 부동작 시간 요소 $G(s) = e^{-Ls}$는
$G(j\omega) = e^{-j\omega L} = \cos\omega L - j\sin\omega L$
$|G(j\omega)| = \sqrt{(\cos\omega L)^2 + (\sin\omega L)^2} = 1$
$\angle G(j\omega) = \tan^{-1}\left(\dfrac{\sin\omega L}{\cos\omega L}\right) = -\omega L$

즉, 크기는 1이며, ω의 증가에 따라 원주상을 시계 방향으로 회전하는 벡터 궤적 $G(j\omega)$이다. **답** ④

---

64 그림과 같은 이산치계의 z변환 전달함수 $\dfrac{C(z)}{R(z)}$를 구하면?

(단, $Z\left[\dfrac{1}{s+a}\right] = \dfrac{z}{z - e^{-aT}}$ 임)

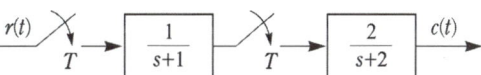

① $\dfrac{2z}{z - e^{-T}} - \dfrac{2z}{z - e^{-2T}}$

② $\dfrac{2z^2}{(z - e^{-T})(z - e^{-2T})}$

③ $\dfrac{2z}{z - e^{-2T}} - \dfrac{2z}{z - e^{-T}}$

④ $\dfrac{2z}{(z - e^{-T})(z - e^{-2T})}$

풀이 $C(z) = G_1(z) G_2(z) R(z)$
$G(z) = \dfrac{C(z)}{R(z)} = G_1(z) G_2(z)$
$= z\left[\dfrac{1}{s+1}\right] z\left[\dfrac{2}{s+2}\right]$
$= \dfrac{2z^2}{(z - e^{-T})(z - e^{-2T})}$ **답** ②

65 다음의 논리 회로를 간단히 하면?

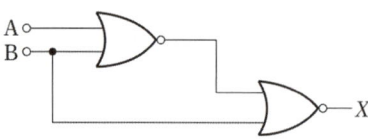

① $X = AB$ ② $X = A\overline{B}$

③ $X = \overline{A}B$ ④ $X = \overline{AB}$

풀이 $\overline{(A+B)+B} = \overline{(\overline{A} \cdot \overline{B})+B} = \overline{(\overline{A}+B) \cdot (\overline{B}+B)}$
$= \overline{(\overline{A}+B)} = A \cdot \overline{B}$ **답** ②

66 그림과 같은 신호흐름선도에서 $C(s)/R(s)$의 값은?

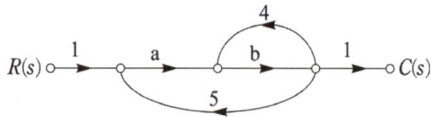

① $\dfrac{ab}{1-4b-5ab}$ ② $\dfrac{ab}{1+4b-5ab}$

③ $\dfrac{ab}{1-4b+5ab}$ ④ $\dfrac{ab}{1+4b+5ab}$

풀이 $G_1 = 1 \cdot a \cdot b \cdot 1 = ab$, $\Delta_1 = 1$,
$L_{11} = b \cdot 4 = 4b$, $L_{21} = a \cdot b \cdot 5 = 5ab$
$\Delta = 1-(L_{11}+L_{21}) = 1-(4b+5ab) = 1-4b-5ab$
$\therefore \dfrac{C}{R} = \dfrac{G_1\Delta_1}{\Delta} = \dfrac{ab}{1-4b-5ab}$ **답** ①

67 단위계단 입력에 대한 응답특성이

$c(t) = 1-e^{-\frac{1}{T}t}$ 로 나타나는 제어계는?

① 비례제어계
② 적분제어계
③ 1차지연제어계
④ 2차지연제어계

풀이 $R(s) = \mathcal{L}[r(t)] = \mathcal{L}[u(t)] = \dfrac{1}{s}$

$C(s) = \mathcal{L}[c(t)] = \mathcal{L}\left[1-e^{-\frac{1}{T}t}\right] = \dfrac{1}{s} - \dfrac{1}{s+\dfrac{1}{T}}$

$\therefore G(s) = \dfrac{C(s)}{R(s)} = \dfrac{\dfrac{1}{s} - \dfrac{1}{s+\dfrac{1}{T}}}{\dfrac{1}{s}}$

$= 1 - \dfrac{s}{s+\dfrac{1}{T}} = \dfrac{1}{Ts+1}$

즉, 1차지연제어계이다. **답** ③

68 $G(s)H(s) = \dfrac{K(s+1)}{s^2(s+2)(s+3)}$에서 근궤적의 수는?

① 1 ② 2

③ 3 ④ 4

풀이 근궤적의 수(N)는
① z(영점의 수) $> p$(극의 수)이면 $N = z$
② $z < p$, $N = p$
문제에서 $z = 1$, $p = 4$이므로
근궤적의 수 $N = p$, 즉 $N = 4$ 이다. **답** ④

69 주파수 응답에 의한 위치제어계의 설계에서 계통의 안정도 척도와 관계가 적은 것은?

① 공진치 ② 위상여유
③ 이득여유 ④ 고유주파수

풀이 주파수 응답에서 안정도의 척도는
① 공진치, ② 위상 여유, ③ 이득 여유가 된다.
즉, 고유 주파수($\omega_n = 1/\sqrt{LC}$)는 안정도와는 무관하다. **답** ④

70 나이퀴스트(Nyquist) 선도에서의 임계점 $(-1, j0)$에 대응하는 보드 선도에서의 이득과 위상은?

① 1[dB], 0° ② 0[dB], $-90°$
③ 0[dB], 90° ④ 0[dB], $-180°$

풀이 • 이득 $= 20\log|G| = 20\log 1 = 0$[dB]
• 위상 $= -180°$ 또는 180° **답** ④

79 $F(s) = \dfrac{5s+3}{s(s+1)}$ 일 때 $f(t)$의 정상값은?

① 5   ② 3

③ 1   ④ 0

풀이 최종값 정리에 의하여

$$\lim_{t \to \infty} f(t) = \lim_{s \to 0} sF(s)$$
$$= \lim_{s \to 0} s \cdot \frac{5s+3}{s(s+1)} = \frac{3}{1} = 3$$

답 ②

2016년 · 2회 _ 전기기사·공사기사

61 Nyquist 판정법의 설명으로 틀린 것은?

① 안정성을 판정하는 동시에 안정도를 제시해 준다.

② 계의 안정도를 개선하는 방법에 대한 정보를 제시해 준다.

③ Nyquist 선도는 제어계의 오차 응답에 관한 정보를 준다.

④ Routh-Hurwitz 판정법과 같이 계의 안정 여부를 직접 판정해 준다.

풀이 Nyquist 안정도 판별법
- 절대 안정도에 관하여 루드 훌비쯔 판별법과 같은 정보를 제공한다.
- 시스템의 안정도를 개선할 수 있는 방법을 제시한다.
- 시스템의 주파수 영역 응답에 대한 정보를 제공한다.

답 ③

62 그림의 신호흐름선도에서 $\dfrac{y_2}{y_1}$은?

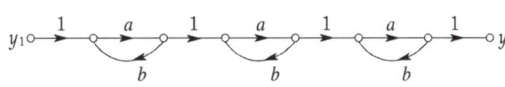

① $\dfrac{a^3}{1-3ab}$ ② $\dfrac{a^3}{(1-ab)^3}$

③ $\dfrac{a^3}{(1-3ab+ab)}$ ④ $\dfrac{a^3}{(1-3ab+2ab)}$

풀이 신호흐름선도는 3개 부분으로 나누어 계산할 수 있다.

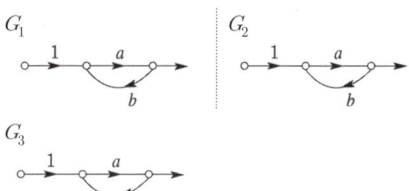

각 부분의 전달함수는 $\dfrac{a}{1-ab}$이고,

각 부분의 종속(직렬) 접속관계이므로

전체 전달함수 $G(s) = G_1 \times G_2 \times G_3 = G_1^3$

$$= \left(\frac{a}{1-ab}\right)^3 = \frac{a^3}{(1-ab)^3}$$

별해

$$G(s) = \frac{\sum 전향 \ 경로 \ 이득}{1 - \sum 루프이득_1 + \sum 루프이득_2 - \sum 루프이득_3}$$
$$= \frac{a^3}{1-3(ab)+3(ab)^2-(ab)^3} = \frac{a^3}{(1-ab)^3}$$

답 ②

63 폐루프 시스템의 특징으로 틀린 것은?

① 정확성이 증가한다.

② 감쇠폭이 증가한다.

③ 발진을 일으키고 불안정한 상태로 되어갈 가능성이 있다.

④ 계의 특성변화에 대한 입력 대 출력비의 감도가 증가한다.

풀이 피드백(폐루프) 제어계의 특징
① 정확성의 증가
② 계의 특성 변화에 대한 입력 대 출력비의 감도 감소
③ 비선형과 왜형에 대한 효과의 감소
④ 감대폭의 증가
⑤ 발진을 일으키고 불안정한 상태로 되어 가는 경향성
⑥ 구조가 복잡하고 설치비가 고가

답 ④

64 다음과 같은 상태 방정식의 고유값 λ_1과 λ_2는?

$$\begin{bmatrix} \dot{x}_1 \\ \dot{x}_2 \end{bmatrix} = \begin{bmatrix} 1 & -2 \\ -3 & 2 \end{bmatrix} \begin{bmatrix} x_1 \\ x_2 \end{bmatrix} + \begin{bmatrix} 2 & -3 \\ -4 & 3 \end{bmatrix} \begin{bmatrix} r_1 \\ r_2 \end{bmatrix}$$

① 4, -1   ② -4, 1

③ 6, -1   ④ -6, 1

풀이
$$|\lambda I - A| = \begin{bmatrix} \lambda & 0 \\ 0 & \lambda \end{bmatrix} - \begin{bmatrix} 1 & -2 \\ -3 & 2 \end{bmatrix}$$
$$= \begin{bmatrix} \lambda-1 & 2 \\ 3 & \lambda-2 \end{bmatrix} = (\lambda-1)(\lambda-2)-6$$
$$= \lambda^2 - 3\lambda - 4 = (\lambda-4)(\lambda+1) = 0$$
$$\therefore \lambda = 4, \ -1 \qquad \text{답 ①}$$

65 2차 제어계 $G(s)H(s)$의 나이퀴스트 선도의 특징이 아닌 것은?

① 이득여유는 ∞ 이다.
② 교차량 $|GH| = 0$ 이다.
③ 모두 불안정한 제어계이다.
④ 부의 실축과 교차하지 않는다.

풀이 2차 시스템에서 $G(s)H(s)$의 나이퀴스트 선도
① 음의 실수축과 교차하지 않으므로 교차량 $|GH_C|$는 0이다.
② 이득 여유
$$GM = 20\log\frac{1}{|GH_C|} = 20\log\frac{1}{0} = \infty\text{[dB]이다.}$$
③ 모든 이득 $K(<\infty)$에 대해서 **2차 시스템은 안정하다.** 답 ③

66 단위계단 함수 $u(t)$를 z 변환하면?

① 1   ② $\dfrac{1}{z}$ ③ 0   ④ $\dfrac{z}{z-1}$

풀이

$f(t)$	$F(s)$	$F(z)$
$\delta(t)$	1	1
$u(t)$	$\dfrac{1}{s}$	$\dfrac{z}{z-1}$
t	$\dfrac{1}{s^2}$	$\dfrac{Tz}{(z-1)^2}$
e^{-at}	$\dfrac{1}{s+a}$	$\dfrac{z}{z-e^{-at}}$

답 ④

67 그림과 같은 블록선도로 표시되는 제어계는 무슨 형인가?

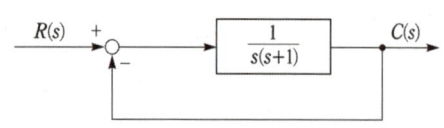

① 0   ② 1   ③ 2   ④ 3

풀이
$$G(s)H(s) = \frac{1}{s(s+1)} \text{에서}$$
분모의 차수가 1이므로 1형 제어계이다. 답 ②

68 제어기에서 미분제어의 특성으로 가장 적합한 것은?

① 대역폭이 감소한다.
② 제동을 감소시킨다.
③ 작동오차의 변화율에 반응하여 동작한다.
④ 정상상태의 오차를 줄이는 효과를 갖는다.

풀이 미분동작제어(D 동작)
제어계 오차가 검출될 때 **오차가 변화하는 속도에 비례하여 조작량을 가ㆍ감산하도록 하는 동작으로** 오차가 커지는 것을 미리 방지하는 데 있다. 답 ③

69 다음의 설명 중 틀린 것은?

① 최소 위상 함수는 양의 위상여유이면 안정하다.
② 이득 교차 주파수는 진폭비가 1이 되는 주파수이다.
③ 최소 위상 함수는 위상 여유가 0이면 임계안정하다.
④ 최소 위상 함수의 상대안정도는 위상각의 증가와 함께 작아진다.

풀이 최소 위상 함수의 상대안정도는 **위상각의 증가와 함께 커진다.** 답 ④

70 다음 논리회로의 출력 X는?

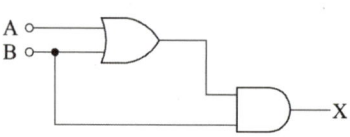

① A   ② B
③ A+B   ⑤ A ㆍ B

풀이 $X = (A+B) \cdot B = A \cdot B + B \cdot B$
$$= A \cdot B + B = B(A+1) = B \qquad \text{답 ②}$$

79 $f(t) = u(t-a) - u(t-b)$의 라플라스 변환 $F(s)$는?

① $\dfrac{1}{s^2}(e^{-as} - e^{-bs})$ ② $\dfrac{1}{s}(e^{-as} - e^{-bs})$

③ $\dfrac{1}{s^2}(e^{as} + e^{bs})$ ④ $\dfrac{1}{s}(e^{as} + e^{bs})$

풀이 $\mathcal{L}[f(t)] = \mathcal{L}[u(t-a) - u(t-b)]$
$$= \frac{e^{-as}}{s} - \frac{e^{-bs}}{s} = \frac{1}{s}(e^{-as} - e^{-bs})$$ **답** ②

2016년 - 3회_전기기사

61 단위 피드백 제어계의 개루프 전달함수가 $G(s) = \dfrac{1}{(s+1)(s+2)}$일 때 단위계단 입력에 대한 정상편차는?

① $\dfrac{1}{3}$ ② $\dfrac{2}{3}$ ③ 1 ④ $\dfrac{4}{3}$

풀이 $e_{ss} = \lim_{s \to 0} \dfrac{s}{1+G(s)} R(s)$에서

$R(s) = \dfrac{1}{s}$이므로

$e_{ss} = \lim_{s \to 0} \dfrac{s}{1+G(s)} \cdot \dfrac{1}{s} = \dfrac{1}{1 + \lim_{s \to 0} G(s)}$

$= \dfrac{1}{1 + \lim_{s \to 0} \dfrac{1}{(s+1)(s+2)}} = \dfrac{1}{1 + \dfrac{1}{2}} = \dfrac{2}{3}$ **답** ②

62 $G(s)H(s) = \dfrac{K(s+1)}{s^2(s+2)(s+3)}$에서 점근선의 교차점을 구하면?

① $-\dfrac{5}{6}$ ② $-\dfrac{1}{5}$ ③ $-\dfrac{4}{3}$ ④ $-\dfrac{1}{3}$

풀이 교차점

$\sigma = \dfrac{\Sigma G(s)H(s)\text{의 극} - \Sigma G(s)H(s)\text{의 영점}}{p-z}$

(여기서, p : 극점의 개수, z : 영점의 개수)

$p = 4$개$(0, 0, -2, -3)$, $z = 1$개(-1)이므로

$\therefore \sigma = \dfrac{(-2-3) - (-1)}{4-1} = -\dfrac{4}{3}$ **답** ③

63 그림의 블록선도에서 K에 대한 폐루프 전달함수 $T = \dfrac{C(s)}{R(s)}$의 감도 S_K^T는?

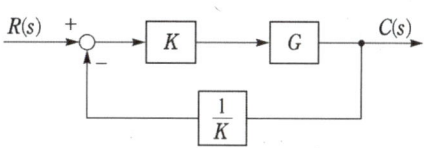

① -1 ② -0.5 ③ 0.5 ④ 1

풀이 전달함수

$T = \dfrac{C(s)}{R(s)} = \dfrac{KG}{1 + \dfrac{1}{K} \cdot KG} = \dfrac{KG}{1+G}$

K에 대한 감도

$\therefore S_K^T = \dfrac{K}{T} \cdot \dfrac{dT}{dK} = \dfrac{K}{\dfrac{KG}{1+G}} \cdot \dfrac{d}{dK}\left(\dfrac{KG}{1+G}\right)$

$= \dfrac{1+G}{G} \cdot \dfrac{G(1+G) - KG \cdot 0}{(1+G)^2} = 1$ **답** ④

64 다음의 전달함수 중에서 극점이 $-1 \pm j2$, 영점이 -2인 것은?

① $\dfrac{s+2}{(s+1)^2 + 4}$ ② $\dfrac{s-2}{(s+1)^2 + 4}$

③ $\dfrac{s+2}{(s-1)^2 + 4}$ ④ $\dfrac{s-2}{(s-1)^2 + 4}$

풀이 극점은 분모가 0, 영점은 분자가 0 이어야 한다.
• 극점 : $s = -1 \pm j2$에서 분모는
$[s - (-1 + j2)][s - (-1 - j2)] = s^2 + 2s + 5$
$= s^2 + 2s + 5 = (s+1)^2 + 4$
• 영점 : $s = -2$에서 분자는 $s+2$
따라서 $G(s) = \dfrac{s+2}{(s+1)^2 + 4}$이다. **답** ①

65 비례요소를 나타내는 전달함수는?

① $G(s) = K$ ② $G(s) = Ks$

③ $G(s) = \dfrac{K}{s}$ ④ $G(s) = \dfrac{K}{Ts+1}$

풀이 • 비례 요소 : K • 미분요소 : Ks
• 적분 요소 : $\dfrac{K}{s}$ • 1차 지연요소 : $\dfrac{K}{Ts+1}$ **답** ①

66 다음의 논리 회로를 간단히 하면?

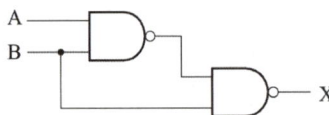

① $\overline{A} + B$ ② $A + \overline{B}$

③ $\overline{A} + \overline{B}$ ④ $A + B$

풀이 $X = \overline{(A \cdot B) \cdot B} = \overline{\overline{A \cdot B} + \overline{B}} = A \cdot B + \overline{B}$
분배법칙에 의해
$A \cdot B + \overline{B} = (A + \overline{B}) \cdot (B + \overline{B}) = A + \overline{B}$
($\because B + \overline{B} = 1$) **답** ②

67 근궤적에 대한 설명 중 옳은 것은?

① 점근선은 허수축에서만 교차한다.
② 근궤적이 허수축을 끊는 K의 값은 일정하다.
③ 근궤적은 절대 안정도 및 상대 안정도와 관계가 없다.
④ 근궤적의 개수는 극점의 수와 영점의 수 중에서 큰 것과 일치한다.

풀이 근궤적의 작도법
① 근궤적은 $K=0$일 때 극에서 출발하고 $K=\infty$일 때 영점에 도착한다.
② 근궤적의 개수는 유한 영점의 개수(z)와 유한 극점의 개수(p) 중에서 큰 수와 같으며, 또한 특성방정식의 차수와 같다.
③ 특성방정식의 근이 실근 또는 공액복소근을 가지므로, 근궤적은 실수축에 대하여 대칭이다.
④ 점근선은 실수축 상에서만 교차하고 그 수는 $n = p - z$이다.
⑤ 실수축에서 이득 K가 최대가 되게 하는 점이 이탈점이 될 수 있다. **답** ④

68 $F(s) = s^3 + 4s^2 + 2s + K = 0$에서 시스템이 안정하기 위한 K의 범위는?

① $0 < K < 8$ ② $-8 < K < 0$
③ $1 < K < 8$ ④ $-1 < K < 8$

풀이 특성방정식은 $F(s) = s^3 + 4s^2 + 2s + K = 0$이므로 루드의 표는

s^3	1	2
s^2	4	K
s^1	$\dfrac{8-K}{4}$	0
s^0	K	

제1열의 부호 변화가 없어야 안정하므로
$8 - K > 0$, $8 > K$, $K > 0$
$\therefore 0 < K < 8$ **답** ①

69 전달함수 $G(s) = \dfrac{C(s)}{R(s)} = \dfrac{1}{(s+a)^2}$인 제어계의 임펄스 응답 $c(t)$는?

① e^{-at} ② $1 - e^{-at}$
③ te^{-at} ④ $\dfrac{1}{2}t^2$

풀이 임펄스 응답은 단위 임펄스 함수를 입력으로 했을 때의 응답이다.
• 임펄스 입력
$R(s) = \mathcal{L}[r(t)] = \mathcal{L}[\delta(t)] = 1$
• 임펄스 응답
$c(t) = \mathcal{L}^{-1}[G(s)R(s)] = \mathcal{L}^{-1}[G(s) \cdot 1]$
$= \mathcal{L}^{-1}[G(s)]$
$= \mathcal{L}^{-1}\left[\dfrac{1}{(s+a)^2}\right] = te^{-at}$ **답** ③

70 $\mathcal{L}^{-1}\left[\dfrac{s}{(s+1)^2}\right]$는?

① $e^t - te^{-t}$ ② $e^{-t} - te^{-t}$
③ $e^{-t} + te^{-t}$ ④ $e^{-t} + 2te^{-t}$

풀이 $F(s) = \dfrac{s}{(s+1)^2} = \dfrac{A}{(s+1)^2} + \dfrac{B}{s+1}$
$A = \lim_{s \to -1}(s+1)^2 F(s) = [s]_{s=-1} = -1$
$B = \lim_{s \to -1}\dfrac{d}{ds}s = [1]_{s=-1} = 1$
$F(s) = \dfrac{-1}{(s+1)^2} + \dfrac{1}{s+1} = \dfrac{1}{s+1} - \dfrac{1}{(s+1)^2}$
$\therefore f(t) = \mathcal{L}^{-1}[F(s)] = e^{-t} - te^{-t}$

별해 $f(t) = \mathcal{L}^{-1}\left[\dfrac{s}{(s+1)^2}\right]$
$= \mathcal{L}^{-1}\left[\dfrac{s+1}{(s+1)^2} + \dfrac{-1}{(s+1)^2}\right]$
$= \mathcal{L}^{-1}\left[\dfrac{1}{s+1} - \dfrac{1}{(s+1)^2}\right] = e^{-t} - te^{-t}$ **답** ②

72 그림과 같은 직류 전압의 라플라스 변환을 구하면?

① $\dfrac{E}{s-1}$

② $\dfrac{E}{s+1}$

③ $\dfrac{E}{s}$

④ $\dfrac{E}{s^2}$

풀이 $\mathcal{L}[Eu(t)] = \dfrac{E}{s}$

(문제의 그림은 단위 계단 함수이므로 $\dfrac{E}{s}$가 된다.)

답 ③

2016년 — 4회 _ 공사기사

62 $\displaystyle\int_0^t f(t)\,dt$을 라플라스 변환하면?

① $s^2 F(s)$ ② $sF(s)$

③ $\dfrac{1}{s}F(s)$ ④ $\dfrac{1}{s^2}F(s)$

풀이 실적분 정리 $\mathcal{L}\left[\displaystyle\int_0^t f(t)\,dt\right] = \dfrac{1}{s}F(s)$

답 ③

71 그림과 같은 신호흐름선도의 전달함수는?

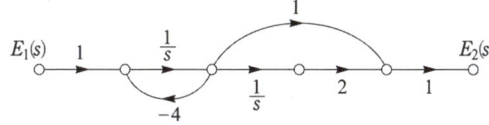

① $\dfrac{E_2(s)}{E_1(s)} = \dfrac{s-4}{s(s-2)}$

② $\dfrac{E_2(s)}{E_1(s)} = \dfrac{s-2}{s(s-4)}$

③ $\dfrac{E_2(s)}{E_1(s)} = \dfrac{s+4}{s(s+2)}$

④ $\dfrac{E_2(s)}{E_1(s)} = \dfrac{s+2}{s(s+4)}$

풀이
- 전향경로 이득 $\dfrac{1}{s} + \dfrac{1}{s}\times\dfrac{1}{s}\times 2 = \dfrac{1}{s} + \dfrac{2}{s^2}$
- 루프 이득 $\dfrac{1}{s}\times(-4) = -\dfrac{4}{s}$

따라서 전달함수

$$G(s) = \dfrac{\sum \text{전향 경로 이득}}{1 - \sum \text{루프 이득}} = \dfrac{\dfrac{1}{s} + \dfrac{2}{s^2}}{1 + \dfrac{4}{s}}$$

$$= \dfrac{s+2}{s(s+4)}$$

답 ④

72 보드선도에서 이득곡선이 0[dB]인 점을 지날 때의 주파수에서 양의 위상여유가 생기고 위상 곡선이 −180°를 지날 때 양의 이득여유가 생긴다면 이 폐루프 시스템의 안정도는 어떻게 되겠는가?

① 항상 안정
② 항상 불안정
③ 조건부 안정
④ 안정성 여부를 판가름할 수 없다.

풀이 위상여유와 이득여유가 모두 양(+)이면 시스템은 안정하다.

답 ①

73 그림과 등가인 논리회로는?

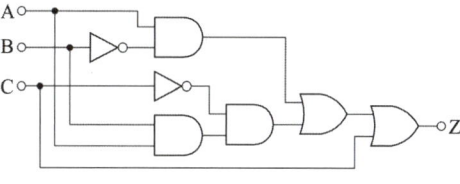

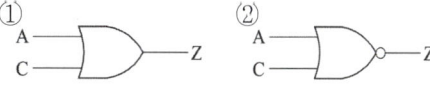

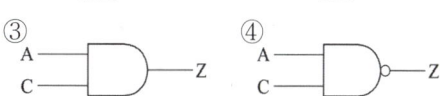

풀이 $Z = A\overline{B} + AB\overline{C} + C = \overline{\overline{A\overline{B} + AB\overline{C}} + C}$

$= \overline{A\overline{B}} \cdot \overline{AB\overline{C}} \cdot \overline{C}$

$= \overline{(A+B) \cdot (\overline{A} + \overline{B} + C) \cdot \overline{C}}$

$= \overline{\overline{A}\,\overline{A}C + A\overline{B}C + \overline{A}C\overline{C} + \overline{A}\overline{B}C + B\overline{B}C + BC\overline{C}}$

$= \overline{A\overline{B}C + \overline{A}\overline{B}C + \overline{A}BC}$

$\quad (\because \overline{A}\overline{A} = \overline{A},\ B\overline{B} = 0,\ C\overline{C} = 0)$

$= \overline{A\overline{C} + \overline{A}\overline{C}(B + \overline{B})} = \overline{A\overline{C} + \overline{A}\overline{C}}$

$\quad (\because \overline{B} + B = 1)$

$= \overline{\overline{A}\overline{C}} = \overline{\overline{A} + \overline{C}} = A + C$ **답** ①

74 $\dfrac{d^3}{dt^3}c(t) + 8\dfrac{d^2}{dt^2}c(t) + 19\dfrac{d}{dt}c(t) + 12c(t)$

$= 6u(t)$의 미분방정식을 상태방정식

$\dfrac{dx(t)}{dt} = Ax(t) + Bu(t)$로

표현할 때 옳은 것은?

① $A = \begin{bmatrix} 0 & 1 & 0 \\ 0 & 0 & 1 \\ -12 & -19 & -8 \end{bmatrix}$, $B = \begin{bmatrix} 0 \\ 0 \\ 6 \end{bmatrix}$

② $A = \begin{bmatrix} 0 & 1 & 0 \\ 0 & 0 & 1 \\ -8 & -19 & -12 \end{bmatrix}$, $B = \begin{bmatrix} 0 \\ 0 \\ 6 \end{bmatrix}$

③ $A = \begin{bmatrix} 0 & 1 & 0 \\ 0 & 0 & 1 \\ -12 & -19 & -8 \end{bmatrix}$, $B = \begin{bmatrix} 6 \\ 0 \\ 0 \end{bmatrix}$

④ $A = \begin{bmatrix} 0 & 1 & 0 \\ 0 & 0 & 1 \\ -8 & -19 & -12 \end{bmatrix}$, $B = \begin{bmatrix} 6 \\ 0 \\ 0 \end{bmatrix}$

풀이 상태변수 $x_1(t)$, $x_2(t)$, $x_3(t)$를 다음과 같이 정의한다.

$\quad x_1(t) = c(t),\quad x_2(t) = \dot{x_1} = \dot{c}(t),$

$\quad x_3(t) = \dot{x_2}(t) = \ddot{c}(t)$

이들 상태변수를 원 식에 대입하면

$\quad \dot{x_3}(t) + 12x_1(t) + 19x_2(t) + 8x_3(t) = 6u(t)$

정리하면

$\quad \dot{x_1}(t) = x_2(t),\quad \dot{x_2}(t) = x_3(t)$

$\quad \dot{x_3}(t) = -12x_1(t) - 19x_2(t) - 8x_3(t) + 6u(t)$

그러므로

$\therefore \begin{bmatrix} \dot{x_1} \\ \dot{x_2} \\ \dot{x_3} \end{bmatrix} = \begin{bmatrix} 0 & 1 & 0 \\ 0 & 0 & 1 \\ -12 & -19 & -8 \end{bmatrix} \begin{bmatrix} x_1 \\ x_2 \\ x_3 \end{bmatrix} + \begin{bmatrix} 0 \\ 0 \\ 6 \end{bmatrix} u(t)$

별해 $\dot{x_3}(t) + 12x_1(t) + 19x_2(t) + 8x_3(t) = 6u(t)$

$\begin{bmatrix} \dot{x_1}(t) \\ \dot{x_2}(t) \\ \dot{x_3}(t) \end{bmatrix} = \begin{bmatrix} 0 & 1 & 0 \\ 0 & 0 & 1 \\ -12 & -19 & -8 \end{bmatrix} \begin{bmatrix} x_1(t) \\ x_2(t) \\ x_3(t) \end{bmatrix} + \begin{bmatrix} 0 \\ 0 \\ 6 \end{bmatrix} u(t)$

$(-)$ 부호를 붙인다.   **답** ①

75 그림과 같은 보드 선도를 갖는 계의 전달함수는?

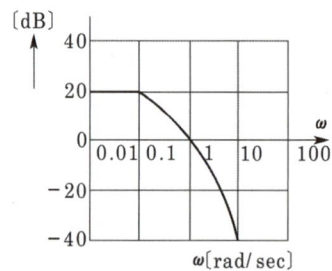

① $G(s) = \dfrac{10}{(s+1)(s+10)}$

② $G(s) = \dfrac{20}{(s+1)(5s+1)}$

③ $G(s) = \dfrac{5}{(s+1)(10s+1)}$

④ $G(s) = \dfrac{10}{(s+1)(10s+1)}$

풀이 $G(s) = \dfrac{10}{(s+1)(10s+1)}$의 보드 선도 이득 곡선은

$g[\text{dB}] = 20\log \left| \dfrac{10}{(j\omega+1)(j10\omega+1)} \right|$

$= 20\log \dfrac{10}{\sqrt{\omega^2+1}\ \sqrt{(10\omega)^2+1}}$

$= 20\log 10 - 20\log\sqrt{\omega^2+1}$
$\quad - 20\log\sqrt{(10\omega)^2+1}$

① $\omega < 0.1$일 때
$g = 20 - 20\log1 - 20\log1 = 20[\text{dB}]$

② $0.1 < \omega < 1$일 때
$g = 20 - 20\log1 - 20\log10\omega$
$= 20 - 20\log10 - 20\log\omega$
$= -20\log\omega$이므로 $-20[\text{dB/dec}]$

③ $\omega > 1$일 때
$g = 20 - 20\log\omega - 20\log10\omega$
$= 20 - 20\log\omega - 20\log10 - 20\log\omega$
$= -40\log\omega$이므로 $-40[\text{dB/dec}]$ **답** ④

76 전자계전기를 사용할 때 장점이 아닌 것은?

① 온도특성이 양호하다.
② 접점의 동작속도가 빠르다.
③ 과부하에 견디는 힘이 크다.
④ 동작 상태의 확인이 용이하다.

답 ②

77 $G(s) = e^{-LS}$에서 $\omega = 100[\text{rad/s}]$일 때 이득 [dB]은?

① 0 ② 20
③ 30 ④ 40

풀이 $G(s) = e^{-LS} = e^{-j\omega L} = \cos(\omega L) - j\sin(\omega L)$이므로 $|G(s)| = 1$이다.
∴ 이득 $= 20\log|G(s)| = 20\log 1 = 0[\text{dB}]$ **답** ①

78 제어량을 어떤 일정한 목푯값으로 유지하는 것을 목적으로 하는 제어법은?

① 추종제어 ② 비율제어
③ 정치제어 ④ 프로그램 제어

풀이 제어 목적에 의한 분류
① 정치제어 : 제어량을 어떤 일정한 목푯값으로 유지하는 것을 목적으로 하는 제어법
② 프로그램 제어 : 미리 정해진 프로그램에 따라 제어량을 변화시키는 것을 목적으로 하는 제어법
③ 추종제어 : 미지의 임의 시간적 변화를 하는 목푯값에 제어량을 추종시키는 것을 목적으로 하는 제어법
④ 비율제어 : 목푯값이 다른 것과 일정 비율 관계를 가지고 변화하는 경우의 추종 제어법 **답** ③

79 주어진 계통의 특성방정식이
$$s^4 + 6s^3 + 11s^2 + 6s + K = 0$$이다.
안정하기 위한 K의 범위는?

① $K < 20$
② $0 < K < 20$
③ $0 < K < 10$
④ $K < 0, \ K > 20$

풀이 안정계의 필요 조건에서 $K > 0$, 또 충분조건은 루드의 표에서 구해진다.
루드의 표는

s^4	1	11	K
s^3	6	6	0
s^2	10	K	
s^1	$\dfrac{60-6K}{10}$	0	
s^0	K		

제1열의 요소가 모두 양이 되기 위해서는
$$\frac{60-6K}{10} > 0, \quad K < 10, \ K > 0$$
∴ $0 < K < 10$ **답** ③

80 $\dfrac{1}{s - \alpha}$을 z변환하면?

① $\dfrac{1}{1 - ze^{\alpha T}}$ ② $\dfrac{1}{1 + ze^{\alpha T}}$
③ $\dfrac{1}{1 - z^{-1}e^{\alpha T}}$ ④ $\dfrac{1}{1 - z^{-1}e^{-\alpha T}}$

풀이

$f(t)$	$F(s)$	$F(z)$
$\delta(t)$	1	1
$u(t)$	$\dfrac{1}{s}$	$\dfrac{z}{z-1}$
t	$\dfrac{1}{s^2}$	$\dfrac{Tz}{(z-1)^2}$
e^{-at}	$\dfrac{1}{s+a}$	$\dfrac{z}{z-e^{-at}}$
e^{at}	$\dfrac{1}{s-a}$	$\dfrac{z}{z-e^{at}}$

답 ③

문제의 번호는 실제 시험문제의 번호와 같게 하였습니다.
회로이론에 해당하는 문제는 삭제하였습니다.

2017년 - 1회 _ 전기기사·공사기사

61 다음과 같은 시스템에 단위계단입력 신호가 가해졌을 때 지연시간에 가장 가까운 값[sec]은?

$$\frac{C(s)}{R(s)} = \frac{1}{s+1}$$

① 0.5   ② 0.7
③ 0.9   ④ 1.2

풀이 ① 단위계단입력 신호가 가해졌으므로

$$C(s) = \frac{1}{s+1}R(s) = \frac{1}{s+1} \cdot \frac{1}{s}$$

$$c(t) = \mathcal{L}^{-1}\left[\frac{1}{s(s+1)}\right] = \mathcal{L}^{-1}\left[\frac{1}{s} - \frac{1}{s+1}\right]$$

$$= 1 - e^{-t}$$

② 출력의 최종값 $\lim_{t \to \infty} c(t) = 1 - e^{-t} = 1$

지연시간 T_d는 최종값의 50 [%]에 도달하는 데 소요되는 시간이므로

$$1 - e^{-t} = 0.5 \rightarrow 0.5 = e^{-T_d} \rightarrow \frac{1}{e^{T_d}} = 0.5$$

$$\rightarrow e^{T_d} = 2$$

$$\therefore T_d = \log_e 2 = 0.693 \fallingdotseq 0.7 \text{ [sec]}$$ **답** ②

62 그림에서 ①에 알맞은 신호 이름은?

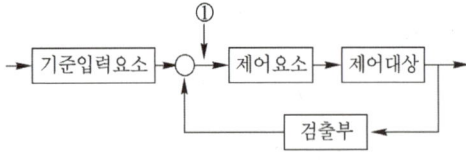

① 조작량   ② 제어량
③ 기준입력   ④ 동작신호

풀이 폐루프 제어계의 구성도

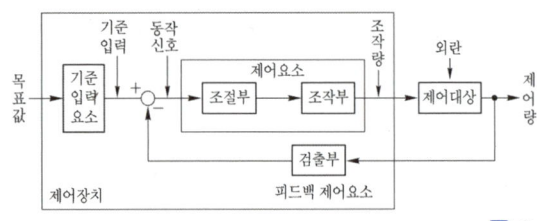

답 ④

64 다음 단위 궤환 제어계의 미분방정식은?

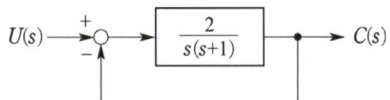

① $\dfrac{d^2c(t)}{dt^2} + \dfrac{dc(t)}{dt} + c(t) = 2u(t)$

② $\dfrac{d^2c(t)}{dt^2} + \dfrac{dc(t)}{dt} + 2c(t) = u(t)$

③ $\dfrac{d^2c(t)}{dt^2} + \dfrac{dc(t)}{dt} + 2c(t) = 5u(t)$

④ $\dfrac{d^2c(t)}{dt^2} + \dfrac{dc(t)}{dt} + 2c(t) = 2u(t)$

풀이

$$G(s) = \frac{C(s)}{U(s)} = \frac{\dfrac{2}{s(s+1)}}{1 + \dfrac{2}{s(s+1)}}$$

$$= \frac{2}{s(s+1)+2} = \frac{2}{s^2+s+2}$$

$$(s^2+s+2)C(s) = 2U(s)$$

$$s^2C(s) + sC(s) + 2C(s) = 2U(s)$$

$$\therefore \frac{d^2c(t)}{dt^2} + \frac{dc(t)}{dt} + 2c(t) = 2u(t)$$ **답** ④

65 특성방정식이 다음과 같다. 이를 z변환하여 z평면에 도시할 때 단위원 밖에 놓일 근은 몇 개인가?

$$(s+1)(s+2)(s-3) = 0$$

① 0   ② 1
③ 2   ④ 3

풀이 s평면의 우반면은 z평면의 원점을 중심으로 한 단위원 외부에 사상된다.
$(s+1)(s+2)(s-3)=0$ 에서
$s=-1, -2, 3$ 이므로
단위원 밖에 놓일 근은 1개($s=3$)이다. **답** ②

---

66 다음 진리표의 논리소자는?

입력		출력
A	B	C
0	0	1
0	1	0
1	0	0
1	1	0

① OR ② NOR
③ NOT ④ NAND

풀이

회로	유접점 회로	무접점 회로
NOR 회로	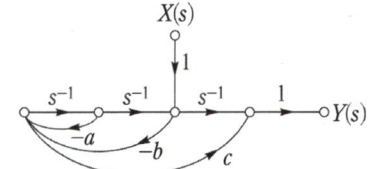	

회로	논리 회로	진리표
NOR 회로	A, B → X $X=\overline{A+B}$	A B X 0 0 1 0 1 0 1 0 0 1 1 0

답 ②

---

67 근궤적이 s평면의 $j\omega$축과 교차할 때 폐루프의 제어계는?

① 안정하다. ② 알 수 없다.
③ 불안정하다. ④ 임계상태이다

풀이
- 근궤적이 허수축($j\omega$)과 교차할 때는 특성근의 실수부 크기가 0일 때와 같다.
- 특성근의 실수부가 0이면 임계 안정(임계 상태)이다. **답** ④

---

68 특성방정식 $s^3+2s^2+(k+3)s+10=0$에서 Routh 안정도 판별법으로 판별 시 안정하기 위한 k의 범위는?

① $k>2$ ② $k<2$
③ $k>1$ ④ $k<1$

풀이 루드의 표는

s^3	1	$k+3$
s^2	2	10
s^1	$\dfrac{2(k+3)-10}{2}$	0
s^0	10	

안정하기 위해서는 제1열의 부호 변화가 없어야 하므로 $2(k+3)-10>0$ 이어야 한다.
따라서 $k>2$ 이다. **답** ①

---

69 그림과 같은 신호흐름선도에서 전달함수 $\dfrac{Y(s)}{X(s)}$ 는 무엇인가?

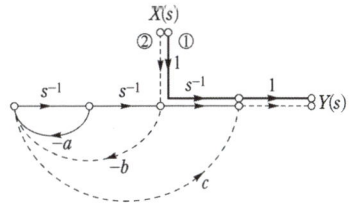

① $\dfrac{s+a}{s^2+as-b^2}$ ② $\dfrac{-bcs^2+s}{s^2+as+b}$

③ $\dfrac{-bcs^2+s+a}{s^2+as}$ ④ $\dfrac{-bcs^2+s+a}{s^2+as+b}$

풀이 ① 개로(전향 경로) : $-bc$, s^{-1}

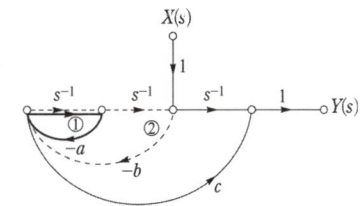

② 폐로 : $-as^{-1}$, $-bs^{-2}$

개로 중 비접촉 개로(s^{-1})와 폐로 중 독립 폐로

$(-as^{-1})$가 존재하므로

$$\therefore G(s) = \frac{Y(s)}{X(s)}$$

$$= \frac{\sum 개로 - (비접촉 개로 \times 독립 폐로)}{1 - \sum 폐로}$$

$$= \frac{-bc + s^{-1} - (s^{-1} \times -as^{-1})}{1 - (-as^{-1} - bs^{-2})}$$

$$= \frac{-bcs^2 + s + a}{s^2 + as + b}$$

답 ④

---

70 $G(s)H(s) = \dfrac{2}{(s+1)(s+2)}$ 의

이득여유[dB]는?

① 20 ② -20

③ 0 ④ ∞

풀이

$$G(j\omega_c)H(j\omega_c) = \frac{2}{(s+1)(s+2)}\Big|_{s \to j\omega_c}$$

$$= \frac{2}{(j\omega_c + 1)(j\omega_c + 2)}$$

$$= \frac{2}{-\omega_c^2 + 2 + j3\omega_c}$$

위 식에서 허수부를 0으로 놓으면

$$3\omega_c = 0 \quad \to \quad \omega_c = 0$$

$$G(j\omega_c)H(j\omega_c)\big|_{\omega_c = 0} = \frac{2}{-\omega_c^2 + 2 + j3\omega_c}\Big|_{\omega_c = 0}$$

$$= \frac{2}{2} = 1$$

따라서 이득여유

$$GM = 20\log\frac{1}{|G(s)H(s)|} = 20\log 1 = 0[\text{dB}]$$

답 ③

---

75 콘덴서 C[F]에 단위 임펄스의 전류원을 접속하여 동작시키면 콘덴서의 전압 $V_c(t)$는? (단, $u(t)$는 단위계단 함수이다.)

① $V_c(t) = C$

② $V_c(t) = Cu(t)$

③ $V_c(t) = \dfrac{1}{C}$

④ $V_c(t) = \dfrac{1}{C}u(t)$

풀이 단위 임펄스 함수 $\delta(t)$의 전류원을 접속하면 콘덴서의 전압은

$$V_c(s) = \mathcal{L}\left[\frac{1}{C}\delta(t)\right] = \frac{1}{sC}$$

$$\therefore V_c(t) = \mathcal{L}^{-1}[V_c(s)] = \mathcal{L}^{-1}\left[\frac{1}{sC}\right] = \frac{1}{C}u(t)$$

여기서, 라플라스 변환은 $t \geq 0$에서 정의되므로 시간영역 $t \geq 0$을 의미하는 $u(t)$를 반드시 붙여야 한다.

답 ④

---

76 그림과 같은 구형파의 라플라스 변환은?

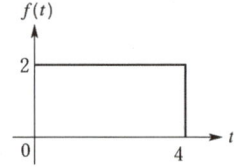

① $\dfrac{2}{s}(1 - e^{4s})$ ② $\dfrac{2}{s}(1 - e^{-4s})$

③ $\dfrac{4}{s}(1 - e^{4s})$ ④ $\dfrac{4}{s}(1 - e^{-4s})$

풀이 $f(t) = 2u(t) - 2u(t-4)$

$$\therefore F(s) = \mathcal{L}[f(t)] = \mathcal{L}[2u(t) - 2u(t-4)]$$

$$= 2\left(\frac{1}{s} - \frac{1}{s}e^{-4s}\right) = \frac{2}{s}(1 - e^{-4s})$$

답 ②

2017년 - 2회 _ 전기기사·공사기사

---

61 전달함수 $G(s)H(s) = \dfrac{K(s+1)}{s(s+1)(s+2)}$

일 때 근궤적의 수는?

① 1 ② 2

③ 3 ④ 4

풀이 근궤적의 수(N)는

① Z(영점의 수) $> P$(극의 수)이면, $N = Z$

② Z(영점의 수) $< P$(극의 수)이면, $N = P$

문제에서 $Z(=1) < P(=3)$이므로

근궤적의 수 $N = P$, 즉 $N = 3$이다.

답 ③

62 기준 입력과 주궤환량과의 차로서, 제어계의 동작을 일으키는 원인이 되는 신호는?

① 조작 신호
② 동작 신호
③ 주궤환 신호
④ 기준 입력 신호

풀이 ① 조작신호(량) : 제어요소에서 제어대상에 인가되는 신호(량)이다.
② 동작신호 : 기준입력과 주궤환신호와의 편차인 신호로서 제어 동작을 일으키는 원인이 되는 신호이다.
③ 주궤환 신호 : 동작신호를 얻기 위하여 기준입력과 비교되는 신호로서 제어량의 함수 관계가 된다.
④ 기준입력신호 : 제어계를 동작시키는 기준으로서 목푯값에 비례하는 신호입력이다.

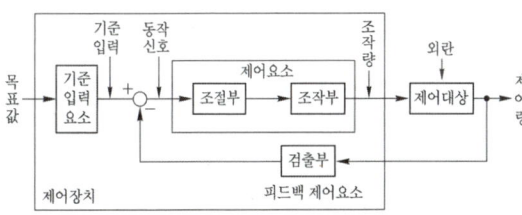

〈폐루프 제어계의 구성도〉 **답** ②

63 폐루프 전달함수 $C(s)/R(s)$가 다음과 같은 2차 제어계에 대한 설명 중 틀린 것은?

$$\frac{C(s)}{R(s)} = \frac{\omega_n^2}{s^2 + 2\delta\omega_n s + \omega_n^2}$$

① 최대 오버슈트는 $e^{-\pi\delta/\sqrt{1-\delta^2}}$이다.
② 이 폐루프계의 특성방정식은
$s^2 + 2\delta\omega_n s + \omega_n^2 = 0$ 이다.
③ 이 계는 $\delta = 0.1$일 때 부족 제동된 상태에 있게 된다.
④ δ값을 작게 할수록 제동은 많이 걸리게 되니 비교 안정도는 향상된다.

풀이 2차계의 과도응답
① $\delta < 1$인 경우 : 부족제동(감쇠진동)
② $\delta = 1$인 경우 : 임계제동(임계상태)
③ $\delta > 1$인 경우 : 과제동(비진동)
④ $\delta = 0$인 경우 : 무제동(무한 진동 또는 완전 진동)

따라서 제동계수(δ)의 값을 크게 할수록 제동이 많이 걸리게 된다. **답** ④

64 3차인 이산치 시스템의 특성방정식의 근이 −0.3, −0.2, +0.5로 주어져 있다. 이 시스템의 안정도는?

① 이 시스템은 안정한 시스템이다.
② 이 시스템은 불안정한 시스템이다.
③ 이 시스템은 임계 안정한 시스템이다.
④ 위 정보로서는 이 시스템의 안정도를 알 수 없다.

풀이 근의 위치(−0.3, −0.2, +0.5)가 원점을 중심으로 한 단위원 내부에 있으므로 안정한 시스템이다. **답** ①

65 다음의 특성방정식을 Routh–Hurwitz 방법으로 안정도를 판별하고자 한다. 이때 안정도를 판별하기 위하여 가장 잘 해석한 것은 어느 것인가?

$$q(s) = s^5 + 2s^4 + 2s^3 + 4s^2 + 11s + 10$$

① s 평면의 우반면에 근은 없으나 불안정하다.
② s 평면의 우반면에 근이 1개 존재하여 불안정하다.
③ s 평면의 우반면에 근이 2개 존재하여 불안정하다.
④ s 평면의 우반면에 근이 3개 존재하여 불안정하다.

풀이

s^5	1	2	11
s^4	2	4	10
s^3	$\dfrac{2\times2-1\times4}{2}=0 \to \epsilon$	$\dfrac{2\times11-1\times10}{2}=6$	
s^2	$\dfrac{4\epsilon-2\times6}{2}$	10	
s^1	$\dfrac{24\epsilon-72-10\epsilon^2}{4\epsilon-12}$		
s^0	10		

ϵ을 양(+)의 쪽에서 0으로 접근시키면, s^2 첫 번째 행의 부호는 (−), s^1 첫 번째 행의 부호는 (+)가 된다. 따라서 제1열의 부호가 2번 변하므로 우반면에 근이 2개가 존재하여 불안정하다. 　답 ③

66 다음 블록선도의 전체전달함수가 1이 되기 위한 조건은?

① $G = \dfrac{1}{1 - H_1 - H_2}$

② $G = \dfrac{1}{1 + H_1 + H_2}$

③ $G = \dfrac{-1}{1 - H_1 - H_2}$

④ $G = \dfrac{-1}{1 + H_1 + H_2}$

풀이 ① 전향경로 이득 : G,
루프 이득 : $-H_1 G$, $-H_2 G$

$$\frac{C}{R} = \frac{\sum 전향\ 경로\ 이득}{1 - \sum 루프이득} = \frac{G}{1 + H_1 G + H_2 G}$$

② 전체전달함수가 1이 되어야 하므로,

$$\frac{G}{1 + H_1 G + H_2 G} = 1$$

$$\therefore G = \frac{1}{1 - H_1 - H_2}$$

답 ①

67 다음의 미분 방정식을 신호흐름선도에 옳게 나타낸 것은? (단, $c(t) = X_1(t)$,

$X_2(t) = \dfrac{d}{dt}X_1(t)$로 표시한다.)

$$2\frac{dc(t)}{dt} + 5c(t) = r(t)$$

①

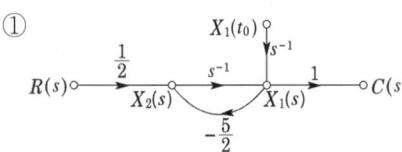

②

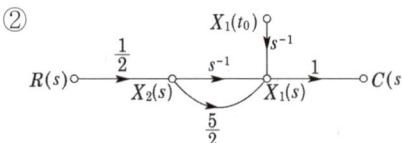

③

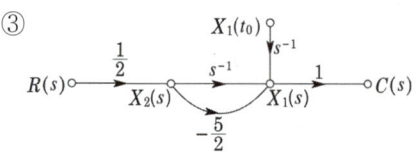

④

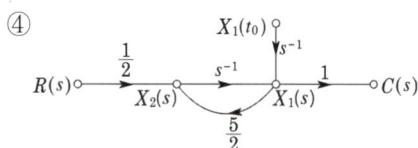

풀이 $\dfrac{d}{dt}c(t) = \dfrac{d}{dt}x_1(t) = x_2(t)$ ⋯ ①

이므로, 주어진 원 미분방정식을 다음과 같이 변경할 수 있다.

$$\frac{d}{dt}c(t) = -\frac{5}{2}c(t) + \frac{1}{2}r(t)$$

$$x_2(t) = -\frac{5}{2}x_1(t) + \frac{1}{2}r(t) \quad \cdots ②$$

식 ①을 적분하면

$$x_1(t) = \int_{t_0}^{t} x_2(\tau)d\tau + x_1(t_0) \quad \cdots ③$$

식 ②, ③을 라플라스 변환하면

$$X_2(s) = -\frac{5}{2}X_1(s) + \frac{1}{2}R(s) \quad \cdots ④$$

$$X_1(s) = \frac{X_2(s)}{s} + \frac{x_1(t_0)}{s} \quad \cdots ⑤$$

식 ④, ⑤를 신호흐름선도로 변환하면 그림 (a), (b)와 같다. 또한 두 선도를 합성하면 (c)가 된다.

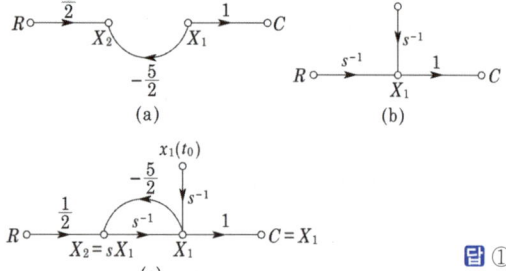

답 ①

68 특성방정식의 모든 근이 s복소평면의 좌반면에 있으면 이 계는 어떠한가?

① 안정　　　　② 준안정
③ 불안정　　　④ 조건부 안정

풀이 • 특성방정식의 근이 s 평면의 좌반면에 존재 : 진동은 점점 작아짐(안정)
• 특성방정식의 근이 s 평면의 우반면에 존재 : 진동이 점점 커짐(불안정)

답 ①

69 그림의 회로는 어느 게이트(gate)에 해당되는가?

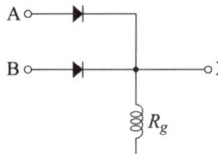

① OR
② AND
③ NOT
④ NOR

풀이

회로	유접점	무접점
OR 회로	A B R_{-a} $\overset{\text{R}}{\bigcirc}$ $\overset{\text{L}}{\bigcirc}$	$A \circ \!\!-\!\!\rhd\!\!-\!\!\circ X$ $B \circ \!\!-\!\!\rhd\!\!-$ V R

회로	논리회로	진리표
OR 회로	$A \circ \\ B \circ$ $\rhd$ $\!\!-\!\!\circ X$ $X = A + B$	$\begin{array}{ccc} A & B & X \\ 0 & 0 & 0 \\ 0 & 1 & 1 \\ 1 & 0 & 1 \\ 1 & 1 & 1 \end{array}$

답 ①

72 전달함수가 $G(s) = \dfrac{Y(s)}{X(s)} = \dfrac{1}{s^2(s+1)}$ 로 주어진 시스템의 단위 임펄스 응답은?

① $y(t) = 1 - t + e^{-t}$
② $y(t) = 1 + t + e^{-t}$
③ $y(t) = t - 1 + e^{-t}$
④ $y(t) = t - 1 - e^{-t}$

풀이 ① 단위 임펄스 응답은 단위 임펄스 함수 $\delta(t)$를 입력으로 했을 때의 출력응답이므로
$$X(s) = \mathcal{L}[\delta(t)] = 1$$
$$G(s) = \frac{Y(s)}{X(s)} = Y(s)$$

② $G(s) = \dfrac{1}{s^2(s+1)} = \dfrac{K_1}{s^2} + \dfrac{K_2}{s} + \dfrac{K_3}{s+1}$

$K_1 = s^2 \cdot G(s) \big|_{s=0} = \dfrac{1}{s+1} \big|_{s=0} = 1$

$K_2 = \dfrac{d}{ds}\{s^2 \cdot G(s)\}\big|_{s=0}$
$= \dfrac{d}{ds}\left(\dfrac{1}{s+1}\right)\big|_{s=0} = -\dfrac{1}{(s+1)^2}\big|_{s=0}$
$= -1$

$K_3 = (s+1) \cdot G(s)\big|_{s=-1} = \dfrac{1}{s^2}\big|_{s=-1} = 1$

$G(s) = \dfrac{1}{s^2} + \dfrac{-1}{s} + \dfrac{1}{s+1}$

$\therefore y(t) = \mathcal{L}^{-1}[G(s)] = \mathcal{L}^{-1}\left[\dfrac{1}{s^2} - \dfrac{1}{s} + \dfrac{1}{s+1}\right]$
$= t - 1 + e^{-t}$

답 ③

77 $F(s) = \dfrac{s+1}{s^2 + 2s}$ 로 주어졌을 때 $F(s)$의 역변환은?

① $\dfrac{1}{2}(1 + e^t)$
② $\dfrac{1}{2}(1 + e^{-2t})$
③ $\dfrac{1}{2}(1 - e^{-t})$
④ $\dfrac{1}{2}(1 - e^{-2t})$

풀이 $F(s) = \dfrac{s+1}{s^2 + 2s} = \dfrac{s+1}{s(s+2)} = \dfrac{k_1}{s} + \dfrac{k_2}{s+2}$

$k_1 = \lim_{s \to 0} sF(s) = \left[\dfrac{s+1}{s+2}\right]_{s=0} = \dfrac{1}{2}$

$k_2 = \lim_{s \to -2}(s+2)F(s) = \left[\dfrac{s+1}{s}\right]_{s=-2} = \dfrac{1}{2}$

$F(s) = \dfrac{1}{2}\left(\dfrac{1}{s} + \dfrac{1}{s+2}\right)$

$\therefore f(t) = \mathcal{L}^{-1}[F(s)] = \dfrac{1}{2}(1 + e^{-2t})$

답 ②

2017년 – 3회 _전기기사

61 다음 블록선도의 전달함수는?

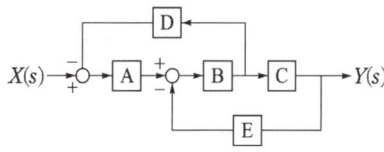

① $\dfrac{Y(s)}{X(s)} = \dfrac{ABC}{1 + BCD + ABE}$

② $\dfrac{Y(s)}{X(s)} = \dfrac{ABC}{1 + BCD + ABD}$

③ $\dfrac{Y(s)}{X(s)} = \dfrac{ABC}{1 + BCE + ABD}$

④ $\dfrac{Y(s)}{X(s)} = \dfrac{ABC}{1 + BCE + ABE}$

풀이 전향경로 이득 : ABC

루프 이득 : $-BCE$, $-ABD$

$$\therefore G(s) = \frac{\sum \text{전향 경로 이득}}{1 - \sum \text{루프 이득}}$$

$$= \frac{ABC}{1-(-BCE-ABD)}$$

$$= \frac{ABC}{1+BCE+ABD}$$ **답** ③

---

62 주파수 특성의 정수 중 대역폭이 좁으면 좁을수록 이때의 응답속도는 어떻게 되는가?

① 빨라진다.

② 늦어진다.

③ 빨라졌다 늦어진다.

④ 늦어졌다 빨라진다.

풀이 대역폭은 크기가 $0.707 M_0$ 또는 $(20\log M_0 - 3)$ [dB]에서의 주파수로 정의하며, 대역폭이 넓으면 넓을수록 응답 속도가 빠르고, 대역폭이 좁으면 좁을수록 응답 속도가 늦어진다.
(여기서, M_0 : 영 주파수에서의 이득) **답** ②

---

63 다음 논리회로가 나타내는 식은?

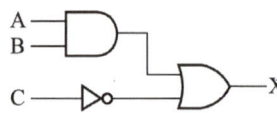

① $X = (A \cdot B) + \overline{C}$

② $X = (\overline{A \cdot B}) + C$

③ $X = (\overline{A+B}) \cdot C$

④ $X = (A+B) \cdot \overline{C}$

풀이

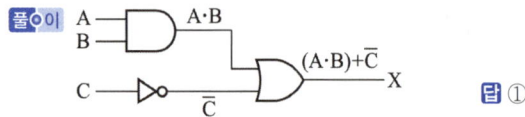

답 ①

---

65 상태방정식으로 표시되는 제어계의 천이행렬 $\Phi(t)$는?

$$\dot{X} = \begin{bmatrix} 0 & 1 \\ 0 & 0 \end{bmatrix} X + \begin{bmatrix} 0 \\ 1 \end{bmatrix} U$$

---

① $\begin{bmatrix} 0 & t \\ 1 & 1 \end{bmatrix}$ ② $\begin{bmatrix} 1 & 1 \\ 0 & t \end{bmatrix}$

③ $\begin{bmatrix} 1 & t \\ 0 & 1 \end{bmatrix}$ ④ $\begin{bmatrix} 0 & t \\ 1 & 0 \end{bmatrix}$

풀이 $[sI-A] = \begin{bmatrix} s & 0 \\ 0 & s \end{bmatrix} - \begin{bmatrix} 0 & 1 \\ 0 & 0 \end{bmatrix} = \begin{bmatrix} s & -1 \\ 0 & s \end{bmatrix}$

$$[sI-A]^{-1} = \frac{1}{\begin{vmatrix} s & -1 \\ 0 & s \end{vmatrix}} \begin{bmatrix} s & 1 \\ 0 & s \end{bmatrix} = \begin{bmatrix} \frac{1}{s} & \frac{1}{s^2} \\ 0 & \frac{1}{s} \end{bmatrix}$$

$$\therefore \Phi(t) = \mathcal{L}^{-1}\{[sI-A]^{-1}\}$$

$$= \mathcal{L}^{-1} \begin{bmatrix} \frac{1}{s} & \frac{1}{s^2} \\ 0 & \frac{1}{s} \end{bmatrix} = \begin{bmatrix} 1 & t \\ 0 & 1 \end{bmatrix}$$ **답** ③

---

66 $G(j\omega) = \dfrac{1}{j\omega T + 1}$ 의 크기와 위상각은?

① $G(j\omega) = \sqrt{\omega^2 T^2 + 1} \angle \tan^{-1} \omega T$

② $G(j\omega) = \sqrt{\omega^2 T^2 + 1} \angle -\tan^{-1} \omega T$

③ $G(j\omega) = \dfrac{1}{\sqrt{\omega^2 T^2 + 1}} \angle \tan^{-1} \omega T$

④ $G(j\omega) = \dfrac{1}{\sqrt{\omega^2 T^2 + 1}} \angle -\tan^{-1} \omega T$

풀이
- 크기 $|G(j\omega)| = \left| \dfrac{1}{1+j\omega T} \right| = \dfrac{1}{\sqrt{1+(\omega T)^2}}$
- 위상각 $\theta = -\tan^{-1} \dfrac{\omega T}{1} = -\tan^{-1} \omega T$ **답** ④

---

67 제어기에서 적분제어의 영향으로 가장 적합한 것은?

① 대역폭이 증가한다.

② 응답 속응성을 개선시킨다.

③ 작동오차의 변화율에 반응하여 동작한다.

④ 정상상태의 오차를 줄이는 효과를 갖는다.

풀이 잔류편차가 발생하는 제어는 비례 제어(P)와 비례 미분 제어(PD)이며, 이러한 잔류편차는 적분 제어(I)를 사용함으로써 제거할 수 있다. **답** ④

68 Route 안정판별표에서 수열의 제1열이 다음과 같을 때 이 계통의 특성방정식에 양의 실수부를 갖는 근이 몇 개인가?

① 전혀 없다.
② 1개 있다.
③ 2개 있다.
④ 3개 있다.

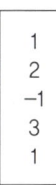

$$\begin{array}{c} 1 \\ 2 \\ -1 \\ 3 \\ 1 \end{array}$$

풀이 제1열의 '2'에서 '−1', '−1'에서 '3'으로 부호 변화가 두 번 있으므로 양의 실수를 갖는 근은 2개이다. **답** ③

69 제어장치가 제어대상에 가하는 제어신호로 제어장치의 출력인 동시에 제어대상의 입력인 신호는?

① 목푯값   ② 조작량
③ 제어량   ④ 동작신호

풀이 ① 조작신호(량) : 제어요소에서 제어대상에 인가되는 신호(량)이다.
② 동작신호 : 기준입력과 주궤환신호와의 편차인 신호로서 제어 동작을 일으키는 원인이 되는 신호이다.
③ 주궤환 신호 : 동작신호를 얻기 위하여 기준입력과 비교되는 신호로서 제어량의 함수 관계가 된다.
④ 기준입력신호 : 제어계를 동작시키는 기준으로서 목푯값에 비례하는 신호입력이다.

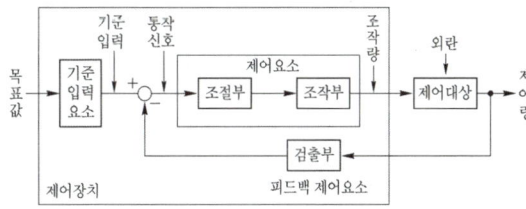

〈폐루프 제어계의 구성도〉 **답** ②

71 입력신호 $x(t)$와 출력신호 $y(t)$의 관계가 다음과 같을 때 전달함수는?

$$\frac{d^2}{dt^2}y(t) + 5\frac{d}{dt}y(t) + 6y(t) = x(t)$$

① $\dfrac{1}{(s+2)(s+3)}$

② $\dfrac{s+1}{(s+2)(s+3)}$

③ $\dfrac{s+4}{(s+2)(s+3)}$

④ $\dfrac{s}{(s+2)(s+3)}$

풀이 모든 초기치를 0으로 하고 라플라스 변환하면
$$(s^2+5s+6)Y(s) = X(s)$$
$$\therefore \frac{Y(s)}{X(s)} = \frac{1}{s^2+5s+6} = \frac{1}{(s+2)(s+3)}$$ **답** ①

72 특성방정식 $s^5+2s^4+2s^3+3s^2+4s+1$을 Route–Hurwitz 판별법으로 분석한 결과로 옳은 것은?

① s−평면의 우반면에 근이 존재하지 않기 때문에 안정한 시스템이다.
② s−평면의 우반면에 근이 1개 존재하기 때문에 불안정한 시스템이다.
③ s−평면의 우반면에 근이 2개 존재하기 때문에 불안정한 시스템이다.
④ s−평면의 우반면에 근이 3개 존재하기 때문에 불안정한 시스템이다.

풀이

	1	2	4
s^5	1	2	4
s^4	2	3	1
s^3	$\dfrac{2\times2-1\times3}{2}=0.5$	$\dfrac{2\times4-1\times1}{2}=3.5$	0
s^2	$\dfrac{0.5\times3-2\times3.5}{0.5}=-11$	1	
s^1	$\dfrac{-11\times3.5-0.5\times1}{-11}≒3.55$	0	
s^0	1		

루드표에서 제1열의 부호가 2번 변하므로 우반면의 불안정한 근이 2개기 존재한디. **답** ③

66 라플라스 변환함수 $F(s) = \dfrac{s+2}{s^2+4s+13}$ 에 대한 역변환 함수 $f(t)$는?

① $e^{-3t}\cos2t$ ② $e^{3t}\cos2t$

③ $e^{-2t}\cos3t$ ④ $e^{2t}\cos3t$

풀이
$$F(s) = \frac{s+2}{s^2+4s+13} = \frac{s+2}{s^2+4s+4+9}$$
$$= \frac{s+2}{(s+2)^2+3^2} \text{이므로}$$
$$\therefore f(t) = e^{-2t}\cos3t \text{가 된다.} \qquad \boxed{\text{답}} ③$$

67 RC 직렬회로 직류전압 V[V]가 인가될 때, 전류 $i(t)$에 대한 시간영역방정식이

$V = Ri(t) + \dfrac{1}{C}\displaystyle\int i(t)dt$[V]로 주어져 있다.

전류 $i(t)$의 라플라스 변환 $I(s)$는?
(단, C에는 초기전하가 없음)

① $I(s) = \dfrac{V}{R}\dfrac{1}{s - \dfrac{1}{RC}}$

② $I(s) = \dfrac{C}{R}\dfrac{1}{s + \dfrac{1}{RC}}$

③ $I(s) = \dfrac{V}{R}\dfrac{1}{s + \dfrac{1}{RC}}$

④ $I(s) = \dfrac{R}{C}\dfrac{1}{s - \dfrac{1}{RC}}$

풀이 양변을 라플라스 변환하면
$$\frac{V}{s} = RI(s) + \frac{1}{Cs}I(s) = \left(R + \frac{1}{Cs}\right)I(s)$$
$$\therefore I(s) = \frac{V}{s\left(R + \dfrac{1}{Cs}\right)} = \frac{V}{Rs + \dfrac{1}{C}}$$
$$= \frac{V}{Rs + \dfrac{1}{C}} \cdot \frac{\dfrac{1}{R}}{\dfrac{1}{R}} = \frac{V}{R}\frac{1}{s + \dfrac{1}{RC}} \qquad \boxed{\text{답}} ③$$

70 2차 계의 주파수 응답과 시간 응답에 대한 특성을 서술하는 내용 중 틀린 것은?

① 안정된 영역에서 대역폭은 공진주파수에 반비례한다.
② 안정된 영역에서 더 높은 대역폭은 더 큰 공진 첨두값에 대응한다.
③ 최대 오버슈트와 공진 첨두값은 제동비만의 함수로 나타낼 수 있다.
④ 공진주파수가 일정 시 제동비가 증가하면 상승시간은 증가하고, 대역폭은 감소한다.

풀이
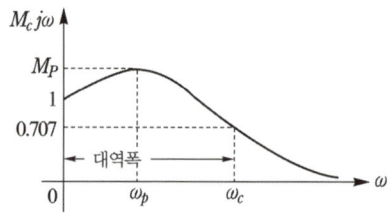

안정된 영역($0 < \delta < 0.707$)에서 제동비 δ가 감소하면 공진주파수 ω_p가 증가하고, 공진첨두값 M_P도 증가하면서 대역폭도 증가하게 된다.
따라서, 대역폭은 공진주파수 ω_p와 공진첨두값 M_P와 비례관계에 있다고 할 수 있다. $\boxed{\text{답}} ①$

72 샘플러의 주기를 T라 할 때 s평면상의 모든 점은 식 $z = e^{sT}$에 의하여 z평면상에 사상된다. s평면의 우반 평면상의 모든 점은 z평면상 단위원의 어느 부분으로 사상되는가?

① 내점
② 외점
③ z평면 전체
④ 원주상의 점

풀이

안정도	근의 위치	
	s 평면	**z 평면**
안 정	좌반면	원점을 중심으로 한 단위원 내부
불안정	**우반면**	원점을 중심으로 한 **단위원 외부**
임계안정	허수축	원점을 중심으로 한 단위원

$\boxed{\text{답}} ②$

73 보드선도의 안정판정의 설명 중 옳은 것은?

① 위상곡선이 −180°점에서 이득 값이 양이다.

② 이득여유는 음의 값, 위상여유는 양의 값이다.

③ 이득곡선의 0[dB] 점에서 위상차가 180°보다 크다.

④ 이득(0[dB]) 축과 위상(−180°) 축을 일치시킬 때 위상 곡선이 위에 있다.

풀이 보드 선도에서 안정 여부는 위상 선도가 −180°축과 교차하는 경우 위상 여유가 0보다 크면 안정하며 0보다 작으면 불안정하다. **답** ④

74 PD 제어동작은 프로세스 제어계의 과도 특성 개선에 쓰인다. 이것에 대응하는 보상요소는?

① 지상 보상 요소

② 진상 보상 요소

③ 동상 보상 요소

④ 진지상 보상 요소

풀이 • PD 제어동작과 대응하는 보상요소는 위상특성이 빠른 요소. 즉 진상요소를 보상요소로 사용하며 안정도와 속응성의 개선을 목적으로 한다.

• PI 제어 동작은 정상 특성 즉 제어의 정도를 개선하는 지상 요소이다. **답** ②

75 그림과 같은 계전기 접점 회로의 논리식은?

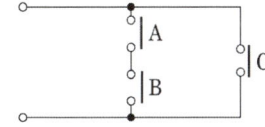

① ABC ② $AB+C$

③ $A+B+C$ ④ $(A+B)C$

풀이 AB(직렬)와 C(병렬). 즉, $AB+C$이다. **답** ②

76 단위 피드백(feed back) 제어계의 개루프 전달함수의 벡터궤적이다. 이 중 안정한 궤적은?

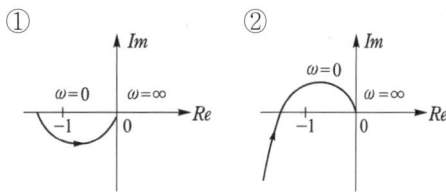

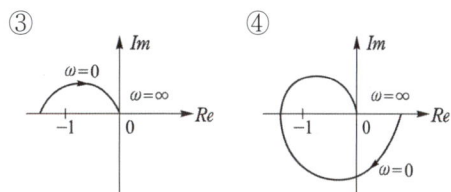

풀이 나이퀴스트 선도에서 제어계가 안정하기 위한 조건은 ω가 증가하는 방향으로 $(-1, j0)$ 점이 좌측에 있을 경우이다. **답** ①

77 미분방정식 $\ddot{x}+2\dot{x}+x=3u$로 표시되는 계의 시스템행렬과 입력행렬은?

① $\begin{bmatrix} 0 & 1 \\ -1 & -2 \end{bmatrix},\begin{bmatrix} 0 \\ 3 \end{bmatrix}$

② $\begin{bmatrix} 0 & 1 \\ -1 & 2 \end{bmatrix},\begin{bmatrix} 0 \\ 3 \end{bmatrix}$

③ $\begin{bmatrix} 0 & 1 \\ -1 & 0 \end{bmatrix},\begin{bmatrix} 3 \\ 0 \end{bmatrix}$

④ $\begin{bmatrix} 0 & 1 \\ -1 & 2 \end{bmatrix},\begin{bmatrix} 3 \\ 0 \end{bmatrix}$

풀이 $\dot{x}_2(t)=-x_1(t)-2x_2(t)$

$\therefore \begin{bmatrix} \dot{x}_1(t) \\ \dot{x}_2(t) \end{bmatrix}=\begin{bmatrix} 0 & 1 \\ -1 & -2 \end{bmatrix}\begin{bmatrix} x_1(t) \\ x_2(t) \end{bmatrix}+\begin{bmatrix} 0 \\ 3 \end{bmatrix}u(t)$ **답** ①

78 다음 블록선도의 전달함수($\dfrac{C}{A}$)는?

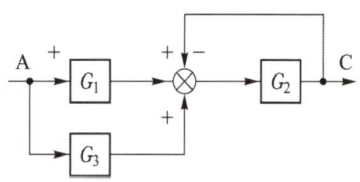

① $\dfrac{G_2(G_1+G_3)}{1+G_2}$ ② $\dfrac{G_2(G_1+G_3)}{1-G_2}$

③ $\dfrac{G_2(G_1-G_3)}{1+G_2}$ ④ $\dfrac{G_2(G_1+G_3)}{1+G_3}$

풀이
$$(AG_1 + AG_3 - C)G_2 = C$$
$$AG_1G_2 + AG_3G_2 - CG_2 = C$$
$$A(G_1G_2 + G_3G_2) = C(1 + G_2)$$
$$\therefore G(s) = \frac{C}{A} = \frac{G_1G_2 + G_3G_2}{1 + G_2} = \frac{G_2(G_1 + G_3)}{1 + G_2}$$

별해 전향경로 이득 : $(G_1 + G_3)G_2$

루프 이득 : $-G_2$

$$G(s) = \frac{\sum 전향 경로 이득}{1 - \sum 루프이득} = \frac{G_2(G_1 + G_3)}{1 + G_2}$$ **답** ①

79 특성방정식 $s^4 + 7s^3 + 17s^2 + 17s + 6 = 0$ 의 특성근 중에는 양의 실수부를 갖는 근이 몇 개인가?

① 1 　　　　　② 2

③ 3 　　　　　④ 무근

풀이 루드의 표는

s^4	1	17	6
s^3	7	17	0
s^2	14.57	6	0
s^1	14.12	0	
s^0	6		

제 1 열의 모든 요소가 같은 부호이므로 모두 (−)의 실수부를 갖는다. **답** ④

80 근궤적은 무엇에 대하여 대칭인가?

① 극점 　　　　② 원점

③ 허수축 　　　④ 실수축

풀이 개루프 제어계의 복소근은 반드시 공액 복소쌍을 이루므로 근궤적은 실수축에 관해서 상하 대칭을 이룬다. **답** ④

문제의 번호는 실제 시험문제의 번호와 같게 하였습니다.
회로이론에 해당하는 문제는 삭제하였습니다.

2018년 – 1회 _ 전기기사·공사기사

61 개루프 전달함수 $G(s)$가 다음과 같이 주어지는 단위 부궤환계가 있다. 단위 계단입력이 주어졌을 때, 정상상태 편차가 0.05가 되기 위해서는 K의 값은 얼마인가?

$$G(s) = \frac{6K(s+1)}{(s+2)(s+3)}$$

① 19
② 20
③ 0.95
④ 0.05

풀이 미분 동작 제어(D 동작)

정상상태 편차 $e_{ss} = \lim\limits_{s\to 0} \dfrac{s}{1+G(s)} R(s)$에서

$R(s) = \dfrac{1}{s}$(단위 계단입력)이므로

$$e_{ss} = \lim\limits_{s\to 0} \frac{s}{1+G(s)} \cdot \frac{1}{s} = \frac{1}{1+\lim\limits_{s\to 0} G(s)}$$

$$= \frac{1}{1+\lim\limits_{s\to 0} \frac{6K(s+1)}{(s+2)(s+3)}} = \frac{1}{1+\frac{6K}{6}}$$

$$= 0.05$$

$$\therefore K = 19$$

답 ①

62 제어량의 종류에 따른 분류가 아닌 것은?

① 자동조정
② 서보 기구
③ 적응제어
④ 프로세스 제어

풀이 제어량의 종류에 의한 분류

항목	프로세스 제어	서보 제어	자동조정 제어
특징	플랜트니 생산 공정 중의 상태량을 제어량으로 하는 제어	기계적 변위를 제어량으로 해서 목푯값의 임의의 변화에 추종하도록 구성된 제어계	전기적, 기계적 양을 주로 제어하는 것으로서, 응답 속도가 대단히 빨라야 한다.

항목	프로세스 제어	서보 제어	자동조정 제어
제어량의 종류	• 온도 • 유량 • 압력 • 액위 • 농도 • 밀도 등	• 물체의 위치 • 방위 • 자세 등	• 전압 • 전류 • 주파수 • 회전속도 • 힘 등

답 ③

63 개루프 전달함수

$$G(s)H(s) = \frac{K(s-5)}{s(s-1)^2(s+2)^2}$$ 일 때

주어지는 계에서 점근선의 교차점은?

① $-\dfrac{3}{2}$
② $-\dfrac{7}{4}$
③ $\dfrac{5}{3}$
④ $-\dfrac{1}{5}$

풀이 교차점

$$\sigma = \frac{\Sigma G(s)H(s)의\ 극점 - \Sigma G(s)H(s)의\ 영점}{p-z}$$

(여기서, p : 극점의 개수, z : 영점의 개수)
극점 $p = 5$개$(0,\ 1,\ 1,\ -2,\ -2)$,
영점 $z = 1$개(5)이므로

$$\therefore \sigma = \frac{(0+1+1-2-2)-5}{5-1} = -\frac{7}{4}$$

답 ②

64 단위계단함수의 라플라스변환과 z변환함수는?

① $\dfrac{1}{s}$, $\dfrac{z}{z-1}$
② s, $\dfrac{z}{z-1}$
③ $\dfrac{1}{s}$, $\dfrac{z-1}{z}$
④ s, $\dfrac{z-1}{z}$

풀이

$f(t)$	$F(s)$	$F(z)$
$\delta(t)$	1	1
$u(t)$	$\dfrac{1}{s}$	$\dfrac{z}{z-1}$
t	$\dfrac{1}{s^2}$	$\dfrac{Tz}{(z-1)^2}$
e^{-at}	$\dfrac{1}{s+a}$	$\dfrac{z}{z-e^{-at}}$

답 ①

65 다음 방정식으로 표시되는 제어계가 있다. 이 계를 상태 방정식 $\dot{x}(t) = Ax(t) + Bu(t)$ 로 나타내면 계수 행렬 A는?

$$\frac{d^3 c(t)}{dt^3} + 5\frac{d^2 c(t)}{dt^2} + \frac{dc(t)}{dt} + 2c(t) = r(t)$$

① $\begin{bmatrix} 0 & 1 & 0 \\ 0 & 0 & 1 \\ -2 & -1 & -5 \end{bmatrix}$ ② $\begin{bmatrix} 0 & 1 & 0 \\ 1 & 0 & 0 \\ 5 & 1 & 2 \end{bmatrix}$

③ $\begin{bmatrix} 0 & 0 & 1 \\ 1 & 0 & 0 \\ 0 & 5 & 2 \end{bmatrix}$ ④ $\begin{bmatrix} 0 & 1 & 0 \\ 0 & 0 & 1 \\ -2 & -1 & 0 \end{bmatrix}$

풀이 $x_1(t) = c(t)$, $x_2(t) = \dot{c}(t) = \dot{x}_1(t)$,

$x_3(t) = \dot{x}_2(t) = \ddot{x}_1(t)$라 놓으면

$\dot{x}_3(t) = -2x_1(t) - x_2(t) - 5x_3(t) + r(t)$

$\therefore \begin{bmatrix} \dot{x}_1(t) \\ \dot{x}_2(t) \\ \dot{x}_3(t) \end{bmatrix} = \begin{bmatrix} 0 & 1 & 0 \\ 0 & 0 & 1 \\ -2 & -1 & -5 \end{bmatrix} \begin{bmatrix} x_1(t) \\ x_2(t) \\ x_3(t) \end{bmatrix} + \begin{bmatrix} 0 \\ 0 \\ 1 \end{bmatrix} r(t)$

답 ①

66 안정한 제어계에 임펄스 응답을 가했을 때 제어계의 정상상태 출력은?

① 0 ② $+\infty$ 또는 $-\infty$

③ $+$의 일정한 값 ④ $-$의 일정한 값

풀이 ① 임펄스 함수

$f(t) = \delta(t) = \begin{cases} 0, & t \neq 0 \\ \infty, & t = 0 \end{cases}$

② 임펄스 응답은 0에 수렴하므로, 정상상태의 출력은 0이다.

답 ①

67 그림과 같은 블록선도에서 $C(s)/R(s)$의 값은?

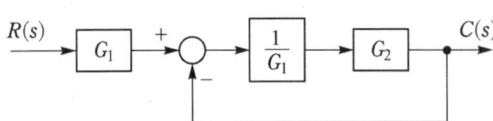

① $\dfrac{G_1}{G_1 - G_2}$ ② $\dfrac{G_2}{G_1 - G_2}$

③ $\dfrac{G_2}{G_1 + G_2}$ ④ $\dfrac{G_1 G_2}{G_1 + G_2}$

풀이 $(RG_1 - C)\dfrac{1}{G_1} G_2 = C$, $\quad RG_2 - C\dfrac{G_2}{G_1} = C$,

$RG_2 = C\left(1 + \dfrac{G_2}{G_1}\right)$

$\therefore G(s) = \dfrac{C}{R} = \dfrac{G_1 G_2}{G_1 + G_2}$

별해 전향경로 이득 : G_2

루프 이득 : $-\dfrac{G_2}{G_1}$

$G(s) = \dfrac{\sum \text{전향 경로 이득}}{1 - \sum \text{루프이득}} = \dfrac{G_2}{1 + \dfrac{G_2}{G_1}}$

$\quad = \dfrac{G_1 G_2}{G_1 + G_2}$

답 ④

68 신호흐름선도에서 전달함수 $\dfrac{C}{R}$를 구하면?

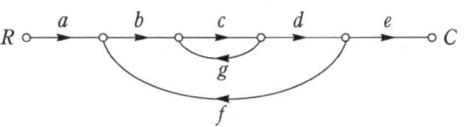

① $\dfrac{abcdg}{1 - abcde}$ ② $\dfrac{abcde}{1 - cg - bcdf}$

③ $\dfrac{abcde}{1 - cg - cgf}$ ④ $\dfrac{abcde}{c + cg + cgf}$

풀이 $G_1 = abcde$, $\Delta_1 = 1$, $L_{11} = cg$, $L_{21} = bcdf$

$\Delta = 1 - (L_{11} + L_{21}) = 1 - cg - bcdf$

$\therefore G = \dfrac{C}{R} = \dfrac{G_1 \Delta_1}{\Delta} = \dfrac{abcde}{1 - cg - bcdf}$

별해 전향경로 이득 : $abcde$, 루프 이득 : cg, $bcdf$

$G(s) = \dfrac{\sum \text{전향 경로 이득}}{1 - \sum \text{루프이득}}$

$\quad = \dfrac{abcde}{1 - cg - bcdf}$

답 ②

69 특성방정식이 $s^3 + 2s^2 + Ks + 5 = 0$가 안정하기 위한 K의 값은?

① $K > 0$ ② $K < 0$

③ $K > \dfrac{5}{2}$ ④ $K < \dfrac{5}{2}$

풀이 특성방정식은 $s^3 + 2s^2 + Ks + 5 = 0$이므로 루드의 표는

$$\begin{array}{c|cc}
s^3 & 1 & K \\
s^2 & 2 & 5 \\
s^1 & \dfrac{2K-5}{2} & 0 \\
s^0 & 5 &
\end{array}$$

제1열의 부호 변화가 없어야 안정하므로

$2K-5>0$ ∴ $K>\dfrac{5}{2}$

답 ③

---

70 다음과 같은 진리표를 갖는 회로의 종류는?

입 력		출력
A	B	
0	0	0
0	1	1
1	0	1
1	1	0

① AND
② NOR
③ NAND
④ EX-OR

풀이 • 배타적 논리합 회로(exclusive-OR gate)
입력 A, B가 서로 같지 않을 때만
출력이 "1"이 되는 회로이며,
논리식은 $X = \overline{A} \cdot B + A \cdot \overline{B} = A \oplus B$
로 표시된다.

답 ④

---

76 함수 $f(t)$의 라플라스 변환은 어떤 식으로 정의되는가?

① $\displaystyle\int_0^\infty f(t)e^{st}dt$

② $\displaystyle\int_0^\infty f(t)e^{-st}dt$

③ $\displaystyle\int_0^\infty f(-t)e^{st}dt$

④ $\displaystyle\int_{-\infty}^\infty f(-t)e^{-st}dt$

풀이 시간 $t \geq 0$이 조건에서 시간함수 $f(t)$에 관한 다음과 같은 적분을 함수 $f(t)$의 라플라스 변환이라 한다.

$$\mathcal{L}[f(t)] = F(s) = \int_0^\infty f(t)e^{-st}dt$$

(여기서, $s = \sigma + j\omega$를 뜻하는 복소량이다.)

답 ②

---

61 $G(s) = \dfrac{1}{0.005s(0.1s+1)^2}$ 에서

$\omega = 10[\text{rad/s}]$일 때의 이득 및 위상각은?

① $20[\text{dB}]$, $-90°$

② $20[\text{dB}]$, $-180°$

③ $40[\text{dB}]$, $-90°$

④ $40[\text{dB}]$, $-180°$

풀이

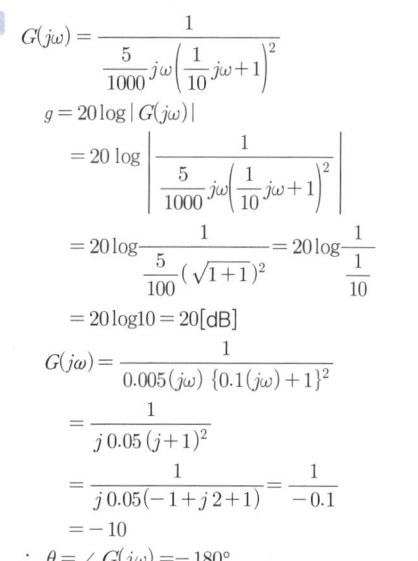

$$G(j\omega) = \dfrac{1}{\dfrac{5}{1000}j\omega\left(\dfrac{1}{10}j\omega+1\right)^2}$$

$g = 20\log|G(j\omega)|$

$\quad = 20\log\left|\dfrac{1}{\dfrac{5}{1000}j\omega\left(\dfrac{1}{10}j\omega+1\right)^2}\right|$

$\quad = 20\log\dfrac{1}{\dfrac{5}{100}(\sqrt{1+1})^2} = 20\log\dfrac{1}{\dfrac{1}{10}}$

$\quad = 20\log 10 = 20[\text{dB}]$

$G(j\omega) = \dfrac{1}{0.005(j\omega)\{0.1(j\omega)+1\}^2}$

$\quad = \dfrac{1}{j\,0.05\,(j+1)^2}$

$\quad = \dfrac{1}{j\,0.05(-1+j\,2+1)} = \dfrac{1}{-0.1}$

$\quad = -10$

∴ $\theta = \angle G(j\omega) = -180°$

답 ②

---

62 그림과 같은 논리회로는?

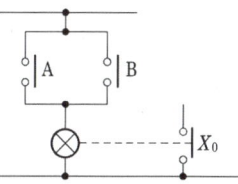

① OR 회로
② AND 회로
③ NOT 회로
④ NOR 회로

풀이 OR 회로 : 입력 A, B 중 하나의 입력만 있어도 출력 X가 생기는 회로
• 논리합 회로
• 병렬 논리 회로

답 ①

63 그림은 제어계와 그 제어계의 근궤적을 작도한 것이다. 이것으로부터 결정된 이득여유 값은?

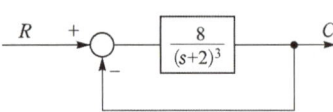

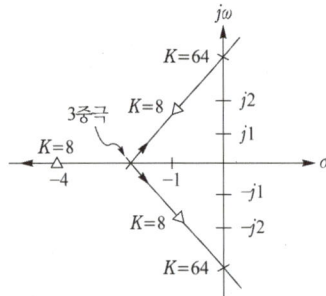

① 2　　　② 4　　　③ 8　　　④ 64

풀이 이득 여유(GM)

$$= \frac{허수축과의\ 교차점에서\ K의\ 값}{K의\ 설계값}$$

문제에서 $G(s)$의 이득 정수 K의 설계값은 8이고, 근궤적으로부터 허수축과 교차점에서의 K값은 64이므로

이득 여유$= \dfrac{64}{8} = 8$ 이다.　　**답** ③

64 그림과 같은 스프링 시스템을 전기적 시스템으로 변환했을 때 이에 대응하는 회로는?

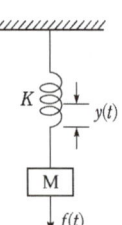

① 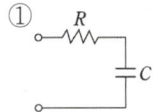　　②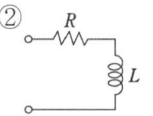

③ 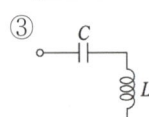　　④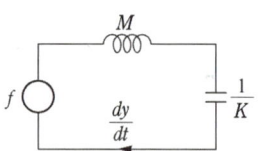

풀이 평형상태에서 힘 $f(t)$로 $y(t)$만큼 변위시킬 때 질량은 $M\dfrac{d^2}{dt^2}y(t)$, 스프링 저항력은 $Ky(t)$이므로

$$M\frac{d^2}{dt^2}y(t) + Ky(t) = f(t)$$

$$(Ms^2 + K)Y(s) = F(s)$$

$$\therefore G(s) = \frac{Y(s)}{F(s)} = \frac{1}{Ms^2 + K}$$

이 경우를 전기회로로 표시하면 그림과 같다.

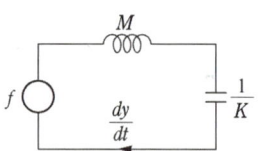

답 ③

65 $\dfrac{d^2}{dt^2}c(t) + 5\dfrac{d}{dt}c(t) + 4c(t) = r(t)$와 같은 함수를 상태함수로 변환하였다. 벡터 A, B의 값으로 적당한 것은?

$$\frac{d}{dt}X(t) = AX(t) + Br(t)$$

① $A = \begin{bmatrix} 0 & 1 \\ -5 & -4 \end{bmatrix}$, $B = \begin{bmatrix} 0 \\ 1 \end{bmatrix}$

② $A = \begin{bmatrix} 0 & 1 \\ 5 & 4 \end{bmatrix}$, $B = \begin{bmatrix} 0 \\ 1 \end{bmatrix}$

③ $A = \begin{bmatrix} 0 & 1 \\ -4 & -5 \end{bmatrix}$, $B = \begin{bmatrix} 0 \\ 1 \end{bmatrix}$

④ $A = \begin{bmatrix} 0 & 1 \\ 4 & 5 \end{bmatrix}$, $B = \begin{bmatrix} 0 \\ 1 \end{bmatrix}$

풀이 $\dot{x_2}(t) = -5x_2(t) - 4x_1(t)$

$$\therefore \begin{bmatrix} \dot{x_1}(t) \\ \dot{x_2}(t) \end{bmatrix} = \begin{bmatrix} 0 & 1 \\ -4 & -5 \end{bmatrix}\begin{bmatrix} x_1(t) \\ x_2(t) \end{bmatrix} + \begin{bmatrix} 0 \\ 1 \end{bmatrix}r(t)$$　**답** ③

66 전달함수 $G(s) = \dfrac{1}{s+a}$일 때, 이 계의 임펄스응답 $c(t)$를 나타내는 것은? (단 a는 상수이다.)

① 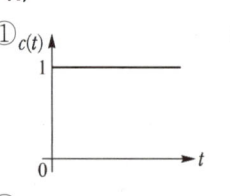　　②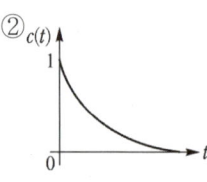

③ 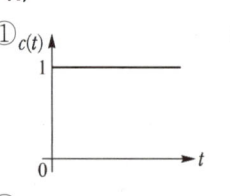　　④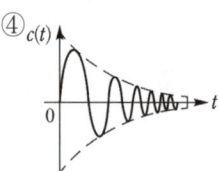

풀이 임펄스 응답은 단위 임펄스 함수를 입력으로 했을 때의 응답이다.

- 임펄스 입력 $R(s) = \mathcal{L}[r(t)] = \mathcal{L}[\delta(t)] = 1$
- 임펄스 응답

$$c(t) = \mathcal{L}^{-1}[G(s)R(s)] = \mathcal{L}^{-1}[G(s) \cdot 1]$$
$$= \mathcal{L}^{-1}[G(s)]$$
$$= \mathcal{L}^{-1}\left[\frac{1}{s+a}\right] = e^{-at}(\text{지수 감쇠 함수})$$

답 ②

67 궤환(Feed back) 제어계의 특징이 아닌 것은?

① 정확성이 증가한다.
② 대역폭이 증가한다.
③ 구조가 간단하고 설치비가 저렴하다.
④ 계(系)의 특성 변화에 대한 입력 대 출력비의 감도가 감소한다.

풀이 궤환(피드백 : Feed back) 제어계의 특징
① 정확성의 증가
② 계의 특성 변화에 대한 입력 대 출력비의 감도 감소
③ 비선형과 왜형에 대한 효과의 감소
④ 감대폭의 증가
⑤ 발진을 일으키고 불안정한 상태로 되어 가는 경향성
⑥ **구조가 복잡하고 설치비가 고가**

답 ③

68 이산 시스템(Discrete data system)에서의 안정도 해석에 대한 설명 중 옳은 것은?

① 특성방정식의 모든 근이 z평면의 음의 반평면에 있으면 안정하다.
② 특성방정식의 모든 근이 z평면의 양의 반평면에 있으면 안정하다.
③ 특성방정식의 모든 근이 z평면의 단위원 내부에 있으면 안정하다.
④ 특성방정식의 모든 근이 z평면의 단위원 외부에 있으면 안정하다.

풀이

안정도	근의 위치	
	s 평면	z 평면
안 정	좌반면	원점을 중심으로 한 단위원 내부
불 안 정	우반면	원점을 중심으로 한 단위원 외부
임계안정	허수축	원점을 중심으로 한 단위원

답 ③

69 노내 온도를 제어하는 프로세스 제어계에서 검출부에 해당하는 것은?

① 노   ② 밸브
③ 증폭기   ④ 열전대

풀이
- 열전대는 온도를 열기전력으로 변환시키는 요소이다.
- 열전대의 지시값을 보면서 노의 온도를 조절하므로 **열전대는 검출부에 해당**한다.   **답** ④

70 단위 부궤환 제어시스템의 루프전달함수 $G(s)H(s)$가 다음과 같이 주어져 있다. 이득여유가 20[dB]이면 이때의 K의 값은?

$$G(s)H(s) = \frac{K}{(s+1)(s+3)}$$

① $\dfrac{3}{10}$ ② $\dfrac{3}{20}$ ③ $\dfrac{1}{20}$ ④ $\dfrac{1}{40}$

풀이 이득여유 $GM = 20\log\dfrac{1}{|G(s)H(s)|} = 20[\text{dB}]$

$\rightarrow \log\dfrac{1}{|G(s)H(s)|} = 1$

$\rightarrow |G(s)H(s)| = \dfrac{1}{10}$ ...... ①

주어진 방정식에 $s = j\omega$를 대입하고 정리하면

$$G(j\omega)H(j\omega) = \frac{K}{(j\omega+1)(j\omega+3)}$$
$$= \frac{K}{(3-\omega^2) + j4\omega}$$ ...... ②

식 ②의 분모에서 허수부를 0으로 놓으면

$4\omega = 0 \rightarrow \omega = 0$ [rad/s]이다.

이 값을 식 ②에 대입하면

$$\left|G(j\omega)H(j\omega)\right|_{\omega=0} = \left|\frac{K}{3-\omega^2}\right|_{\omega=0} = \frac{K}{3}$$ ...... ③

식 ①과 ③에서 $|G(s)H(s)| = \dfrac{K}{3} = \dfrac{1}{10}$

$\therefore K = \dfrac{3}{10}$ **답** ①

78 $F(s) = \dfrac{1}{s(s+a)}$ 의 라플라스 역변환은?

① e^{-at} ② $1 - e^{-at}$
③ $a(1 - e^{-at})$ ④ $\dfrac{1}{a}(1 - e^{-at})$

풀이

$$F(s) = \frac{1}{s(s+a)} = \frac{K_1}{s} + \frac{K_2}{s+a}$$

$$K_1 = \lim_{s \to 0} sF(s) = \left[\frac{1}{s+a}\right]_{s=0} = \frac{1}{a}$$

$$K_2 = \lim_{s \to -a}(s+a)F(s) = \left[\frac{1}{s}\right]_{s=-a} = -\frac{1}{a}$$

$$F(s) = \frac{1}{sa} - \frac{1}{a(s+a)} = \frac{1}{a}\left(\frac{1}{s} - \frac{1}{s+a}\right)$$

$$\therefore f(t) = \mathcal{L}^{-1}\left[\frac{1}{a}\left(\frac{1}{s} - \frac{1}{s+a}\right)\right] = \frac{1}{a}(1 - e^{-at}) \quad \text{답} ④$$

2018년 · 3회 _ 전기기사

61 다음의 회로를 블록선도로 그린 것 중 옳은 것은?

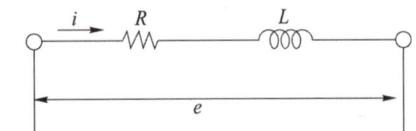

①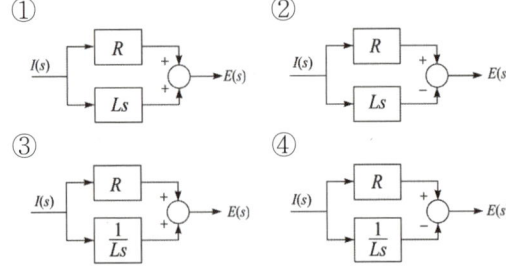

②

③

④

풀이 그림의 회로를 시간함수로 표현하면

$$Ri(t) + L\frac{dt(i)}{dt} = e(t)$$ 이므로

라플라스 변환을 하면

$$\mathcal{L}\left[Ri(t) + L\frac{dt(i)}{dt} = e(t)\right] = RI(s) + LsI(s) = E(s)$$

$$\to (R + Ls)I(s) = E(s)$$

$$\therefore G(s) = \frac{E(s)}{I(s)} = R + Ls$$

그러므로 $I(s)$를 입력으로 하고 $E(s)$를 출력으로 하는 **R 과 Ls 의 병렬회로**가 된다. **답** ①

62 특성방정식 $s^2 + 2\zeta\omega_n s + \omega_n^2 = 0$ 에서 감쇠 진동을 하는 제동비 ζ의 값은?

① $\zeta > 1$　　② $\zeta = 1$
③ $\zeta = 0$　　④ $0 < \zeta < 1$

풀이
- $0 < \zeta < 1$인 경우 : 부족 제동 (감쇠 진동)
- $\zeta > 1$인 경우 : 과제동 (비진동)
- $\zeta = 1$인 경우 : 임계 제동 (임계 상태)
- $\zeta = 0$인 경우 : 무제동 (무한 진동 또는 완전 진동)

답 ④

63 다음 그림의 전달함수 $\dfrac{Y(z)}{R(z)}$는 다음 중 어느 것인가?

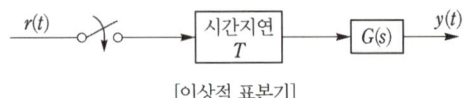

[이상적 표본기]

① $G(z)z$　　② $G(z)z^{-1}$
③ $G(z)Tz^{-1}$　　④ $G(z)Tz$

풀이 $\dfrac{Y(z)}{R(z)} = G(z)z^{-1}$ **답** ②

64 일정 입력에 대해 잔류 편차가 있는 제어계는?

① 비례 제어계
② 적분 제어계
③ 비례 적분 제어계
④ 비례 적분 미분 제어계

풀이 잔류편차가 발생하는 제어는 비례제어(P)와 비례미분 제어(PD)이며, 이러한 잔류편차는 적분제어(I)를 사용함으로써 제거할 수 있다. **답** ①

65 일반적인 제어시스템에서 안정의 조건은?

① 입력이 있는 경우 초기값에 관계없이 출력이 0으로 간다.
② 입력이 없는 경우 초기값에 관계없이 출력이 무한대로 간다.
③ 시스템이 유한한 입력에 대해서 무한한 출력을 얻는 경우
④ 시스템이 유한한 입력에 대해서 유한한 출력을 얻는 경우

풀이 ① 제어 시스템의 안정도는 입력 또는 외란에 대한 시스템의 응답에 의하여 정해지며, 유한한 입력에 대하여 유한한 출력이 생기는 시스템을 안정하다고 한다.

② 시스템이 안정하다는 것은
특성방정식 $1 + G(s)H(s) = 0$의 근이 모두
s평면 좌반부에 존재한다는 것을 뜻한다.　**답** ④

66
개루프 전달함수 $G(s)H(s)$가 다음과 같이 주어지는 부궤환계에서 근궤적 점근선의 실수축과의 교차점은?

$$G(s)H(s) = \frac{K}{s(s+4)(s+5)}$$

① 0
② −1
③ −2
④ −3

풀이 극점 $p = 3$개$(0, -4, -5)$, 영점 $z = 0$개(0)이므로
교차점
$$\sigma = \frac{\Sigma G(s)H(s)의 \ 극 - \Sigma G(s)H(s)의 \ 영점}{p - z}$$
$$= \frac{(0-4-5)-0}{3-0} = -3$$
(여기서, p : 극점의 개수, z : 영점의 개수)　**답** ④

67
$s^3 + 11s^2 + 2s + 40 = 0$에는 양의 실수부를 갖는 근은 몇 개 있는가?

① 1
② 2
③ 3
④ 없다.

풀이 루드 공식을 이용하면

$$
\begin{array}{c|cc}
s^3 & 1 & 2 \\
s^2 & 11 & 40 \\
s^1 & \dfrac{22-40}{11} = -1.64 & 0 \\
s^0 & 40 &
\end{array}
$$

제1열의 '11'에서 '−1.64', '−1.64'에서 '40'으로 **부호 변화가 두 번** 있으므로 양의 실수를 갖는 근은 2개이다.
　답 ②

68
논리식 $L = \overline{x} \cdot \overline{y} + \overline{x} \cdot y + x \cdot y$를 간략화한 것은?

① $x + y$
② $\overline{x} + y$
③ $x + \overline{y}$
④ $\overline{x} + \overline{y}$

풀이 $L = \overline{x} \cdot \overline{y} + \overline{x} \cdot y + x \cdot y = \overline{x} \cdot (\overline{y} + y) + x \cdot y$
$\qquad = \overline{x} \cdot 1 + x \cdot y$
분배법칙에 의해
$\overline{x} + x \cdot y = (\overline{x} + x) \cdot (\overline{x} + y) = \overline{x} + y$　**답** ②

69
그림과 같은 블록선도에서 전달함수 $\dfrac{C(s)}{R(s)}$를 구하면?

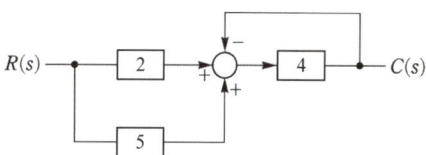

① $\dfrac{1}{8}$
② $\dfrac{5}{28}$
③ $\dfrac{28}{5}$
④ 8

풀이 블록선도

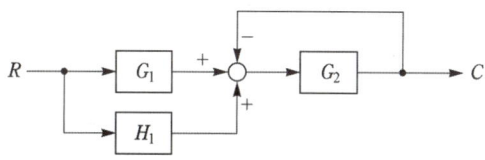

$(RG_1 + RH_1 - C)G_2 = C$
$RG_1G_2 + RH_1G_2 - CG_2 = C$
$R(G_1G_2 + H_1G_2) = C(1 + G_2)$
$G(s) = \dfrac{C}{R} = \dfrac{G_1G_2 + H_1G_2}{1 + G_2} = \dfrac{G_2(G_1 + H_1)}{1 + G_2}$ 이므로
$G_1 = 2$, $G_2 = 4$, $H_1 = 5$를 대입하면
$\therefore \ G(s) = \dfrac{4(2+5)}{1+4} = \dfrac{28}{5}$

별해 전향경로 이득 : $(G_1 + H_1)G_2$
루프 이득 : $-G_2$
$$G(s) = \frac{\sum 전향 \ 경로 \ 이득}{1 - \sum 루프이득} = \frac{(G_1 + H_1)G_2}{1 + G_2}$$
$$= \frac{(2+5) \cdot 4}{1+4} = \frac{28}{5}$$
　답 ③

70
$G(j\omega) = \dfrac{K}{j\omega(j\omega+1)}$ 에 있어서 진폭 A 및 위상각 θ는?

$$\lim_{\omega \to \infty} G(j\omega) = A \angle \theta$$

① $A = 0$, $\theta = -90°$
② $A = 0$, $\theta = -180°$
③ $A = \infty$, $\theta = -90°$
④ $A = \infty$, $\theta = -180°$

풀이 · 진폭

$$A = \lim_{\omega \to \infty} |G(j\omega)| = \lim_{\omega \to \infty} \left| \frac{K}{j\omega(j\omega+1)} \right|$$

$$= \lim_{\omega \to \infty} \left| \frac{K}{(j\omega)^2} \right| = 0$$

· 위상각

$$\theta = \lim_{\omega \to \infty} \angle G(j\omega) = \lim_{\omega \to \infty} \angle \frac{K}{j\omega(j\omega+1)}$$

$$= \lim_{\omega \to \infty} \angle \frac{K}{(j\omega)^2} = -180°$$

$$\therefore \lim_{\omega \to \infty} G(j\omega) = 0\angle -180° \qquad \text{답} ②$$

73 그림과 같은 파형의 Laplace 변환은?

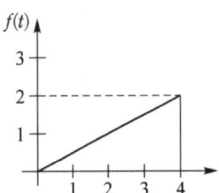

① $\dfrac{1}{2s^2}(1 - e^{-4s} - se^{-4s})$

② $\dfrac{1}{2s^2}(1 - e^{-4s} - 4e^{-4s})$

③ $\dfrac{1}{2s^2}(1 - se^{-4s} - 4e^{-4s})$

④ $\dfrac{1}{2s^2}(1 - e^{-4s} - 4se^{-4s})$

풀이 문제의 그림을 시간함수로 표현하면

$$f(t) = \frac{1}{2}tu(t) - \frac{1}{2}(t-4)u(t-4) - 2u(t-4)$$

이므로 이것을 라플라스 변환하면

$$F(s) = \mathcal{L}[f(t)]$$

$$= \frac{1}{2} \cdot \frac{1}{s^2} - \frac{1}{2} \cdot \frac{1}{s^2}e^{-4s} - \frac{2}{s}e^{-4s}$$

$$= \frac{1}{2s^2}(1 - e^{-4s} - 4se^{-4s}) \qquad \text{답} ④$$

62 $F = \dfrac{1}{s^n}$ 의 역라플라스 변환은?

① t^n 　　　② t^{n-1}

③ $\dfrac{1}{n!}t^n$ 　　④ $\dfrac{1}{(n-1)!}t^{n-1}$

풀이 $F(s) = \mathcal{L}[t^n] = \dfrac{n!}{s^{n+1}}$ 이므로

$$\therefore f(t) = \mathcal{L}^{-1}\left[\frac{1}{s^n}\right] = \frac{1}{(n-1)!}t^{n-1} \qquad \text{답} ④$$

71 $E(Z) = \dfrac{0.792Z}{(Z-1)(Z^2 - 0.416Z + 0.208)}$

일 때, $e^*(t)$의 최종값은?

① 0 　　　② 1

③ 25 　　④ ∞

풀이 최종값 정리에 의하여

$$e(\infty) = \lim_{Z \to 1}\left(1 - \frac{1}{Z}\right)E(Z)$$

$$= \lim_{Z \to 1}\left(1 - \frac{1}{Z}\right)\frac{0.792Z}{(Z-1)(Z^2-0.416Z+0.208)}$$

$$= \lim_{Z \to 1}\left(\frac{Z-1}{Z}\right)\frac{Z \cdot 0.792}{(Z-1)(Z^2-0.416Z+0.208)}$$

$$= \lim_{Z \to 1}\frac{0.792}{Z^2-0.416Z+0.208} = 1 \qquad \text{답} ②$$

72 $G(j\omega) = \dfrac{K}{j\omega(j\omega+1)}$ 의 나이퀴스트 선도를 도시한 것은? (단, $K > 0$이다.)

①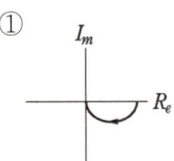

②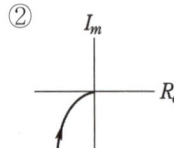

③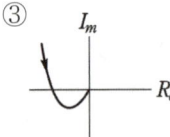

④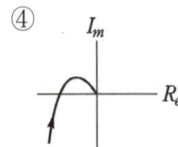

풀이

- 크기 $\lim_{\omega \to 0} |G(j\omega)| = \lim_{\omega \to 0} \left| \dfrac{K}{j\omega(j\omega+1)} \right|$
  $$= \lim_{\omega \to 0} \left| \dfrac{K}{j\omega} \right| = \infty$$

- 위상각 $\lim_{\omega \to 0} \angle G(j\omega) = \lim_{\omega \to 0} \angle \dfrac{K}{j\omega(j\omega+1)}$
  $$= \lim_{\omega \to 0} \angle \dfrac{K}{j\omega} = -90°$$

- 크기 $\lim_{\omega \to \infty} |G(j\omega)| = \lim_{\omega \to \infty} \left| \dfrac{K}{j\omega(j\omega+1)} \right|$
  $$= \lim_{\omega \to \infty} \left| \dfrac{K}{(j\omega)^2} \right| = 0$$

- 위상각 $\lim_{\omega \to \infty} \angle G(j\omega) = \lim_{\omega \to \infty} \angle \dfrac{K}{j\omega(j\omega+1)}$
  $$= \lim_{\omega \to \infty} \angle \dfrac{K}{(j\omega)^2} = -180°$$

답 ②

73 $G(j\omega) = \dfrac{1}{1+j2T}$ 이고 $T = 2$초일 때, 크기 $|G(j\omega)|$와 위상 $\angle G(j\omega)$는 각각 얼마인가?

① 0.24, 76° ② 0.44, 36°
③ 0.24, -76° ④ 0.44, -36°

풀이

- 크기 $|G(j\omega)| = \left| \dfrac{1}{1+j2T} \right| = \dfrac{1}{\sqrt{1+(2\times2)^2}}$
  $$= 0.24$$

- 위상각 $\theta = \angle G(j\omega) = -\tan^{-1}(2\times2)$
  $$\fallingdotseq -76°$$

답 ③

74 물체의 위치, 방위, 각도 등의 기계적 변위량으로 임의의 목푯값에 추종하는 제어장치는?

① 자동조정
② 서보기구
③ 프로그램 제어
④ 프로세스 제어

풀이 제어량의 종류에 의한 분류

항목	프로세스 제어	서보 제어	자동조정 제어
특징	플랜트나 생산 공정 중의 상태량을 제어량으로 하는 제어	기계적 변위를 제어량으로 해서 목푯값의 임의의 변화에 추종하도록 구성된 제어계	전기적, 기계적 양을 주로 제어하는 것으로서, 응답 속도가 대단히 빨라야 한다.

항목	프로세스 제어	서보 제어	자동조정 제어
제어량의 종류	• 온도 • 유량 • 압력 • 액위 • 농도 • 밀도 등	• 물체의 위치 • 방위 • 자세 등	• 전압 • 전류 • 주파수 • 회전속도 • 힘 등

답 ②

75 그림과 같은 피드백제어의 전달함수를 구하면?

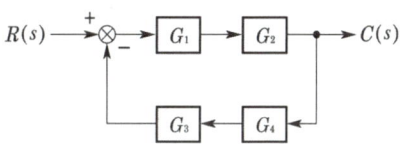

① $\dfrac{G_1 G_2}{1 - G_1 G_2 G_3 G_4}$

② $\dfrac{G_1 G_2}{1 + G_1 G_2 G_3 G_4}$

③ $\dfrac{G_1 G_2}{1 - G_1 G_2} \cdot \dfrac{G_3 G_4}{1 - G_3 G_4}$

④ $\dfrac{G_1 G_2}{1 + G_1 G_2} \cdot \dfrac{G_3 G_4}{1 + G_3 G_4}$

풀이 $C = (R - CG_3 G_4)G_1 G_2$
$C(1 + G_1 G_2 G_3 G_4) = RG_1 G_2$
$\therefore \dfrac{C}{R} = \dfrac{G_1 G_2}{1 + G_1 G_2 G_3 G_4}$

별해 전향경로 이득 : $G_1 G_2$
루프 이득 : $-G_1 G_2 G_3 G_4$
$G(s) = \dfrac{\sum \text{전향 경로 이득}}{1 - \sum \text{루프이득}} = \dfrac{G_1 G_2}{1 + G_1 G_2 G_3 G_4}$ **답** ②

76 $G(s)H(s) = \dfrac{k(s+1)}{s(s+5)(s+8)}$ 일 때 근궤적에서 점근선의 실수축과의 교차점은?

① -6 ② -5
③ -4 ④ -1

풀이 • 극점 : $0,\ -5,\ -8$ (3개)
• 영점 : -1 (1개)이므로
$$\sigma = \frac{\Sigma G(s)H(s)의\ 극 - \Sigma G(s)H(s)의\ 영점}{p-z}$$
(여기서, p : 극점의 개수, z : 영점의 개수)
$$\therefore \sigma = \frac{(-5-8)-(-1)}{3-1} = -\frac{12}{2} = -6 \qquad \boxed{답}\ ①$$

77 논리식 $\overline{A+\overline{B}\,\overline{C}}$와 같은 논리식은?

① $\overline{AB+C}$
② $\overline{A+BC}$
③ $\overline{AB}+C$
④ $\overline{A(B+C)}$

풀이 드모르간의 정리에 의해
$$\overline{A+B} = \overline{A}\cdot\overline{B},\quad \overline{A}\cdot\overline{B} = \overline{A+B}\ 이므로$$
$$\therefore \overline{A}+\overline{B}\cdot\overline{C} = \overline{A}+\overline{(B+C)} = \overline{A(B+C)} \qquad \boxed{답}\ ④$$

78 근궤적에 관한 설명으로 틀린 것은?

① 근궤적은 허수축에 대칭이다.
② 근궤적은 $K=0$일 때 극에서 출발하고, $K=\infty$일 때 영점에 도착한다.
③ 실수축 위의 극과 영점을 더한 수가 홀수 개가 되는 극 또는 영점에서 왼쪽의 실수축에 근궤적이 존재한다.
④ 극의 수가 영점보다 많을 경우, K가 무한에 접근하면 근궤적은 점근선을 따라 무한 원점으로 간다.

풀이 근궤적의 작도법
① 근궤적은 $K=0$일 때 극에서 출발하고 $K=\infty$일 때 영점에 도착한다.
② 근궤적의 개수는 유한 영점의 개수(z)와 유한 극점의 개수(p) 중에서 큰 수와 같으며, 또한 특성방정식의 차수와 같다.
③ 특성방정식의 근이 실근 또는 공액 복소근을 가지므로, 근궤적은 실수축에 대하여 대칭이다.
④ 점근선은 실수축 상에서만 교차하고 그 수 $n=p-z$이다.
⑤ 실수축에서 이득 K가 최대가 되게 하는 점이 이탈점이 될 수 있다. \qquad $\boxed{답}\ ①$

79 다음과 같은 차분 방정식으로 표시되는 불연속계가 있다. 이 계의 전달함수는?

$$c(K+2)+5c(K+1)+3c(K)$$
$$= r(K+1)+2r(K)$$

① $\dfrac{C(z)}{R(z)} = \dfrac{z^2+5z+3}{z+2}$

② $\dfrac{C(z)}{R(z)} = \dfrac{z^2+5z+3}{z}$

③ $\dfrac{C(z)}{R(z)} = \dfrac{z+2}{z^2+5z+3}$

④ $\dfrac{C(z)}{R(z)} = (z+2)(z^2+5z+3)$

풀이 주어진 차분 방정식의 양변을 z 변환하면
$$z^2 C(z) + 5zC(z) + 3C(z) = zR(z) + 2R(z)$$
$$\therefore \frac{C(z)}{R(z)} = \frac{z+2}{z^2+5z+3} \qquad \boxed{답}\ ③$$

80 두 개의 그림이 등가인 경우 A는?

① $\dfrac{s+2}{s+1}$

② $\dfrac{s-2}{s+1}$

③ $\dfrac{-s+2}{s+1}$

④ $\dfrac{-s-2}{s+1}$

풀이 그림 (a)의 전달함수 : $\dfrac{C}{R} = \dfrac{3}{s+1}$

그림 (b)의 전달함수 : $\dfrac{C}{R} = A+1$이므로

두 개의 그림이 등가인 경우
$$\frac{3}{s+1} = A+1$$
$$\therefore A = \frac{3}{s+1} - 1 = \frac{-s+2}{s+1} \qquad \boxed{답}\ ③$$

문제의 번호는 실제 시험문제의 번호와 같게 하였습니다.
회로이론에 해당하는 문제는 삭제하였습니다.

2019년 - 1회_ 전기기사·공사기사

61 특성방정식 중에서 안정된 시스템인 것은?

① $2s^3 + 3s^2 + 4s + 5 = 0$

② $s^4 + 3s^3 - s^2 + s + 10 = 0$

③ $s^5 + s^3 + 2s^2 + 4s + 3 = 0$

④ $s^4 - 2s^3 - 3s^2 + 4s + 5 = 0$

풀이 ① 특성방정식의 근이 모두 s평면의 좌반부에 있어야 제어계가 안정하다고 할 수 있다.

② 특성방정식의 근이 부(−)의 실수부(모두 s평면의 좌반부)를 갖는 조건
 • 특성방정식의 모든 계수의 부호가 같아야 한다.
 • 계수 중 어느 하나라도 0이 되어서는 안 된다.
 • 루드 수열의 제1열의 원소 부호가 같아야 한다.
 • 제1열의 부호 변화는 s평면의 우반면에 존재하는 근의 수를 의미한다. **답** ①

62 다음의 신호흐름선도를 메이슨의 공식을 이용하여 전달함수를 구하고자 한다. 이 신호흐름선도에서 루프(Loop)는 몇 개인가?

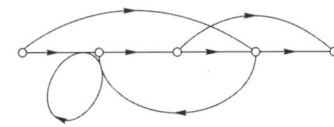

① 0 　　　　② 1
③ 2 　　　　④ 3

풀이 루프(loop)는 한 마디에서 시작하여 다시 그 마디로 돌아오는 경로를 말하며, 모든 마디는 두 번 이상 지날 수 없다. 따라서 ①, ② 두 개이다.

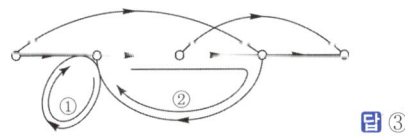

답 ③

63 타이머에서 입력신호가 주어지면 바로 동작하고, 입력신호가 차단된 후에는 일정시간이 지난 후에 출력이 소멸되는 동작형태는?

① 한시동작 순시복귀
② 순시동작 순시복귀
③ 한시동작 한시복귀
④ 순시동작 한시복귀

풀이 타이머 회로
① 한시동작 순시복귀
 입력이 주어지면 일정시간 후 동작하고, 입력이 차단되면 즉시 출력이 소멸
② 순시동작 순시복귀
 입력이 주어지면 즉시 동작하고, 입력이 차단되면 즉시 출력이 소멸
③ 한시동작 한시복귀
 입력이 주어지면 일정시간 후 동작하고, 입력이 차단되면 일정시간 후 출력이 소멸
④ 순시동작 한시복귀
 입력이 주어지면 즉시 동작하고, 입력이 차단되면 일정시간 후 출력이 소멸 **답** ④

64 $R(z) = \dfrac{(1 - e^{-aT})z}{(z-1)(z-e^{-aT})}$ 의 역변환은?

① te^{aT} 　　　　② te^{-aT}
③ $1 \quad e^{-aT}$ 　　　　④ $1 + e^{-aT}$

풀이
$$R(z) = \frac{(1-e^{-aT})z}{(z-1)(z-e^{-aT})} = \frac{z - ze^{-aT} + z^2 - z^2}{(z-1)(z-e^{-aT})}$$
$$= \frac{z(z-e^{-aT}) - z(z-1)}{(z-1)(z-e^{-aT})}$$
$$= \frac{z}{z-1} - \frac{z}{z-e^{-aT}}$$
따라서 $f(t)$는 $1 - e^{-aT}$가 된다. **답** ③

65 단위궤환 제어시스템의 전향경로 전달함수가 $G(s) = \dfrac{K}{s(s^2 + 5s + 4)}$ 일 때, 이 시스템이 안정하기 위한 K의 범위는?

① $K < -20$ 　　　② $-20 < K < 0$
③ $0 < K < 20$ 　　　④ $20 < K$

풀이 특성방정식은

$$1 + G(s)H(s) = 1 + \frac{K}{s(s^2 + 5s + 4)} = 0$$

$s(s^2 + 5s + 4) + K = s^3 + 5s^2 + 4s + K = 0$ 이므로,
루드의 표는

s^3	1	4
s^2	5	K
s^1	$\dfrac{20-K}{5}$	0
s^0	K	

계가 안정하기 위해서는 제1열의 부호 변화가 없어야
하므로
$20 - K > 0, \quad K > 0$
$\therefore 0 < K < 20$ **답 ③**

66 시간영역에서 자동제어계를 해석할 때 기본 시험입력에 보통 사용되지 않는 입력은?

① 정속도 입력   ② 정현파 입력
③ 단위계단 입력   ④ 정가속도 입력

풀이 기준 시험 입력 종류
① 계단 입력 ② 정속도(램프) 입력
③ 정가속도(포물선) 입력 **답 ②**

67 $G(s)H(s) = \dfrac{K(s-1)}{s(s+1)(s-4)}$ 에서 점근선의 교차점을 구하면?

① -1 ② 0
③ 1   ④ 2

풀이 $\sigma = \dfrac{\Sigma G(s)H(s)\text{의 극} - \Sigma G(s)H(s)\text{의 영점}}{p - z}$
(여기서, p : 극점의 개수 , z : 영점의 개수)
극점 $p = 3$개$(0, -1, 4)$, 영점 $z = 1$개(1)이므로
$\therefore \sigma = \dfrac{(-1+4)-1}{3-1} = 1$ **답 ③**

68 n차 선형 시불변 시스템의 상태방정식을
$\dfrac{d}{dt}X(t) = AX(t) + Br(t)$ 로 표시할 때
상태천이행렬 $\varPhi(t)(n \times n$행렬)에 관하여 틀린 것은?

① $\varPhi(t) = e^{At}$
② $\dfrac{d\varPhi(t)}{dt} = A \cdot \varPhi(t)$
③ $\varPhi(t) = \mathcal{L}^{-1}[(sI - A)^{-1}]$
④ $\varPhi(t)$는 시스템의 정상상태응답을 나타낸다.

풀이 $\varPhi(t)$는 선형 시스템의 과도응답(천이행렬)을 나타낸다. **답 ④**

69 다음의 신호흐름선도에서 C/R는?

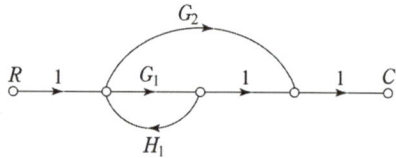

① $\dfrac{G_1 + G_2}{1 - G_1 H_1}$ ② $\dfrac{G_1 G_2}{1 - G_1 H_1}$
③ $\dfrac{G_1 + G_2}{1 + G_1 H_1}$ ④ $\dfrac{G_1 G_2}{1 + G_1 H_1}$

풀이 전향경로 이득 : $G_1 + G_2$
    루프 이득 : $G_1 H_1$
$\dfrac{C(s)}{R(s)} = \dfrac{\sum \text{전향경로이득}}{1 - \sum \text{루프이득}} = \dfrac{G_1 + G_2}{1 - G_1 H_1}$ **답 ①**

70 PD 조절기와 전달함수 $G(s) = 1.2 + 0.02s$ 의 영점은?

① -60 ② -50
③ 50   ④ 60

풀이 전달함수의 영점 : $1.2 + 0.02s = 0$
$\therefore s = -60$ **답 ①**

75 $F(s) = \dfrac{2s + 15}{s^3 + s^2 + 3s}$ 일 때 $f(t)$의 최종값은?

① 2   ② 3
③ 5   ④ 15

풀이 최종값 정리에 의하여
$$\lim_{t \to \infty} f(t) = \lim_{s \to 0} sF(s)$$
$$= \lim_{s \to 0} s \cdot \frac{2s+15}{s(s^2+s+3)} = \frac{15}{3} = 5 \qquad \text{답} ③$$

2019년 ‐ 2회 _ 전기기사·공사기사

61 블록선도 변환이 틀린 것은?

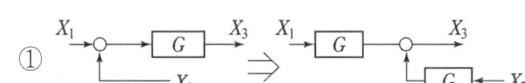

풀이

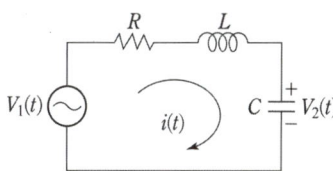

$$X_3 = GX_1 + X_2 \qquad X_3 = (X_1 + GX_2)G$$

답 ④

62 폐루프 전달함수 $\dfrac{G(s)}{1+G(s)H(s)}$ 의 극의 위치를 개루프 전달함수 $G(s)H(s)$ 의 이득상수 K 의 함수로 나타내는 기법은?

① 근궤적법
② 보드 선도법
③ 이득 선도법
④ Nyguist 판정법

풀이 근궤적법
폐루프 전달함수의 근을 개루프 전달함수의 극점과 영점의 배치로부터 도식적으로 해석하는 방법을 근궤적

법이라고 하며, 제어계의 안정성과 속응성에 관한 예측 정보를 얻을 수 있다.
개루프 전달함수
$$G(s)H(s) = \frac{K(s+z_1)(s+z_2)\cdots(s+z_m)}{(s+p_1)(s+p_2)\cdots(s+p_m)}$$
단, K : 이득 상수
　z : 극점
　p : 영점　　　　　　　　　　　답 ①

63 다음 회로망에서 입력전압을 $V_1(t)$, 출력전압을 $V_2(t)$ 라 할 때, $\dfrac{V_2(s)}{V_1(s)}$ 에 대한 고유주파수 ω_n 과 제동비 ζ 의 값은? (단, $R = 100[\Omega]$, $L = 2[\text{H}]$, $C = 200[\mu\text{F}]$ 이고, 모든 초기전하는 0이다.)

① $\omega_n = 50$, $\zeta = 0.5$
② $\omega_n = 50$, $\zeta = 0.7$
③ $\omega_n = 250$, $\zeta = 0.5$
④ $\omega_n = 250$, $\zeta = 0.7$

풀이 RLC 직렬회로의 전달함수
$$G(s) = \frac{1}{LCs^2 + RCs + 1}$$
여기에 $R - 100[\Omega]$, $L - 2[\text{H}]$, $C = 200[\mu\text{F}]$ 를 대입하면
$$G(s) = \frac{1}{2 \times 200 \times 10^{-6} \times s^2 + 100 \times 200 \times 10^{-6} \times s + 1}$$
$$= \frac{1}{0.0004s^2 + 0.02s + 1} = \frac{2500}{s^2 + 50s + 2500}$$

2차계의 전달함수 $G(s) = \dfrac{\omega_n^2}{s^2 + 2\zeta\omega_n s + \omega_n^2}$ 와

비교하면
• 고유수파수
　$\omega_n^2 = 2500$ ∴ $\omega_n = 50$
• 제동비
　$2\zeta\omega_n = 2\zeta \times 50 = 50$, ∴ $\zeta = 0.5$　　답 ①

64 다음 신호흐름선도의 일반식은?

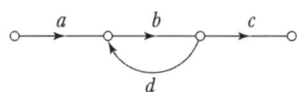

① $G = \dfrac{1-bd}{abc}$ 　② $G = \dfrac{1+bd}{abc}$

③ $G = \dfrac{abc}{1+bd}$ 　④ $G = \dfrac{abc}{1-bd}$

풀이 $G_1 = abc,\ \Delta_1 = 1,\ L_{11} = bd,\ \Delta = 1 - L_{11} = 1 - bd$

∴ $G = \dfrac{C}{R} = \dfrac{G_1 \Delta_1}{\Delta} = \dfrac{abc}{1-bd}$

별해 전향경로 이득 : abc
루프 이득 : bd

$G(s) = \dfrac{\sum 전향\ 경로\ 이득}{1 - \sum 루프이득} = \dfrac{abc}{1-bd}$　**답** ④

65 다음 중 이진값 신호가 아닌 것은?

① 디지털 신호
② 아날로그 신호
③ 스위치의 On-Off 신호
④ 반도체 소자의 동작, 부동작 상태

풀이 이진 값 신호는 0과 1에 대응하는 불연속 신호이며, 아날로그 신호는 연속된 신호이다.
- 아날로그 신호 : 소리, 전류 등과 같이 연속적으로 변하는 신호
- 디지털 신호 : 스위치의 On-Off 등과 같이 불연속적으로 변하는 신호　**답** ②

66 보드 선도에서 이득여유에 대한 정보를 얻을 수 있는 것은?

① 위상곡선 0°에서의 이득과 0[dB]과의 차이
② 위상곡선 180°에서의 이득과 0[dB]과의 차이
③ 위상곡선 −90°에서의 이득과 0[dB]과의 차이
④ 위상곡선 −180°에서의 이득과 0[dB]과의 차이

풀이 이득여유란 위상 선도가 −180°선을 끊는 점에 대응되는 이득의 크기이다.

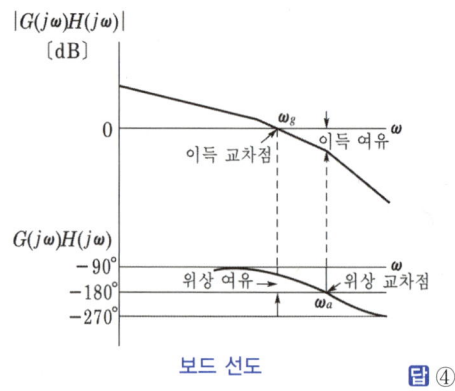

보드 선도　**답** ④

67 단위 궤환제어계의 개루프 전달함수가

$G(s) = \dfrac{K}{s(s+2)}$ 일 때, K가 $-\infty$로부터 $+\infty$까지 변하는 경우 특성방정식의 근에 대한 설명으로 틀린 것은?

① $-\infty < K < 0$에 대하여 근은 모두 실근이다.
② $0 < K < 1$에 대하여 2개의 근은 모두 음의 실근이다.
③ $K = 0$에 대하여 $s_1 = 0$, $s_2 = -2$의 근은 $G(s)$의 극점과 일치한다.
④ $1 < K < \infty$에 대하여 2개의 근은 음의 실수부 중근이다.

풀이 폐루프 특성방정식
$$s(s+2) + K = 0 \rightarrow s^2 + 2s + K = 0$$
특성근
$$s_1,\ s_2 = -1 \pm \sqrt{1-K}$$

① $-\infty < K < 0$: 근호 안은 양수($1-K>0$)이므로 양과 음의 두 실근
② $0 < K < 1$: $-1 < s_1 < 0$, $-2 < s_2 < -1$이므로 음의 두 실근
③ $K = 0$: $s_1 = 0$, $s_2 = -2$이므로 극점과 일치하는 두 실근
④ $1 < K < \infty$: 근호 안은 음수($1-K<0$)이므로 음의 실수부를 갖는 공액 복소근　**답** ④

68 2차계 과도응답에 대한 특성방정식의 근은

$$s_1,\ s_2 = -\zeta\omega_n \pm j\omega_n\sqrt{1-\zeta^2}\ \text{이다.}$$

감쇠비 ζ가 $0 < \zeta < 1$ 사이에 존재할 때 나타나는 현상은?

① 과제동 ② 무제동

③ 부족제동 ④ 임계제동

풀이 · $0 < \zeta < 1$인 경우 : **부족 제동**(감쇠 진동)
· $\zeta > 1$인 경우 : 과제동(비진동)
· $\zeta = 1$인 경우 : 임계 제동(임계 상태)
· $\zeta = 0$인 경우 : 무제동(무한 진동 또는 완전 진동)

답 ③

69 그림의 시퀀스 회로에서 전자접촉기 X에 의한 A접점(Normal open contact)의 사용 목적은?

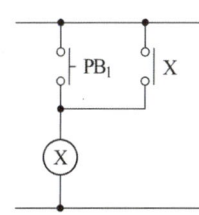

① 자기유지회로
② 지연회로
③ 우선 선택회로
④ 인터록(interlock)회로

풀이 · 자기유지회로 : 릴레이 자신의 접점에 의하여 동작 회로를 구성하고 스스로 동작을 유지하는 회로

답 ①

70 그림과 같은 RC 저역통과 필터 회로에 단위 임펄스를 입력으로 가했을 때 응답 $h(t)$는?

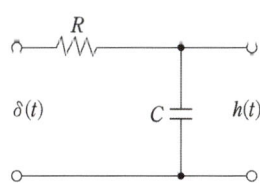

① $h(t) = RCe^{-\frac{t}{RC}}$

② $h(t) = \dfrac{1}{RC}e^{-\frac{t}{RC}}$

③ $h(t) = \dfrac{R}{1+j\omega RC}$

④ $h(t) = \dfrac{1}{RC}e^{-\frac{C}{R}t}$

풀이

$$G(s) = \frac{H(s)}{\Delta(s)} = \frac{\dfrac{1}{sC}}{R+\dfrac{1}{Cs}} = \frac{1}{RCs+1}$$

$$\Delta(s) = \pounds\,[\delta(t)] = 1$$

$$H(s) = \frac{1}{RCs+1}\Delta(s) = \frac{1}{RCs+1}\cdot 1$$

$$= \frac{1}{RCs+1} = \frac{1}{RC}\cdot\frac{1}{s+\dfrac{1}{RC}}$$

$$\therefore\ h(t) = \pounds^{-1}[H(s)] = \frac{1}{RC}e^{-\frac{1}{RC}t}$$

답 ②

71 다음의 블록선도에서 특성방정식의 근은?

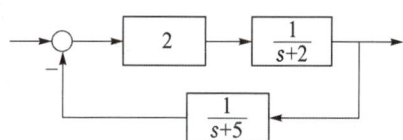

① $-2,\ -5$ ② $2,\ 5$

③ $-3,\ -4$ ④ $3,\ 4$

풀이 특성방정식

$$1+G(s)H(s) = 1+2\cdot\frac{1}{s+2}\cdot\frac{1}{s+5} = 0$$

$$(s+2)(s+5)+2 = s^2+7s+12 = (s+3)(s+4)$$

$$= 0$$

$$\therefore\ s = -3,\ -4$$

답 ③

80 $f(t) = e^{j\omega t}$의 라플라스 변환은?

① $\dfrac{1}{s-j\omega}$ ② $\dfrac{1}{s+j\omega}$

③ $\dfrac{1}{s^2+\omega^2}$ ④ $\dfrac{\omega}{s^2+\omega^2}$

풀이 $\mathcal{L}[e^{j\omega t}] = \mathcal{L}[1 \cdot e^{j\omega t}] = \dfrac{1}{s}\Big|_{s=s-j\omega} = \dfrac{1}{s-j\omega}$

답 ①

풀이 근궤적이 K의 변화에 따라 허수축을 지나 s평면의 우반 평면으로 들어가는 순간은 계의 안정성이 파괴되는 임계점에 해당한다.

답 ④

2019년 - 3회_전기기사

61 그림의 벡터 궤적을 갖는 계의 주파수 전달함수는?

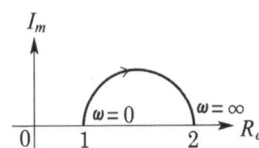

① $\dfrac{1}{j\omega+1}$ ② $\dfrac{1}{j2\omega+1}$

③ $\dfrac{j\omega+1}{j2\omega+1}$ ④ $\dfrac{j2\omega+1}{j\omega+1}$

풀이 $G(j\omega) = \dfrac{1+j\omega T_2}{1+j\omega T_1}$ 에서

$\omega=0$일 때 $|G(j\omega)|=1$,

$\omega=\infty$일 때 $|G(j\omega)|=\dfrac{T_2}{T_1}=2$

$T_2 > T_1$이고 위상각은 (+)값이므로

$\therefore G(j\omega) = \dfrac{j2\omega+1}{j\omega+1}$

답 ④

62 근궤적에 관한 설명으로 틀린 것은?

① 근궤적은 실수축에 대하여 상하 대칭으로 나타난다.

② 근궤적의 출발점은 극점이고 근궤적의 도착점은 영점이다.

③ 근궤적의 가지 수는 극점의 수와 영점의 수 중에서 큰 수와 같다.

④ 근궤적이 s평면의 우반면에 위치하는 K의 범위는 시스템이 안정하기 위한 조건이다.

63 제어시스템에서 출력이 얼마나 목푯값을 잘 추종하는지를 알아볼 때, 시험용으로 많이 사용되는 신호로 다음 식의 조건을 만족하는 것은?

$$u(t-a) = \begin{cases} 0, & t < a \\ 1, & t \geq a \end{cases}$$

① 사인함수 ② 임펄스함수

③ 램프함수 ④ 단위계단함수

풀이

단위 계단함수	단위 계단함수 (시간 이동하는 경우)
$u(t) = \begin{cases} 0, & t < 0 \\ 1, & t \geq 0 \end{cases}$	$u(t-a) = \begin{cases} 0, & t < a \\ 1, & t \geq a \end{cases}$

답 ④

64 특성방정식 $s^2 + Ks + 2K - 1 = 0$인 계가 안정하기 위한 K의 범위는?

① $K > 0$ ② $K > \dfrac{1}{2}$

③ $K < \dfrac{1}{2}$ ④ $0 < K < \dfrac{1}{2}$

풀이 루드의 표는

s^2	1	$2K-1$
s^1	K	
s^0	$2K-1$	

제1열의 부호 변화가 없으려면

$K>0$, $2K-1>0$이어야 하므로

$\therefore K > \dfrac{1}{2}$

답 ②

65 상태공간 표현식 $\dot{x} = Ax + Bu$로 표현되는 $y = Cx$

선형 시스템에서 $A = \begin{bmatrix} 0 & 1 & 0 \\ 0 & 0 & 1 \\ -2 & -9 & -8 \end{bmatrix}$,

$B = \begin{bmatrix} 0 \\ 0 \\ 5 \end{bmatrix}$, $C = [1 \ 0 \ 0]$, $D = 0$, $x = \begin{bmatrix} x_1 \\ x_2 \\ x_3 \end{bmatrix}$

이면 시스템 전달함수 $\dfrac{Y(s)}{U(s)}$는?

① $\dfrac{1}{s^3 + 8s^2 + 9s + 2}$

② $\dfrac{1}{s^3 + 2s^2 + 9s + 8}$

③ $\dfrac{5}{s^3 + 8s^2 + 9s + 2}$

④ $\dfrac{5}{s^3 + 2s^2 + 9s + 8}$

풀이 (1) 행렬

$sI - A = \begin{bmatrix} s & 0 & 0 \\ 0 & s & 0 \\ 0 & 0 & s \end{bmatrix} - \begin{bmatrix} 0 & 1 & 0 \\ 0 & 0 & 1 \\ -2 & -9 & -8 \end{bmatrix}$

$= \begin{bmatrix} s & -1 & 0 \\ 0 & s & -1 \\ 2 & 9 & s+8 \end{bmatrix}$

(2) 수반행렬

$\mathrm{adj}(sI - A) = \begin{bmatrix} \begin{vmatrix} s & -1 \\ 9 & s+8 \end{vmatrix} & -\begin{vmatrix} -1 & 0 \\ 9 & s+8 \end{vmatrix} & \begin{vmatrix} -1 & 0 \\ s & -1 \end{vmatrix} \\ -\begin{vmatrix} 0 & 2 \\ -1 & s+8 \end{vmatrix} & \begin{vmatrix} s & 0 \\ 2 & s+8 \end{vmatrix} & -\begin{vmatrix} s & 0 \\ 0 & -1 \end{vmatrix} \\ \begin{vmatrix} 0 & s \\ 2 & 9 \end{vmatrix} & -\begin{vmatrix} s & -1 \\ 2 & 9 \end{vmatrix} & \begin{vmatrix} s & -1 \\ 0 & s \end{vmatrix} \end{bmatrix}$

$= \begin{bmatrix} s^2 + 8s + 9 & s+8 & 1 \\ -2 & s(s+8) & s \\ 2s & -(9s+2) & s^2 \end{bmatrix}$

(3) 행렬식

$\det(sI - A) = s^3 + 8s^2 + 9s + 2$

(4) 전달함수

$G(s) = \dfrac{Y(s)}{U(s)} = C \dfrac{\mathrm{adj}(sI - A)}{\det(sI - A)} B$

$= \dfrac{5}{s^3 + 8s^2 + 9s + 2}$ **답** ③

66 Routh–Hurwitz 표에서 제1열의 부호가 변하는 횟수로부터 알 수 있는 것은?

① s-평면의 좌반면에 존재하는 근의 수

② s-평면의 우반면에 존재하는 근의 수

③ s-평면의 허수축에 존재하는 근의 수

④ s-평면의 원점에 존재하는 근의 수

풀이 루드–훌비쯔의 판별법에서 안정하기 위한 조건
- 특성방정식의 모든 계수의 부호가 같아야 한다.
- 계수 중 어느 하나라도 0이 되어서는 안 된다.
- 루드 수열의 제1열 원소 부호가 같아야 한다.
- 제1열의 부호 변화는 s평면의 우반면에 존재하는 근의 수를 의미한다. **답** ②

67 그림의 블록선도에 대한 전달함수 $\dfrac{C}{R}$는?

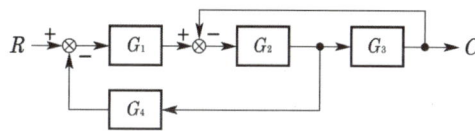

① $\dfrac{G_1 G_2 G_3}{1 + G_1 G_2 + G_1 G_2 G_4}$

② $\dfrac{G_1 G_2 G_4}{1 + G_1 G_2 + G_1 G_2 G_3}$

③ $\dfrac{G_1 G_2 G_3}{1 + G_2 G_3 + G_1 G_2 G_4}$

④ $\dfrac{G_1 G_2 G_4}{1 + G_2 G_3 + G_1 G_2 G_3}$

풀이 G_3 앞의 인출점을 요소 뒤로 이동하면 그림과 같은 블록 선도로 나타낼 수 있다.

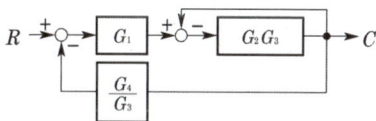

$\left\{ \left(R - C\dfrac{G_4}{G_3} \right) G_1 - C \right\} G_2 G_3 = C$

$R G_1 G_2 G_3 - C G_1 G_2 G_4 - C(G_2 G_3) = C$

$R G_1 G_2 G_3 = C(1 + G_2 G_3 + G_1 G_2 G_4)$

$\therefore G(s) = \dfrac{C}{R} = \dfrac{G_1 G_2 G_3}{1 + G_2 G_3 + G_1 G_2 G_4}$

별해 전향경로 이득 : $G_1 G_2 G_3$

루프 이득 : $-G_2 G_3$, $-G_1 G_2 G_4$

$G(s) = \dfrac{\sum \text{전향 경로 이득}}{1 - \sum \text{루프이득}} = \dfrac{G_1 G_2 G_3}{1 + G_2 G_3 + G_1 G_2 G_4}$ **답** ③

68 신호흐름선도의 전달함수 $T(s) = \dfrac{C(s)}{R(s)}$로 옳은 것은?

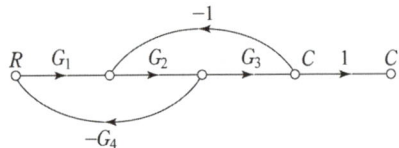

① $\dfrac{G_1 G_2 G_3}{1 - G_2 G_3 + G_1 G_2 G_4}$

② $\dfrac{G_1 G_2 G_3}{1 + G_1 G_2 G_4 + G_2 G_3}$

③ $\dfrac{G_1 G_2 G_3}{1 + G_1 G_3 - G_1 G_2 G_4}$

④ $\dfrac{G_1 G_2 G_3}{1 - G_1 G_3 - G_1 G_2 G_4}$

풀이 $G_1' = G_1 G_2 G_3$, $\Delta_1 = 1$
$L_{11} = - G_1 G_2 G_4$, $L_{21} = - G_2 G_3$
$\Delta = 1 - (L_{11} + L_{21}) = 1 + G_1 G_2 G_4 + G_2 G_3$
$\therefore \dfrac{C}{R} = \dfrac{G_1' \Delta_1}{\Delta} = \dfrac{G_1 G_2 G_3}{1 + G_1 G_2 G_4 + G_2 G_3}$

별해 전향경로 이득 : $G_1 G_2 G_3$
루프 이득 : $- G_1 G_2 G_4$, $- G_2 G_3$
$G(s) = \dfrac{\sum 전향\,경로\,이득}{1 - \sum 루프이득} = \dfrac{G_1 G_2 G_3}{1 + G_1 G_2 G_4 + G_2 G_3}$

답 ②

69 함수 e^{-at}의 z변환으로 옳은 것은?

① $\dfrac{z}{z - e^{-aT}}$

② $\dfrac{z}{z - a}$

③ $\dfrac{1}{z - e^{-aT}}$

④ $\dfrac{1}{z - a}$

풀이

$f(t)$	$F(s)$	$F(z)$
$\delta(t)$	1	1
$u(t)$	$\dfrac{1}{s}$	$\dfrac{z}{z-1}$
t	$\dfrac{1}{s^2}$	$\dfrac{Tz}{(z-1)^2}$
e^{-at}	$\dfrac{1}{s+a}$	$\dfrac{z}{z - e^{-aT}}$

답 ①

71 불 대수식 중 틀린 것은?

① $A \cdot \overline{A} = 1$

② $A + 1 = 1$

③ $A + A = A$

④ $A \cdot A = A$

풀이 ① $A \cdot \overline{A} = 0$ ② $A + \overline{A} = 1$ ③ $A + 1 = 1$
④ $A \cdot 1 = A$ ⑤ $A \cdot 0 = 0$ ⑥ $A + 0 = A$
⑦ $A \cdot A = A$ ⑧ $A + A = A$

답 ①

80 $f(t) = \delta(t - T)$의 라플라스변환 $F(s)$는?

① e^{Ts}

② e^{-Ts}

③ $\dfrac{1}{s} e^{Ts}$

④ $\dfrac{1}{s} e^{-Ts}$

풀이 시간 추이 정리에 의해서
$\mathcal{L}[\delta(t - T)] = e^{-Ts} \mathcal{L}[\delta(t)] = e^{-Ts}$

답 ②

2019년 · 4회 _ 공사기사

65 2차 선형 시불변 시스템의 전달함수

$G(s) = \dfrac{\omega_n^2}{s^2 + 2\delta\omega_n s + \omega_n^2}$에서

ω_n이 의미하는 것은?

① 감쇠계수

② 비례계수

③ 고유 진동주파수

④ 공진주파수

풀이 $G(s) = \dfrac{Y(s)}{X(s)} = \dfrac{\omega_n^2}{s^2 + 2\delta\omega_n s + \omega_n^2}$

여기서, δ : 감쇠 계수 또는 제동비
ω_n : 고유 주파수

답 ③

71 주파수 전달함수가 $G(j\omega) = \dfrac{1}{j100\omega}$인 계에서 $\omega = 0.1[\text{rad/s}]$일 때의 이득[dB]과 위상각 $\theta[\text{deg}]$는 각각 얼마인가?

① $20[\text{dB}]$, $90°$

② $40[\text{dB}]$, $90°$

③ $-20[\text{dB}]$, $-90°$

④ $-40[\text{dB}]$, $-90°$

풀이 이득 $g = 20\log|G(j\omega)| = 20\log\left|\dfrac{1}{j100\omega}\right|$

$\qquad = 20\log\left|\dfrac{1}{j100\times 0.1}\right| = 20\log\left|\dfrac{1}{j10}\right|$

$\qquad = -20[\text{dB}]$

위상각 $\theta = \angle G(j\omega) = \angle\dfrac{1}{j100\omega} = \angle\dfrac{1}{j10} = -90°$

답 ③

---

72 특성방정식이 $s^3 + Ks^2 + 2s + K + 1 = 0$으로 주어진 제어계가 안정하기 위한 K의 범위는?

① $K > 0$ ② $K > 1$

③ $-1 > K > 1$ ④ $K > -1$

풀이 루드의 표는

$$
\begin{array}{c|cc}
s^3 & 1 & 2 \\
s^2 & K & K+1 \\
s^1 & \dfrac{2K-(K+1)}{K} = 1 - \dfrac{1}{K} & 0 \\
s^0 & K+1 &
\end{array}
$$

제1열의 부호 변화가 없으려면

$K > 0,\ 1 - \dfrac{1}{K} > 0,\ K+1 > 0$

$\therefore\ K > 1$

별해 훌비쯔의 행렬식에서

$a_0 = 1,\ a_1 = K,\ a_2 = 2,\ a_3 = K+1$이므로

$D_1 = a_1 = K,$

$D_2 = \begin{vmatrix} a_1 & a_3 \\ a_0 & a_2 \end{vmatrix} = \begin{vmatrix} K & K+1 \\ 1 & 2 \end{vmatrix}$

$\qquad = 2K - (K+1) = K-1$

제어계가 안정하기 위해서는 $D_1 > 0,\ D_2 > 0$

이어야 하므로 $K > 0,\ K-1 > 0$

$\therefore\ K > 1$

답 ②

---

73 2차 제어시스템의 특성방정식이

$s^2 + 2\delta\omega_n s + \omega_n^2 = 0$인 경우, ε가 서로 다른 2개의 실근을 가졌을 때의 제동 특성은?

① 과제동 ② 무제동

③ 부족제동 ④ 임계제동

풀이 특성근, 제동비 및 시간응답 특성 요약

특성근의 종류	제동비	시간응답특성
서로 다른 실근 $s = -\alpha,\ -\beta$	과 제 동 $\delta > 1$	지수적 감쇠
중복근 $s = -\alpha$	임계제동 $\delta = 1$	지수적 감쇠
공액복소근 $s = -\alpha \pm j\beta$	부족제동 $\delta < 1$	감쇠 진동

답 ①

---

74 자동제어계 구성 중 제어요소에 해당되는 것은?

① 검출부 ② 조절부

③ 기준입력 ④ 제어 대상

풀이 자동제어계의 구성

제어 요소는 동작 신호를 조작량으로 변환하는 요소로 조절부와 조작부로 이루어진다.

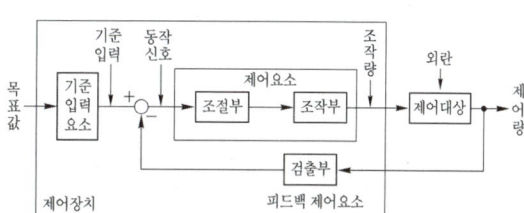

〈폐루프 제어계의 구성도〉

답 ②

---

75 $\dfrac{d}{dt}x(t) = Ax(t) + Bu(t),$

$A = \begin{bmatrix} -3 & 1 \\ 0 & -1 \end{bmatrix}$인 시스템에서 상태천이행렬 (state transition matrix)을 구하면?

① $\begin{bmatrix} e^{-3t} & 0.5e^{-t} + 0.5e^{-3t} \\ 0 & e^{-t} \end{bmatrix}$

② $\begin{bmatrix} e^{-3t} & 0.5e^{-t} - 0.5e^{-3t} \\ 0 & 2e^{-t} \end{bmatrix}$

③ $\begin{bmatrix} e^{-3t} & 0.5e^{-t} - 0.5e^{-3t} \\ 0 & e^{-t} \end{bmatrix}$

④ $\begin{bmatrix} e^{-3t} & 0.5e^{-t} + 0.5e^{-3t} \\ 0 & 2e^{-t} \end{bmatrix}$

풀이 $[sI - A] = \begin{bmatrix} s & 0 \\ 0 & s \end{bmatrix} - \begin{bmatrix} -3 & 1 \\ 0 & -1 \end{bmatrix} = \begin{bmatrix} s+3 & -1 \\ 0 & s+1 \end{bmatrix}$

$\Phi(s) = [sI - A]^{-1}$

$= \dfrac{1}{\begin{bmatrix} s+3 & -1 \\ 0 & s+1 \end{bmatrix}} \begin{bmatrix} s+1 & 1 \\ 0 & s+3 \end{bmatrix}$

$= \dfrac{1}{(s+1)(s+3)} \begin{bmatrix} s+1 & 1 \\ 0 & s+3 \end{bmatrix}$

$= \begin{bmatrix} \dfrac{s+1}{(s+1)(s+3)} & \dfrac{1}{(s+1)(s+3)} \\ \dfrac{0}{(s+1)(s+3)} & \dfrac{s+3}{(s+1)(s+3)} \end{bmatrix}$

$\therefore \Phi(t) = \mathcal{L}^{-1}\{[sI-A]^{-1}\}$

$= \begin{bmatrix} e^{-3t} & 0.5e^{-t} - 0.5e^{-3t} \\ 0 & e^{-t} \end{bmatrix}$ **답** ③

76 정상상태 응답특성과 응답의 속응성을 동시에 개선시키는 제어는?

① P 제어   ② PI 제어
③ PD 제어   ④ PID 제어

풀이

종 류		특 징
P	비례동작	• 정상오차를 수반 • 잔류편차 발생
I	적분동작	• 잔류편차 제거
D	미분동작	• 오차가 커지는 것을 미리 방지
PI	비례적분동작	• 잔류편차 제거 • 제어결과가 진동적으로 될 수 있다.
PD	비례미분동작	• 응답 속응성의 개선
PID	비례적분 미분동작	• 잔류편차 제거 • 응답의 오버슈트 감소 (정상상태 응답특성 개선) • 응답 속응성의 개선

답 ④

77 그림과 같은 블록선도의 등가 전달함수는?

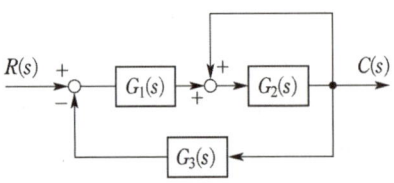

① $\dfrac{G_1(s) G_2(s)}{1 + G_2(s) + G_1(s) G_2(s) G_3(s)}$

② $\dfrac{G_1(s) G_2(s)}{1 - G_2(s) + G_1(s) G_2(s) G_3(s)}$

③ $\dfrac{G_1(s) G_3(s)}{1 - G_2(s) + G_1(s) G_2(s) G_3(s)}$

④ $\dfrac{G_1(s) G_3(s)}{1 + G_2(s) + G_1(s) G_2(s) G_3(s)}$

풀이 G_2의 피드백 요소를 없애면 그림과 같다.

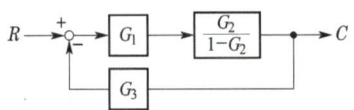

$G(s) = \dfrac{C(s)}{R(s)} = \dfrac{\dfrac{G_1(s) G_2(s)}{1 - G_2(s)}}{1 + \dfrac{G_1(s) G_2(s)}{1 - G_2(s)} \cdot G_3(s)}$

$= \dfrac{G_1(s) G_2(s)}{1 - G_2(s) + G_1(s) G_2(s) G_3(s)}$

별해 전향경로 이득 : $G_1(s) G_2(s)$
루프 이득 : $G_2(s), \ - G_1(s) G_2(s) G_3(s)$

$G(s) = \dfrac{\sum 전향 경로 이득}{1 - \sum 루프 이득}$

$= \dfrac{G_1(s) G_2(s)}{1 - G_2(s) + G_1(s) G_2(s) G_3(s)}$ **답** ②

78 z변환을 이용한 샘플 값 제어계가 안정하려면 특성방정식의 근의 위치가 있어야 할 위치는?

① z평면의 좌반면
② z평면의 우반면
③ z평면의 단위원 내부
④ z평면의 단위원 외부

풀이

안 정 도	근의 위치	
	s 평면	z 평면
안 정	좌반면	원점을 중심으로 한 **단위원 내부**
불 안 정	우반면	원점을 중심으로 한 단위원 외부
임계안정	허수축	원점을 중심으로 한 단위원

답 ③

79 $G(s)H(s) = \dfrac{K(s+1)}{s(s+2)(s+3)}$ 에서

근궤적의 수는?

① 1 ② 2

③ 3 ④ 4

풀이 근궤적의 수(N)는
  ① z(영점의 수) $> p$(극의 수)이면 $N = z$
  ② $z < p$, $\boldsymbol{N = p}$
  문제에서 $z = 1$, $p = 3$이므로,
  근궤적의 수 $N = p$, 즉 $\boldsymbol{N = 3}$ 이다. **답** ③

80 논리식
  $L = \overline{X}\,\overline{Y}Z + \overline{X}YZ + X\overline{Y}Z + XYZ$를
  간소화한 식은?

① Z ② XZ

③ YZ ④ $X\overline{Z}$

풀이 $L = \overline{X}\,\overline{Y}Z + \overline{X}YZ + X\overline{Y}Z + XYZ$
  $= Z(\overline{X}\,\overline{Y} + \overline{X}Y + X\overline{Y} + XY)$
  $= Z(\overline{X} + X)(\overline{Y} + Y)$
  $= Z(\because \overline{X} + X = 1,\ \overline{Y} + Y = 1)$ **답** ①

문제의 번호는 실제 시험문제의 번호와 같게 하였습니다.
회로이론에 해당하는 문제는 삭제하였습니다.

2020년 – 1,2회 _ 전기기사·공사기사

---

61 특성방정식이 $s^3 + 2s^2 + Ks + 10 = 0$로 주어지는 제어시스템이 안정하기 위한 K의 범위는?

① $K > 0$ ② $K > 5$
③ $K < 0$ ④ $0 < K < 5$

풀이 특성방정식은 $F(s) = s^3 + 2s^2 + Ks + 10 = 0$이므로 루드의 표는

$$
\begin{array}{c|cc}
s^3 & 1 & K \\
s^2 & 2 & 10 \\
s^1 & \dfrac{2K-10}{2} & 0 \\
s^0 & 10 &
\end{array}
$$

제1열의 부호 변화가 없어야 안정하므로
$2K - 10 > 0$
$\therefore K > 5$ **답** ②

---

62 제어시스템의 개루프 전달함수가

$$G(s)H(s) = \frac{K(s+30)}{s^4 + s^3 + 2s^2 + s + 7}$$로

주어질 때, 다음 중 $K > 0$인 경우 근궤적의 점근선이 실수축과 이루는 각[°]은?

① 20°   ② 60°
③ 90°   ④ 120°

풀이 ① 실수축 상의 점근선의 수 $N = p - z = 4 - 1 = 3$

② 점근선의 각도 $\alpha_K = \dfrac{(2K+1)\pi}{p-z}(K=0, 1, 2)$이므로

• $K = 0$에서
$$\alpha_0 = \frac{(2K+1)\pi}{p-z} = \frac{(2 \times 0 + 1) \times 180°}{4-1} = \frac{180°}{3}$$
$$= 60°$$

• $K = 1$에서
$$\alpha_1 = \frac{(2K+1)\pi}{p-z} = \frac{(2 \times 1 + 1) \times 180°}{4-1} = \frac{540°}{3}$$
$$= 180°$$

• $K = 2$에서
$$\alpha_2 = \frac{(2K+1)\pi}{p-z} = \frac{(2 \times 2 + 1) \times 180°}{4-1} = \frac{900°}{3}$$
$$= 300° = -60°$$ **답** ②

---

63 z변환된 함수 $F(z) = \dfrac{3z}{(z - e^{-3T})}$에 대응되는 라플라스 변환 함수는?

① $\dfrac{1}{(s+3)}$ ② $\dfrac{3}{(s-3)}$
③ $\dfrac{1}{(s-3)}$ ④ $\dfrac{3}{(s+3)}$

풀이

$f(t)$	$F(s)$	$F(z)$
$\delta(t)$	1	1
$u(t)$	$\dfrac{1}{s}$	$\dfrac{z}{z-1}$
t	$\dfrac{1}{s^2}$	$\dfrac{Tz}{(z-1)^2}$
e^{-at}	$\dfrac{1}{s+a}$	$\dfrac{z}{z-e^{-at}}$

$$\therefore F(s) = \frac{3}{s+3}$$ **답** ④

---

64 그림과 같은 제어시스템의 전달함수 $\dfrac{C(s)}{R(s)}$는?

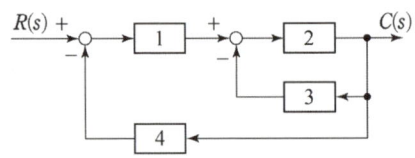

① $\dfrac{1}{15}$ ② $\dfrac{2}{15}$
③ $\dfrac{3}{15}$ ④ $\dfrac{4}{15}$

풀이 • 전향경로 이득 : 1×2
• 루프 이득 : $-(2 \times 3)$, $-(1 \times 2 \times 4)$
따라서 전달함수

$$G(s) = \frac{\sum \text{전향 경로 이득}}{1 - \sum \text{루프이득}} = \frac{2}{1 - (-6 - 8)} = \frac{2}{15}$$ **답** ②

65 전달함수가 $G_C(s) = \dfrac{2s+5}{7s}$인 제어기가 있다. 이 제어기는 어떤 제어기인가?

① 비례 미분 제어기
② 적분 제어기
③ 비례 적분 제어기
④ 비례 적분 미분 제어기

풀이

$$G_C(s) = \frac{2s+5}{7s} = \frac{2}{7} + \frac{5}{7s}$$

$$= \frac{2}{7} + \frac{1}{\frac{7}{5}s} = \frac{2}{7}\left(1 + \frac{1}{\frac{2}{5}s}\right)$$

이므로 비례적분 제어계이다. **답** ③

66 단위 피드백제어계에서 개루프 전달함수 $G(s)$가 다음과 같이 주어졌을 때 단위 계단 입력에 대한 정상상태 편차는?

$$G(s) = \frac{5}{s(s+1)(s+2)}$$

① 0 　　② 1 　　③ 2 　　④ 3

풀이 정상상태 편차 $e_{ss} = \lim\limits_{s\to 0} \dfrac{s}{1+G(s)} R(s)$에서

$R(s) = \dfrac{1}{s}$ (단위 계단입력)이므로

$$e_{ss} = \lim_{s\to 0}\frac{s}{1+G(s)} \cdot \frac{1}{s} = \frac{1}{1+\lim\limits_{s\to 0} G(s)}$$

$$= \frac{1}{1+\lim\limits_{s\to 0}\dfrac{5}{s(s+1)(s+2)}} = 0 \qquad \text{답 } ①$$

67 그림과 같은 논리회로의 출력 Y는?

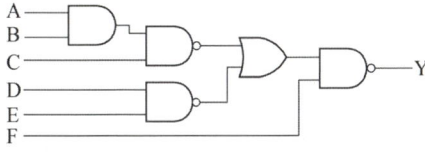

① $ABCDE + \overline{F}$
② $\overline{A}\ \overline{B}\ \overline{C}\ \overline{D}\ \overline{E} + F$
③ $\overline{A} + \overline{B} + \overline{C} + \overline{D} + \overline{E} + F$
④ $A + B + C + D + E + \overline{F}$

풀이 드 모르간의 정리

• $\overline{A+B} = \overline{A} \cdot \overline{B}$　　• $\overline{A \cdot B} = \overline{A} + \overline{B}$

$\therefore\ Y = \overline{(\overline{ABC + DE})F} = \overline{(\overline{ABC + DE})} + \overline{F}$

$= ABCDE + \overline{F}$ **답** ①

68 그림의 신호흐름선도에서 전달함수 $\dfrac{C(s)}{R(s)}$는?

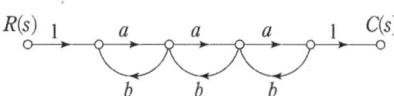

① $\dfrac{a^3}{(1-ab)^3}$ 　　② $\dfrac{a^3}{(1-3ab+a^2b^2)}$

③ $\dfrac{a^3}{1-3ab}$ 　　④ $\dfrac{a^3}{1-3ab+2a^2b^2}$

풀이 • 전향경로 이득 : $a \times a \times a = a^3$
• 루프 이득 : $ab,\ ab,\ ab$
• 비접촉 루프 이득 : $ab \times ab = a^2b^2$

$\therefore\ G(s) = \dfrac{C(s)}{R(s)}$

$$= \frac{\sum 전향\,경로\,이득}{1-\sum 루프\,이득 + \sum 비접촉\,루프\,이득}$$

$$= \frac{a^3}{1-(ab+ab+ab)+a^2b^2} = \frac{a^3}{1-3ab+a^2b^2}$$

답 ②

69 다음과 같은 미분방정식으로 표현되는 제어시스템의 시스템 행렬 A는?

$$\frac{d^2c(t)}{dt^2} + 5\frac{dc(t)}{dt} + 3c(t) = r(t)$$

① $\begin{bmatrix} -5 & -3 \\ 0 & 1 \end{bmatrix}$ 　　② $\begin{bmatrix} -3 & -5 \\ 0 & 1 \end{bmatrix}$

③ $\begin{bmatrix} 0 & 1 \\ -3 & -5 \end{bmatrix}$ 　　④ $\begin{bmatrix} 0 & 1 \\ -5 & -3 \end{bmatrix}$

풀이 ※ 상태 방정식 : $\dot{x} = \dfrac{dx}{dt} = Ax + Br$

(A : 시스템 행렬, B : 제어 행렬)
시스템 미분방정식에서 상태방정식(벡터 행렬 표현식)을 다음의 순서로 구한다.

① 2차 미분 방정식이므로 2개의 상태 변수 $x_1(t)$, $x_2(t)$를 선정한다.

$$x_1(t) = c(t), \quad x_2(t) = \frac{dc(t)}{dt}$$

② 단계 ①의 상태 변수를 양변 미분하고 $\dot{x}_i = \frac{dx_i}{dt}$ 를 적용한다.

$$\frac{dx_1(t)}{dt} = \frac{dc(t)}{dt} = \dot{x}_1, \quad \frac{dx_2(t)}{dt} = \frac{d^2c(t)}{dt^2} = \dot{x}_2$$

③ 주어진 미분 방정식에서 최고차 항에 대해 나머지 항을 우변으로 이항하여 정리한 후 상태 변수 $x_1(t)$, $x_2(t)$를 대입한다.

$$\frac{d^2c(t)}{dt^2} = -5\frac{dc(t)}{dt} - 3c(t) + r(t)$$

$$\therefore \ \dot{x}_2 = -3x_1(t) - 5x_2(t) + r(t)$$

④ 상태 방정식(연립 1차 미분 방정식 : 2개의 상태 방정식)

$$\begin{cases} \dot{x}_1(t) = x_2(t) \\ \dot{x}_2(t) = -3x_1(t) - 5x_2(t) + r(t) \end{cases}$$

⑤ 단계 ④의 상태 방정식을 벡터 행렬로 표현한다.

$$\dot{x}(t) = \begin{bmatrix} \dot{x}_1(t) \\ \dot{x}_2(t) \end{bmatrix} = \begin{bmatrix} 0 & 1 \\ -3 & -5 \end{bmatrix} \begin{bmatrix} x_1(t) \\ x_2(t) \end{bmatrix} + \begin{bmatrix} 0 \\ 1 \end{bmatrix} r(t)$$

⑥ 상태 방정식 $\dot{x} = \frac{dx}{dt} = Ax + Br$ 에서 시스템 행렬은 A 가 되므로 벡터 행렬로 표현한 단계 ⑤에서 다음과 같이 구해진다.

$$A = \begin{bmatrix} 0 & 1 \\ -3 & -5 \end{bmatrix}$$ **답** ③

70 안정한 제어시스템의 보드 선도에서 이득 여유는?

① −20~20[dB] 사이에 있는 크기[dB] 값이다.

② 0~20[dB] 사이에 있는 크기 선도의 길이이다.

③ 위상이 0°가 되는 주파수에서 이득의 크기[dB]이다.

④ 위상이 −180°가 되는 주파수에서 이득의 크기[dB]이다.

풀이 안정한 시스템의 보드 선도에서 이득 곡선이 0[dB]인 점을 지날 때의 주파수에서 양의 위상 여유가 생기고, 위상 곡선이 −180°를 지날 때 양의 이득여유가 생긴다.
답 ④

76 $f(t) = t^2 e^{-\alpha t}$ 를 라플라스 변환하면?

① $\dfrac{2}{(s+\alpha)^2}$ ② $\dfrac{3}{(s+\alpha)^2}$

③ $\dfrac{2}{(s+\alpha)^3}$ ④ $\dfrac{3}{(s+\alpha)^3}$

풀이 복소 추이 정리에 의해서

$$\mathcal{L}\left[t^2 e^{-\alpha t}\right] = \mathcal{L}\left[t^2\right]_{s = s + \alpha}$$
$$= \left[\frac{2}{s^3}\right]_{s = s + \alpha} = \frac{2}{(s+\alpha)^3}$$ **답** ③

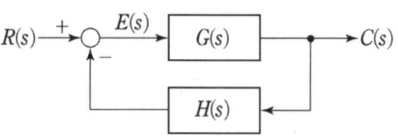

2020년 - 3회 _ 전기기사·공사기사

61 그림과 같은 피드백제어 시스템에서 입력이 단위계단함수일 때 정상상태 오차상수인 위치상수(K_p)는?

$$R(s) \xrightarrow{+} \bigcirc \xrightarrow{E(s)} \boxed{G(s)} \longrightarrow C(s)$$
$$\boxed{H(s)}$$

① $K_p = \lim\limits_{s \to 0} G(s)H(s)$

② $K_p = \lim\limits_{s \to 0} \dfrac{G(s)}{H(s)}$

③ $K_p = \lim\limits_{s \to \infty} G(s)H(s)$

④ $K_p = \lim\limits_{s \to \infty} \dfrac{G(s)}{H(s)}$

풀이 $E(s) = R(s) - C(s)H(s)$
$C(s) = E(s)G(s)$ 이므로

$$E(s) = R(s) - E(s)G(s)H(s)$$
$$E(s)\{1 + G(s)H(s)\} = R(s)$$
$$E(s) = \frac{R(s)}{1 + G(s)H(s)}$$

정상위치편차

$$e_{ssp} = \lim_{s \to \infty} e(t) = \lim_{s \to 0} s \cdot E(s) = \lim_{s \to 0} \frac{sR(s)}{1 + G(s)H(s)}$$

입력이 단위계단함수이므로

$$e_{ssp} = \lim_{s \to 0} \frac{sR(s)}{1+G(s)H(s)} = \lim_{s \to 0} \frac{s \times \dfrac{R}{s}}{1+G(s)H(s)}$$

$$= \frac{R}{1+\lim_{s \to 0} G(s)H(s)} = \frac{R}{1+K_p}$$

따라서 위치편차상수 $K_p = \lim_{s \to 0} G(s)H(s)$　　**답** ①

---

62 적분 시간 4[sec], 비례 감도가 4인 비례적분 동작을 하는 제어 요소에 동작신호 $z(t) = 2t$ 를 주었을 때 이 제어 요소의 조작량은? (단, 조작량의 초기 값은 0이다.)

① $t^2 + 8t$　　　② $t^2 + 2t$

③ $t^2 - 8t$　　　④ $t^2 - 2t$

풀이 PI 동작(비례 적분제어)이므로

$$y(t) = K_p \left[z(t) + \frac{1}{T_I} \int z(t)dt \right]$$

라플라스 변환하면

$$Z(s) = \mathcal{L}[z(t)] = \mathcal{L}[2t] = \frac{2}{s^2}$$

$$Y(s) = \mathcal{L}[y(t)] = K_p \left(1 + \frac{1}{T_i s}\right) Z(s)$$

$$= 4\left(1 + \frac{1}{4s}\right) \times \frac{2}{s^2} = \frac{2}{s^3} + 8t$$

$$\therefore y(t) = \mathcal{L}^{-1}[Y(s)] = \mathcal{L}^{-1} \left[\frac{2}{s^3} + 8t \right]$$

$$= t^2 + 8t$$　　**답** ①

---

63 시간함수 $f(t) = \sin\omega t$의 z 변환은? (단, T는 샘플링 주기이다)

① $\dfrac{z\sin\omega T}{z^2 + 2z\cos\omega T + 1}$

② $\dfrac{z\sin\omega T}{z^2 - 2z\cos\omega T + 1}$

③ $\dfrac{z\cos\omega T}{z^2 - 2z\sin\omega T + 1}$

④ $\dfrac{z\cos\omega T}{z^2 + 2z\sin\omega T + 1}$

풀이

$f(t)$	$F(s)$	$F(z)$
$\sin\omega t$	$\dfrac{\omega}{s^2 + \omega^2}$	$\dfrac{z\sin\omega T}{z^2 - 2z\cos\omega T + 1}$
$\cos\omega t$	$\dfrac{s}{s^2 + \omega^2}$	$\dfrac{z(z - \cos\omega T)}{z^2 - 2z\cos\omega T + 1}$

답 ②

---

64 다음과 같은 신호흐름선도에서 $\dfrac{C(s)}{R(s)}$ 의 값은?

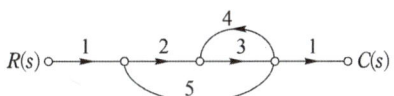

① $-\dfrac{1}{41}$　　　② $-\dfrac{3}{41}$

③ $-\dfrac{6}{41}$　　　④ $-\dfrac{8}{41}$

풀이 $G_1 = 1 \cdot 2 \cdot 3 \cdot 1 = 6$, $\Delta_1 = 1$,

$L_{11} = 3 \cdot 4 = 12$, $L_{21} = 2 \cdot 3 \cdot 5 = 30$

$\Delta = 1 - (L_{11} + L_{21}) = 1 - (12 + 30) = -41$

$$\therefore \frac{C}{R} = \frac{G_1 \Delta_1}{\Delta} = -\frac{6}{41}$$

별해 전향경로 이득 : $2 \times 3 = 6$

루프 이득 : $3 \times 4 = 12$, $2 \times 3 \times 5 = 30$

$$\therefore G(s) = \frac{\sum \text{전향 경로 이득}}{1 - \sum \text{루프이득}}$$

$$= \frac{6}{1 - (12 + 30)} = -\frac{6}{41}$$　　**답** ③

---

65 Routh-Hurwitz 방법으로 특성방정식이 $s^4 + 2s^3 + s^2 + 4s + 2 = 0$인 시스템의 안정도를 판별하면?

① 안정

② 불안정

③ 임계안정

④ 조건부 안정

풀이 특성방정식

$F(s) = a_0 s^4 + a_1 s^3 + a_2 s^2 + a_3 s^1 + a_4 = 0$에서

$a_0 = 1$, $a_1 = 2$, $a_2 = 1$, $a_3 = 4$, $a_4 = 2$이므로

$D_1 = a_1 = 2$, $D_2 = \begin{vmatrix} a_1 & a_3 \\ a_0 & a_2 \end{vmatrix} = \begin{vmatrix} 2 & 4 \\ 1 & 1 \end{vmatrix} = -2$

$D_3 = \begin{vmatrix} a_1 & a_3 & a_5 \\ a_0 & a_2 & a_4 \\ 0 & a_1 & a_3 \end{vmatrix} = \begin{vmatrix} 2 & 4 & 0 \\ 1 & 1 & 2 \\ 0 & 2 & 4 \end{vmatrix} = -16$

$\therefore D_1, D_2, D_3 < 0$이므로 불안정하다.　　**답** ②

66 제어시스템의 상태방정식이

$$\frac{dx(t)}{dt} = A\,x(t) + B\,u(t),$$

$$A = \begin{bmatrix} 0 & 1 \\ -3 & 4 \end{bmatrix},\ B = \begin{bmatrix} 1 \\ 1 \end{bmatrix}$$ 일 때,

특성방정식을 구하면?

① $s^2 - 4s - 3 = 0$ ② $s^2 - 4s + 3 = 0$

③ $s^2 + 4s + 3 = 0$ ④ $s^2 + 4s - 3 = 0$

풀이
$$|s\boldsymbol{I} - \boldsymbol{A}| = \begin{bmatrix} s & 0 \\ 0 & s \end{bmatrix} - \begin{bmatrix} 0 & 1 \\ -3 & 4 \end{bmatrix} = \begin{bmatrix} s & -1 \\ 3 & s-4 \end{bmatrix}$$
$$= s(s-4) + 3 = s^2 - 4s + 3$$
$$\therefore\ s^2 - 4s + 3 = 0 \qquad \text{답 ②}$$

67 다음 회로에서 입력 전압 $v_1(t)$에 대한 출력전압 $v_2(t)$의 전달함수 $G(s)$는?

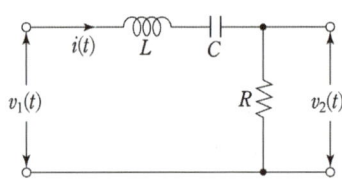

① $\dfrac{RCs}{LCs^2 + RCs + 1}$

② $\dfrac{RCs}{LCs^2 - RCs - 1}$

③ $\dfrac{Cs}{LCs^2 + RCs + 1}$

④ $\dfrac{Cs}{LCs^2 - RCs - 1}$

풀이
$$\begin{cases} v_i(t) = L\dfrac{d}{dt}i(t) + \dfrac{1}{C}\displaystyle\int i(t)dt + Ri(t) \\ v_o(t) = Ri(t) \end{cases}$$

초기값을 0으로 하고 라플라스 변환하면

$$\begin{cases} V_i(s) = LsI(s) + \dfrac{1}{Cs}I(s) + RI(s) \\ \qquad = \left(Ls + \dfrac{1}{Cs} + R\right)I(s) \\ V_o(s) = RI(s) \end{cases}$$

$$\therefore\ G(s) = \frac{V_o(s)}{V_i(s)} = \frac{R}{Ls + \dfrac{1}{Cs} + R}$$
$$= \frac{RCs}{LCs^2 + RCs + 1} \qquad \text{답 ①}$$

68 어떤 제어시스템의 개루프 이득이

$$G(s)H(s) = \frac{K(s+2)}{s(s+1)(s+3)(s+4)}$$ 일 때

이 시스템이 가지는 근궤적의 가지(branch) 수는?

① 1 ② 3

③ 4 ④ 5

풀이
- 영점의 개수 $z = 1$개(-2)
- 극점의 개수 $p = 4$개$(0, -1, -3, -4)$

근궤적의 가지수는 유한 영점의 개수(z)와 유한 극점의 개수(p) 중에서 큰 수와 같으며, 또한 특성방정식의 차수와 같다.
따라서, 근궤적의 가지 수는 4이다. 답 ③

69 특성방정식의 모든 근이 s평면(복소평면)의 $j\omega$축(허수축)에 있을 때 제어시스템의 안정도는?

① 알 수 없다.

② 안정하다.

③ 불안정하다.

④ 임계안정이다.

풀이

안 정 도	근의 위치	
	s 평면	**z 평면**
안 정	좌반면	원점을 중심으로 한 단위원 내부
불 안 정	우반면	원점을 중심으로 한 단위원 외부
임계안정	허수축	원점을 중심으로 한 단위원

답 ④

70 논리식 $((AB + A\overline{B}) + AB) + \overline{A}\,B$를 간단히 하면?

① $A + B$ ② $\overline{A} + B$

③ $A + \overline{B}$ ④ $A + A \cdot B$

풀이
$$((AB + A\overline{B}) + AB) + \overline{A}B$$
$$= (AB + A\overline{B}) + (AB + \overline{A}B)$$
$$= A(B + \overline{B}) + B(A + \overline{A}) = A + B \qquad \text{답 ①}$$

75 RC 직렬회로에 직류전압 $V[\text{V}]$가 인가되었을 때, 전류 $i(t)$에 대한 전압 방정식(KVL)이 $V = Ri(t) + \dfrac{1}{C}\displaystyle\int i(t)dt[\text{V}]$이다. 전류 $i(t)$의 라플라스 변환의 $I(s)$는? (단, C에는 초기 전하가 없다.)

① $I(s) = \dfrac{V}{R}\dfrac{1}{s - \dfrac{1}{RC}}$

② $I(s) = \dfrac{C}{R}\dfrac{1}{s + \dfrac{1}{RC}}$

③ $I(s) = \dfrac{V}{R}\dfrac{1}{s + \dfrac{1}{RC}}$

④ $I(s) = \dfrac{R}{C}\dfrac{1}{s - \dfrac{1}{RC}}$

풀이 양변을 라플라스변환 하면

$$\dfrac{V}{s} = RI(s) + \dfrac{1}{Cs}I(s) = \left(R + \dfrac{1}{Cs}\right)I(s)$$

$$\therefore I(s) = \dfrac{V}{s\left(R + \dfrac{1}{Cs}\right)} = \dfrac{V}{Rs + \dfrac{1}{C}}$$

$$= \dfrac{V}{Rs + \dfrac{1}{C}} \cdot \dfrac{\dfrac{1}{R}}{\dfrac{1}{R}} = \dfrac{V}{R}\dfrac{1}{s + \dfrac{1}{RC}}$$ **답** ③

2020년 4회 _전기기사·공사기사

61 그림과 같은 블록선도의 제어시스템에서 속도 편차 상수 K_v는 얼마인가?

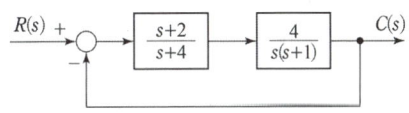

① 0　　　　　② 0.5

③ 2　　　　　④ ∞

풀이 $G(s) = \dfrac{s+2}{s+4} \cdot \dfrac{4}{s(s+1)} = \dfrac{4(s+2)}{s(s+1)(s+4)}$

속도 편차 상수($H=1$)

$$K_v = \lim_{s \to 0} sG(s) = \lim_{s \to 0} s \cdot \dfrac{4(s+2)}{s(s+1)(s+4)} = 2$$ **답** ③

62 근궤적의 성질 중 틀린 것은?

① 근궤적은 실수축을 기준으로 대칭이다.

② 점근선은 허수축 상에서 교차한다.

③ 근궤적의 가지 수는 특성방정식의 차수와 같다.

④ 근궤적은 개루프 전달함수의 극점으로부터 출발한다.

풀이 근궤적의 작도법

① 근궤적은 $K=0$일 때 극에서 출발하고 $K=\infty$일 때 영점에 도착한다.

② 근궤적의 개수는 유한 영점의 개수(z)와 유한 극점의 개수(p) 중에서 큰 수와 같으며, 또한 특성방정식의 차수와 같다.

③ 특성방정식의 근이 실근 또는 공액 복소근을 가지므로 근궤적은 실수축에 대하여 대칭이다.

④ 점근선은 실수축 상에서만 교차하고 그 수 $n = p - z$이다.

⑤ 실수축에서 이득 K가 최대가 되게 하는 점이 이탈점이 될 수 있다. **답** ②

63 Routh-Hurwitz 안정도 판별법을 이용하여 특성방정식이 $s^3 + 3s^2 + 3s + 1 + K = 0$으로 주어진 제어시스템이 안정하기 위한 K의 범위를 구하면?

① $-1 \leq K < 8$

② $-1 < K \leq 8$

③ $-1 < K < 8$

④ $K < -1$ 또는 $K > 8$

풀이 특성방정식은 $F(s) = s^3 + 3s^2 + 3s + 1 + K = 0$이므로 루드의 표는

s^3	1	3
s^2	3	$1+K$
s^1	$\dfrac{9-(1+K)}{3}$	0
s^0	$1+K$	

제1열의 부호 변화가 없어야 안정하므로

$9 - (1+K) > 0 \rightarrow 8 > K$

$1 + K > 0 \rightarrow K > -1$

$\therefore -1 < K < 8$ **답** ③

64 $e(t)$의 z변환을 $E(z)$라고 했을 때 $e(t)$의 초기값 $e(0)$는?

① $\lim_{z \to 1} E(z)$

② $\lim_{z \to \infty} E(z)$

③ $\lim_{z \to 1} (1 - z^{-1}) E(z)$

④ $\lim_{z \to \infty} (1 - z^{-1}) E(z)$

풀이

항 목	초기값 정리	최종값 정리
z 변환	$e(0) = \lim_{z \to \infty} E(z)$	$e(\infty) = \lim_{z \to 1}\left(1 - \dfrac{1}{z}\right) E(z)$
라플라스 변환	$e(0) = \lim_{s \to \infty} sE(s)$	$e(\infty) = \lim_{s \to 0} sE(s)$

답 ②

65 그림의 신호 흐름 선도에서 $\dfrac{C(s)}{R(s)}$는?

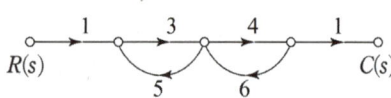

① $-\dfrac{2}{5}$ ② $-\dfrac{6}{19}$

③ $-\dfrac{12}{29}$ ④ $-\dfrac{12}{37}$

풀이 $G_1 = 1 \cdot 3 \cdot 4 \cdot 1 = 12$, $\Delta_1 = 1$

$L_{11} = 3 \cdot 5 = 15$, $L_{21} = 4 \cdot 6 = 24$

$\Delta = 1 - (L_{11} + L_{21}) = 1 - (15 + 24) = -38$

$\therefore G = \dfrac{C}{R} = \dfrac{G_1 \Delta_1}{\Delta} = \dfrac{12}{-38} = -\dfrac{6}{19}$

별해 전향경로 이득 : $3 \times 4 = 12$

루프 이득 : $3 \times 5 = 15$, $4 \times 6 = 24$

$\therefore G(s) = \dfrac{\sum 전향 경로 이득}{1 - \sum 루프이득}$

$= \dfrac{12}{1 - (15 + 24)} = -\dfrac{6}{19}$

답 ②

66 전달함수가 $G(s) = \dfrac{10}{s^2 + 3s + 2}$으로 표현되는 제어시스템에서 직류 이득은 얼마인가?

① 1   ② 2

③ 3   ④ 5

풀이 직류에서는 $j\omega = 0$, 즉 $s = 0$이므로

$\therefore G(0) = \dfrac{10}{s^2 + 3s + 2} = \dfrac{10}{0^2 + 0 + 2} = 5$

답 ④

67 전달함수가 $\dfrac{C(s)}{R(s)} = \dfrac{25}{s^2 + 6s + 25}$인 2차 제어시스템의 감쇠 진동 주파수$(\omega_d)$는 몇 [rad/sec]인가?

① 3   ② 4

③ 5   ④ 6

풀이 $\dfrac{C(s)}{R(s)} = \dfrac{\omega_n^2}{s^2 + 2\delta\omega_n s + \omega_n^2} = \dfrac{25}{s^2 + 6s + 25}$에서

$\omega_n^2 = 25 \to \omega_n = \sqrt{25} = 5$

$2\delta\omega_n = 6 \to \delta = \dfrac{6}{2\omega_n} = \dfrac{6}{2 \times 5} = \dfrac{3}{5}$

따라서 감쇠 진동 주파수(실제 주파수)

$\therefore \omega_d = \omega_n \sqrt{1 - \delta^2} = 5\sqrt{1 - \left(\dfrac{3}{5}\right)^2} = 4$

답 ②

68 폐루프 시스템에서 응답의 잔류 편차 또는 정상상태오차를 제거하기 위한 제어 기법은?

① 비례 제어   ② 적분 제어

③ 미분 제어   ④ on-off 제어

풀이

종 류		특 징
P	비례동작	• 정상오차를 수반 • 잔류편차 발생
I	적분동작	• 잔류편차 제거
D	미분동작	• 오차가 커지는 것을 미리 방지
PI	비례적분동작	• 잔류편차 제거 • 제어결과가 진동적으로 될 수 있다.
PD	비례미분동작	• 응답 속응성의 개선
PID	비례적분·미분동작	• 잔류편차 제거 • 응답의 오버슈트 감소 • 응답 속응성의 개선

답 ②

69 다음 논리식을 간단히 한 것은?

$$Y = \overline{A}BC\overline{D} + \overline{A}BCD + \overline{A}\,\overline{B}\,C\overline{D} + \overline{A}\,\overline{B}\,CD$$

① $Y = \overline{A}C$　　　　② $Y = A\overline{C}$

③ $Y = AB$　　　　　④ $Y = BC$

풀이

$$\begin{aligned}
Y &= \overline{A}BC\overline{D} + \overline{A}BCD + \overline{A}\,\overline{B}\,C\overline{D} + \overline{A}\,\overline{B}\,CD\\
&= \overline{A}C(B\overline{D} + BD + \overline{B}\,\overline{D} + \overline{B}D)\\
&= \overline{A}C(B + \overline{B})(D + \overline{D})\\
&= \overline{A}C \quad (\because \overline{B} + B = 1,\ \overline{D} + D = 1)
\end{aligned}$$

답 ①

70 시스템행렬 A가 다음과 같을 때 상태천이행렬을 구하면?

$$A = \begin{bmatrix} 0 & 1 \\ -2 & -3 \end{bmatrix}$$

① $\begin{bmatrix} 2e^{t} - e^{2t} & -e^{t} + e^{2t} \\ 2e^{t} - 2e^{2t} & -e^{t} - 2e^{2t} \end{bmatrix}$

② $\begin{bmatrix} 2e^{-t} - e^{-2t} & e^{-t} - e^{-2t} \\ -2e^{-t} + 2e^{-2t} & -e^{-t} - 2e^{2t} \end{bmatrix}$

③ $\begin{bmatrix} 2e^{-t} - e^{-2t} & -e^{-t} + e^{-2t} \\ 2e^{-t} - 2e^{-2t} & -e^{-t} - 2e^{-2t} \end{bmatrix}$

④ $\begin{bmatrix} 2e^{-t} - e^{-2t} & e^{-t} - e^{-2t} \\ -2e^{-t} + 2e^{-2t} & -e^{-t} + 2e^{-2t} \end{bmatrix}$

풀이

$$[sI - A] = \begin{bmatrix} s & 0 \\ 0 & s \end{bmatrix} - \begin{bmatrix} 0 & 1 \\ -2 & -3 \end{bmatrix} = \begin{bmatrix} s & -1 \\ 2 & s+3 \end{bmatrix}$$

$$\Phi(s) = [sI - A]^{-1} = \frac{1}{\begin{vmatrix} s & -1 \\ 2 & s+3 \end{vmatrix}} \begin{bmatrix} s+3 & 1 \\ -2 & s \end{bmatrix}$$

$$= \frac{1}{s^2 + 3s + 2} \begin{bmatrix} s+3 & 1 \\ -2 & s \end{bmatrix}$$

$$= \begin{bmatrix} \dfrac{s+3}{(s+1)(s+2)} & \dfrac{1}{(s+1)(s+2)} \\ \dfrac{-2}{(s+1)(s+2)} & \dfrac{s}{(s+1)(s+2)} \end{bmatrix}$$

$$\therefore \Phi(t) = \mathcal{L}^{-1}\{[sI - A]^{-1}\}$$

$$= \begin{bmatrix} 2e^{-t} - e^{-2t} & e^{-t} - e^{-2t} \\ -2e^{-t} + 2e^{-2t} & -e^{-t} + 2e^{-2t} \end{bmatrix}$$

답 ④

80 $f(t) = t^{n}$의 라플라스 변환 식은?

① $\dfrac{n}{s^{n}}$　　　　② $\dfrac{n+1}{s^{n+1}}$

③ $\dfrac{n!}{s^{n+1}}$　　　　④ $\dfrac{n+1}{s^{n!}}$

풀이

t^{n}을 라플라스 변환하면 $\dfrac{n!}{s^{n+1}}$가 된다.

(여기서, $n! = n \times (n-1) \times (n-2) \times \cdots$)

답 ③

문제의 번호는 실제 시험문제의 번호와 같게 하였습니다.
회로이론에 해당하는 문제는 삭제하였습니다.

2021년 - 1회 _ 전기기사·공사기사

61 적분 시간 3[sec], 비례 감도가 3인 비례적분동 작을 하는 제어 요소가 있다. 이 제어 요소에 동 작신호 $x(t) = 2t$를 주었을 때 조작량은 얼마 인가? (단, 초기 조작량 $y(t)$는 0으로 한다.)

① $t^2 + 2t$　② $t^2 + 4t$　③ $t^2 + 6t$　④ $t^2 + 8t$

풀이 PI 동작(비례 적분제어)이므로

$$y(t) = K_p \left[x(t) + \frac{1}{T_I} \int x(t) dt \right]$$

라플라스 변환하면

$$X(s) = \mathcal{L}[x(t)] = \mathcal{L}[2t] = \frac{2}{s^2}$$

$$Y(s) = \mathcal{L}[y(t)] = K_p(1 + \frac{1}{T_i s})X(s)$$

$$= 3(1 + \frac{1}{3s}) \times \frac{2}{s^2} = \frac{2}{s^3} + \frac{6}{s^2}$$

$$\therefore y(t) = \mathcal{L}^{-1}[Y(s)] = \mathcal{L}^{-1}\left[\frac{2}{s^3} + \frac{6}{s^2}\right] = t^2 + 6t$$

답 ③

62 블록선도와 같은 단위 피드백 제어시스템의 상 태방정식은? (단, 상태변수는 $x_1(t) = c(t)$, $x_2(t) = \frac{d}{dt}c(t)$로 한다.)

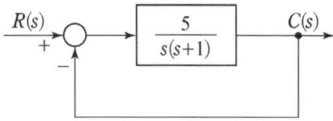

① $\dot{x_1}(t) = x_2(t)$,
　$\dot{x_2}(t) = -5x_1(t) - x_2(t) + 5r(t)$
② $\dot{x_1}(t) = x_2(t)$,
　$\dot{x_2}(t) = -5x_1(t) - x_2(t) - 5r(t)$
③ $\dot{x_1}(t) = -x_2(t)$,
　$\dot{x_2}(t) = 5x_1(t) + x_2(t) - 5r(t)$
④ $\dot{x_1}(t) = -x_2(t)$,
　$\dot{x_2}(t) = -5x_1(t) - x_2(t) + 5r(t)$

풀이 ① 제어시스템의 전달함수

$$G(s) = \frac{C(s)}{R(s)} = \frac{\frac{5}{s(s+1)}}{1 + \frac{5}{s(s+1)}} = \frac{5}{s^2 + s + 5}$$

$$s^2 C(s) + s C(s) + 5C(s) = 5R(s)$$

② 초기조건 0으로 놓고 역라플라스 변환에 의한 미분 방정식을 구한다.

$$\frac{d^2 c(t)}{dt^2} + \frac{dc(t)}{dt} + 5c(t) = 5r(t)$$

③ 2차 미분방정식이므로 2개의 상태변수 $x_1(t)$, $x_2(t)$ 를 선정한다.

$$x_1(t) = c(t), \quad x_2(t) = \frac{dc(t)}{dt}$$

④ 단계 ③의 상태변수를 양변 미분하고 $x_i(t) = \frac{dx_i}{dt}$ 를 적용한다.

$$\frac{dx_1(t)}{dt} = \frac{dc(t)}{dt} = \dot{x_1}, \quad \frac{dx_2(t)}{dt} = \frac{d^2 c(t)}{dt^2} = \dot{x_2}$$

⑤ 미분방정식에서 최고차항에 대해 나머지항을 우변 으로 이항하여 정리한 후 상태 변수 $x_1(t)$, $x_2(t)$를 대입한다.

$$\frac{d^2 c(t)}{dt^2} = -\frac{dc(t)}{dt} - 5c(t) + 5r(t)$$

$$\therefore \dot{x_2} = -5x_1(t) - x_2(t) + 5r(t)$$

⑥ 상태방정식

$$\begin{cases} \dot{x_1} = x_2(t) \\ \dot{x_2} = -5x_1(t) - x_2(t) + 5r(t) \end{cases}$$

답 ①

63 블록선도의 제어시스템은 단위 램프 입력에 대 한 정상상태 오차(정상편차)가 0.01이다. 이 제 어시스템의 제어요소인 $G_{C1}(s)$의 k는?

$$G_{C1}(s) = k, \quad G_{C2}(s) = \frac{1 + 0.1s}{1 + 0.2s}$$

$$G_P(s) = \frac{200}{s(s+1)(s+2)}$$

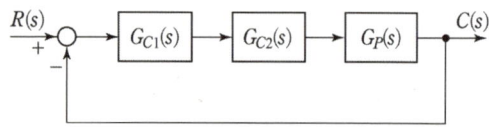

① 0.1　② 1　③ 10　④ 100

풀이
- $G(s)H(s) = G_{C1}(s) \cdot G_{C2}(s) \cdot G_P(s)$

$$= k \times \frac{1+0.1s}{1+0.2s} \times \frac{200}{s(s+1)(s+2)}$$

$$= \frac{200k(1+0.1s)}{s(s+1)(s+2)(1+0.2s)}$$

- 속도 편차 상수

$$K_v = \lim_{s \to 0} s \cdot G(s)H(s)$$

$$= \lim_{s \to 0} s \cdot \frac{200k(1+0.1s)}{s(s+1)(s+2)(1+0.2s)} = 100k$$

- 속도 편차는 $e_{ssv} = \frac{1}{K_v} = \frac{1}{100k} = 0.01$이므로

$$\therefore k = 1$$ 　**답 ②**

---

64 개루프 전달함수 $G(s)H(s)$로부터 근궤적을 작성할 때 실수축에서의 점근선의 교차점은?

$$G(s)H(s) = \frac{K(s-2)(s-3)}{s(s+1)(s+2)(s+4)}$$

① 2　　　　　　② 5
③ -4　　　　　④ -6

풀이 교차점

$$\sigma = \frac{\Sigma G(s)H(s)의\ 극 - \Sigma G(s)H(s)의\ 영점}{p-z}$$

(여기서, p : 극점의 개수, z : 영점의 개수)
$p=4$개$(0, -1, -2, -4)$, $z=2$개$(2, 3)$이므로

$$\therefore \sigma = \frac{(-1-2-4)-(2+3)}{4-2} = -6$$ 　**답 ④**

---

65 2차 제어시스템의 감쇠율(damping ratio, ζ)이 $\zeta < 0$인 경우 제어시스템의 과도응답 특성은?

① 발산　　　　　② 무제동
③ 임계제동　　　④ 과제동

풀이

감쇠율	특성	근의 종류	과도 응답 상태	계의 안정성
$\zeta < 0$	발산	공액 복소근	증가 진동	불안정
$\zeta = 0$	무제동	순허근	안전 진동	임계 안선
$0 < \zeta < 1$	부족제동	공액 복소근	감쇠 진동	안정
$\zeta = 1$	임계제동	이중 실근	임계 진동	안정
$\zeta > 1$	과제동	다른 두 실근	비진동	안정

답 ①

---

66 특성 방정식이

$$2s^4 + 10s^3 + 11s^2 + 5s + K = 0$$으로 주어진 제어시스템이 안정하기 위한 조건은?

① $0 < K < 2$　　　② $0 < K < 5$
③ $0 < K < 6$　　　④ $0 < K < 10$

풀이 특성방정식은 $F(s) = 2s^4 + 10s^3 + 11s^2 + 5s + K = 0$ 이므로 루드의 표는

s^4	2	11	K
s^3	10	5	
s^2	$\frac{(10 \times 11)-(2 \times 5)}{10}=10$	K	
s^1	$\frac{(10 \times 5)-10K}{10}$		
s^0	K		

제1열의 부호 변화가 없어야 안정하므로
$5-K > 0, \ 5 > K, \ K > 0$
$$\therefore 0 < K < 5$$ 　**답 ②**

---

67 블록선도의 전달함수$\left(\dfrac{C(s)}{R(s)} \right)$는?

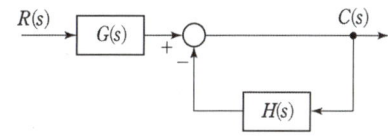

① $\dfrac{G(s)}{1+H(s)}$　　　② $\dfrac{G(s)}{1+G(s)H(s)}$

③ $\dfrac{1}{1+H(s)}$　　　④ $\dfrac{1}{1+G(s)H(s)}$

풀이 $C(s) = R(s)G(s) - C(s)H(s)$
$C(s)\{1+H(s)\} = R(s)G(s)$
$$\therefore \frac{C(s)}{R(s)} = \frac{G(s)}{1+H(s)}$$ 　**답 ①**

---

68 신호흐름선도에서 전달함수$\left(\dfrac{C(s)}{R(s)} \right)$는?

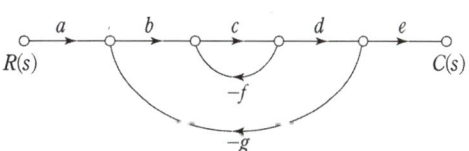

① $\dfrac{abcde}{1-cg-bcdg}$　　　② $\dfrac{abcde}{1-cf+bcdg}$

③ $\dfrac{abcde}{1+cf-bcdg}$　　　④ $\dfrac{abcde}{1+cf+bcdg}$

풀이 $G_1 = abcde$, $\Delta_1 = 1$, $L_{11} = -cf$, $L_{21} = -bcdg$

$\Delta = 1 - (L_{11} + L_{21}) = 1 + cf + bcdg$

$\therefore G = \dfrac{C}{R} = \dfrac{G_1 \Delta_1}{\Delta} = \dfrac{abcde}{1 + cf + bcdg}$

별해
- 전향경로 이득 : $abcde$
- 루프 이득 : $-cf$, $-bcdg$

$G(s) = \dfrac{\sum 전향 경로 이득}{1 - \sum 루프이득} = \dfrac{abcde}{1 + cf + bcdg}$ **답** ④

69 $e(t)$의 z변환을 $E(z)$라고 했을 때 $e(t)$의 최종값 $e(\infty)$은?

① $\displaystyle \lim_{z \to 1} E(z)$　　② $\displaystyle \lim_{z \to \infty} E(z)$

③ $\displaystyle \lim_{z \to 1}(1 - z^{-1})E(z)$　　④ $\displaystyle \lim_{z \to \infty}(1 - z^{-1})E(z)$

풀이

항 목	초기값 정리	최종값 정리
z 변환	$e(0) = \displaystyle\lim_{z \to \infty} E(z)$	$e(\infty) = \displaystyle\lim_{z \to 1}\left(1 - \dfrac{1}{z}\right)E(z)$
라플라스 변환	$e(0) = \displaystyle\lim_{s \to \infty} sE(s)$	$e(\infty) = \displaystyle\lim_{s \to 0} sE(s)$

답 ③

70 $\overline{A} + \overline{B} \cdot \overline{C}$와 등가인 논리식은?

① $\overline{A \cdot (B + C)}$　　② $\overline{A + B \cdot C}$

③ $\overline{A \cdot B + C}$　　④ $\overline{A \cdot B} + C$

풀이 드모르간의 정리
- $\overline{A} + \overline{B} = \overline{A \cdot B}$
- $\overline{A} \cdot \overline{B} = \overline{A + B}$

$\therefore \overline{A} + \overline{B} \cdot \overline{C} = \overline{A} + \overline{(B + C)} = \overline{A \cdot (B + C)}$ **답** ①

71 $F(s) = \dfrac{2s^2 + s - 3}{s(s^2 + 4s + 3)}$의 라플라스 역변환은?

① $1 - e^{-t} + 2e^{-3t}$

② $1 - e^{-t} - 2e^{-3t}$

③ $-1 - e^{-t} - 2e^{-3t}$

④ $-1 + e^{-t} + 2e^{-3t}$

풀이

$F(s) = \dfrac{2s^2 + s - 3}{s(s^2 + 4s + 3)} = \dfrac{2s^2 + s - 3}{s(s+1)(s+3)}$

$= \dfrac{k_1}{s} + \dfrac{k_2}{s+1} + \dfrac{k_3}{s+3}$

$k_1 = \displaystyle\lim_{s \to 0} sF(s) = \left[\dfrac{2s^2 + s - 3}{(s+1)(s+3)}\right]_{s=0} = -1$

$k_2 = \displaystyle\lim_{s \to -1}(s+1)F(s) = \left[\dfrac{2s^2 + s - 3}{s(s+3)}\right]_{s=-1} = 1$

$k_3 = \displaystyle\lim_{s \to -3}(s+3)F(s) = \left[\dfrac{2s^2 + s - 3}{s(s+1)}\right]_{s=-3} = 2$

$F(s) = \dfrac{-1}{s} + \dfrac{1}{s+1} + \dfrac{2}{s+3}$

$\therefore f(t) = \mathcal{L}^{-1}[F(s)] = -1 + e^{-t} + 2e^{-3t}$ **답** ④

2021년 ─ 2회 _ 전기기사·공사기사

61 전달함수가 $G_C(s) = \dfrac{s^2 + 3s + 5}{2s}$인 제어기가 있다. 이 제어기는 어떤 제어기인가?

① 비례 미분 제어기

② 적분 제어기

③ 비례 적분 제어기

④ 비례 미분 적분 제어기

풀이
- $G(s) = K_p\left(1 + T_d s + \dfrac{1}{T_i s}\right)$

　(여기서, K_p 비례감도, T_d : 미분시간, T_i : 적분시간)

- $G_C(s) = \dfrac{s^2 + 3s + 5}{2s} = \dfrac{s}{2} + \dfrac{3}{2} + \dfrac{5}{2s}$

$= \dfrac{3}{2} + \dfrac{1}{2}s + \dfrac{1}{\frac{2}{5}s} = \dfrac{3}{2}\left(1 + \dfrac{1}{3}s + \dfrac{1}{\frac{3}{5}s}\right)$

이므로 비례 미분 적분 제어계이다. **답** ④

62 다음 논리회로의 출력 Y는?

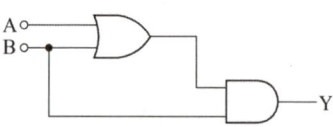

① A　　② B

③ A+B　　④ A · B

풀이 $Y = (A+B) \cdot B = A \cdot B + B \cdot B$
$= A \cdot B + B = B(A+1) = B$

답 ②

63 그림과 같은 제어시스템이 안정하기 위한 k의 범위는?

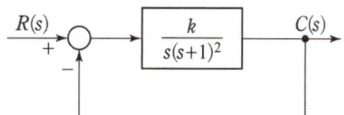

① $k > 0$ ② $k > 1$
③ $0 < k < 1$ ④ $0 < k < 2$

풀이 특성방정식 $1 + G(s)H(s) = 1 + \dfrac{k}{s(s+1)^2} = 0$

$s(s+1)^2 + k = s^3 + 2s^2 + s + k = 0$

루드의 표

s^3	1	1
s^2	2	k
s^1	$\dfrac{2-k}{2}$	0
s^0	k	

제1열의 부호변화가 없어야 안정하므로
$2-k > 0, \ k > 0 \quad \therefore \ 0 < k < 2$

답 ④

64 다음과 같은 상태방정식으로 표현되는 제어시스템의 특성방정식의 근 $(s_1, \ s_2)$은?

$$\begin{bmatrix} \dot{x_1} \\ \dot{x_2} \end{bmatrix} = \begin{bmatrix} 0 & 1 \\ -2 & -3 \end{bmatrix} \begin{bmatrix} x_1 \\ x_2 \end{bmatrix} + \begin{bmatrix} 1 \\ 0 \end{bmatrix} u$$

① $1, \ -3$ ② $-1, \ -2$
③ $-2, \ -3$ ④ $-1, \ -3$

풀이 $|sI - A| = \begin{bmatrix} s & 0 \\ 0 & s \end{bmatrix} - \begin{bmatrix} 0 & 1 \\ -2 & -3 \end{bmatrix} = \begin{bmatrix} s & -1 \\ 2 & s+3 \end{bmatrix}$

$= s(s+3) + 2 = s^2 + 3s + 2$

즉 특성방정식은 $s^2 + 3s + 2 = 0$이므로
$s^2 + 3s + 2 = (s+2)(s+1) = 0$
$\therefore \ s = -1, \ -2$

답 ②

65 그림의 블록선도와 같이 표현되는 제어시스템에서 $A = 1$, $B = 1$일 때, 블록선도의 출력 C는 약 얼마인가?

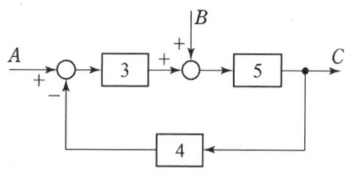

① 0.22 ② 0.33
③ 1.22 ④ 3.1

풀이 전달함수 $G(s) = \dfrac{경로}{1-폐로}$이므로

• 입력 A인 경우
경로 : $3 \times 5 = 15$, 폐로 : $3 \times 4 \times 5 = 60$

$\dfrac{C}{A} = \dfrac{15}{1+60} = \dfrac{15}{61}$

• 입력 B인 경우
경로 : 5, 폐로 : $3 \times 4 \times 5 = 60$

$\dfrac{C}{B} = \dfrac{5}{1+60} = \dfrac{5}{61}$

$\therefore \ G(s) = \dfrac{C}{A} + \dfrac{C}{B} = \dfrac{15}{61} + \dfrac{5}{61} = 0.33$

답 ②

66 전달함수가 $\dfrac{C(s)}{R(s)} = \dfrac{1}{3s^2 + 4s + 1}$인 제어시스템의 과도 응답 특성은?

① 무제동 ② 부족제동
③ 임계제동 ④ 과제동

풀이 (1) $\dfrac{C(s)}{R(s)} = \dfrac{\omega_n^2}{s^2 + 2\delta\omega_n s + \omega_n^2} = \dfrac{1}{3s^2 + 4s + 1}$

$= \dfrac{\dfrac{1}{3}}{s^2 + \dfrac{4}{3}s + \dfrac{1}{3}}$

$\omega_n^2 = \dfrac{1}{3} \rightarrow \omega_n = \dfrac{1}{\sqrt{3}}$

$2\delta\omega_n = \dfrac{4}{3} \rightarrow \delta = \dfrac{4}{3} \times \dfrac{\sqrt{3}}{2} = 1.15$

(2) 2차계의 과도응답
① $\delta < 1$인 경우 : 부족 제동(감쇠 진동)
② $\delta = 1$인 경우 : 임계 제동(임계 상태)
③ $\delta > 1$인 경우 : 과제동(비진동)
④ $\delta = 0$인 경우 : 무제동(무한 진동 또는 완전 진동)
즉, $\delta > 1$이므로 과제동이다.

답 ④

67 제어요소가 제어대상에 주는 양은?

① 동작신호   ② 조작량

③ 제어량   ④ 궤환량

풀이 ① 조작신호(량) : 제어요소에서 제어대상에 인가되는 신호(량)이다.

② 동작신호 : 기준입력과 주궤환신호와의 편차인 신호로서 제어 동작을 일으키는 원인이 되는 신호이다.

③ 주궤환 신호 : 동작신호를 얻기 위하여 기준입력과 비교되는 신호로서 제어량의 함수 관계가 된다.

④ 기준입력신호 : 제어계를 동작시키는 기준으로서 목 푯값에 비례하는 신호입력이다.

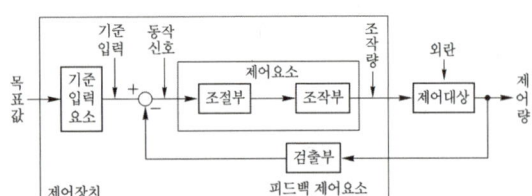

〈폐루프 제어계의 구성도〉   **답** ②

68 함수 $f(t) = e^{-at}$의 z변환 함수 $F(z)$는?

① $\dfrac{2z}{z - e^{aT}}$ ② $\dfrac{1}{z + e^{aT}}$

③ $\dfrac{z}{z + e^{-aT}}$ ④ $\dfrac{z}{z - e^{-aT}}$

풀이

$f(t)$	$F(s)$	$F(z)$
$\delta(t)$	1	1
$u(t)$	$\dfrac{1}{s}$	$\dfrac{z}{z-1}$
t	$\dfrac{1}{s^2}$	$\dfrac{Tz}{(z-1)^2}$
e^{-at}	$\dfrac{1}{s+a}$	$\dfrac{z}{z-e^{-aT}}$

답 ④

69 제어시스템의 주파수 전달함수가 $G(j\omega) = j5\omega$이고, 주파수가 $\omega = 0.02$[rad/sec]일 때 이 제어시스템의 이득[dB]은?

① 20   ② 10

③ −10   ④ −20

풀이
$$g = 20\log|G(j\omega)| = 20\log|j5\omega|_{\omega = 0.02}$$
$$= 20\log|j5 \times 0.02| = 20\log|j0.1|$$
$$= 20\log 10^{-1} = -20[dB]$$

답 ④

70 그림과 같은 제어시스템의 폐루프 전달함수 $T(s) = \dfrac{C(s)}{R(s)}$에 대한 감도 S_K^T는?

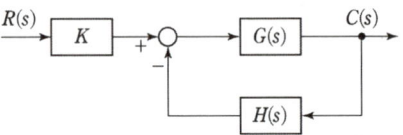

① 0.5   ② 1

③ $\dfrac{G}{1 + GH}$ ④ $\dfrac{-GH}{1 + GH}$

풀이 전달함수 $T = \dfrac{C(s)}{R(s)} = \dfrac{KG}{1 + GH}$

K에 대한 감도

$$\therefore S_K^T = \frac{K}{T} \cdot \frac{dT}{dK} = \frac{K}{\dfrac{KG}{1+GH}} \cdot \frac{d}{dK}\left(\frac{KG}{1+GH}\right)$$

$$= \frac{1+GH}{G} \cdot \frac{G(1+GH)}{(1+GH)^2} = 1$$

답 ②

79 그림과 같은 함수의 라플라스 변환은?

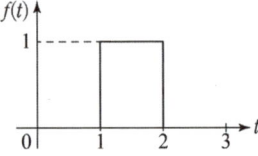

① $\dfrac{1}{s}(e^s - e^{2s})$ ② $\dfrac{1}{s}(e^{-s} - e^{-2s})$

③ $\dfrac{1}{s}(e^{-2s} - e^{-s})$ ④ $\dfrac{1}{s}(e^{-s} + e^{-2s})$

풀이 $f(t) = 1 \cdot \{u(t-1) - u(t-2)\}$

$\therefore F(s) = \mathcal{L}[f(t)] = \mathcal{L}[u(t-1)] - \mathcal{L}[u(t-2)]$

$$= \frac{e^{-s}}{s} - \frac{e^{-2s}}{s} = \frac{1}{s}(e^{-s} - e^{-2s})$$

답 ②

2021년 3회 _ 전기기사

61 그림의 제어시스템이 안정하기 위한 K의 범위는?

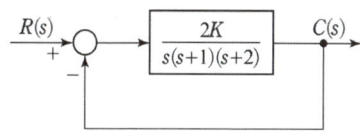

① $0 < K < 3$ ② $0 < K < 4$
③ $0 < K < 5$ ④ $0 < K < 6$

풀이 특성방정식은

$$1 + G(s)H(s) = 1 + \frac{2K}{s(s+1)(s+2)} = 0$$

$$s(s+1)(s+2) + 2K = s^3 + 3s^2 + 2s + 2K = 0$$

이므로, 루드의 표는

s^3	1	2
s^2	3	$2K$
s^1	$\dfrac{6-2K}{3}$	0
s^0	$2K$	

계가 안정하기 위해서는 제1열의 부호변화가 없어야 하므로

$$6 - 2K > 0, \quad 2K > 0$$

$$\therefore \ 0 < K < 3 \qquad \text{답 ①}$$

62 블록선도의 전달함수 $\dfrac{C(s)}{R(s)} = 10$과 같이 되기 위한 조건은?

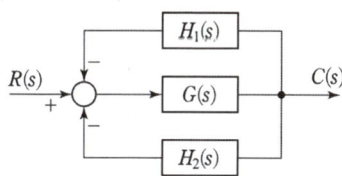

① $G(s) = \dfrac{1}{1 - H_1(s) - H_2(s)}$

② $G(s) = \dfrac{10}{1 - H_1(s) - H_2(s)}$

③ $G(s) = \dfrac{1}{1 - 10H_1(s) - 10H_2(s)}$

④ $G(s) = \dfrac{10}{1 - 10H_1(s) - 10H_2(s)}$

풀이 ① 전달함수로 나타내면

$$(R - CH_1 - CH_2)G = C$$

$$RG = C(1 + H_1G + H_2G)$$

$$\therefore \ \frac{C}{R} = \frac{G}{1 + H_1G + H_2G}$$

② 블록선도의 전달함수가 10이 되어야 하므로

$$\frac{G}{1 + H_1G + H_2G} = 10$$

$$G = 10(1 + H_1G + H_2G) = 10 + 10H_1G + 10H_2G$$

$$G - 10H_1G - 10H_2G = G(1 - 10H_1 - 10H_2) = 10$$

$$\therefore \ G(s) = \frac{10}{1 - 10H_1(s) - 10H_2(s)} \qquad \text{답 ④}$$

63 주파수 전달함수가 $G(j\omega) = \dfrac{1}{j100\omega}$인 제어시스템에서 $\omega = 1.0$[rad/s]일 때의 이득[dB]과 위상각[°]은 각각 얼마인가?

① 20[dB], 90°
② 40[dB], 90°
③ −20[dB], −90°
④ −40[dB], −90°

풀이

$$g = 20\log|G(j\omega)| = 20\log\left|\frac{1}{j100\omega}\right|$$

$$= 20\log\left|\frac{1}{j100}\right| = 20\log\frac{1}{100} = -40[\text{dB}]$$

$$\theta = \angle G(j\omega) = \angle \frac{1}{j100\omega} = \angle \frac{1}{j100} = -90° \qquad \text{답 ④}$$

64 개루프 전달함수가 다음과 같은 제어시스템의 근궤적이 $j\omega$(허수)축과 교차할 때 K는 얼마인가?

$$G(s)H(s) = \frac{K}{s(s+3)(s+4)}$$

① 30   ② 48   ③ 84   ④ 180

풀이 특성 방정식은

$$s(s+3)(s+4) + K = s^3 + 7s^2 + 12s + K = 0$$

위 식의 루드 배열은

s^3	1	12
s^2	7	K
s^1	$\dfrac{84-K}{7}$	0
s^0	K	0

K의 임계값은 s^1의 제1열 요소를 0으로 놓아 얻을 수 있다.

$$\frac{84-K}{7}=0$$

$$\therefore K=84$$

답 ③

65 그림과 같은 신호흐름선도에서 $\dfrac{C(s)}{R(s)}$ 는?

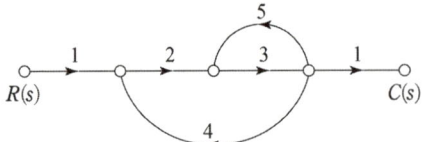

① $-\dfrac{6}{38}$ 　　② $\dfrac{6}{38}$

③ $-\dfrac{6}{41}$ 　　④ $\dfrac{6}{41}$

풀이 $G_1=2\times3=6$, $\Delta_1=1$,

$L_{11}=3\times5=15$, $L_{21}=2\times3\times4=24$

$\Delta=1-(L_{11}+L_{21})=1-15-24=-38$

$\therefore G=\dfrac{C}{R}=\dfrac{G_1\Delta_1}{\Delta}=-\dfrac{6}{38}$

별해 전향경로 이득 : $2\times3=6$

루프 이득 : $3\times5=15$, $2\times3\times4=24$

$\therefore G(s)=\dfrac{\sum 전향경로\,이득}{1-\sum 루프\,이득}$

$=\dfrac{6}{1-(15+24)}=-\dfrac{6}{38}$

답 ①

66 단위계단 함수 $u(t)$를 z변환하면?

① $\dfrac{1}{z-1}$ 　　② $\dfrac{z}{z-1}$

③ $\dfrac{1}{Tz-1}$ 　　④ $\dfrac{Tz}{Tz-1}$

풀이

$f(t)$	$F(s)$	$F(z)$
$\delta(t)$	1	1
$u(t)$	$\dfrac{1}{s}$	$\dfrac{z}{z-1}$
t	$\dfrac{1}{s^2}$	$\dfrac{Tz}{(z-1)^2}$
e^{-at}	$\dfrac{1}{s+a}$	$\dfrac{z}{z-e^{-at}}$

답 ②

67 제어요소의 표준 형식인 적분요소에 대한 전달 함수는? (단, K는 상수이다.)

① Ks 　② $\dfrac{K}{s}$ 　③ K 　④ $\dfrac{K}{1+Ts}$

풀이
- 비례 요소 : K
- 미분요소 : Ks
- 적분 요소 : $\dfrac{K}{s}$
- 1차 지연요소 : $\dfrac{K}{Ts+1}$

답 ②

68 그림의 논리회로와 등가인 논리식은?

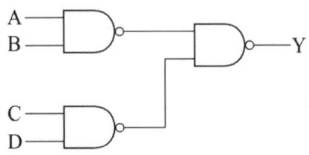

① $Y=A\cdot B\cdot C\cdot D$

② $Y=A\cdot B+C\cdot D$

③ $Y=\overline{A\cdot B}+\overline{C\cdot D}$

④ $Y=(\overline{A}+\overline{B})\cdot(\overline{C}+\overline{D})$

풀이
- NAND 회로

논리회로	논리식
A○—⟫○—X B○	$X=\overline{A\cdot B}=\overline{A}+\overline{B}$

- 드모르간의 법칙 : $\overline{A\cdot B}=\overline{A}+\overline{B}$

$\overline{A+B}=\overline{A}\cdot\overline{B}$

$\therefore Y=\overline{\overline{A\cdot B}\cdot\overline{C\cdot D}}=\overline{\overline{A\cdot B}}+\overline{\overline{C\cdot D}}$

$=A\cdot B+C\cdot D$

답 ②

69 다음과 같은 상태방정식으로 표현되는 제어시스템에 대한 특성방정식의 근$(s_1,\,s_2)$은?

$$\begin{bmatrix}\dot{x_1}\\\dot{x_2}\end{bmatrix}=\begin{bmatrix}0&-3\\2&-5\end{bmatrix}\begin{bmatrix}x_1\\x_2\end{bmatrix}+\begin{bmatrix}1\\0\end{bmatrix}u$$

① $1,\,-3$ 　　② $-1,\,-2$

③ $-2,\,-3$ 　　④ $-1,\,-3$

풀이 $|s\boldsymbol{I}-\boldsymbol{A}|$의 행렬식은

$|s\boldsymbol{I}-\boldsymbol{A}|=\begin{bmatrix}s&0\\0&s\end{bmatrix}-\begin{bmatrix}0&-3\\2&-5\end{bmatrix}$

$=\begin{bmatrix}s&3\\-2&s+5\end{bmatrix}=s(s+5)+6$

$\therefore s^2+5s+6$의 근은 $s=-2,\,-3$가 된다. **답** ③

70 블록선도의 제어시스템은 단위 램프입력에 대한 정상상태 오차(정상편차)가 0.01이다. 이 제어시스템의 제어요소인 $G_{C1}(s)$의 k는?

$$G_{C1}(s) = k, \quad G_{C2}(s) = \frac{1 + 0.1s}{1 + 0.2s}$$

$$G_P(s) = \frac{20}{s(s+1)(s+2)}$$

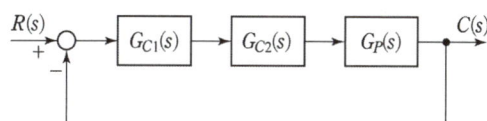

① 0.1

② 1

③ 10

④ 100

풀이 속도 편차 상수

$$k_v = \lim_{s \to 0} s\, G(s) H(s)$$

$$= \lim_{s \to 0} s \cdot \frac{20k(1 + 0.1s)}{s(s+1)(s+2)(1 + 0.2s)} = 10k$$

속도 편차 $e_{ssv} = \dfrac{1}{k_v} = \dfrac{1}{10k} = 0.01$ 이므로

$\therefore k = 10$ **답** ③

78 회로에서 $t = 0$초에 전압 $v_1(t) = e^{-4t}$[V]를 인가하였을 때 $v_2(t)$는 몇 [V]인가? (단, $R = 2[\Omega]$, $L = 1[H]$이다.)

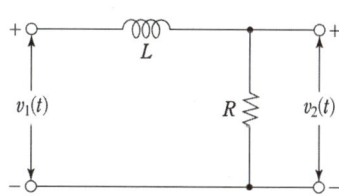

① $e^{-2t} - e^{-4t}$

② $2e^{-2t} - 2e^{-4t}$

③ $-2e^{-2t} + 2e^{-4t}$

④ $-2e^{-2t} - 2e^{-4t}$

풀이 ① $V_1(s) = \mathcal{L}[v_1(t)] = \mathcal{L}[e^{-4t}] = \dfrac{1}{s+4}$

② $\dfrac{V_2(s)}{V_1(s)} = \dfrac{R}{R + Ls} = \dfrac{2}{s+2}$

$\therefore V_2(s) = \dfrac{2}{s+2} V_1(s) = \dfrac{2}{(s+2)(s+4)}$

③ $V_2(s) = \dfrac{2}{(s+2)(s+4)} = \dfrac{K_1}{s+2} + \dfrac{K_2}{s+4}$

$K_1 = \lim_{s \to -2}(s+2) \cdot V_2(s) = \left[\dfrac{2}{s+4}\right]_{s=-2} = 1$

$K_2 = \lim_{s \to -4}(s+4) \cdot V_2(s) = \left[\dfrac{2}{s+2}\right]_{s=-4} = -1$

$V_2(s) = \dfrac{1}{s+2} - \dfrac{1}{s+4}$

$\therefore v_2(t) = \mathcal{L}^{-1}\left[\dfrac{2}{(s+2)(s+4)}\right]$

$= \mathcal{L}^{-1}\left[\dfrac{1}{s+2} - \dfrac{1}{s+4}\right] = e^{-2t} - e^{-4t}$[V] **답** ①

2021년 - 4회 _공사기사

65 $f(t) = \mathcal{L}^{-1}\left[\dfrac{s^2 + 3s + 8}{s^2 + 2s + 5}\right]$는?

① $\delta(t) + e^{-t}(\cos 2t - \sin 2t)$

② $\delta(t) + e^{-t}(\cos 2t + 2\sin 2t)$

③ $\delta(t) + e^{-t}(\cos 2t - 2\sin 2t)$

④ $\delta(t) + e^{-t}(\cos 2t + \sin 2t)$

풀이 $\mathcal{L}^{-1}\left[\dfrac{s^2 + 3s + 8}{s^2 + 2s + 5}\right] = \mathcal{L}^{-1}\left[1 + \dfrac{s+3}{s^2 + 2s + 5}\right]$

$= \mathcal{L}^{-1}\left[1 + \dfrac{s+3}{(s+1)^2 + 2^2}\right]$

$= \mathcal{L}^{-1}\left[1 + \dfrac{s+1}{(s+1)^2 + 2^2} + \dfrac{2}{(s+1)^2 + 2^2}\right]$

$= \delta(t) + e^{-t}\cos 2t + e^{-t}\sin 2t$

$= \delta(t) + e^{-t}(\cos 2t + \sin 2t)$ **답** ④

70 제어시스템의 특성방정식이

$s^3 + 11s^2 + 2s + 20 = 0$와 같을 때, 이 특성방정식에서 s평면의 오른쪽에 위치하는 근은 몇 개인가?

① 0

② 1

③ 2

④ 3

풀이 특성방정식은 $F(s) = s^3 + 11s^2 + 2s + 20 = 0$이므로 루드의 표는

$$\begin{array}{c|cc} s^3 & 1 & 2 \\ s^2 & 11 & 20 \\ s^1 & \dfrac{22-20}{11}=0.18 & 0 \\ s^0 & 20 \end{array}$$

제 1 열의 모든 요소가 같은 부호이므로 근은 모두 왼쪽에 위치한다.　　**답** ①

72 다음과 같은 상태방정식으로 표현되는 제어시스템에 대한 특성방정식의 근은?

$$\begin{bmatrix} \dot{x}_1 \\ \dot{x}_2 \end{bmatrix} = \begin{bmatrix} 0 & 1 \\ -2 & -2 \end{bmatrix} \begin{bmatrix} x_1 \\ x_2 \end{bmatrix} + \begin{bmatrix} 1 \\ 0 \end{bmatrix} u$$

① $-1 \pm j$　　　② $-1 \pm j\sqrt{2}$
③ $-1 \pm j2$　　　④ $-1 \pm j\sqrt{3}$

풀이 $|sI-A| = \begin{bmatrix} s & 0 \\ 0 & s \end{bmatrix} - \begin{bmatrix} 0 & 1 \\ -2 & -2 \end{bmatrix}$

$= \begin{bmatrix} s & -1 \\ 2 & s+2 \end{bmatrix} = s(s+2)+2$

∴ s^2+2s+2 의 근은 $s=-1 \pm j$ 가 된다.　**답** ①

73 블록선도에서 ⓐ에 해당하는 신호는?

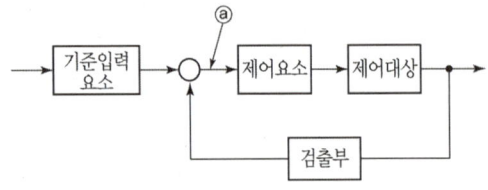

① 조작량　　　② 제어량
③ 기준입력　　④ 동작신호

풀이 자동제어계의 구성

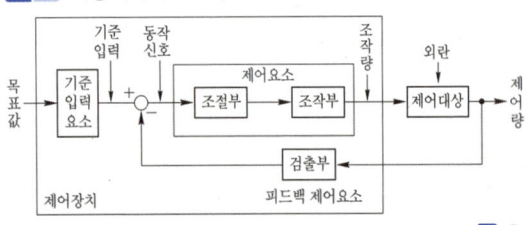

답 ④

74 논리식 $(A+B) \cdot (\overline{A}+B)$와 등가인 것은?

① A　　　　② B
③ $A \cdot B$　　④ $A \cdot \overline{B}$

풀이 $(A+B) \cdot (\overline{A}+B) = A\overline{A}+AB+\overline{A}B+BB$
$= B(A+\overline{A}+1) = B$
$(\because A\overline{A}=0, \ BB=B, \ A+\overline{A}=1)$　**답** ②

75 다음은 근궤적의 성질(규칙)에 대한 내용의 일부를 나타낸 것이다. ( )안에 알맞은 내용은?

> 근궤적의 출발점은 개루프 전달함수의 (ⓐ) 이고, 근궤적의 도착점은 개루프 전달함수의 (ⓑ)이다.

① ⓐ 영점, ⓑ 영점
② ⓐ 영점, ⓑ 극점
③ ⓐ 극점, ⓑ 영점
④ ⓐ 극점, ⓑ 극점

풀이 ⓐ 근궤적의 출발점
　　근궤적은 $G(s)H(s)$의 극으로부터 출발한다.
ⓑ 근궤적의 종착점
　　근궤적은 $G(s)H(s)$의 0점에서 끝난다.　**답** ③

76 그림의 블록선도에서 출력 $C(s)$는?

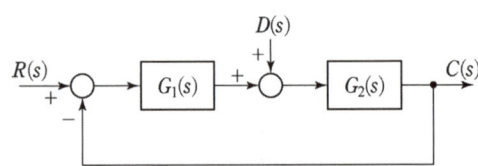

① $\left(\dfrac{G_2(s)}{1-G_1(s)G_2(s)} \right)(G_1(s)R(s)+D(s))$

② $\left(\dfrac{G_2(s)}{1+G_1(s)G_2(s)} \right)(G_1(s)R(s)+D(s))$

③ $\left(\dfrac{G_1(s)}{1-G_1(s)G_2(s)} \right)(G_1(s)R(s)+D(s))$

④ $\left(\dfrac{G_1(s)}{1+G_1(s)G_2(s)} \right)(G_1(s)R(s)+D(s))$

풀이 $\{(R(s)-C(s))G_1(s)+D(s)\}G_2(s)=C(s)$

$R(s)G_1(s)G_2(s)-C(s)G_1(s)G_2(s)+D(s)G_2(s)=C(s)$

$R(s)G_1(s)G_2(s)+D(s)G_2(s)=C(s)(1+G_1(s)G_2(s))$

$\therefore C(s)=\dfrac{G_1(s)G_2(s)}{1+G_1(s)G_2(s)}R(s)+\dfrac{G_2(s)}{1+G_1(s)G_2(s)}D(s)$

$=\dfrac{G_2(s)}{1+G_1(s)G_2(s)}(G_1(s)R(s)+D(s))$

답 ②

---

77 단위계단 함수($f(t)=u(t)$)의 라플라스 변환 함수($F(s)$)와 z변환 함수($F(z)$)는?

① $F(s)=\dfrac{1}{s}$, $F(z)=\dfrac{z}{z-1}$

② $F(s)=\dfrac{1}{s}$, $F(z)=\dfrac{z-1}{z}$

③ $F(s)=s$, $F(z)=\dfrac{z}{z-1}$

④ $F(s)=s$, $F(z)=\dfrac{z-1}{z}$

풀이

$f(t)$	$F(s)$	$F(z)$
$\delta(t)$	1	1
$u(t)$	$\dfrac{1}{s}$	$\dfrac{z}{z-1}$
t	$\dfrac{1}{s^2}$	$\dfrac{Tz}{(z-1)^2}$
e^{-at}	$\dfrac{1}{s+a}$	$\dfrac{z}{z-e^{-at}}$

답 ①

---

78 제어시스템의 전달함수가 $G(s)=e^{-10s}$ 이고, 주파수가 $\omega=10$[rad/sec]일 때 이 제어시스템의 이득[dB]은?

① 20   ② 0

③ -20 ④ -40

풀이 $G(s)=e^{-10s}=e^{-j10\omega}=\cos(10\omega)-j\sin(10\omega)$

$|G(s)|=1$

$\therefore$ 이득 $=20\log 1=0$ [dB]

답 ②

---

79 전달함수가 $\dfrac{C(s)}{R(s)}=\dfrac{36}{s^2+4.2s+36}$ 인 2차 제어시스템의 감쇠 진동 주파수(ω_d)는 약 몇 [rad/sec]인가?

① 4.0   ② 4.3

③ 5.6   ④ 6.0

풀이 $\dfrac{C(s)}{R(s)}=\dfrac{\omega_n{}^2}{s^2+2\delta\omega_n s+\omega_n{}^2}=\dfrac{36}{s^2+4.2s+36}$

$=\dfrac{6^2}{s^2+2\cdot\dfrac{2.1}{6}\cdot 6s+6^2}$ 에서

$\delta=\dfrac{2.1}{6}=0.35$, $\omega_n=6$이므로

$\therefore \omega_d=\omega_n\sqrt{1-\delta^2}=6\sqrt{1-0.35^2}=5.6$[rad/sec]

답 ③

---

80 신호흐름선도의 전달함수 $\left(\dfrac{C(s)}{R(s)}\right)$는?

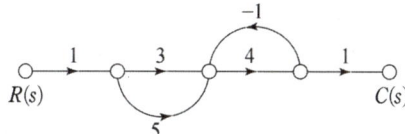

① $\dfrac{24}{5}$ ② $\dfrac{28}{5}$

③ $\dfrac{32}{5}$ ④ $\dfrac{36}{5}$

풀이 전향경로 이득 : $(3+5)\times 4=32$

루프 이득 : $-1\times 4=-4$

$G(s)=\dfrac{\sum\text{선향 성보 이득}}{1-\sum\text{루프이득}}=\dfrac{32}{1+4}=\dfrac{32}{5}$

답 ③

문제의 번호는 실제 시험문제의 번호와 같게 하였습니다.
회로이론에 해당하는 문제는 삭제하였습니다.

2022년 - 1회 _ 전기기사·공사기사

61 $F(z) = \dfrac{(1-e^{-aT})z}{(z-1)(z-e^{-aT})}$ 의 역 z변환은?

① $1-e^{-at}$ ② $1+e^{-at}$

③ $t \cdot e^{-at}$ ④ $t \cdot e^{at}$

풀이 • 문제의 식을 정리하면

$$F(z) = \frac{(1-e^{-aT})z}{(z-1)(z-e^{-aT})} = \frac{z-ze^{-aT}+z^2-z^2}{(z-1)(z-e^{-aT})}$$

$$= \frac{z(z-e^{-aT})-z(z-1)}{(z-1)(z-e^{-aT})}$$

$$= \frac{z}{z-1} - \frac{z}{z-e^{-aT}}$$

• 정리된 식을 아래의 표에 적용하면

$f(t)$	$F(s)$	$F(z)$
$\delta(t)$	1	1
$u(t)$	$\dfrac{1}{s}$	$\dfrac{z}{z-1}$
t	$\dfrac{1}{s^2}$	$\dfrac{Tz}{(z-1)^2}$
e^{-at}	$\dfrac{1}{s+a}$	$\dfrac{z}{z-e^{-aT}}$

$f(t)$는 $1-e^{-aT}$가 된다. **답** ①

62 다음의 특성 방정식 중 안정한 제어시스템은?

① $s^3 + 3s^2 + 4s + 5 = 0$

② $s^4 + 3s^3 - s^2 + s + 10 = 0$

③ $s^5 + s^3 + 2s^2 + 4s + 3 = 0$

④ $s^4 - 2s^3 - 3s^2 + 4s + 5 = 0$

풀이 계의 안정조건 : 모든 차수의 항이 존재하고, 각 계수의 부호가 같아야 한다.
(식 중에서 부호의 변화가 있으면 불안정하다.) **답** ①

63 그림의 신호흐름선도에서 전달함수 $\dfrac{C(s)}{R(s)}$ 는?

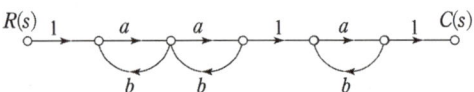

① $\dfrac{a^3}{(1-ab)^3}$ ② $\dfrac{a^3}{1-3ab+a^2b^2}$

③ $\dfrac{a^3}{1-3ab}$ ④ $\dfrac{a^3}{1-3ab+2a^2b^2}$

풀이 • 전향경로 이득 : $a \times a \times a = a^3$
• 루프 이득 : ab, ab, ab
• 비접촉 루프 이득 : $ab \times ab = a^2b^2$, $ab \times ab = a^2b^2$

∴ $G(s) = \dfrac{C(s)}{R(s)}$

$$= \frac{\sum \text{전향 경로 이득}}{1-\sum\text{루프 이득}+\sum\text{비접촉 루프 이득}}$$

$$= \frac{a^3}{1-(ab+ab+ab)+(a^2b^2+a^2b^2)}$$

$$= \frac{a^3}{1-3ab+2a^2b^2}$$ **답** ④

64 그림과 같은 보드선도의 이득선도를 갖는 제어시스템의 전달함수는?

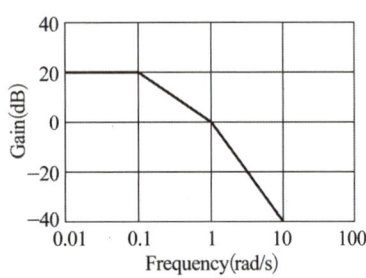

① $G(s) = \dfrac{10}{(s+1)(s+10)}$

② $G(s) = \dfrac{10}{(s+1)(10s+1)}$

③ $G(s) = \dfrac{20}{(s+1)(s+10)}$

④ $G(s) = \dfrac{20}{(s+1)(10s+1)}$

풀이 ① 문제의 보드선도에서 절점은 두 개이고 절점주파수는 $\omega=1$, $\omega=0.1$이므로 전달함수 $G(j\omega)$는 $j\omega+1$, $j\omega+0.1$의 인수를 갖는다.

$$\therefore G(j\omega)=\frac{K}{(j\omega+1)(j\omega+0.1)}=\frac{10K}{(j\omega+1)(j10\omega+1)}$$

② 이득

$$g=20\log|G(j\omega)|=20\log\left|\frac{10K}{(j\omega+1)(j10\omega+1)}\right|$$

$$=20\log\frac{10K}{\sqrt{\omega^2+1}\sqrt{(10\omega)^2+1}}$$

$$\therefore g=20\log10K-20\log\sqrt{\omega^2+1}$$
$$-20\log\sqrt{(10\omega)^2+1}$$

$\omega<0.1$에서 $g=20[\text{dB}]$(일정)하므로 근사 관계를 적용하여 $g=20[\text{dB}]$을 만족하는 K를 구한다.

$$g=20\left[\log10K-\log\sqrt{\omega^2+1}-\log\sqrt{(10\omega)^2+1}\right]$$
$$\fallingdotseq20\left[\log10K-\log1-\log1\right]=20\log10K=20$$

$$\therefore K=1$$

③ 전달함수 : $G(j\omega)=\dfrac{10}{(j\omega+1)(j10\omega+1)}$

$$\therefore G(s)=\frac{10}{(s+1)(10s+1)}$$

별해 ② 이득

$$g=20\log|G(j\omega)|=20\log\left|\frac{10K}{(j\omega+1)(j10\omega+1)}\right|$$

$$=20\log\frac{10K}{\sqrt{\omega^2+1}\sqrt{(10\omega)^2+1}}$$

$\omega<0.1$에서 $g=20[\text{dB}]$(일정)이고, $\omega=0.01[\text{rad/s}]$일 때, $g=20[\text{dB}]$을 만족하는 K를 구한다.

$$\frac{10K}{\sqrt{\omega^2+1}\sqrt{(10\omega)^2+1}}=10$$

$$K=\sqrt{\omega^2+1}\sqrt{(10\omega)^2+1}$$

$$\therefore K=\sqrt{0.01^2+1}\sqrt{(10\times0.01)^2+1}=1 \qquad \text{답 ②}$$

---

65 그림과 같은 블록선도의 제어시스템에 단위계단 함수가 입력되었을 때 정상상태 오차가 0.01이 되는 a의 값은?

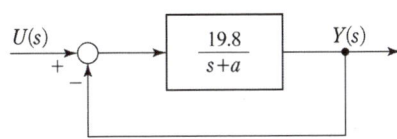

① 0.2   ② 0.6
③ 0.8   ④ 1.0

풀이 정상상태 편차 $e_{ss}=\displaystyle\lim_{s\to0}\frac{s}{1+G(s)}R(s)$에서

$$R(s)=\frac{1}{s}(\text{단위 계단입력})이므로$$

$$e_{ss}=\lim_{s\to0}\frac{s}{1+G(s)}\cdot\frac{1}{s}=\frac{1}{1+\displaystyle\lim_{s\to0}G(s)}$$

$$=\frac{1}{1+\displaystyle\lim_{s\to0}\frac{19.8}{s+a}}=\frac{1}{1+\dfrac{19.8}{a}}=0.01$$

$$\therefore a=0.2 \qquad \text{답 ①}$$

---

66 그림과 같은 블록선도의 전달함수 $\dfrac{C(s)}{R(s)}$는?

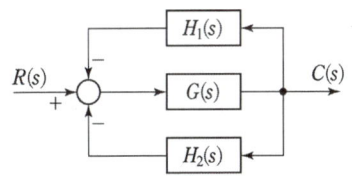

① $\dfrac{G(s)H_1(s)H_2(s)}{1+G(s)H_1(s)H_2(s)}$

② $\dfrac{G(s)}{1+G(s)H_1(s)H_2(s)}$

③ $\dfrac{G(s)}{1-G(s)(H_1(s)+H_2(s))}$

④ $\dfrac{G(s)}{1+G(s)(H_1(s)+H_2(s))}$

풀이 • 전향경로 이득 : $G(s)$
• 루프이득 : $-G(s)H_1(s),\ -G(s)H_2(s)$

$$\therefore G(s)=\frac{\sum\text{전향 경로 이득}}{1-\sum\text{루프이득}}$$

$$=\frac{G(s)}{1-\{-G(s)H_1(s)-G(s)H_2(s)\}}$$

$$=\frac{G(s)}{1+G(s)H_1(s)+G(s)H_2(s)}$$

$$=\frac{G(s)}{1+G(s)(H_1(s)+H_2(s))} \qquad \text{답 ④}$$

67 그림과 같은 논리회로와 등가인 것은?

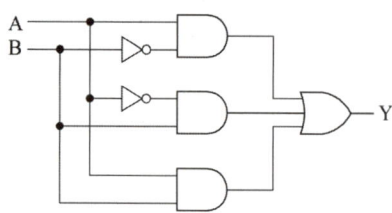

① A B →— Y ② A B →— Y
③ A B →o— Y ④ A B →o— Y

풀이

논리곱	논리합	부정
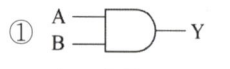 $X = A \cdot B$	A B →— X $X = A + B$	A →o— X $X = \overline{A}$

그림의 논리회로를 논리식으로 나타내면
$Y = A\overline{B} + \overline{A}B + AB = A\overline{B} + \overline{A}B + AB + AB$
$(\because AB = AB + AB)$
$= A(\overline{B} + B) + B(\overline{A} + A)$
에서 $A + \overline{A} = 1$, $B + \overline{B} = 1$ 이므로
$\therefore Y = A + B$ (논리합 : A B →— Y)   **답** ②

68 블록선도에서 ⓐ에 해당하는 신호는?

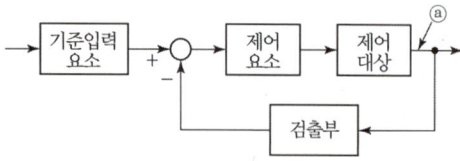

① 조작량 ② 제어량
③ 기준입력 ④ 동작신호

풀이 폐루프 제어계의 구성도

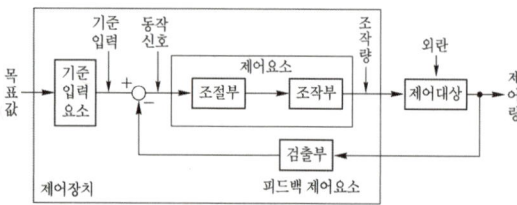

① 조작신호(량) : 제어요소에서 제어대상에 인가되는 신호(량)이다.
② 동작신호 : 기준입력과 주궤환신호와의 편차인 신호

로서 제어 동작을 일으키는 원인이 되는 신호이다.
③ 주궤환 신호 : 동작신호를 얻기 위하여 기준입력과 비교되는 신호로서 제어량의 함수 관계가 된다.
④ 기준입력신호 : 제어계를 동작시키는 기준으로서 목푯값에 비례하는 신호입력이다.
⑤ 제어량 : 제어계의 출력, 즉 제어된 제어대상의 양이다.   **답** ②

69 다음의 개루프 전달함수에 대한 근궤적의 점근선이 실수축과 만나는 교차점은?

$$G(s)H(s) = \frac{K(s+3)}{s^2(s+1)(s+3)(s+4)}$$

① $\frac{5}{3}$ ② $-\frac{5}{3}$
③ $\frac{5}{4}$ ④ $-\frac{5}{4}$

풀이 교차점
$$\sigma = \frac{\Sigma G(s)H(s)의\ 극점 - \Sigma G(s)H(s)의\ 영점}{p - z}$$
(여기서, p : 극점의 개수, z : 영점의 개수)
$p = 5$개$(0, 0, -1, -3, -4)$, $z = 1$개(-3)이므로
$\therefore \sigma = \frac{(0-0-1-3-4)-(-3)}{5-1} = -\frac{5}{4}$ **답** ④

70 다음의 미분방정식과 같이 표현되는 제어시스템이 있다.
이 제어시스템을 상태방정식 $\dot{x} = Ax + Bu$로 나타내었을 때 시스템행렬 A는?

$$\frac{d^3C(t)}{dt^3} + 5\frac{d^2C(t)}{dt^2} + \frac{dC(t)}{dt} + 2C(t) = u(t)$$

① $\begin{bmatrix} 0 & 1 & 0 \\ 0 & 0 & 1 \\ -2 & -1 & -5 \end{bmatrix}$ ② $\begin{bmatrix} 1 & 0 & 0 \\ 0 & 1 & 0 \\ -2 & -1 & -5 \end{bmatrix}$
③ $\begin{bmatrix} 0 & 1 & 0 \\ 0 & 0 & 1 \\ 2 & 1 & 5 \end{bmatrix}$ ④ $\begin{bmatrix} 1 & 0 & 0 \\ 0 & 1 & 0 \\ 2 & 1 & 5 \end{bmatrix}$

풀이 ※ 상태방정식 :
$\dot{x} = Ax + Bu$ (A : 시스템행렬, B : 제어행렬)
시스템 미분방정식에서 상태방정식(벡터 행렬 표현식)을 다음의 순서로 구한다.
(1) 3차 미분방정식이므로 3개의 상태변수 $x_1(t)$, $x_2(t)$, $x_3(t)$를 선정한다.

$$x_1(t) = C(t), \quad x_2(t) = \frac{dC(t)}{dt}, \quad x_3(t) = \frac{d^2 C(t)}{dt^2}$$

(2) 단계 (1)의 상태변수를 양변 미분하고 $\dot{x_i} = \frac{dx_i}{dt}$ 를 적용한다.

$$\frac{dx_1(t)}{dt} = \frac{dC(t)}{dt} = \dot{x_1}, \quad \frac{dx_2(t)}{dt} = \frac{d^2 C(t)}{dt^2} = \dot{x_2},$$

$$\frac{dx_3(t)}{dt} = \frac{d^3 C(t)}{dt^3} = \dot{x_3}$$

(3) 주어진 미분방정식에서 최고차 항에 대해 나머지 항을 우변으로 이항하고 상태변수 $x_1(t)$, $x_2(t)$, $x_3(t)$를 대입한다.

$$\frac{d^3 C(t)}{dt^3} = -5\frac{d^2 C(t)}{dt^2} - \frac{dC(t)}{dt} - 2C(t) + u(t)$$

$$\therefore \dot{x_3}(t) = -2x_1(t) - x_2(t) - 5x_3(t) + u(t)$$

(4) 상태방정식(상태방정식은 상태변수 x_i의 함수로 표현)

$$\begin{cases} \dot{x_1}(t) = x_2(t) \\ \dot{x_2}(t) = x_3(t) \\ \dot{x_3}(t) = -2x_1(t) - x_2(t) - 5x_3(t) + u(t) \\ C(t) = x_1(t) \end{cases}$$

(5) 단계 (4)의 상태방정식 $\dot{x_i}(t)$의 함수를 벡터 행렬식으로 표현한다.

$$\dot{\boldsymbol{x}}(t) = \begin{bmatrix} \dot{x_1}(t) \\ \dot{x_2}(t) \\ \dot{x_3}(t) \end{bmatrix}$$

$$= \begin{bmatrix} 0 & 1 & 0 \\ 0 & 0 & 1 \\ -2 & -1 & -5 \end{bmatrix} \begin{bmatrix} x_1(t) \\ x_2(t) \\ x_3(t) \end{bmatrix} + \begin{bmatrix} 0 \\ 0 \\ 1 \end{bmatrix} u(t)$$

(6) 상태방정식 $\dot{\boldsymbol{x}} = \boldsymbol{A}x + \boldsymbol{B}u$에서 시스템 행렬은 $\boldsymbol{A}$가 되므로 벡터 행렬로 표현한 난계 (5)에서 다음과 같이 구해진다.

$$\therefore \boldsymbol{A} = \begin{bmatrix} 0 & 1 & 0 \\ 0 & 0 & 1 \\ -2 & -1 & -5 \end{bmatrix}$$

별해 (1) 상태변수를 선정(3차 미분방정식은 3개 선정) : $x_1(t)$, $x_2(t)$, $x_3(t)$

(2) 연립미분방정식을 상태변수에 의한 상태방정식 표현

① $\dot{x_1}(t) = x_2(t)$ ② $\dot{x_2}(t) = x_3(t)$

③ $\dot{x_3}(t) = -2x_1(t) - x_2(t) - 5x_3(t) + u(t)$

(3) 상태방정식을 행렬로 표현

$$\dot{\boldsymbol{x}}(t) = \begin{bmatrix} \dot{x_1}(t) \\ \dot{x_2}(t) \\ \dot{x_3}(t) \end{bmatrix}$$

$$= \begin{bmatrix} 0 & 1 & 0 \\ 0 & 0 & 1 \\ -2 & -1 & -5 \end{bmatrix} \begin{bmatrix} x_1(t) \\ x_2(t) \\ x_3(t) \end{bmatrix} + \begin{bmatrix} 0 \\ 0 \\ 1 \end{bmatrix} u(t)$$

답 ①

---

61 다음 블록선도의 전달함수 $\left(\dfrac{C(s)}{R(s)} \right)$는?

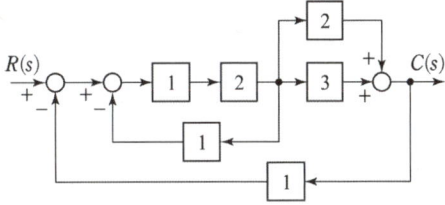

① $\dfrac{10}{9}$ ② $\dfrac{10}{13}$ ③ $\dfrac{12}{9}$ ④ $\dfrac{12}{13}$

풀이 메이슨의 정리에 의해

- 전향경로 이득 : $1 \times 2 \times (2+3) = 10$
- 루프 이득 : $-1 \times 2 \times 1 = -2$

  $\qquad -1 \times 2 \times 3 \times 1 = -6$

  $\qquad -1 \times 2 \times 2 \times 1 = -4$

$$\therefore G(s) = \frac{\sum \text{전향 경로 이득}}{1 - \sum \text{루프이득}}$$

$$= \frac{10}{1 - (-2 - 6 - 4)} = \frac{10}{13}$$

답 ②

62 전달함수가 $G(s) = \dfrac{1}{0.1s(0.01s+1)}$ 과 같은 시스템에서 $\omega = 0.1$[rad/s]일 때의 이득[dB]과 위상각[°]은 약 얼마인가?

① 40[dB], $-90°$ ② -40[dB], $90°$

③ 40[dB], $90°$ ④ -40[dB], $-180°$

풀이 ① 주파수 전달함수

$$G(j\omega) = \frac{1}{j0.1\omega(j0.01\omega+1)}$$

② 이득

$$g = 20\log|G(j\omega)| = 20\log\left| \frac{1}{j0.1\omega(j0.01\omega+1)} \right|$$

$$= 20\log\frac{1}{0.1\omega\sqrt{(0.01\omega)^2+1^2}}$$

$$= 20\log\frac{1}{0.01\sqrt{0.001^2+1^2}}$$

$$= 20\log 10^2 = 40 \text{ [dB]}$$

③ 위상각

주파수 전달함수 $G(j\omega) = \dfrac{1}{j0.01(j0.001+1)}$ 에서

위상각 $\angle G(j\omega) = \angle 1 - \angle j0.01 - \angle(j0.001+1)$

$$= 0° - 90° - \tan^{-1} 0.001$$
$$= -90.057° = -90°$$
$$\therefore \angle G(j\omega) = -90° \qquad \text{답 ①}$$

63 다음의 논리식과 등가인 것은?

$$Y = (A+B)(\overline{A}+B)$$

① $Y = A$　　　　② $Y = B$

③ $Y = \overline{A}$　　　　④ $Y = \overline{B}$

풀이 $Y = (A+B)(\overline{A}+B)$
$$= A\overline{A} + AB + \overline{A}B + BB$$
$$= AB + \overline{A}B + B \;(\because A\overline{A}=0,\; BB=B)$$
$$= B(A+\overline{A}+1)\;(\because A+\overline{A}+1=1)=B \qquad \text{답 ②}$$

64 다음의 개루프 전달함수에 대한 근궤적이 실수축에서 이탈하게 되는 분리점은 약 얼마인가?

$$G(s)H(s) = \frac{K}{s(s+3)(s+8)}, \; K \geq 0$$

① -0.93　　　　② -5.74

③ -6.0　　　　④ -1.33

풀이
- 특성방정식에서 극점($K=0$)은 $s=0,\,-3,\,-8$이고, 영점($K=\infty$)은 존재하지 않는다. 따라서 근궤적의 존재 구간은 $-3<s<0$와 $-\infty<s<-8$이고, 두 개의 극점 사이 구간인 $-3<s<0$의 범위에서 실수축 상에 한 개의 분리점이 존재한다.
- 제어계의 특성방정식 $1+G(s)H(s)=0$에 의해
$$s(s+3)(s+8)+K=0$$
$$\therefore K = -s(s+3)(s+8)$$
- 분리점의 조건 $\left(\dfrac{dK}{ds}=0\right)$을 적용하면
$$\frac{dK}{ds} = \frac{d}{ds}\{-s(s+3)(s+8)\}$$
$$= -(3s^2 + 22s + 24) = 0$$
$$\therefore s_1 = -1.33, \quad s_2 = -6$$
따라서 분리점의 존재 구간은 $-3<s<0$이므로 두 근 중에서 근궤적의 분리점은 $s_1 = -1.33$이 된다.
　　　　　　　　　　　　　　　　　答 ④

65 $F(z) = \dfrac{(1-e^{-aT})z}{(z-1)(z-e^{-aT})}$ 의 역 z변환은?

① $t \cdot e^{-at}$　　　　② $a^t \cdot e^{-at}$

③ $1 + e^{-at}$　　　　④ $1 - e^{-at}$

풀이
- 문제의 식을 정리하면
$$F(z) = \frac{(1-e^{-aT})z}{(z-1)(z-e^{-aT})} = \frac{z - ze^{-aT} + z^2 - z^2}{(z-1)(z-e^{-aT})}$$
$$= \frac{z(z-e^{-aT}) - z(z-1)}{(z-1)(z-e^{-aT})} = \frac{z}{z-1} - \frac{z}{z-e^{-aT}}$$

- 정리된 식을 아래의 표에 적용하면

$f(t)$	$F(s)$	$F(z)$
$\delta(t)$	1	1
$u(t)$	$\dfrac{1}{s}$	$\dfrac{z}{z-1}$
t	$\dfrac{1}{s^2}$	$\dfrac{Tz}{(z-1)^2}$
e^{-at}	$\dfrac{1}{s+a}$	$\dfrac{z}{z-e^{-aT}}$

$f(t)$는 $1-e^{-aT}$가 된다.　　　答 ④

66 기본 제어요소인 비례요소의 전달함수는? (단, K는 상수이다.)

① $G(s) = K$　　　　② $G(s) = Ks$

③ $G(s) = \dfrac{K}{s}$　　　　④ $G(s) = \dfrac{K}{s+K}$

풀이
- 비례요소 : K　　・미분요소 : Ks
- 적분요소 : $\dfrac{K}{s}$　　・1차 지연요소 : $\dfrac{K}{Ts+1}$
　　　　　　　　　　　　　　　　　答 ①

67 다음의 상태방정식으로 표현되는 시스템의 상태천이행렬은?

$$\begin{bmatrix} \dfrac{d}{dt}x_1 \\ \dfrac{d}{dt}x_2 \end{bmatrix} = \begin{bmatrix} 0 & 1 \\ -3 & -4 \end{bmatrix} \begin{bmatrix} x_1 \\ x_2 \end{bmatrix}$$

① $\begin{bmatrix} 1.5e^{-t} - 0.5e^{-3t} & -1.5e^{-t} + 1.5e^{-3t} \\ 0.5e^{-t} - 0.5e^{-3t} & -0.5e^{-t} + 1.5e^{-3t} \end{bmatrix}$

② $\begin{bmatrix} 1.5e^{-t} - 0.5e^{-3t} & 0.5e^{-t} - 0.5e^{-3t} \\ -1.5e^{-t} + 1.5e^{-3t} & -0.5e^{-t} + 1.5e^{-3t} \end{bmatrix}$

③ $\begin{bmatrix} 1.5e^{-t} - 0.5e^{-4t} & 0.5e^{-t} - 0.5e^{-4t} \\ -1.5e^{-t} + 1.5e^{-4t} & -0.5e^{-t} + 1.5e^{-4t} \end{bmatrix}$

④ $\begin{bmatrix} 1.5e^{-t} - 0.5e^{-4t} & -1.5e^{-t} + 1.5e^{-4t} \\ 0.5e^{-t} - 0.5e^{-4t} & -0.5e^{-t} + 1.5e^{-4t} \end{bmatrix}$

풀이

$$[s\boldsymbol{I}-\boldsymbol{A}] = \begin{bmatrix} s & 0 \\ 0 & s \end{bmatrix} - \begin{bmatrix} 0 & 1 \\ -3 & -4 \end{bmatrix} = \begin{bmatrix} s & -1 \\ 3 & s+4 \end{bmatrix}$$

$$\boldsymbol{\Phi}(s) = [s\boldsymbol{I}-\boldsymbol{A}]^{-1} = \frac{1}{\begin{vmatrix} s & -1 \\ 3 & s+4 \end{vmatrix}} \begin{bmatrix} s+4 & 1 \\ -3 & s \end{bmatrix}$$

$$= \frac{1}{s^2+4s+3} \begin{bmatrix} s+4 & 1 \\ -3 & s \end{bmatrix}$$

$$= \begin{bmatrix} \dfrac{s+4}{(s+1)(s+3)} & \dfrac{1}{(s+1)(s+3)} \\ \dfrac{-3}{(s+1)(s+3)} & \dfrac{s}{(s+1)(s+3)} \end{bmatrix}$$

$$\therefore \boldsymbol{\Phi}(t) = \mathcal{L}^{-1}\{[s\boldsymbol{I}-\boldsymbol{A}]^{-1}\}$$

$$= \begin{bmatrix} 1.5e^{-t}-0.5e^{-3t} & 0.5e^{-t}-0.5e^{-3t} \\ -1.5e^{-t}+1.5e^{-3t} & -0.5e^{-t}+1.5e^{-3t} \end{bmatrix}$$

답 ②

68 제어시스템의 전달함수가

$T(s) = \dfrac{1}{4s^2+s+1}$ 과 같이 표현될 때 이 시스템의 고유주파수(ω_n[rad/s])와 감쇠율(ζ)은?

① $\omega_n = 0.25,\ \zeta = 1.0$

② $\omega_n = 0.5,\ \zeta = 0.25$

③ $\omega_n = 0.5,\ \zeta = 0.5$

④ $\omega_n = 1.0,\ \zeta = 0.5$

풀이

$$T(s) = \frac{1}{4s^2+s+1} = \frac{\frac{1}{4}}{s^2+\frac{1}{4}s+\frac{1}{4}}$$

2차계의 전달함수 $= \dfrac{\omega_n^2}{s^2+2\zeta\omega_n s+\omega_n^2}$ 와 비교하면

• 고유주파수 : $\omega_n^2 = \dfrac{1}{4} \rightarrow \omega_n = \dfrac{1}{2} = 0.5$

• 감쇠율 : $2\zeta\omega_n = 2\zeta \times \dfrac{1}{2} = \dfrac{1}{4} \rightarrow \zeta = \dfrac{1}{4} = 0.25$

답 ②

69 그림의 신호흐름선도를 미분방정식으로 표현한 것으로 옳은 것은? (단, 모든 초기 값은 0이다.)

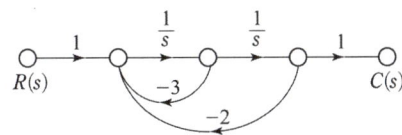

① $\dfrac{d^2c(t)}{dt^2} + 3\dfrac{dc(t)}{dt} + 2c(t) = r(t)$

② $\dfrac{d^2c(t)}{dt^2} + 2\dfrac{dc(t)}{dt} + 3c(t) = r(t)$

③ $\dfrac{d^2c(t)}{dt^2} - 3\dfrac{dc(t)}{dt} - 2c(t) = r(t)$

④ $\dfrac{d^2c(t)}{dt^2} - 2\dfrac{dc(t)}{dt} - 3c(t) = r(t)$

풀이

전향경로 이득 : $\dfrac{1}{s} \cdot \dfrac{1}{s} = \dfrac{1}{s^2}$

루프 이득 : $-\dfrac{3}{s},\ -2 \cdot \dfrac{1}{s} \cdot \dfrac{1}{s} = -\dfrac{2}{s^2}$

$$G(s) = \frac{C(s)}{R(s)} = \frac{\sum \text{전향 경로 이득}}{1 - \sum \text{루프이득}} = \frac{\frac{1}{s^2}}{1 - \frac{3}{s} - \frac{2}{s^2}}$$

$$= \frac{1}{s^2+3s+2}$$

$\rightarrow (s^2+3s+2)C(s) = R(s)$

위 식을 역라플라스 변환하면

$$\therefore \frac{d^2c(t)}{dt^2} + 3\frac{dc(t)}{dt} + 2c(t) = r(t)$$

답 ①

70 제어시스템의 특성방정식이

$s^4 + s^3 - 3s^2 - s + 2 = 0$ 와 같을 때, 이 특성방정식에서 s평면의 오른쪽에 위치하는 근은 몇 개인가?

① 0 　　② 1

③ 2 　　④ 3

풀이 루드 공식을 이용하면

s^4	1	-3	2
s^3	1	-1	0
s^2	$\dfrac{-3+1}{1}=-2$	2	
s^1	$\dfrac{2-2}{-2}=0$	0	
s^0	0		

제1열의 '1'에서 '-2', '-2'에서 '0'으로 **부호변화가 두번 있으므로** s평면의 오른쪽에 위치하는 근은 **2개이**다.

답 ③

80 $f(t) = \mathcal{L}^{-1}\left[\dfrac{s^2+3s+2}{s^2+2s+5}\right]$는?

① $\delta(t) + e^{-t}(\cos 2t - \sin 2t)$

② $\delta(t) + e^{-t}(\cos 2t + 2\sin 2t)$

③ $\delta(t) + e^{-t}(\cos 2t - 2\sin 2t)$

④ $\delta(t) + e^{-t}(\cos 2t + \sin 2t)$

풀이
$$f(t) = \mathcal{L}^{-1}\left[\frac{s^2+3s+2}{s^2+2s+5}\right] = \mathcal{L}^{-1}\left[1 + \frac{s-3}{s^2+2s+5}\right]$$
$$= \mathcal{L}^{-1}\left[1 + \frac{s-3}{(s+1)^2+2^2}\right]$$
$$= \mathcal{L}^{-1}\left[1 + \frac{s+1}{(s+1)^2+2^2} - 2\frac{2}{(s+1)^2+2^2}\right]$$
$$= \delta(t) + e^{-t}\cos 2t - 2e^{-t}\sin 2t$$
$$= \delta(t) + e^{-t}(\cos 2t - 2\sin 2t)$$
답 ③

2022년 - 3회 _ 전기기사 (CBT 복원)

61 그림과 같은 제어시스템이 안정하기 위한 k의 범위는?

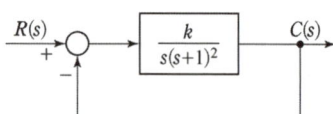

① $k > 0$ ② $k > 1$

③ $0 < k < 1$ ④ $0 < k < 2$

풀이 특성방정식
$$1 + G(s)H(s) = 1 + \frac{k}{s(s+1)^2} = 0$$
$$s(s+1)^2 + k = s^3 + 2s^2 + s + k = 0$$
루드의 표

s^3	1	1
s^2	2	k
s^1	$\dfrac{2-k}{2}$	0
s^0	k	

제1열의 부호변화가 없어야 안정하므로
$$\frac{2-k}{2} > 0, \ k > 0$$
$$\therefore 0 < k < 2$$
답 ④

---

62 블록선도의 전달함수가 $\dfrac{C(s)}{R(s)} = 10$과 같이 되기 위한 조건은?

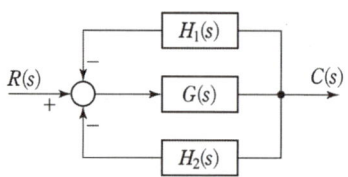

① $G(s) = \dfrac{1}{1 - H_1(s) - H_2(s)}$

② $G(s) = \dfrac{10}{1 - H_1(s) - H_2(s)}$

③ $G(s) = \dfrac{1}{1 - 10H_1(s) - 10H_2(s)}$

④ $G(s) = \dfrac{10}{1 - 10H_1(s) - 10H_2(s)}$

풀이 ① 전달함수로 나타내면
$$(R - CH_1 - CH_2)G = C$$
$$RG = C(1 + H_1G + H_2G)$$
$$\therefore \frac{C}{R} = \frac{G}{1 + H_1G + H_2G}$$
② 블록선도의 전달함수가 10이 되어야 하므로
$$\frac{G}{1 + H_1G + H_2G} = 10$$
$$G = 10(1 + H_1G + H_2G) = 10 + 10H_1G + 10H_2G$$
$$G - 10H_1G - 10H_2G = G(1 - 10H_1 - 10H_2) = 10$$
$$\therefore G(s) = \frac{10}{1 - 10H_1(s) - 10H_2(s)}$$
답 ④

---

63 회로에서 $t = 0$ 초에 전압 $v_1(t) = e^{-4t}$[V]를 인가하였을 때 $v_2(t)$는 몇 [V]인가?
(단, $R = 2[\Omega]$, $L = 1[H]$이다.)

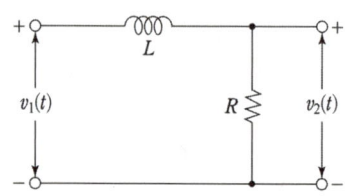

① $e^{-2t} - e^{-4t}$ ② $2e^{-2t} - 2e^{-4t}$

③ $-2e^{-2t} + 2e^{-4t}$ ④ $-2e^{-2t} - 2e^{-4t}$

풀이 ① $V_1(s) = \mathcal{L}[v_1(t)] = \mathcal{L}[e^{-4t}] = \dfrac{1}{s+4}$

② $\dfrac{V_2(s)}{V_1(s)} = \dfrac{R}{R+Ls} = \dfrac{2}{s+2}$

$V_2(s) = \dfrac{2}{s+2} V_1(s) = \dfrac{2}{(s+2)(s+4)}$

③ $V_2(s) = \dfrac{2}{(s+2)(s+4)} = \dfrac{K_1}{s+2} + \dfrac{K_2}{s+4}$

$K_1 = \lim_{s \to -2}(s+2) \cdot V_2(s) = \left[\dfrac{2}{s+4}\right]_{s=-2} = 1$

$K_2 = \lim_{s \to -4}(s+4) \cdot V_2(s) = \left[\dfrac{2}{s+2}\right]_{s=-4} = -1$

$V_2(s) = \dfrac{1}{s+2} - \dfrac{1}{s+4}$

$\therefore v_2(t) = \mathcal{L}^{-1}\left[\dfrac{2}{(s+2)(s+4)}\right]$

$\qquad = \mathcal{L}^{-1}\left[\dfrac{1}{s+2} - \dfrac{1}{s+4}\right]$

$\qquad = e^{-2t} - e^{-4t}[\text{V}]$ **답** ①

64 3차인 이산치시스템의 특성방정식의 근이 −0.3, −0.2, +0.5로 주어져 있다. 이 시스템의 안정도는?

① 이 시스템은 안정한 시스템이다.
② 이 시스템은 불안정한 시스템이다.
③ 이 시스템은 임계 안정한 시스템이다.
④ 위 정보로서는 이 시스템의 안정도를 알 수 없다.

풀이 근의 위치(−0.3, −0.2, +0.5)가 원점을 중심으로 한 단위원 내부에 있으므로 안정한 시스템이다. **답** ①

65 그림과 같은 높이가 1인 펄스의 라플라스 변환은?

① $\dfrac{1}{s}(e^{-as} + e^{-bs})$

② $\dfrac{1}{s}(e^{-as} - e^{-bs})$

③ $\dfrac{1}{a-b}\left(\dfrac{e^{-as} + e^{-bs}}{s}\right)$

④ $\dfrac{1}{a-b}\left(\dfrac{e^{as} - e^{-bs}}{s}\right)$

풀이 $f(t) = 1 \cdot \{u(t-a) - u(t-b)\}$

$\therefore F(s) = \mathcal{L}[f(t)] = \mathcal{L}[u(t-a)] - \mathcal{L}[u(t-b)]$

$\qquad = \dfrac{e^{-as}}{s} - \dfrac{e^{-bs}}{s} = \dfrac{1}{s}(e^{-as} - e^{-bs})$ **답** ②

66 다음 회로망에서 입력전압을 $V_1(t)$, 출력전압을 $V_2(t)$라 할 때, $\dfrac{V_2(s)}{V_1(s)}$에 대한 고유주파수 ω_n과 제동비 ζ의 값은? (단, $R = 100[\Omega]$, $L = 2[\text{H}]$, $C = 200[\mu\text{F}]$이고, 모든 초기전하는 0이다.)

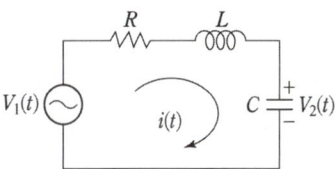

① $\omega_n = 50$, $\zeta = 0.5$
② $\omega_n = 50$, $\zeta = 0.7$
③ $\omega_n = 250$, $\zeta = 0.5$
④ $\omega_n = 250$, $\zeta = 0.7$

풀이 ① RLC 직렬회로의 전달함수

$G(s) = \dfrac{1}{LCs^2 + RCs + 1}$

여기에 $R = 100[\Omega]$, $L = 2[\text{H}]$, $C = 200[\mu\text{F}]$를 대입하면

$G(s) = \dfrac{1}{2 \times 200 \times 10^{-6} \times s^2 + 100 \times 200 \times 10^{-6} \times s + 1}$

$\qquad = \dfrac{1}{0.0004s^2 + 0.02s + 1} = \dfrac{2500}{s^2 + 50s + 2500}$

② 2차계의 전달함수 $G(s) = \dfrac{\omega_n^2}{s^2 + 2\zeta\omega_n s + \omega_n^2}$와

비교하면
• 고유주파수 : $\omega_n^2 = 2500$이므로, $\omega_n = 50$
• 제동비 : $2\zeta\omega_n = 2\zeta \times 50 = 50$이므로, $\zeta = 0.5$ **답** ①

67 $G(s)H(s) = \dfrac{K(s-1)}{s(s+1)(s-4)}$에서 점근선의 교차점을 구하면?

① −1 ② 0 ③ 1 ④ 2

풀이 $\sigma = \dfrac{\Sigma G(s)H(s)\text{의 극}-\Sigma G(s)H(s)\text{의 영점}}{p-z}$

(여기서, p : 극점의 개수 , z : 영점의 개수)
극점 $p=3$개$(0,\ -1,\ 4)$, 영점 $z=1$개(1)이므로

$$\therefore \sigma = \frac{(-1+4)-1}{3-1} = 1 \qquad \text{답 ③}$$

68 어떤 제어계의 전달함수의 극점이 그림과 같다. 이 계의 고유주파수 ω_n과 감쇠율 δ는?

① $\omega_n = \sqrt{2}$, $\delta = \sqrt{2}$

② $\omega_n = 2$, $\delta = \sqrt{2}$

③ $\omega_n = \sqrt{2}$, $\delta = \dfrac{1}{\sqrt{2}}$

④ $\omega_n = \dfrac{1}{\sqrt{2}}$, $\delta = \sqrt{2}$

풀이 특성근은 $s_1 = -1+j$, $s_2 = -1-j$이므로
특성방정식은 $(s+1-j)(s+1+j)=0$이다.

$$s^2 + 2\delta\omega_n s + \omega_n^2 = (s+1-j)(s+1+j)$$
$$= (s+1)^2 + 1 = s^2 + 2s + 2 = 0$$

이므로 $2\delta\omega_n = 2$, $\omega_n^2 = 2$

$$\therefore \omega_n = \sqrt{2},\ \delta = \frac{1}{\sqrt{2}} \qquad \text{답 ③}$$

69 다음 논리식 $[(AB + A\overline{B}) + AB] + \overline{A}B$를 간단히 하면?

① $A+B$

② $\overline{A}+B$

③ $A+\overline{B}$

④ $A+A\cdot B$

풀이
$$[(AB + A\overline{B}) + AB] + \overline{A}B = (AB + A\overline{B}) + (AB + \overline{A}B)$$
$$= A(B+\overline{B}) + B(A+\overline{A})$$
$$= A+B \qquad \text{답 ①}$$

72 그림과 같은 신호흐름선도에서 전달함수 $\dfrac{C}{R}$는?

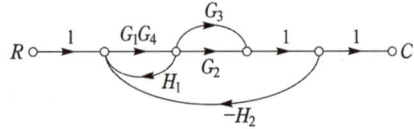

① $\dfrac{G_1 G_4 (G_2 + G_3)}{1 + G_1 G_4 H_1 + G_1 G_4 (G_2 + G_3) H_2}$

② $\dfrac{G_1 G_4 (G_2 + G_3)}{1 - G_1 G_4 H_1 + G_1 G_4 (G_3 + G_2) H_2}$

③ $\dfrac{G_1 G_2 + G_3 G_4}{1 + G_1 G_3 G_4 H_2 + G_1 G_2 H_1}$

④ $\dfrac{G_1 G_2 - G_3 G_4}{1 - G_1 G_2 H_1 + G_1 G_3 G_4 H_2}$

풀이 $G_1' = G_1 G_2 G_4$, $\Delta_1 = 1$, $G_2' = G_1 G_3 G_4$, $\Delta_2 = 1$
$L_{11} = G_1 G_4 H_1$, $L_{21} = -G_1 G_2 G_4 H_2$,
$L_{31} = -G_1 G_3 G_4 H_2$, $\Delta = 1 - (L_{11} + L_{21} + L_{31})$

$$\therefore \frac{C}{R} = \frac{G_1' \Delta_1 + G_2' \Delta_2}{\Delta}$$

$$= \frac{G_1 G_2 G_4 + G_1 G_3 G_4}{1 - G_1 G_4 H_1 + G_1 G_2 G_4 H_2 + G_1 G_3 G_4 H_2}$$

$$= \frac{G_1 G_4 (G_2 + G_3)}{1 - G_1 G_4 H_1 + G_1 G_4 (G_2 + G_3) H_2}$$

별해 전향경로 이득 : $G_1 G_2 G_3$, $G_1 G_2 G_4$
루프 이득 : $G_1 G_4 H_1$, $-G_1 G_2 G_4 H_2$, $-G_1 G_3 G_4 H_2$

$$G(s) = \frac{\sum \text{전향 경로 이득}}{1 - \sum \text{루프이득}}$$

$$= \frac{G_1 G_2 G_4 + G_1 G_3 G_4}{1 - G_1 G_4 H_1 + G_1 G_2 G_4 H_2 + G_1 G_3 G_4 H_2}$$

$$= \frac{G_1 G_4 (G_2 + G_3)}{1 - G_1 G_4 H_1 + G_1 G_4 (G_2 + G_3) H_2} \qquad \text{답 ②}$$

77 $G(j\omega) = \dfrac{K}{(1+2j\omega)(1+j\omega)}$의 이득여유가 20[dB]일 때 K의 값은?

① 0

② 1

③ 10

④ $\dfrac{1}{10}$

풀이 이득여유 $20\log\left|\dfrac{1}{GH}\right| = 20$[dB]이므로, $\left|\dfrac{1}{GH}\right| = 10$

$$|GH| = \left|\frac{K}{1-2\omega^2 + j3\omega}\right|_{\omega=0} = K$$

$$\therefore K = |GH| = \frac{1}{10} \qquad \text{답 ④}$$

61 라플라스 변환함수 $F(s) = \dfrac{s+2}{s^2+4s+13}$ 에 대한 역변환 함수 $f(t)$는?

① $e^{-2t}\cos 3t$ ② $e^{-3t}\sin 2t$

③ $e^{3t}\cos 2t$ ④ $e^{2t}\sin 3t$

풀이 $F(s) = \dfrac{s+2}{s^2+4s+13} = \dfrac{s+2}{s^2+4s+4+9} = \dfrac{s+2}{(s+2)^2+3^2}$

이므로

∴ $f(t) = e^{-2t}\cos 3t$ 가 된다. **답** ①

63 적분 요소의 전달 함수는?

① K ② $\dfrac{K}{1+Ts}$

③ $\dfrac{1}{Ts}$ ④ Ts

풀이 비례요소 : K, 미분요소 : Ts, 적분요소 : $\dfrac{1}{Ts}$

1차 지연요소 : $\dfrac{K}{Ts+1}$,

2차 지연요소 : $\dfrac{\dfrac{1}{K}}{T^2s^2+2\delta Ts+1}$ **답** ③

64 제어계의 미분 방정식이

$$\dfrac{d^3c(t)}{dt^3} + 4\dfrac{d^2c(t)}{dt^2} + 5\dfrac{dc(t)}{dt} + c(t) = 5\gamma(t)$$

로 주어졌을 때 전달 함수를 구하면?

㉮ $\dfrac{C(s)}{R(s)} = \dfrac{5}{s^3+4s^2+5s+1}$

㉯ $\dfrac{C(s)}{R(s)} = \dfrac{s^3+4s^2+5s+1}{5s}$

㉰ $\dfrac{C(s)}{R(s)} = \dfrac{5s}{s^3+4s^2+5s+1}$

㉱ $\dfrac{C(s)}{R(s)} = s^3+4s^2+5s+1$

풀이 $\{s^3C(s) - s^2c(0) - sc'(0) - c''(0)\}$
$+ \{4s^2C(s) - sc(0) - c'(0)\} + \{5sC(s) - c(0)\}$
$+ C(s) = 5R(s)$

모든 초기값을 0으로 하고 라플라스 변환하면,

$s^3C(s) + 4s^2C(s) + 5sC(s) + C(s) = 5R(s)$

$C(s)(s^3 + 4s^2 + 5s + 1) = 5R(s)$

∴ $\dfrac{C(s)}{R(s)} = \dfrac{5}{s^3+4s^2+5s+1}$ **답** ①

65 $G(s)H(s) = \dfrac{K(s-1)}{s(s+1)(s-4)}$ 에서 점근선의 교차점을 구하면?

① -1 ② 0

③ 1 ④ 2

풀이 $\sigma = \dfrac{\Sigma G(s)H(s)의\ 극 - \Sigma G(s)H(s)의\ 영점}{p-z}$

(여기서, p : 극점의 개수, z : 영점의 개수)

극점 $p = 3$개$(0, -1, 4)$, 영점 $z = 1$개(1)이므로

∴ $\sigma = \dfrac{(-1+4)-1}{3-1} = 1$ **답** ③

66 $R(z) = \dfrac{(1-e^{-aT})z}{(z-1)(z-e^{-aT})}$ 의 역변환은?

① $1 - e^{-aT}$ ② $1 + e^{-aT}$

③ te^{-aT} ④ te^{aT}

풀이 $R(z) = \dfrac{(1-e^{-aT})z}{(z-1)(z-e^{-aT})}$

$= \dfrac{z(z-e^{-aT}) - z(z-1)}{(z-1)(z-e^{-aT})}$

$= \dfrac{z}{z-1} - \dfrac{z}{z-e^{-aT}}$

따라서 $f(t)$는 $1 - e^{-aT}$가 된다. **답** ①

67 논리식 $A + AB$를 간단히 계산한 결과는?

① A ② $\overline{A} + B$

③ $A + \overline{B}$ ④ $A + B$

풀이 $A + AB = A(1+B) = A\,(\because 1+B=1)$ **답** ①

68 $G(j\omega) = \dfrac{K}{j\omega(j\omega+1)}$ 에 있어서 진폭 A 및 위상각 θ는?

$$\lim_{\omega \to \infty} G(j\omega) = A \angle \theta$$

① $A = 0,\ \theta = -90°$
② $A = 0,\ \theta = -180°$
③ $A = \infty,\ \theta = -90°$
④ $A = \infty,\ \theta = -180°$

풀이 • 진폭

$$A = \lim_{\omega \to \infty} |G(j\omega)| = \lim_{\omega \to \infty} \left| \frac{K}{j\omega(j\omega+1)} \right|$$
$$= \lim_{\omega \to \infty} \left| \frac{K}{(j\omega)^2} \right| = 0$$

• 위상각

$$\theta = \lim_{\omega \to \infty} \angle G(j\omega) = \lim_{\omega \to \infty} \angle \frac{K}{j\omega(j\omega+1)}$$
$$= \lim_{\omega \to \infty} \angle \frac{K}{(j\omega)^2} = -180°$$
$$\therefore \lim_{\omega \to \infty} G(j\omega) = 0 \angle -180° \qquad \text{답 } ②$$

69 $G(s) = \dfrac{1}{0.005s(0.1s+1)^2}$ 에서 $\omega = 10$[rad/s]일 때의 이득 및 위상각은?

① 20[dB], $-90°$
② 20[dB], $-180°$
③ 40[dB], $-90°$
④ 40[dB], $-180°$

풀이

$$G(j\omega) = \frac{1}{\frac{5}{1000} j\omega \left(\frac{1}{10} j\omega + 1\right)^2}$$

$$g = 20 \log |G(j\omega)|$$

$$= 20 \log \left| \frac{1}{\frac{5}{1000} j\omega \left(\frac{1}{10} j\omega + 1\right)^2} \right|$$

$$= 20 \log \frac{1}{\frac{5}{100}(\sqrt{1+1})^2} = 20 \log \frac{1}{\frac{1}{10}}$$

$$= 20 \log 10 = 20 \text{[dB]}$$

$$G(j\omega) = \frac{1}{0.005(j\omega)\{0.1(j\omega)+1\}^2}$$

$$= \frac{1}{j\,0.05\,(j+1)^2}$$

$$= \frac{1}{j\,0.05(-1+j2+1)} = \frac{1}{-0.1}$$

$$= -10$$

$$\therefore \theta = \angle G(j\omega) = -180° \qquad \text{답 } ②$$

71 $\dfrac{k}{s+a}$ 인 전달함수를 신호 흐름선도로 표시하면?

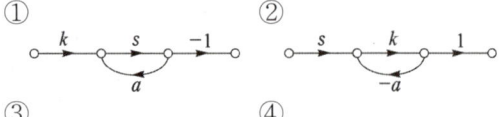

풀이 ① $\dfrac{-ks}{1-as}$ ② $\dfrac{ks}{1+ak}$ ③ $\dfrac{k}{s+a}$ ④ $\dfrac{-ks}{1-ak}$

답 ③

74 단위 피드백 제어계에서 개루프 전달함수 $G(s)$가 다음과 같이 주어지는 계의 단위계단 입력에 대한 정상 편차는?

$$G(s) = \frac{6}{(s+1)(s+3)}$$

① $\dfrac{1}{2}$ ② $\dfrac{1}{3}$ ③ $\dfrac{1}{4}$ ④ $\dfrac{1}{6}$

풀이 $e_{ss} = \lim\limits_{s \to 0} \dfrac{s}{1+G(s)} R(s)$에서 $R(s) = \dfrac{1}{s}$ 이므로

$$e_{ss} = \lim_{s \to 0} \frac{s}{1+G(s)} \cdot \frac{1}{s} = \frac{1}{1+\lim\limits_{s \to 0} G(s)}$$

$$= \frac{1}{1+\lim\limits_{s \to 0} \dfrac{6}{(s+1)(s+3)}} = \frac{1}{1+2} = \frac{1}{3} \qquad \text{답 } ②$$

78 그림과 같은 블록선도에서 전달함수 $\dfrac{C(s)}{R(s)}$를 구하면?

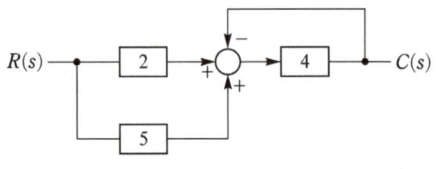

① $\dfrac{1}{8}$ ② $\dfrac{5}{28}$ ③ $\dfrac{28}{5}$ ④ 8

풀이 블록선도

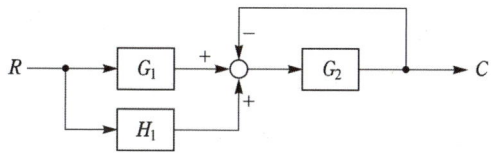

$$\left(RG_1 + RH_1 - C\right)G_2 = C$$

$$RG_1G_2 + RH_1G_2 - CG_2 = C$$

$$R\left(G_1G_2 + H_1G_2\right) = C(1+G_2)$$

$$G(s) = \frac{C}{R} = \frac{G_1G_2 + H_1G_2}{1+G_2} = \frac{G_2(G_1+H_1)}{1+G_2} \text{ 이므로}$$

$G_1 = 2,\ G_2 = 4,\ H_1 = 5$를 대입하면

$$\therefore\ G(s) = \frac{4(2+5)}{1+4} = \frac{28}{5}$$

별해 전향경로 이득 : $(G_1 + H_1)G_2$

루프 이득 : $-G_2$

$$G(s) = \frac{\sum \text{전향 경로 이득}}{1 - \sum \text{루프이득}} = \frac{(G_1+H_1)G_2}{1+G_2}$$

$$= \frac{(2+5)\cdot 4}{1+4} = \frac{28}{5}$$

답 ③

문제의 번호는 실제 시험문제의 번호와 같게 하였습니다.
회로이론에 해당하는 문제는 삭제하였습니다.

2023년 — 1회 _전기기사

61 신호흐름선도에서 전달함수 $\left(\dfrac{C(s)}{R(s)}\right)$는?

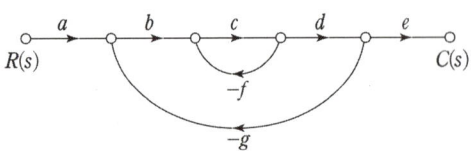

① $\dfrac{abcde}{1-cg-bcdg}$ ② $\dfrac{abcde}{1-cf+bcdg}$

③ $\dfrac{abcde}{1+cf-bcdg}$ ④ $\dfrac{abcde}{1+cf+bcdg}$

풀이 $G_1 = abcde,\ \ \Delta_1 = 1,\ \ L_{11} = -cf,\ \ L_{21} = -bcdg$

$\Delta = 1-(L_{11}+L_{21}) = 1+cf+bcdg$

$\therefore G = \dfrac{C}{R} = \dfrac{G_1\Delta_1}{\Delta} = \dfrac{abcde}{1+cf+bcdg}$

별해 • 전향경로 이득 : $abcde$

• 루프 이득 : $-cf,\ -bcdg$

$G(s) = \dfrac{\sum \text{전향 경로 이득}}{1-\sum \text{루프이득}} = \dfrac{abcde}{1+cf+bcdg}$ **답** ④

62 다음 논리회로의 출력 X는?

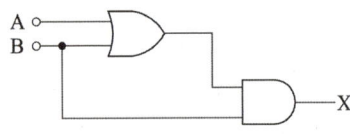

① A ② B

③ A+B ④ A · B

풀이 $X = (A+B)\cdot B = A\cdot B + B\cdot B$

$= A\cdot B + B = B(A+1) = B$ **답** ②

63 $G(j\omega) = \dfrac{K}{j\omega(j\omega+1)}$ 의 나이퀴스트 선도를 도시한 것은? (단, $K > 0$이다.)

① 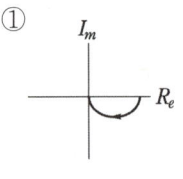 ②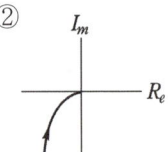

③ 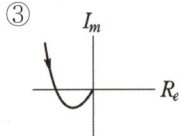 ④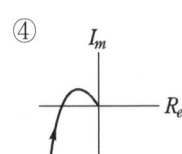

풀이

• 크기 $\lim\limits_{\omega\to 0}|G(j\omega)| = \lim\limits_{\omega\to 0}\left|\dfrac{K}{j\omega(j\omega+1)}\right| = \lim\limits_{\omega\to 0}\left|\dfrac{K}{j\omega}\right| = \infty$

• 위상각 $\lim\limits_{\omega\to 0}\angle G(j\omega) = \lim\limits_{\omega\to 0}\angle\dfrac{K}{j\omega(j\omega+1)}$

$= \lim\limits_{\omega\to 0}\angle\dfrac{K}{j\omega} = -90°$

• 크기 $\lim\limits_{\omega\to\infty}|G(j\omega)| = \lim\limits_{\omega\to\infty}\left|\dfrac{K}{j\omega(j\omega+1)}\right| = \lim\limits_{\omega\to\infty}\left|\dfrac{K}{(j\omega)^2}\right| = 0$

• 위상각 $\lim\limits_{\omega\to\infty}\angle G(j\omega) = \lim\limits_{\omega\to\infty}\angle\dfrac{K}{j\omega(j\omega+1)}$

$= \lim\limits_{\omega\to\infty}\angle\dfrac{K}{(j\omega)^2} = -180°$ **답** ②

64 그림과 같은 신호흐름선도에서 전달함수 $\dfrac{Y(s)}{X(s)}$ 는 무엇인가?

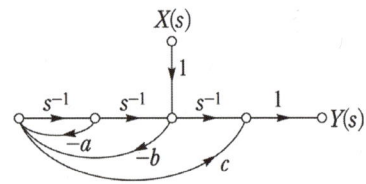

① $\dfrac{s+a}{s^2+as-b^2}$ ② $\dfrac{-bcs^2+s}{s^2+as+b}$

③ $\dfrac{-bcs^2+s+a}{s^2+as}$ ④ $\dfrac{-bcs^2+s+a}{s^2+as+b}$

풀이 ① 개로(전향 경로) : $-bc$, s^{-1}

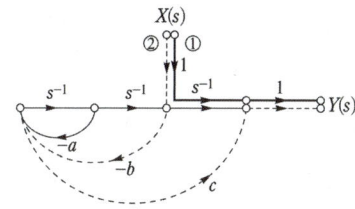

② 폐로 : $-as^{-1}$, $-bs^{-2}$

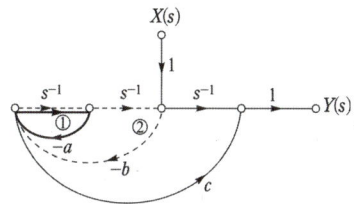

개로 중 비접촉 개로(s^{-1})와 폐로 중
독립 폐로$(-as^{-1})$가 존재하므로

$\therefore G(s) = \dfrac{Y(s)}{X(s)}$

$= \dfrac{\sum 개로 - (비접촉\ 개로 \times 독립\ 폐로)}{1 - \sum 폐로}$

$= \dfrac{-bc + s^{-1} - (s^{-1} \times -as^{-1})}{1 - (-as^{-1} - bs^{-2})}$

$= \dfrac{-bcs^2 + s + a}{s^2 + as + b}$ **답** ④

65 그림과 같은 보드 선도를 갖는 계의 전달함수는?

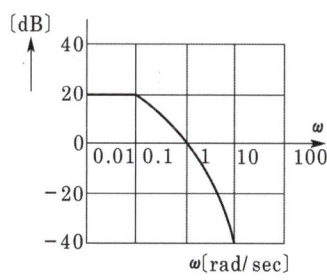

① $G(s) = \dfrac{10}{(s+1)(s+10)}$

② $G(s) = \dfrac{20}{(s+1)(5s+1)}$

③ $G(s) = \dfrac{5}{(s+1)(10s+1)}$

④ $G(s) = \dfrac{10}{(s+1)(10s+1)}$

풀이 $G(s) = \dfrac{10}{(s+1)(10s+1)}$ 의 보드 선도 이득 곡선은

$g[\mathrm{dB}] = 20\log\left|\dfrac{10}{(j\omega+1)(j10\omega+1)}\right|$

$= 20\log\dfrac{10}{\sqrt{\omega^2+1}\sqrt{(10\omega)^2+1}}$

$= 20\log 10 - 20\log\sqrt{\omega^2+1} - 20\log\sqrt{(10\omega)^2+1}$

① $\omega < 0.1$일 때 $g = 20 - 20\log 1 - 20\log 1 = 20[\mathrm{dB}]$

② $0.1 < \omega < 1$일 때 $g = 20 - 20\log 1 - 20\log 10\omega$
$= 20 - 20\log 10 - 20\log\omega$
$= -20\log\omega$이므로 $-20[\mathrm{dB/dec}]$

③ $\omega > 1$일 때 $g = 20 - 20\log\omega - 20\log 10\omega$
$= 20 - 20\log\omega - 20\log 10 - 20\log\omega$
$= -40\log\omega$이므로 $-40[\mathrm{dB/dec}]$

답 ④

66 $F(s) = \dfrac{2s+3}{s^2+3s+2}$ 의 시간 함수 $f(t)$는?

① $f(t) = e^{-t} - e^{-2t}$

② $f(t) = e^{-t} + e^{-2t}$

③ $f(t) = e^{-t} + 2e^{-2t}$

④ $f(t) = e^{-t} - 2e^{-2t}$

풀이 $F(s) = \dfrac{2s+3}{s^2+3s+2} = \dfrac{2s+3}{(s+1)(s+2)} = \dfrac{K_1}{s+1} + \dfrac{K_2}{s+2}$

$K_1 = \lim_{s\to -1}(s+1)F(s) = \left[\dfrac{2s+3}{s+2}\right]_{s=-1} = 1$,

$K_2 = \lim_{s\to -2}(s+2)F(s) = \left[\dfrac{2s+3}{s+1}\right]_{s=-2} = 1$

$F(s) = \dfrac{1}{s+1} + \dfrac{1}{s+2}$

$\therefore f(t) = \mathcal{L}^{-1}[F(s)] = \mathcal{L}^{-1}\left[\dfrac{1}{s+1} + \dfrac{1}{s+2}\right]$

$= e^{-t} + e^{-2t}$ **답** ②

67 $G(s)H(s) = \dfrac{K}{s(s+4)(s+5)}$ 에서

근궤적이 $j\omega$축과 교차하는 점은?

① $\omega = 4.48$

② $\omega = -4.48$

③ $\omega = 4.48, \ -4.48$

④ $\omega = 2.28$

풀이 특성 방정식은

$s(s+4)(s+5) + K = s^3 + 9s^2 + 20s + K = 0$

윗식의 루드 배열은

$$
\begin{array}{c|cc}
s^3 & 1 & 20 \\
s^2 & 9 & K\,(\text{보조 방정식의 계수}) \\
s^1 & \dfrac{180-K}{9} & 0 \\
s^0 & K & 0
\end{array}
$$

K의 임계값은 s^1의 제1열 요소를 0으로 놓아 얻을 수 있다.

$$\frac{180-K}{9}=0 \qquad \therefore K=180$$

허수축$(j\omega)$을 끊은 점에서의 주파수 ω는
보조 방정식 $9s^2+K=0$에 $K=180$을 대입하면
$9s^2+180=0$

$\therefore s=\pm j\sqrt{20}=\pm 4.48j$이므로

$\therefore \omega=\pm 4.48[\text{rad/s}]$ 〖답〗 ③

---

68 샘플러의 주기를 T라 할 때 s평면상의 모든 점은 식 $z=e^{sT}$에 의하여 z평면상에 사상된다. s평면의 좌반평면상의 모든 점은 z평면상 단위원의 어느 부분으로 mapping되는가?

① 내점
② 외점
③ 원주상의 점
④ z 평면 전체

풀이 ① s평면의 허수축은 z평면의 원점을 중심으로 한 단위원에 사상
② s평면의 우반면은 z평면의 원점을 중심으로 한 단위원 외부에 사상
③ s 평면의 좌반면은 z평면의 원점을 중심으로 한 단위원 내부에 사상 〖답〗 ①

---

69 $T(s)=\dfrac{1}{s(s+10)}$인 선형 제어계에서 $\omega=0.1$일 때 주파수 전달 함수의 이득[dB]은?

① -20
② 0
③ 20
④ 40

풀이 $g=20\log|G(j\omega)|$

$=20\log\left|\dfrac{1}{j\omega(j\omega+10)}\right|=20\log\dfrac{1}{\omega\sqrt{\omega^2+10^2}}$

$=20\log\dfrac{1}{0.1\sqrt{0.1^2+10^2}}\fallingdotseq 20\log1=0[\text{dB}]$ 〖답〗 ②

---

70 개루프 전달 함수 $G(s)=\dfrac{(s+2)}{(s+1)(s+3)}$인 부궤환 제어계의 특성 방정식은?

① $s^2+5s+5=0$
② $s^2+5s+6=0$
③ $s^2+6s+5=0$
④ $s^2+4s+3=0$

풀이 부궤환 제어계의 전달 함수는 $\dfrac{G(s)}{1+G(s)H(s)}$이고
특성 방정식은 $1+G(s)H(s)=0$이다.

$1+\dfrac{s+2}{(s+1)(s+3)}=0$

$\therefore s^2+5s+5=0$ 〖답〗 ①

---

80 개루프 전달함수가 다음과 같은 제어시스템의 근궤적이 $j\omega$(허수)축과 교차할 때 K는 얼마인가?

$$G(s)H(s)=\frac{K}{s(s+3)(s+4)}$$

① 30
② 48
③ 84
④ 180

풀이 특성 방정식은
$s(s+3)(s+4)+K=s^3+7s^2+12s+K=0$
윗 식의 루드 배열은

$$
\begin{array}{c|cc}
s^3 & 1 & 12 \\
s^2 & 7 & K \\
s^1 & \dfrac{84-K}{7} & 0 \\
s^0 & K & 0
\end{array}
$$

K의 임계값은 s^1의 제1열 요소를 0으로 놓아 얻을 수 있다.

$$\frac{84-K}{7}=0$$

$\therefore K=84$ 〖답〗 ③

2023년 – 1회 _ 공사기사

69 $F(s) = \dfrac{2s^2 + s - 3}{s(s^2 + 4s + 3)}$의 라플라스 역변환은?

① $1 - e^{-t} + 2e^{-3t}$

② $1 - e^{-t} - 2e^{-3t}$

③ $-1 - e^{-t} - 2e^{-3t}$

④ $-1 + e^{-t} + 2e^{-3t}$

풀이
$$F(s) = \frac{2s^2 + s - 3}{s(s^2 + 4s + 3)} = \frac{2s^2 + s - 3}{s(s+1)(s+3)}$$
$$= \frac{k_1}{s} + \frac{k_2}{s+1} + \frac{k_2}{s+3}$$
$$k_1 = \lim_{s \to 0} sF(s) = \left[\frac{2s^2 + s - 3}{(s+1)(s+3)}\right]_{s=0} = -1$$
$$k_2 = \lim_{s \to -1}(s+1)F(s) = \left[\frac{2s^2 + s - 3}{s(s+3)}\right]_{s=-1} = 1$$
$$k_3 = \lim_{s \to -3}(s+3)F(s) = \left[\frac{2s^2 + s - 3}{s(s+1)}\right]_{s=-3} = 2$$
$$F(s) = \frac{-1}{s} + \frac{1}{s+1} + \frac{2}{s+3}$$
$$\therefore\ f(t) = \mathcal{L}^{-1}[F(s)] = -1 + e^{-t} + 2e^{-3t} \quad \text{답 ④}$$

70 전달 함수가 $G(s) = \dfrac{C(s)}{R(s)} = \dfrac{s+1}{s^2 + 3s + 1}$ 인 함수의 미분 방정식은?

① $\dfrac{d^2 c(t)}{dt^2} + 3\dfrac{dc(t)}{dt} + c(t) = \dfrac{dr(t)}{dt} + r(t)$

② $\dfrac{d^2 c(t)}{dt^2} + \dfrac{dc(t)}{dt} + c(t) = \dfrac{dr(t)}{dt} + r(t)$

③ $3\dfrac{d^2 c(t)}{dt^2} + \dfrac{dc(t)}{dt} + c(t) = \dfrac{dr(t)}{dt} + r(t)$

④ $\dfrac{d^2 c(t)}{dt^2} + 3\dfrac{dc(t)}{dt} + 3c(t) = 2\dfrac{dr(t)}{dt} + r(t)$

풀이
$$\frac{C(s)}{R(s)} = \frac{s+1}{s^2 + 3s + 1}$$
$$C(s)(s^2 + 3s + 1) = (s+1)R(s)$$
역라플라스 변환하면
$$\therefore\ \frac{d^2 c(t)}{dt^2} + 3\frac{dc(t)}{dt} + c(t) = \frac{dr(t)}{dt} + r(t) \quad \text{답 ①}$$

72 자동 제어의 추치 제어가 아닌 것은?

① 프로세스 제어   ② 추종 제어

③ 비율 제어   ④ 프로그램 제어

풀이 추치 제어는 출력의 변동을 조정하는 동시에 목푯값에 정확히 추종하도록 설계한 제어계로서 추종 제어, 프로그램 제어, 비율 제어가 이에 속한다.   답 ①

73 그림과 같은 신호흐름선도에서 $\dfrac{C}{R}$를 구하면?

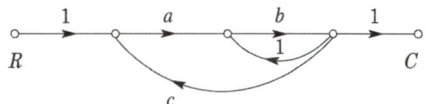

① $\dfrac{ab}{1 + b - abc}$ ② $\dfrac{ab}{1 - b - abc}$

③ $\dfrac{ab}{1 - b + abc}$ ④ $\dfrac{ab}{1 + b + abc}$

풀이 $G_1 = ab$, $\Delta_1 = 1$, $L_{11} = b$, $L_{21} = abc$
$$\Delta = 1 - (L_{11} + L_{21}) = 1 - b - abc$$
$$\therefore\ G = \frac{C}{R} = \frac{G_1 \Delta_1}{\Delta} = \frac{ab}{1 - b - abc}$$

별해 전향경로 이득 : ab, 루프 이득 : b, abc
$$G(s) = \frac{\sum \text{전향 경로 이득}}{1 - \sum \text{루프이득}} = \frac{ab}{1 - b - abc} \quad \text{답 ②}$$

74 전달 함수 $\dfrac{C(s)}{R(s)} = \dfrac{1}{4s^2 + 3s + 1}$ 인 제어계는 어느 경우인가?

① 과제동(over damped)

② 부족 제동(under damped)

③ 임계 제동(critical damped)

④ 무제동(undamped)

풀이
$$G = \frac{\omega_n^2}{s^2 + 2\delta\omega_n s + \omega_n^2}$$
$$= \frac{1}{4s^2 + 3s + 1} = \frac{\frac{1}{4}}{s^2 + \frac{3}{4}s + \frac{1}{4}}$$
$$\omega_n^2 = \frac{1}{4},\quad \omega_n = \frac{1}{2}$$

$2\delta\omega_n = \dfrac{3}{4}$, $\delta = \dfrac{3}{4} = 0.75 < 1$이므로

∴ 부족 제동   답 ②

---

75 $G(s)H(s) = \dfrac{k}{s^2(s+1)^2}$ 에서 근궤적의 수는?

① 4   ② 2
③ 1   ④ 0

풀이 근궤적의 수(N)는 극의 수(p)와 영점의 수(z)에서 큰 수와 같다.
즉 $z>p$이면 $N=z$, $z<p$이면 $N=p$가 된다.
따라서, $z=0$, $p=4$이므로 $N=p=4$이다.   답 ①

---

76 다음 그림과 같은 논리 회로는?

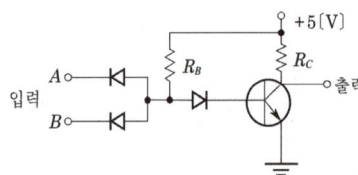

① AND 회로   ② NAND 회로
③ OR 회로   ④ NOR 회로

답 ②

---

77 2차 지연 요소의 보드 선도에서 이득 곡선의 두 점근선이 만나는 점의 주파수는?

① 영 주파수
② 공진 주파수
③ 고유 주파수
④ 차단 주파수

풀이 2개의 점근선의 교점을 절점이라 하고 $u=1$, 즉 $\omega = \dfrac{1}{T}$인 주파수를 절점 주파수라 한다.
2차 지연 요소의 보드 선도의 두 점근선의 교점은 $-40\log\dfrac{\omega}{\omega_n} = 0[\text{dB}]$로부터 $\omega = \omega_n$으로 된다.
따라서 2차 인수의 절점 주파수는 $\omega = \omega_n$(고유 주파수)이라고 생각된다.
또한 2차 지연 요소의 보드 선도의 특징은

---

(1) 이득 곡선은 $u = \omega T \ll 1$일 때 횡축에 평행한 직선과 $u \gg 1$일 때의 디케이드(decade)당 $-40[\text{dB}]$의 경사를 갖는 직선을 점근선으로 가진다. 절점은 $u=1$, 즉 $\omega = \dfrac{1}{T}$이다.
(2) 위상 곡선은 $0° \sim 180°$ 사이를 변화하고 절점에서 $-90°$이다.
(3) 실제의 크기 곡선은 점근선과 현저하게 편기된다. 그 이유는 크기 곡선과 위상각 곡선은 절점 주파수 ω_n(고유 주파수)에만 의하지 않고 제동비 또는 감쇠율(damping ratio) δ에도 의하기 때문이다.
답 ③

---

79 단위 궤환제어계의 개루프 전달함수가

$G(s) = \dfrac{K}{s(s+2)}$ 일 때, K가

$-\infty$로부터 $+\infty$까지 변하는 경우 특성방정식의 근에 대한 설명으로 틀린 것은?

① $-\infty < K < 0$에 대하여 근은 모두 실근이다.
② $0 < K < 1$에 대하여 2개의 근은 모두 음의 실근이다.
③ $K = 0$에 대하여 $s_1 = 0$, $s_2 = -2$의 근은 $G(s)$의 극점과 일치한다.
④ $1 < K < \infty$에 대하여 2개의 근은 음의 실수부 중근이다.

풀이
- 폐루프 특성방정식
  $s(s+2) + K = 0$ → $s^2 + 2s + K = 0$
- 특성근 $s_1, s_2 = -1 \pm \sqrt{1-K}$
  ① $-\infty < K < 0$: 근호 안은 양수($1-K>0$)이므로 양과 음의 두 실근
  ② $0 < K < 1$: $-1 < s_1 < 0$, $-2 < s_2 < -1$이므로 음의 두 실근
  ③ $K = 0$: $s_1 = 0$, $s_2 = -2$이므로 극점과 일치하는 두 실근
  ④ $1 < K < \infty$: 근호 안은 음수($1-K<0$)이므로 음의 실수부를 갖는 공액 복소근   답 ④

70 $e^{j\omega t}$의 라플라스 변환은?

① $\dfrac{1}{s-j\omega}$ ② $\dfrac{1}{s+j\omega}$

③ $\dfrac{1}{s^2+\omega^2}$ ④ $\dfrac{\omega}{s^2+\omega^2}$

풀이 복소 추이 정리에 의해서

$$\mathcal{L}\left[1 \cdot e^{j\omega t}\right] = \frac{1}{s}\bigg|_{s=s-j\omega} = \frac{1}{s-j\omega}$$ **답** ①

71 적분 시간 4[sec], 비례 감도가 4인 비례적분 동작을 하는 제어 요소에 동작신호 $z(t) = 2t$를 주었을 때 이 제어 요소의 조작량은? (단, 조작량의 초기 값은 0이다.)

① $t^2 + 8t$ ② $t^2 + 2t$

③ $t^2 - 8t$ ④ $t^2 - 2t$

풀이 PI 동작(비례 적분제어)이므로

$$y(t) = K_p\left[z(t) + \frac{1}{T_I}\int z(t)dt\right]$$

라플라스 변환하면

$$Z(s) = \mathcal{L}\left[z(t)\right] = \mathcal{L}\left[2t\right] = \frac{2}{s^2}$$

$$Y(s) = \mathcal{L}\left[y(t)\right] = K_p\left(1 + \frac{1}{T_I s}\right)Z(s)$$

$$= 4\left(1 + \frac{1}{4s}\right) \times \frac{2}{s^2} = \frac{2}{s^3} + 8t$$

$$\therefore y(t) = \mathcal{L}^{-1}\left[Y(s)\right] = \mathcal{L}^{-1}\left[\frac{2}{s^3} + 8t\right]$$

$$= t^2 + 8t$$ **답** ①

72 그림의 블록선도에서 출력 $C(s)$는?

① $\left(\dfrac{G_2(s)}{1 - G_1(s)G_2(s)}\right)(G_1(s)R(s) + D(s))$

② $\left(\dfrac{G_2(s)}{1 + G_1(s)G_2(s)}\right)(G_1(s)R(s) + D(s))$

③ $\left(\dfrac{G_1(s)}{1 - G_1(s)G_2(s)}\right)(G_1(s)R(s) + D(s))$

④ $\left(\dfrac{G_1(s)}{1 + G_1(s)G_2(s)}\right)(G_1(s)R(s) + D(s))$

풀이 $\{(R(s) - C(s))G_1(s) + D(s)\}G_2(s) = C(s)$

$$R(s)G_1(s)G_2(s) - C(s)G_1(s)G_2(s) + D(s)G_2(s) = C(s)$$

$$R(s)G_1(s)G_2(s) + D(s)G_2(s) = C(s)(1 + G_1(s)G_2(s))$$

$$\therefore C(s) = \frac{G_1(s)G_2(s)}{1 + G_1(s)G_2(s)}R(s) + \frac{G_2(s)}{1 + G_1(s)G_2(s)}D(s)$$

$$= \frac{G_2(s)}{1 + G_1(s)G_2(s)}(G_1(s)R(s) + D(s))$$ **답** ②

73 다음 단위 궤환 제어계의 미분방정식은?

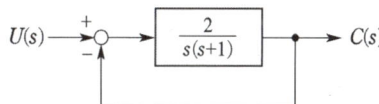

① $\dfrac{d^2c(t)}{dt^2} + \dfrac{dc(t)}{dt} + c(t) = 2u(t)$

② $\dfrac{d^2c(t)}{dt^2} + \dfrac{dc(t)}{dt} + 2c(t) = u(t)$

③ $\dfrac{d^2c(t)}{dt^2} + \dfrac{dc(t)}{dt} + 2c(t) = 5u(t)$

④ $\dfrac{d^2c(t)}{dt^2} + \dfrac{dc(t)}{dt} + 2c(t) = 2u(t)$

풀이

$$G(s) = \frac{C(s)}{U(s)} = \frac{\dfrac{2}{s(s+1)}}{1 + \dfrac{2}{s(s+1)}}$$

$$= \frac{2}{s(s+1) + 2} = \frac{2}{s^2 + s + 2}$$

$$(s^2 + s + 2)C(s) = 2U(s)$$

$$s^2 C(s) + s C(s) + 2 C(s) = 2U(s)$$

$$\therefore \frac{d^2c(t)}{dt^2} + \frac{dc(t)}{dt} + 2c(t) = 2u(t)$$ **답** ④

74 그림의 블록 선도에서 폐루프 전달 함수

$T = \dfrac{C}{R}$에서 H에 대한 감도 S_H^T는?

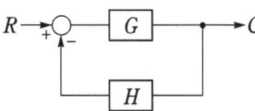

① $\dfrac{-GH}{1+GH}$

② $\dfrac{-H}{(1+GH)^2}$

③ $\dfrac{H}{1+GH}$

④ $\dfrac{-H}{1+GH}$

풀이

$T = \dfrac{C}{R} = \dfrac{G}{1+GH}$

$\therefore S_H^T = \dfrac{H}{T} \cdot \dfrac{dT}{dH}$

$\quad = \dfrac{H}{\dfrac{G}{1+GH}} \cdot \dfrac{d}{dH}\left(\dfrac{G}{1+GH}\right)$

$\quad = \dfrac{-GH}{1+GH}$ **답** ①

75 $G(s)H(s) = \dfrac{2}{(s+1)(s+2)}$의 이득 여유는?

① 3[dB]

② 7[dB]

③ 0[dB]

④ 1[dB]

풀이

$G(s)H(s) = \dfrac{2}{(s+1)(s+2)} = \dfrac{2}{s^2+3s+2}$

위식에서 허수부를 0으로 놓으면

$s = 0,\ \omega = 0[\text{rad/sec}]$가 되므로

이득 여유 $GM = 20\log\left|\dfrac{1}{G(s)H(s)}\right|_{\omega \to 0}$

$\quad = 20\log 1 = 0[\text{dB}]$ **답** ③

76 $G(s)H(s) = \dfrac{K(s-1)}{s(s+1)(s-4)}$에서 점근선의

교차점을 구하면?

① 4

② 3

③ 2

④ 1

풀이

$\sigma = \dfrac{\sum 극점 - \sum 영점}{p-z} = \dfrac{(-1+4)-1}{3-1} = 1$ **답** ④

77 상태 방정식 $\dot{x} = Ax(t) + Bu(t)$에서

$A = \begin{bmatrix} 0 & 1 \\ -2 & -3 \end{bmatrix}$일 때 특성 방정식의 근은?

① $-2,\ -3$

② $-1,\ -2$

③ $-1,\ -3$

④ $1,\ -3$

풀이 $|sI - A|$의 행렬식은

$|sI - A| = \begin{vmatrix} s & -1 \\ 2 & s+3 \end{vmatrix} = s(s+3)+2 = s^2+3s+2$

$s^2+3s+2 = (s+1)(s+2) = 0$

$\therefore\ s = -1,\ -2$ **답** ②

78 $E(z) = \dfrac{9z}{(z-1)(2z+1)}$일 때, $e^*(t)$의 최종

값은?

① 0

② 1

③ 2

④ 3

풀이 최종값 정리 :

$f(\infty) = \lim_{t \to \infty} f^*(t) = \lim_{z \to 1}(1-z^{-1})F(z)$

$e(\infty) = \lim_{z \to 1}\left(1-\dfrac{1}{z}\right)E(z)$

$\quad = \lim_{z \to 1}\left(\dfrac{z-1}{z}\right)\dfrac{9z}{(z-1)(2z+1)}$

$\quad = \lim_{z \to 1}\dfrac{9}{2z+1} = 3$ **답** ④

79 논리식 $L = \bar{x} \cdot \bar{y} + \bar{x} \cdot y + x \cdot y$를 간략화

한 것은?

① $x+y$

② $\bar{x}+y$

③ $x+\bar{y}$

④ $\bar{x}+\bar{y}$

풀이 $L = \bar{x} \cdot \bar{y} + \bar{x} \cdot y + x \cdot y = \bar{x} \cdot (\bar{y}+y) + x \cdot y$

$\quad = \bar{x} \cdot 1 + x \cdot y$

분배법칙에 의해

$\bar{x}+x \cdot y = (\bar{x}+x) \cdot (\bar{x}+y) = \bar{x}+y$ **답** ②

61 $e^{j\omega t}$의 라플라스 변환은?

① $\dfrac{1}{s-j\omega}$ ② $\dfrac{1}{s+j\omega}$

③ $\dfrac{1}{s^2+\omega^2}$ ④ $\dfrac{\omega}{s^2+\omega^2}$

풀이 복소 추이 정리에 의해서

$$\mathcal{L}\left[1\cdot e^{j\omega t}\right]=\left.\frac{1}{s}\right|_{s=s-j\omega}=\frac{1}{s-j\omega}$$ **답** ①

62 다음의 신호흐름선도에서 C/R는?

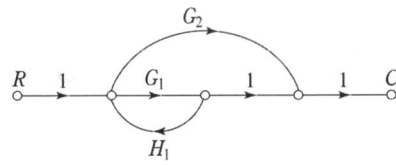

① $\dfrac{G_1+G_2}{1-G_1H_1}$ ② $\dfrac{G_1G_2}{1-G_1H_1}$

③ $\dfrac{G_1+G_2}{1+G_1H_1}$ ④ $\dfrac{G_1G_2}{1+G_1H_1}$

풀이 전향경로 이득 : G_1+G_2, 루프 이득 : G_1H_1

$$\frac{C(s)}{R(s)}=\frac{\sum\text{선향성로이득}}{1-\sum\text{루프이득}}=\frac{G_1+G_2}{1-G_1H_1}$$ **답** ①

65 전달 함수 $\dfrac{C(s)}{R(s)}=\dfrac{1}{4s^2+3s+1}$ 인 제어계는 어느 경우인가?

① 과제동(over damped)
② 부족 제동(under damped)
③ 임계 제동(critical damped)
④ 무제동(undamped)

풀이

$$G=\frac{\omega_n^2}{s^2+2\delta\omega_n s+\omega_n^2}=\frac{1}{4s^2+3s+1}=\frac{\frac{1}{4}}{s^2+\frac{3}{4}s+\frac{1}{4}}$$

$$\omega_n^2=\frac{1}{4},\ \omega_n=\frac{1}{2}$$

$$2\delta\omega_n=\frac{3}{4},\ \delta=\frac{3}{4}=0.75<1$$

이므로 부족 제동이다. **답** ②

69 $G(s)H(s)=\dfrac{k}{s^2(s+1)^2}$ 에서 근궤적의 수는?

① 4 ② 2

③ 1 ④ 0

풀이 근궤적의 수(N)는 근의 수(p)와 영점의 수(z)에서
$z=0$, $p=4$이므로 $z<p$ 이고 $N=p$ 이다.
따라서, $N=4$ **답** ①

71 그림의 게이트(gate)명칭은 어떻게 되는가?

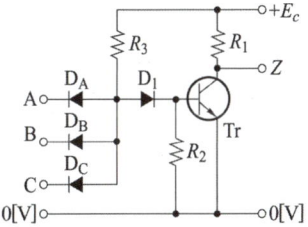

① AND gate ② OR gate
③ NAND gate ④ NOR gate

풀이 A, B, C에 신호가 동시에 입력되면 Tr이 동작하여 출력 Z가 소멸되므로, NAND회로에 해당된다. **답** ③

73 구동점 임피던스(driving point impedance) 함수에 있어서 극점(pole)은?

① 단락회로 상태를 의미한다.
② 개방회로 상태를 의미한다.
③ 아무런 상태도 아니다.
④ 전류가 많이 흐르는 상태를 의미한다.

풀이 • 영점 : $Z(s)=0$가 되는 s의 값으로 회로의 단락 상태를 의미한다.
• 극점 : $Z(s)=\infty$ 가 되는 s의 값으로 **회로의 개방 상태**를 의미한다. **답** ②

74 2차 지연 요소의 보드 선도에서 이득 곡선의 두 점근선이 만나는 점의 주파수는?

① 영 주파수   ② 공진 주파수
③ 고유 주파수   ④ 차단 주파수

풀이 2개의 점근선의 교점을 절점이라 하고 $u = 1$,

즉 $\omega = \dfrac{1}{T}$인 주파수를 절점 주파수라 한다.

2차 지연 요소의 보드 선도의 두 점근선의 교점은

$-40\log\dfrac{\omega}{\omega_n} = 0[\text{dB}]$로부터 $\omega = \omega_n$으로 된다.

따라서 2차 인수의 절점 주파수는 $\omega = \omega_n$(고유 주파수)
이라고 생각된다.

또한 2차 지연 요소의 보드 선도의 특징은
(1) 이득 곡선은 $u = \omega T \ll 1$일 때 횡축에 평행한 직선과 $u \gg 1$일 때의 디케이드(decade)당 $-40[\text{dB}]$의 경사를 갖는 직선을 점근선으로 가진다. 절점은

$u = 1$, 즉 $\omega = \dfrac{1}{T}$이다.

(2) 위상 곡선은 $0° \sim 180°$ 사이를 변화하고 절점에서 $-90°$이다.

(3) 실제의 크기 곡선은 점근선과 현저하게 편기된다. 그 이유는 크기 곡선과 위상각 곡선은 절점 주파수 ω_n(고유 주파수)에만 의하지 않고 제동비 또는 감쇠율(damping ratio) δ에도 의하기 때문이다. **답** ③

77 다음 단위 궤환 제어계의 미분방정식은?

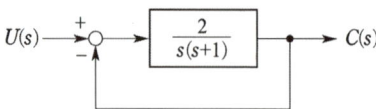

① $\dfrac{d^2 c(t)}{dt^2} + \dfrac{dc(t)}{dt} + c(t) = 2u(t)$

② $\dfrac{d^2 c(t)}{dt^2} + \dfrac{dc(t)}{dt} + 2c(t) = u(t)$

③ $\dfrac{d^2 c(t)}{dt^2} + \dfrac{dc(t)}{dt} + 2c(t) = 5u(t)$

④ $\dfrac{d^2 c(t)}{dt^2} + \dfrac{dc(t)}{dt} + 2c(t) = 2u(t)$

풀이

$G(s) = \dfrac{C(s)}{U(s)} = \dfrac{\dfrac{2}{s(s+1)}}{1 + \dfrac{2}{s(s+1)}}$

$= \dfrac{2}{s(s+1)+2} = \dfrac{2}{s^2+s+2}$

$(s^2 + s + 2)C(s) = 2U(s)$
$s^2 C(s) + sC(s) + 2C(s) = 2U(s)$

$\therefore \dfrac{d^2 c(t)}{dt^2} + \dfrac{dc(t)}{dt} + 2c(t) = 2u(t)$ **답** ④

78 $G(s)H(s) = \dfrac{2}{(s+1)(s+2)}$의 이득 여유는?

① $3[\text{dB}]$ ② $7[\text{dB}]$
③ $0[\text{dB}]$ ④ $1[\text{dB}]$

풀이

$G(s)H(s) = \dfrac{2}{(s+1)(s+2)} = \dfrac{2}{s^2+3s+2}$

위식에서 허수부를 0으로 놓으면
$s = 0$, $\omega = 0[\text{rad/sec}]$가 되므로

이득 여유 $GM = 20\log\left|\dfrac{1}{G(s)H(s)}\right|_{\omega \to 0}$

$= 20\log 1 = 0[\text{dB}]$ **답** ③

79 상태 방정식 $\dot{x} = Ax(t) + Bu(t)$에서

$A = \begin{bmatrix} 0 & 1 \\ -2 & -3 \end{bmatrix}$일 때 특성 방정식의 근은?

① $-2, -3$ ② $-1, -2$
③ $-1, -3$ ④ $1, -3$

풀이 $|sI - A|$의 행렬식은

$|sI - A| = \begin{vmatrix} s & -1 \\ 2 & s+3 \end{vmatrix}$

$= s(s+3) + 2 = s^2 + 3s + 2$

$s^2 + 3s + 2 = (s+1)(s+2) = 0$

$\therefore s = -1, -2$ **답** ②

80 $E(z) = \dfrac{9z}{(z-1)(2z+1)}$일 때, $e^*(t)$의 최종
값은?

① 0   ② 1   ③ 2   ④ 3

풀이 최종값 정리 :

$f(\infty) = \lim_{t \to \infty} f^*(t) = \lim_{z \to 1}(1 - z^{-1})F(z)$

$e(\infty) = \lim_{z \to 1}\left(1 - \dfrac{1}{z}\right)E(z)$

$= \lim_{z \to 1}\left(\dfrac{z-1}{z}\right)\dfrac{9z}{(z-1)(2z+1)} = \lim_{z \to 1}\dfrac{9}{2z+1} = 3$

   답 ④

2023년 · 3회 _ 전기기사

63 다음과 같은 시스템에 단위계단입력 신호가 가해졌을 때 지연시간에 가장 가까운 값[sec]은?

$$\frac{C(s)}{R(s)} = \frac{1}{s+1}$$

① 0.5 ② 0.7 ③ 0.9 ④ 1.2

풀이 ① 단위계단입력 신호가 가해졌으므로

$$C(s) = \frac{1}{s+1}R(s) = \frac{1}{s+1} \cdot \frac{1}{s}$$

$$c(t) = \mathcal{L}^{-1}\left[\frac{1}{s(s+1)}\right] = \mathcal{L}^{-1}\left[\frac{1}{s} - \frac{1}{s+1}\right]$$

$$= 1 - e^{-t}$$

② 출력의 최종값 $\lim_{t \to \infty} c(t) = 1 - e^{-t} = 1$,

지연시간 T_d는 최종값의 50[%]에 도달하는 데 소요되는 시간이므로

$$1 - e^{-t} = 0.5 \rightarrow 0.5 = e^{-T_d}$$

$$\rightarrow \frac{1}{e^{T_d}} = 0.5 \rightarrow e^{T_d} = 2$$

$$\therefore T_d = \log_e 2 = 0.693 ≒ 0.7[\text{sec}] \qquad \text{답 ②}$$

65 보상기 $G_c(s) = \dfrac{1 + \alpha Ts}{1 + Ts}$ 가 진상 보상기가 되기 위한 조건은?

① $\alpha = 0$ ② $\alpha = 1$
③ $\alpha < 1$ ④ $\alpha > 1$

풀이

$$G_c(s) = \frac{\alpha\left(s + \dfrac{1}{\alpha T}\right)}{s + \dfrac{1}{T}} : \text{진상 보상기 조건}$$

$\dfrac{1}{\alpha T} < \dfrac{1}{T}$ 이어야 하므로 $\alpha > 1$이어야 한다. 답 ④

66 상태 방정식 $\dot{x} = Ax(t) + Bu(t)$에서

$A = \begin{bmatrix} 0 & 1 \\ -2 & -3 \end{bmatrix}$ 일 때 특성 방정식의 근은?

① $-2, -3$ ② $-1, -2$
③ $-1, -3$ ④ $1, -3$

풀이 $|sI - A|$의 행렬식은

$$|sI - A| = \begin{vmatrix} s & -1 \\ 2 & s+3 \end{vmatrix} = s(s+3) + 2 = s^2 + 3s + 2$$

$$s^2 + 3s + 2 = (s+1)(s+2) = 0$$

$$\therefore s = -1, -2 \qquad \text{답 ②}$$

67 그림의 블록선도에 대한 전달함수 $\dfrac{C}{R}$ 는?

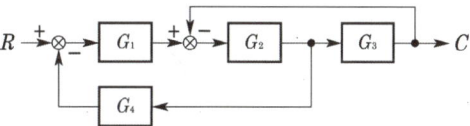

① $\dfrac{G_1 G_2 G_3}{1 + G_1 G_2 + G_1 G_2 G_4}$

② $\dfrac{G_1 G_2 G_4}{1 + G_1 G_2 + G_1 G_2 G_3}$

③ $\dfrac{G_1 G_2 G_3}{1 + G_2 G_3 + G_1 G_2 G_4}$

④ $\dfrac{G_1 G_2 G_4}{1 + G_2 G_3 + G_1 G_2 G_3}$

풀이 G_3 앞의 인출점을 요소 뒤로 이동하면 그림과 같은 블록 선도로 나타낼 수 있다.

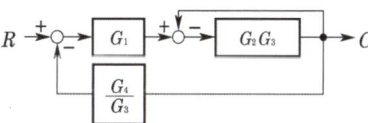

$$\left\{\left(R - C\frac{G_4}{G_3}\right)G_1 - C\right\}G_2 G_3 = C$$

$$RG_1 G_2 G_3 - CG_1 G_2 G_4 - C(G_2 G_3) = C$$

$$RG_1 G_2 G_3 = C(1 + G_2 G_3 + G_1 G_2 G_4)$$

$$\therefore G(s) = \frac{C}{R} = \frac{G_1 G_2 G_3}{1 + G_2 G_3 + G_1 G_2 G_4}$$

별해 전향경로 이득 : $G_1 G_2 G_3$

루프 이득 : $-G_2 G_3, -G_1 G_2 G_4$

$$G(s) = \frac{\sum \text{전향 경로 이득}}{1 - \sum \text{루프이득}}$$

$$= \frac{G_1 G_2 G_3}{1 + G_2 G_3 + G_1 G_2 G_4} \qquad \text{답 ③}$$

68 다음 회로는 무엇을 나타낸 것인가?

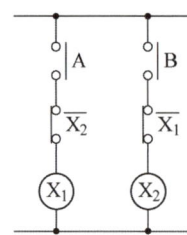

① 자기유지회로 ② 단안정회로
③ 인터록회로 ④ 순차제어회로

풀이 **인터록 회로** : 둘 이상의 출력이 동시에 생기지 않도록 하는 회로 **답** ③

69 어느 시퀀스 제어시스템의 내부 상태가 9가지로 바뀐다면 이를 설계할 때 필요한 플립플롭의 최소 개수는?

① 3 ② 4
③ 5 ④ 9

풀이 플립플롭은 $2^n - 1$가지를 식별할 수 있으므로, 9가지의 경우라면 최소 4개의 플립플롭 ($2^4 - 1 = 15$)이 있어야 한다. **답** ②

72 라플라스 변환과 z변환이 같은 함수는?

① $\delta(t)$ ② $u(t)$
③ t ④ e^{-at}

풀이

$f(t)$	$F(s)$	$F(z)$
$\delta(t)$	1	1
$u(t)$	$\dfrac{1}{s}$	$\dfrac{z}{z-1}$
t	$\dfrac{1}{s^2}$	$\dfrac{Tz}{(z-1)^2}$
e^{-at}	$\dfrac{1}{s+a}$	$\dfrac{z}{z-e^{-aT}}$

답 ①

76 단위 부궤환 제어시스템의 루프전달함수 $G(s)H(s)$가 다음과 같이 주어져 있다. 이득여유가 20[dB]이면 이때의 K의 값은?

$$G(s)H(s) = \frac{K}{(s+1)(s+3)}$$

① $\dfrac{3}{10}$ ② $\dfrac{3}{20}$
③ $\dfrac{1}{20}$ ④ $\dfrac{1}{40}$

풀이 이득여유 $GM = 20\log\dfrac{1}{|G(s)H(s)|} = 20[\text{dB}]$

$\rightarrow \log\dfrac{1}{|G(s)H(s)|} = 1$

$\rightarrow |G(s)H(s)| = \dfrac{1}{10}$ ······ ①

주어진 방정식에 $s = j\omega$를 대입하고 정리하면

$G(j\omega)H(j\omega) = \dfrac{K}{(j\omega+1)(j\omega+3)}$

$= \dfrac{K}{(3-\omega^2)+j4\omega}$ ······ ②

식 ②의 분모에서 허수부를 0으로 놓으면
$4\omega = 0 \rightarrow \omega = 0[\text{rad/s}]$이다.
이 값을 식 ②에 대입하면

$|G(j\omega)H(j\omega)|_{\omega=0} = \left|\dfrac{K}{3-\omega^2}\right|_{\omega=0} = \dfrac{K}{3}$ ······ ③

식 ①과 ③에서 $|G(s)H(s)| = \dfrac{K}{3} = \dfrac{1}{10}$

$\therefore K = \dfrac{3}{10}$ **답** ①

77 그림의 블록선도와 같이 표현되는 제어시스템에서 $A = 1$, $B = 1$일 때, 블록선도의 출력 C는 약 얼마인가?

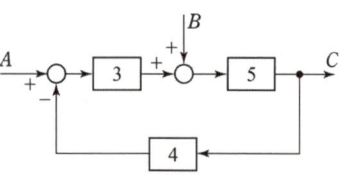

① 0.22 ② 0.33
③ 1.22 ④ 3.1

풀이 전달함수 $G(s) = \dfrac{경로}{1 - 폐로}$이므로

• 입력 A인 경우
  – 경로 : $3 \times 5 = 15$, 폐로 : $3 \times 4 \times 5 = 60$

$$\frac{C}{A} = \frac{15}{1+60} = \frac{15}{61}$$

- 입력 B인 경우
  - 경로 : 5, 폐로 : $3 \times 4 \times 5 = 60$

$$\frac{C}{B} = \frac{5}{1+60} = \frac{5}{61}$$

$$\therefore G(s) = \frac{C}{A} + \frac{C}{B} = \frac{15}{61} + \frac{5}{61} = 0.33$$

답 ②

---

80 $\mathcal{L}^{-1}\left[\dfrac{1}{s^2 + a^2}\right]$ 은 어느 것인가?

① $\sin at$ 　　　② $\dfrac{1}{a}\sin at$

③ $\cos at$ 　　　④ $\dfrac{1}{a}\cos at$

풀이 RL 직렬 회로의 시정수

$\mathcal{L}^{-1}\left[\dfrac{a}{s^2 + a^2}\right] = \sin at$ 이므로

$\mathcal{L}^{-1}\left[\dfrac{1}{s^2 + a^2}\right] = \dfrac{1}{a}\sin at$

답 ②

2023년 4회 _ 공사기사

61 그림과 같은 제어시스템의 폐루프 전달함수 $T(s) = \dfrac{C(s)}{R(s)}$ 에 대한 감도 S_K^T는?

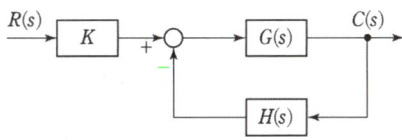

① 0.5 　　　② 1

③ $\dfrac{G}{1 + GH}$ 　　　④ $\dfrac{-GH}{1 + GH}$

풀이 전달함수 $T = \dfrac{C(s)}{R(s)} = \dfrac{KG}{1 + GH}$

K에 대한 감도

$\therefore S_K^T = \dfrac{K}{T} \cdot \dfrac{dT}{dK} = \dfrac{K}{\dfrac{KG}{1 + GH}} \cdot \dfrac{d}{dK}\left(\dfrac{KG}{1 + GH}\right)$

$= \dfrac{1 + GH}{G} \cdot \dfrac{G(1 + GH)}{(1 + GH)^2} = 1$

답 ②

---

64 그림의 신호흐름선도를 미분방정식으로 표현한 것으로 옳은 것은? (단, 모든 초기 값은 0이다.)

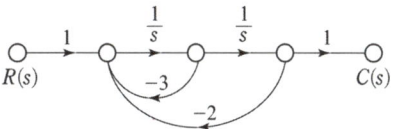

① $\dfrac{d^2 c(t)}{dt^2} + 3\dfrac{dc(t)}{dt} + 2c(t) = r(t)$

② $\dfrac{d^2 c(t)}{dt^2} + 2\dfrac{dc(t)}{dt} + 3c(t) = r(t)$

③ $\dfrac{d^2 c(t)}{dt^2} - 3\dfrac{dc(t)}{dt} - 2c(t) = r(t)$

④ $\dfrac{d^2 c(t)}{dt^2} - 2\dfrac{dc(t)}{dt} - 3c(t) = r(t)$

풀이 전향경로 이득 : $\dfrac{1}{s} \cdot \dfrac{1}{s} = \dfrac{1}{s^2}$

루프 이득 : $-\dfrac{3}{s}$, $-2 \cdot \dfrac{1}{s} \cdot \dfrac{1}{s} = -\dfrac{2}{s^2}$

$G(s) = \dfrac{C(s)}{R(s)} = \dfrac{\sum \text{전향 경로 이득}}{1 - \sum \text{루프이득}} = \dfrac{\dfrac{1}{s^2}}{1 - \dfrac{3}{s} - \dfrac{2}{s^2}}$

$= \dfrac{1}{s^2 + 3s + 2}$

$\rightarrow (s^2 + 3s + 2)C(s) = R(s)$

위 식을 역라플라스 변환하면

$\therefore \dfrac{d^2 c(t)}{dt^2} + 3\dfrac{dc(t)}{dt} + 2c(t) = r(t)$

답 ①

---

66 블록선도 변환이 틀린 것은?

①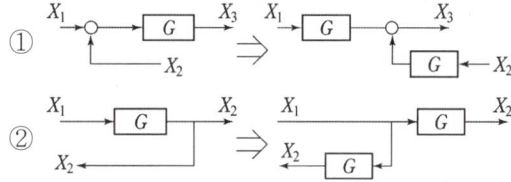

②

③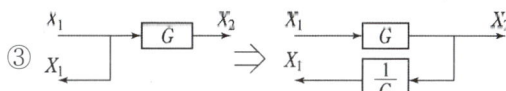

④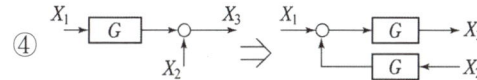

풀이 $X_1 \rightarrow \boxed{G} \rightarrow X_3$ 그림, X_2

$$X_3 = GX_1 + X_2 \qquad X_3 = (X_1 + GX_2)G$$

답 ④

---

67 적분 시간이 3분, 비례 감도가 5인 PI 조절계의 전달 함수는?

① $5 + 3s$
② $5 + \dfrac{1}{3s}$
③ $\dfrac{3s}{15s + 5}$
④ $\dfrac{15s + 5}{3s}$

풀이 PI 동작(비례 적분 제어)이므로

$$y(t) = K_p\Big[z(t) + \frac{1}{T_i}\int z(t)\,dt\,\Big]$$

$$Y(s) = K_p\Big(1 + \frac{1}{T_i s}\Big)z(s)$$

$$\therefore G(s) = \frac{Y(s)}{Z(s)} = K_p\Big(1 + \frac{1}{T_i s}\Big) = 5\Big(1 + \frac{1}{3s}\Big)$$

$$= \frac{15s + 5}{3s}$$

답 ④

---

68 3차인 이산치 시스템의 특성방정식의 근이 −0.3, −0.2, +0.5로 주어져 있다. 이 시스템의 안정도는?

① 이 시스템은 안정한 시스템이다.
② 이 시스템은 불안정한 시스템이다.
③ 이 시스템은 임계 안정한 시스템이다.
④ 위 정보로서는 이 시스템의 안정도를 알 수 없다.

풀이 근의 위치(−0.3, −0.2, +0.5)가 원점을 중심으로 한 단위원 내부에 있으므로 안정한 시스템이다. **답** ①

---

69 2단자 임피던스 함수 $Z(s)$가

$$Z(s) = \frac{(s+3)}{(s+4)(s+5)}$$ 일 때 영점은?

① 4, 5
② −4, −5
③ 3
④ −3

풀이 영점은 $Z(s) = 0$일 때 이므로 $(s + 3) = 0$
$$\therefore s = -3$$ **답** ④

---

72 다음과 같은 전류의 초기값 $i(0_+)$은?

$$I(s) = \frac{12}{2s(s+6)}$$

① 6
② 2
③ 1
④ 0

풀이 초기값 정리에 의해

$$\lim_{s \to \infty} s \cdot I_1(s) = \lim_{s \to \infty} s \cdot \frac{12}{2s(s+6)} = 0$$ **답** ④

---

73 단위 부궤환 제어시스템의 루프전달함수 $G(s)H(s)$가 다음과 같이 주어져 있다. 이득여유가 20[dB]이면 이때의 K의 값은?

$$G(s)H(s) = \frac{K}{(s+1)(s+3)}$$

① $\dfrac{3}{10}$
② $\dfrac{3}{20}$
③ $\dfrac{1}{20}$
④ $\dfrac{1}{40}$

풀이 이득여유 $GM = 20\log\dfrac{1}{|G(s)H(s)|} = 20$[dB]

$\rightarrow \log\dfrac{1}{|G(s)H(s)|} = 1$

$\rightarrow |G(s)H(s)| = \dfrac{1}{10}$ ...... ①

주어진 방정식에 $s = j\omega$를 대입하고 정리하면

$$G(j\omega)H(j\omega) = \frac{K}{(j\omega + 1)(j\omega + 3)}$$

$$= \frac{K}{(3 - \omega^2) + j4\omega} \quad \cdots\cdots ②$$

식 ②의 분모에서 허수부를 0으로 놓으면
$4\omega = 0 \rightarrow \omega = 0$[rad/s]이다.
이 값을 식 ②에 대입하면

$$\big|G(j\omega)H(j\omega)\big|_{\omega=0} = \left|\frac{K}{3 - \omega^2}\right|_{\omega=0} = \frac{K}{3} \cdots\cdots ③$$

식 ①과 ③에서 $|G(s)H(s)| = \dfrac{K}{3} = \dfrac{1}{10}$

$$\therefore K = \frac{3}{10}$$ **답** ①

74 다음 회로는 무엇을 나타낸 것인가?

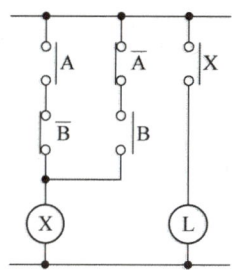

① AND ② OR
③ Exclusive OR ④ NAND

풀이 $X = A\overline{B} + \overline{A}B = A \oplus B$이므로 Exclusive OR 회로이다. **답** ③

75 제어기 전달함수가 $\dfrac{2s+5}{7s}$인 제어기가 있다. 이 제어기는 어떤 제어기인가?

① 비례미분 제어계
② 적분 제어계
③ 비례 적분제어계
④ 비례 적분 미분 제어계

풀이 $G(s) = \dfrac{2s+5}{7s} = \dfrac{2}{7} + \dfrac{5}{7s} = \dfrac{2}{7} + \dfrac{1}{\dfrac{7}{5}s} = \dfrac{2}{7}\left(1 + \dfrac{1}{\dfrac{2}{5}s}\right)$

이므로 비례적분 제어계이다. **답** ③

76 어느 시퀀스 제어시스템의 내부 상태가 9가지로 바뀐다면 이를 설계할 때 필요한 플립플롭의 최소 개수는?

① 3 ② 4
③ 5 ④ 9

풀이 플립플롭은 $2^n - 1$가지를 식별할 수 있으므로, 9가지의 경우라면 최소 4개의 플립플롭 $(2^4 - 1 = 15)$이 있어야 한다. **답** ②

77 라플라스 변환과 z변환이 같은 함수는?

① $\delta(t)$ ② $u(t)$
③ t ④ e^{-at}

풀이

$f(t)$	$F(s)$	$F(z)$
$\delta(t)$	1	1
$u(t)$	$\dfrac{1}{s}$	$\dfrac{z}{z-1}$
t	$\dfrac{1}{s^2}$	$\dfrac{Tz}{(z-1)^2}$
e^{-at}	$\dfrac{1}{s+a}$	$\dfrac{z}{z-e^{-aT}}$

답 ①

문제의 번호는 실제 시험문제의 번호와 같게 하였습니다.
회로이론에 해당하는 문제는 삭제하였습니다.

67 그림의 신호흐름선도를 미분방정식으로 표현한 것으로 옳은 것은? (단, 모든 초기 값은 0이다.)

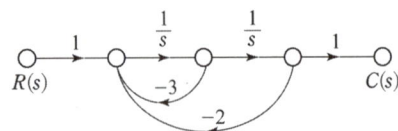

① $\dfrac{d^2c(t)}{dt^2} + 3\dfrac{dc(t)}{dt} + 2c(t) = r(t)$

② $\dfrac{d^2c(t)}{dt^2} + 2\dfrac{dc(t)}{dt} + 3c(t) = r(t)$

③ $\dfrac{d^2c(t)}{dt^2} - 3\dfrac{dc(t)}{dt} - 2c(t) = r(t)$

④ $\dfrac{d^2c(t)}{dt^2} - 2\dfrac{dc(t)}{dt} - 3c(t) = r(t)$

풀이 전향경로 이득 : $\dfrac{1}{s} \cdot \dfrac{1}{s} = \dfrac{1}{s^2}$

루프 이득 : $-\dfrac{3}{s}, \ -2 \cdot \dfrac{1}{s} \cdot \dfrac{1}{s} = -\dfrac{2}{s^2}$

$G(s) = \dfrac{C(s)}{R(s)} = \dfrac{\sum \text{전향 경로 이득}}{1 - \sum \text{루프이득}} = \dfrac{\dfrac{1}{s^2}}{1 - \dfrac{3}{s} - \dfrac{2}{s^2}}$

$= \dfrac{1}{s^2 + 3s + 2} \ \rightarrow \ (s^2 + 3s + 2)C(s) = R(s)$

위 식을 역라플라스 변환하면

$\therefore \ \dfrac{d^2c(t)}{dt^2} + 3\dfrac{dc(t)}{dt} + 2c(t) = r(t)$ **답** ①

68 $F(s) = \dfrac{3s + 10}{s^3 + 2s^2 + 5s}$ 일 때 $f(t)$의 최종값은?

① 0 ② 1

③ 2 ④ 8

풀이 최종값 정리에 의하여

$\lim_{t \to \infty} f(t) = \lim_{s \to 0} sF(s) = \lim_{s \to 0} s \cdot \dfrac{3s + 10}{s(s^2 + 2s + 5)}$

$= \dfrac{10}{5} = 2$ **답** ③

69 적분 시간 4[sec], 비례 감도가 4인 비례적분 동작을 하는 제어 요소에 동작신호 $z(t) = 2t$ 를 주었을 때 이 제어 요소의 조작량은? (단, 조작량의 초기 값은 0이다.)

① $t^2 + 8t$ ② $t^2 + 2t$

③ $t^2 - 8t$ ④ $t^2 - 2t$

풀이 PI 동작(비례 적분제어)이므로

$y(t) = K_p \left[z(t) + \dfrac{1}{T_I} \int z(t) dt \right]$

라플라스 변환하면

$Z(s) = \mathcal{L}[z(t)] = \mathcal{L}[2t] = \dfrac{2}{s^2}$

$Y(s) = \mathcal{L}[y(t)] = K_p(1 + \dfrac{1}{T_i s})Z(s)$

$= 4(1 + \dfrac{1}{4s}) \times \dfrac{2}{s^2} = \dfrac{2}{s^3} + 8t$

$\therefore \ y(t) = \mathcal{L}^{-1}[Y(s)] = \mathcal{L}^{-1}\left[\dfrac{2}{s^3} + 8t \right]$

$= t^2 + 8t$ **답** ①

71 이산 시스템(Discrete data system)에서의 안정도 해석에 대한 설명 중 옳은 것은?

① 특성방정식의 모든 근이 z평면의 음의 반 평면에 있으면 안정하다.

② 특성방정식의 모든 근이 z평면의 양의 반 평면에 있으면 안정하다.

③ 특성방정식의 모든 근이 z평면의 단위원 내부에 있으면 안정하다.

④ 특성방정식의 모든 근이 z평면의 단위원 외부에 있으면 안정하다.

풀이

안 정 도	근의 위치	
	s 평면	z 평면
안 정	좌반면	원점을 중심으로 한 단위원 내부
불 안 정	우반면	원점을 중심으로 한 단위원 외부
임계안정	허수축	원점을 중심으로 한 단위원

답 ③

74 전달함수가 $\dfrac{C(s)}{R(s)} = \dfrac{25}{s^2 + 6s + 25}$ 인 2차

제어시스템의 감쇠 진동 주파수(ω_d)는 몇 [rad/sec]인가?

① 3

② 4

③ 5

④ 6

풀이 $\dfrac{C(s)}{R(s)} = \dfrac{\omega_n^2}{s^2 + 2\delta\omega_n s + \omega_n^2} = \dfrac{25}{s^2 + 6s + 25}$ 에서

$\omega_n^2 = 25 \rightarrow \omega_n = \sqrt{25} = 5$

$2\delta\omega_n = 6 \rightarrow \delta = \dfrac{6}{2\omega_n} = \dfrac{6}{2 \times 5} = \dfrac{3}{5}$

따라서 감쇠 진동 주파수(실제 주파수)

$\omega_d = \omega_n\sqrt{1 - \delta^2} = 5\sqrt{1 - \left(\dfrac{3}{5}\right)^2} = 4$ **답** ②

75 그림의 블록 선도에서 폐루프 전달 함수 $T = \dfrac{C}{R}$ 에서 H 에 대한 감도 S_H^T는?

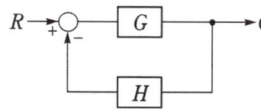

① $\dfrac{-GH}{1 + GH}$

② $\dfrac{-H}{(1 + GH)^2}$

③ $\dfrac{H}{1 + GH}$

④ $\dfrac{-H}{1 + GH}$

풀이 $T = \dfrac{C}{R} = \dfrac{G}{1 + GH}$

$\therefore S_H^T = \dfrac{H}{T} \cdot \dfrac{dT}{dH} = \dfrac{H}{\dfrac{G}{1 + GH}} \cdot \dfrac{d}{dH}\left(\dfrac{G}{1 + GH}\right)$

$= \dfrac{-GH}{1 + GH}$ **답** ①

76 블록선도 변환이 틀린 것은?

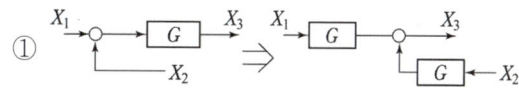

풀이

$X_3 = GX_1 + X_2$ $\qquad X_3 = (X_1 + GX_2)G$

답 ④

77 $G(s)H(s) = \dfrac{K(s + 1)}{s^2(s + 2)(s + 3)}$ 에서 점근선의 교차점을 구하면?

① $-\dfrac{5}{6}$

② $-\dfrac{1}{5}$

③ $-\dfrac{4}{3}$

④ $-\dfrac{1}{3}$

풀이 교차점 $\sigma = \dfrac{\Sigma G(s)H(s)\text{의 극} - \Sigma G(s)H(s)\text{의 영점}}{p - z}$

(여기서, p : 극점의 개수, z : 영점의 개수)

$p = 4$개$(0, 0, -2, -3)$, $z = 1$개(-1)이므로

$\therefore \sigma = \dfrac{(-2-3) - (-1)}{4 - 1} = -\dfrac{4}{3}$ **답** ③

78 다음 회로는 무엇을 나타낸 것인가?

① AND

② OR

③ EX-OR

④ NAND

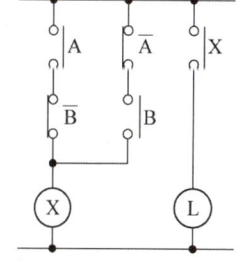

풀이 $X = A\overline{B} + \overline{A}B = A \oplus B$이므로 Exclusive OR 회로이다. **답** ③

79 단위 부궤환 제어시스템의 루프전달함수 $G(s)H(s)$가 다음과 같이 주어져 있다. 이득여유가 20[dB]이면 이때의 K의 값은?

$$G(s)H(s) = \frac{K}{(s+1)(s+3)}$$

① $\dfrac{3}{10}$ ② $\dfrac{3}{20}$ ③ $\dfrac{1}{20}$ ④ $\dfrac{1}{40}$

풀이 이득여유 $GM = 20\log\dfrac{1}{|G(s)H(s)|} = 20$[dB]

$\rightarrow \log\dfrac{1}{|G(s)H(s)|} = 1$

$\rightarrow |G(s)H(s)| = \dfrac{1}{10}$ ...... ①

주어진 방정식에 $s = j\omega$를 대입하고 정리하면

$$G(j\omega)H(j\omega) = \frac{K}{(j\omega+1)(j\omega+3)}$$
$$= \frac{K}{(3-\omega^2)+j4\omega}$$ ...... ②

식 ②의 분모에서 허수부를 0으로 놓으면 $4\omega = 0 \rightarrow$ $\omega = 0$[rad/s]이다.

이 값을 식 ②에 대입하면

$$\left.|G(j\omega)H(j\omega)|\right|_{\omega=0} = \left.\left|\frac{K}{3-\omega^2}\right|\right|_{\omega=0} = \frac{K}{3}$$ ...... ③

식 ①과 ③에서

$$|G(s)H(s)| = \frac{K}{3} = \frac{1}{10} \rightarrow K = \frac{3}{10}$$ **답** ①

2024년 - 2회_ 전기기사·공사기사

67 $F(s) = \dfrac{(s+5)(s+12)}{s(s+4)(s+6)}$의 역라플라스 변환은?

① $2.5 + e^{4t} + 0.5e^{6t}$

② $2.5 - e^{4t} - 0.5e^{6t}$

③ $2.5 + e^{-4t} + 0.5e^{-6t}$

④ $2.5 - e^{-4t} - 0.5e^{-6t}$

풀이
$$F(s) = \frac{(s+5)(s+12)}{s(s+4)(s+6)} = \frac{k_1}{s} + \frac{k_2}{s+4} + \frac{k_3}{s+6}$$

$$k_1 = \lim_{s\to 0} sF(s) = \left[\frac{(s+5)(s+12)}{(s+4)(s+6)}\right]_{s=0} = 2.5$$

$$k_2 = \lim_{s\to -4}(s+4)F(s) = \left[\frac{(s+5)(s+12)}{s(s+6)}\right]_{s=-4}$$
$$= -1$$

$$k_3 = \lim_{s\to -6}(s+6)F(s) = \left[\frac{(s+5)(s+12)}{s(s+4)}\right]_{s=-6}$$
$$= -0.5$$

$$F(s) = \frac{2.5}{s} + \frac{-1}{s+4} + \frac{-0.5}{s+6}$$

$$\therefore f(t) = \mathcal{L}^{-1}[F(s)] = 2.5 - e^{-4t} - 0.5e^{-6t}$$ **답** ④

68 그림과 같은 블록선도에서 전달함수 $\dfrac{C(s)}{R(s)}$를 구하면?

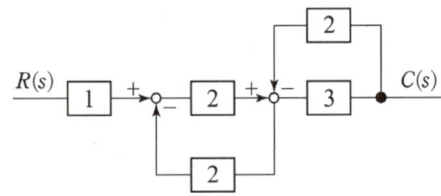

① $-\dfrac{6}{9}$ ② $-\dfrac{6}{11}$

③ $\dfrac{6}{9}$ ④ $\dfrac{6}{11}$

풀이 메이슨의 정리에 의해
• 전향경로 이득 : $1 \times 2 \times 3 = 6$
• 루프 이득 : $-2 \times 2 = -4$, $-3 \times 2 = -6$

$$\therefore G(s) = \frac{\sum \text{전향 경로 이득}}{1 - \sum \text{루프이득}} = \frac{6}{1-(-4-6)} = \frac{6}{11}$$ **답** ④

69 다음과 같은 상태방정식으로 표현되는 제어시스템에 대한 특성방정식의 근은?

$$\begin{bmatrix} \dot{x}_1 \\ \dot{x}_2 \end{bmatrix} = \begin{bmatrix} 2 & 2 \\ 0.5 & 2 \end{bmatrix}\begin{bmatrix} x_1 \\ x_2 \end{bmatrix} + \begin{bmatrix} 1 \\ 0 \end{bmatrix}u$$

① $-2, -3$ ② $-1, -2$

③ $-1, -3$ ④ $1, 3$

풀이
$$|sI - A| = \begin{bmatrix} s & 0 \\ 0 & s \end{bmatrix} - \begin{bmatrix} 2 & 2 \\ 0.5 & 2 \end{bmatrix}$$
$$= \begin{bmatrix} s-2 & -2 \\ -0.5 & s-2 \end{bmatrix} = (s-2)^2 - 1$$

특성방정식은 $(s-2)^2 - 1 = s^2 - 4s + 3 = 0$이므로

$$\therefore s = 1, 3$$ **답** ④

---

70 $GH(j\omega) = \dfrac{10}{(j\omega+1)(j\omega+T)}$ 에서 이득 여유를 20[dB]보다 크게 하기 위한 T의 범위는?

① $T > 1$ ② $T > 10$

③ $T < 0$ ④ $T > 100$

풀이
$$GH(j\omega_C) = \frac{10}{(j\omega_C+1)(j\omega_C+T)}$$
$$= \frac{10}{T - \omega_C^2 + j\omega_C(1+T)}$$

위 식의 허수부를 0으로 놓으면 $\omega_C = 0$가 되므로

$$GH(j\omega_C)\Big|_{\omega_C=0} = \frac{10}{T}$$

따라서 이득 여유 GM은

$$GM = 20\log\left|\frac{1}{GH(j\omega_C)}\right|_{\omega_C=0} = 20\log\frac{T}{10} > 20$$

$\dfrac{T}{10} > 10$이어야 하므로

$$\therefore T > 100$$ **답** ④

---

72 논리식 $L = \overline{x} \cdot \overline{y} + \overline{x} \cdot y + x \cdot y$를 간략화한 것은?

① $x + y$ ② $\overline{x} + y$

③ $x + \overline{y}$ ④ $\overline{x} + \overline{y}$

풀이
$$L = \overline{x}\cdot\overline{y} + \overline{x}\cdot y + x\cdot y = \overline{x}\cdot(\overline{y}+y) + x\cdot y$$
$$= \overline{x}\cdot 1 + x\cdot y$$

분배법칙에 의해

$$\overline{x} + x\cdot y = (\overline{x}+x)\cdot(\overline{x}+y) = \overline{x}+y$$ **답** ②

---

73 보드선도상의 안정조건을 옳게 나타낸 것은? (단, g_m은 이득여유, ϕ_m은 위상여유)

① $g_m > 0$, $\phi_m > 0$

② $g_m < 0$, $\phi_m < 0$

③ $g_m < 0$, $\phi_m > 0$

④ $g_m > 0$, $\phi_m < 0$

풀이 위상 여유(ϕ_m)와 이득 여유(g_m) 양쪽 모두가 0보다 크면 안정하고, 0보다 작으면 불안정하다. **답** ①

---

74 그림과 같은 제어시스템의 폐루프 전달함수 $T(s) = \dfrac{C(s)}{R(s)}$ 에 대한 감도 S_K^T는?

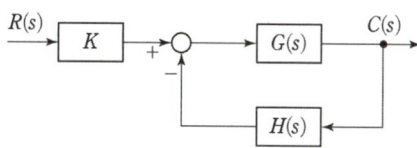

① 0.5   ② 1

③ $\dfrac{G}{1+GH}$ ④ $\dfrac{-GH}{1+GH}$

풀이 전달함수 $T = \dfrac{C(s)}{R(s)} = \dfrac{KG}{1+GH}$

K에 대한 감도

$$\therefore S_K^T = \frac{K}{T}\cdot\frac{dT}{dK} = \frac{K}{\dfrac{KG}{1+GH}} \cdot \frac{d}{dK}\left(\frac{KG}{1+GH}\right)$$
$$= \frac{1+GH}{G} \cdot \frac{G(1+GH)}{(1+GH)^2} = 1$$ **답** ②

---

76 $E(z) = \dfrac{9z}{(z-1)(2z+1)}$ 일 때, $e^*(t)$의 최종값은?

① 0   ② 1

③ 2   ④ 3

풀이 최종값 정리 :
$$f(\infty) = \lim_{t \to \infty} f^*(t) = \lim_{z \to 1}(1-z^{-1})F(z)$$
$$e(\infty) = \lim_{z \to 1}\left(1-\frac{1}{z}\right)E(z)$$
$$= \lim_{z \to 1}\left(\frac{z-1}{z}\right)\frac{9z}{(z-1)(2z+1)}$$
$$= \lim_{z \to 1}\frac{9}{2z+1} = 3$$ **답** ④

79 $G(s) = \dfrac{1}{1+Ts}$인 제어계에서 절점 주파수의 이득은?

① $-5[dB]$　　　　② $4[dB]$

③ $-3[dB]$　　　　④ $2[dB]$

풀이 $\omega T = 1$에서 $\omega = \dfrac{1}{T}$(절점 주파수)이므로

$$g = 20\log |G(j\omega)| = 20\log \left| \dfrac{1}{1+j} \right| = 20\log \left(\dfrac{1}{\sqrt{2}} \right)$$

$$\fallingdotseq -3[dB]$$

답 ③

2024년 - 3회 _전기기사·공사기사

63 다음 회로는 무엇을 나타낸 것인가?

① 자기유지회로
② 단안정회로
③ 인터록회로
④ 순차제어회로

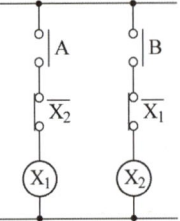

풀이 인터록 회로 : 둘 이상의 출력이 동시에 생기지 않도록 하는 회로

답 ③

66 그림의 두 블록선도가 등가인 경우 A요소의 전달 함수는?

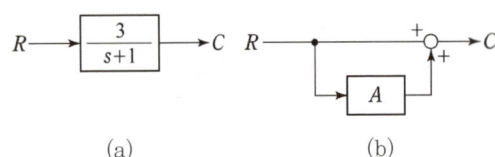

(a)　　　　　　　　　(b)

① $\dfrac{-s}{s+1}$　　　　② $\dfrac{-s+1}{s+1}$

③ $\dfrac{-s+2}{s+1}$　　　　④ $\dfrac{-s+4}{s+1}$

풀이 두 블록선도의 전달함수가 같아야 하므로,

$$\dfrac{3}{s+1} = A + 1$$

$$\therefore A = \dfrac{3}{s+1} - 1 = \dfrac{-s+2}{s+1}$$

답 ③

67 상태방정식 $\dot{X} = AX + BU$에서

$A = \begin{bmatrix} 0 & 1 \\ -2 & -3 \end{bmatrix}$, $B = \begin{bmatrix} 0 \\ 1 \end{bmatrix}$일 때 고유값은?

① $-1, -2$　　　　② $1, 2$

③ $-2, -3$　　　　④ $2, 3$

풀이 $|sI - A|$의 행렬식은

$$|sI - A| = \begin{vmatrix} s & -1 \\ 2 & s+3 \end{vmatrix} = s(s+3) + 2 = s^2 + 3s + 2$$

$$s^2 + 3s + 2 = (s+1)(s+2) = 0$$

$$\therefore s = -1, -2$$

답 ①

68 일정 입력에 대해 잔류 편차가 있는 제어계는?

① 비례 제어계
② 적분 제어계
③ 비례 적분 제어계
④ 비례 적분 미분 제어계

풀이 잔류편차가 발생하는 제어는 비례제어(P)와 비례미분 제어(PD)이며, 이러한 잔류편차는 적분제어(I)를 사용함으로써 제거할 수 있다. **답** ①

69 어떤 자동 제어 계통의 극이 s 평면에 그림과 같이 주어지는 경우 이 시스템의 시간 영역에서 동작 상태는?

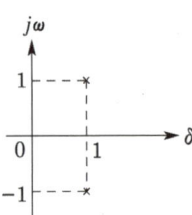

① 진동하지 않는다.
② 감폭 진동한다.
③ 점점 더 크게 진동한다.
④ 지속 진동한다.

풀이 $$F(s) = \dfrac{1}{(s-1+j)(s-1-j)} = \dfrac{1}{(s-1)^2 + 1}$$

$$\therefore f(t) = \mathcal{L}^{-1}[F(s)] = e^t \sin t \text{ 이므로,}$$

점점 더 크게 진동한다. **답** ③

70 그림의 블록선도에 대한 전달함수 $\dfrac{C}{R}$ 는?

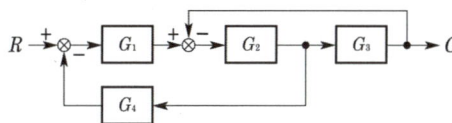

① $\dfrac{G_1 G_2 G_3}{1 + G_1 G_2 + G_1 G_2 G_4}$

② $\dfrac{G_1 G_2 G_4}{1 + G_1 G_2 + G_1 G_2 G_3}$

③ $\dfrac{G_1 G_2 G_3}{1 + G_2 G_3 + G_1 G_2 G_4}$

④ $\dfrac{G_1 G_2 G_4}{1 + G_2 G_3 + G_1 G_2 G_3}$

풀이 G_3 앞의 인출점을 요소 뒤로 이동하면 그림과 같은 블록 선도로 나타낼 수 있다.

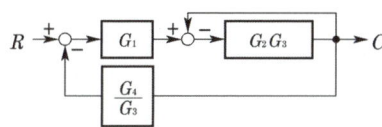

$$\left\{\left(R - C\frac{G_4}{G_3}\right)G_1 - C\right\}G_2 G_3 = C$$

$$RG_1 G_2 G_3 - CG_1 G_2 G_4 - C(G_2 G_3) = C$$

$$RG_1 G_2 G_3 = C(1 + G_2 G_3 + G_1 G_2 G_4)$$

$$\therefore\ G(s) = \frac{C}{R} = \frac{G_1 G_2 G_3}{1 + G_2 G_3 + G_1 G_2 G_4}$$

별해 전향경로 이득 : $G_1 G_2 G_3$

루프 이득 : $-G_2 G_3,\ -G_1 G_2 G_4$

$$G(s) = \frac{\sum 전향 경로 이득}{1 - \sum 루프이득} = \frac{G_1 G_2 G_3}{1 + G_2 G_3 + G_1 G_2 G_4}$$

답 ③

72 다음 함수의 라플라스 역변환은?

$$I(s) = \frac{2s + 3}{(s + 1)(s + 2)}$$

① $e^{-t} - e^{-2t}$

② $e^{t} - e^{-2t}$

③ $e^{-t} + e^{-2t}$

④ $e^{t} + e^{-2t}$

풀이
$$I(s) = \frac{2s + 3}{(s + 1)(s + 2)} = \frac{K_1}{s + 1} + \frac{K_2}{s + 2}$$

$$K_1 = \lim_{s \to -1}(s + 1)F(s) = \left[\frac{2s + 3}{s + 2}\right]_{s = -1} = 1$$

$$K_2 = \lim_{s \to -2}(s + 2)F(s) = \left[\frac{2s + 3}{s + 1}\right]_{s = -2} = 1$$

$$I(s) = \frac{1}{s + 1} + \frac{1}{s + 2}$$

$$\therefore\ i(t) = \mathcal{L}^{-1}[I(s)] = \mathcal{L}^{-1}\left[\frac{1}{s + 1} + \frac{1}{s + 2}\right]$$

$$= e^{-t} + e^{-2t}$$

답 ③

79 $G(s)H(s) = \dfrac{K}{s(s + 1)(s + 4)}$ 의 $K \geq 0$

에서의 분지점(break away point)은?

① -2.867 ② 2.867

③ -0.467 ④ 0.467

풀이
$$1 + G(s)H(s) = 1 + \frac{K}{s(s + 1)(s + 4)} = 0$$

$$K = -s(s + 1)(s + 4)$$

$$K(\sigma) = -\sigma(\sigma + 1)(\sigma + 4) = -\sigma^3 - 5\sigma^2 - 4\sigma$$

$$\frac{dK(\sigma)}{d\sigma} = -3\sigma^2 - 10\sigma - 4 = 0$$

$$\therefore\ \sigma_1 = -0.467,\ \sigma_2 = -2.867$$

$K \geq 0$에 대한 실수축상의 구간은 $0 \sim -1,\ -4 \sim -\infty$ 이므로

$\sigma_2 = -2.867$은 근궤적점이 될 수 없으므로, 분지점은 $\sigma_1 = -0.467$ 이다.

답 ③

문제의 번호는 실제 시험문제의 번호와 같게 하였습니다.
회로이론에 해당하는 문제는 삭제하였습니다.

2025년 - 1회 _ 전기기사·공사기사

72 $e^{j\omega t}$의 라플라스 변환은?

① $\dfrac{1}{s-j\omega}$ ② $\dfrac{1}{s+j\omega}$

③ $\dfrac{1}{s^2+\omega^2}$ ④ $\dfrac{\omega}{s^2+\omega^2}$

풀이 복소 추이 정리에 의해서

$$\mathcal{L}\left[1 \cdot e^{j\omega t}\right]=\frac{1}{s}\bigg|_{s=s-j\omega}=\frac{1}{s-j\omega}$$ **답** ①

73 다음의 상태방정식으로 표현되는 시스템의 상태천이행렬은?

$$\begin{bmatrix} \dfrac{d}{dt}x_1 \\ \dfrac{d}{dt}x_2 \end{bmatrix}=\begin{bmatrix} 0 & 1 \\ -3 & -4 \end{bmatrix}\begin{bmatrix} x_1 \\ x_2 \end{bmatrix}$$

① $\begin{bmatrix} 1.5e^{-t}-0.5e^{-3t} & -1.5e^{-t}+1.5e^{-3t} \\ 0.5e^{-t}-0.5e^{-3t} & -0.5e^{-t}+1.5e^{-3t} \end{bmatrix}$

② $\begin{bmatrix} 1.5e^{-t}-0.5e^{-3t} & 0.5e^{-t}-0.5e^{-3t} \\ -1.5e^{-t}+1.5e^{-3t} & -0.5e^{-t}+1.5e^{-3t} \end{bmatrix}$

③ $\begin{bmatrix} 1.5e^{-t}-0.5e^{-4t} & 0.5e^{-t}-0.5e^{-4t} \\ -1.5e^{-t}+1.5e^{-4t} & -0.5e^{-t}+1.5e^{-4t} \end{bmatrix}$

④ $\begin{bmatrix} 1.5e^{-t}-0.5e^{-4t} & -1.5e^{-t}+1.5e^{-4t} \\ 0.5e^{-t}-0.5e^{-4t} & -0.5e^{-t}+1.5e^{-4t} \end{bmatrix}$

풀이 $[s\boldsymbol{I}-\boldsymbol{A}]=\begin{bmatrix} s & 0 \\ 0 & s \end{bmatrix}-\begin{bmatrix} 0 & 1 \\ -3 & -4 \end{bmatrix}=\begin{bmatrix} s & -1 \\ 3 & s+4 \end{bmatrix}$

$\boldsymbol{\Phi}(s)=[s\boldsymbol{I}-\boldsymbol{A}]^{-1}=\dfrac{1}{\begin{vmatrix} s & -1 \\ 3 & s+4 \end{vmatrix}}\begin{bmatrix} s+4 & 1 \\ -3 & s \end{bmatrix}$

$=\dfrac{1}{s^2+4s+3}\begin{bmatrix} s+4 & 1 \\ -3 & s \end{bmatrix}$

$=\begin{bmatrix} \dfrac{s+4}{(s+1)(s+3)} & \dfrac{1}{(s+1)(s+3)} \\ \dfrac{-3}{(s+1)(s+3)} & \dfrac{s}{(s+1)(s+3)} \end{bmatrix}$

$\therefore \boldsymbol{\Phi}(t)=\mathcal{L}^{-1}\{[s\boldsymbol{I}-\boldsymbol{A}]^{-1}\}$

$=\begin{bmatrix} 1.5e^{-t}-0.5e^{-3t} & 0.5e^{-t}-0.5e^{-3t} \\ -1.5e^{-t}+1.5e^{-3t} & -0.5e^{-t}+1.5e^{-3t} \end{bmatrix}$ **답** ②

74 $G(s)H(s)=\dfrac{K}{s(s+4)(s+5)}$ 에서 근궤적이 $j\omega$(허수)축과 교차하는 점은?

① $\omega=4.48$

② $\omega=-4.48$

③ $\omega=4.48,\ -4.48$

④ $\omega=2.28$

풀이 특성 방정식은
$s(s+4)(s+5)+K=s^3+9s^2+20s+K=0$
윗식의 루드 배열은

s^3	1	20
s^2	9	K (보조 방정식의 계수)
s^1	$\dfrac{180-K}{9}$	0
s^0	K	0

K의 임계값은 s^1의 제1열 요소를 0으로 놓아 얻을 수 있다.

$\dfrac{180-K}{9}=0 \quad \therefore K=180$

허수축($j\omega$)을 끊은 점에서의 주파수 ω는
보조 방정식 $9s^2+K=0$에 $K=180$을 대입하면
$9s^2+180=0$
$\therefore s=\pm j\sqrt{20}=\pm 4.48j$ 이므로
$\therefore \omega=\pm 4.48$[rad/s] **답** ③

75 $F(z)=\dfrac{(1-e^{-aT})z}{(z-1)(z-e^{-aT})}$ 의 역 z변환은?

① $t \cdot e^{-at}$ ② $a^t \cdot e^{-at}$

③ $1+e^{-at}$ ④ $1-e^{-at}$

풀이 • 문제의 식을 정리하면

$F(z)=\dfrac{(1-e^{-aT})z}{(z-1)(z-e^{-aT})}=\dfrac{z-ze^{-aT}+z^2-z^2}{(z-1)(z-e^{-aT})}$

$=\dfrac{z(z-e^{-aT})-z(z-1)}{(z-1)(z-e^{-aT})}=\dfrac{z}{z-1}-\dfrac{z}{z-e^{-aT}}$

• 정리된 식을 아래의 표에 적용하면

$f(t)$	$F(s)$	$F(z)$
$\delta(t)$	1	1
$u(t)$	$\dfrac{1}{s}$	$\dfrac{z}{z-1}$
t	$\dfrac{1}{s^2}$	$\dfrac{Tz}{(z-1)^2}$
e^{-at}	$\dfrac{1}{s+a}$	$\dfrac{z}{z-e^{-aT}}$

$f(t)$는 $1-e^{-aT}$가 된다.　　　답 ④

76 어떤 자동 제어 계통의 극이 s 평면에 그림과 같이 주어지는 경우 이 시스템의 시간 영역에서 동작 상태는?

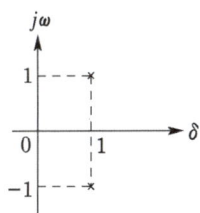

① 진동하지 않는다.　　② 감폭 진동한다.
③ 점점 더 크게 진동한다.　④ 지속 진동한다.

풀이 s 평면에서의 근의 위치와 응답

s 평면상의 근의 위치	계단 응답
jw, $jw(a=0)$, $-jw$	$\epsilon^{-at}\sin wt$ (a=0)
$a+jw$, $a-jw$	$\epsilon^{+xt}\sin wt$
$-a+jw$, $-a-jw$	$\epsilon^{-xt}\sin wt$

$\therefore f(t) = \pounds^{-1}[F(s)] = e^t \sin t$ 이므로,
점점 더 크게 진동한다.　　　답 ③

77 제어계의 과도응답에서 감쇠비란?

① 제2 오버슈트를 최대 오버슈트로 나눈 값이다.
② 최대 오버슈트를 제2 오버슈트로 나눈 값이다.
③ 제2 오버슈트와 최대 오버슈트를 곱한 값이다.
④ 제2 오버슈트와 최대 오버슈트를 더한 값이다.

풀이 과도 응답의 소멸되는 속도를 나타낸 양을 감쇠비라고 한다.
$$감쇠비 = \frac{제2 오버슈트}{최대 오버슈트}$$　　답 ①

78 다음 논리식을 간단히 하면?

$$X = \overline{A} \cdot \overline{B} + \overline{A} \cdot B + A \cdot B$$

① $\overline{A} + B$　　　② $A + \overline{B}$
③ $\overline{A} + \overline{B}$　　　④ $A + B$

풀이
$$X = \overline{A} \cdot \overline{B} + \overline{A} \cdot B + A \cdot B$$
$$= \overline{A} \cdot \overline{B} + \overline{A} \cdot B + \overline{A} \cdot B + A \cdot B$$
$$= \overline{A} \cdot (\overline{B} + B) + (\overline{A} + A) \cdot B = \overline{A} + B$$　　답 ①

79 안정한 제어계는 특성 방정식 $1 + G(s)H(s) = 0$의 근이 평면의 어느 곳에 있어야 하는가?

① s평면의 우반 평면
② s의 허수축상
③ s평면의 좌반 평면
④ s의 실수축상

풀이 특성방정식의 근의 위치에 따른 안정도 판별법

계의 안정도	근의 위치	
	s평면의	z평면상
안 정	좌반면	단위원 내부
불 안 정	우반면	단위원 외부
임계안정	허수축	단위 원주상

답 ③

80 그림의 블록선도에서 K에 대한 폐루프 전달함수 $T = \dfrac{C(s)}{R(s)}$의 감도 S_K^T는?

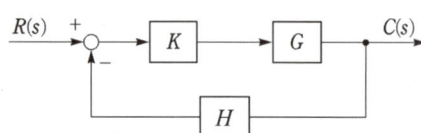

① $\dfrac{KG}{1+GH}$

② $\dfrac{GH}{1+GH}$

③ $\dfrac{1}{1+KGH}$

④ $\dfrac{1}{(1+KGH)^2}$

풀이 전달함수 $T = \dfrac{C(s)}{R(s)} = \dfrac{KG}{1+H \cdot KG}$

K에 대한 감도

$\therefore S_K^T = \dfrac{K}{T} \cdot \dfrac{dT}{dK} = \dfrac{K}{\dfrac{KG}{1+KGH}} \cdot \dfrac{d}{dK}\left(\dfrac{KG}{1+KGH}\right)$

$= \dfrac{1+KGH}{G} \cdot \dfrac{G(1+KGH) - KG(GH)}{(1+KGH)^2}$

$= \dfrac{1}{1+KGH}$　　**답** ③

2025년 - 2회 _ 전기기사·공사기사

64 그림과 같은 회로의 전달함수 $\dfrac{E_o(s)}{E_i(s)}$는?

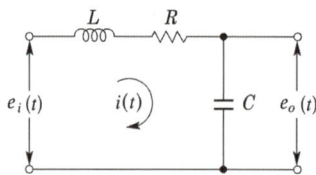

① $\dfrac{s}{LCs^2 + RCs + 1}$

② $\dfrac{1}{LCs^2 + RCs + 1}$

③ $\dfrac{Ls}{LCs^2 + RCs + 1}$

④ $\dfrac{Cs}{LCs^2 + RCs + 1}$

풀이
$\begin{cases} e_i(t) = L\dfrac{d}{dt}i(t) + Ri(t) + \dfrac{1}{C}\displaystyle\int i(t)dt \\ e_o(t) = \dfrac{1}{C}\displaystyle\int i(t)dt \end{cases}$

초기값을 0으로 하고 라플라스 변환하면

$\begin{cases} E_i(s) = LsI(s) + RI(s) + \dfrac{1}{Cs}I(s) \\ \qquad = \left(Ls + R + \dfrac{1}{Cs}\right)I(s) \\ E_o(s) = \dfrac{1}{Cs}I(s) \end{cases}$

$\therefore G(s) = \dfrac{E_o(s)}{E_i(s)} = \dfrac{\dfrac{1}{Cs}}{Ls + R + \dfrac{1}{Cs}}$

$= \dfrac{1}{LCs^2 + RCs + 1}$　　**답** ②

70 그림의 신호 흐름선도에서 y_2/y_1의 값은?

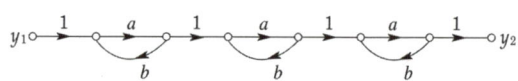

① $\dfrac{a^3}{(1-ab)^3}$

② $\dfrac{a^3}{1 - 3ab + a^2b^2}$

③ $\dfrac{a^3}{1 - 3ab}$

④ $\dfrac{a^3}{1 - 3ab + 2a^2b^2}$

풀이 신호 흐름 선도는 3개 부분으로 나누어 계산할 수 있다.

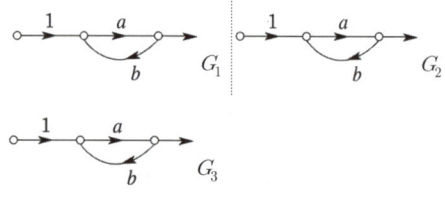

각 부분의 전달 함수는 $\dfrac{a}{1-ab}$ 이고,

각 부분의 종속(직렬) 접속 관계이므로

전체 전달함수 $G(s) = G_1 \times G_2 \times G_3 = G_1^3 = \left(\dfrac{a}{1-ab}\right)^3$

별해

$G(s) = \dfrac{\sum \text{전향 경로 이득}}{1 - \sum \text{루프이득}_1 + \sum \text{루프이득}_2 - \sum \text{루프이득}_3}$

$= \dfrac{a^3}{1 - 3(ab) + 3(ab)^2 - (ab)^3} = \dfrac{a^3}{(1-ab)^3}$　　**답** ①

71 제어시스템의 특성방정식이
$s^4 + s^3 - 3s^2 - s + 2 = 0$와 같을 때,
이 특성방정식에서 s평면의 오른쪽에
위치하는 근은 몇 개인가?

① 0　　　　　② 1

③ 2　　　　　④ 3

> **풀이** 루드 공식을 이용하면
>
> $$
> \begin{array}{c|ccc}
> s^4 & 1 & -3 & 2 \\
> s^3 & 1 & -1 & 0 \\
> s^2 & \dfrac{-3+1}{1} = -2 & 2 & \\
> s^1 & \dfrac{2-2}{-2} = 0 & 0 & \\
> s^0 & 0 & &
> \end{array}
> $$
>
> 제1열의 '1'에서 '-2', '-2'에서 '0'으로 **부호변화가 두 번 있으므로** s평면의 오른쪽에 위치하는 근은 **2개이** 다.　　　**답** ③

72 $F(s) = s^3 + 4s^2 + 2s + K = 0$에서　시스템 이 안정하기 위한 K의 범위는?

① $0 < K < 8$　　　② $-8 < K < 0$

③ $1 < K < 8$　　　④ $-1 < K < 8$

> **풀이** 특성방정식은 $F(s) = s^3 + 4s^2 + 2s + K = 0$이므로 루드의 표는
>
> $$
> \begin{array}{c|cc}
> s^3 & 1 & 2 \\
> s^2 & 4 & K \\
> s^1 & \dfrac{8-K}{4} & 0 \\
> s^0 & K &
> \end{array}
> $$
>
> 제1열의 부호 변화가 없어야 안정하므로
> $8 - K > 0, \quad 8 > K, \quad K > 0$
> $\therefore \ 0 < K < 8$　　　**답** ①

73 특성 방정식 $(s+1)(s+2) + K(s+3) = 0$ 의 완전 근궤적의 이탈점(breakaway point)은 각각 얼마인가?

① $s = -1.5, \ s = -3.5$인 점

② $s = -1.6, \ s = -2.6$인 점

③ $s = -3 + \sqrt{2}, \ s = -3 - 2\sqrt{2}$인 점

④ $s = -3 + \sqrt{2}, \ s = -3 - \sqrt{2}$인 점

> **풀이**
> $$K = -\frac{(s+1)(s+2)}{s+3} = -\frac{s^2 + 3s + 2}{s+3} = 0$$
>
> $$K(\sigma) = -\frac{\sigma^2 + 3\sigma + 2}{\sigma + 3} = 0$$
>
> $$\frac{dK(\sigma)}{d\sigma} = -\frac{(2\sigma+3)(\sigma+3) - (\sigma^2+3\sigma+2)}{(\sigma+3)^2} = 0$$
>
> $\sigma^2 + 6\sigma + 7 = 0$의 근은 $\sigma = -3 \pm \sqrt{2}$　**답** ④

74 다음 중 $G(s)H(s) = \dfrac{K}{Ts+1}$ 일 때 이 계통 은 어떤 형인가?

① 0형　　　　② 1형

③ 2형　　　　④ 3형

> **풀이** 1차 지연 요소
>
> 0형 : $\dfrac{1}{1+K_p}$ (위치 편차), 1형 : $\dfrac{1}{K_v}$ (속도 편차)
>
> 2형 : $\dfrac{1}{K_a}$ (가속도 편차)　　　**답** ①

75 그림의 회로와 동일한 논리 소자는?

① $\begin{smallmatrix}X\\Y\end{smallmatrix}$ ⊃D

② $\begin{smallmatrix}X\\Y\end{smallmatrix}$ ⊃D

③ $\begin{smallmatrix}X\\Y\end{smallmatrix}$ ⊃D

④ $\begin{smallmatrix}X\\Y\end{smallmatrix}$ ⊃D

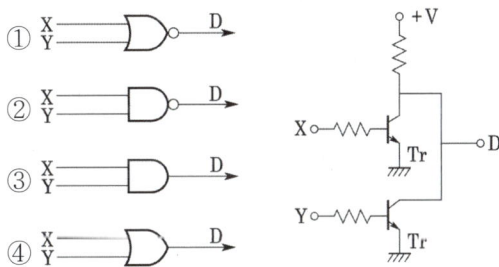

> **풀이**
>
> | 회로 | 유접점 회로 | 무접점 회로 |
> |---|---|---|
> | NOR 회로 | $\boxed{A} \ \boxed{B} \ R_{-b}$　(R)　(L) | $D_1, D_2, T_r, \ X, \ +V$ |
>
> | 회로 | 논리 회로 | 진리표 |
> |---|---|---|
> | NOR 회로 | $A, B \ \supset\!\!\!\circ\, X$　$X = \overline{A+B}$ | $\begin{array}{ccc} A & B & X \\ 0 & 0 & 1 \\ 0 & 1 & 0 \\ 1 & 0 & 0 \\ 1 & 1 & 0 \end{array}$ |
>
> X 또는 Y에 신호가 입력되면 Tr이 동작하여 출력 D가 소멸된다. 따라서 NOR회로에 해당된다.　**답** ①

76 그림의 블록 선도에서 C/R를 구하면?

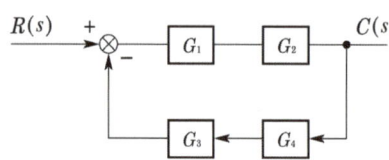

① $\dfrac{G_1 + G_2}{1 + G_1 G_2 + G_3 G_4}$

② $\dfrac{G_1 G_2}{1 + G_1 G_2 G_3 G_4}$

③ $\dfrac{G_3 G_4}{1 + G_1 G_2 G_3 G_4}$

④ $\dfrac{G_1 G_2}{1 + G_1 G_2 + G_3 G_4}$

풀이 $C = (R - CG_3 G_4) G_1 G_2,\ C(1 + G_1 G_2 G_3 G_4) = RG_1 G_2$

$\therefore \dfrac{C}{R} = \dfrac{G_1 G_2}{1 + G_1 G_2 G_3 G_4}$

별해 전향경로 이득 : $G_1 G_2$

루프이득 : $-G_1 G_2 G_3 G_4$

$G(s) = \dfrac{\sum \text{전향 경로 이득}}{1 - \sum \text{루프이득}} = \dfrac{G_1 G_2}{1 + G_1 G_2 G_3 G_4}$ **답** ②

77 물체의 위치, 각도, 자세, 방향 등을 제어량으로 하고 목표값의 임의의 변화에 추종하는 것과 같이 구성된 제어장치를 무엇이라고 하는가?

① 프로세서 제어 ② 서보기구
③ 자동조정 ④ 추종제어

풀이 제어량의 종류에 의한 분류

항목	프로세스 제어	서보 제어	자동조정 제어
특징	플랜트나 생산 공정 중의 상태량을 제어량으로 하는 제어	기계적 변위를 제어량으로 해서 목표값의 임의의 변화에 추종하도록 구성된 제어계	전기적, 기계적 양을 주로 제어하는 것으로서, 응답 속도가 대단히 빨라야 한다.
제어량의 종류	• 온도 • 유량 • 압력 • 액위 • 농도 • 밀도 등	• 물체의 위치 • 방위 • 자세 등	• 전압 • 전류 • 주파수 • 회전속도 • 힘 등

답 ②

78 $\begin{bmatrix} X_1 \\ X_2 \end{bmatrix} = \begin{bmatrix} 0 & 1 \\ -2 & -3 \end{bmatrix} \begin{bmatrix} X_1 \\ X_2 \end{bmatrix}$ 로 표현되는 시스템의 상태 천이행렬(state−transition matrix) $\varPhi(t)$를 구하시오.

① $\begin{bmatrix} -2e^{-t} + 2e^{-2t} & e^{-t} + 2e^{-2t} \\ 2e^{-t} - e^{-2t} & e^{-t} - e^{-2t} \end{bmatrix}$

② $\begin{bmatrix} 2e^{t} + e^{2t} & -e^{-t} + e^{-2t} \\ 2e^{t} - 2e^{2t} & e^{-t} - 2e^{-2t} \end{bmatrix}$

③ $\begin{bmatrix} -2e^{-t} + e^{-2t} & -e^{-t} - e^{-2t} \\ -2e^{-t} - 2e^{-2t} & -e^{-t} - 2e^{-2t} \end{bmatrix}$

④ $\begin{bmatrix} 2e^{-t} - e^{-2t} & e^{-t} - e^{-2t} \\ -2e^{-t} + 2e^{-2t} & -e^{-t} + 2e^{-2t} \end{bmatrix}$

풀이 $[s\boldsymbol{I} - \boldsymbol{A}] = \begin{bmatrix} s & 0 \\ 0 & s \end{bmatrix} - \begin{bmatrix} 0 & 1 \\ -2 & -3 \end{bmatrix} = \begin{bmatrix} s & -1 \\ 2 & s+3 \end{bmatrix}$

$\varPhi(s) = [s\boldsymbol{I} - \boldsymbol{A}]^{-1} = \dfrac{1}{\begin{vmatrix} s & -1 \\ 2 & s+3 \end{vmatrix}} \begin{bmatrix} s+3 & 1 \\ -2 & s \end{bmatrix}$

$= \dfrac{1}{s^2 + 3s + 2} \begin{bmatrix} s+3 & 1 \\ -2 & s \end{bmatrix}$

$= \begin{bmatrix} \dfrac{s+3}{(s+1)(s+2)} & \dfrac{1}{(s+1)(s+2)} \\ \dfrac{-2}{(s+1)(s+2)} & \dfrac{s}{(s+1)(s+2)} \end{bmatrix}$

$\therefore \varPhi(t) = \mathcal{L}^{-1}\{[s\boldsymbol{I} - \boldsymbol{A}]^{-1}\}$

$= \begin{bmatrix} 2e^{-t} - e^{-2t} & e^{-t} - e^{-2t} \\ -2e^{-t} + 2e^{-2t} & -e^{-t} + 2e^{-2t} \end{bmatrix}$ **답** ④

79 단위 피드백제어계에서 개루프 전달함수 $G(s)$가 다음과 같이 주어졌을 때 단위 계단 입력에 대한 정상상태 편차는?

$$G(s) = \dfrac{5}{s(s+1)(s+2)}$$

① 0 ② 1
③ 2 ④ 3

풀이 정상상태 편차 $e_{ss} = \lim_{s \to 0} \dfrac{s}{1 + G(s)} R(s)$ 에서

$R(s) = \dfrac{1}{s}$(단위 계단입력)이므로

$e_{ss} = \lim_{s \to 0} \dfrac{s}{1 + G(s)} \cdot \dfrac{1}{s} = \dfrac{1}{1 + \lim_{s \to 0} G(s)}$

$= \dfrac{1}{1 + \lim_{s \to 0} \dfrac{5}{s(s+1)(s+2)}} = 0$ **답** ①

80 계단 응답이 입력 신호와 같은 파형이고 시간만이 뒤졌을 때 이 계의 요소는?

① 미분요소 ② 부동작 시간요소
③ 1차 지연 요소 ④ 2차 지연 요소

풀이 $t = 0$에서 입력의 변화가 생겨도 $t = L$까지 출력 측에 어떠한 영향도 나타나지 않은 요소

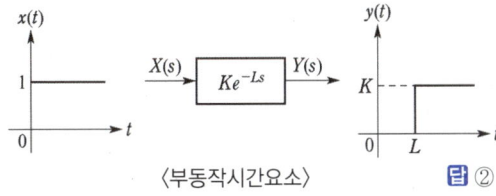

〈부동작시간요소〉 답 ②

2025년 ─ 3회 _ 전기기사·공사기사

69 그림과 같은 신호흐름선도에서 $\dfrac{C}{R}$의 값은?

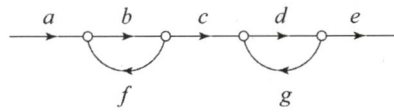

① $\dfrac{abcde}{1 + bf + dg}$ ② $\dfrac{abcde}{1 + bf - dg}$

③ $\dfrac{abcde}{1 - bf + dg}$ ④ $\dfrac{abcde}{1 - bf - dg}$

풀이 • 전향경로 이득 : $abcde$
• 루프 이득 : bf, dg

$$\therefore G(s) = \frac{C(s)}{R(s)} = \frac{\sum 전향\ 경로\ 이득}{1 - \sum 루프\ 이득}$$

$$= \frac{abcde}{1 - bf - dg}$$ 답 ④

71 그림과 같은 보드 선도를 갖는 계의 전달함수는?

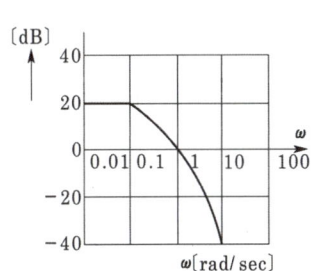

① $G(s) = \dfrac{10}{(s + 1)(s + 10)}$

② $G(s) = \dfrac{20}{(s + 1)(5s + 1)}$

③ $G(s) = \dfrac{5}{(s + 1)(10s + 1)}$

④ $G(s) = \dfrac{10}{(s + 1)(10s + 1)}$

풀이 $G(s) = \dfrac{10}{(s + 1)(10s + 1)}$ 의 보드 선도 이득 곡선은

$$g[\text{dB}] = 20\log\left|\frac{10}{(j\omega + 1)(j10\omega + 1)}\right|$$

$$= 20\log\frac{10}{\sqrt{\omega^2 + 1}\,\sqrt{(10\omega)^2 + 1}}$$

$$= 20\log 10 - 20\log\sqrt{\omega^2 + 1} - 20\log\sqrt{(10\omega)^2 + 1}$$

① $\omega < 0.1$일 때
$g = 20 - 20\log 1 - 20\log 1 = 20[\text{dB}]$

② $0.1 < \omega < 1$일 때
$g = 20 - 20\log 1 - 20\log 10\omega$
$= 20 - 20\log 10 - 20\log \omega$
$= -20\log \omega$이므로 $-20[\text{dB/dec}]$

③ $\omega > 1$일 때
$g = 20 - 20\log \omega - 20\log 10\omega$
$= 20 - 20\log \omega - 20\log 10 - 20\log \omega$
$= -40\log \omega$이므로 $-40[\text{dB/dec}]$ 답 ④

73 $G(j\omega) = \dfrac{K}{j\omega(j\omega + 1)}$ 의 나이퀴스트 선도를 도시한 것은? (단, $K > 0$이다.)

① 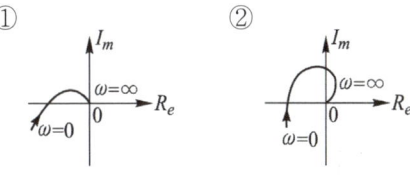 ②

③ 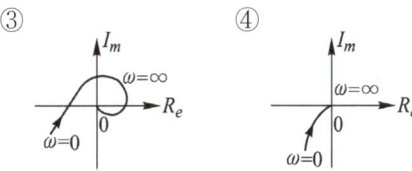 ④

풀이
• 크기 $\lim\limits_{\omega \to 0}\left| G(j\omega) \right| = \lim\limits_{\omega \to 0}\left|\dfrac{K}{j\omega(j\omega + 1)}\right| = \lim\limits_{\omega \to 0}\left|\dfrac{K}{j\omega}\right| = \infty$

• 위상각 $\lim\limits_{\omega \to 0}\angle G(j\omega) = \lim\limits_{\omega \to 0}\angle \dfrac{K}{j\omega(j\omega + 1)} = \lim\limits_{\omega \to 0}\angle \dfrac{K}{j\omega} = -90°$

- 크기 $\lim\limits_{\omega \to \infty}|G(j\omega)| = \lim\limits_{\omega \to \infty}\left|\dfrac{K}{j\omega(j\omega+1)}\right| = \lim\limits_{\omega \to \infty}\left|\dfrac{K}{(j\omega)^2}\right| = 0$

- 위상각 $\lim\limits_{\omega \to \infty}\angle G(j\omega) = \lim\limits_{\omega \to \infty}\angle\dfrac{K}{j\omega(j\omega+1)} = \lim\limits_{\omega \to \infty}\angle\dfrac{K}{(j\omega)^2}$
$= -180°$ **답** ④

74 다음 논리회로의 출력 Y는?

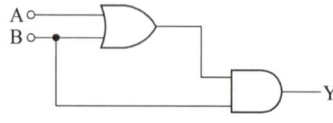

① A
② B
③ A+B
④ A · B

풀이 $Y = (A+B)\cdot B = A\cdot B + B\cdot B$
$= A\cdot B + B = B(A+1) = B$ **답** ②

75 다음의 신호선도에서 $\dfrac{Y(s)}{D(s)}$ 를 구하면?

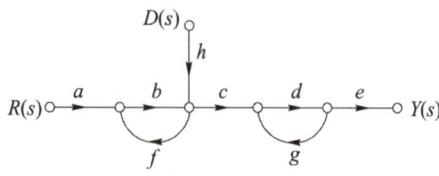

① $\dfrac{cdeh}{1-bf-dg+bfdg}$

② $\dfrac{abcde+hcde}{1-bf-dg+bfdg}$

③ $\dfrac{cdeh}{1-dg}$

④ $\dfrac{abcde+hcde}{1-dg}$

풀이 $G_1 = cdeh$, $L_{11} = bf$, $L_{21} = dg$, $L_{12} = bfdg$
$\therefore G = \dfrac{G_1}{\Delta} = \dfrac{G_1}{1-(L_{11}+L_{21})+L_{12}}$
$= \dfrac{cdef}{1-bf-dg+bfdg}$ **답** ①

76 2차 지연 요소의 보드 선도에서 이득 곡선의 두 점근선이 만나는 점의 주파수는?

① 영 주파수
② 공진 주파수
③ 고유 주파수
④ 차단 주파수

풀이 2차 지연요소 $G(s) = \dfrac{\omega_n{}^2}{s^2+2\delta\omega_n s+\omega_n{}^2}$ 의
보드 이득선도에서 이득 곡선의 두 점근선의 교점은
$-40\log\left(\dfrac{\omega}{\omega_n}\right) = 0$[dB]로부터 $\omega = \omega_n$으로 된다.
따라서 2차 지연요소의 절점 주파수는 $\omega = \omega_n$
(고유 주파수)이다. **답** ③

77 대공포의 포신 제어에 사용되는 방법으로 목푯값의 크기나 위치가 시간에 따라 변화하므로 이것을 제어량이 자동으로 따라가도록 하는 것은?

① 정치제어
② 프로그램제어
③ 추종제어
④ 비율제어

풀이 제어목적에 의한 분류
① 정치제어 : 제어량을 어떤 일정한 목푯값으로 유지 하는 것을 목적으로 하는 제어법
② 프로그램 제어 : 미리 정해진 프로그램에 따라 제어 량을 변화시키는 것을 목적으로 하는 제어법
③ 추종제어 : 미지의 임의 시간적 변화를 하는 목푯값 에 제어량을 추종시키는 것을 목적으로 하는 제어법
④ 비율제어 : 목푯값이 다른 것과 일정 비율 관계를 가 지고 변화하는 경우의 추종제어법 **답** ③

78 그림의 게이트(gate)명칭은 어떻게 되는가?

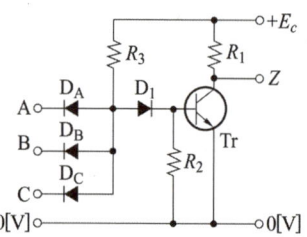

① AND gate
② OR gate
③ NAND gate
④ NOR gate

풀이 A, B, C에 신호가 동시에 입력되면 Tr이 동작하여 출력 Z가 소멸되므로, NAND회로에 해당된다. **답** ③

79 다음 중 특성방정식에 대한 설명으로 옳은 것은?

① 개회로 전달함수의 분모가 0이다.
② 폐회로 전달함수의 분모가 1이다.
③ 개회로 전달함수의 분자가 0이다.
④ 폐회로 전달함수의 분모가 0이다.

풀이 $\dfrac{C(s)}{R(s)} = \dfrac{G(s)}{1 + G(s)H(s)}$

폐회로의 전달함수에서 분모를 0으로 놓은 식을 선형 자동 제어계의 **특성 방정식**이라고 한다.

특성방정식 : $1 + G(s)H(s) = 0$
①은 극점을 구하는 조건이다.
③은 영점을 구하는 조건이다. **답** ④

80 어떤 시스템의

전달함수 $G(s)$가 $\dfrac{2s - 3}{4s^2 + 2s - 1}$로 표시될 때

이 시스템에 입력 $x(t)$를 가했을 때
출력 $y(t)$를 구하는 미분 방정식은?
(단, 모든 초기조건은 0이다.)

① $4\dfrac{d^2 y(t)}{dt^2} + 2\dfrac{dy(t)}{dt} - y(t) = 2\dfrac{dx(t)}{d(t)} + 3x(t)$

② $-4\dfrac{d^2 y(t)}{dt^2} - 2\dfrac{dy(t)}{dt} + y(t) = -2\dfrac{dx(t)}{d(t)} + 3x(t)$

③ $4\dfrac{d^2 y(t)}{dt^2} + 2\dfrac{dy(t)}{dt} - y(t) = 2\dfrac{dx(t)}{d(t)} - 3x(t)$

④ $-4\dfrac{d^2 y(t)}{dt^2} + 2\dfrac{dy(t)}{dt} - y(t) = 2\dfrac{dx(t)}{d(t)} - 3x(t)$

풀이 $\dfrac{Y(s)}{X(s)} = \dfrac{2s - 3}{4s^2 + 2s - 1}$

$Y(s)(4s^2 + 2s - 1) = (2s - 3)X(s)$
역라플라스 변환하면
$\therefore 4\dfrac{d^2 y(t)}{dt^2} + 2\dfrac{dy(t)}{dt} - y(t) = 2\dfrac{dx(t)}{dt} - 3x(t)$

답 ③

전기기사시리즈 5
제어공학

발　　행 / 2025년 12월 30일

·

저　　자 / 검정연구회
펴 낸 이 / 정 창 희
펴 낸 곳 / 동일출판사
주　　소 / 서울시 강서구 곰달래로31길7 (2층)
전　　화 / 02) 2608-8250
팩　　스 / 02) 2608-8265
등록번호 / 제109-90-92166호

저자와의
협의에
따라
인지생략

ISBN 978-89-381-1738-0 13560
값 / 22,000원